단번에 합격하기 비법서! Vol.4

건축전기설비 기술사

피뢰설비 및 예비용 전원과 방재설비

기술사 **양재학 · 송영주 · 오진택** 지음

BM (주)도서출판 성안당

■ 도서 A/S 안내

성안당에서 발행하는 모든 도서는 저자와 출판사, 그리고 독자가 함께 만들어 나갑니다.

좋은 책을 펴내기 위해 많은 노력을 기울이고 있습니다. 혹시라도 내용상의 오류나 오탈자 등이 발견되면 "좋은 책은 나라의 보배"로서 우리 모두가 함께 만들어 간다는 마음으로 연락주시기 바랍니다. 수정 보완하여 더 나은 책이 되도록 최선을 다하겠습니다.

성안당은 늘 독자 여러분들의 소중한 의견을 기다리고 있습니다. 좋은 의견을 보내주시는 분께는 성안당 쇼핑몰의 포인트(3,000포인트)를 적립해 드립니다.

잘못 만들어진 책이나 부록 등이 파손된 경우에는 교환해 드립니다.

저자 문의 e-mail : ysk13276@hanmail.net

본서 기획자 e-mail : coh@cyber.co.kr(최옥현)

홈페이지 : http://www.cyber.co.kr   전화 : 031) 950-6300

PREFACE

고도의 정보사회로 나아가는 현실에서, 선진국 수준의 전기 기술은 다양한 분야에서 핵심적인 부분을 차지하고 있습니다. 이에 우리 전기인들은 지식 경영 및 기술 경영에 있어 건축 전기에 대한 참고 이론뿐만 아니라 업무상 기본 개념 및 문항을 폭넓게 수록하여 현장 기술자와 수험자들로 하여금 자료 검색에 들이는 시간을 대폭 감소시킬 수 있도록 집필하였습니다. 건축 전기의 설계·감리·기획 및 건축물 에너지 평가시 관련된 제반 지식을 주된 내용으로 하고 있으며, 과년도에 출제된 문제 위주로 2014년 104회까지의 주요 문항의 해석도 추가하여 이번 개정판의 내용을 대폭 보완하였습니다. 선진국으로 갈수록 안전 분야도 중점적으로 다루므로 이에 대한 내용도 일부 포함시켜 그 이해도를 높이고 응용력을 키우도록 노력하였습니다. 통상적으로 건축 전기설비기술사 시험 문항을 세세히 분석해보면, 기출 문제 중 중요 문제는 반복적으로 일정 기간을 두고 다시 출제되는 경향을 보이고 있고, 계산 관련 문항은 기본적이고 필수적인 것이 많이 나타나며, 에너지 평가에 대한 내용도 신선한 문제로 출제되고 있습니다. 따라서 이 책의 구성은 다음과 같이 하였습니다.

제1권 (부하 및 배전설비)	제2권 (전원설비 및 접지설비)	제3권 (전기기초이론 및 분산형 전원과 에너지절약설비 등)	제4권 (피뢰설비 및 예비용 전원과 방재설비)
조명설비 동력설비 배전설비 규정(내선규정, IEC규정)	수변전 기본계획 수변전기기 보호계전 고장전류 접지설비	건축전기총론 전기회로 전기자기학 분산형 전원 에너지절약 반송설비 방범설비 정보통신설비	피뢰설비 예비전원 방재설비

이 책의 내용을 숙지한 후 스스로 요약·정리하고, 기억의 고리를 활성화시키도록 MIND MAPPING 작업을 하면서 자신의 현장 경험을 첨가한다면 시험 문제를 생생한 답안으로 완벽히 마무리할 수 있을 것이라고 기대됩니다. 특히 가장 최근의 관심거리인 SMRT GRID 및 ESS에 대한 기본 지식을 축적하기에 좋은 서적이라 자평합니다. 더 나아가 이 책을 통해 정보 통신 및 소방 관련 기술사, 발송배전기술사의 기본적인 기술적 소양도 축적할 수 있을 것입니다. 이로써 우리 전기인들이 국가적인 부의 창출에 기여할 기회를 얻고 설계 기획부터 Fool proof 안전을 현장 적용할 수도 있을 것으로 생각됩니다. 아울러 '건축전기설비기술사'는 하나의 큰 산을 넘어 다른 목표(정보 통신, 발송 배전, 소방기술사 등)에 쉽게 접근할 수 있는 안내서가 될 수 있을 것입니다. 부디, 이 책을 讀書百遍其義自見의 의지로 열심히 탐독하여 전기인으로서의 자부심을 한껏 누리시길 기원하며, 협조를 아끼지 않은 성안당 임직원 여러분들에게 심심한 감사를 드립니다.

저자 일동

01 개 요

전기의 생산, 수송, 사용에 이르기까지 모든 설비는 전기 특성에 적합하게 시공되어야 안전하다. 특히 대량의 전력 수요가 있는 건물, 공공장소 등에서는 각별한 주의가 요구된다. 이에 건축 전기 설비의 설계에서 시공, 감리에 이르는 전문 지식과 실무 경험을 겸비한 전문 인력을 양성할 목적으로 자격 제도가 제정되었다.

02 변천 과정

1983년 건축기술사(건축 전기 설비)로 신설된 후 1991년 건축전기설비기술사로 변경되었다.

03 수행 직무

건축 전기 설비에 관한 고도의 전문 지식과 실무 경험을 바탕으로 건축 전기 설비의 계획과 설계, 감리 및 의장, 안전 관리와 건축 전기 설비에 대한 기술 자문 및 기술 지도를 담당한다.

04 진로 및 전망

▶▶ 건축물 관련 전기 설비 관리 업체, 한국전력공사를 비롯한 전기 공사 업체, 전기 설비 설계 업체, 감리 업체, 안전 관리 대행 업체 등에 진출할 수 있다. 또는 직접 전기 시설 설계 업체, 감리 업체 등을 운영하기도 한다.

▶▶ 건설 경기의 활성화와 함께 앞으로 사무용 빌딩뿐만 아니라 아파트, 개인 주택에 이르기까지 생활 환경의 개선과 통신망의 확충을 위하여 수용 전력량이 증가하고 전기 공사가 늘어날 것으로 예상됨에 따라 건축 전기 설비 관련 전문가의 수요도 증가할 것으로 전망된다. 또한 건설 공사의 품질과 안전을 확보하기 위해 「건설 기술 관리법」에 의해 감리 전문 회사의 특급 감리원으로 고용될 수 있다.

05 검정 현황

연 도	필 기			실 기		
	응 시	합 격	합격률(%)	응 시	합 격	합격률(%)
2019	1,190	31	2.6	65	34	52.3
2018	1,196	33	2.8	72	32	44.4
2017	1,197	41	3.4	70	35	50
2016	1,192	18	1.5	38	25	65.8
2015	1,210	26	2.1	37	17	45.9
2014	1,268	18	1.4	44	24	54.5
2013	1,214	23	1.9	44	20	45.5
2012	1,309	16	1.2	24	11	45.8

06 출제 경향

▶▶ 건축 전기 설비와 관련된 실무 경험, 일반 지식, 전문 지식 및 응용 능력

▶▶ 기술자로서의 지도 감리 · 경영 관리 능력, 자질 및 품위 등 평가

07 응시 자격

기술 자격 소지자	관련 학과 졸업자	비관련 학과 졸업자	순수 경력자
•동일(유사) 직무 분야 기술사 •기사＋4년 •산업기사＋5년 •기능사＋7년 •동일 종목 외국 자격 취득자	•대졸＋6년 •3년제 전문대졸＋7년 •2년제 전문대졸＋8년 •기사(산업기사) 수준의 기술 훈련 과정 이수자＋6년(8년)	폐지	9년(동일 · 유사 직무 분야)

※ 관련 학과 : 대학의 전기 공학, 전기 시스템 공학, 전기 제어 공학, 전기 전자 공학 등 관련 학과
※ 동일 직무 분야 : 경영 · 회계 · 사무 중 생산 관리, 문화 · 예술 · 디자인 · 방송 중 방송, 건설, 기계, 재료, 정보 통신, 안전 관리, 환경 · 에너지

08 시행처

한국산업인력공단

09 시험 과목 및 검정 방법

구 분	시험 과목	검정 방법
필기	건축 전기 설비의 계획과 설계, 감리 및 의장, 기타 건축 전기 설비에 관한 사항	단답형 및 주관식 논술형(매교시당 100분, 총 400분)
면접		구술형 면접(15~30분 내외)

10 합격 기준

필기와 면접 모두 100점을 만점으로 하여 60점 이상

11 시험 접수 & 접수 시간

▶▶ 시험 접수(온라인) : 한국산업인력공단 홈페이지(Q-Net)
http://www.q-net.or.kr 참조

▶▶ 접수 시간 : 원서 접수 첫날 10:00부터 마지막 날 18:00까지

12 수수료

▶▶ 필기 : 67,800원

▶▶ 실기(면접) : 87,100원

13 자격 취득자에 대한 법령상 우대 현황

▶▶ 건설기계관리법 시행규칙 : 제33조 검사대행자 등 [별표 9]

▶▶ 건설기술진흥법 시행령 : 제4조 건설기술자의 범위 [별표 1]

▶▶ 건축법 시행령 : 제91조의 3 관계전문기술자와의 협력

▶▶ 경찰공무원 임용령 시행규칙 : 제34조 응시자격 등의 기준 [별표 3]

▶▶ 공무원 임용시험령

• 제27조 경력경쟁 채용시험 등의 응시자격 등 [별표 7 · 8]

• 제31조 자격증소지자 등에 대한 채용시험의 특전 [별표 12]

▶▶ 공무원수당 등에 관한 규정 : 제14조 특수업무수당 [별표 11]

▶▶ 공연법 시행령

• 제10조의 2 안전진단기관의 지정요건 [별표 1의 3]

• 제10조의 4 무대예술전문인 자격검정의 응시기준 [별표 2]

▶▶ 공직자윤리법 시행령 : 제34조 취업승인

▶▶ 공직자윤리법의 시행에 관한 대법원 규칙 : 제37조 취업승인 신청

▶▶ 공직자윤리법의 시행에 관한 헌법재판소 규칙 : 제20조 취업승인

▶▶ 관광진흥법 시행규칙 : 제70조 안전성 검사기관 등록요건 [별표 24]

▶▶ 광업법 시행령 : 제11조 현장조사를 하지 아니할 수 있는 사유

▶▶ 교육감 소속 지방공무원 평정규칙 : 제23조 자격증 등의 가점

▶▶ 국가공무원법 : 제36조의 2 채용시험의 가점

▶▶ 국가과학기술 경쟁력 강화를 위한 이공계지원 특별법 : 제16조
기업 등의 이공계인력의 활용지원

▶▶ **중소기업인력지원 특별법** : 제28조 근로자의 창업지원 등

▶▶ **중소기업제품 구매촉진 및 판로지원에 관한 법률 시행규칙** : 제12조 시험연구원의 지정 등 [별표 3]

▶▶ **지방공무원 임용령** : 제55조의 3 자격증소지자에 대한 신규임용 시험의 특전

▶▶ **지방자치법 시행령** : 제26조 감사청구심의회

▶▶ **지하수법 시행령** : 제32조 지하수 개발·이용시공업의 등록 등 [별표 4]

▶▶ **토양환경보전법 시행령** : 제17조의 4 토양정화업의 등록요건 등 [별표 2]

▶▶ **통신비밀보호법 시행령** : 제30조 불법감청설비탐지업의 등록요건 [별표 1]

▶▶ **해양환경관리법 시행규칙**
  - 제23조 오염물질저장시설의 설치·운영 기준 [별표 10]
  - 제74조 업무대행자의 지정 [별표 28·29]

▶▶ **헌법재판소 공무원 규칙** : 제14조 경력경쟁채용의 요건 [별표 3]

▶▶ **환경분야 시험·검사 등에 관한 법률 시행규칙** : 제10조 검사대행자의 지정 등 [별표 6]

14 출제 기준

직무분야	전기·전자	중직무분야	전기	직무내용	건축전기설비에 관한 고도의 전문지식과 실무경험을 바탕으로 건축전기설비의 계획과 설계, 감리 및 의장, 안전관리 등 담당. 또한 건축전기설비에 대한 기술자문 및 기술지도
자격종목	건축전기설비기술사	적용기간	2019년 1월 1일~2022년 12월 31일		

시험방법	검정방법	시험시간
필기시험	단답형/주관식 논문형	400분(1교시당 100분)
면접시험	구술형 면접시험	15~30분 내외

시험과목(면접항목)	주요항목	세부항목
건축전기설비의 계획과 설계, 감리 및 의장, 그 밖에 건축전기설비에 관한 사항(전문 지식·기술)	1. 전기기초이론	① 회로이론 • R, L, C 회로의 전류와 전압, 전력 관계 • 전기회로해석, 과도현상 등 • 밀만, 중첩, 가역, 보상정리 등 • 비정현파 교류 ② 전자계이론 • 플레밍, 암페어의 주회적분, 패러데이, 노이만, 렌츠법칙 등 • 전자유도, 정전유도 • 맥스웰방정식 등 ③ 고전압공학 및 물성공학 • 방전현상 • 고체, 액체 및 복합유전체의 절연파괴 • 금속의 전기적 성질, 반도체, 유전체, 자성체 • 전력용 반도체의 종류 및 응용
	2. 전원설비	① 수전설비(수변전설비 설계) • 수전방식, 변압기용량 계산 및 선정, 변전시스템 선정 • 수전설비기기의 선정 등

시험과목(면접항목)	주요항목	세부항목
건축전기설비의 계획과 설계, 감리 및 의장, 그 밖에 건축전기설비에 관한 사항(전문 지식·기술)	2. 전원설비	② 예비전원설비(예비전원설비 설계) • 발전기설비, UPS, 축전지설비 • 조상설비, 전력품질개선장치 등 ③ 분산형 전원(지능형 신재생 구축) • 분산형 전원의 종류 및 계통연계 ④ 변전실의 기획 • 변전실 형식, 위치, 넓이 배치 등 ⑤ 고장 계산 및 보호 • 단락·지락 전류의 계산의 종류 및 계산의 실례 • 전기설비의 보호 및 보호 협조
	3. 배전 및 배선설비	① 배전설비(배전설계) • 배전방식 종류 및 선정 • 간선재료의 종류 및 선정 • 간선의 보호 • 간선의 부설 ② 배선설비(배선설비 설계) • 시설장소·사용전압별 배선방식 • 분기회로의 선정 및 보호 ③ 고품질전원의 공급 • 고조파, 노이즈, 전압강하 원인 및 대책 • 서지(surge)에 대한 보호 ④ 전자파 장해대책
	4. 전력부하설비	① 조명설비 • 조명에 사용되는 용어와 광원 • 조명기구 구조, 종류, 배광곡선 등 • 조명계산, 옥내·외 조명설계, 조명의 실제 • 조명제어 • 도로 및 터널조명 ② 동력설비 • 공기조화용, 급배수 위생용, 운반·수송설비용 동력 • 전동기의 종류, 기동, 운전, 제동, 제어 ③ 전기자동차 충전설비 및 제어설비 ④ 기타 전기사용설비 등
	5. 정보 및 방재설비	① I.B.(Intelligent Building) • I.B.의 전기설비 • LAN • 감시제어설비 • EMS ② 약전설비 • 전화, 전기시계, 인터폰, CCTV, CATV 등 • 주차관제설비 • 방범설비 등 ③ 전기방재설비 • 비상콘센트, 비상용 조명, 유도등, 비상경보, 비상방송 등 • 피뢰설비 • 접지설비 • 전기설비 내진대책 ④ 반송 및 기타설비 • 승강기 • 에스컬레이터, 덤웨이터 등

시험과목(면접항목)	주요항목	세부항목
건축전기설비의 계획과 설계, 감리 및 의장, 그 밖에 건축전기설비에 관한 사항(전문 지식·기술)	6. 신재생에너지 및 관련 법령, 규격	① 신재생에너지 • 태양광, 연료전지, 풍력, 조력 등 발전설비 • 에너지절약 시스템 및 기법 • 2차 전지 • 스마트그리드 • 전기에너지 저장시스템(ESS) • 기타 신기술, 신공법 관련 • 에너지계획 수립 • 친환경에너지계획 검토 ② 관련 법령 • 전기설비기술기준 • 전기설비기술기준의 판단기준 • 전기공사업법, 시행령, 시행규칙 • 전력기술관리법, 시행령, 시행규칙 • 내선규정 • 주택법, 시행령, 시행규칙 • 건축법, 시행령, 시행규칙 • 에너지이용 합리화법, 시행령, 시행규칙 • 정부 고시 등 ③ 관련 규격 • KS(Korean Industrial Standard) • IEC(International Electrotechnical Commission) • ANSI(American National Standards Institute) • IEEE(Institute of Electrical & Electronics Engineers) • JEM(Japanese Electrical & Machinery Standards) • ASA, CSA, DIN, JIS, KEC 등
	7. 건축 구조 및 설비 검토	① 구조계획 검토 ② 하중 검토 ③ 설비시스템 검토 ④ 에너지계획 수립 ⑤ 친환경에너지계획 검토
	8. 수·화력발전 전기설비	① 조명 방식·기구 선정 및 설계방법, 에너지절감방법 ② 건축구조 미시공방식, 부하용량, 용도, 사용전압, 경제성, 방재성 등을 고려한 전선로·케이블 설계방법 ③ 기타 설비설계 관련 사항 ④ 안전기준에 따른 접지 및 피뢰설비 설계방법 ⑤ 정보통신설비 관련 규정 및 설계방법 ⑥ 소방전기설비 관련 규정 및 설계방법 ⑦ 기타발전 방재 보안설계 관련 사항
품위 및 자질 (☑ 면접시험만 해당)	9. 기술사로서 품위 및 자질	① 기술사가 갖추어야 할 주된 자질, 사명감, 인성 ② 기술사 자기개발 과제

CONTENTS

Chapter 02 예비용 전원

CONTENTS

Chapter 03 방재설비

Section 01 방재설비 기초 / 368

CONTENTS

CONTENTS

건축전기설비기술사 제3, 4권 장별 학습요령

No.	제3, 4권	중점 학습 배분			저자 comment
		A급	B급	C급	
1	건축전기 총론			●	감리, LCC, BIM 관련 문제위주로 학습요망
2	전기회로	●			향후 5년간 중점 출제예상되므로 매일 1문제씩 반복학습이 중요
3	전기자기학			●	–
4	분산형 전원	●			향후 5년간 중점 출제예상
5	에너지절약	●			향후 5년간 중점 출제예상
6	반송설비		●		최근 5년간 기출문제 위주로 학습요망
7	방범설비			●	–
8	정보통신		●		정보통신은 시간 절약상 전력전자 소자 위주로 학습요망
9	피뢰설비	●			향후 5년간 중점 출제예상
10	예비전원	●			향후 5년간 중점 출제예상
11	방재설비			●	–

[범례] A급 : 집중적으로 학습할 것

      B와 C급 : 개략적으로 학습하며, 시간 부족 시 과감히 SKIP해도 좋은 전략임

미리보기

2015~2019년 자주 출제되는 핵심 기출문제

미리보기에는 2015년부터 2019년까지의 기출문제 중 출제 가능성이 높은 눈여겨볼 문제를 선별 · 수록하였습니다. 이 문제를 여러 번(매일 한 번, 10분 정도, 15일 이상) 속독하여 출제 가능성이 높은 문제를 예상해 보고 건축전기설비기술사 제1~4권의 상세한 해설을 같이 학습하면 효과적입니다.

* 건축전기설비기술사 기출문제 및 출제기준, 유사종목인 기술사 기출문제는 큐넷 (www.q-net.or.kr)에서 확인할 수 있습니다.

2019년 자주 출제되는 핵심 기출문제

▶▶ 기술사 117회

[1교시_01] 3상 4선식 공급방식의 전압강하 계산식에서 전선의 재질이 구리(Cu), 알루미늄 (Al)인 경우 k값을 각각 구하시오. (단, k : 계수, A : 전선의 단면적[mm²], L : 전선길이[m], I : 전류[A])

[1교시_03] 다음 사항을 설명하시오.
1) 현재 국내에서 사용 중인 전기사업법령에 의한 전원별(직류, 교류), 전압종별 (저압, 고압, 특고압)을 구분하여 설명하고, 2018년 1월에 개정되어 2021년 1월 1일부터 시행 예정인 전원별, 전압종별을 구분하여 설명하시오.
2) 한국전력공사의 전기공급약관에 의한 저압(교류 단상 220[V] 또는 교류 삼상 380[V])으로 수전 가능한 최대계약전력을 설명하시오.

[1교시_04] 전기사업법에 의한 전기신산업이란 무엇인지 그 의미를 설명하시오.

[1교시_06] 다음 용어를 설명하시오.
1) 푸르키네효과(Purkinje-effect)
2) 균제도

[1교시_09] 휘도측정 방법(KS C 7613)에 대하여 다음을 설명하시오.
1) 측정 목적
2) 측정 기준점의 높이 및 측정 휘도각
3) 각 작업에서의 눈의 위치

[1교시_10] 주상복합건축물의 경관조명 설계시 고려사항과 설계절차에 대하여 설명하시오.

[1교시_11] 유도전동기 회로에 사용되는 배선용 차단기의 선정 조건을 설명하시오.

[1교시_12] 변류기의 포화 특성을 설명하시오.

[2교시_01] 가스절연개폐장치(GIS) 등 내부의 절연을 위해 사용하는 SF_6 가스의 특성과 환경 오염 방지를 위한 SF_6 가스 대체기술을 설명하시오.

[2교시_02] 심매설접지(보링접지)의 설계 및 시공시 고려사항을 설명하시오.

[2교시_03] 건물에너지관리시스템(BEMS)을 설명하시오.

[2교시_04] 다음 회로에서 전력계(wattmeter)에 나타난 전력을 구하시오.

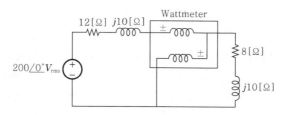

[2교시_05] 단상 반파정류기와 단상 전파정류기를 설명하시오.

[2교시_06] 건물 조명제어와 관련된 주요 프로토콜에 대하여 설명하시오.

[3교시_03] 고조파가 전력용 변압기와 회전기에 미치는 영향과 대책을 설명하시오.

[3교시_04] 변압기의 손실종류와 손실저감대책을 설명하시오.

[3교시_05] 전기실 및 발전기실의 환기량 계산방법을 설명하시오.

[3교시_06] 옥내운동장(KS C 3706) 조명기구 배치방식에 대하여 설명하시오.

[4교시_01] 불평형 전압이 유도전동기에 미치는 영향에 대하여 설명하시오.

[4교시_02] 에너지저장장치(ESS)의 화재원인과 방지대책을 설명하시오.

[4교시_04] 스마트그리드의 필요성과 특징, 구현하기 위한 조건 및 핵심기술을 설명하시오.

[4교시_05] 글레어(glare)의 종류와 평가방법에 대하여 설명하시오.

[4교시_06] 전력용 콘덴서에서 다음을 설명하시오.
　　1) 운전 중 점검항목
　　2) 팽창(배부름) 원인과 대책

2018년 _ 자주 출제되는 핵심 기출문제

▶▶ 기술사 114회

[1교시_02] 전력용 콘덴서의 설치위치에 따른 장단점을 비교 설명하시오.

[1교시_03] 직접접지계통의 수전반 보호계전기에서 OCR 및 OCGR의 한시탭 정정방법, 동작시간 정정방법, 순시탭 정정방법에 대하여 설명하시오.

[1교시_04] 접지 설계시 전위간섭의 개념과 접지 설계시 유의점에 대하여 설명하시오.

[1교시_05] 병원전기설비시설에 관한 지침에서 다음 사항을 설명하시오.
　　1) 의료장소의 콘센트 설치 수량 및 방법
　　2) 콘센트의 전원종별 표시

[1교시_07] 전력시설물 공사감리업무 수행지침에 대하여 다음 사항을 설명하시오.
　　1) 공사감리의 정의
　　2) 감리원이 공종별 촬영하여야 하는 대상 및 처리방법

[1교시_08] 전기절연의 내열성 등급에 대하여 KS C IEC 60085에 따른 상대 내열지수, 내열등급을 기존의 절연종별 등급과 비교하여 설명하시오.

[1교시_09] 하이브리드(hybrid) 분산형 전원의 정의와 ESS 충·방전방식에 대하여 설명하시오.

[1교시_10] 코로나 임계전압과 코로나 방지대책에 대하여 설명하시오.

[1교시_11] △-Y 변압기 구성에서 1차측 1선 지락사고 발생시 2차측에서 발생되는 상전압과 선간전압의 최저전압에 대하여 설명하시오.

[1교시_12] 저항용접기 및 아크용접기에 전원을 공급하는 분기회로 및 간선의 시설방법에 대하여 설명하시오.

[2교시_01] 건축물 조명제어에서 조명제어시스템으로 이용되는 주요 프로토콜(protocol)에 대하여 설명하시오.

[2교시_02] 변압기 임피던스전압($\%Z$)의 개념과 임피던스전압이 서로 다른 변압기를 병렬운 전할 때 부하분담과 과부하운전을 하지 않기 위한 부하제한에 대하여 설명하시오.

[2교시_03] 자가발전기와 무정전전원장치(UPS)를 조합하여 운전할 때 고려사항에 대하여 설 명하시오.

[2교시_04] 태양광 인버터(PCS)에서 Stage 및 인버터의 종류와 특징을 설명하시오.

[2교시_05] 변압기 선정을 위한 효율과 부하율 관계를 설명하고, 유입변압기와 몰드변압기 의 특성을 비교 설명하시오.

[3교시_01] 380[V] 저압용 유도전동기의 보호방법과 전기설비기술기준의 판단기준 제175조 에 의한 차단기용량 산정, 경제적인 배선규격에 대하여 설명하시오.

[3교시_02] 연료전지발전에 대하여 설명하시오.

[3교시_03] KS C 0075에 의한 광원의 연색성 평가와 연색성이 물체에 미치는 영향에 대하 여 설명하시오.

[3교시_06] 수전설비 용량 산정에서 이단강하방식과 직강하방식의 용량 산정 방법에 대하여 설명하시오.

[4교시_01] 계측기기용 변류기와 보호계전기용 변류기의 차이점을 설명하시오.

[4교시_03] 다음과 같은 무정전전원장치(UPS)의 특성에 대하여 설명하시오.
1) 단일출력버스 UPS
2) 병렬 UPS
3) 이중버스 UPS

[4교시_04] 인버터제어회로를 운전하는 경우 역률 개선용 콘덴서의 설계 및 선정 방안에 대하여 다음 사항을 설명하시오.
1) 인버터 종류 및 역률 개선용 콘덴서 설치개념
2) 콘덴서회로 부속기기 및 용량 산출
3) 직렬리액터 설치시 효과 및 고려사항

[4교시_05] TN계통에서 전원자동차단에 의한 감전보호방식에 대하여 설명하시오.

[4교시_06] 피뢰시스템 설계시 고려사항과 설계흐름도에 대하여 설명하시오.

▶▶ 기술사 115회

[1교시_03] ESCO(Energy Service Company)의 주요 역할과 계약제도의 종류를 설명하시오.

[1교시_04] 피뢰기(lightning arrester)가 가져야 할 특성을 설명하시오.

[1교시_06] 사물인터넷(internet of things)을 설명하고 전력설비에서의 적용 현황을 설명하시오.

[1교시_07] 승강기의 효율 향상에 사용되는 회생제동장치의 원리와 설치 제한사항에 대하여 설명하시오.

[1교시_08] 초전도케이블에 사용되는 제1종 초전도체와 제2종 초전도체의 특성을 비교 설명하시오.

[1교시_09] 최근 제정 공고된 한국전기설비규정(KEC)의 주요 사항을 설명하시오.

[1교시_10] 루미네선스(luminescence) 개념과 종류를 설명하시오.

[1교시_11] 변압기용 보호계전기 정정시 사용하는 통과고장 보호곡선(through fault protection curve)을 설명하시오.

[1교시_12] 분산형 전원을 한국전력공사계통에 연계할 때, 고려하여야 할 사항을 설명하시오.

[2교시_02] 축전지에너지 저장장치(ESS : Energy Storage System)를 전기계통에 도입하고자 할 때, ESS를 가장 효율적으로 활용하기 위한 3가지 용도를 설명하고, 각각의 경제성을 B/C(Benefit/Cost) 측면에서 비교하여 설명하시오.

[2교시_04] 표피효과는 케이블에 영향을 준다. 표피효과와 표피두께는 주파수와 재질의 특성에 의하여 어떻게 결정되는지 설명하시오.

[2교시_05] 접지전극의 설계에서 설계목적에 맞는 효과적인 접지를 위한 단계별 고려사항을 설명하시오.

[2교시_06] 지하 2층에 1,000[kW] 디젤발전기를 설치하였다. 준공검사에 필요한 전기와 건축 및 기계적인 점검사항을 설명하시오.

[3교시_01] 전력계통의 지락사고와 관련하여 다음 사항을 설명하시오.
1) 영상전류와 영상전압을 검출하는 방법을 3선 결선도를 그려 설명하시오.
2) 영상 과전류계전기의 정정치를 결정하기 위한 방법을 설명하시오.
3) 영상전압을 이용하여 지락사고선로를 구분하기 위한 방법을 설명하시오.

[3교시_02] 명시조명과 분위기조명의 특징을 구분하고, 우수한 명시조명 설계를 위하여 고려할 사항을 설명하시오.

[3교시_03] 수변전설비 설계에서 단락전류가 증가할 때의 문제점과 억제대책을 설명하시오.

[3교시_04] 개폐서지는 뇌서지보다 파고값이 높지 않으나 지속시간이 수ms로 비교적 길어 기기절연에 영향을 준다. 개폐서지의 종류와 특성을 설명하시오.

[3교시_05] 프로시니엄무대(액자무대, proscenium stage)를 가진 공연장에 설치하는 무대조명기구를 배치구역별로 설명하시오.

[4교시_01] 변압기 인증을 위한 공장시험의 종류 및 시험방법을 설명하시오.

[4교시_03] 단상 유도전동기에서 분상전동기의 기동토크를 최대로 하기 위한 보조회로의 저항을 구하시오.

[4교시_05] 배선용 차단기(MCCB)의 특징을 설명하고 저압계통의 배선용 차단기 단락보호 협조방식을 설명하시오.

[4교시_06] 건설사업관리(CM : Construction Management)에 대하여 다음 사항을 설명하시오.
1) 필요성
2) 업무범위
3) CM과 감리 비교
4) 자문형 CM과 책임형 CM의 비교

▶▶ 기술사 116회

[1교시_01] 피뢰기를 변압기에 가까이 설치해야 하는 이유에 대하여 설명하시오.

[1교시_02] 내선규정에 의한 제2종 접지선굵기 산정 기준에 대하여 설명하시오.

[1교시_03] 교류자기 회로코일에 시변자속이 인가될 때 유도기전력을 설명하시오. (단, 자기회로는 포화와 누설이 발생하지 않는다고 가정한다.)

[1교시_05] 전기설비기술기준의 판단기준 제289조(저압옥내 직류전기설비의 접지)의 시설기준에 대하여 설명하시오.

[1교시_06] 축전지의 충전방식을 초기충전과 사용 중의 충전방식으로 구분하여 설명하시오.

[1교시_07] 변압기의 K-Factor에 대하여 설명하시오.

[1교시_08] 전기방식 중에 희생양극법에 대하여 설명하시오.

[1교시_09] 교류회로에서 전선을 병렬로 사용하는 경우 포설방법에 대하여 설명하시오.

[1교시_10] 소방부하겸용 발전기용량 산정시 적용하는 수용률 기준에 대하여 설명하시오.

[1교시_11] 제3고조파 전류가 영상전류가 되는 이유에 대하여 설명하시오.

[1교시_12] 변압기의 과부하운전이 가능한 조건에 대하여 설명하시오.

[1교시_13] 파센의 법칙(Paschen's law)과 페닝효과(Penning effect)에 대하여 설명하시오.

[2교시_01] 중성점 직접접지식 전로와 비접지식 전로의 지락보호를 비교하여 설명하시오.

[2교시_02] 변류기(CT)의 과전류정수와 과전류강도에 대하여 설명하시오.

[2교시_03] 전력용 콘덴서의 내부고장 보호방식에 대하여 설명하시오.

[2교시_05] 전력시설물 공사감리업무 수행지침에 따라 물가변동으로 인한 계약금액 조정시 계약금액 조정방법, 지수조정률과 품목조정률의 개요 및 검토시 구비서류에 대하여 설명하시오.

[2교시_06] 3상 유도전동기가 4극, 50[Hz], 10[HP]로 전부하에서 1,450[rpm]으로 운전하고 있을 때, 고정자동손은 231[W], 회전손실은 343[W]이다. 다음을 구하시오.
  1) 축토크
  2) 유기된 기계적 출력
  3) 공극전력
  4) 회전자동손
  5) 입력전력
  6) 효율

[3교시_01] 케이블에서 충전전류의 발생 원인, 영향(문제점) 및 대책에 대하여 설명하시오.

[3교시_02] 접지형 계기용 변압기(GVT) 사용시 고려사항에 대하여 설명하고, 설치개수와 영상전압과의 관계에 대해서도 설명하시오.

[3교시_04] 분진위험장소에 시설하는 전기배선 및 개폐기, 콘센트, 전등설비 등의 시설방법에 대하여 설명하시오.

[3교시_05] 최근 지진으로 인한 사회전반적으로 예방대책이 요구되는 시점에서 전기설비의 내진대책에 대하여 설명하시오.

[3교시_06] VVVF(Variable Voltage Variable Frequency)와 VVCF(Variable Voltage Constant Frequency)의 원리, 특징 및 적용되는 분야에 대하여 설명하시오.

[4교시_01] 지중케이블의 고장점 추정 방법에 대하여 설명하시오.

[4교시_02] 골프장의 야간조명 계획시 고려사항에 대하여 설명하시오.

[4교시_03] 분산형 전원배전계통 연계기술기준에 의거하여 한전계통 이상시 분산형 전원분리시간(비정상전압, 비정상주파수)에 대하여 설명하시오.

[4교시_05] KS C IEC 60364-4에서 정한 특별저압전원(ELV : Extra-Low Voltage)에 의한 보호방식에 대하여 설명하시오.

2017년 자주 출제되는 핵심 기출문제

▶▶ 기술사 111회

[1교시_01] 조명용어에 대하여 설명하시오.
    1) 방사속
    2) 광속
    3) 광량
    4) 광도
    5) 조도

[1교시_02] 접지극의 접지저항 저감방법(물리적, 화학적)에 대하여 설명하시오.

[1교시_03] 건축전기설비에서 축전지실의 위치 선정시 고려사항에 대하여 설명하시오.

[1교시_04] 피뢰기의 정격전압 및 공칭방전전류에 대하여 설명하시오.

[1교시_05] 전력기술관리법에서 설계감리대상이 되는 전력시설물의 설계도서와 설계감리 업무범위를 설명하시오.

[1교시_06] 전기설비기술기준의 판단기준에서 특고압 또는 고압전로에 설치하는 변압기 2차 전로의 전압 및 결선방식별 혼촉방지방법을 설명하시오.

[1교시_07] 보호계전기의 동작상태 판정에 대하여 다음 용어를 설명하시오.
1) 정동작
2) 오동작
3) 정부동작
4) 오부동작

[1교시_08] 전기설비기술기준의 판단기준에서 풀용 수중조명등에 전기를 공급하는 절연변압기에 대하여 설명하시오.

[1교시_09] 전력시설물 공사감리에서 기성검사의 목적, 종류, 절차에 대하여 설명하시오.

[1교시_10] 교류회로에서의 공진에 대하여 설명하시오.
1) 정의
2) 직렬 및 병렬 공진
3) 공진주파수

[1교시_11] 전력용 변압기 최대효율조건에 대하여 설명하시오. (단, η : 효율, P : 변압기용량, $\cos\theta$: 역률, m : 부하율, P_i : 철손, P_c : 동손)

[1교시_12] IEC 529에서 외함의 보호등급(IP : International Protection) 중 건물의 침입에 대하여 설명하시오.

[1교시_13] 피뢰시스템 구성 요소의 용어에 대하여 설명하시오.
1) 피뢰침(air termination rod)
2) 인하도선(down conductor)
3) 접지극(earth electrode)
4) 서지보호장치(SPD : Surge Protective Device)

[2교시_01] 건축물의 전반조명 설계순서 및 주요 항목별 검토사항에 대하여 설명하시오.

[2교시_02] 간선의 고조파전류에 대하여 다음 항목별로 설명하시오.
    1) 발생원인 및 파형 형태
    2) 영향 및 저감대책
    3) 간선 설계시 검토사항

[2교시_03] 지능형 건축물 인증제도의 전기설비 평가항목 및 기준, 도입시 기대효과에 대하여 설명하시오.

[2교시_04] 건축물의 전기설비 방폭원리 및 방폭구조에 대하여 설명하시오.

[2교시_05] 자가용 수변전설비 설계시 에너지절약방안에 대하여 설명하시오.

[2교시_06] 다음과 같은 특성을 가지고 있는 수전용 주변압기 보호에 사용하는 비율차동계전기의 부정합비율을 줄이기 위한 보조 CT의 변환비율 탭값을 구하고, 비율차동계전기의 적정한 비율 탭값을 정정(setting)하시오. (단, 오차의 적용은 변압기 탭(tap)절환 10[%], CT 오차 5[%], 여유 5[%]를 고려하고, 보조 CT의 턴(turn)수는 0~100턴(turn)으로 한다.)

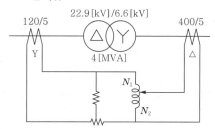

Relay Current Tap(A)	2.9−3.2−3.8−4.2−4.6−5.0−8.7
비율 탭[%]	25−40−70

[3교시_01] 건축전기설비의 전력계통에서 순시전압강하에 대하여 설명하시오.
    1) 발생원인
    2) 영향
    3) 억제대책
    4) 개선기기

[3교시_02] 배선용 차단기의 규격에서 산업용과 주택용에 대하여 비교 설명하시오.

[3교시_03] 연료전지설비에서 보호장치, 비상정지장치, 모니터링설비에 대하여 설명하시오.

[3교시_04] 임피던스전압의 정의 및 변압기 특성에 미치는 영향에 대하여 종류별로 설명하시오.

[3교시_05] 인텔리전트빌딩(IB : Intelligent Building) 설계시 정전기장해의 발생원인과 방지대책에 대하여 설명하시오.

[3교시_06] 할로겐전구에 대하여 다음 항목을 설명하시오.
　　1) 원리 및 구조
　　2) 특성
　　3) 용도
　　4) 특징

[4교시_01] 수전전력계통에서 보호계전시스템을 보호방식별로 분류하고 설명하시오.

[4교시_02] 자연채광과 인공조명의 설계개념에 대하여 설명하시오.

[4교시_03] 전력시설물 설계, 시공, 유지보수시 케이블(cable)의 화재 방지대책에 대하여 설명하시오.

[4교시_04] 내선규정에 의한 전동기용 과전류차단기 및 전선의 굵기 선정 기준에 대하여 설명하시오.

[4교시_05] CV케이블의 열화원인과 그 대책을 설명하시오.

[4교시_06] 전기차 전원설비에 대하여 설명하시오.

▶▶ **기술사 112회**

[1교시_01] 건축물 설계에서 건축 설계자와 협의하여 평면계획에 포함되어야 할 전기 설계 내용에 대하여 설명하시오.

[1교시_02] 보호계전기의 동작시간 특성에 대하여 설명하시오.

[1교시_03] 변압기용량은 5,000[kVA], 변압기의 효율은 100[%] 부하시에 99.08[%], 75[%] 부하시에 99.18[%], 50[%] 부하시에 99.20[%]라 한다. 이와 같은 조건에서 변압기의 부하율 65[%]일 때의 전력손실을 구하시오. (단, 답은 소수점 첫째자리에서 절상한다.)

[1교시_04] OLED 조명과 LED 조명을 비교 설명하시오.

[1교시_05] 변압기의 소음발생 원인 및 대책에 대하여 설명하시오.

[1교시_06] 가스절연개폐장치의 장단점을 설명하시오.

[1교시_07] 전력산업에 적용이 가능한 에너지 하베스팅(harvesting)기술에 대하여 설명하시오.

[1교시_08] 규약표준 충격전압파형에 대하여 설명하시오.

[1교시_09] 수요자원(DR) 거래시장에 대하여 설명하시오.

[1교시_10] 단락고장시 역률이 저하되는 이유에 대하여 설명하시오.

[1교시_11] 차단기 트립시 이상전압이 발생하는 이유에 대하여 설명하시오.

[1교시_12] 조명 설계에서 조명시뮬레이션의 입력데이터와 출력결과물에 대하여 설명하시오.

[1교시_13] 배전선로의 전압강하율과 전압변동률에 대하여 설명하시오.

[2교시_01] 변압기 2차측의 모선방식에 대하여 설명하시오.

[2교시_02] 단락전류의 종류와 계산방법에 대하여 설명하시오.

[2교시_03] 전력용 콘덴서의 절연열화 원인과 대책에 대하여 설명하시오.

[2교시_04] 분산형 전원을 배전계통에 연계시 고려사항에 대하여 설명하시오.

[2교시_05] 우리나라는 빛공해(light pollution)에 많이 노출된 국가로 분류되고 있다. '인공조명에 의한 빛공해방지법'의 주요 내용에 대하여 설명하시오.

[2교시_06] 철근콘크리트 구조물에서 KS C IEC 62305 피뢰시스템의 자연적 구성 부재를 사용하는 요건에 대하여 다음 내용을 설명하시오.
1) 자연적 수뢰부
2) 자연적 인하도선
3) 자연적 접지극

[3교시_01] 노이즈 방지용 변압기에 대하여 설명하시오.

[3교시_02] 축전지의 용량 산정시 고려사항에 대하여 설명하시오.

[3교시_03] 에너지저장장치(ESS)의 출력과 용량을 구분하고 전력계통의 활용분야를 설명하시오.

[3교시_04] 병원설비의 매크로 쇼크(macro shock) 및 마이크로 쇼크(micro shock)에 대한 방지대책과 개정된 전기설비기술기준의 판단기준 제249조의 절연감시장치에 대하여 설명하시오.

[3교시_05] 케이블의 수트리(water tree)에 대하여 다음 내용을 설명하시오.
1) 수트리 발생원인
2) 수트리 종류 및 특징
3) 수트리 발생억제대책

[3교시_06] 건설공사의 효율성을 높이기 위하여 적용되고 있는 BIM(Building Information Modeling)에 대하여 설명하시오.

[4교시_01] 눈부심(glare)에 대하여 다음 내용을 설명하시오.
1) 눈부심의 원인 및 영향
2) 눈부심에 의한 빛의 손실
3) 눈부심의 종류 및 대책

[4교시_02] 전력품질(power quality)에 대하여 설명하시오.

[4교시_03] 직류차단기의 종류와 소호방식에 대하여 설명하시오.

[4교시_04] 변압기 병렬운전조건 및 붕괴현상에 대하여 설명하시오.

[4교시_05] KS C IEC 60364-4-41의 감전보호체계에 대하여 설명하시오.

[4교시_06] 접지전극 부식형태를 구분하고 이종(異種)금속 결합에 의한 부식원인 및 방지대책을 설명하시오.

▶▶ 기술사 113회

[1교시_01] 불평형 고장 계산을 위한 대칭좌표법에 대하여 설명하시오.

[1교시_03] 건축물의 전기설비 중 변압기의 용량 산정 및 효율적인 운영을 위한 수용률, 부등률, 부하율을 각각 설명하고, 상호관계를 기술하시오.

[1교시_04] 전력기술관리법에 의한 설계감리를 받아야 하는 전력시설물의 대상을 쓰시오.

[1교시_06] 도로조명의 기능과 운전자에 대한 휘도기준에 대하여 설명하시오.

[1교시_08] KS C IEC 60364-7-710(의료장소)에 의한 비상전원에 대한 공급사항을 설명하시오.

[1교시_09] 22.9[kV], 주차단기 차단용량 520[MVA]일 경우 피뢰기의 접지선굵기를 나동선과 GV 전선으로 구분하여 각각 선정하시오.

[1교시_10] 특고압(22.9[kV]-Y) 가공선로 2회선으로 수전하는 경우 특고압 중성선의 가선(架線)방법에 대하여 설명하시오.

[1교시_11] 공통·통합접지의 접지저항 측정 방법에 대하여 설명하시오.

[1교시_12] 전력수요관리제도(DSM : Demand Side Management)에 대해서 설명하시오.

[1교시_13] 소방펌프용 3상 농형 유도전동기를 Y-△ 방식으로 기동하고자 한다. Y-△ 기동 방식이 직입(전전압)기동방식에 비해서 기동전류 및 기동토크가 $\frac{1}{3}$로 감소됨을 설명하시오.

[2교시_01] 건축전기설비공사에 주로 적용되는 합성수지관, 금속관, 가요전선관의 특징과 시공상 유의사항에 대하여 각각 설명하시오.

[2교시_02] 건축전기설비 자동화시스템의 제어기로 많이 사용되고 있는 PLC(Programmable Logic Controller)에 대하여 구성 요소, 설치시 유의사항에 대하여 설명하시오.

[2교시_04] 3상 농형 유도전동기의 기동용, 속도제어용 및 전력절감용으로 인버터(inverter) 시스템을 많이 사용하고 있다. 인버터시스템 적용시 고려사항을 인버터와 전동 기로 구분하여 설명하시오.

[3교시_01] 동력설비의 에너지 절감방안을 전원공급, 전동기, 부하사용 측면에서 각각 설명 하시오.

[3교시_03] 3상 변압기 병렬운전을 하고자 한다. 다음 결선에 대하여 병렬운전의 가능, 불가 능을 판단하고 그 이유를 설명하시오.
1) △-Y와 △-Y 결선
2) △-Y와 Y-Y 결선

[3교시_04] 고조파가 전력용 변압기와 회전기에 미치는 영향과 대책을 설명하시오.

[3교시_05] 전력기술관리법에 의한 감리원 배치기준을 설명하시오.

[3교시_06] 전기설비기술기준의 판단기준 제177조(점멸장치와 타임스위치 등의 시설)의 시 설기준에 대하여 설명하시오.

[4교시_01] 비상발전기용량 선정시 PG 방식과 RG 방식에 대하여 설명하시오.

[4교시_02] 1,000병상 이상 대형 병원의 조명 설계에 대하여 설명하시오.

[4교시_03] 변압기보호용으로 비율차동계전기를 적용할 경우 고려사항을 설명하시오.

[4교시_04] 전력케이블의 화재 원인과 대책을 쓰시오.

[4교시_05] 건물에너지관리시스템(Building Energy Management System)의 개념, 필요성, 공공기관 의무화, 설치 확인에 대하여 각각 설명하시오.

[4교시_06] 저압배전계통에서 SPD(Surge Protective Device)의 접속형식과 Ⅰ등급, Ⅱ등급 SPD의 보호모드별 공칭방전전류와 임펄스전류에 대하여 설명하시오.

2016년 자주 출제되는 핵심 기출문제

▶▶ 기술사 108회

[1교시_01] 전기회로와 자기회로의 차이점을 설명하시오.

[1교시_02] CT(Current Transformer)의 과전류강도와 22.9[kV]급에서 MOF의 과전류강도 적용에 대하여 설명하시오.

[1교시_03] 대형 건물에서 고압전동기를 포함한 6.6[kV] 구내 배전계통에 적용한 유도원판형 과전류계전기의 한시탭 상호간의 협조시간간격을 제시하고, 이 간격을 유지하기 위한 시간협조항목을 설명하시오.

[1교시_04] 변압기효율이 최대가 되는 관계식을 유도하시오. (단, V_2 : 변압기 2차 전압, I_2 : 변압기 2차 전류, F : 철손, R : 변압기 2차로 환산한 전저항, $\cos\theta$: 부하역률)

[1교시_05] 건축물의 비상발전기 운전시 과전압의 발생 원인과 대책에 대해서 설명하시오.

[1교시_06] 공동주택 및 건축물의 규모에 따른 감리원 배치기준에 대하여 설명하시오.

[1교시_07] 태양광발전설비 시공시 태양전지의 전압-전류 특성 곡선에 대해서 설명하고, 인버터 및 모듈의 설치기준에 대해서 설명하시오.

[1교시_08] 건축물에 전기를 배전(配電)하려는 경우 전기설비 설치공간기준을 '건축물설비기준 등에 관한 규칙'과 관련하여 설명하시오.

[1교시_10] 빌딩제어시스템의 운용에 필요한 가용성(availability), MTBF(Mean Time Between Failure), MTTR(Mean Time To Repair) 및 상호관계를 설명하시오.

[1교시_11] 고조파를 많이 발생시키는 부하가 케이블에 미치는 영향을 설명하시오.

[1교시_12] 휘도(B : brightness)와 광속발산도(R : luminous emittance)를 설명하고, 완전 확산면에서 그 휘도와 광속발산도와의 상호관계를 설명하시오.

[2교시_01] 전기 · 전자 설비를 뇌서지로부터 피해를 입지 않도록 하기 위한 뇌서지 보호시스템의 기본구성에 대하여 설명하시오.

[2교시_02] 초고층빌딩에 적합한 조명시스템의 필요조건에 대하여 설명하시오.

[2교시_03] 건축물 내 수변전설비에서 변압기의 합리적인 뱅킹(banking)방식에 대하여 설명하시오.

[2교시_04] 건축물에 설치된 대형 열병합형 스팀터빈발전기를 전력회사계통과 병렬운전을 위해 동기 투입하려고 한다. 만약 터빈발전기의 동기가 불일치할 때
1) 터빈발전기기기 자체에 발생할 수 있는 손상(damage)을 설명하시오.
2) 이 손상을 방지하기 위한 동기투입조건 4가지를 제시하고, 이 조건들을 불만족시킬 때 계통 운영상에 발생하는 문제점을 설명하시오.

[2교시_05] 전기설비기술기준의 판단기준 제283조에 규정하는 계통을 연계하는 단순 병렬운전 분산형 전원을 설치하는 경우 특고압 정식수전설비, 특고압 약식수전설비, 저압수전설비별로 보호장치 시설방법에 대하여 설명하시오.

[2교시_06] 다음과 같은 단선도에서 유도전동기가 직입기동하는 순간, 전동기 연결모선의 전압은 초기전압의 몇 [%]가 되는지 계산하시오.
〈계산조건〉
1) 각 기기들의 Per unit 임피던스는 100[MVA] 기준으로 계산한다.
2) 변압기손실은 무시한다.

3) 각 모선의 초기전압은 100[%]로 가정한다.

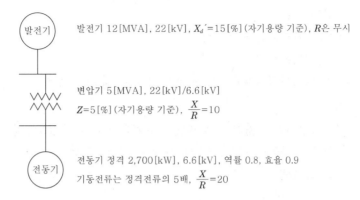

발전기 12[MVA], 22[kV], X_d'=15[%] (자기용량 기준), R은 무시

변압기 5[MVA], 22[kV]/6.6[kV]
Z=5[%] (자기용량 기준), $\dfrac{X}{R}$=10

전동기 정격 2,700[kW], 6.6[kV], 역률 0.8, 효율 0.9
기동전류는 정격전류의 5배, $\dfrac{X}{R}$=20

[3교시_01] 대형 건물의 구내 배전용 6.6[kV] 모선에 6.6[kV] 전동기와 6.6[kV]/380[V] 변압기가 연결되어 있다. 6.6[kV] 전동기부하용 과전류계전기(50/51)와 6.6[kV]/380[V] 변압기의 고압측에 설치된 과전류계전기(50/51)를 정정하는 방법을 각각 설명하시오.

[3교시_03] 차단기의 개폐에 의해 발생하는 서지의 종류별 특징과 방지대책에 대하여 설명하시오.

[3교시_04] 대지저항률에 영향을 미치는 요인에 대하여 설명하시오.

[3교시_06] 건축물의 전기설비를 감시제어하기 위한 전력감시제어시스템의 구성시 PLC (Programmable Logic Controller), HMI(Human Machine Interface), SCADA (Supervisory Control And Data Acguistion)를 사용하고 있다. 각 제어기의 특징과 적용시 고려사항에 대하여 설명하시오.

[4교시_01] 변압기 2차 사용전압이 440[V] 이상의 회로에서 중성점 직접접지식과 비접지계통에 대한 지락차단장치의 시설방법에 대하여 설명하시오.

[4교시_02] 전동기의 제동방법에 대하여 종류를 들고 설명하시오.

[4교시_03] 전선의 보호장치에 대한 내용 중 다음에 대하여 설명하시오.
1) 과부하에 대한 보호장치의 시설위치와 보호장치를 생략할 수 있는 경우
2) 단락에 대한 보호장치의 시설위치와 보호장치를 생략할 수 있는 경우

[4교시_04] 녹색건축물 조성 지원법에서 규정하는 에너지절약계획서 내용 중 다음에 대하여 설명하시오.
1) 전기부문의 의무사항
2) 전기부문의 권장사항
3) 에너지절약계획서를 첨부할 필요가 없는 건축물

[4교시_06] 주파수 50[Hz]용으로 설계된 변압기와 3상 농형 유도전동기를 주파수 60[Hz] 전원으로 사용할 경우 다음에 대하여 설명하시오.
1) 고려사항
2) 특성 변화
3) 사용 가능성

▶▶ 기술사 109회

[1교시_01] KS C 3703의 터널조명기준에서 규정하고 있는 휘도대비계수를 설명하고 휘도대비계수의 비에 따른 터널조명방식 3가지를 설명하시오.

[1교시_02] 전로에 시설하는 기계기구의 철대 및 금속제 외함(외함이 없는 변압기 또는 계기용 변성기는 철심)에는 400[V] 미만의 저압용은 제3종 접지공사, 400[V] 이상의 저압용은 특별 제3종 접지공사, 고압용 또는 특고압용은 제1종 접지공사를 하여야 한다. 이와 같은 규정을 따르지 않아도 되는 경우에 대하여 설명하시오.

[1교시_03] 산업통상자원부 고시에 의한 전기안전관리자 직무 중 전기설비공사시 안전 확보를 위하여 관리·감독하여야 할 사항과 공사 완료시 확인·점검하여야 할 사항을 설명하시오.

[1교시_04] 주파수가 60[Hz] 이하, 공칭전압이 교류 1,000[V] 이하와 공칭전압이 직류 1,500[V] 이하로 공급되는 건축전기설비의 전압밴드(voltage bands)에 대하여 설명하시오.

[1교시_05] 건축전기설비에서 지중전선로의 종류별 시설방법 및 특성을 설명하시오.

[1교시_06] 직렬리액터에 대하여 다음 사항을 설명하시오.
1) 설치목적
2) 용량 산정
3) 설치시 문제점 및 대책

[1교시_07] 변압기용량 산정시 필요한 수용률, 부등률, 부하율에 대하여 설명하시오.

[1교시_08] 에너지저장시스템용 전력변환장치를 용도에 따라 분류하고 설명하시오.

[1교시_09] 축전지의 충·방전현상에서 발생하는 메모리효과(memory effect)를 설명하시오.

[1교시_10] 광원의 연색성(color rendition) 평가에 대하여 설명하시오.

[1교시_11] 피뢰기의 공칭방전전류를 설명하고 설치장소에 따른 적용 조건을 설명하시오.

[1교시_12] 저압직류 지락차단장치의 구성 방법과 동작원리에 대하여 설명하시오.

[1교시_13] 전력용 콘덴서의 허용 최대사용전류에 대하여 설명하시오.

[2교시_01] 전력계통의 중성점접지방식 중 직접접지, 저항접지, 비접지 방식에 대하여 특징을 비교 설명하시오.

[2교시_02] 단상 유도전동기의 원리 및 기동방법의 종류별 특징을 설명하시오.

[2교시_03] 건물에너지관리기술의 체계적인 개발과 보급을 위하여 제정된 건물에너지관리시스템(BEMS)의 기능을 상세하게 설명하시오.

[2교시_04] 이상적인 초전도전류제한기가 갖추어야 할 조건을 설명하고 전류제한형 초전도 변압기에 대하여 설명하시오.

[2교시_05] 의료장소의 전기설비시설기준에서 다음 사항을 설명하시오.
1) 안전을 위한 보호설비시설
2) 누전차단기시설
3) 비상전원시설

[2교시_06] 전력간선설비에서 저압간선케이블의 규격 선정시 고려사항을 설명하시오.

[3교시_01] 가로등 또는 보안등 등에 사용되는 광원 및 배광방식의 종류별 특징을 각각 비교 설명하시오.

[3교시_02] 건축전기설비의 매설구조물에 대하여 다음 사항을 설명하시오.
1) 부식현상 및 방지대책
2) 전기방식(cathodic protection)의 종류 및 특징

[3교시_03] 건축물 설계시 변전실계획과 관련한 전기적 고려사항(위치, 구조, 형식, 배치, 면적 등)과 건축적 고려사항을 구분하여 설명하시오.

[3교시_05] 전동기를 합리적으로 사용하기 위해서는 정격에 맞는 전동기를 선정해야 한다. 정격과 관련된 다음 사항을 설명하시오.
1) 정격의 정의
2) 정격 선정시 고려사항
3) 전동기명판에 표시하는 정격사항
4) 정격의 종류

[4교시_01] 수상태양광발전설비에 대하여 다음 사항을 설명하시오.
1) 발전계통의 구성 요소
2) 수위적응식 계류장치
3) 발전설비의 특징

[4교시_02] 건축화조명의 종류별 조명방식, 특징 및 설계시 고려사항을 설명하시오.

[4교시_04] 이차 전지를 이용한 전기저장장치의 시설기준에 대하여 다음 사항을 설명하시오.
1) 적용 범위 및 일반요건
2) 계측장치 등의 시설
3) 제어 및 보호장치의 시설
4) 계통연계용 보호장치시설

[4교시_05] 변류기(CT)의 이상현상 발생 원인과 대책에 대하여 설명하시오.

[4교시_06] 저압유도전동기의 보호방식에 대하여 설명하고 보호방식 선정시 고려사항을 설명하시오.

▶▶ **기술사 110회**

[1교시_02] KS C IEC 60364-4-41(안전을 위한 보호-감전에 대한 보호)에 근거한 비접지 국부 등전위본딩에 의한 보호에 대하여 설명하시오.

[1교시_03] 보호용 변류기에서 25[VA] 5P20과 C100의 의미를 설명하시오.

[1교시_04] 변압기의 여자전류가 비정현파로 되는 이유에 대하여 설명하시오.

[1교시_05] 전동기의 기동방식 선정시 고려사항에 대하여 설명하시오.

[1교시_06] 태양전지 모듈 설치시 발전에 영향을 미치는 요인 3가지를 쓰고 설명하시오.

[1교시_07] BLDC(Brush Less DC) 모터의 동작 원리와 특징에 대하여 설명하시오.

[1교시_08] 전력용 콘덴서의 내부소자 보호방식에 대하여 설명하시오.

[1교시_09] 설계의 경제성 등 검토에 관한 시행지침에 근거한 설계 VE(Value Engineering)의 다음 사항에 대하여 설명하시오.
1) 설계 VE 검토 실시대상
2) 실시 시기 및 횟수
3) 단계별 업무 절차 및 내용

[1교시_10] 저압전기설비에 설치된 SPD(Surge Protective Device) 고장의 경우 전원공급의 연속성과 보호의 연속성을 보장하기 위하여 SPD를 분기하기 위한 개폐장치의 설치방식을 설명하시오.

[1교시_11] 차단기 회복전압의 종류 및 특징에 대하여 설명하시오.

[1교시_12] 고압케이블의 차폐층을 접지하지 않을 때의 위험성에 대하여 설명하시오.

[2교시_01] 전력시설물 공사감리업무 수행지침에 근거한 공사착공단계 감리업무와 공사시행 단계 감리업무에 대하여 설명하시오.

[2교시_02] 고조파가 콘덴서에 미치는 영향과 대책에 대하여 설명하시오.

[2교시_03] 전기설비기술기준에 의한 통합접지시스템을 적용할 경우 이 기준에서 정하는 설 치요건과 특징 그리고 건물 기초콘크리트 접지시공방법에 대하여 설명하시오.

[2교시_04] 변압기에서 발생하는 부분방전의 개념과 부분방전시험에 대하여 설명하시오.

[2교시_05] 대형 교량의 야간경관조명 설계에 대하여 설명하시오.

[3교시_02] 건축물에서 신호전송에 주로 사용되는 UTP(Unshielded Twisted Pair) 케이블, 동축케이블, 광케이블의 구조, 특징 및 종류에 대하여 설명하시오.

[3교시_03] 영상변류기(ZCT)의 검출원리, 정격과전류배수, 정격여자임피던스, 잔류전류 및 시공시 고려사항에 대하여 설명하시오.

[3교시_06] 스마트그리드(smart grid)의 구현기술과 V2G(Vehicle To Grid)에 대하여 설명하시오.

[4교시_01] 건축전기설비공사의 공사업자는 시공계획서와 시공상세도(shop drawing)를 제 출하여 감리원 승인을 득하여 시공하여야 한다. 이에 대하여 시공계획서와 시공 상세도에 포함하여야 할 사항에 대하여 설명하시오.

[4교시_02] 진행파의 기본원리를 설명하고, 가공선과 케이블의 특성 임피던스와 전파속도에 대하여 설명하시오.

[4교시_03] 최근 조사한 전력변압기의 연간 평균부하율이 낮게 나타나고 있어 설비용량의 과다로 변압기를 효율적으로 이용 못하고 있는 실정이다. 이에 대한 전력용 변압 기의 효율적 관리방안에 대하여 설명하시오.

[4교시_04] 내열배선과 내화배선의 종류, 공사방법 및 적용 장소와 케이블방재에 대한 설계 방안에 대하여 설명하시오.

[4교시_05] 발전기실 설계시 다음 사항에 대하여 설명하시오.
    1) 발전기실의 위치
    2) 발전기실의 면적
    3) 발전기실의 기초 및 높이
    4) 발전기실의 소음 및 진동대책

[4교시_06] 하절기 피크전력을 제어하기 위한 최대수요전력 제어에 대하여 설명하시오.

2015년   자주 출제되는 핵심 기출문제

▶▶ 기술사 105회

[1교시_02] 조명 설계시 눈부심 평가방법과 빛에 의한 순간적인 시력장애현상에 대하여 설명하시오.

[1교시_03] 전력용 콘덴서의 열화원인과 열화대책에 대하여 설명하시오.

[1교시_05] 피뢰기의 열폭주현상을 설명하시오.

[1교시_06] 3권선 변압기의 용도와 특징에 대하여 설명하시오.

[1교시_07] 공심변류기의 구조와 특성에 대하여 설명하시오.

[1교시_08] 저압전로 중 저압개폐기 필요개소 및 시설방법에 대하여 설명하시오.

[1교시_09] 전기설비에서 역률 개선 기대효과에 대하여 설명하시오.

[1교시_11] 태양광발전설비의 전력계통 연계시 인버터의 단독운전 방지기능에 대하여 설명하시오.

[1교시_12] LED(Light Emitting Diode) 램프의 발광원리와 특징을 간단히 설명하시오.

[2교시_01] 등전위본딩의 개념과 감전보호용 등전위본딩에 대하여 설명하시오.

[2교시_02] GPT(Grounded Potential Transformer)에서 발생되는 중성점 불안정현상의 발생 원인과 대책에 대하여 설명하시오.

[2교시_03] 변압기 이행전압의 개념과 보호방법을 설명하시오.

[2교시_04] 수변전설비 설계시 환경에 미치는 영향과 대안을 설명하시오.

[2교시_05] 한국전력공사에서 정하고 있는 분산형 전원의 계통연계기준에 대하여 설명하시오.

[3교시_01] 에너지 다소비형 건축물 설계시 제출되는 전기설비부문의 에너지절약계획서에서 수변전설비, 조명설비, 전력간선 및 동력설비의 의무사항과 권장사항에 대하여 설명하시오.

[3교시_02] 원방감시제어(SCADA : Supervisory Control And Data Acquisition)시스템에 대하여 설명하시오.

[3교시_03] 동상다조케이블을 포설할 때 동상케이블에 흐르는 전류의 불평형 방지방안에 대하여 설명하시오.

[3교시_04] 공동구 내 설치되는 케이블의 방화대책에 대하여 설명하시오.

[3교시_05] 풍력발전용 발전기 선정시 고려사항과 풍력터빈의 정지장치 시설기준에 대하여 설명하시오.

[3교시_06] 무정전전원장치(UPS) 설계시 고려사항과 UPS용 축전지용량 산정에 대하여 설명하시오.

[4교시_01] 태양광발전용 전력변환장치(PCS)의 회로방식에 대하여 설명하시오.

[4교시_02] 전력선통신시스템(PLC : Power Line Comunication)에 대하여 설명하시오.

[4교시_03] DALI(Digital Addressable Lighting Interface) 프로토콜을 이용한 광원의 조광기술에 대하여 설명하시오.

[4교시_04] 변압기의 수명과 과부하운전과의 관계를 설명하고, 과부하운전시 고려사항을 설명하시오.

[4교시_05] 설계대상건축물이 내진대상인 경우, 전기설비의 내진설계개념 및 내진대책에 대하여 설명하시오.

[4교시_06] 에너지저장시스템(ESS)의 종류인 초고용량 커패시터(super capacitor)에 대하여 설명하시오.

▶▶ 기술사 106회

[1교시_01] 수변전설비 설계에서 변압기용량 산정 방법에 대하여 설명하시오.

[1교시_02] 변류기 부담의 종류 및 적용에 대하여 설명하시오.

[1교시_03] 건축물의 접지공사에서 접지전극의 과도현상과 그 대책에 대하여 설명하시오.

[1교시_04] 전력케이블 손실을 종류별로 설명하시오.
1) 도체손
2) 유전체손
3) 연피손

[1교시_07] 백색 LED 광원을 사용한 도광식 유도등에 대하여 설명하시오.

[1교시_09] 태양전지 모듈에 설치하는 다이오드와 블로킹 다이오드(blocking diode)의 역할에 대하여 설명하시오.

[1교시_11] 조도 계산시 광손실률에 대하여 설명하시오.

[1교시_12] 유도전동기 벡터·인버터제어의 원리와 구성에 대하여 설명하시오.

[1교시_13] SMPS(Swiched Mode Power Supply) 종류 및 적용 방법에 대하여 설명하시오.

[2교시_01] LED 광원에서 백색 LED를 실현하는 방법을 종류별로 발광원리에 대하여 설명하시오.

[2교시_02] 뇌이상전압이 전기설비에 미치는 영향에 대하여 설명하시오.

[2교시_04] 특고압수전설비 중 지중케이블용량 산정 방법에 대하여 설명하시오.

[2교시_06] 주택에 적용되는 최근의 일괄소등스위치와 융합기술에 대하여 설명하시오.

[3교시_03] KS C IEC 62305에 규정된 피뢰시스템(LPS : Lightning Protection System)에서 다음 사항에 대하여 설명하시오.
1) 적용 범위
2) 외부 뇌보호시스템
3) 내부 뇌보호시스템

[3교시_04] 22.9[kV]-Y 수전용 변압기의 보호장치에 대하여 설명하시오.

[3교시_05] 변전설비의 온라인 진단시스템에 대하여 설명하시오.

[3교시_06] 저압계통의 PEN선 또는 중성선의 단선이 될 때 사람과 기기에 주는 위험성과 대책을 설명하시오.

[4교시_01] 대지저항률 측정에 사용하는 전위강하법기법인 3전극법과 위너(Wenner)의 4전극법을 비교 설명하시오.

[4교시_02] 교류 1[kV] 초과 전력설비의 공통규정(KS C IEC 61936-1)에서 접지시스템 안전기준에 대하여 설명하시오.

[4교시_03] 수용가 구내 설비에서의 직류배전과 교류배전의 특징을 비교하고 직류배전 도입시 고려사항에 대하여 설명하시오.

[4교시_04] 고압선로에서 많이 사용되는 VCB를 적용할 때 고려사항과 적용 기준을 현재의 기술발전에 근거하여 설명하시오.

[4교시_05] 태양광발전에 이용되고 있는 계통형 인버터에 관하여 설명하시오.

[4교시_06] 동기전동기의 원리 및 구조와 기동방법 특징에 대하여 설명하시오.

▶▶ **기술사 107회**

[1교시_03] 분산형 전원배전계통 연계시 순시전압 변동요건에 대하여 설명하시오.

[1교시_04] 22.9[kV]계통의 주변압기 1차측을 PF(Power Fuse)만으로 보호할 경우, 결상 및 역상에 대한 보호방안에 대하여 설명하시오.

[1교시_05] 고조파를 발생하는 비선형 부하에 전력을 공급하는 변압기의 용량을 계산하는 경우 K-Factor로 인한 변압기출력 감소율(THDF : Transformer Harmonics Derating Factor)에 대하여 설명하시오.

[1교시_06] 저압계통 전기설비 및 기기 임펄스 내압 레벨기준을 설명하시오.

[1교시_07] 도체의 근접효과(proximity effect)에 대하여 설명하시오.

[1교시_08] UPS 2차측 단락회로의 분리보호방식에 대하여 설명하시오.

[1교시_09] 유도전동기 회로에 사용되는 배선용 차단기의 선정 조건에 대하여 설명하시오.

[1교시_10] 보호계전기의 기억작용에 대하여 설명하시오.

[1교시_11] 선로정수를 구성하는 요소를 들고 설명하시오.

[1교시_13] KS C IEC 60364-5-54에 의한 PEN, PEL, PEM 도체의 요건에 대하여 설명하시오.

[2교시_01] 전압불평형률이 유도전동기에 미치는 영향에 대하여 설명하시오.

[2교시_03] 154[kV]로 공급받는 대용량 수용가 수전설비의 모선의 구성과 보호방식에 대하여 설명하시오.

[2교시_04] 인텔리전트빌딩에서 적용하고 있는 공통접지와 통합접지방식에 대하여 설명하시오.

[2교시_05] 플로어덕트(floor duct) 배선에서 전선규격과 부속품 선정, 매설방법, 접지에 대한 특기사항을 설명하시오.

[3교시_02] 6.6[kV] 비접지계통에서 1선 지락사고시 영상전압 산출식을 유도하고 GPT-ZCT에 의한 선택지락계전기(SGR)의 감도저하현상에 대하여 설명하시오.

[3교시_06] KS C IEC 62305-1 피뢰시스템에서 규정하는 뇌격에 의한 구조물과 관련된 손상의 결과로 나타날 수 있는 손실의 유형을 설명하고 이를 줄이기 위한 보호방호대책에 대하여 설명하시오.

[4교시_01] 공동구 전기설비설계기준에 대하여 설명하시오.

[4교시_02] 변압기 2차측 결선을 Y-Zig Zag 결선 또는 Y-Y 결선으로 하는 경우 제3고조파의 부하측 유출에 대하여 비교 설명하시오.

[4교시_03] 디지털보호계전기의 노이즈 침입모드와 노이즈 보호대책에 대하여 설명하시오.

[4교시_04] EMC(Electro Magnetic Compatibility), EMI(Electro Magnetic Interference), EMS(Electro Magnetic Susceptibility)에 대하여 설명하시오.

[4교시_06] 터널조명표준에 의한 기본부조명과 출구부조명에 대한 설계기준을 설명하시오.

Memo

04

피뢰설비 및 예비용 전원과 방재설비

01 피뢰설비

개폐서지의 특성과 억제대책을 기술하시오.

COMMENT 77, 83회 기출문제로 자주 출제되고 있으며, 105회 발송배전기술사에도 출제되었다.

1 이상전압의 구분

(1) 외부 이상전압 : 뇌서지(직격뢰, 유도뢰)

(2) 내부 이상전압

과도진동전압(개폐서지)		상용주파 지속성 이상전압	
계통조작시	고장발생시	계통조작시	고장발생시
• 무부하선로개폐시 이상전압 • 유도성 소전류차단시 이상전압 • 변압기 3상 비동기 투입 시 이상전압 • 급준과도전압(VFTO)	• 고속도재폐로시 이상전압 • 고장전류차단시 이상전압 • 탈조차단시 이상전압 • 영구지락에 의한 과도진동 전압 • 충격성 지락에 따른 과도 진동전압	• 무부하송전선의 페란티 효과 • 발전기 자기여자 수차발 전기의 부하차단시 이상 전압	• 1선 및 2선 지락시 이상 전압 • 기본파 공진전압 • 고조파 공진전압 • 소호리액터 • 1선 단선 이상전압 소호 리액터계 이(異)계통 병가

2 개폐서지(과도진동성 이상전압)의 개념

(1) 정의

송전선로, 배전선로의(차단기, 개폐기) 조작에 따른 과도현상으로 인한 이상전압

(2) 분류

① 투입(energizing)서지 : 건전한 선로에 차단기 투입시의 서지

② 개방서지 : 선로차단시의 서지

(3) 특성

① 개폐 과전압의 크기([kV] 또는 [p.u])는 보통 정규분포 또는 극한값 분포로 나타나 는데 회로를 투입할 때보다 개방할 때가 더 크게 나타난다.

② 부하가 있는 회로를 개폐할 때보다 무부하회로를 개방하는 쪽이 높은 이상전압을 발생시킨다.

③ Strong source 때보다 Weak source 때가 더 크게 된다.

④ 평행 2회선 운전 때보다 1회선만 운전할 때가 더 크게 된다.

⑤ 이상전압이 가장 큰 경우는 무부하송전선로의 충전선류를 차단할 때로써, 충전전류가 전압보다 90° 위상이 앞서 있기 때문에 차단 후 전류가 0으로 된 순간에 전압이 최대로 된다.

⑥ 이 때문에 차단기 개극시간이 충분히 빠르지 않으면 차단기 양접점 간의 전압에 의해서 접점 간 절연이 파괴되고 다시 아크로 연결하여 재점호를 일으킨다.

3 주요 개폐서지 종류별 원인과 대책

(1) 무부하송전선로의 투입 및 개방서지

① 무부하송전선로의 투입서지

㉠ 무부하송전선에 전하가 남아있는 상태일 때 전원측에서 차단기를 투입하면 재점호에 의해 과전압이 발생된다. 이를 투입서지라고 한다.

㉡ 이와 같은 투입서지의 메커니즘은 다음 그림과 같이 설명된다.

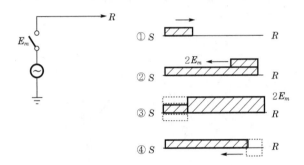

여기서, S : 소스(Source), 송전단
R : Volleyball의 리시버, 수전단
Z_1, Z_2 : 변이점의 전·후 특성 임피던스
e_i, e_r : 입사파전압, 반사(reflect)전압

∥ 무부하송전선로 투입시 이상전압 발생 개념도 ∥

- 무부하 T/L에 최대치 E_m의 전원을 투입하면 진행파($I_n = E_m/Z_W$)가 선로의 종단에 달한다.

- 이때, 종단개방조건($Z_2 = \infty$)이면 정반사하여 압파는 $2E_m$의 이상전압이 된다.

- 전파속도 $V = \dfrac{1}{\sqrt{LC}} = 3 \times 10^5 [\mathrm{km/s}]$

- 반사파전압 : $e_r = \dfrac{Z_2 - Z_1}{Z_2 + Z_1} e_i \rightarrow Z_2 = \infty$이면, $e_r = e_i$로써 정반사

- 반사파전류 : $i_r = -\dfrac{Z_2 - Z_1}{Z_2 + Z_1} i_i \rightarrow Z_2 = \infty$이면, $i_r = -i_i$로써 부반사

② 무부하송전선로의 개방시 개폐서지(충전전류의 차단)

개방시의 이상전압 발생 현상(무부하송전선이나 전력용 콘덴서 등을 차단할 때 재점호에 의해 개폐서지 발생)

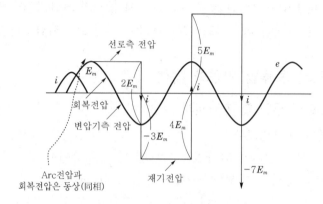

┃ 무제동 이상전압의 충전전류차단(고주파소호) ┃

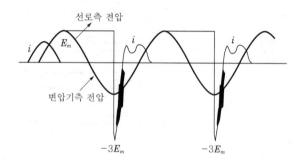

┃ 제동작용이 있을 경우의 충전전류차단(저주파소호) ┃

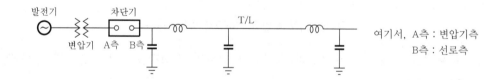

㉠ 무부하 T/L에는 차단기를 개방 전에는 90° 앞선 진상인 충전전류가 흐른다.

㉡ 충전전류는 진상이므로 Arc전압과 회복전압의 위상이 동상이다. 따라서, 재기전압(TRV)이 낮아지면 Arc는 쉽게 꺼진다. 즉, 전극이 많이 열리지 않은 상태에서 Arc는 소호된다.

㉢ 전류의 0점이 되는 순간에 차단기를 개방하면 충전전류는 차단되나, 선로측 B극은 E_m으로 충전된 상태로 잔류하고 있다.

ⓔ 한편 차단기의 변압기측(A)의 전압도 차단된 순간은 E_m이나, 0.5사이클 이후에는 전원전압이 $-E_m$이 되어 차단기 전극 간의 전압은 $2E_m$으로 된다. 이때, 차단기의 전극 간 절연이 $-2E_m$에 견디지 못할 경우 절연이 파괴되어 Arc로 연결되며, 이것을 재점호(reignition)라 한다.

ⓜ 한편 전원측 전압과 선로측 전압은 같은 값이어야 하므로 선로측 전압은 E_m에서 $-E_m$으로 급변하게 되며, 이때 과도진동전압이 나타나서 $-E_m$을 중심으로 $2E_m$을 진폭으로 하는 고주파진동$\left(f = \dfrac{1}{2\pi\sqrt{LC}} \right)$을 발생하여 위의 그림과 같은 $3E_m$의 이상전압이 발생한다.

ⓗ 다음 0.5사이클 이후 변압기측은 E_m의 전압이 안 되므로, 전극 간(A↔B 간)은 $4E_m$을 중심으로 절연이 불충분하면 또 다시 고주파진동하여 위의 그림과 같이 $5E_m$이 발생한다. 그러나 실제로 회로에는 저항(R), 코로나 등에 의한 제동작용이 있고, 현재의 차단기 성능상 재점호 우려가 없어 대부분 최대상규대지전압의 3.5배 이하인 이상전압이 발생한다.

ⓢ 실제의 무부하 개방시 개폐서지 지속시간은 1/120초, 즉 0.5사이클 이내로 보통은 수 $[\mu s]$로 아주 짧다.

③ 무부하송전선로 개폐서지 이상전압 방지대책(진상소전류차단시의 개폐서지)

  ㉠ 투입시 이상전압 방지대책
- 전원투입서지는 최고치가 $2E_m$ 정도로 차단시 서지에 비하여 작기 때문에 계통전압이 낮을 때는 문제가 되지 않지만 345[kV] 이상 계통에서는 고려가 되어, 345[kV] 이상 계통에서는 처음에 수 백[Ω]의 저항을 삽입해 투입한 후 주접점을 투입하는 투입저항방식을 적용한다.
- 초고압계통에서는 개폐과전압의 최대값을 억제하기 위하여 투입저항(closing resistor)을 삽입하며, 800[kV] 계통에서는 선로 양쪽에 분로리액터(shunt reactor)를 또 삽입한다.
- 개폐과전압의 최대값을 E_m이라 하며, 345[kV] 계통에서 E_m은 2.3~2.5[p.u]이며, 800[kV] 계통에서는 2.00[p.u]가 되도록 억제하고 있다.

  ㉡ 개방시(차단시) 이상전압 방지대책
- 부하충전전류차단시의 재점호를 방지하기 위해 차단기의 고속차단을 시행한다.
- 중성점을 직접 접지 또는 임피던스 접지하여 선로의 잔류전하를 속히 대지로 방전시킨다.
- 병렬회선을 설치한다.
- 전극의 개리속도를 빠르게 하거나, 다중차단방식, 저항차단방식 등을 채용한다.

(2) 지상소전류차단의 개폐서지 : 유도성 소전류차단시의 서지원인과 대책

① 원인

㉠ 변압기 여자전류, 리액터와 전동기 전류를 차단할 때 교류전류의 자연 0점 이전에 강제적으로 전류를 재단하는 Arc chopping 현상을 일으키고, 이로 인해 개폐서지가 발생한다.

㉡ 즉, 무부하변압기, 발전기의 여자전류와 같이 소전류를 소호력이 큰 대용량의 타력형 차단기로 전류 0을 기다리지 않고 차단시 $e = L\dfrac{di}{dt}$에 의한 과도성의 이상전압이 발생한다.

㉢ 개념도 및 발생 메커니즘

L에 흐르는 순시전류 i_0가 0일 때, L에 병렬로 연결된 표유정전용량 C는 e_0으로 충전되어 정전에너지로 변환되며 $\dfrac{1}{2}CVm^2 = \dfrac{1}{2}Li_0{}^2 + \dfrac{1}{2}Ce_0{}^2$가 된다.

따라서, $V_m = \sqrt{\dfrac{L}{C}i_0{}^2 + e_0{}^2}$

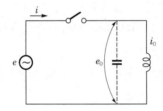

② 종류

㉠ 반복재점호서지 : 극간 절연회복상태에 따라 점호, 소호가 반복시 발생

㉡ 유발절단서지 : 3상 전류차단시 각 상의 전류절단위상이 다를 때 발생

③ 방지대책

㉠ 단로기로 여자전류차단

㉡ 병렬콘덴서 설치

㉢ TR측에 LA 설치

㉣ 콘덴서와 저항을 조합한 서지억제피뢰기 설치

(3) 고속도재폐로시의 서지원인과 대책

① 원인 : 재폐로시 선로측에 잔류전하로, 재폐로시 재점호가 일어나면 큰 서지가 발생한다.

② 대책

㉠ 재점호방지를 위해 차단 후 충분한 소이온 시간이 지난 후에 재투입

㉡ 소이온 시간은 345[kV]에서 20사이클, 765[kV]에서 33사이클 정도

ⓒ HSGS(High Speed Grand Switch)를 이용하여 선로의 잔류전하를 대지로 방전시킨 후 재투입 → 765[kV] 적용(변전공학의 상세내용 참조)

ⓓ 차단기에 저항 2단 투입방식 채택

(4) 변압기 3상 비동기 투입서지의 원인과 대책

① 원인

　ⓐ 차단기의 각 상 전극은 정확히 동일시각에 투입되지 않고 근소하나마 시차가 있다.

　ⓑ 차이가 좀 심한 경우는 상규대지전압 파고치의 3배의 서지가 발생한다.

② 대책 : 필요한 경우 변압기에 보호콘덴서나 피뢰기를 설치한다.

(5) 고장전류차단시의 서지원인과 대책

① 원인

　ⓐ 중성점을 리액터 접지시킨 영상 임피던스가 큰 계통의 고장전류(단락전류)는 90° 지상에 근접한다.

　ⓑ 이것을 전류 0에서 차단시, 차단기의 전원측 전압이 차단 직전의 최대 Arc전압에서 전원전압으로 이행되는 과정에서 과도진동에 의해 서지가 발생한다.

　ⓒ 이때, 서지의 크기는 상규대지전압 파고치의 2배 정도이다.

② 대책

　ⓐ 일반적으로 방지대책이 불필요하다.

　ⓑ 만일 높은 값이 걸리는 경우는 중성점에 저항접지(NGR 이용 등)를 실시한다.

충격파에 대하여 다음을 설명하시오.

1. 정의   2. 규약원점   3. 표시방법

문제 02-1 규약표준파형에 대하여 다음을 설명하시오.

1. 규약표준파형   2. 규약파두시간   3. 규약원점   4. 규약파두준도

문제 02-2 변성기 및 피뢰기에 적용되는 규약표준 충격전압파 및 충격전류파의 시간-전압선도 및 시간-전류선도를 그리고 설명하시오.

1 충격파의 정의

전력설비(도선, 가공지선, 지지물 등)가 직격뢰를 받게 될 때 나타나는 뇌전압 또는 뇌전류로서 서지라고 부르기도 하며, 이 파형은 극히 짧은 시간에 파고값에 달하고, 또 극히 짧은 시간에 소멸하는 Impulse wave를 말한다.

2 규약표준파형

(1) 정의

과도적으로 단시간 내에 나타나는 충격전압, 전류파형을 진동파가 겹치지 않는 단극성의 전압, 전류만을 설정하여 각종 전기기기의 절연강도, 절연협조에 이용하는 파형이다. 이때, 표준파형을 파두시간(파두장) $1.2[\mu s]$, 파미시간 $50[\mu s]$로 $1.2 \times 50[\mu s]$을 표준충격으로 사용하고 있다.

(2) 충격파의 파형

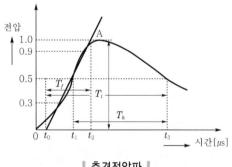

| 충격전압파 |

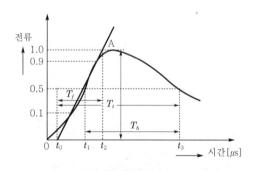

| 충격전류파 |

여기서, E : 전압파고치

t_0 : 규약원점

I : 파고치전류

$T_t = (t_2 - t_0)$: 규약파두장

$T_t = (t_3 - t_0)$: 규약파미장

E/T_f : 규약파두준도

$T_h = (t_3 - t_1)$: 규약반파고시간

3 규약파두시간(virtual front time, [μs]) : T_f

(1) 정의

규약적으로 정한 방법으로 파두의 계속시간이며, 규약파두장이라고 한다.

(2) 전압파에서 규약파두시간

파고치 30[%]에서 90[%]까지 순시치가 상승하는 데 필요한 시간을 1.67배 한 값

(3) 전류파에서 규약파두시간

파고치 10[%]에서 90[%]까지 순시치가 상승하는 데 필요한 시간을 1.25배 한 값

4 규약원점(virtual origin of an impulse) : λ_0

(1) 전압파에서 규약원점

파고치의 30[%] 및 90[%]의 점을 통하는 시간좌표축의 교점

(2) 전류파에서 규약원점

① 파고치의 10[%] 및 90[%]의 점을 연결한 직선과 전류의 0점을 통하는 시간좌표축과의 교점

② 즉, 파고치의 10[%]되는 시각보다 $0.1T_f$ 앞선 시간

5 규약파두준도(virtual steepness of the front)

파고치를 규약파두시간으로 제한 값으로 즉, E/T_f(단, E는 전압파고치)

문제 **03**

전력기기의 절연강도를 검토할 경우 전압−시간($V-t$)곡선에 대하여 기술하시오.

1 정의

(1) Flash−over voltage의 파고값과 Flash−over까지의 시간을 플로트한 것을 $V-t$곡선이라 하며, 이와 같은 특성을 $V-t$특성이라 한다.

(2) 동일한 절연물에 대하여도 인가하는 표준충격파의 파두준도[kV/μs]가 다르면 Flash−over하는 시간이 달라진다. 이 인가전압의 파두준도와 Flash−over하는 시간과의 관계를 표시하는 곡선을 전압−시간($V-t$)곡선이라고 한다.

2 $V-t$곡선의 특성

(1) 뇌임펄스시험에서 Flash−over 진행은 다음 그림과 같다.

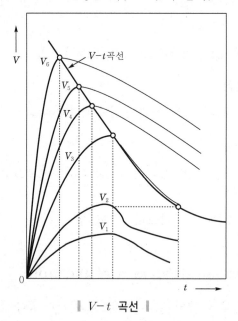

‖ $V-t$ 곡선 ‖

여기서, V_1 : Flash−over를 일으키지 않는 전압
V_2, V_3 : 파미 부분에서 Flash−over
V_4 : 파고점에서 Flash−over
V_5, V_6 : 파두에서 Flash−over

(2) 이와 같이 인가전압이 높을수록 Flash-over까지의 시간이 짧아지고, Flash-over 전압도 높아진다.

(3) 준도가 높을수록 충격파의 앞 부분에서 Flash-over가 일어나며, 준도가 낮을수록 충격파의 뒷부분에서 Flash-over가 발생한다.

문제 04

전기기기의 절연강도 검토시 내부절연과 외부절연에 대한 개념을 설명하고, 이에 대한 전력기기(변압기 등)의 절연적용에 대하여 간단히 기술하시오.

1 개 념

(1) 전기기기의 절연은 외부절연과 내부절연으로 분류된다.

(2) 외부절연이란 가공송전선의 애자, 기기애관 등 표면의 절연을 말하며, 대기에 의한 절연이 유지되는 자기복귀절연(IEC규격)을 말한다.

(3) 내부절연이란 변압기, 회전기, 차단기 등의 내부의 절연을 말하며, 대기 이외 가스, 기름, 종이 및 천 등의 절연물로 구성되는 자기복귀되지 않는 절연을 말한다.

2 절연의 특성

(1) 외부절연 : 대기상태에 따라 섬락전압이 변화하고, 섬락한 후에 절연회복할 가능성이 높다.

(2) 내부절연 : 일단 파괴되면 절연을 회복할 가능성이 희박하고 수리도 힘들다.

3 전력기기 절연

(1) 전기기기는 외부절연과 내부절연이 조합된 절연구성으로 되어 있다.

(2) 변압기
① 부싱표면의 외부절연과 권선의 내부절연으로 구성되어 있다.
② 양절연의 특성을 고려하면, 이상적으로 어떠한 이상전압에 대해서도 내부절연의 절연강도가 외부절연의 강도보다 높은 것이 좋다.
③ 만일 과대한 이상전압이 가해질 경우라도 자기복귀가 가능한 외부절연이 파괴되면, 자기복귀가 되지 않는 내부절연이 파괴될 수 있다.

(3) 가공선로의 절연 : 대부분이 애자를 통한 외부절연으로 구성되어 있으므로, 지락사고시 우선 전압을 끊고, 수 사이클 경과 후에 재투입하는 고속도재투입을 한다.

(4) 케이블 선로 : 케이블은 내부절연을 우선시하는 절연대상물이므로, 단락 또는 지락사고시 고속도재투입은 투입성공확률이 낮아, 고속도재투입하지 않는다.

절연협조와 기준충격절연강도(BIL)를 설명하고, 절연협조시 검토사항에 대하여 설명하시오.

1 개 요

(1) 전력계통의 기기나 설비는 절연내력, $V-t$특성 등이 같지 않으므로 전체를 하나로 보고 절연협조를 해야 한다.

(2) 변압기와 같이 절연계급을 올릴 때 가격이 많이 올라가는 기기는 가능한 절연계급을 낮게 하고 피뢰기를 가까이 설치하여 보호한다.

(3) 선로애자와 같이 절연계급을 올릴 때 가격이 적게 올라가는 기기는 가능한 절연계급을 높게 한다.

(4) 유효계통에서는 1선 지락시 건전상 전위상승이 1.3배 이하이므로 저감절연, 단절연을 한다.

(5) 비유효계통에서는 1선지락시 건전상 전위상승이 $\sqrt{3}$ 배 이상이므로, 전절연, 균등절연을 한다.

(6) 비유효계통은 유효접지계통에 비해 절연계급이 높아야 한다.

2 절연계급

(1) 절연계급이란 기기나 설비의 절연강도를 구분한 것으로서 계급을 호수로 표시한다.

(2) 최고전압에 따라 절연계급이 설정되고 기준충격절연강도(BIL)가 제공된다.

(3) 절연계급은 기기절연을 표준화하고 통일된 절연체계를 구성하기 위해 설정한다.

3 기준충격절연강도(BIL ; Basic Impulse Insulation Level)

(1) 기준충격절연강도란 기기나 설비의 절연이 그 기기에 가해질 것으로 예상되는 충격전압에 견디는 강도이다.

(2) 절연강도규격

IEC규격(LIWL, SIWL)			JEC규격(BIL)		
기기 최고전압 [kV]	뇌임펄스 내전압[kV]	상용주파 내전압[kV]	절연계급 [호]	뇌임펄스 내전압[kV]	상용주파 내전압[kV]
24	145/125	50	20A/20B	150(125)	50
170	750/650	325/275	140A/140B	750(650)	325(275)

① 절연계급 20호 이상의 비유효접지계에 대하여 $BIL = (5 \times E) + 50[kV]$로 정해져 있다. 유입변압기 $BIL = 5 \times 20 + 50 = 150[kV]$

② 건식변압기 $BIL = $ 상용주파 내전압치 $\times \sqrt{2} \times 1.25 = 95[kV]$

③ 전동기 $BIL = 2 \times$ 정격전압 $+ 1,000[V]$

④ 국내 저감절연의 예

계통전압[kV]	전절연 BIL[kV]	현재 사용 BIL[kV]
22.9	150	150
154	750	650 (1단 저감)
345	1,550	1,050 (2단 저감)

154[kV]인 경우 $5E + 50[kV] = 5 \times 140 + 50 = 750[kV]$

4 절연협조시 검토사항

(1) 발·변전소의 절연협조

① 구내 및 그 부근 1~2[km] 정도의 송전선에 충분한 차폐효과를 지닌 가공지선 설치

② 피뢰기 설치로 이상전압을 제한전압까지 저하

(2) 송전선의 절연협조

① 가공지선과 전선과는 충분한 이격거리 확보(직격뢰방지)

② 뇌와 같은 순간적인 고장에 대해서는 재투입방지 채용

(3) 가공배전선로의 절연협조

① 변압기 보호

② 적절한 피뢰기의 선택 및 보호

(4) 수전설비 절연협조

① 절연협조 중 가장 어려움

② 유도뢰, 과도이상전압, 지속적 이상전압 등 대책을 고려

(5) 배전설비 절연협조

　① 접지를 자유롭게 선정

　② 접지방식 선정과 변압기 이행전압 대책이 중점

(6) 부하설비 절연협조

　① 회로의 개폐빈도가 높기 때문에 개폐서지 대책이 중점

　② 광범위한 구내 전기설비에는 Surge absorber 등을 설치

(7) 저압절연회로의 보호협조 : 적절한 절연레벨을 선정

진행파의 특성에 대하여 기술하시오.

1 개 요

(1) 이상전압의 전파는 그 충격지점에서 정전용량으로 인하여 충전시킨 다음 차례대로 충격지점의 좌우로 진행되어 나간다.

(2) 즉, 선로상의 어느 부분에 자유전하 Q가 발생시, 이 전하는 구분되어 좌우로 나누어져 각각 송수전단을 향하여 진행하면서 진행파를 형성하게 된다.

(3) 위와 같은 개념으로 전류, 전압의 진행파(파동 임피던스 포함), 진행파의 투과와 반사에 대하여 기술하면 다음과 같다.

2 전압, 전류의 진행파

(1) 진행파의 개념도

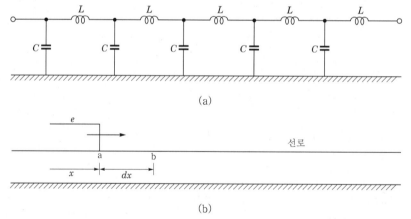

(a)

(b)

① 선로정수가 L, C뿐이고 무한장 선로에서 파두의 준도가 무한대인 구형파의 전위 진행파가 a점까지 진행되면, 이때 점 a의 전위 및 전류진행은 a점으로부터 dx만큼 앞선 b점에는 아직 전위, 전류진행파가 미달이므로 b점의 전위, 전류는 0이 된다.

② 이때, dx구간에 축적될 전하 $dq = e\,Cdx$이므로, dx구간에 흐르는 전류(i)는 다음과 같다.

$$i = \frac{dq}{dt} = ec\frac{dx}{dt} = ecV\left(\text{단, } V\text{는 속도로 } V = \frac{dx}{dt}\right) \cdots\cdots\cdots\cdots\cdots\cdots\cdots (1)$$

③ i에 의한 자속 $d\phi = iLdx$로 전선 내에서 역기전력을 발생시켜 전위를 가지며, 이것은 전위진행파 e와 평형이 되므로 다음과 같다.

$$e = \frac{d\phi}{dt} = iL\frac{dx}{dt} = iLV \cdots\cdots\cdots\cdots\cdots\cdots\cdots\cdots\cdots (2)$$

④ 결과적으로 식 (1)은 전류진행파를, 식 (2)는 전위진행파를 나타낸 것이 된다.

(2) 파동 임피던스(서지 임피던스), 특성 임피던스, 과도접지저항

① 상기 e와 i의 비는 일종의 임피던스로 Z라 표시되며, 이를 파동 임피던스라 한다.

② 파동 임피던스 : $Z = \frac{e}{i} = \frac{e}{eCV} = \frac{1}{CV} = LV = \sqrt{\frac{L}{C}}$ [Ω]

③ 가공선의 파동 임피던스 크기

㉠ $L = 0.4605\log_{10}\frac{2h}{r}$ [mH/km](단, $D = 2h$)

㉡ $C = \dfrac{0.02413}{\log_{10}\dfrac{2h}{r}}$ [μF/km]

㉢ 따라서, 가공선의 파동 임피던스는 다음과 같다.

$$Z_0 = \sqrt{\frac{L}{C}} = \sqrt{\frac{0.4605 \times 10^{-3}}{0.02413 \times 10^{-6}}}\log_{10}\frac{2h}{r} = 138\log_{10}\frac{2h}{r}$$

㉣ 전파속도 $V = \dfrac{1}{\sqrt{LC}} = 3 \times 10^5$ [km/s]

㉤ 파동 임피던스 값은 전선의 굵기와 높이에 따라 다르나 전파속도는 광속도이다.

④ 지중선의 파동 임피던스 크기 및 전파속도

㉠
$$L = 0.4605\log_{10}\frac{R}{r}\,[\text{mH/km}]$$

㉡
$$C = \frac{0.02413 \times \varepsilon_s}{\log_{10}\dfrac{R}{r}}[\mu\text{F/km}]$$

여기서, ε_s : 절연물의 비유전율

R : 케이블의 중심에서 차폐선(연피 또는 동(銅)테이프까지의 반지름)

㉢ 지중선의 파동 임피던스 : $Z = \dfrac{138}{\sqrt{\varepsilon_s}}\log_{10}\dfrac{R}{r}$ [Ω]

㉣ 지중선의 전파속도 : $V = \dfrac{1}{\sqrt{\varepsilon_s}} \times 3 \times 10^5$ [km/s]

즉, 케이블 선로의 전파속도는 절연물체의 비유전율 ε_s의 평방근에 반비례하며, 일반적으로 유전율이 2.5~4 정도로 전파속도는 가공선에 비해 늦어져 7[%] 정도이다.

3 진행파의 반사와 투과(반사계수와 투과계수 유도)

(1) 변이점(transition point)의 진행파의 반사와 투과

① 변이점 : 파동 임피던스가 다른 회로에 연결된 점

② 변이점에서 진행파 침입은 일부 반사, 나머지는 변이점을 통과해서 타회로에 침입

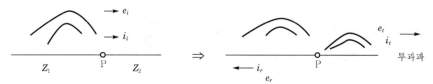

여기서, e_i, i_i : 진입파 파고치 전압·전류, P : Transition point

e_r, i_r : 반사파의 전압·전류, Z_1 : 변이점 전(前)의 특성 임피던스

e_t, i_t : 투과파의 전압·전류, Z_2 : 변이점 후(後)의 특성 임피던스

(2) 변이점에서의 반사파와 투과파의 크기 계산

① 키르히호프 법칙을 이용하면 다음과 같다.

②
$$i_i + i_r = i_t$$
$$e_i + e_r = e_t \quad\cdots\cdots\cdots\cdots\cdots\cdots\cdots\cdots\cdots\cdots\cdots\cdots\cdots\cdots\cdots\cdots\cdots\cdots (3)$$
$$혹은 \ i_i - i_t - i_r = 0$$

③
$$e_i = Z_i I_1, \ e_r = -Z_1 i_r, \ e_t = Z_2 i_t \quad\cdots\cdots\cdots\cdots\cdots\cdots\cdots\cdots\cdots\cdots (4)$$

④ 식 (3), 식 (4)로부터 $i_t = \dfrac{e_t}{Z_2}$, $i_i = \dfrac{e_i}{Z_i}$ 이므로 반사파와 투과파를 구하면 다음과 같다.

$$\left(\begin{array}{l} \dfrac{1}{Z_i}e_i + \left(-\dfrac{1}{Z_1}e_r\right) = \dfrac{1}{Z_2}e_t \\ e_i + \quad e_r \quad = e_t \end{array} \right) \ \text{그러므로} \ \left(\begin{array}{l} \dfrac{e_r}{Z_1} + \dfrac{e_t}{Z_2} = \dfrac{1}{Z_1}e_i \\ -e_r + e_t = \quad e_i \end{array} \right)$$

$$e_r = \dfrac{\begin{vmatrix} \dfrac{1}{Z_1}e_i & \dfrac{1}{Z_2} \\ 1e_i & 1 \end{vmatrix}}{\begin{vmatrix} \dfrac{1}{Z_1} & \dfrac{1}{Z_2} \\ -1 & 1 \end{vmatrix}} = \dfrac{Z_2 - Z_1}{Z_1 + Z_2}e_i \ (\text{반사파전압})$$

$$i_r = -\dfrac{e_r}{Z_1} = -\dfrac{1}{Z_1}\left(\dfrac{Z_2 - Z_1}{Z_1 + Z_2}\right)(Z_1 \ i_i)$$

같은 방법으로

$$\therefore\ e_t(\text{투과파 전압}) = \frac{\begin{vmatrix} \dfrac{1}{Z_1} & \dfrac{1}{Z_1}e_i \\ -1 & e_i \end{vmatrix}}{\begin{vmatrix} \dfrac{1}{Z_1} & \dfrac{1}{Z_2} \\ -1 & 1 \end{vmatrix}} = \frac{2 \cdot Z_2}{Z_1 + Z_2}e_i\ \cdot\ i_t = \frac{e_t}{Z_2} = \frac{1}{Z_2}\left(\frac{2Z_2}{Z_1 + Z_2}\right)(Z_1\ i_i)$$

⑤ 결과적으로 다음과 같다.

$$e_r = \frac{Z_2 - Z_1}{Z_1 + Z_2}e_i,\ i_r = -\frac{Z_2 - Z_1}{Z_1 + Z_2}i_i$$
$$e_t = \frac{2 \cdot Z_2}{Z_1 + Z_2}e_i,\ i_t = \frac{2 \cdot Z_1}{Z_1 + Z_2}i_i \quad \cdots\cdots\cdots\cdots\cdots\cdots (5)$$

즉, 반사파와 투과파는 같은 파형임을 알 수 있고, 크기는 식 (5)와 같다.

(3) 반사계수와 투과계수를 이용한 투과파와 반사파 표현

① 반사계수

ㄱ 전압의 반사계수 $\beta = \dfrac{Z_2 - Z_1}{Z_1 + Z_2}$

ㄴ 전류의 반사계수 $\beta = -\dfrac{Z_2 - Z_1}{Z_1 + Z_2}$

② 투과계수

ㄱ $\gamma_e = \dfrac{2Z_2}{Z_1 + Z_2}$ (전압에 대한 투과계수)

ㄴ $\gamma_i = \dfrac{2Z_1}{Z_1 + Z_2}$ (전류에 대한 투과계수)

③ 피뢰기의 경우 제한전압

$$e_a = e_t = \frac{2Z_2}{Z_1 + Z_2}e_i - \frac{Z_1 Z_2}{Z_1 + Z_2}i_a$$

④ $e_r = \beta e_i,\ i_r = -\beta i_i$

$e_t = r_e e_i,\ i_t = r_i i_i$

⑤ 위의 식으로부터 가공 T/L과 지중 T/L이 연결된 점은 파동 임피던스가 다르므로 가공선에서부터 진입파는 진행파로 진행해 오다가 지중에서 반사계수가 0.8 정도, 투과계수가 0.2 정도로 되어 진입파의 파고값은 급격히 감소됨을 알 수 있다.

(4) 투과파의 또 다른 표현식(식 (5)를 이용)

① $e_i = Z_1 i_i$ 이므로 $i_t = \dfrac{2Z_1}{Z_1 + Z_2} i_i = \dfrac{2e_i}{Z_1 + Z_2}$

② $e_t = Z_2 i_t$ 이므로 $e_t = \dfrac{2Z_2 e_i}{Z_1 + Z_2}$

③ 즉, 제2의 선로에 투과해가는 전류는 진입한 전압파를 2배해서 제1·2선로의 파동 임피던스의 합계로 나누면 된다.

(5) 선로 종단에서의 반사와 투과파 비교

식 (5)로부터 다음을 알 수 있다.

구 분	종단이 개방시($Z_2 = \infty$)	종단이 접지시($Z_2 = 0$)
크기의 비교	e_r의 파고$= e_i$파고 e_t의 파고$= 2 \times (e_i$의 파고$)$ i_r의 파고$= -(i_i$의 파고$)$ i_t의 파고$= 0$	e_r의 파고$= -(e_i$의 파고$)$ e_t의 파고$= 0$ i_r의 파고$= (i_i$의 파고$)$ i_t의 파고$= 2 \times (e_i$의 파고$)$
물리적 의미	• 전류의 반사는 부반사로 파고값은 진입파와 같으므로, 종단의 전류 i_t는 대수합으로 보면 $i_t = i_i + i_r$로 선로의 전류는 0이다. • 전위는 정반사로 종단의 전위 $e_t = e_i + e_r$로 진입파의 2배이다.	• 전류의 반사는 정반사로 파고값은 진입파와 같으므로 종단의 전류 i_t는 대수합으로 보면 $i_t = i_i + i_r$로 2배가 된다. • 전위는 부반사로 되어 파고값은 같으나, 종단의 전위 $e_t = e_i + e_r$의 대수합은 0이다.

BIL에 대하여 기술하시오.

1 BIL의 정의

Basic Impulse Insulation Level의 약자로, 기준충격절연강도를 말한다.

2 BIL을 설정하는 이유

(1) 기기나 설비(전기설비)의 절연설계를 표준화하고, 통일된 절연개체로 구성하여 피뢰기의 제한전압보다 높은 충격전압을 설정함으로써 변압기와 기기의 절연강도를 정할 수 있다.

(2) 계통 전체의 절연설계를 보호장치와의 관계에서 합리화 및 절연비용을 최소화, 최대효과를 얻기 위한 절연협조(insulation co-ordination)에 있다.

3 BIL 표준파형

$1.2 \times 50[\mu s]$(파두값이 90[%]일 때의 시간, 파미값이 최소값의 50[%]일 때의 시간)

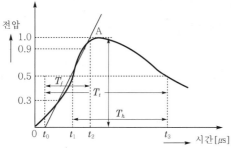

여기서, $T_f = (t_2 - t_0)$: 규약파두장($1.2[\mu s]$)
$T_t = (t_3 - t_0)$: 규약파미장($50[\mu s]$)
$T_h = (t_3 - t_1)$: 규약반파고시간

4 BIL의 적용 예

전 압 항 목	22.9[kV] 유입식 Tr BIL[kV]	154[kV]급 M.Tr BIL	345[kV]급 M.Tr BIL	BIL[p.u]
BIL 계산식	BIL = 5×E+50	BIL = 5×E+50	BIL = 5×E+50	BIL[p.u] $= \dfrac{\text{BIL}}{\text{상용주파시험전압}}$ $= \dfrac{\text{BIL}}{(\text{공칭전압} \times 1.5 \times \sqrt{2})}$
E(절연계급)	20호	140호	300호	
계산값(BIL)	BIL = 5×20+50 = 150	BIL = 5×150+50 = 750	BIL = 5×300+50 = 1,550	
유효접지방식 (BIL)	150[kV]	650[kV](1단 저감)	1,050[kV](2단 저감)	
BIL의 [p.u]	2.2	2.2	2.2~2.3	

변압기의 이행전압과 Surge absorber에 대하여 기술하시오.

1 이행전압

(1) 변압기 1차측에 가해진 서지가 정전적 혹은 전자적으로 2차측에 이행하는 현상이다.

(2) 이행전압의 영향

① 변압기 2차 권선 및 2차측에 접속되는 발전기 등 전기기기의 절연에 악영향을 미친다.

② 전압비가 큰 변압기에서는 이행전압이 2차측 BIL을 상회할 경우, 보호장치가 필요하다.

③ 전자이행전압보다 정전이행전압의 악영향이 더욱 심하다.

(3) 이행전압의 종류

① 정전이행전압 : 변압기 권선에 가해지는 서지전압이 양전선 간(間) 및 2차 권선 대지 간 정전용량으로 분포되어 생기는 전압이다.

② 전자이행전압 : 변압기의 1차 권선을 흐르는 서지전류에 의한 자속이 2차 권선과 쇄교하여 유기되는 전압이며, 권선비가 그 Base가 된다.

③ 2차 권선 고유진동전압 : 이행전압에 의해 발생한다.

(4) 정전이행전압으로부터 보호방법

① 2차측에 LA 설치

② 2차측에 보호서지옵서버 설치

③ 2차측에 콘덴서 설치

④ 2차측의 BIL의 향상

(5) 전자이행전압 억제대책

보통의 변압기에 비해 권선변압기 정전용량은 $10^{-2}[\mu\text{F}]$ 정도이므로, 2차측 대지 간에는 5~10배인 0.05~0.1$[\mu\text{F}]$의 콘덴서를 설치하면 이행전압은 억제되기 때문에 실제 계통에서는 별 문제가 없다.

2 서지 Absorber

(1) 서지 Absorber는 개폐서지보호용으로 사용되는 소자이다.

(2) LA와 서지 Absorber의 용도상 비교

항 목	LA	Surge absorber
용도	주로 뇌서지보호목적	주로 개폐서지보호목적
파고치	높다.	낮다.
파두장 및 파미장	$1.2 \times 50[\mu s]$	$50 \sim 500[m/sec]$

(3) 목적

① VCB의 개폐서지보호용

② 고압모터 및 건식변압기 등에 설치하여 개폐서지보호용

(4) SA의 적용장소(그림 참조)

VCB 2차이면서 건식변압기 또는 모드 TR 1차에는 반드시 SA 설치가 요구된다.

개 소	전 압	3.3[kV]	6.6[kV]	11[kV]	22[kV] 또는 22.9[kV]
전동기		●	●	●	—
변압기	유입식	△	△	△	△
	몰드식	●	●	●	●
	건식	●	●	●	●

여기서, ● : 서지흡수기 설치

△ : 서지흡수기 설치 불필요

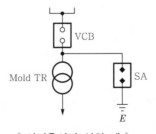

┃ 서지옵서버 설치 예 ┃

피뢰기의 동작특성(갭형과 갭리스형)을 비교 기술하시오.

1 Gap형 LA 동작특성과 Gapless형 LA 동작특성 비교

구 분	Gap형 LA 동작특성	Gapless형 LA 동작특성
전압, 전류 특성곡선	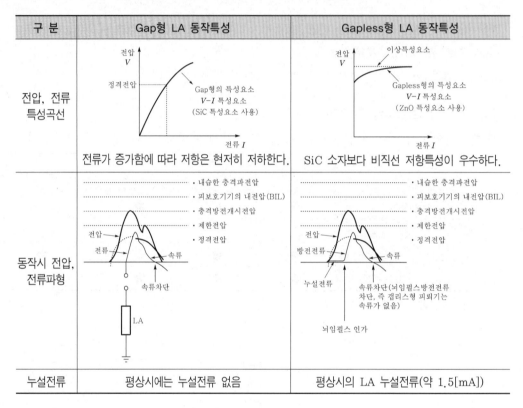 전류가 증가함에 따라 저항은 현저히 저하한다.	SiC 소자보다 비직선 저항특성이 우수하다.
동작시 전압, 전류파형		
누설전류	평상시에는 누설전류 없음	평상시의 LA 누설전류(약 1.5[mA])

2 특성요소별 $V-I$ 곡선 비교

그림과 같이 ZnO 소자의 높은 비직선 특성 때문에 속류가 흐르지 않아 다중뇌, 다중서지에 강하다.

피뢰기에 관한 정격전압의 선정방법에 대하여 기술하시오.

1 정격전압

(1) 정의

① LA의 정격전압이란 상용주파 허용단자전압으로 피뢰기에서 속류를 차단할 수 있는 최고의 상용주파수 교류전압으로서 실효값으로 나타낸다.

② 피뢰기 양단자 간에 인가한 상태에서 소정의 단위동작책무를 소정의 횟수만큼 반복 수행할 수 있는 정격주파수의 상용주파전압 실효값이다.

(2) LA의 정격전압 선정

> 정격전압＝공칭전압×1.4/1.1(비유효접지계통)

① 정격전압

$$E = \alpha\beta V_m = KV_m$$

여기서, α : 접지계수(유효접지계통 : 1.2~1.3, 비유효접지계통 : 1.73)
β : 유도(1.15 정도)
$V_m : \dfrac{\text{계통최고전압}}{\sqrt{3}} = \dfrac{\text{공칭선간전압}\times(1.05\sim1.1)}{\sqrt{3}}$
계통의 최고허용전압(상전압)

② 계통최고전압(선간전압) : 345[kV]는 362[kV], 765[kV]는 800[kV], 154[kV]는 169[kV]

③ 공칭전압을 [V]라 할 때 다음과 같다.
  ㉠ (직접 접지계)정격전압＝0.8~1.0[V]
  ㉡ (비유효접지계)정격전압＝1.4~1.6[V]

(3) LA의 정격전압의 적용 예

① 보통 선간전압의 1.4배 정도

② 상용주파 이상전압의 크기는 유효접지계에서 1선 지락시에 1.2~1.4배 정도

③ 적용값을 적용한 예

$$E = \alpha\beta V_m = 1.2\times1.15\times\left(1.05\times\frac{345}{\sqrt{3}}\right) = 1.2\times1.15\times\frac{362}{\sqrt{3}} = 288$$

공칭전압 [kV]	중성점 접지방식	LA 정격전압[kV]	비 고
765	직접 접지(유효)	612	
365	직접 접지(유효)	288	• ( )는 ANSI규정 • 정격전압 선정시 고려사항 → 중성점 접지방식, 계통의 최 고전압을 상회하는 LA 정격 전압일 것
154	직접 접지(유효)	138(144) $E = 1.3 \times 1.15 \times 154 \times \dfrac{1.1}{\sqrt{3}} = 144$	
66	비접지(비유효)	84 $E = 1.73 \times 1.15 \times \dfrac{72}{\sqrt{3}} = 84$	
22.9	직접 접지(유효)	21 또는 18(배전선로용)	$0.8 \times 22.9[\text{kV}] = 18$
22	비접지(비유효)	24	–

(4) IEC 권고사항

피뢰기 정격전압은 6으로 나누어 정수가 되는 값이다.

2 피뢰기 호칭

(1) 최고전압을 기준으로 피뢰기 정격전압의 비로서 부른다.

(2) 적용 예

① 345[kV] 계통 : $(288/362) \times 100 = 80[\%]$ 피뢰기

② 154[kV] 계통 : $(144/169) \times 100 = 85[\%]$ 피뢰기

③ 66[kV] 계통 : $(84/72) \times 100 = 115[\%]$ 피뢰기

문제 10

최근 5년간 평균낙뢰 수가 연간 114만회로 매우 빈번하여 적극적인 피뢰대책이 필요하다. 피뢰기의 규격항목에 대해서 간단히 설명하시오.

1 정격전압

(1) 정의

① LA의 정격전압이란 상용주파 허용단자전압으로 피뢰기에서 속류를 차단할 수 있는 최고의 상용주파수 교류전압으로서 실효값으로 나타낸다.
② 피뢰기 양단자 간에 인가한 상태에서 소정의 단위동작책무를 소정의 횟수만큼 반복 수행할 수 있는 정격주파수의 상용주파전압 실효값이다.

(2) LA의 정격전압 선정

정격전압 = 공칭전압 × 1.4/1.1(비유효접지계통)

① 정격전압

$$E = \alpha\beta V_m = K V_m$$

여기서, α : 접지계수(유효접지계통 : 1.2~1.3, 비유효접지계통 : 1.73)
  β : 유도(1.15 정도)
  V_m : $\dfrac{\text{계통최고전압}}{\sqrt{3}} = \dfrac{\text{공칭선간전압} \times (1.05 \sim 1.1)}{\sqrt{3}}$
  계통의 최고허용전압(상전압)

② **계통최고전압(선간전압)** : 345[kV]는 362[kV], 765[kV]는 800[kV], 154[kV]는 169[kV]
③ 공칭전압을 [V]라 할 때 다음과 같다.
  ㉠ 직접 접지계 정격전압 = 0.8~1.0[V]
  ㉡ 비유효접지계 정격전압 = 1.4~1.6[V]

(3) LA의 정격전압의 적용 예

① 보통 선간전압의 1.4배 정도
② 상용주파 이상전압의 크기는 유효접지계에서 1선 지락시에 1.2~1.4배 정도
③ 적용값을 적용한 예

$$E = \alpha\beta V_m = 1.2 \times 1.15 \times \left(1.05 \times \frac{345}{\sqrt{3}}\right) = 1.2 \times 1.15 \times \frac{362}{\sqrt{3}} = 288$$

공칭전압 [kV]	중성점 접지방식	LA 정격전압[kV]	비 고
765	직접 접지(유효)	612	
365	직접 접지(유효)	288	• ( )는 ANSI규정
154	직접 접지(유효)	138(144) $E = 1.3 \times 1.15 \times 154 \times \dfrac{1.1}{\sqrt{3}} = 144$	• 정격전압 선정시 고려사항 → 중성점 접지방식, 계통의 최 고전압을 상회하는 LA 정격 전압일 것
66	비접지(비유효)	84 $E = 1.73 \times 1.15 \times \dfrac{72}{\sqrt{3}} = 84$	
22.9	직접 접지(유효)	21 또는 18(배전선로용)	$0.8 \times 22.9[kV] = 18$
22	비접지(비유효)	24	–

(4) IEC 권고사항

피뢰기 정격전압은 6으로 나누어 전수가 되는 값이다.

2 공칭방전전류

(1) 정의

Gap의 방전에 따라 피뢰기를 통해서 대지로 흐르는 충격전류를 피뢰기의 방전전류라고 한다.

(2) 피뢰기의 방전전류의 허용최대한도를 방전내량이라 하며, 이는 파고값이다.

(3) 방전전류의 적용 예

적용개소	공칭방전전류
발전소, 154[kV] 이상 전력계통, 66[kV] 이상 S/S, 장거리 T/L용	10[kV]
변전소(66[kV] 이상 계통, 3,000[kVA] 이하 뱅크에 적용)	5[kV]
배전선로용(22.9[kV], 22[kV]), 일반수용가용(22.9[kV])	2.5[kV]

(4) 선로 및 발·변전소의 차폐유무와 그 지방의 IKL을 참고로 하여 결정한다.

3 피뢰기의 제한전압

(1) 정의

피뢰기 방전 중 이상전압이 제한되어 피뢰기의 양단자 사이에 남는 임펄스(충격)전압으로, 방전개시의 파고값과 파형으로 정해지며 파고값으로 표현한다.

(2) 제한전압의 결정요소

① 충격파의 파형
② 피뢰기의 방전특성, 피보호기기에 가해지는 전압
③ 피뢰기의 접지저항
④ 피보호기기의 특성
⑤ LA와 피보호기기까지의 거리 등

(3) 피뢰기를 통한 절연협조의 합리화

변압기의 절연강도＞피뢰기의 제한전압＋피뢰기 접지저항의 저항강하

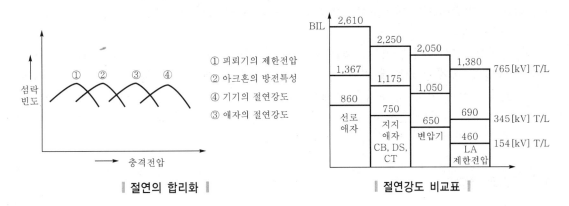

│ 절연의 합리화 │   │ 절연강도 비교표 │

(4) 피뢰기의 제한전압과 계통의 BIL과의 관계 예

① 제한전압＝BIL×0.8 정도
② 충격방전개시전압 ≒ BIL×0.85 정도

4 방전개시전압

(1) 상용주파 방전개시전압

① 피뢰기 단자 간에 상용주파의 전압을 인가할 경우 방전을 개시하는 전압
② 보통 피뢰기 방전개시전압은 피뢰기 정격전압의 1.5배 이상

(2) 충격방전개시전압

피뢰기 단자 간에 충격방전 인가시 방전을 개시하는 전압

피뢰기의 사용목적과 선정시 고려사항에 대해 설명하시오.

1 피뢰기가 필요한 이유(피뢰기의 설치목적 또는 역할)

전력계통에서 발생하는 이상전압은 크게 외뢰와 내뢰로 구분된다. 외뢰는 전력계통 외부의 요인인 직격뢰, 유도뢰 등이고 내뢰는 전력계통 내부에서 발생하는 것으로 선간단락 또는 차단기 개폐시에 발생되는 개폐서지가 있다. 이러한 이상전압은 상규전압의 수 배에 달하므로 여기에 견딜 수 있는 전기기기의 절연을 설계한다는 것은 경제적으로도 불가능하다. 따라서, 일반적으로 내습하고, 이상전압의 파고값을 낮추어 기기를 보호하도록 피뢰기를 설치하고 있다.

즉, 전력계통 및 기기에 있어서 외뢰(직격뢰 및 유도뢰)에 대한 절연협조를 반드시 해야 하나 절연강도 유지상 외뢰에 견딜 수 있게 하는 것은 경제적 여건에 문제점이 많다. 따라서, 피뢰기를 통한 외뢰 및 내뢰를 억제시키는 것을 전제로 절연협조를 검토한다. 내습하는 이상전압의 파고값을 저감시켜 기기를 보호하기 위함이다. 또한 LA(Lighting Arrester)는 전력계통에서 발생하는 내뢰의 이상전압 방지의 역할을 한다.

2 고려사항

(1) 정격전압

① 정의

  ㉠ LA의 정격전압이란 상용주파 허용단자전압으로 피뢰기에서 속류를 차단할 수 있는 최고의 상용주파수의 교류전압으로 실효값으로 나타낸다.

  ㉡ 피뢰기 양단자 간에 인가한 상태에서 소정의 단위동작책무를 소정의 횟수만큼 반복수행할 수 있는 정격주파수의 상용주파전압 실효값이다.

② LA의 정격전압 선정

$$정격전압 = 공칭전압 \times 1.4/1.1(비유효접지계통)$$

  ㉠ 정격전압

$$E = \alpha\beta V_m = KV_m$$

여기서, α : 접지계수(유효접지계통 : 1.2~1.3, 비유효접지계통 : 1.73)

  β : 유도(1.15 정도)

  V_m : $\dfrac{계통최고전압}{\sqrt{3}} = \dfrac{공칭선간전압 \times (1.05 \sim 1.1)}{\sqrt{3}}$

  계통의 최고허용전압(상전압)

ⓛ 계통최고전압(선간전압) : 345[kV]는 362[kV], 765[kV]는 800[kV], 154[kV]는 169[kV]

ⓒ 공칭전압을 [V]라 할 때 다음과 같다.

- 직접 접지계 정격전압=0.8~1.0[V]
- 비유효접지계 정격전압=1.4~1.6[V]

③ LA의 정격전압의 적용 예

㉠ 보통 선간전압의 1.4배 정도

ⓛ 상용주파 이상전압의 크기는 유효접지계에서 1선 지락시에 1.2~1.4배 정도

ⓒ 적용 값을 적용한 예

$$E = \alpha\beta V_m = 1.2 \times 1.15 \times \left(1.05 \times \frac{345}{\sqrt{3}}\right) \times 1.2 \times 1.15 \times \frac{362}{\sqrt{3}} = 288$$

(2) 공칭방전전류

① 정의 : Gap의 방전에 따라 피뢰기를 통해서 대지로 흐르는 충격전류를 피뢰기의 방전전류라 한다.

② 피뢰기의 방전전류의 허용최대한도를 방전내량이라 하며, 파고값이다.

③ 선로 및 발·변전소의 차폐유무와 그 지방의 IKL를 참고로 하여 결정한다.

(3) 피뢰기의 설치위치

① 발전소, 변전소 또는 이에 준하는 장소의 가공전선 인입구 및 인출구

② 가공전선로(25[kV] 이하의 중성점 다중접지식 특고압 가공전선로를 제외)에 접속하는 배전용 TR의 고압측 및 특고압측

③ 고압 및 특고압 가공전선으로부터 공급을 받는 수용장소의 입구

④ 가공전선로와 지중전선로가 만나는 곳

> **COMMENT** 피뢰기는 왕복진행하는 진행파이기 때문에 가능한 한 피보호기에 근접해서 설치하는 것이 유효하다.

(4) 피뢰기의 종류 및 내용

피뢰기의 종류는 피뢰기의 구성성분 및 기능에 따라 다음과 같이 나눈다.

① **명칭별** : 갭저장형, 밸브형, 저항밸브형, 갭리스형(현재 가장 많이 적용)

② **성능별** : 밸브형, 밸브저항형, 방출형, 자기소호형, 전류제한형

③ **사용 장소별** : 선로용, 직렬기기용, 저압회로용, 발·변전소형, 전철용, 정류기용, 케이블계통형

④ **규격별** : 교류 10,000[A], 5,000[A], 2,500[A]

(5) 피뢰기의 제한전압과 결정요소

① 정의 : 피뢰기 방전 중 이상전압이 제한되어 피뢰기의 양단자 사이에 남는 임피던스
 (충격)전압으로, 방전개시의 파고값과 파형으로 정해지며, 파고값으로 표현한다.

② 제한전압의 결정요소

 ㉠ 충격파의 파형

 ㉡ 피뢰기의 방전특성, 피보호기기에 가해지는 전압

 ㉢ 피뢰기의 접지저항

 ㉣ 피보호기기의 특성

 ㉤ LA와 피보호기기까지의 거리

(6) 피뢰기의 구비조건

① 충격방전개시전압이 낮을 것

② 상용주파 방전개시전압이 높을 것

③ 방전내량이 크고, 제한전압이 낮을 것

④ 속류차단능력이 신속할 것

⑤ 경년변화에도 열화가 쉽게 안 될 것

⑥ 우수한 비직선성 전압 : 전류특성을 가질 것

⑦ 경제적일 것

피뢰기의 특성요소의 기능을 설명하시오.

1 피뢰기의 특성요소의 기능 및 동작특성

(1) 피뢰기를 통하여 방전되는 충격전류인 방전전류(파고치로 표시)에서 저항값이 적어져(저저항) 속류하여 제한전압을 억제하는 기능

(2) 낮은 방전전류에서는 저항값이 높아져(고저항) 직렬갭(gap)의 속류차단을 돕는 기능

(3) 뇌전압의 진행파가 LA 설치점에 도달해서 직렬갭이 충격방전개시전압을 받으면, 직렬갭이 먼저 방전하게 되며, 이때 특성요소가 선로에 이어져 뇌전류를 방전하여 전압을 제한전압까지 내려주는 기능

2 피뢰기 종류별 특성요소 구분

(1) Gap형

특성요소+직렬갭+병렬저항+병렬콘덴서

(2) Gapless형

ZnO 성분의 특성요소로만 되어 있다.

(3) 피뢰기 구조 구분

① Gap형 LA 구조
② Gapless형 LA 구조

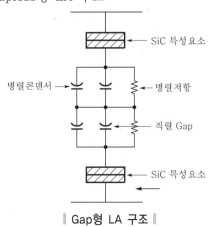

‖ Gap형 LA 구조 ‖

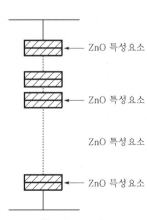

‖ Gapless형 LA 구조 ‖

3 Gap형과 Gapless형의 특성요소별 비교

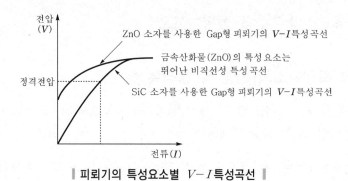

┃ 피뢰기의 특성요소별 $V-I$ 특성곡선 ┃

문제 12-1

피뢰기의 종류 및 동작특성에 대하여 설명하시오

COMMENT 실제로 수험자는 아래와 같이 기록해도 전혀 무방하다.
1. 피뢰기의 종류
2. 특성요소 중 그림만 기입
3. 피뢰기의 동작특성 : 갭리스형 피뢰기에 대한 내용만 거론해도 된다(현재 갭형은 거의 사용 안함).

1 피뢰기의 종류

(1) Gap형 피뢰기

① 직렬갭과 병렬저항 및 병렬콘덴서를 구성한 비직선 저항형 피뢰기(밸브저항형 피뢰기)
② 직렬간극(series gap)과 특성요소(비직선 저항체)를 구성요소로 하여 밀봉용기에 수납한 것 → 현재로는 거의 생산되지 않고 갭리스형으로 교체 중

(2) Gapless형 피뢰기

① 직렬간극을 사용하지 않고, 특성요소만으로 내부가 구성된다.
② 비직선형 금속산화물(ZnO)을 주로 사용하고 있다.

2 특성요소

(1) 탄화규소입자를 각종 결합체와 혼합한 것으로 밸브저항체라고도 한다.

(2) 비저항 특성을 가지고 있어 큰 방전전류에 대해서는 저항값이 낮아져 제한전압을 낮게 억제함과 동시에 비교적 낮은 전압계통에서는 높은 저항값으로 속류를 차단한다.

(3) 직렬갭에 의한 속류의 차단을 용이하게 도와주는 작용을 한다.

(4) 특성요소의 종류는 SiC 특성요소, 금속산화물 특성요소가 있다.

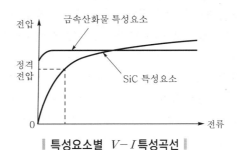

‖ 특성요소별 $V-I$ 특성곡선 ‖

3 피뢰기의 동작특성

(1) 동작특성 비교 개념도

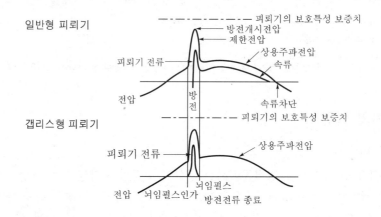

(2) 갭저항형의 동작특성

① 상용주파수의 계통전압에서 서지가 겹쳐서 그 파고값이 임펄스방전개시전압에 이르면 피뢰기가 방전을 개시하여 전압이 내려가며, 동시에 방전전류가 흘러 제한전압이 발생한다.

② 서지전압 소멸 후 계통전압을 따라 속류가 흐르지만 처음의 전류 0점에서 속류를 차단하고 원상태로 회복된다.

③ 이러한 동작은 0.5사이클의 짧은 시간에 이루어진다.

(3) 갭리스형의 동작특성

① 기존의 SiC(탄화규소) 특성요소를 비직선 저항특성의 산화아연(ZnO)소자를 적용한 것이다.

② 전압 및 전류특성은 SiC 소자에 비하여 광범위하게 전압이 거의 일정하며, 정전압 장치에 가까워진다.

③ SiC 소자는 상규대지전압이라도 상시전류가 흐르므로 소자의 온도가 상승하여 소손되기 때문에 직렬갭으로 전류를 차단해 둘 필요가 있다.

④ 갭리스피뢰기의 경우에는 누설전류가 1[mA]로서 문제가 발생되지 않고, 직렬갭이 선로와 절연을 할 필요가 없으므로 소형 경량이다.

⑤ **최신 경향** : 송전철탑에도 345[kV] 선로애자에 설치하여 한전(한국전력공사) 변전소의 차단기가 서지 등으로 전차단 시간 이내에 대지로 방류하여 신뢰도 유지에 많은 기여를 하고 있다. 즉, 한전의 345[kV] GCB 동작 전 차단시간은 3사이클이나, 피뢰기는 0.5사이클이므로 가능하다는 의미이다.

COMMENT 면접시험에서 간혹 실무를 아는 면접위원이 질문하면 이에 답하는 수험자는 거의 없다.

최근의 피뢰기의 새로운 기술 동향을 기술하시오.

Gapless형 피뢰기의 특징은 다음과 같다.

(1) 금속산화물(ZnO) 특성요소의 뛰어난 비직선 저항곡선을 이용하여 내부는 특성요소만으로 제작되는 피뢰기이다.

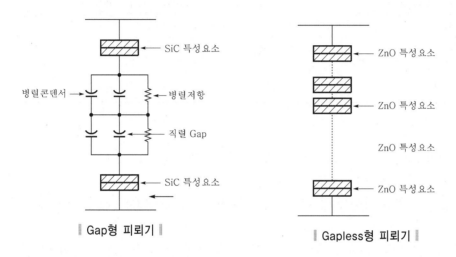

│ Gap형 피뢰기 │   │ Gapless형 피뢰기 │

(2) 특성요소별 $V-I$ 곡선특성 비교

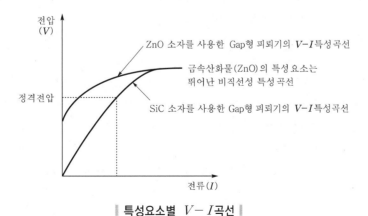

│ 특성요소별 $V-I$곡선 │

(3) 동작특성 비교

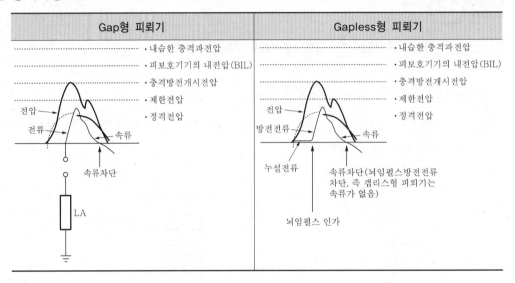

Gap형 피뢰기	Gapless형 피뢰기
· 내습한 충격파전압	· 내습한 충격파전압
· 피보호기기의 내전압(BIL)	· 피보호기기의 내전압(BIL)
· 충격방전개시전압	· 충격방전개시전압
· 제한전압	· 제한전압
· 정격전압	· 정격전압

(4) 장점

① 방전갭(직렬갭)이 없어 구조가 간단하고 소형, 경량화가 가능하다.

② 소손위험이 작고, 뛰어난 성능이 기대된다.

③ 속류가 없어 빈번한 작동에 잘 견디며, 광범위한 절연매체 내에서도 특성요소의 변화가 적다.

④ ZnO 소자의 뛰어난 비직선 특성으로 속류가 없어 다중뇌, 다중서지에 강하다.

⑤ 직렬갭이 없어 ZnO 소자의 병렬배치가 가능하다.

⑥ 저전류 영역을 제외하고는 보호특성은 온도에 의해 영향을 받지 않는다.

⑦ 대전류 방전 후에도 보호특성의 변화가 없다.

(5) 단점

① **열화발생가능** : 직렬갭이 없어 특성요소에는 항상 회로전압이 인가되어 특성요소에 의한 열화발생이 가능하므로, 신뢰성을 검토해야 한다.

② 특성요소로만 구성되어서 특성요소의 사고시 단락사고 유발가능성이 높다.

③ 상시 누설전류로 인한 열폭주현상의 발생이 높다. 피뢰기의 열폭주(thermal run-away of an arrester)는 피뢰기의 지속된 전력손실이 외함과 접속부의 열방산능력을 초과하여 저항소자의 온도를 누적 상승시켜 결국은 파손에 이르게 하는 현상이다.

문제 14

Surge absorber가 피뢰기와 용도상 다른 점을 설명하여 적용장소와 그 목적을 기술하시오.

1 차이점

(1) LA(Lightning Arrester)는 통상뇌서지보호용 소자이며, Surge absorber는 개폐서지보호용으로 사용되는 소자이다.

(2) LA와 Surge absorber의 용도상 비교사항

항 목	LA	Surge absorber
용도	주로 뇌서지보호목적	주로 개폐서지보호목적
파고치	높다.	낮다.
파두장 및 파미장	$1.2 \times 50[\mu s]$	$250 \sim 2,500[\mu s]$

2 설치목적

(1) 피뢰기

① 통상뇌서지에 대한 전력설비의 보호가 주목적이므로, 주변압기에 최대한 가깝게 설치하는 것이 좋다.

② 최근에는 인입선에 케이블을 많이 사용하므로 가공선로와 케이블의 접속점에 LA를 설치한다.

(2) SA

① 선로상에서 발생한 뇌전압, 개폐서지 등의 원인으로 이상전압이 내습하면 변압기의 저압측에도 고전압이 발생하므로 SA를 차단기(VCB, VS)에 별도로 설치하여 서지를 흡수한다.

② 개폐서지보호용으로 고압모터 및 건식변압기 등에 설치한다.

3 적용장소

(1) 피뢰기(서지임피던스를 서로 다른 곳의 변입점에 설치)

① 발전소, 변전소 또는 이에 준하는 장소의 가공전선로 인입구 및 인출구

② 가공선로에 접속하는 배전용 변압기의 고압 및 특고압측

③ 고압 및 특고압선로로부터 공급받는 수용장소의 인입구

④ 가공선로와 지중선로가 접속되는 곳

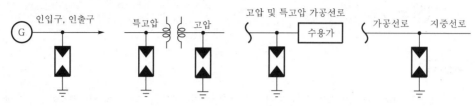

규정에 의한 LA 설치위치 4개소

(2) SA의 적용장소

① 보호하고자 하는 기기전단 및 개폐서지를 발생하는 차단기(VCB) 2차에 각 상의 전로와 대지 간에 설치하며, 사용목적에 따라 차단기 1차에도 설치한다.

② 전압별 적용 예(● : 서지흡수기 설치, △ : 서지흡수기 설치 불필요)

전 압 개 소		3.3[kV]	6.6[kV]	11[kV]	22[kV] 또는 22.9[kV]
전동기		●	●	●	—
변압기	유입식	△	△	△	△
	몰드식	●	●	●	●
	건식	●	●	●	●

VCB 2차이면서 건식변압기 또는 Mold TR 1차에는 반드시 SA 설치가 요구된다.

③ SA의 정격

공칭전압	3.3[kV]	6.6[kV]	22[kV] 또는 22.9[kV]
정격전압	4.5[kV]	6.6[kV]	18[kV]
공칭방전전류	5[kA]	5[kA]	5[kA]

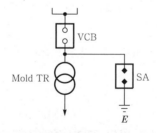

서지옵서버 설치 예

(3) 특고압과 고압혼촉방지를 위한 방전장치의 시설위치

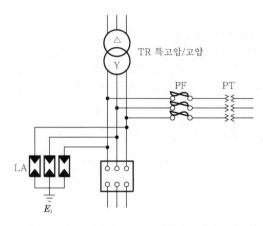

┃ 변압기 고압측에 보호장치가 있는 경우 ┃

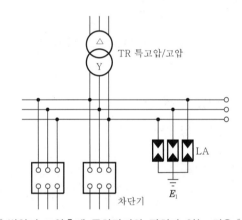

┃ 변압기 고압측에 주차단기와 장치가 없는 경우 ┃

① 설치위치
  ㉠ 특고압과 고압이 혼촉된 경우 고압의 전압상승을 억제시키기 위해 3배 이하의 전압에서 방전하는 장치를 각 상마다 설치한다.
  ㉡ 이때 설치위치는 고압과 가장 근거리에 설치, 즉 변압기와 방전장치 사이의 변성기류 등의 기기가 있는 경우 그 기기는 사고발생시 보호가 되지 않기 때문이다.
② 방전장치의 종류 : 피뢰기, 서지옵서버, 서지어레스터 등
③ 정격선정시 고려사항
  ㉠ 상용주파방전개시전압이 고압측 전압의 3배 이하인 것을 선정한다.
  ㉡ 상용주파방전개시전압은 제작사별로 정격전압의 1.6~3.6배까지 있으므로 제작사의 카탈로그를 참조하여 선정한다.

다음은 피뢰기에 관한 문제이다.

1. LA의 제한전압 결정원리에 대하여 기술하시오.
2. 파동임피던스 $Z_1 = 500[\Omega]$ 및 $Z_2 = 400[\Omega]$의 2개의 선로접속점에 피뢰기를 설치시 Z_1의 선로로부터 파고 600[kV]의 전압파가 내습하였다. 선로 Z_2에의 전압투과파의 파고치를 250[kV]로 억제하기 위한 피뢰기의 저항을 구하시오.

COMMENT 계산시 주의점 : 수치가 커지면 계산기로 입력하는 순간에 보이지 않는 방해가 있어 합격을 방해할 수 있으므로 수치를 간략히 하면 좋다(특히, 1,000 단위로 된 부분은 [MW] 개념으로 생략 계산하면 좋음).

1 피뢰기의 제한전압 결정원리

(1) 피뢰기의 제한전압

피뢰기에 충격파전류가 흐르고 있을 때 피뢰기의 단자전압으로서, 충격전압의 파고값으로 표현한다.

(2) 피뢰기 제한전압에 영향을 주는 요소

충격파의 파형, 피뢰기의 방전특성 등이 있다.

(3) 피보호기기에 가해지는 전압

피뢰기의 접지저항, 피보호기기의 특성, 피뢰기로부터 피보호기기까지의 거리 등에 의해서도 달라진다.

(4) 피뢰기 제한전압과 절연협조

① 피뢰기 동작특성상 제한전압

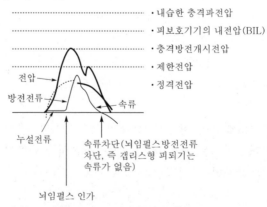

· 내습한 충격파전압
· 피보호기기의 내전압(BIL)
· 충격방전개시전압
· 제한전압
· 정격전압

전압
방전전류
속류
누설전류
속류차단(뇌임펄스방전전류 차단, 즉 갭리스형 피뢰기는 속류가 없음)
뇌임펄스 인가

┃ 갭리스형 피뢰기의 동작특성 ┃

② 제한전압과 절연협조

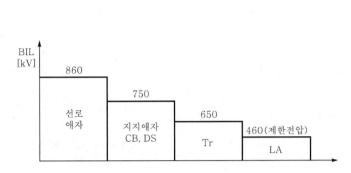

| 154[kV] 송전계통의 절연협조 예 |

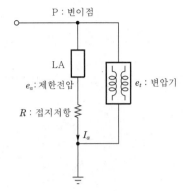

| 피뢰기와 변압기의 병렬등가회로도 |

(5) 제한전압 산출

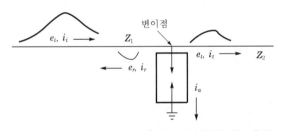

| 피뢰기 설치점 전·후의 이상전압과 방전전류 |

여기서, Z_1, Z_2 : 피뢰기 설치점(변이점) 전·후의 특성 임피던스
e_i, i_i : 입사파전압, 전류
e_r, i_r : 반사파전압, 전류
e_t, i_t : 투과파전압, 전류
i_a : 방전전류

키르히호프 법칙을 적용한 e_a(제한전압)의 산출은 다음과 같다.
위의 그림에서

$$e_i = -e_r + e_t$$
$$i_i - i_r - i_a + i_t = 0 \quad \cdots\cdots (1)$$

또한,

$$i_i = \frac{e_i}{Z_1}, \quad i_r = \frac{e_r}{Z_1}, \quad i_t = \frac{e_r}{Z_2} \quad \cdots\cdots (2)$$

여기서, i_a : 방전전류

여기서 구하고자 하는 것이 제한전압(e_a)이며, 이는 투과파 전압(e_t)과 회로상 병렬로 동일 전압으로 취급해도 무방하므로 식 (1)을 변형하여 다음의 식 (3)을 구한다.

$$e_i = -e_r + e_t$$
$$i_i - i_a = i_t + i_r \quad \cdots\cdots (3)$$

따라서, 식 (1)에 식 (2)를 대입하면 다음과 같다.

$$e_i = e_t - e_r$$

$$\frac{1}{Z_1}i_i - i_a = \frac{1}{Z_2}e_t + \frac{1}{Z_1}e_r \quad \cdots\cdots\cdots\cdots\cdots\cdots\cdots\cdots\cdots\cdots\cdots\cdots\cdots \text{(4)}$$

그러므로 식 (4)에서 제한전압은 다음과 같다.

$$e_t = e_a = \frac{\begin{pmatrix} e_i & -1 \\ \frac{1}{Z_1}e_i - i_a & \frac{1}{Z_1} \end{pmatrix}}{\begin{pmatrix} 1 & -1 \\ \frac{1}{Z_2} & \frac{1}{Z} \end{pmatrix}} = \frac{\frac{1}{Z_1}e_i - i_a + \frac{1}{Z_1}e_i}{\frac{1}{Z_1} + \frac{1}{Z_1}} = \frac{2Z_2}{Z_1} + Z_2\left(e_i - \frac{Z_1}{2}i_a\right) \cdots \text{(5)}$$

또한, 제한전압을 다음과 같은 식으로도 표현할 수 있다.

$$e_r = \frac{2Z_2}{Z_1 + Z_2}\left(e_i - \frac{Z_1}{2}i_a\right) = e - \frac{1}{2}\gamma_e Z_1 i_a$$

$$\text{여기서, } \gamma_e = \frac{2Z_2}{Z_1 + Z_2} \text{(전압파의 투과계수)}$$

$$e = \frac{2Z_2}{Z_1 + Z_2}e_i = \gamma_e e_i$$

e는 피뢰기가 없을 경우의 P점의 전압원으로서 원전압이라고 한다.

2 주어진 조건하에서 피뢰기의 저항산출

(1) 제한전압 : $e_a = \dfrac{2Z_2}{Z_1 + Z_2}\left(e_i - \dfrac{Z_1}{2}i_a\right)$

(2) 피뢰기 저항을 R이라하면 $R = \dfrac{e_a}{i_a}$에서 $i_a = \dfrac{e_a}{R}$이다.

(3) 따라서, $i_a = \dfrac{e_a}{R}$를 제한전압식에 대입하면 다음과 같다.

$$e_a = \frac{2Z_2}{Z_1 + Z_2}\left(e_i - \frac{Z_1}{2}\frac{e_a}{R}\right)$$

$$e_a + \frac{2Z_2 Z_1}{(Z_1 + Z_2)2R}e_a = \frac{2Z_2}{Z_1 + Z_2}e_i$$

$$e_a\left\{1 + \frac{2Z_1 Z_2}{(Z_1 + Z_2)2R}\right\} = \frac{2Z_2}{Z_1 + Z_2}e_i$$

(4) 그러므로 주어진 수치를 대입하여 피뢰기 저항을 구하면 다음과 같다.

① $e_a = e_t$

② $Z_1 = 500[\Omega]$, $Z_2 = 400[\Omega]$, $e_a = 250[kV]$, $e_i = 600[kV]$

③ $250\left\{1 + \dfrac{2 \times 400 \times 500}{(500 + 400)2R}\right\} = \dfrac{2 \times 4}{9} \times 600$

$\therefore 1 + \dfrac{4,000}{18R} = \dfrac{4,800}{9 \times 250}$

$\therefore R = 196[\Omega]$

문제 16

피뢰기에 관한 다음 사항에 대하여 설명하시오.

1. 피뢰기의 역할(목적)
2. 정격전압
3. 접지계수
4. 공칭방전전류
5. 설치위치
6. 제한전압
7. 보호레벨
8. 단위동작책무
9. 피뢰기의 구비조건

1 피뢰기가 필요한 이유(피뢰기의 설치목적 또는 역할)

전력계통에서 발생하는 이상전압은 크게 외뢰와 내뢰로 구분된다. 외뢰는 전력계통 외부의 요인인 직격뢰, 유도뢰 등이고 내뢰는 전력계통 내부에서 발생하는 것으로 선간단락 또는 차단기 개폐시에 발생되는 개폐서지가 있다. 이러한 이상전압은 상규전압의 수 배에 달하므로 여기에 견딜 수 있는 전기기기의 절연을 설계한다는 것은 경제적으로도 불가능하다. 따라서, 일반적으로 내습하고 이상전압의 파고값을 낮추어 기기를 보호하도록 피뢰기를 설치하고 있다.

다시 말하면 전력계통 및 기기에 있어서 외뢰(직격뢰 및 유도뢰)에 대한 절연협조를 반드시 해야 하나 절연강도 유지상 외뢰에 견딜 수 있게 하는 것은 경제적 여건에 문제점이 많다. 따라서, 피뢰기를 통한 외뢰 및 내뢰를 억제시키는 것을 전제로 절연협조를 검토하는데, 내습하는 이상전압의 파고값을 저감시켜 기기를 보호하기 위함이다. 또한 전력계통에서 발생하는 내뢰의 이상전압방지의 역할을 LA(Lighting Arrester)가 한다.

2 정격전압

(1) 정의

① LA의 정격전압이란 상용주파 허용단자전압으로 피뢰기에서 속류를 차단할 수 있는 최고상용주파수의 교류전압이며, 실효값으로 나타낸다.
② 피뢰기 양단자 간에 인가한 상태에서 소정의 단위동작책무를 소정의 횟수만큼 반복 수행할 수 있는 정격주파수의 상용주파전압 실효값이다.

(2) LA의 정격전압 선정

①
$$정격전압 = 공칭전압 \times 1.4/1.1 (비유효접지계통)$$

② $$정격전압 = \alpha\beta V_m = KV_m$$

여기서, α : 접지계수(유효접지계통 : 75~85[%], 비유효접지계통 : 100[%], 110[%])
β : 유도(유효접지계통 1.1, 비유효접지계통 1.15), $K = \alpha\beta = 115[\%]$
V_m : 최고허용전압(계통의 최고허용전압은 공칭전압의 1.2배 정도로 상전압)

③ 공칭전압을 V라 할 때 다음과 같다.
  ㉠ 직접 접지계 정격전압 = 0.8~1.0[V]
  ㉡ 비유효접지계 정격전압 = 1.4~1.6[V]

(3) LA의 정격전압의 적용 예

① 보통 선간전압의 1.4배 정도
② 상용주파 이상전압의 크기는 유효접지계에서 1선 지락시에 1.2~1.4배 정도
③ 적용값을 적용한 예

$$E = \alpha\beta\frac{V_m}{\sqrt{3}} = 1.2 \times 1.15 \times \frac{1.15}{1.1} \times \frac{345}{\sqrt{3}} = 288 \quad \begin{pmatrix} 345[kV]의 \ \alpha : 1.2 \ 적용 \\ 345[kV]의 \ \beta : 1.15 \ 적용 \end{pmatrix}$$

공칭전압[kV]	중성점 접지방식	LA정격전압[kV]	비 고
765	직접 접지(유효)	612	• ( )는 ANSI규정
365	직접 접지(유효)	288	• 정격전압 선정시 고려사항
154	직접 접지(유효)	138(144)	→ 중성점 접지방식, 계통의 최 고전압을 상회하는 LA 정격
22.9	직접 접지(유효)	21 또는 18[kV](선로용, 수용가용)	전압일 것

③ 접지계수

(1) 정의

3상 전력계통의 지락고장시 건전상의 가장 높은 상용주파 대지전압(과도 부분을 제외한 실효값)과 지락사고 중 건전상의 최대대지전압과의 비

(2) 표현식

$$\alpha : 접지계수 = \frac{고장 \ 중 \ 건전상의 \ 최대대지전압}{최대선간전압}$$

④ 공칭방전전류

(1) 정의

갭의 방전에 따라 피뢰기를 통해서 대지로 흐르는 충격전류를 피뢰기의 방전전류라고 한다.

(2) 피뢰기의 방전전류의 허용최대한도를 방전내량이라 하며, 파고값이다.

(3) 발·변전소용에 대해 방전전류파형과 내량과의 관계를 표시하면 다음 그림과 같다.

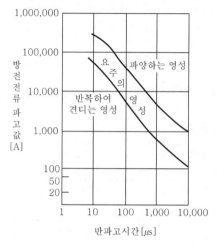

│ 발·변전소용 피뢰기의 방전내량 │

(4) 방전전류의 적용 예

적용 개소	공칭방전전류
발전소, 154[kV] 이상전력계통, 66[kV] 이상 S/S, 장거리 T/L용	10[kV]
변전소(66[kV] 이상 계통, 3,000[kVA] 이하 뱅크에 적용)	5[kV]
배전선로용(22.9[kV], 22[kV]), 일반수용가용(22.9[kV])	2.5[kV]

(5) 선로 및 발·변전소의 차폐유무와 그 지방의 IKL을 참고로 하여 결정한다.

5 피뢰기의 설치위치

(1) 발전소, 변전소 또는 이에 준하는 장소의 가공전선 인입구 및 인출구

(2) 가공전선로에 접속하는 배전용 TR의 고압측 및 특고압측

(3) 고압 및 특고압 가공전선으로부터 공급을 받는 수용장소의 입구

(4) 가공전선로와 지중전선로가 만나는 곳

COMMENT 피뢰기는 왕복진행하는 진행파이기 때문에 가능한 한 피보호기에 근접해서 설치하는 것이 유효하다.

6 피뢰기의 종류 및 내용

피뢰기의 종류는 피뢰기의 구성성분 및 기능에 따라 다음과 같이 나눈다.

(1) **명칭별** : 갭저장형, 밸브형, 저항밸브형, 갭리스형

(2) **성능별** : 밸브형, 밸브저항형, 방출형, 자기소호형, 전류제한형

(3) **사용 장소별** : 선로용, 직렬기기용, 저압회로용, 발·변전소형, 전철용, 정류기용, 케이블계통형

(4) **규격별** : 교류 10,000[A], 5,000[A], 2,500[A]

7 피뢰기의 제한전압

(1) 정의

피뢰기 방전 중 이상전압이 제한되어 피뢰기의 양단자 사이에 남는 임펄스(충격) 전압으로, 방전개시의 파고값과 파형으로 정해지며 파고값으로 표현한다.

(2) 제한전압의 결정요소

① 충격파의 파형
② 피뢰기의 방전특성, 피보호기기에 가해지는 전압
③ 피뢰기의 접지저항
④ 피보호기기의 특성
⑤ LA와 피보호기기까지의 거리

(3) 피뢰기의 동작특성상의 제한전압

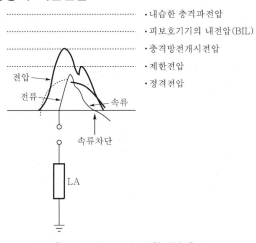

┃ LA 동작특성과 제한전압 ┃

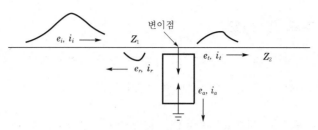

| LA 제한전압 결정원리 |

(4) 피뢰기 제한전압 e_a의 표현은 다음과 같다.

위의 그림에서

$$e_i + e_r = e_t$$
$$i_1 - i_r - i_a - i_t = 0 \quad\cdots\cdots\cdots\cdots\cdots\cdots\cdots\cdots\cdots\cdots\cdots\cdots\cdots (1)$$

$$i_1 = \frac{e_i}{Z_1} \quad i_r = \frac{e_r}{Z_1}$$
$$i_t = \frac{e_t}{Z_2} \quad\cdots\cdots\cdots\cdots\cdots\cdots\cdots\cdots\cdots\cdots\cdots\cdots (2)$$

여기서, Z_1, Z_2 : 피뢰기 설치점(변이점) 전 · 후(前後)의 특성 임피던스
e_i, i_i : 입사파전압, 전류
e_r, i_r : 반사파전압, 전류
e_t, i_t : 투과파전압, 전류

식 (2)를 식 (1)에 대입하면

$$\frac{e_i}{Z_1} - \frac{e_r}{Z_1} - i_a - \frac{e_t}{Z_2} = 0, \ \text{즉} \ \frac{e_i}{Z_1} - \frac{e_r}{Z_1} = \frac{e_t}{Z_2} + i_a \cdots\cdots\cdots\cdots\cdots\cdots (3)$$

또, 식 (1)의 양변을 Z_1으로 나누면

$$\frac{e_i}{Z_1} + \frac{e_r}{Z_1} = \frac{e_t}{Z_1} \cdots\cdots\cdots\cdots\cdots\cdots\cdots\cdots\cdots\cdots\cdots\cdots\cdots\cdots\cdots (4)$$

식 (3) + 식 (4)하면 $2 \cdot \dfrac{e_i}{Z_1} = e_t\left(\dfrac{1}{Z_1} + \dfrac{1}{Z_2}\right) + i_a$

$$\therefore \ e_a = e_t = \frac{2Z_2}{Z_1 + Z_2}\left(e_i - \frac{Z_1}{2}i_a\right) = \frac{2Z_2}{Z_1 + Z_2}e_i - \frac{Z_1 Z_2}{Z_1 + Z_2}i_a$$

여기서, e_i, i_1 : 입사파의 전압, 전류
e_r, i_r : 반사파의 전압, 전류
e_a : 제한전압

i_a : 피뢰기의 방전전류

e_t, i_t : 투과파의 전압

전류$(e_a = e_t)$, Z_1, Z_2 : 파동 임피던스$\left(Z_1 = \sqrt{\dfrac{L_1}{C_1}}, \ Z_2 = \sqrt{\dfrac{L_2}{C_2}} \right)$

(5) 피뢰기를 통한 절연협조의 합리화

변압기의 절연강도 > 피뢰기의 제한전압 + 피뢰기 접지저항의 저항강하

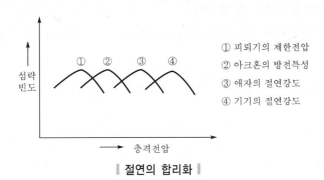

‖ 절연의 합리화 ‖

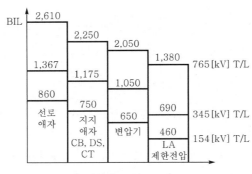

‖ 절연강도 비교표 ‖

(6) 피뢰기의 제한전압과 계통의 BIL과의 관계 예

① 제한전압 = BIL × 0.8 정도

② 충격방전개시전압 ≒ BIL × 0.85 정도

8 피뢰기의 보호레벨

(1) 정의

피뢰기가 소정의 조건하에서 동작하는 경우, 양단자 간에 남는 과전압의 상한치로 정격전압에 대해서 정해지는 기준으로 다음의 뇌임펄스, 개폐 임펄스에 대해 각각 정해져 있다.

① 뇌임펄스에 대하여 피뢰기의 보호레벨 값은 다음 중 최대의 값이다.
　㉠ 공칭방전전류에 대한 제한전압의 파고치
　㉡ 표준 뇌임펄스방전개시전압
　㉢ 뇌임펄스방전개시전압 시간특성의 시간 0.5[μs]에 상당하는 전압값의 $\dfrac{1}{1.15}$
② 개폐 임펄스에 대해서 피뢰기의 보호레벨 값은 개폐 임펄스방전개시전압 시간특성의 시간 250[μs]에 상당하는 전압값이다.

(2) 피뢰기와 피보호기기의 보호 여유

① 피뢰기의 보호레벨과 피보호기기(변압기)와의 보호 여유도는 충격전압에 대하여 20[%] 이상이어야 한다.

② 즉, 제한전압이 725[kV]이면 변압기의 BIL= $\dfrac{725}{0.8}$ = 906[kV] 이상이며, 1,050으로 정한다.

9 단위동작책무

(1) 정의

소정의 주파수, 소정의 전압전원에 연결된 피뢰기가 뇌 또는 개폐 과전압에 의하여 방전되어, 소정의 방전전류를 저지 또는 차단해서 원상으로 복귀하는 일련의 동작이다.

(2) 피뢰기의 책무

① 피뢰기는 특성요소와 직렬갭을 갖추고(gapless형은 직렬갭이 없음) 피보호기기의 절연강도를 낮출 수 있을 것
② 이상전압 내습시 피뢰기 단자전압이 일정 값 이상이 되면, 즉시 방전해서 전압상승을 억제하여 기기보호
③ 이상전압 소멸시 피뢰기 단자전압이 일정 값 이하이면, 즉시 방전을 정지해서 원송전 상태로 회복
④ 속류차단능력이 있을 것

10 피뢰기의 구비조건

(1) 충격방전개시전압이 낮을 것

(2) 상용주파 방전개시전압이 높을 것

(3) 방전내량이 크고, 제한전압이 낮을 것

(4) 속류차단능력이 신속할 것

(5) 경년변화에도 열화가 쉽게 안될 것

(6) 우수한 비직선성 전압 및 전류특성을 가질 것

(7) 경제적일 것

 참고

1) 충격파 및 상용주파로 결정되는 전압의 구분

충격파로 결정되는 것	상용주파로 결정되는 것

• BIL
• 제한전압 : 충격파가 내습하여 방전 중 LA단자 간 충격전압
• 충격방전개시전압 : 대략, 공칭전압×4.5배
  ※ 제한전압＝BIL×0.8 정도
    충격방전개시전압≒BIL×0.8 정도
	• 정격전압 : 속류를 차단할 수 있는 실효값
	• 상용주파 방전개시전압
	  정격전압×1.5배 정도의 실효값

2) 154[kV]급 피뢰기의 전압 구분

154[kV] T/L	LA 정격전압	방전개시 전압	제한전압	비 고
BIL : 650[kV]	138(144) [kV]	BIL×0.85 650×0.85 ＝552[kV]	BIL×0.8 650×0.8 ＝520~460[kV]	의미 : 207[kV] 이상시 LA 동작(방전)하여 138[kV]로 저하시킨다.
상용주파 시험전압 : 325[kV]	–	정격전압 138×1.5 ＝207[kV]	–	

11 제한비(DLR)

$$\frac{제한전압}{정격전압}$$

12 보호유도(보호비)

$$\frac{BIL - V_a}{V_a} \times 100 \rightarrow 20\text{~}40[\%], \text{ IEC규정은 } 20[\%]$$

여기서, BIL : 기준충격절연레벨
V_a : 제한전압

13 전압별 정격전압

전압[kV]	피뢰기 정격전압[kV]	전압[kV]	피뢰기 정격전압[kV]
345	$\dfrac{362}{\sqrt{3}} \times 1.2 \times 1.15 = 288$	66	$\dfrac{72}{\sqrt{3}} \times 1.73 \times 1.15 = 84$
154	$\dfrac{169}{\sqrt{3}} \times 1.3 \times 1.15 = 144$	22.9	21 또는 18(배전선로)

14 적용시 고려사항

(1) 위치

① 피뢰기 설치를 위해 가능한 한 피보호기기 가까이 설치

$e_t = e_a + \dfrac{2Sl}{V}$ 에서 l이 작을수록 e_r의 값이 작아지기 때문이다.

여기서, e_t : 변압기 전압 파고값

e_a : 피뢰기 제한전압

l : 피보호기기와 피뢰기와의 이격거리

V : 충격파의 전파속도[m/μs]

S : 피뢰기의 파두준도[kV/μs]

② 최대유효이격거리 : $345-85$[m], $154-65$[m], $66-45$[m], $22.9-20$[m]

(2) 피뢰기 접속용 도체굵기

기기보호용 피뢰기 대부분은 변전실에 설치되며, 접지선의 굵기는 다음의 기준으로 선정된다.

$$S = \frac{\sqrt{t}}{282} I_s$$

여기서, S : 접지선의 굵기[mm^2]

I_s : 고장전류

t : 고장지속시간

피뢰기의 충격전압비와 제한전압에 대하여 설명하시오.

COMMENT 제한전압을 유도하는 방법이 매우 중요하다.

1 충격전압비

(1) 공식

충격전압비=충격방전개시전압 / 상용주파 방전개시전압의 파고값

(2) 충격전압비

① 상용주파수 방전개시전압에 대한 충격파 방전개시전압에 비한 비율
② 22.9[kV] 다중접지계통의 피뢰기의 충격방전개시전압은 65[kV] 이하
③ 상용주파 방전개시전압 : 정격전압의 1.5배 이상 $1.5 \times 18 = 27$[kV]
④ 충격전압비=65[kV]/27[kV]=2.41

(3) 충격방전개시전압

피뢰기 단자 간에 충격파 전압을 가했을 때 방전을 개시하는 전압의 파고치

(4) 상용주파 방전개시전압의 파고값

① 상용주파수의 지속성 이상전압에 의한 방전개시전압의 실효치
② 피뢰기 정격전압의 약 1.5배

2 피뢰기의 제한전압

(1) 방전으로 저하되어서 피뢰기 단자 간에 남게 되는 충격전압의 파고치

(2) 방전 중에 피뢰기 단자에 걸리는 전압

(3) 공칭방전전류에서의 피뢰기 단자전압

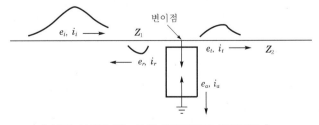

┃ 뇌기 설치점 전·후의 이상전압과 방전전류 ┃

여기서, Z_1, Z_2 : 피뢰기 설치점(변이점) 전·후의 특성 임피던스$\left(Z_1 = \sqrt{\dfrac{L_1}{C_1}}, Z_2 = \sqrt{\dfrac{L_2}{C_2}}\right)$

e_i, i_i : 입사파전압, 전류

e_r, i_r : 반사파전압, 전류.

e_t, i_t : 투과파전압, 전류

e_a : 제한전압

i_a : 피뢰기의 방전전류

그림에서 전압은 키르히호프 제2법칙을 적용하면 다음과 같다.

$$e_i - e_r = e_t = e_a \quad \cdots\cdots\cdots\cdots\cdots\cdots\cdots\cdots\cdots\cdots\cdots\cdots\cdots\cdots (1)$$

전류는 키르히호프 제1법칙을 적용하여

$$i_i - i_r = i_a + i_t \quad \cdots\cdots\cdots\cdots\cdots\cdots\cdots\cdots\cdots\cdots\cdots\cdots (2)$$

옴의 법칙을 적용하여

$$e_i = Z_1 i_1, \quad v_r = -Z_1 i_r, \quad v_t = Z_2 i_t \quad \cdots\cdots\cdots\cdots\cdots\cdots\cdots (3)$$

따라서, 식 (1)에 식 (2)와 식 (3)을 대입하여 정리하면

$$e_a + Z_1\left(\frac{e_a}{Z_2}\right) = 2e_i - Z_1 i_a, \quad e_a\left(1 + \frac{Z_1}{Z_2}\right) = 2e_i - Z_1 i_a \quad \cdots\cdots\cdots\cdots (4)$$

그러므로 다음과 같다.

$$e_a = \frac{2e_i - Z_1 i_a}{\left(1 + \dfrac{Z_1}{Z_2}\right)} = \frac{2Z_2}{Z_1 + Z_2} e_i - \frac{Z_1 Z_2}{Z_1 + Z_2} i_a = \frac{2Z_2}{Z_1 + Z_2}\left(e_i - \frac{Z_1}{2} i_a\right) \quad \cdots\cdots\cdots (5)$$

문제 17

다음은 피뢰기에 관한 사항이다. 이에 대하여 기술하시오.

1. 피뢰기의 역할과 방전개시전압, 충격비
2. 피뢰기의 제한전압 산출방법
3. 제한전압과 절연협조 및 경제성

1 개 요

(1) 전력계통에서 외부 이상전압 방지대책으로는 크게 피뢰기 설치, 가공지선에 의한 뇌차폐, 철탑접지저항 저감대책을 들 수 있다.

(2) 다음은 이들 중 피뢰기에 대해 기술한다.

2 피뢰기의 역할

(1) 이상전압이 내습할 경우는 피뢰기 단자전압이 상승되어 일정 값 이상이면, 즉시 방전하여 전압상승 억제

(2) 이상전압이 소멸된 경우 피뢰기 단자전압이 일정 값 이하일 때, 즉시 방전을 중지하여 정상적으로 복귀하는 동작책무

3 피뢰기 관련 용어

(1) 상용주파 방전개시전압

① 피뢰기 단자 간에 상용주파의 전압을 인가할 경우 방전을 개시하는 전압
② 보통 피뢰기 방전개시전압은 피뢰기 정격전압의 1.5배 이상

(2) 충격방전개시전압

피뢰기 단자 간에 충격방전 인가시 방전을 개시하는 전압

(3) 충격비

$$\frac{충격방전개시전압}{상용주파\ 방전개시전압의\ 파고값}$$

4 피뢰기 제한전압

(1) 정의
방전으로 저하되어 피뢰기 단자 간에 남게 되는 충격전압의 파고값으로 표현

(2) 피뢰기 동작특성상 제한전압

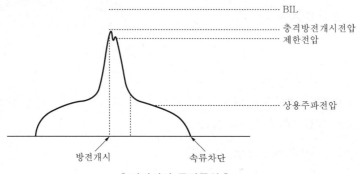

┃ 피뢰기의 동작특성 ┃

(3) 제한전압의 산출

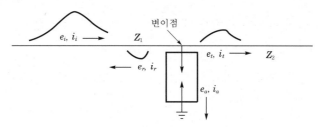

┃ 피뢰기 설치점 전·후의 이상전압과 방전전류 ┃

여기서, Z_1, Z_2 : 피뢰기 설치점(변이점) 전·후(前後)의 특성 임피던스
e_i, i_i : 입사파전압, 전류, e_r, i_r : 반사파전압, 전류
e_t, i_t : 투과파전압, 전류, i_a : 피뢰기의 방전전류

키르히호프 법칙을 적용한 e_a(제한전압)의 산출은 다음과 같다.
위의 그림에서 KVL 법칙과 KIL 법칙에 의해

$$e_i = -e_r + e_t$$
$$i_i - i_r - i_a + i_t = 0 \quad \cdots\cdots\cdots\cdots\cdots\cdots (1)$$

또한,

$$i_t = \frac{e_i}{Z_1},\ i_r\frac{e_r}{Z_1},\ i_t\frac{e_t}{Z_2} \quad \cdots\cdots\cdots\cdots\cdots (2)$$

여기서 구하고자 하는 것이 제한전압(e_a)이며, 이는 투과파전압(e_t)과 회로상 병렬로 동일 전압으로 취급해도 무방하므로 식 (1)을 변형하여 다음의 식 (3)을 구한다.

$$e_i = -e_r + e_t \quad \cdots\cdots\cdots\cdots\cdots\cdots\cdots\cdots\cdots\cdots\cdots\cdots\cdots\cdots (3)$$
$$i_i - i_a = i_t + i_r$$

따라서 식 (2)에 식 (3)을 대입하면,

$$e_i = e_t - e_r$$
$$\frac{1}{Z_1}i_i - i_a = \frac{1}{Z_2}e_t + \frac{1}{Z_1}e_r \quad \cdots\cdots\cdots\cdots\cdots\cdots\cdots\cdots (4)$$

그러므로 식 (4)에서 제한전압은

$$e_t = e_a = \frac{\begin{pmatrix} e_i & -1 \\ \dfrac{1}{Z_1}e_i - i_a & \dfrac{1}{Z_1} \end{pmatrix}}{\begin{pmatrix} 1 & -1 \\ \dfrac{1}{Z_2} & \dfrac{1}{Z} \end{pmatrix}} = \frac{\dfrac{1}{Z_1}e_i - i_a + \dfrac{1}{Z_1}e_i}{\dfrac{1}{Z_1} + \dfrac{1}{Z_1}} = \frac{2Z_2}{Z_1} + Z_2\left(e_i - \frac{Z_1}{2}i_a\right) \cdots (5)$$

또한 제한전압을 다음과 같은 식으로도 표현할 수 있다.

$$e_r = \frac{2Z_2}{Z_1 + Z_2}\left(e_i - \frac{Z_1}{2}i_a\right) = e - \frac{1}{2}\gamma_e Z_1 i_a$$

여기서, $\gamma_e = \dfrac{2Z_2}{Z_1 + Z_2}$(전압파의 투과계수), $e = \dfrac{2Z_2}{Z_1 + Z_2}e_i = \gamma_e e_i$

e는 피뢰기가 없을 경우의 P점의 전압원으로서 원전압이라고 한다.

5 제한전압과 절연협조 및 경제성

(1) 제한전압과 BIL과의 관계

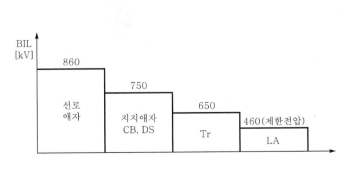

| 154[kV] 송전계통의 절연협조 예 |

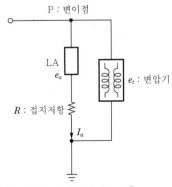

| 피뢰기와 병렬등가회로도 |

(2) 제한전압과 경제성

앞의 그림과 같이 피뢰기 접지에도 접지저항이 있기 때문에 전기회로상 병렬로 변압기가 접속된 것으로 볼 수 있어 피뢰기가 방전하면 피뢰기 자체의 전압도 올라가게 된다.

> 변압기 절연강도 > 피뢰기 제한전압 + 접지저항 전압강하

또한, 이 경우의 기기에 가해지는 충격전압은 다음과 같은 식으로 표현된다.

$$e_t = e_a + \frac{2Sl}{V}$$ 에서 l이 작을수록 e_r의 값이 작아지기 때문이다.

여기서, e_t : 변압기 전압 파고값
e_a : 피뢰기 제한전압
l : 피보호기기와 피뢰기와의 이격거리
V : 충격파의 전파속도[m/μs]
S : 피뢰기의 파두준도[kV/μs]

따라서, 피뢰기의 제한전압(e_a)이 높으면 변압기의 절연강도를 상승시켜야 하므로 이에 요구되는 절연비용은 증가한다. 즉, 피뢰기의 접지저항이 규정치보다 높으면, 뇌격시 뇌전류를 약 100[kA]로 볼 경우 접지저항에 의한 전압강하($I_a R$)도 매우 상승하므로, 병렬로 연결된 변압기의 절연강도(e_t)를 상승시켜야 안전한 전력공급이 된다. 결과적으로 변압기 절연 제작상의 절연비용은 상승하게 된다.

또한, 식 (5)에서 제한전압은 $\frac{2Z_2}{Z_1 + Z_2}\left(e_i - \frac{Z_1}{2}i_a\right) = \frac{2Z_2}{Z_1 + Z_2}\left(e_i - \frac{Z_1}{2} \cdot \frac{e_a}{R}\right)$이 되므로, 피뢰기의 접지저항이 클수록 제한전압은 상승하게 된다. 즉, 피뢰기의 접지저항은 계통의 절연협조 측면에서 시공시 충분히 유의할 사항이 된다. 이런 사유에서 피뢰기의 접지저항은 10[Ω] 이하로 하도록 되어 있다.

피뢰기의 열폭주현상을 기술하시오.

COMMENT 이 문제는 104회 전기안전기술사에서도 출제되었다.

1 개 념

(1) 산화아연소자(ZnO)에 일정 전압을 인가하면, 소자의 저항분에 의한 누설전류가 발생한다.

(2) 이 누설전류에 의한 발열량과 방열량이 평형일 때 피뢰기는 일정 온도에서 안정된다.

(3) 발열량(P)＞방열량(Q)이면 ZnO 소자의 온도가 상승되고, 소자저항은 온도상승에 따라 감소되어, 저항분의 누설전류도 증가된다.

(4) 이 누설전류 증가로 피뢰기가 과열되고, 열축적에 의해 피뢰기가 파괴되는 현상이 일어난다.

2 산화아연소자의 발열특성 및 열폭주 발생원인

(1) **발열곡선(P)** : 발열량(P)은 온도에 대하여 지수함수적으로 증가

(2) **방열곡선(Q)** : 방열량(Q)은 주위 온도와 소자온도의 차에 비례

(3) $P = Q$(U점)일 때 안정

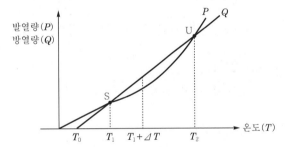

(4) $P < Q$(**U점 이하**) : 온도변화 ΔT가 U보다 작을 때 점차 온도가 낮아져 S점에서 안정

(5) $P > Q$(**U점 초과**) : 산화아연소자가 열화하여 전압 과전류특성이 악화한 경우 및 개폐서지 등 열적 요인으로 소자온도와 누설전류가 증가되면서 열폭주현상이 발생한다.

3 결 론

산화아연형 피뢰기에서는 동작책무시험이나 서지방전전류통전에 의해 파괴되지 않을 뿐 아니라, 그 후의 인가전압에 의해 열폭주하지 않아야 한다.

문제 19

피뢰기와 피뢰침의 차이점을 간단히 비교 설명하시오.

1 피뢰기

(1) 사용목적
상시전기가 사용되고 있는 전기기의 서지(외뢰 및 내뢰)의 방지

(2) 접지
장전된 경우에만 접지

(3) 취부설치
보호하는 전기기기에 최대한 가까운 위치에 취부

2 피뢰침

(1) 사용목적
건축물, 인화성 물질 저장창고 등의 낙뢰로 인한 인화방지

(2) 접지
언제든지 직접 접지

(3) 취부설치
보호하는 물체의 상단 및 보호가능한 높이에 설치

산업통상자원부 기술표준원에서 정한 건축물의 피뢰설비에 대해 설명하시오.

1 개 요

(1) 건축물이 낙뢰를 받아 파괴 또는 화재가 발생하고, 인명 및 가축 등이 상해를 당하거나 감전사하는 상황이 계속되고 있다.

(2) 최근에는 건축물이 초고층화되고 지능화되어 건축물 내부에 정보·통신기기 등 첨단기기들이 시설되어 낙뢰시 피해는 더욱 가중되고 있는 실정이다.

(3) 산업통상자원부 기술표준원에서는 현행 KS규격으로 제정되어 있는 피뢰침에 대한 KSC IEC 62305 규격으로는 낙뢰피해를 최소화하고 안전을 확보하기에는 문제가 있다고 판단하여, 2002년 8월 31일 피뢰침에 대한 관련 규정을 국제 수준으로 개정하여 2004년 9월부터 시행하게 되었다.

2 주요 내용

(1) 현재는 일반건물에 대해 60°로 고정되어 있는 피뢰침의 보호각을 신축 건물높이에 따라 다음과 같이 25~55°로 설치해야 한다.

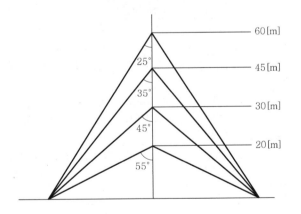

건물높이[m]	보호각
20	55°
30	45°
45	35°
60	25°

(2) 위의 표와 같이 피뢰침의 보호각이 작아지는 만큼 피뢰침을 더 많이 또는 더 높이 설치해야 한다. 또한 측면에서의 낙뢰에 대비해서 건물 20[m] 높이마다 외벽에 수평환도체를 설치해야 한다. 이에 따라 건물옥상이나 외벽에 낙뢰를 받더라도 종전보다 피해가 현격히 줄어들 수 있다.

피뢰설비에 관한 신국제규격(IEC 62305 : protection against lighting)**은 Part 1 ~Part 5로 구분하여 정의하고 있다. Part별 주요 내용을 설명하시오.**

1 IEC 62305 규격의 기본원리

(1) Risk management를 기초로 한 피뢰설비의 필요성, 경제성, 적정한 보호대책의 선정

(2) 설계, 시설, 유지관리의 3요소

(3) 구조체나 건물의 높이 제한 없음(철도, 자동차, 선박, 항공기 등의 시설에는 적용되지 않음)

(4) 세계의 과학적 · 상업적 측면의 의견수렴

(5) 건축물의 분류는 건축물, 건축물 내부의 내용물 또는 주변에 손상을 뇌격의 영향을 고려하여 결정

(6) 건축물의 금속구조체를 인하도선으로 대용가능(전기의 연속성 : 0.2[Ω] 이하)

2 IEC 62305 규격의 주요내용

규 격	주요 내용
IEC 62305-1 : Protection against lighting : General principle	용어의 정의, 뇌전류 파라미터, 낙뢰에 의한 손상, 보호의 필요성과 대책, 건축물과 설비보호의 기준, 뇌영향 평가요소
IEC 62305-2 : Risk management	위험성 평가기법, 건축물에 대한 위험요소의 평가, 설비에 대한 위험요소 평가
IEC 62305-3 : Physical damage and life hazard	높이의 제한이 없는 건축물의 뇌보호시스템(LPS) 접촉전압과 보폭전압에 의한 인축에 대한 보호대책, 피뢰설비의 설계 · 시공 · 유지관리 · 검사에 대한 지침
IEC 62305-4 : Electrical and electronic systems within structure	뇌전자펄스(LEMP)에 대항 조항 : 일반적 사항, 건축물 내의 접지와 본딩, 자기차폐, 배선경로, SPD의 요건, 기존 건축물 내의 장비보호
IEC 62305-5 : Service	통신경로(광섬유선로, 금속도체선, 전원선, 금속배관 등)

KS C IEC 62305의 규정에 준한 내부 피뢰시스템에 대하여 설명하시오.

COMMENT 이 문제는 대단히 중요하여 향후에도 출제될 가능성이 매우 높다.

1 개 요

(1) KS C IEC 62305의 규정에 준한 내부 피뢰시스템은 제3부와 제4부에 설명되어 있다.

(2) 피뢰설비의 관련된 관계 개념도

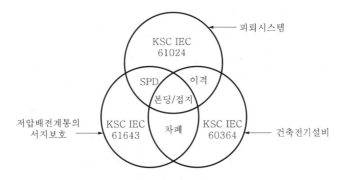

(3) 내부 피뢰시스템의 설치목적

외부 피뢰시스템 혹은 피보호구조물의 도전성 부분을 통하여 흐르는 뇌전류에 의해 피보호구조물의 내부에서 위험한 불꽃방전의 발생을 방지한다.

(4) 따라서, 아래와 같이 내부 피뢰시스템과 외부 피뢰시스템의 전기적 절연을 시행한다.

2 내부 피뢰시스템(다른 부분 사이의 불꽃방전을 피하기 위해 등전위본딩 및 전기적 절연 등과 같은 시설시행)

(1) 피뢰설비의 등전위본딩 시행

① 피뢰등전위본딩 시설방법

　㉠ 위험한 불꽃방전은 외부 피뢰시스템과 금속재설비, 내부시스템·피보호구조물에 접속된 외부 도전성 부분과 선로 등의 구성요소 사이에서 발생할 수 있다.

　㉡ 구조물의 금속 부분, 금속제설비, 내부시스템, 구조물에 접속된 외부 도전성 부분과 선로와 같은 피뢰시스템을 설치 접속하여 등전위화를 달성하게 한다.

　㉢ 피뢰설비의 등전위본딩을 시행시는 뇌격전류가 내부시스템에 흐를 수 있으므로 이의 영향을 고려해야 한다.

ⓔ 자연적 구성부재를 통한 본딩으로 전기적 연속성이 제공되지 않는 장소의 경우 본딩도체로 직접 접속한다. 만약 본딩도체로 직접 접속할 수 없을 경우는 SPD 등으로 상호간에 접속시행해야 한다.

② 설치시 고려사항

ⓐ 서지보호장치는 점검할 수 있는 방법으로 설치할 것

ⓑ 다른 분야의 기술과 상반된 요구사항을 감안하여 통신기술자, 기타 관련 기술자, 기관의 당국자와 협의할 것

ⓒ 피뢰시스템을 설치할 때, 보호할 구조물 외부의 금속설비에 영향을 미칠 수도 있으므로 설계시 고려할 것. 또한 외부금속설비를 위한 피뢰등전위본딩이 필요하다.

ⓓ 등전위본딩바에 서지보호장치를 이용하여 접속하면 뇌격전류에 의해서 각 접지극 사이에 형성되는 전위차의 발생을 방지할 수 있다.

ⓔ 피뢰등전위본딩은 가능한 한 곧고 똑바르게 접속할 것

ⓕ 구조물의 도전성 부분을 피뢰등전위본딩으로 하면 뇌격전류의 일부가 구조물에 흐를 수도 있으므로 이 영향을 고려할 것

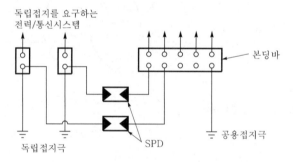

┃ 독립접지가 요구되는 경우의 등전위본딩 ┃

(2) 금속재설비에 대한 피뢰설비의 등전위본딩

① 본딩도체의 최소단면적은 아래와 같게 해야 한다.

┃ 본딩바 상호 또는 본딩바를 접지시스템에 접속하는 도체의 최소단면적 ┃

피뢰레벨	재 료	단면적[mm^2]
I ~IV	구리	14
	알루미늄	22
	강철	50

┃ 내부 금속설비를 본딩바에 접속하는 도체의 최소단면적 ┃

피뢰레벨	재 료	단면적[mm^2]
I ~IV	구리	5
	알루미늄	8
	강철	16

② 절연요구조건이 충족되지 않는 장소는 피해야 한다.

③ 지하(기초) 부분이나 지표면 부근의 장소, 본딩용 도체는 쉽게 점검할 수 있도록 설치하고, 본딩용 바에 접속해야 한다. 본딩용 바는 접지시스템에 접속되어야 하며, 대형 건축물에서는 두 개 이상의 본딩용 바를 설치하고, 상호접속해야 한다.

④ 가스관이나 수도관의 도중에 절연물이 삽입되어 있는 경우, 피보호구조물 내측의 가스관이나 수도관에 삽입되어 있는 절연물은 수도공급자와 가스공급자의 동의를 얻어 적당한 동작조건을 가진 서지보호장치에 의해 교락되도록 한다.

⑤ ④에서 적용되는 서지보호장치의 특성은 다음과 같다.

㉠ 레벨 I 시험에 합격한 것

㉡ $I_{imp} \geq k_c I$(여기서, $k_c I$: 외부 피뢰시스템의 관련 부분을 흐르는 뇌격전류)

㉢ 보호레벨 U_p는 외부 피뢰시스템 부분 사이의 임펄스절연내 전압보다 낮을 것

㉣ 다른 특성은 KS C IEC 64643-12에 의할 것

(3) 외부 도전성 부분에 대한 피뢰설비의 등전위본딩

① 이 본딩은 가능한 한 피보호구조물의 인입점 가까이에 설치한다.

② 본딩도체의 굵기는 KSC IEC62305-1에서 정한 것으로 뇌격전류의 일부 I_f에 견뎌야 한다.

③ 직접 본딩할 수 없는 경우는 다음 특성을 가지는 서지보호장치를 사용해야 한다.

④ 외부 도전성 부분을 인입구 부근에서 등전위본딩을 해야 된다. 또한 인입구 부근에 대한 범위는 본딩바에서 구조물 내의 계통외 도전성 부분에 흐르는 뇌격전류에 의한 전자계 영향을 적게 하기 위하여 가능한 한 인입구 근방이 좋으나, 설치장소의 상황에 따라 달라질 수 있다.

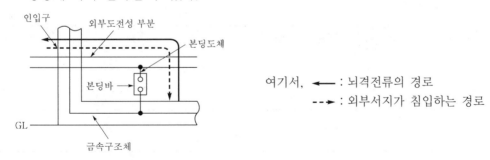

여기서, ⟶ : 뇌격전류의 경로
- - -▶ : 외부서지가 침입하는 경로

(4) 내부시스템에 대한 피뢰등전위본딩

① 이 시스템이 차폐 또는 금속관 내에 있는 경우는 차폐층과 금속관을 본딩해야 한다.

② ①의 조건이 아니면 내부시스템 도체는 서지보호장치로 본딩하고, TN계통에서 보호도체(PE)와 중성선 겸용 보호도체(PEN)는 직접 또는 서지보호장치를 통하여 피뢰시스템에 본딩해야 한다.

(5) 피보호구조물에 접속된 선로에 대한 피뢰등전위본딩

① 각 선의 도체는 직접 또는 서지보호장치를 적용하여 본딩한다. 충전선은 단지 서지
보호장치를 통해 본딩바에 접속해야 한다. TN계통에서 PE와 PEN은 직접 또는 서
지보호장치를 통하여 본딩바에 접속한다.

② 전원선이나 통신선이 차폐되어 있거나 금속관 내에 배선되어 있다면, 차폐층과 금
속관을 본딩하고, 만약 차폐층 또는 금속관의 단면적이 산정된 최소단면적보다 크
면 별도의 피뢰등전위본딩을 할 필요가 없다.

③ 케이블차폐층과 금속관의 등전위본딩은 구조물 인입점 근방에서 해야 한다.

3 외부 피뢰시스템의 전기적 절연

(1) 피뢰침수뢰부 또는 인하도선과 구조체의 금속 부분, 금속설비, 내부시스템 사이의 전기적
절연 각 부분 사이의 거리 d는 아래 식의 이격거리 s보다 크게 하여 확보해야 한다.

①
$$s = k_i \frac{k_c}{k_m} l$$

여기서, k_i : 피뢰시스템의 보호레벨에 관련된 계수로 표 1과 같음

k_c : 인하도선에 흐르는 전류에 관련된 계수

k_m : 전기절연에 관련된 계수

l : 이격거리가 고려되는 지점에서 가장 가까운 등전위본딩점까지 수뢰부 혹
은 인하도선을 따라 측정한 거리[m]

┃ 표 1-계수 k_i의 값 ┃

LPS의 레벨	k_i
I	0.08
II	0.06
III, IV	0.04

┃ 표 2-계수 k_c의 값 ┃

인하도선의 수 n	k_c
1	1
2	1~0.5
4 이상	1~ 1/n

┃ 표 3-계수 k_m의 값 ┃

재 료	k_m
공기	1
콘크리트, 벽돌	0.5

② 여러 개의 절연재료가 직렬로 되어있는 경우 가장 낮은 재료의 k_m을 적용해야 한다.

③ 다른 절연재료의 사용에 대해서는 k_m을 검토 중이다.

(2) 구조물에 접속된 선로나 외부 도전성 부분의 경우, 항상 구조물의 인입점에서 피뢰등전위본딩(직접 혹은 서지보호장치에 의한 접속)을 보증할 필요가 있다. 금속제 또는 전기적인 연속성을 가진 철근콘크리트 구조물에 대하여서는 이러한 이격거리를 고려하지 않아도 된다.

「산업안전보건기준에 관한 규칙」 제326조에 의한 위험물 취급 시설물에서 낙뢰예방을 위한 피뢰침 설치시 고려해야 할 사항을 쓰시오.

1 개요(제326조)

(1) 사업주는 화약류 또는 위험물을 저장하거나 취급하는 시설물에 낙뢰에 의한 산업재해를 예방하기 위하여 피뢰설비를 설치하여야 한다.

(2) 사업주는 위의 (1)에 따라 피뢰설비를 설치하는 경우에는 「산업표준화법」에 따른 한국산업표준에 적합한 피뢰설비를 사용하여야 한다.

2 위험물 취급 시설물에서 낙뢰예방을 위한 피뢰침 설치시 고려해야 할 사항

(1) 피뢰침의 보호각은 45° 이하로 할 것

(2) 피뢰침을 접지하기 위한 접지극과 대지 간의 접지저항은 10[Ω] 이하로 할 것

(3) 피뢰침과 접지극을 연결하는 피뢰도선은 단면적이 30[mm^2] 이상인 동선을 사용하여 확실하게 접속할 것

(4) 피뢰침은 가연성 가스 등이 누설될 우려가 있는 밸브·게이지(gauge) 및 배기구 등은 시설물로부터 1.5[m] 이상 떨어진 장소에 설치할 것

(5) 위의 (1) 및 (2)의 규정은 금속망이나 가공지선(架空地線) 등을 설치하여 접지저항을 10[Ω] 이하로 낮추는 등으로 시설물을 보호하도록 한 때에는 이를 적용하지 않을 것

(6) 금속판을 전기적으로 접속하여 통전시켜도 불꽃이 발생되지 아니하도록 되어 있는 밀폐구조의 저장탑·저장조 등의 시설물이 두께 3.2[mm] 이상의 금속판으로 되어 있고, 당해 시설물의 대지접지저항이 5[Ω] 이하인 경우에는 그러하지 아니하다.

문제 **23**

초고층 건축물에 대한 피뢰설비 기준강화 등을 위해 「건축법시행령」에 근거한 「건축물의 설비기준 등에 관한 규칙」 제20조 피뢰설비의 내용에 대하여 설명하시오.

문제 **23-1** 「건축물의 설비기준 등에 관한 규칙」 제20조의 피뢰설비에 관한 내용을 설명하시오.

1 개요(제20조)

낙뢰의 우려가 있는 건축물, 높이 20[m] 이상의 건축물 또는 영 제118조 제1항에 따른 공작물로서 높이 20[m] 이상의 공작물(건축물에 영 제118조 제1항에 따른 공작물을 설치하여 그 전체 높이가 20[m] 이상인 것을 포함)에는 다음의 기준에 적합하게 피뢰설비를 설치하여야 한다.

2 피뢰설비 설치조건

(1) 피뢰설비는 한국산업규격이 정하는 보호등급의 피뢰설비일 것. 다만, 위험물 저장 및 처리시설에 설치하는 피뢰설비는 「한국산업규격」이 정하는 보호등급 Ⅱ 이상이어야 한다.

(2) 돌침은 건축물의 맨 윗 부분으로부터 25[cm] 이상 돌출시켜 설치하되 「건축물의 구조기준 등에 관한 규칙」 제9조의 규정에 의한 풍하중에 견딜 수 있는 구조일 것

(3) 피뢰설비의 재료는 최소단면적이 피복이 없는 동선을 기준으로 수뢰부, 인하도선 및 접지극은 50[mm^2] 이상이거나 이와 동등 이상의 성능을 갖출 것

(4) 피뢰설비의 인하도선을 대신하여 철골조의 철골구조물과 콘크리트조의 철근구조체 등을 사용하는 경우에는 전기적 연속성이 보장될 것. 이 경우 전기적 연속성이 있다고 판단되기 위해서는 건축물 금속구조체의 상단부와 하단부 사이의 전기저항이 0.2[Ω] 이하이어야 한다.

(5) 측면 낙뢰를 방지하기 위하여 높이가 60[m]를 초과하는 건축물 등에는 지면에서 건축물 높이의 5분의 4가 되는 지점부터 상단 부분까지의 측면에 수뢰부를 설치하여야 하며, 지표레벨에서 최상단부의 높이가 150[m]를 초과하는 건축물은 120[m] 지점부터 최상단 부분까지의 측면에 수뢰부를 설치할 것. 다만, 건축물의 외벽이 금속부재(부재)로 마감되고, 금속부재 상호간에 제4호 후단에 적합한 전기적 연속성이 보장되며, 피뢰시스템 레벨등급에 적합하게 설치하여 인하도선에 연결하는 경우에는 측면 수뢰부가 설치된 것으로 본다.

(6) 접지는 환경오염을 일으킬 수 있는 시공방법이나 화학첨가물 등을 사용하지 아니할 것

(7) 급수, 급탕, 난방, 가스 등을 공급하기 위하여 건축물에 설치하는 금속배관 및 금속재설비는 전위(電位)가 균등하게 이루어지도록 전기적으로 접속할 것

(8) 전기설비의 접지계통과 건축물의 피뢰설비 및 통신설비 등의 접지극을 공용하는 통합접지공사를 하는 경우에는 낙뢰 등으로 인한 과전압으로부터 전기설비 등을 보호하기 위하여 「한국산업표준」에 적합한 서지보호장치(SPD)를 설치할 것

(9) 그 밖에 피뢰설비와 관련된 사항은 「한국산업규격」에 적합하게 설치할 것

문제 24

피뢰침에 관한 새로운 KS규격에서 정의하는 A형 접지극과 B형 접지극에 대해 설명하시오.

1 A형 접지극

A형 접지극은 판상접지극(면적 $0.35[m^2]$ 이상), 수직접지극, 방사형 접지극 등을 말하는데 이들을 도시하면 다음 그림과 같다.

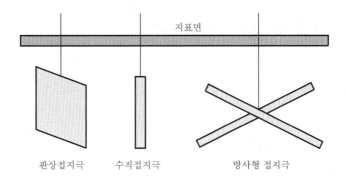

2 B형 접지극

B형 접지극은 환상접지극, 망상접지극 또는 기초접지극을 말하는데, 그림으로 보면 다음과 같다.

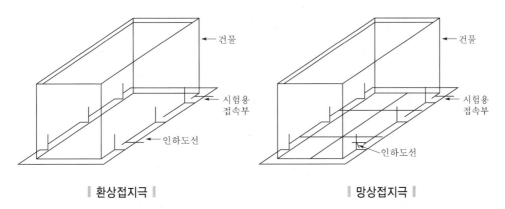

| 환상접지극 | | 망상접지극 |

75

낙뢰로부터 건물을 보호하는 피뢰침의 3가지 피뢰방식을 쓰시오.

1 개 요

(1) 피뢰 또는 낙뢰에 대한 방출의 기본원리는 양전하를 대기 중으로 분산시키고 구조물의 전하를 중성화하여 낙뢰가 구조물에 충돌하는 것을 어렵게 하는 것이다.

(2) Air terminal이나 피뢰침 사용의 기본적인 전제는 낙뢰가 구조물이나 주요 기기를 통하는 것보다 쉽게 통하는 다른 통로를 구비한다는 것이다.

(3) 피뢰침 등을 설치함으로써 낙뢰가 저항이 가장 적은 통로를 찾는다는 원리에 의해 피뢰침에 우선 충돌하여 건물이나 구조물을 때리기 전에 바로 지중으로 유도되도록 할 수 있다.

2 피뢰침의 3가지 피뢰방식

(1) 재래식 피뢰침(franklia rod)

① 재래식의 뾰족한 침형태의 단일점 피뢰형식으로 일반빌딩에 주로 사용된다.
② 다목적으로 사용된다.
③ 개량비용이 약 30,000원 정도로 경제적이다.
④ 낙뢰로부터 방호성능이 확실하지 않다.

(2) 분산전하 이동시스템(dissipating chare transfer system)

① 재래식 단일점 피뢰형식을 대체하는 시스템으로 90[%] 이상의 예방효과를 가져온다. 이 시스템은 예방기술과 기본적인 방호기술을 혼용하는 것이다.
② 낙뢰피해의 경감이 요구되는 구조물에 사용된다.
③ 낙뢰의 충돌을 Brush terminal에 의한 분산을 통해 전기적으로 방출시켜 완화시키며, 낙뢰충돌의 부분적 완화도 가능하다.
④ 비교적 값이 비싼편이며, Set당 비용이 약 350,000원 정도이다.

(3) 쌍극성 방출 분산시스템(bipolar discharge dissipation terminal system)

① 분산전하 이동시스템보다 더욱 개량된 시스템이다.

② 낙뢰피해로부터의 근원적인 방호가 필요한 구조물(통신시설, 컴퓨터센터, 위험물저장시설)에 사용된다.

③ 더욱 향상된 Brush terminal을 이용한 높은 분산 수준에 의해 낙뢰피해로부터 방호하여 낙뢰의 구조물 충돌을 원천적으로 완화시킨다.

④ 값이 가장 비싸며, Set당 약 850,000원 정도이다.

선행 스트리머방출형 피뢰침(early streamer emission air terminal)에 대하여 설명하시오.

1 보호이론 및 동작원리

(1) 뇌운에서 Stepped leader(계단형 선행방전)가 지표를 향해서 내려온다.

(2) 지표(건물 등 포함)에서는 전계강도를 견디지 못하는 곳에서 스트리머가 뇌운을 향해 뻗어나가게 되며, 이것이 상향 리더를 만든다.

(3) 하향리더와 상향 리더가 만날 때 방전이 발생하고, 이것이 곧 낙뢰·뇌격이다.

(4) **선구방전(downword leader)** : 뇌운으로부터 대지로 향하는 뇌전하의 흐름이다.

(5) **상향방전(upward leader)** : 대지로부터 뇌운을 향하는 대지전하의 흐름이다.

(6) **피뢰침의 원리** : 피뢰침에서 나오는 상향 리더가 지표면의 다른 부분에서 나오는 상향 리더보다 먼저 하향 리더를 만나도록 하여 뇌격이 피뢰침에 가해지도록 함으로써 시설과 인축을 보호한다는 것이다.

(7) 뇌격거리(대지로부터 상향 방전과 하향 방전이 만나는 점까지의 거리) D가 클수록 크다.

(8) **선행 스트리머방전(ESE)의 원리**

① 피뢰침에서 보통의 피뢰침보다 더 빨리 스트리머가 발생하도록 아래 개념도와 같이 D를 크게 하고, 이에 따라 보호범위가 더 커지게 한다는 것이다.

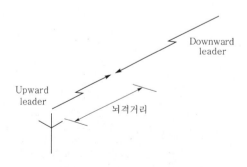

| 선행 스트리머방전(ESE)의 원리 |

② 이 증가효과를 ΔL이라고 하면, 이것은 낙뢰속도 V, 이득시간 ΔT의 함수이며 다음 식과 같다.

$$\Delta L = \Delta T \times V$$

여기서, $V = 106[\text{m/s}]$

$\Delta T = \text{Tic} - \text{Tiese}$

Tic : Average initiation time for the control air terminal

Tiese : Average initiation time for ESE air terminal

2 선행 스트리머방출형 피뢰침의 EF 인하도선

(1) 구조

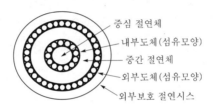

- 중심 절연체
- 내부도체(섬유모양)
- 중간 절연체
- 외부도체(섬유모양)
- 외부보호 절연시스

(2) EF 인하도선(carrier)의 효과

① 측방섬락이 없다.

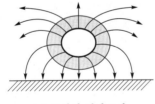 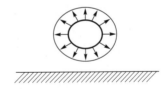

(a) 통상의 인하도선   (b) EF 인하도선

② 구조물 전화(building electrification, electrostatic induction)가 없다.

 ㉠ 통상의 인하도선 설치시 낙뢰가 발생하면 인접하는 구조물은 정전적 유도작용에 의하여 필히 전화된다.

 ㉡ 이로 인해 인하도선과 구조물의 인접부 혹은 인접부가 아닌 원격지에서 섬락의 위험이 항상 존재한다.

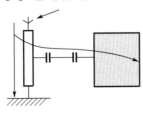 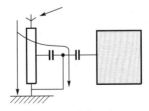

(a) 통상의 인하도선   (b) EF 인하도선

③ 전자유도(electromagnetic induction)가 적다.

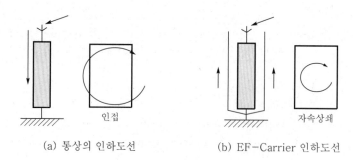

(a) 통상의 인하도선   (b) EF-Carrier 인하도선

㉠ 통상의 인하도선에서는 낙뢰전류로 인한 자력선이 인접하는 루프와 쇄교하면 큰 유도기전력이 그 루프 내에 형성되나 EF 인하도선에 있어서는 차폐도체를 통하여 낙뢰전류를 상쇄시키는 전류가 흐르므로 루프에 유도된 기전력은 미소하다.

㉡ 위의 그림에서 차폐도체를 통하여 상향으로 흐르는 전류는 DC 혹은 AC에서는 이해할 수 없는 전류이지만 서지에서는 존재한다(실제 서지에서는 진행파전류가 인하도선을 왕복하게 됨).

문제 27

피뢰침설비에 대하여 논하시오.

문제 27-1 피뢰침의 설치장소 및 보호종별과 보호각도범위를 설명하시오.

COMMENT 내용 중 **3**의 내용은 **2**의 보호등급과 의미는 같으며, 주어진 문제에서 요구하는 문맥에 따라 적절히 기록할 것

1 개요(피뢰침의 설치장소)

(1) 목적

피뢰침은 보호하고자 하는 대상물에 접근하는 뇌격을 확실하게 흡인하여 안전하게 대지로 방류시켜 건물을 보호하기 위해 설치한다.

(2) 「건축법」 및 「산업안전보건법」에 낙뢰로 인해 발생하는 화재, 파손 또는 인축의 상해를 방지하기 위해 시설물에는 피뢰침을 설치하도록 되어있다.

(3) 「건축법」에서는 높이가 20[m]를 넘는 시설물은 피뢰침을 설치하도록 되어 있고, 「산업안전기준」에는 화약류 등을 취급하는 시설물은 규정에 따라 피뢰침을 시설하되 예외 규정을 두고 있으며, 그 자세한 내용은 다음과 같다.

2 보호종별의 선택

피뢰설비를 보호능력의 관점에서 구분한 것으로서 건축물, 그 내용물 종류, 중요도 등에 따라서 구분된다.

(1) 완전보호(케이지방식)

어떤 뇌격에도 절대로 건물과 그 안의 사람에게 안전한 것으로 산꼭대기의 관측소, 절, 산 속의 휴게소나 매점, 골프장의 독립휴게소 등에 적용된다.

(2) 증강보호(수평도체방식)

보통 보호한다는 정도가 높은 것으로 중요한 목조건축물 등에서 케이지방식을 사용할 수 없는 건물에 대하여 거의 완전에 가깝게 보호하는 것이다.

(3) 보통보호(돌침방식)

옥상에 돌침을 설치하여 일반건물은 보호각을 60° 이하로, 위험물저장소 등은 45° 이하로 한다.

(4) 간이보호

① 벼락이 많은 지역 등에서 높이 20[m] 미만의 건물에 대하여 자주적으로 피뢰설비를 설치한다.

② 벼락이 떨어질 때 건물 일부에 약간의 손상을 받는 것은 어쩔 수 없다고 하더라도 인체에 대해서는 완전하게 보호하는 것이다.

3 피뢰설비의 형태(피뢰설비의 방식)

(1) 돌침방식(보통보호)

① 피뢰침이 발명된 최초의 것이다.

② 벼락은 금속의 예리한 선단 부분에 떨어지기 쉽다는 점을 이용(뾰족한 금속 부분은 스트리머가 나오기 쉽기 때문)한 것이다.

③ 돌침의 설치높이가 높아도 100[%] 보호되지는 않는다.

④ 낮은 돌침 여러 개가 효과적이다.

⑤ 적용 : 수평투영면적이 작은 건물, 위험물저장소 등

(2) 수평도체방식(용마루 위의 도체방식, 증강보호)

① 송전선 등의 가공지선과 같다.

② 지상의 주위에 수평도체를 펴거나 건축물에 부착하여 시설해도 되며, 일반적으로 건축물의 모서리 부분이 뇌격을 받기 쉬운데, 이 방식으로 하면 방지된다.

③ 이 방식은 높이가 없는 돌침이 연속적으로 서 있다고 생각하면 된다(돌침방식보다 효과적).

④ 건축구조체, 울타리, 난간 등을 활용할 수 있고, 미관을 손상시키지 않는 이점도 있다.

⑤ 적용 : 수평투영면적이 비교적 큰 건물에 적용

(3) 케이지방식(완전보호)

① 피보호물이 새장 안의 새와 같이 되도록 하는 형상의 도체로 둘러싸는 방식이다.

② 케이지 전체가 등전위가 되어 내부의 사람이나 물체를 벼락으로부터 완전하게 보호가 가능하다.

③ 철골조, 철근콘크리트조 빌딩이 이 경우에 속한다.

④ 적용 : 중계소, 중요시설, 산악지대, 레이더 기지, 휴게소, 천연기념물 등

(4) 가공지선(간이보호)

돌침방식보다 간이방식으로 시설하는 것으로, 임시건축물이나 이동용 건축물 등에 적용된다.

4 국내 규정에 의한 피뢰설비 보호범위

(1) **일반건축물** : 보호각 60° 이하

(2) **위험물 저장 취급 제조건물** : 보호각 45° 이하

5 국제 규정에 의한 피뢰설비의 보호범위

(1) **IEC/TC 81** : 피뢰침의 높이가 23[m]를 넘는 경우 보호각이 좁아진다.

(2) **회전구체법(rolling sphere method)** : 뇌리더의 위치에 따른 보호범위는 다음과 같다.

① 보호각 및 보호레벨

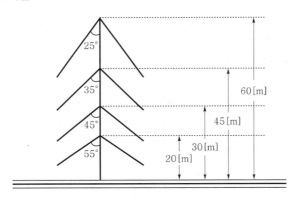

▎ 돌침높이에 의한 보호각도범위 ▎

▎ 국제 규격에 의한 보호각-회전구체법과 메시(mesh)법의 적용 ▎

보호레벨 (보호효율)	h[m] R_S[m]	20 보호각(α)	30 보호각(α)	45 보호각(α)	60 보호각(α)	메시(mesh) 폭[m]
I (0.98)	20	25	—	—	—	5
II (0.95)	30	35	25	—	—	10
III (0.9)	45	45	35	25	—	10
IV (0.8)	60	55	45	35	25	20

② **보호범위** : 뇌의 리더가 대지에 가까워질 때를 상정하여 반지름 R_S의 구가 대지면에 접하도록 범위를 둔다.

6 피뢰침에 대한 안전기준

(1) **피뢰침의 설치**

　사업주는 화약류 또는 위험물을 저장하거나 취급하는 시설물에는 낙뢰에 의한 산업재해를 예방하기 위해 피뢰침을 시설하되 다음의 경우는 피뢰침을 생략할 수 있다.

① 밀폐구조로 된 저장탑, 저장조 등

② 두께 3.2[mm] 이상의 금속판으로 되어 있고, 대지와의 접지저항이 5[Ω] 이하인 경우

(2) 피뢰침의 설치기준

① 피뢰침의 보호각은 45° 이하(위험물 관련 건축물의 경우)로 할 것

② 피뢰침의 접지저항은 10[Ω] 이하로 할 것

③ 피뢰도선은 30[mm²] 이상의 동선을 사용하여 확실하게 접속할 것

④ 피뢰침은 가연성 가스 등의 누설 우려가 있는 시설물에서 1.5[m] 이상 이격할 것

(3) 적용제외

위의 내용은 금속망이나 가공지선을 설치하여 접지저항이 10[Ω] 이하인 경우에는 적용하지 않는다.

7 피뢰침의 유지관리

피뢰침을 유지관리하지 않을 경우에는 이 피뢰침이 뇌운을 유도시켜 더 큰 위험을 초래할 수도 있으므로 피뢰도선 등의 접속부상태의 점검이나 접지저항측정을 정기적으로 하여야 한다. 연 1회 이상 검사하고, 이상이 있을 경우 즉시 보수하며, 검사기록은 3년간 보관한다.

(1) 접지저항의 측정 및 보수

피뢰침용 접지저항은 10[Ω] 이하이어야 하므로 기준치를 초과시는 접지보강공사를 시행할 것

(2) 피뢰설비 각각의 접속부에 대한 검사

지상의 피뢰설비의 각 접속부에 대한 부식 및 탈락 등 전기적, 기계적 접속의 이상유무를 점검할 것

(3) 인하도선의 보호

① 변형, 단선용융 등에 의해 손상되지 않도록 검사 및 보수할 것이며, 지면 위로 최소한 1.8[m]까지 보호커버, 보호코트, 몰드 등을 사용하여 보호한다.

② 금속관 내에 인하도선 설치시는 인하도선과 금속관의 상·하단 두 지점을 본딩하여야 한다.

③ 부식성 토양에 인하도선 매설시에는 지면 이하 90[cm]까지 내식성 보호커버를 씌워야 한다.

회전구체법(rolling sphere method)을 설명하시오.

COMMENT 이 문제는 전기안전기술사시험에서 최근 두 번이나 출제되었다.

1 정 의

회전구체법은 직격뢰뿐만 아니라 유도뢰를 고려한 것으로서 스트리머 선단에 의한 측면 보호대책을 고려한 것이며, 현재 IEC에서 가장 합리적인 개념으로 간주하고 있다.

2 기본원리 및 개념

(1) 뇌의 리더가 대지에 가까워질 때를 상정하여 뇌의 방전범위 반지름 R_S의 구가 대지면에 접하도록 범위를 구하는 것이다.

(2) $h < R_S$일 때는 돌침의 꼭대기 주변은 보호공간이 없게 된다. 즉, 고층 건축물의 옥상에 돌침을 설치하여도 옥상가까이의 건축물 측면에는 뇌격이 있을 수 있다는 것을 의미한다.

(3) 건축물의 재해방지를 위하여 종래부터 인식되어 온 단순한 보호각에 의한 보호범위와 근본적으로 다르다.

(4) 돌침이나 용마루 위의 도체 등 피뢰설비의 보호효과는 이격거리 R_S의 개념을 적용하여 평가하는 것이 아주 중요하다.

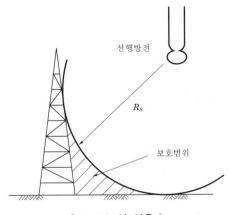

선행방전

R_S

보호범위

┃ $h < R_S$의 경우 ┃

3 보호범위

(1) 회전구체법은 뇌의 방전범위 반지름 R_S 범위 밖에 구조물이 존재하는가에 대한 판단 여부를 가상하는 구의 개념이다.

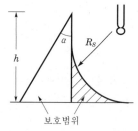

▌ 회전구체의 반경과 보호범위 ▌

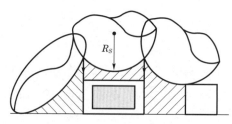

▌ 돌침 2개에 의한 보호범위 ▌

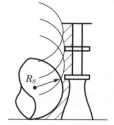

▌ 철탑구조물의 보호범위 ▌

(2) 즉, 위의 그림과 같이 뇌의 선행방전 반경 밖에 있는 각종 구조물의 형태에서 뇌로부터 구조물은 보호범위 내에 존재하게 되어 안전하다는 것을 의미한다.

(3) 이 구는 보통 수준의 보호(낙뢰 10[kA] 이상, 93[%] 통계 수준)의 경우 명시된 경우 반경은 45[m] 정도이다.

4 국제 규정에 의한 피뢰설비의 보호범위

(1) IEC/TC 81 : 피뢰침의 높이가 23[m]를 넘는 경우 보호각이 좁아진다.

(2) 회전구체법(rolling sphere method) : 뇌리더의 위치에 따른 보호범위

　① 보호각

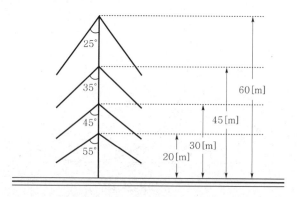

▌ 돌침높이에 의한 보호각도범위 ▌

② 보호레벨

┃ 국제 규격에 의한 보호각 – 회전구체법과 메시(mesh)법의 적용 ┃

보호레벨 (보호효율)	h[m] R_S[m]	20 보호각(α)	30 보호각(α)	45 보호각(α)	60 보호각(α)	메시(mesh) 폭[m]
I (0.98)	20	25	—	—	—	5
II (0.95)	30	35	25	—	—	10
III (0.9)	45	45	35	25	—	10
IV (0.8)	60	55	45	35	25	20

5 결 론

(1) 뇌격은 자연현상을 대상으로 하므로 뇌격전류의 크기나 이에 대한 R_S의 값을 얼마로 하는 가 등의 통계확률적인 측면에서 본 피뢰효과를 예측하여 설계에 반영하는 것이 중요하다.

(2) 또한 접지측면에서도 뇌전류로 인한 전자적인 영향을 막기 위한 내부 뇌보호 등의 수단을 강구하는 등 내·외부피뢰를 종합적으로 고려한 접지시스템 접근이 요망된다.

문제 28-1

KSC IEC 62305(partⅢ 외부 피뢰시스템)에 의거하여 대형 굴뚝을 낙뢰로부터 보호하기 위한 대책에 대하여 설명하시오.

1 개 요

(1) 피뢰설비 목적은 보호하고자 하는 건축물에 접근하는 뇌격을 막고 뇌격전류를 대지로 방류하는 동시에 뇌격에 기인하여 생기는 건축물 등의 화재, 파손 및 인명피해를 방지하려는 것이다.

(2) 즉, 뇌격 자체에 의한 직접적인 재해뿐만 아니라 이것에 따르는 2차적인 재해도 방지할 필요가 있다.

(3) 외부 뇌보호시스템에는 수뢰부시스템, 인하도선시스템, 접지시스템으로 나눌 수 있으며, 수뢰부시스템은 돌침, 수평도체, 메시도체, 수뢰부시스템의 보호범위 산정방법에는 보호각법, 회전구체법, 메시법이 있다.

2 대형 굴뚝의 낙뢰로부터 보호하기 위한 대책

대형 굴뚝의 경우 높이가 높고 돌출되어 있기 때문에 직격뢰와 측격뢰에 대한 위험도가 높아서 회전구체법을 이용하여 돌침, 수평도체, 메시, 금속구조체 등을 적절하게 설치하여 낙뢰로부터 보호할 수 있도록 하는 것이 바람직하다.

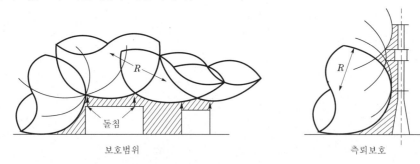

보호범위　　　　　　　　　　　측뢰보호

‖ 회전구체법에 의한 보호범위 ‖

(1) 수뢰부시스템

① 배치

㉠ 구조물의 모퉁이, 뾰족한 점, 모서리(특히 용마루)에 다음의 하나 이상의 방법으로 수뢰부시스템을 배치해야 한다(보호각법, 회전구체법, 메시법).

ⓛ 보호각법은 간단한 형상의 건물에 적용할 수 있으며, 메시법은 보호대상 구조물의 표면이 평평한 경우 적합하고, 회전구체법은 모든 경우에 적용할 수 있다.

② 피뢰시스템의 보호레벨별 보호각, 회전구체반경, 메시치수는 아래 표와 같다.

피뢰시스템의 레벨	보호법		
	회전구체반경[m]	메시치수[m]	보호각
Ⅰ	20	5×5	아래 그림 참조
Ⅱ	30	10×10	
Ⅲ	45	15×15	
Ⅳ	60	20×20	─

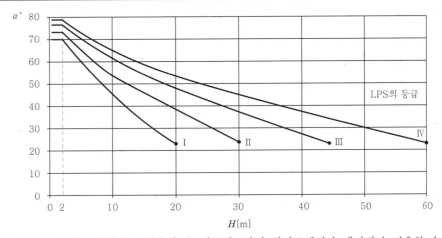

[비고] 1. 표를 넘는 범위에는 적용할 수 없으며, 단지 회전구체법과 메시법만 적용할 수 있다.
2. KSC IEC 62305-3에 따라 피뢰레벨별로 회전구체반경을 적용한다.
3. 건축물의 높이 H가 회전구체반경 r보다 큰 경우는 회전구체법을 적용한다.
   여기서, H : 보호대상 지역 기준평면으로부터의 높이
4. 높이 H가 2[m] 이하인 경우 보호각은 불변이다.

(2) 높은 구조물의 측뢰에 대한 수뢰부

① 높이 60[m]를 넘는 구조물의 특히 뾰족한 점, 모퉁이, 모서리에는 측뢰가 입사할 수 있다. 일반적으로 높은 구조물에 입사하는 측뢰의 비율은 전체 뇌격의 수 [%]이며, 뇌격파라미터도 최상부에 입사하는 뇌격에 비해서 매우 작기 때문에 측뢰에 의한 위험도는 낮다. 그러나 구조물의 외측 벽에 설치한 전기, 전자설비는 작은 전류 피크값의 뇌격에 의해서도 손상될 수 있다.

② 높은 구조물의 상층부(대체로 구조물 높이의 최상부 20[%])와 이 부분에 설치한 설비를 보호할 수 있도록 수뢰부시스템을 시설해야 한다. 또한 구조물의 지붕에 설치하는 수뢰부시스템의 배치는 구조물의 상부에 배치하는 방법을 따른다.

③ 높이 120[m]를 넘는 건물의 상층부에서 벽의 외측에 민감한 설비가 있으면 이들 설비는 수평용마루도체, 메시도체 또는 이와 동등한 것과 같은 특수한 수뢰대책으로 보호한다.

(3) 인하도선

피뢰시스템에 흐르는 뇌격전류에 의한 손상확률을 감소시키기 위해서 뇌격점과 대지 사이의 인하도선은 다음과 같이 설치한다.

① 여러 개의 병렬전류통로를 형성할 것
② 전류통로의 길이는 최소로 유지할 것
③ 피뢰등전위본딩의 요건에 따라 구조물의 도전성 부분에 등전위본딩을 실시할 것
④ 지표면과 매 10~20[m] 높이마다 측면에서 인하도선을 서로 접속하는 것이 바람직하다.

(4) 접지시스템

① 위험한 과전압을 최소화하고 뇌격전류를 대지로 방류하는 데에 있어 접지시스템의 형상과 크기가 중요한 요소이다. 일반적으로 낮은 접지저항이 바람직하다.
② 피뢰의 관점에서 구조체를 사용한 통합단일의 접지시스템이 바람직하며, 이는 모든 접지목적(즉, 피뢰·전원계통과 통신시스템)에도 적합하다. 접지지스템은 피뢰의 등전위본딩의 요건에 적합하도록 등전위본딩을 해야 한다.
③ 피뢰시스템 설계자와 시공자는 적합한 형태의 접지극을 선정하고, 접지극을 구조물의 출입구와 지중 외부 도전성 부분으로부터 안전한 거리를 두고 배치한다.
④ 피뢰설비용 접지극의 접속은 짧고 직선으로 한다.

대형 굴뚝을 낙뢰로부터 보호하기 위한 피뢰설비시설에 대하여 고려할 사항을 설명하시오.

1 개 요

피뢰설비 목적은 보호하고자 하는 건축물에 접근하는 뇌격을 막고 뇌격전류를 대지로 방류하는 동시에 뇌격에 기인하여 생기는 건축물 등의 화재, 파손 및 인명피해를 방지하려는 것이다. 즉, 뇌격 자체에 의한 직접적인 재해뿐만 아니라 이것에 따르는 2차적인 재해도 방지할 필요가 있다. 외부 뇌보호시스템에는 수뢰부시스템, 인하도선시스템, 접지시스템으로 나눌 수 있으며, 수뢰부시스템은 돌침, 수평도체, 메시도체이며, 수뢰부시스템의 보호범위 산정방법에는 보호각법, 회전구체법, 메시법이 있다.

2 대형 굴뚝의 낙뢰로부터 보호하기 위한 대책

대형 굴뚝의 경우 높이가 높고 돌출되어 있기 때문에 직격뢰와 측격뢰에 대한 위험도가 높아서 회전구체법을 이용하여 돌침, 수평도체, 메시, 금속구조체 등을 적절하게 설치하여 낙뢰로부터 보호할 수 있도록 하는 것이 바람직하다.

(1) 수뢰부시스템

① 배치
  ㉠ 구조물의 모퉁이, 뾰족한 점, 모서리(특히 용마루)에 다음의 하나 이상의 방법으로 수뢰부시스템을 배치해야 한다(보호각법, 회전구체법, 메시법).
  ㉡ 보호각법은 간단한 형상의 건물에 적용할 수 있으며, 메시법은 보호대상 구조물의 표면이 평평한 경우 적합하고, 회전구체법은 모든 경우에 적용할 수 있다.
② 피뢰시스템의 보호레벨별 보호각, 회전구체반경, 메시치수는 아래 표와 같다.

피뢰시스템의 레벨	보호법		
	회전구체반경[m]	메시치수[m]	보호각
Ⅰ	20	5×5	아래 그림 참조
Ⅱ	30	10×10	
Ⅲ	45	15×15	
Ⅳ	60	20×20	—

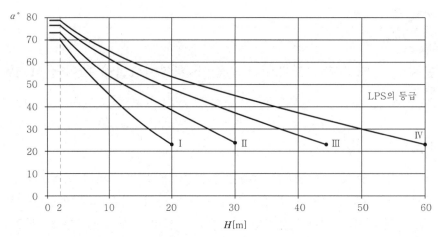

[비고] 1. 표를 넘는 범위에는 적용할 수 없으며, 단지 회전구체법과 메시법만 적용할 수 있다.
    2. KSC IEC 62305-3에 따라 피뢰레벨별로 회전구체반경을 적용한다.
    3. 건축물의 높이 H가 회전구체반경 r보다 큰 경우는 회전구체법을 적용한다.
        여기서, H : 보호대상 지역 기준평면으로부터의 높이
    4. 높이 H가 2[m] 이하인 경우 보호각은 불변이다.

(2) 높은 구조물의 측뢰에 대한 수뢰부

① 높이 60[m]를 넘는 구조물의 특히 뾰족한 점, 모퉁이, 모서리에는 측뢰가 입사할 수 있다. 일반적으로 높은 구조물에 입사하는 측뢰의 비율은 전체 뇌격의 수 [%]이며, 뇌격파라미터도 최상부에 입사하는 뇌격에 비해서 매우 작기 때문에 측뢰에 의한 위험도는 낮다. 그러나 구조물의 외측 벽에 설치한 전기, 전자설비는 작은 전류 피크값의 뇌격에 의해서도 손상될 수 있다.

② 높은 구조물의 상층부(대체로 구조물 높이의 최상부 20[%])와 이 부분에 설치한 설비를 보호할 수 있도록 수뢰부시스템을 시설해야 한다. 또한 구조물의 지붕에 설치하는 수뢰부시스템의 배치는 구조물의 상부에 배치하는 방법을 따른다.

③ 높이 120[m]를 넘는 건물의 상층부에서 벽의 외측에 민감한 설비가 있으면 이들 설비는 수평용마루도체, 메시도체 또는 이와 동등한 것과 같은 특수한 수뢰대책으로 보호한다.

(3) 인하도선

피뢰시스템에 흐르는 뇌격전류에 의한 손상확률을 감소시키기 위해서 뇌격점과 대지 사이의 인하도선은 다음과 같이 설치한다.
    ① 여러 개의 병렬전류통로를 형성할 것
    ② 전류통로의 길이는 최소로 유지할 것
    ③ 피뢰등전위본딩의 요건에 따라 구조물의 도전성 부분에 등전위본딩을 실시할 것
    ④ 지표면과 매 10~20[m] 높이마다 측면에서 인하도선을 서로 접속하는 것이 바람직하다.

(4) 접지시스템

① 위험한 과전압을 최소화하고 뇌격전류를 대지로 방류하는 데에 있어 접지시스템의
형상과 크기가 중요한 요소이다. 일반적으로 낮은 접지저항이 바람직하다.

② 피뢰의 관점에서 구조체를 사용한 통합단일의 접지시스템이 바람직하며, 이는 모든
접지목적(즉, 피뢰·전원계통과 통신시스템)에도 적합하다. 접지시스템은 피뢰의
등전위본딩의 요건에 적합하도록 등전위본딩을 해야 한다.

③ 피뢰시스템 설계자와 시공자는 적합한 형태의 접지극을 선정하고, 접지극을 구조물
의 출입구와 지중 외부도전성 부분으로부터 안전한 거리를 두고 배치한다.

④ 피뢰설비용 접지극의 접속은 짧고 직선으로 한다.

문제 28-3

대형 굴뚝을 낙뢰로부터 보호하기 위한 피뢰설비시설에 대하여 고려할 사항을 설명하시오.

1 개 요

(1) 최근 건축물의 고층화, 초고층화가 진행되어 고층 건축물이 늘어나고 있고, 쓰레기소각로와 공장의 굴뚝이 늘어나고 있다. 특히 쓰레기소각로 굴뚝의 경우 100[m]를 넘는 경우가 많아 낙뢰시의 재해를 방지하기 위하여 피뢰설비를 설치해야 한다.

(2) 「건축물의 설비기준 등에 관한 규칙」에는 20[m] 이상의 건축물, 인공구조물은 피뢰설비를 설치하여야 하고, 피뢰설비의 설치기준은 KSC IEC 62305 및 NFPA780을 기준으로 검토할 수 있으며, 국내 KS규격인 KSC IEC 62305에 의거 설계하되 타기준 등의 해당 간섭사항 등도 함께 고려가 필요하다.

2 낙뢰설비 설치시의 고려사항

(1) 건물의 용도 및 높이에 따른 피뢰시스템의 등급(보호등급)선정

낙뢰손실은 건물의 용도와 깊은 관계가 있다. 예를 들어 사람들이 많이 모이는 특수장소 등에는 보다 확실한 피뢰설비가 필요하다.

(2) 건물과 수용물

역사적으로 귀중한 가치가 있는 건축물이나 그 내부에 귀중한 물건이 있는 경우 또는 위험물이 저장되어 있는 경우는 보다 증강된 피뢰설비가 필요하다.

(3) 노출위험

건물이 밀집되어 있는 도시지역의 건물은 한적한 시골지역의 건물보다 낙뢰위험이 작으며 계곡에 있는 건물은 산의 정상에 있는 건물보다 안전하다.

(4) 낙뢰의 빈도

낙뢰발생빈도는 지역에 따라서 차이가 있으므로 그 건물이 위치한 지역의 낙뢰빈도를 고려해야 한다.

(5) 간접 손실

손실을 고려할 때는 낙뢰에 의한 직접 손실 이외에 공장의 생산중단, 방재설비의 기능마비 등의 간접 손실도 고려해야 한다.

(6) 주변 여건 및 기타 필요사항

주변 여건 및 민원 등에 따른 대처사항 및 요구사항 등 사전검토가 필요하다.

3 굴뚝의 피뢰설비시설에 대한 고려사항

(1) 피뢰시스템의 등급(보호등급)산정

① 보호등급은 다음 사항을 고려하여 Ⅰ, Ⅱ, Ⅲ, Ⅳ등급으로 구분

㉠ 보호각 및 보호레벨(아래 표 참조)

피뢰시스템의 Level별 회전구체반경, 메시치수와 보호각의 최대값

피뢰시스템의 레벨	보호법		보호각
	회전구체반경[m]	메시치수[m]	
Ⅰ	20	5×5	아래 그림 참조
Ⅱ	30	10×10	
Ⅲ	45	15×15	
Ⅳ	60	2×20	

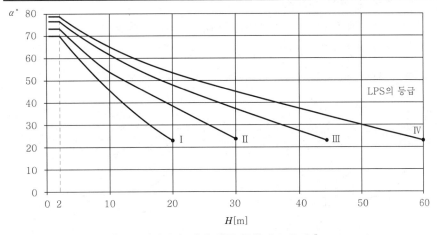

보호레벨과 높이에 따른 돌침의 보호각

[비고] 1. 표를 넘는 범위에는 적용할 수 없으며, 단지 회전구체법과 메시법만 적용할 수 있다.
2. KSC IEC 62305-3에 따라 피뢰레벨별로 회전구체반경을 적용한다.
3. 건축물의 높이 H가 회전구체반경 r보다 큰 경우는 회전구체법을 적용한다.
   여기서, H : 보호대상 지역 기준평면으로부터의 높이
4. 높이 H가 2[m] 이하인 경우 보호각은 불변이다.

㉡ 적용
- 건축물에 설치하는 수뢰부시스템의 하부 또는 수뢰부시스템 사이의 낙뢰에 대한 보호범위가 일정한 각도 내의 부분이 된다는 것을 기반으로 하는 것
- 보호각법은 간단한 형상의 건물에 적용할 수 있으며 수뢰부 높이는 위 표에서 제시된 값에 따를 것

② 해당지역의 낙뢰빈도, 지형, 입지조건

③ 구조물의 종류와 중요도 및 주변 간섭사항 Check

  ㉠ 구조물의 높이

  ㉡ 다중이용시설(학교, 병원, 극장, 백화점 등)

  ㉢ 중요업무의 시설물(관공서, 은행 등)

  ㉣ 문화시설(미술관, 박물관)

  ㉤ 목장

  ㉥ 화약, 가연성 액체 등을 저장 또는 취급하는 구조물

  ㉦ 전자기기가 많이 설치된 구조물

④ 위 ②와 ③을 고려하여 일반구조물은 보호등급 Ⅳ, 화약, 가연성 액체나 가연성 가스 등 위험물을 취급 또는 저장하는 구조물은 보호등급 Ⅱ를 최저기준으로 적용하고, 상황에 따라 가급적 상위등급을 적용한다.

⑤ 피뢰시스템의 등급(보호등급)선정에 따른 구체적 설계

  ㉠ 본 문제에서 대형 굴뚝이라 하였으므로, 이 경우 대부분 60[m]가 넘기 때문에 회전구체법에 의해 적용한다.

  ㉡ 회전구체법에 따라 보호레벨등급은 대형 굴뚝과 현장 여건을 반영하여 Ⅱ등급, 회전구체반경 $R = 30[m]$로 적용하여 회전구체가 접촉되는 상위 20[%] 범위에 수뢰부시스템을 설치한다.

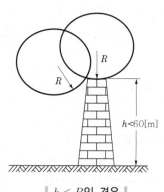

‖ $h < R$인 경우 ‖

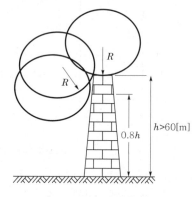

‖ $h > R$인 경우 ‖

(2) 수뢰부

① 수뢰부 구성 : 돌침, 수평도체, 메시도체

② 수뢰부의 배치

  ㉠ 구조물의 모퉁이, 뾰족한 점, 모서리(특히 용마루) 등에 아래 하나 이상의 방법으로 수뢰부 설치

  ㉡ 낙뢰로부터 보호방법 : 보호각법, 회전구체법, 메시도체법

4 회전구체법 적용에 따른 설계방법 제시

(1) 적용

① 낙뢰에 대한 보호범위가 구체(공과 같은 물체)를 굴렸을 때 수뢰부시스템 사이의 구체가 닿지 않는 부분이 된다는 것을 기반으로 하는 것

② 앞의 표와 같이 건축물의 보호레벨에 따라 회전시키는 구체의 크기 R을 다르게 적용

③ 외부 피뢰시스템 에서는 뇌격거리의 이론을 기초로 하는 회전구체법을 보호범위의 산정에 대하여 기본으로 하는 것

(2) 보호범위

① 회전구체반경 R에 따른 보호범위

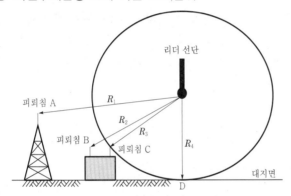

여기서, R : 회전구체의 반경

∥ 대지에 근접한 리더에 의한 귀환뇌격 ∥

② h에 따른 비교

㉠ 현재 KSC IEC 62305는 60[m] 이상의 일반건축물에 대한 LPS까지도 적용

㉡ 60[m]를 초과하는 건축물은 회전구체법 및 메시법만을 적용하고 측뢰보호에 관한 것은 건물 높이의 80[%] 이상 부분만을 대상으로 적용

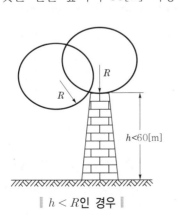

∥ $h < R$인 경우 ∥   ∥ $h > R$인 경우 ∥

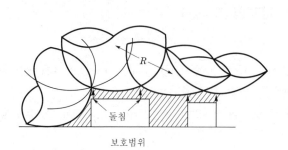
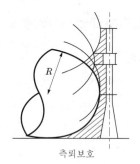

보호범위   측뢰보호

│ 기본원리 및 개념 │

(3) 기본원리 및 개념

① 회전구체법은 직격뢰뿐만 아니라 유도뢰를 고려한 것으로 스트리머 선단에 의한 측면 보호대책을 고려한 것

② 뇌의 리더가 대지면에 가까워진 때를 상정하여 반지름 R의 구가 대지면에 접하도록 범위를 구하는 것

③ 모든 접점에는 피뢰침이 필요한 것으로 간주하며, 구조물 위에 굴리는 상의 구조

(4) 수뢰도체 배치

① 지붕 끝선

② 지붕돌출부

③ 지붕경사가 1/10을 넘는 경우 지붕마루선

(5) 고려사항

① 관련 회전구체의 반경값보다 높은 레벨의 건축물 측면 표면에 수뢰부시스템이 시공되었을 때, 수뢰망 메시치수는 앞의 표에 나타낸 값 이하로 한다.

② 수뢰부시스템망은 뇌격전류가 항상 접지시스템에 이르는 2개 이상의 금속체로 연결되도록 구성한다.

③ 수뢰부시스템의 보호범위 밖으로 금속체설비가 돌출되지 않아야 한다.

④ 수뢰도체는 가능한 짧고 직선 경로가 되도록 한다.

5 접지시스템

(1) 접지시스템의 구성

① 과전압발생을 억제, 뇌격전류를 대지로 안전하게 방전하기 위해 접지전극의 크기, 형상을 선정, 적절한 배치(일반적으로 낮은 접지저항 10[Ω] 이하를 유지한다.

② 재질이 다른 접지설비와의 접속시 부식문제(이종금속의 부식)를 고려한다.

③ 접지는 통합접지가 바람직하고, 접지시스템은 등전위본딩을 한다.

(2) 접지전극

한조 이상의 환상접지전극, 수직접지전극, 방사상 접지전극, 구조물 기초접지전극을 사용한다.

(3) 접지시스템 : A형 접지전극, B형 접지전극

6 결 론

(1) 대형 굴뚝의 낙뢰로부터 보호하기 위한 피뢰설비시설에 대해서는 NFPA 780 기준 및 국내 「한국산업표준규격」인 KSC IEC 62305의 기준 등 현장 상황을 면밀히 조사 후 검토·적용하여야 한다.

(2) 본 문제의 제시에 따라 대형 굴뚝임을 고려할 때 회전구체법에 따라 보호레벨등급은 II등급, 회전구체반경 $R = 30[m]$로 적용하여 설계하는 것이 타당할 것이며, 회전구체가 접촉되는 상위 20[%] 범위에 수뢰부시스템을 설치하여 낙뢰로부터 굴뚝시스템의 정상운전에 문제가 없도록 보호하여야 한다.

피뢰침설비의 구성요소 및 낙뢰전류를 효과적으로 분류하는 방법을 기술하시오.

1 피뢰침설비의 설치목적

피뢰침설비는 낙뢰로 인하여 발생할 수 있는 화재, 파손 및 인축의 상해를 방지할 목적으로 피대상물에 설치하는 설비이며, 돌침·피뢰도선·접지극으로 구성된다.

2 피뢰설비의 구성요소

(1) 돌침부

① 피뢰침의 최첨단 부분으로서 뇌격을 잡기 위한 금속체
② 돌침의 직경은 12[mm] 이상으로 동봉, 알루미늄 도금을 한 철봉
③ 돌침높이는 피보호물로부터 돌침간격이 6[m] 이하인 경우는 25[cm] 이상, 돌침간격이 7.5[m] 이하인 경우는 60[cm] 이상 돌출

(2) 피뢰도선

① 뇌전류를 통하기 위하여 접지극과 연결되는 도선
② 재료 : 인하도선은 단면적 30[mm^2] 이상의 동 또는 50[mm^2] 이상의 알루미늄 또는 동등 이상의 도전성이 있는 것을 사용, 최근에는 동선의 경우 60[mm^2] 이상을 많이 사용
③ 배선
　㉠ 인하도선의 수는 하나의 보호대상물에 대해 2조 이상 설치한다.

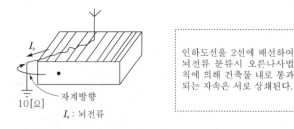

인하도선을 2선에 배선하여 뇌전류 분류시 오른나사법칙에 의해 건축물 내로 통과되는 자속은 서로 상쇄된다.

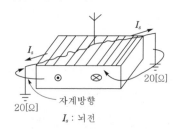

　㉡ 시설물의 둘레가 긴 경우에는 평균 30[m] 이하 간격으로 균등배치한다.
　㉢ 도선과 돌침과의 접속은 나사고정과 납땜을 병용한다.

ⓔ 설치방법 : 피뢰도선은 가능한 접지극과 최단거리의 경로를 선정하여 설치, 굴곡부
   는 내측각이 90° 이상이고, 또한 곡률반경이 20[cm] 이상되도록 하여 90[cm] 간격
   으로 견고하게 고정한다.

(3) 접지극

 ① 피뢰도선과 대지를 전기적으로 접속하기 위하여 지중에 매설하는 도체
 ② 접지저항값은 10[Ω] 이하일 것(인하선 2조 이상이면 각 단독저항치는 20[Ω] 이하)
 ③ 시공
  ㉠ 인하도선마다 접지극을 1개 이상 접속한다.
  ㉡ 병렬로 매설할 경우, 전극길이의 3배, 최저라도 2[m] 이상으로 한다.
  ㉢ 접지극은 지하 0.75[m] 이상 매설하고, 주변에 수도관 등 매설금속 등과는 역섬락
   피해 우려로 1.5[m] 이상 이격한다.

3 낙뢰전류를 효과적으로 분류하기 위한 방법

(1) 「피뢰침의 설치에 관한 기술상의 지침」 준수(고용노동부 고시)

 ① 피뢰도선은 가능한 접지극과 최단거리의 경로를 선정하여 설치, 굴곡부는 내측각이
  90° 이상이고, 또한 곡률반경이 20[cm] 이상 되도록 하여 90[cm] 간격으로 견고하
  게 고정할 것
 ② 인하도선의 보호
  ㉠ 인하도선은 변형되거나 손상되지 않도록 지면 위 1.8[m]까지 보호
  ㉡ 인하도선을 금속관 내 설치시에는 인하도선과 금속관의 상단, 하단 두 지점을 본
   딩시킬 것
  ㉢ 부식성 토양에 인하도선을 매설시에는 지면 이하 90[cm]까지 내식성 보호커버를
   설치할 것

(2) 「한국산업규격」(KSC 9609 피뢰설비)을 준수한 피뢰설비 설치

 ① 인하도선 : 인하도선은 건물에 2조 이상 설치하여야 하며, 인하도선 평균간격은 다
  음의 표와 같이 보호레벨에 따라 10~25[m] 거리를 유지해야 한다.

┃ 보호레벨과 인하도선의 평균간격 ┃

보호레벨	평균간격[m]
Ⅰ	10
Ⅱ	15
Ⅲ	20
Ⅳ	25

② **수평환도체** : 건물높이 20[m]마다 외벽에 수평으로 도체를 둘러싸도록 하여 건물 외벽에 낙뢰를 받더라도 피해를 줄일 수 있도록 한다.

(3) 뇌전류를 효과적으로 분류하기 위한 방법제안

① 인하도선을 금속관 내에 설치하고 금속관의 상·하단 두 지점을 본딩한 경우
  ㉠ 인하도선을 통해 흐르는 전류 : 45[A]
  ㉡ 금속관을 통해 흐르는 전류 : 1,320[A]
  ㉢ 고주파 성분의 뇌격전류는 표피효과에 의해 대부분 금속관을 통하여 전류가 흐른다.

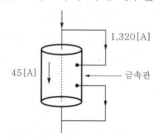

┃ 금속관에 본딩할 경우 ┃

② 인하도선을 금속관(본딩 없음)과 경질비닐관 내에 설치한 경우
  ㉠ 금속관을 통해 흐르는 전류 : 700[A]
  ㉡ PVC관을 통해 흐르는 전류 : 1,000[A]
  ㉢ 금속관의 비투자율이 1보다 훨씬 크므로 뇌격전류에 대해 초크의 역할을 하게 된다.

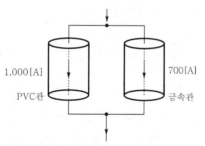

┃ PVC관과 금속관을 흐르는 경우 ┃

③ 외부도체와 금속관을 본딩하여 혼용하는 경우(전계전류가 1,000[A]인 경우)
  ㉠ 금속관 통과전류 : 680[A]
  ㉡ 금속관 외부도체에 흐른 전류 : 300[A]
  ㉢ 금속관 내부도체의 인하도선을 통한 전류 : 20[A]

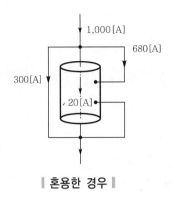

‖ 혼용한 경우 ‖

(4) 제안

결론적으로 뇌전류의 방출면에서 인하도선과 인입용 금속관을 본딩하는 경우는 금속관이 유리하고, 본딩하지 않는 경우는 경질비닐관이 오히려 유리한 것으로 나타났으므로, 이를 고려하여 시공함이 바람직하다.

 **문제 30**

뇌서지의 메커니즘과 이상전압 방지대책을 간단히 기술하시오.

1 개 요

(1) 뇌운의 전위경도는 대략 100[MeV], (+)전하의 뇌운은 9~12[km], (−)전하의 뇌운은 500[m]~10[km] 크기에 달한다.

(2) **뇌운발생학설** : 선택접촉설, 수적분열설, 빙점대전설

(3) **뇌운의 종류**

① 열뢰 : 상승기류에 의한 마찰로 전하분리시 발생되는 뇌

② 계뢰 : 한랭전선과 온난전선에서 발생하는 뇌

③ 와뢰 : 태풍이나 저기압에 의해 발생하는 뇌

2 뇌서지 발생 메커니즘

(1) **뇌서지 발생 메커니즘 진행**

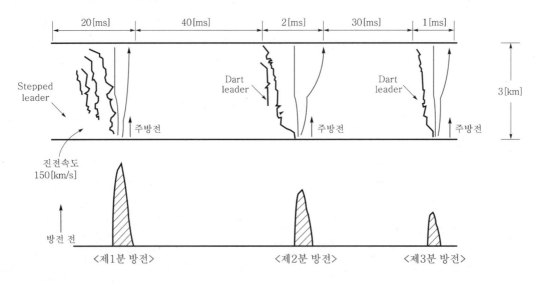

(2) **충격뇌 표준파형**

① 절연협조 측면에서 뇌서지에 대한 충격파형을 다음과 같이 설정한다.

② 표현 : 파고값과 파두장(파고값에 달할 때까지의 시간), 파미길이(파미의 부분으로서 파고값의 50[%] 감쇠시간)로 나타낸다.

③ 표준파형 : $1.2 \times 50 [\mu s]$

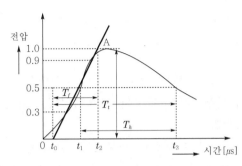

‖ 충격전압파 ‖

여기서, t_0 : 규약원점(기준점)

파두장 : $t_2 - t_0 \Rightarrow T_f$

파미장 : $t_3 - t_0 \Rightarrow T_t$

(3) 뇌방전에너지

$$P_E = \frac{1}{2} QV$$

여기서, Q : 1회 뇌방전에 따라 소비되는 전하량

V : 뇌운과 대지 간의 전위차[V]

3 뇌서지의 종류와 특성

(1) 직격뢰

① 송전선로, 배전선로, 지지물 또는 건축물, 가공지선에 떨어지는 직격인 뇌로서 선로의 절연을 위협한다.

② 직격뢰 발생시는 선로에서는 반드시 섬락(flashover)이 발생한다.

③ 직격뢰의 충격파(서지)는 파두장=$1 \sim 10 [\mu s]$, 파미장=$10 \sim 100 [\mu s]$ 정도이다.

④ 직격뢰가 선로에 도달시 진행과정

㉠ 진행파로 되어 정해진 전파속도$\left(\nu = \dfrac{1}{\sqrt{LC}} [\text{km/s}] \right)$로 직격지점의 좌우로 진행된다.

㉡ 선로상을 진행하는 과정에서 코로나, 저항, 누설 등으로 그 에너지는 소모되고 파고값은 저하되며, 또 파형도 왜형으로 된다.

㉢ 이 왜파의 주원인은 코로나에 의한 것이다. 따라서, 파고값이 큰 것일수록 감쇠 및 왜파가 커지며, 대략 500[kV] 이상의 높은 충격파에서는 수 [km] 진행하면서 그 파고값은 $\dfrac{1}{2}$ 이하로 감쇠된다.

⑤ 앞과 같은 직격뢰 특성을 감안하여 절연을 합리적으로 수행하려면 이 뇌전류의 크기, 파형, 전압, 감쇠 등의 특성을 잘 파악해 두어야 한다.

(2) 유도뢰

① 뇌운상호간 또는 뇌운과 대지 간에서 방전발생시 뇌운 밑에 있는 전선로상의 이상전압으로서 발생횟수는 많으나 그 위험성은 적다.

② 유도뢰의 발생과정

　㉠ T/L에 뇌운접근시 다음의 왼쪽 그림과 같이 선로상 정전유도로 구속전하 발생, 동시에 뇌운과 먼 거리 선로는 자유전하가 발생한다.

　㉡ 자유전하는 구속전하와 동일 크기이나 극성은 반대이다.

　㉢ 이 뇌운이 타뇌운 또는 대지와 방전시 선로상의 구속전하가 순간적으로 자유전하가 되어 대지 간에 전위차 발생으로 다음의 그림과 같이 선로 좌우로 진행파가 진행되며, 그 크기는 10[kV] 이하 정도이다.

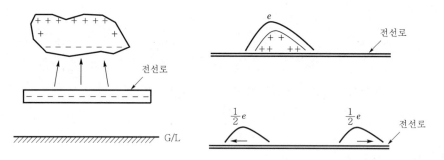

4 뇌서지 방지대책

(1) 외부대책

① 가공지선 설치

　㉠ A－W 이론에 입각, 철탑 간에 가공지선 설치

　㉡ 가공지선에 의한 전압별 보호각 유지

　　• 345[kV]의 경우는 0°

　　• 765[kV]의 경우는 −8°

② 매설지선의 설치로 탑각 접지저항치를 가능한 낮출 것(역섬락방지)

　㉠ 154[kV] : 15[Ω] 이하

　㉡ 345[kV] : 20[Ω] 이하

　㉢ 765[kV] : 15[Ω] 이하

③ 변전소 및 발전소의 중심부에서 반경 1~2[km] 구간 내 가공지선 설치

④ 건축물에서는 피뢰설비(피뢰침 등) 설치

⑤ 송전선에서의 낙뢰방지대책

㉠ 설비피해방지 항목 및 시행방법

• 아크혼의 설치

• 가공지선 설치

• 알루미늄을 함유한 애자채용

㉡ 섬락방지

뇌해방지대책	차폐실패방지	• 고전압화 • 가공지선의 다조화 • 아크혼 간격의 증가 • 송전용 피뢰기 • 전력선 하부의 차폐선 설치
	철탑 역섬락방지	• 고전압화 • 차폐선 설치 • 아크혼 간격의 증가 • 피뢰장치 • 탑각 접지저항 저감

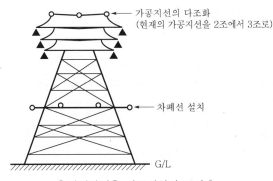

| 낙뢰방지용 가공지선의 보강 |

(2) 내부대책

① 적정한 피뢰기 설치

㉠ 22.9[kV]급의 LA의 정격전압 : 18[kV], 중요 S/S용은 21[kV]

㉡ 154[kV]급의 LA의 정격전압 : 144[kV]

㉢ 345[kV]급의 LA의 정격전압 : 288[kV]

② **절연협조** : LA를 기준한 절연의 합리화 방안강구

③ 건축물 내 전기설비의 등전위화(접지설비 이용)

④ 철저한 접지시행(10[Ω] 이하) 및 차폐

⑤ 수용가측 차단기(주로 VCB 사용)와 M.Tr 간 Surge absorber 설치 등

문제 31

가공지선의 뇌차폐이론을 Armstrong−Whitehead 이론으로 설명하시오.

1 개 요

(1) 송전용 도체의 직격뢰에 대한 가공지선의 효과는 뇌의 정량적 관측이 어렵고, 낙뢰현상을 충분히 모의할 수 없어 H.R−Armstrong과 E.R−Whitehead는 송전선의 뇌격차폐범위가 뇌격전류에 따라 변화한다고 가정하고, 뇌격전류를 근거로 하여 뇌격거리를 산정한 A−W 이론에 의해 가공지선의 효과를 제안하였다.

(2) A−W 이론에 의해 작도된 가공지선의 뇌격차폐범위를 다음과 같이 정하고 있다.

2 A−W 이론의 요점

(1) A−W 이론과 미쯔다의 흡입공간이론의 차이

① 피뢰침이나 가공지선의 뇌격거리는 뇌격전류에 의해 변한다.

② A−W 이론에 의해 뇌격흡인을 나타내는 원호(丹弧)를 방전로선단의 전계강도까지는 선행방전 전류밀도를 정하는 r_{sc}를 따라 그리기 때문에 종래의 흡입공간이론이 뇌격전류와 관계없이 가공지선의 지상고를 반경으로 하는 것에서 차이가 있다.

③ 뇌격의 침입은 흡입공간이론에서 모두 수직방향으로 침입한다고 가정하나 A−W 이론은 침입각을 확률함수로 표현한다(측격뢰, 수직방향의 뇌에 대한).

(2) A−W 이론

① 뇌격거리 R_s[m]는 다음과 같이 산출한다.

$R_s = 6.0 I_o^{0.8}$[m](임계뇌격거리)

$I_0 = 1.1 I_c$[kA](뇌격전류)

$I_c = 2E/Z$[kA](여기서, E : BIL 또는 아크혼의 임펄스 50[%] Fov[kV], Z : 도체의 서지 임피던스[Ω])

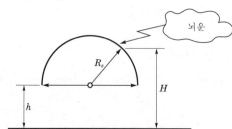

여기서, h : 선로의 지상고
H : 선행방전 지상고

② 검토 예

㉠ 345[kV], 4도체의 경우

$E = 1,175[\text{kA}]$

$Z = 350[\Omega]$

$I_0 = 1.1 I_c = 1.1 \times \dfrac{2E}{Z} = 1.1 \times \dfrac{2 \times 1,175}{350} = 7.38[\text{kA}]$

$\therefore r_{sc} = 6 I_0^{0.8} = 6 \times 7.38^{0.8} = 29.7[\text{m}]$

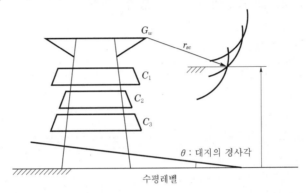

㉡ 즉, $C_1 \sim C_3$에 의한 원호는 전부 G_w(가공지선)와 대지의 흡인공간 내에 들어 있어 완전한 뇌에 대한 유효차폐를 기대할 수 있으며, 대지의 경사각이 유효차폐범위에 큰 관계가 있음을 알 수 있다.

3 뇌차폐이론(A-W 이론)에 의해 보호되는 차폐범위

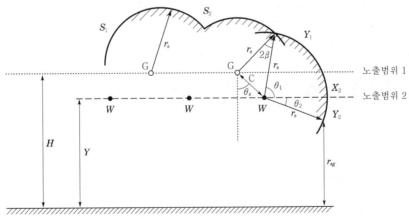

여기서, S_1 : 좌측 가공지선에서 뇌격을 흡수할 수 있는 범위
S_2 : 우측 가공지선에서 뇌격을 흡수할 수 있는 범위
X_2 : 노출범위, Y_1 : 노출범위, Y_2 : 노출범위
2β : 가공지선에서의 뇌격흡인거리와 전선에서의 뇌격흡인거리 간의 사이각
θ_2 : r_{sg}와 송전선－지상고 사이의 각
G : 가공지선, W : 송전선
r_s : 뇌격흡인거리(뇌격전류에 의해 결정)

Y : 송전선의 지상고, H : 가공지선의 지상고
θ_s : 차폐각, C : G_W 와 송전선 간 거리
r_{sg} : Y_2 와 대지 사이의 플래시 오버영역

(1) 앞의 그림은 1회선 수평배치의 송전선에 대한 차폐범위를 설명한 것으로 송전용 도체 W 및 가공지선 G 를 중심으로 반지름 r_s 의 원을 그리면 Y_1 , X_2 , Y_2 에 도달한 선행방전단을 흡입한다.

(2) 가공지선에서 뇌격을 흡수할 수 있는 범위 : 원호 S_1 , S_2 , Y_1

(3) 뇌격의 완전차폐조건

노출범위 Y_1 , X_2 , Y_2 가 없도록 차폐각 θ_s 를 작게 한다. 이때의 θ_s 를 결정하는 방법은 다음과 같다.

$$\theta_1 = \theta_2 = \sin^{-1}\left(\frac{Y - r_{sc}}{r_s}\right) \quad \cdots \cdots (1)$$

$$\beta = \sin^{-1}\frac{C}{2r_s} \quad \cdots \cdots (2)$$

식 (1), 식 (2)에서 θ_1 및 β 를 구하고, $\theta_s \leq \theta_1 - \beta$ 의 조건을 만족하는 θ_1 를 결정한다.

(4) 위의 차폐각(θ_s)은 실제 적용상 송전배전전압에 따라서 범위를 정하면 다음과 같다.
① 345[kV], 154[kV]의 경우는 $\theta_s = 0°$
② 22.9[kV]의 경우는 $\theta_s = 45°$
③ 765[kV]의 경우는 $\theta_s = -8°$

4 불완전차폐와 유효차폐에 따른 θ_s 결정

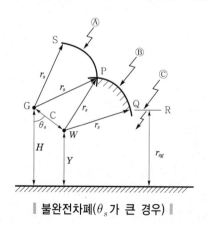

‖ 불완전차폐(θ_s 가 큰 경우) ‖

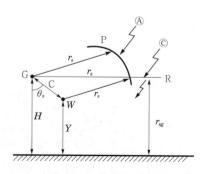

‖ 완전차폐(θ_s 가 작은 경우) ‖

(1) 앞의 그림에서 θ_s가 클 경우 Ⓑ 부분에 있어 차폐효과

① Ⓐ : 뇌격은 가공지선으로 유도된다.

② Ⓑ : 뇌격은 전력선에 직격으로 떨어진다.

③ Ⓒ : 뇌격은 대지로 떨어진다.

(2) 따라서, θ_s는 0°보다 작거나, 0°에 가까울 경우 수직뇌에 대해서는 차폐실폐(불완전차폐)의 발생은 없다. 또한 차폐각 θ_s가 작아져 PQ의 거리가 축소되어 불완전 차폐는 발생되지 않는다.

5 θ_s의 실제 적용

위의 이론에 의하여 배전전압별로 차폐각(θ_s)을 정하고 있다.

전 압	765[kV]	345[kV]	154[kV]	22.9[kV]	비 고
$\theta_s°$	$-8°$	$0°$	$5°,\ 30°$	$45°$	$r_s = 6.0I_0^{0.8}[\text{m}]$ $I_0 = 1.1I_C[\text{kA}]$

문제 **32**

「**한국산업규격**」**의 기술기준에 의한 피뢰설비 내용을 간단히 설명하시오.**

1 개 요

KSC IEC 61024의 새로운 국제규격에 부합된 피뢰설비를 말한다.

2 KSC IEC 61024의 피뢰설비 주요 내용

(1) 2004년 8월 31일의 기준 개정은 국내 기준의 문제점을 인식하여 국제 수준으로 개정한
것이다.

① 국제규격의 IEC TC/81을 준용

② 기존의 피뢰설비의 보호범위가 60° 이하인 것을 건물높이별로 제한한 것

③ 건물의 높이가 높을수록 낙뢰로부터의 위험성이 증가됨에 따른 대책마련과 건물 외
벽에 오는 측격뢰에 대한 대책수립

(2) 적용범위

① 건물높이가 60[m] 이하인 일반건축물에 대한 피뢰설비의 설계 및 시공에 대하여
규정

② **일반건축물** : 주택, 농장, 극장, 학교, 백화점, 은행, 회사, 병원, 교도소, 일반공장,
박물관 등

③ **특수건축물** : 위험을 내포한 전화국, 정유공장, 발전소, 주유소, 화학공장

(3) 보호각 범위

① 건물의 높이에 따라 보호각을 달리 적용

② 건물높이 20[m]에는 보호각 55°, 30[m]에는 보호각 45°, 45[m]에는 보호각 35°,
60[m]에는 보호각 25° 적용

③ 종전보다 보호각 범위가 상당히 좁아 피뢰침을 많이 설치

(4) 수평환도체

건물높이 20[m]마다 수평으로 둘러싸도록 하여 건물 외벽에 낙뢰를 수뢰하더라도 피해를
줄일 수 있게 하였다.

(5) 인하도선

① 인하도선은 건물에 2조 이상 설치

② 인하도선 평균간격은 위의 표와 같이 보호레벨에 따라 10~25[m] 거리를 유지할 것

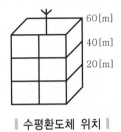

| 수평환도체 위치 |

| 보호레벨과 인하도선의 평균간격 |

보호레벨	평균간격[m]
I	10
II	15
III	20
IV	25

(6) 인접한 건물 등과의 상호 메시전극설계

① 아파트단지와 같이 건물들 사이에 통신, 케이블 등이 상호접속된 경우 한 건물의 낙뢰피해를 줄일 수 있도록 할 것

② 이를 위해 다음 그림처럼 메시방식 등전위전극 설계방법을 제시한다.

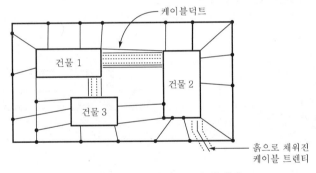

| 접지메시전극 네트워크 설계(예) |

(7) 피뢰설비시스템의 유지관리 및 검사방법의 선진화

3 기대효과

종래의 여러 법상의 피뢰설비의 기술기준을 통합, 강제조항으로 강화시켜 국제규격화하여 기술의 발전을 도모할 수 있고, 낙뢰로부터 건축물 내 각종 설비를 보호할 수 있는 기능강화로 고품질 전력수급에 피뢰설비가 일조한다고 볼 수 있다.

건축물의 피뢰설비 KSC IEC 62305의 인하도선시스템에 대하여 설명하시오.

1 인하도선

위험한 불꽃방전의 발생확률을 감소시키기 위하여 뇌격점과 대지 사이에 인하도선을 설치하여야 하며, 이용방식으로는 전용방식과 자연적 구성부재방식도 있다.

2 시설방법

(1) 인하도선은 다수의 전류통로를 병렬로 형성하여야 한다.

(2) 전류통로길이는 최대한 작게 하여야 한다.

(3) 인하도선 및 수평도체 보호범위

건물높이 20[m]마다 외벽에 수평으로 둘러싸도록 하여 건물 외벽에 낙뢰를 수뢰하더라도 피해를 줄일 수 있게 한다.

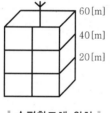

| 60[m] |
| 40[m] |
| 20[m] |

‖ 수평환도체 위치 ‖

‖ 보호레벨과 인하도선의 평균간격 ‖

보호레벨	평균간격[m]
I	10
II	15
III	20
IV	25

(4) 인하도선의 재료 : Cu, Al, Fe(최소치수 : 50[mm^2])

3 전용선 이용방식

(1) 인하도선 시공방식

① 건물 외벽에 직접 설치하는 방식
② 건물 콘크리트 내에 배관을 매입하고 그 배관을 이용하여 배선을 매입하는 매입배관방식

(2) 수평환도체

복수개의 인하도선에 흐르는 낙뢰전류가 서로 평형을 이루어 흐르도록 인하도선의 도선의 중간 중간을 서로 연결하는 도체

4 자연적 구성부재의 이용방식

(1) 건축물의 금속체 건축부재나 구조체 등을 인하도선으로 대용가능하다.

(2) 철근구조체의 전기저항 측정값이 $0.2[\Omega]$ 이하이면 그 철근구조체는 전기적 연속성이 있는 인하도선으로 사용가능하다.

(3) 철근구조체를 인하도선으로 대용하기 위해서는 본딩설계 및 시공기술이 확립되어야 한다.

문제 34

최근 건축물의 피뢰설비규격의 동향 및 국내 관련 법령에 대하여 설명하시오.

1 개 요

현 피뢰설비 시공설치방법은 「건축법」의 「건축전기설비설계기준」, 「전기사업법」의 「전기설비기술기준」, 「산업안전보건법」의 「산업안전기준」 등에서 KS규격을 따르고 있으며, 최근 규격의 피뢰설비기준을 도입하여 KS규격을 제정고시하였다.

2 피뢰시스템의 국제 동향

(1) IEC(International Electrothenical Commission)

① 국제전기표준회의의 규정 TC64(건축전기설비), TC81(피뢰시스템) 등의 기술전문위원회가 설치 운영 중이다.

② IEC/TC81에서는 IEC 61024-1의 규격의 내용을 보완하여 피뢰시스템을 정한다.

③ 2006년 1월에 IEC 62305 시리즈를 제정한 후, 기존의 IEC 61024-1호를 폐지시킨다.

(2) 성능중심의 규정, 건축물의 용도환경에 따라 4개 보호등급을 설정

3 피뢰시스템의 국내규정

(1) KS C 9603 폐지 → KS C IEC 61024(2003년) 폐지 → KS C IEC 62305

(2) KS C 62305는 2007년 제정되어 운용 중

(3) 「건축법시행령」 : 제7장 건축물 설비 등 제87조

(4) 「건축물의 설비기준 등에 관한 규칙」 : 제20조 피뢰설비

(5) 「산업안전보건기준에 관한 규칙」 : 제326조

4 KS C IEC 62305의 주요 내용

(1) 일반사항(KS C IEC 62305-1)

① 낙뢰의 영향 : 뇌격전류침입, 피해(인명, 물리적 손상, 시스템 고장)

② 낙뢰의 뇌격지점별 구분 : 손상원인, 손상유형, 손실유형

③ 보호대책 : 적합한 피뢰등급의 낙뢰전류 파라미터에 맞게 설계

(2) 리스크관리(KS C IEC 62305-2)

① 낙뢰보호조치(대책) 필요성 판단 : 허용리스크와 비교
② 보호조치(대책)의 대책 경제성 평가
③ 다양한 보호조치 선정 : LPS, LPMS, 기타방법 등

(3) 구조물과 인체의 보호(KS C IEC 622305-3)

① 외부 피뢰시스템
　㉠ 수뢰부(돌침, 수평도체, 메시도체)를 보호범위 산정위치에 설치할 것
　㉡ 보호범위 산정방법 : 보호각법([그림 1] 참조), 회전구체법, 메시법이 적용
　㉢ 측뢰에 의한 구조물 보호(여기서, h : 수뢰부의 높이, R : 회전반경)

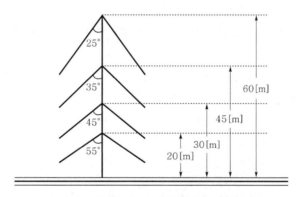

| 그림 1_돌침높이에 의한 보호각도범위 |

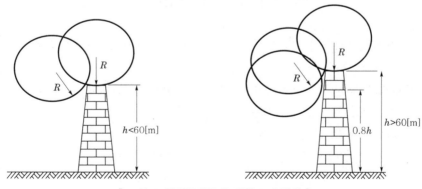

| 그림 2_회전구체법에 의한 보호범위 |

　[그림] 1. 보호각법에 의한 보호대상물의 높이별 보호각도범위
　　　　2. 보호대상물의 높이가 60[m] 미만인 경우 및 60[m] 이상인 경우의 회전구체법에 의
　　　　　한 측뢰의 보호범위

ⓔ 인하도선 및 수평환도체 보호범위(메시법에 의한)

보호레벨	I	II	III	IV
배치간격	10	10	15	20

ⓜ 수뢰부 및 인하도선의 재료 및 최소굵기 : $Cu=50[mm^2]$, Al 및 $Fe=80[mm^2]$

ⓑ 철근구조체의 접지저항이 0.2[Ω] 이하이면 인하도선 대용으로 연속성 있는 도체로 간주

ⓢ 접지극의 시스템 구분

A형 접지극	방사형, 수직, 판상접지극을 말하며 2개 이상일 것
B형 접지극	환상, 기초, 망상접지극

② 내부 피뢰시스템
  ㉠ 등전위본딩 : 도전성 부분을 전기적으로 연결하는 것
  ㉡ 절연(이격) : 등전위본딩을 할 수 없는 경우에 불꽃방전의 발생을 방지하기 위하여 안전거리 이상 이격
③ 유지관리와 검사 : LPS의 기능저하, 부식 등 다양한 요인에 의한 성능저하를 관리
④ 접촉전압과 보폭전압에 대한 인축의 보호대책
  ㉠ 노출 도전성 부분의 적절한 절연
  ㉡ 메시접지시스템에 의한 등전위화
  ㉢ 물리적 제한과 경고

(4) 전기전자시스템의 보호(KS C IEC 62305-4)

① 뇌전자계 보호시스템의 설계·시공, 검사·관리
② 기본보호대책
  ㉠ 접지와 본딩 : 뇌격전류를 분산하는 접지계와 전위차 및 자위차를 줄이는 본딩계를 연결하도록 요구
  ㉡ 자기차폐와 배선 : 전자계와 내부 유도서지를 저감하기 위한 것
  ㉢ 동작이 서로 협조되는 SPD를 사용한 보호
③ SPD(Surge Protection Device)
  ㉠ 과전압의 유입에 대한 전자기기의 보호를 위해서 필요
  ㉡ 선정할 때는 보호레벨, LPZ, SPD의 등급을 고려할 것
  ㉢ SPD 관련 규격 : 61643

5 피뢰설비규격의 동향

(1) 기존 피뢰설비규격의 불충분한 내용을 보완하고 체계구성의 변화가 있다.

(2) 구조체나 건축물의 높이 제한이 없다.

(3) 위험관리를 기초로 피뢰설비의 필요성, 경제성, 적정 보호대책을 제시한다.

(4) 설계, 시설, 유지관리의 3요소를 고려한다.

건축물에 설치하는 저압 SPD(Surge Protective Device)의 기본적인 요건과 전원장애에 대한 효과에 대하여 설명하시오.

1 SPD의 기본요건

(1) **개념** : 내부 뇌보호시스템은 등전위 검출이 매우 중요하며, SPD는 전력 및 통신설비 등 직접 본딩할 수 없는 경우 적용

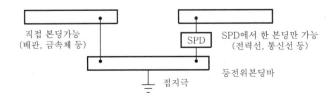

(2) **생존성** : 설계환경에 잘 견디고 자체수명을 고려

(3) **보호성** : 보호대상 기기가 파괴되지 않을 정로로 과도현상 감소

(4) **적합성** : 보호대상 시스템에 대하여 물리적, 법률적으로 만족

① 상시 : 정전용량 小, 전압강하 小, 손실 小
② 이상시
    ㉠ 낮은 동작전압, 빠른 용량으로 Surge 차단
    ㉡ 계통을 원래대로 회복시키는 능력이 클 것

2 전원장애에 대한 효과

(1) IEC 규격상 옥내용 기기는 표와 같이 공칭전압과 설치장소별로 기기의 임펄스 내전압 최소값이 있다.

설비의 공칭전압[V]		요구되는 임펄스 내전압[kV]			
3상 계통	중간점이 있는 단상 계통	설비 전력공급점에 있는 기기(과전압 범주 IV)	배전 및 회종회로의 기기(과전압 범주 III)	전기제품 및 전류사용기기(과전압 범주 II)	특별히 보호된 기기(과전압 범주 I)
−	120~240	4	2.5	1.5	0.8

설비의 공칭전압[V]	요구되는 임펄스 내전압[kV]			
220/380 230/400 − 277/480	6	4	2.5	1.5
400/690 −	8	6	4	2.5
1,000 −	12	8	6	4

[비고] 범주 I : 특별한 기기의 설계와 관련이 있다.

범주 II : 주전원에 접속하는 기기의 제품위원회와 관련이 있다.

범주 III : 설비재료의 제품위원회 및 특별제품위원회와 관련이 있다.

범주 IV : 전기사업자와 시스템기술자와 관련이 있다.

(2) 기기를 뇌임펄스전압에서 보호되도록 SPD를 설치하여 각 과전압 범주의 기기에 가해지는 뇌임펄스전압을 기기의 임펄스 내전압보다 낮게 해야 된다.

(3) 이 경우 인입구에 SPD를 설치하여 각 기기의 임펄스 내전압이 기기에 가해지는 뇌임펄스전압보다 높을 경우 각 기기를 보호할 수 있다.

건축물에 설치하는 저압 SPD(Surge Protective Device)의 선정 및 설치시에 고려해야 할 사항에 대하여 설명하시오.

1 개 요

(1) 서지보호기(SPD)란 각종 장비들을 보호하는 장치로서 TVSS(Transient Voltage Surge Suppressor)로도 통칭된다.

(2) 서지보호기(SPD)의 동작원리 및 목적

① 설치하는 목적은 어떠한 이유로 해서 계통에 서지전류가 들어올 때, 그 전류가 부하를 통해 흐르지 않고, 서지보호기 자신을 통해 흐르도록 하여 부하에서 발생하는 전압강하가 과다하게 상승하는 것을 막고 부하를 보호하는 것이다.

② 이는 계통에 서지가 들어올 경우 임피던스가 낮은 통로(즉, SPD)를 통해 서지전류를 흘려줌으로써 계통보호가 가능하다.

2 SPD 선정시 고려사항

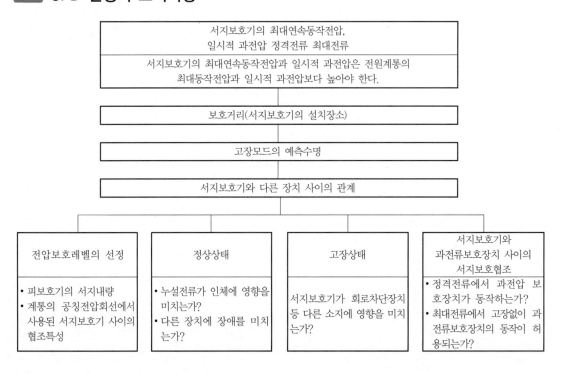

(1) SPD 선정순서

전원선, 뇌방전 및 대지전원 상승에 의한 과전압과 과전류에 대한 위험도와 경제적인 조건을 고려하여 서지보호기(SPD)를 선정하여야 하며, 위의 표에 나타낸 선정절차에 대한 흐름도에 따라 순차적으로 검토하여 적절한 성능을 갖는 서지보호기(SPD)를 선정한다.

(2) SPD의 설치장소에 따른 등급선정

① Class Ⅰ : 뇌충격전류가 부분적으로 전파되는 낙뢰피해가 큰 장소
② Class Ⅱ : 낙뢰피해가 적은 저압배선반, 산업용 분전반 등 설치
③ Class Ⅲ : 낙뢰피해가 적은 옥내콘센트, 가정용 분전반 등 설치

(3) SPD 종별 선택

① 보호대상 기기의 특성 및 유지보수 조건을 고려하여 Box-type SPD 또는 Din-rail SPD를 선택해야 한다.
② Box-type SPD : 보호소자, 서지퓨즈, 수용함체, 부가기능 등이 입체형이다. 유지보수비용이 크나, 상대적으로 안전하다.
③ Din-rail SPD : 보호소자, 서지퓨즈, 수용함체, 부가기능 등을 조합해야 하고, 보호소자의 선별교체가 가능하다.

3 설치시 고려사항

서지보호기는 그 설치방법에 따라 성능 차이를 나타낸다. 따라서, 다음의 사항을 고려하여 서지보호기를 설치한다.

(1) 보호와 설치방법

보호하고자 하는 기기 또는 설비가 충분한 과전압 내량을 가지는 경우 여러 가지 배전계통에 대하여 분전반 입구에 근접한 위치에 충분한 서지내량을 가지는 SPD를 설치하면 거의 대부분의 설비는 보호할 수 있다.

(2) 왕복진동현상

① 보호하고자 하는 기기 또는 설비와 SPD 사이의 거리가 먼 경우 입사하는 서지의 왕복진동에 의해서 SPD 제한전압의 약 2배 정도의 전압이 보호하고자 하는 설비에 발생한다.
② 서지의 왕복진동의 배선길이가 10[m] 미만인 경우는 무시할 수 있지만, 10[m] 이내의 경우에도 2배 이상의 전압이 발생될 수 있으므로 보호하고자 하는 기기 또는 설비 내의 보호소자와 SPD의 협조가 잘 이루어지도록 하여야 한다.

(3) 접속선의 길이

① 피보호설비로부터 가능한 한 근접한 위치에 설치 또는 차단기로부터 최대한 근접시켜 설치한다.
② SPD 접속도체의 길이는 가능한 짧게 한다(접속도체길이는 전체 길이 0.5[m] 이하).
③ 설비의 입구에 SPD 또는 장치에 근접시킨다.
④ 접속선의 인덕턴스에 의한 유도전압을 억제하는 배선방법을 적용하는 것이 필수이다.

(4) 추가보호의 필요성

보호하고자 하는 기기 또는 설비에 입사하는 뇌서지전압이 비교적 낮은 경우는 건물의 입구에 설치하는 SPD로도 보호효과가 충분하지만, 뇌방전에 의해서 건물내부에 전자장이 발생하는 경우 컴퓨터와 같이 매우 정밀하고 민감한 설비 또는 보호하고자 하는 설비가 입구에 설치한 SPD로부터 먼 경우 추가보호장치를 설치할 필요가 있다.

(5) 등급시험에 기초한 SPD 설치장소의 선정

뇌서지전압 또는 저전압 배전계통에서 발생하는 과전압을 고려하여 적정한 규격의 SPD를 선정하는 것이 매우 중요하다.

(6) 보호영역의 개념

적절한 서지보호의 설계 또는 적용과 관련하여 IEC에 규정되어 있는 보호영역의 개념에 기초하여 보호영역을 계층으로 분류하고, 배전계통을 세분화하여 SPD를 설치하는 경우 보호영역의 경계에 SPD를 설치하는 것이 가장 바람직하다.

4 SPD 설치 예

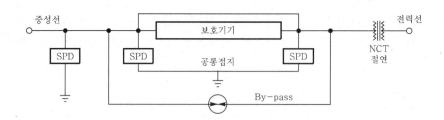

문제 37

KSC IEC 61312-1에 의한 저압배전계통의 서지보호장치(SPD ; Surge Protective Device)의 형식에 대하여 설명하시오.

1 SPD의 형식

SPD의 형식은 타압 I부터 타입 I~Ⅱ까지 3가지 타입으로 분류되고 있다. 각각의 타입 SPD는 다음 표에 기술된 시험에서 규정된 항목의 시험을 실시하여 합격하여야 한다.

‖ SPD의 형식 ‖

SPD 형식	SPD에 실시할 시험종류	시험항목 (KS C IEC 61312-1에 의함)
타입 I	등급 I 시험	I_{imp}, I_n
타입 II	등급 II 시험	I_{max}, I_n
타입 III	등급 III 시험	U_{OC}

2 SPD 기능적 분류

(1) 전압스위칭형 SPD

서지가 인가되지 않는 경우에는 높은 임피던스 상태에 있으며, 전압서지에 응답하여 급격하게 낮은 임피던스 값으로 변화하는 기능을 갖는 SPD를 말한다.

(2) 전압제한형 SPD

서지가 인가되지 않은 경우에는 높은 임피던스 상태에 있으며, 전압서지에 응답한 경우에는 임피던스가 연속적으로 낮아지는 기능을 갖는 SPD를 말한다.

(3) 복합형 SPD

전압스위칭형 소자 및 전압제한형 소자의 모든 기능을 갖는 SPD를 말한다.

3 SPD의 구조

(1) SPD는 회로에 접속한 단자형태에 따라 1포트 SPD와 2포트 SPD가 있다. 각각의 SPD의 특징 및 표시 예는 다음 표와 같다.

┃ SPD 구성 ┃

구 분	특 징	표시(예)
1포트 SPD	1단자대(또는 2단자)를 갖는 SPD로 보호할 기기에 대해 서지를 분류하도록 접속하는 것이다.	SPD
2포트 SPD	2단자대(또는 4단자)를 갖는 SPD로 입력단자대와 출력단자대 간에 직렬 임피던스를 갖는다. 주로 통신·신호계통에 사용되며 전원회로에 사용되는 경우는 드물다.	SPD

(2) 1포트 SPD는 전압스위칭형, 전압제한형 또는 복합형 기능의 SPD가 있다. 또한, 2포트 SPD는 복합형 기능의 일종이다.

4 SPD 사양

SPD 사양은 각각의 타입별로 다음 표와 같이 임펄스전류, 공칭방전전류, 개회로전압, 최대연속사용전압 및 전압보호 수준의 규격값을 규정하고 있다.

┃ SPD 사양 ┃

SPD 형식	임펄스전류 I_{imp}	공칭방전전류 8/20	개(開)회로전압 콤비네이션	최대연속사용전압 50/60[Hz]	전압보호 수준 1.2/50[μs]
	I_{peak}[kA]	I_n[kA]	U_{OC}[kV]	U_C[V]	U_P[kV]
타입 I	5, 10, 20	5, 10, 20	–	110, 130, 230, 240, 420, 440	4, 2.5
타입 II	–	1, 2, 5, 10, 20	–		2.5, 1.5
타입 III	–	–	2, 4, 10, 20		1.5

문제 38

SPD(Surge Protective Device) 선정을 위한 공정(흐름)도를 작성하고 설명하시오.

COMMENT 내선규정의 내용으로 실제로는 **6**의 내용만 기록해도 된다.

1 개 요

서지보호장치(SPD)는 서지전압을 제한하고 서지전류를 분류하기 위한 비선형 소자를 내장한 장치로 선정시에는 설치장소, 설치환경, 고장모드, 상호협조 등을 고려 후 규격이 선정되어야 한다. SPD는 저압배전선 및 전기설비신호, 통신설비 등의 부근에 낙뢰에 의한 과전압설비 내의 기기에서 발생되는 개폐과전압으로부터 전기설비를 보호하는 것을 목적으로 하고 있다.

2 서지(surge)특성

(1) 서지
급속히 증가 후 서서히 감소하는 전기적 전류, 전압의 과도특성

(2) 서지의 종류
① 자연서지 : 낙뢰, 유도뢰, 간접뢰
② 개폐서지 : 유도부하차단시
③ 기동서지 : 발전기, 전동기 등의 기동시

(3) 서지의 침입경로 및 방식

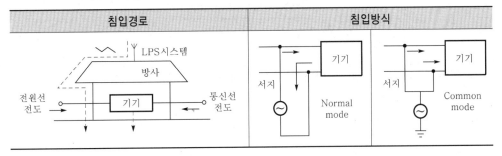

침입경로	침입방식

(4) 서지의 영향
① 전류형 서지 : 부품과열파괴
② 전압형 서지 : 절연파괴

(5) 서지보호의 기본원리 및 검토사항

기본원리	검토사항
Earthing	피보호기기 환경 및 시스템
Bonding	피보호기기 과전압 특성
Shielding	서지침입경로 및 크기
이격, 서지분산, 절연협조	LA, SA, SPD 성능검토

3 서지대책

(1) **공통접지법** : 전력과 통신선 접지공통화 → 과전압 방지

(2) **절연방식법** : NCT를 이용한 서지차단

(3) **바이패스법** : 전력선과 통신선간 SPD 설치 → 과전압 방지

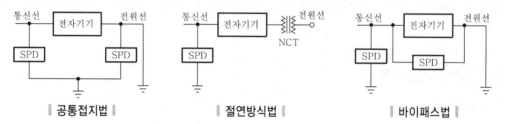

| 공통접지법 | 절연방식법 | 바이패스법 |

4 SPD의 기본조건

(1) **SPD의 기본성능** : 내부 뇌보호시스템은 등전위 검출이 매우 중요하며, SPD는 전력 및 통신설비 등 직접 본딩할 수 없는 경우 적용

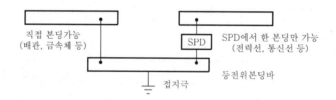

(2) **생존성** : 설계환경에 잘 견디고 자체 수명을 고려

(3) **보호성** : 보호대상 기기가 파괴되지 않을 정로로 과도현상 감소

(4) **적합성** : 보호대상 시스템에 대하여 물리적, 법률적으로 만족

① 상시 : 정전용량 小, 전압강하 小, 손실 小

② 이상시 : 낮은 동작전압, 빠른 용량으로 Surge를 차단하고, 계통을 원래대로 회복시키는 능력이 클 것

5 SPD 사용용도 및 구조별 분류

(1) 사용용도별

① 직격뇌용 SPD(전원용, 통신용)

② 유도뇌용 SPD(전원용, 통신용)

(2) 구조별(포트수)

① 1포트 SPD

㉠ 1단자대(또는 2단자)를 갖는 SPD

㉡ 보호할 기기에 서지를 분류하도록 접속

② 2포트 SPD

㉠ 2단자대(또는 4단자)를 갖는 SPD

㉡ 통신, 신호계통에 적용

| 1포트 | | 2포트 |

(3) SPD 형식별

SPD 형식	시험종류	시험항목	비 고
class I	등급 I 시험	I_{imp}, I_n	고피뢰장소, 직격뇌보호
class II	등급 II 시험	$I_{\max}$, I_n	저피뢰장소, 유도뇌보호
class III	등급 III 시험	U_{OC}	저피뢰장소, 유도뇌보호

여기서, I_{imp} : 최대임펄스전류

$I_{\max}$: 최대방전전류

I_n : 공칭방전전류

U_{OC} : 시험전압(SPD에 적용되는 파형으로는 개회로전압 파형은 1.2/50[μs]으로 하며, 단락회로전류 파형은 8/20[μs]인가시로 함)

(4) SPD 기능별 종류

① 전압스위치형 SPD : 서지인가시 급격히 임피던스 값 변화

② 전압제한형 SPD : 서지인가시 임피던스 연속적 변화

③ 복합형 SPD : 스위치, 제한기능 모두 가능

6 SPD(Surge Protective Device) 선정을 위한 공정(흐름)도

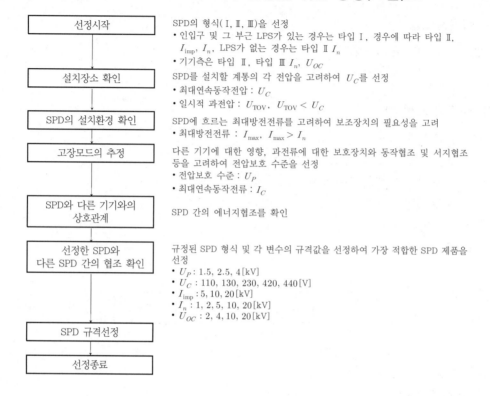

선정시작	SPD의 형식(Ⅰ, Ⅱ, Ⅲ)을 선정

SPD의 형식(Ⅰ, Ⅱ, Ⅲ)을 선정
• 인입구 및 그 부근 LPS가 있는 경우는 타입 Ⅰ, 경우에 따라 타입 Ⅱ, I_{imp}, I_n, LPS가 없는 경우는 타입 Ⅱ I_n
• 기기측은 타입 Ⅱ, 타입 Ⅲ I_n, U_{OC}

설치장소 확인

SPD를 설치할 계통의 각 전압을 고려하여 U_C를 선정
• 최대연속동작전압 : U_C
• 일시적 과전압 : U_{TOV}, $U_{TOV} < U_C$

SPD의 설치환경 확인

SPD에 흐르는 최대방전전류를 고려하여 보조장치의 필요성을 고려
• 최대방전전류 : I_{max}, $I_{max} > I_n$

고장모드의 추정

다른 기기에 대한 영향, 과전류에 대한 보호장치와 동작협조 및 서지협조 등을 고려하여 전압보호 수준을 선정
• 전압보호 수준 : U_P
• 최대연속동작전류 : I_C

SPD와 다른 기기와의 상호관계

SPD 간의 에너지협조를 확인

선정한 SPD와 다른 SPD 간의 협조 확인

규정된 SPD 형식 및 각 변수의 규격값을 선정하여 가장 적합한 SPD 제품을 선정
• U_P : 1.5, 2.5, 4[kV]
• U_C : 110, 130, 230, 420, 440[V]
• I_{imp} : 5, 10, 20[kV]
• I_n : 1, 2, 5, 10, 20[kV]
• U_{OC} : 2, 4, 10, 20[kV]

SPD 규격선정

선정종료

7 SPD의 선정에 대한 전기계통의 예(3상 4W식 220/380[V]인 경우)

(1) TT계통의 경우에 상전선과 중성선 간 최대연속동작전압(U_C)은 $1.1U_O$ 이상으로 할 필요가 있어 $U_C \geq 242[V]$가 되며, 상전선과 PE선 간은 1.1배가 되므로 $U_C \geq 242[V]$가 된다(U_O : 저압계통의 상전압).

(2) 또한 중성선과 PE선은 U_O이면, $U_C \geq 220[V]$가 된다.

(3) 전원인입구에 설치하는 SPD의 경우에 고피뢰장소는 타입 Ⅰ, 기타 장소는 타입 Ⅱ 또는 타입 Ⅲ이 된다.

(4) 타입 Ⅰ인 경우는 $I_{imp} = 5 \sim 13[kA](10/350)$이다.

(5) 타입 Ⅱ 또는 타입 Ⅲ인 경우는 $I_n = 1 \sim 5[kA](8/20)$의 SPD를 선정한다.

(6) 보호 수준은 과전압 범주 Ⅱ의 $U_P \leq 2.5[kA]$로 해야 한다.

SPD(Surge Protective Device)의 설계시 주요 검토사항에 대하여 설명하시오.

COMMENT 내용 중 **2**번만 기입해도 된다.

1 SPD의 선정절차와 방법(내선규정)

SPD의 설치위치, 전원계통방식, 피뢰설비의 설치 여부 등을 고려하여 아래 그림에 나타낸 절차와 방법에 따라 적절한 정격의 SPD를 선정한다.

COMMENT 이 자체가 기출문제로 25점이었음

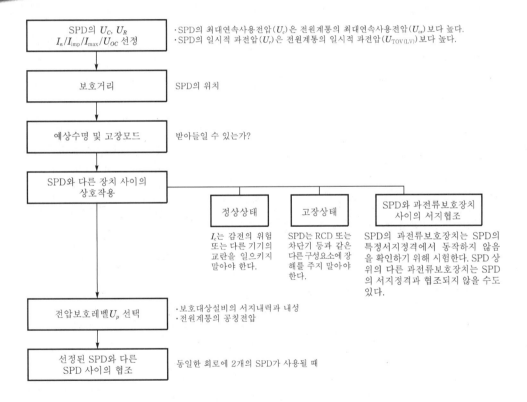

2 SPD의 설계시 고려사항

(1) 최대연속사용전압

① SPD의 최대연속사용전압(U_C)은 전원계통의 최대연속사용전압 $U_{CS}(=1.1U_O)$보다 높아야 하고, 아래 표의 값 이상이어야 한다.

② IT계통에서 최대연속사용전압 U_C는 최초 고장조건을 충족하도록 충분히 높아야 한다.

SPD의 설치위치	전원계통				
	TT계통	TN-C계통	TN-S계통	IT계통 (중선선 있음)	IT계통 (중성선 없음)
상도체와 중선선 사이	$1.1U_O$	NA	$1.1U_O$	$1.1U_O$	NA
상도체와 보호도체 사이	$1.1U_O$	NA	$1.1U_O$	$\sqrt{3} \times U_O''$	선간전압''
중선선과 보호도체 사이	U_O''	NA	U_O''	U_O''	NA
상도체와 PEN도체 사이	NA	$1.1U_O$	NA	NA	NA

여기서, NA : 적용불가

U_O : 저압계통의 상전압

'' : 이들 값은 최악의 고장조건과 관련되므로 10[%]의 허용범위는 고려하지 않는다.

(2) 일시적 과전압

① 일시적 과전압(U_{TOV})은 전원계통에서 사고로 인하여 발생되며, 크기와 시간의 2가지 변수로 표현된다.

② SPD는 아래 표에 나타낸 저압배전계통의 고장으로 발생하는 최대일시적 과전압 에 견뎌야 한다.

U_{TOV} 발생	전원계통	$U_{\mathrm{TOV, HV}}$ 최대값
상도체와 접지 사이	TT, IT	$U_O + 250[\mathrm{V}]$, 지속시간 > 5초 $U_O + 1,200[\mathrm{V}]$, 지속시간 5초까지
중선선과 접지 사이	TT, IT	$250[\mathrm{V}]$, 지속시간 > 5초 $1,200[\mathrm{V}]$, 지속시간 5초까지

위의 값은 고압측에서의 고장과 관련된 극한값이다.

U_{TOV} 발생	계통	U_{TOV} 최대값
상도체와 중선선 사이	TT, TN	$\sqrt{3} \times U_O$

위의 값은 저압계통에서 중성선의 단선고장과 관련이 있다.

상도체와 접지 사이	IT계통(TT계통)	$\sqrt{3} \times U_O$

위의 값은 저압계통에서 상도체의 우발적 접지사고에 관련된다.

상도체와 중성선 사이	TT, IT와 TN	$1.45 \times U_O$ 5초까지의 지속시간

위의 값은 상도체와 중성선 사이의 단락과 관련이 있다.

[비고] 1. 이 정도로 높은 TOV는 TT계통에서 5초 동안 발생할 수 있다.
　　　 2. 변압기에서의 최대 TOV는 표의 값과 다를 수 있으며, SPD를 선정할 때 중성선의 단선은 고려하지 않는다.

(3) 공칭방전전류와 임펄스전류

SPD의 공칭방전전류(I_n)는 전압보호레벨(U_P)과 관련이 있으며, 최대방전전류($I_{\max}$), 임펄스전류(I_{imp})는 적절한 에너지 내량의 선정이 필요하다.

① 공칭방전전류

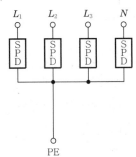

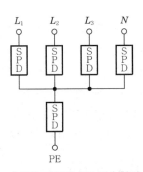

| 단상 계통의 CT₁접속형식 | | 3상 계통의 CT₂접속형식 |

보호모드	전원계통			
	단상		3상	
	CT₁	CT₂	CT₁	CT₂
상도체와 중성선 사이	−	5[kA]	−	5[kA]
상도체와 보호도체 사이	5[kA]	−	5[kA]	−
중성선과 보호도체 사이	5[kA]	10[kA]	5[kA]	20[kA]

② 임펄스전류

㉠ 직격뢰가 침입할 가능성이 있는 설비에 적용하는 SPD는 주접지단자에 접속된 설비의 수를 고려하여 전원계통으로 흐르는 뇌임펄스전류의 분류율을 기반으로 산출한다.

㉡ 1등급 SPD에 관한 보호모드별 SPD의 임펄스전류는 아래 표와 같다.

보호모드	전원계통			
	단상		3상	
	CT₁	CT₂	CT₁	CT₂
상도체와 중성선 사이	−	12.5[kA]	−	12.5[kA]
상도체와 보호도체 사이	12.5[kA]	−	12.5[kA]	−
중성선과 보호도체 사이	12.5[kA]	25[kA]	12.5[kA]	50[kA]

③ 전압보호레벨

㉠ SPD의 전압보호레벨은 설치위치에 따라 보호대상 기기의 임펄스 내 전압레벨 및 전원계통의 운전전압을 고려하여 결정한다.

㉡ KS C IEC60364−4−443에는 저압기기에 요구되는 정격임펄스 내 전압에 대한 과전압 범주 Ⅱ 이하로 SPD의 전압보호레벨을 선정하도록 규정되어 있다.

㉢ 220/380[V] 전원계통에서 과전압 범주 Ⅱ의 기기에 가해지는 임펄스전압은 항상 2.5[kV] 이하이어야 한다.

(4) 단락내력

① 차단기와 함께 설치된 SPD의 단락내력은 설치점에서 예상되는 최대단락전류 이상이어야 한다.

② 방전갭처럼 동작 후 상용주파수 속류가 흐르는 TT계통 또는 TN계통의 중성선과 보호도체 사이에 접속되는 SPD의 속류차단정격은 100[A] 이상이어야 한다.

③ IT계통의 중성선과 보호도체 사이에 접속되는 SPD의 속류차단정격은 상도체와 중성선 사이에 접속되는 SPD의 정격과 동일해야 한다.

(5) SPD의 협조 및 보호

① SPD의 협조 : 동일한 전원계통에 여러 개의 SPD를 설치하는 경우 SPD 사이에 필요한 에너지에 대한 협조를 고려하여 설치한다.

② 과전류와 SPD 고장에 대한 보호 : SPD 고장의 경우 SPD의 분리를 위해 사용되는 개폐장치의 설치위치에 따라 전원공급의 연속성 또는 보호의 연속성에 대한 우선순위를 결정한다.

③ 절연고장에 대한 보호 : 절연고장에 대한 감전보호는 SPD 고장의 경우에도 보호대상기기에서 유효성이 유지되게 해야 한다.

　㉠ TN계통에서 전원의 자동차단은 SPD의 전원측에 설치된 과전류보호장치에 의해서 이루어져야 한다.

　㉡ TT계통에서 전원의 자동차단은 다음 중 어느 하나에 의해서 이루어져야 한다.

　　• SPD의 전원측에 설치된 RCD(ELB)는 시간지연 여부에 상관없이 최소 3[kA], 8/20[μs] 서지전류에 대한 내성을 가져야 한다.

　　• SPD의 부하측에 설치된 RCD는 중성선과 보호도체 사이에 접속된 SPD 고장의 가능성 때문에 다음의 조건을 충족해야 한다.

　　　– 가공선로의 경우 상도체가 지락되는 고장이 발생할 수 있을 때 보호도체 및 이에 접속된 노출 도전성 부분은 규역 허용접촉전압 50[V] 이하이어야 한다.

　　　– SPD는 접속형식 CT$_2$로 설치한다.

　㉢ IT계통에서는 추가적인 방법이 필요하지 않다.

(6) 절연저항의 측정

① 전기설비의 절연저항을 측정하는 동안 설비의 인입구나 분전반에 설치한 SPD 및 그 외의 장소에 설치된 절연측정전압보다 정격이 낮은 SPD는 회로로부터 분리해야 한다.

② 보호도체에 접속된 SPD가 아웃렛(콘센트 등)의 일부인 경우 SPD는 절연측정전압에 견뎌야 한다.

③ SPD의 상태표시 : SPD가 고장으로 과전압보호의 기능을 할 수 없는 경우 SPD 상태표시기, SPD분리기 중 어느 하나의 방법으로 상태를 표시해야 한다.

❸ SPD의 시공 설계시 고려사항

(1) SPD 접속도체

① 배선 : 그림과 같이 SPD의 접지단자를 접지전극에 가까이 접속하여 SPD 접지선의 인덕턴스 성분에 의한 전위상승분 U_L이 보호대상 기기의 단자전압에 추가적으로 인가되지 않도록 한다.

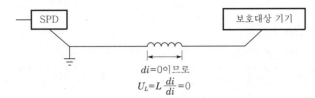

② SPD 접속도체의 최소길이

㉠ SPD 접속도체는 상도체에서 SPD까지 그리고 SPD에서 주접지단자 또는 보호도체까지이다.

㉡ SPD 접속도체의 길이가 길어지면 과전압 보호의 효용성이 낮아지므로 SPD를 접속하는 모든 도체는 가능한 한 짧고 루프가 형성되지 않도록 설치한다.

㉢ 그림과 같이 SPD 접속도체의 총길이 $a+b$는 0.5[m] 이하로 한다.

㉣ $a+b$를 0.5[m] 이하로 할 수 없는 경우는 그림 (b)와 같이 하거나 접속도체에 의한 전압강하가 SPD의 전압보호레벨의 20[%] 이하가 되도록 한다.

㉤ SPD에 유도서지만 흐를 때는 접속도체에 의한 전압강하는 무시한다.

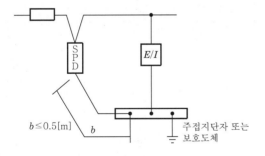

| 접속도체의 총길이가 0.5[m] 이하인 경우 | $a+b$가 0.5[m]를 초과하는 경우 |

(2) SPD의 접지 및 접지도체의 단면적

① SPD의 접지

㉠ 저압배전계통에서 과도 과전압으로부터 보호하고자 하는 기기가 접지되어 있으면 SPD는 그림과 같이 보호대상 기기와 공통으로 접지하며, 접지저항은 그다지 문제가 되지 않으므로 보호대상 기기 및 설비의 접지저항에 대한 규정이 있으면 그에 따른다.

ⓛ SPD의 접지는 건축물에서의 본딩과 공통접지로 하며, SPD에 이르기까지의 인덕턴스를 줄이는 것이 중요하다.

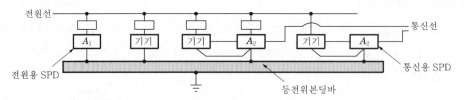

② 접지도체의 단면적

SPD 접속도체의 단면적은 SPD의 등급시험에 따라 아래 표의 값 이상으로 한다.

항 목		재 료	단면적[mm^2]
SPD의 접속도체	I 등급 SPD	구리	16
	II 등급 SPD		6
	III 등급 SPD		1

과전압으로부터 전기·통신기기 등을 보호하기 위하여 회로에 접속하는 SPD (Surage Protective Devices)의 단자형태와 기능을 분류하여 설명하시오.

1 SPD의 기본적 특성

(1) 대기방전에 의한 유도 또는 회로의 개폐동작 등에 의해서 발생하는 과도 과전압은 아래 그림과 같이 전원전압 또는 신호전압에 중첩되어 나타난다.

(2) SPD는 이들 과전압에 의해 흐르는 전류를 대지로 분류시켜 과전압을 제한하여 전기전자 시스템의 절연을 보호하며, 속류를 단시간에 차단하여 전로를 원래상태로 회복시키는 장치이다.

(3) SPD의 동작개시전압보다 높은 과도 과전압이 침입한 경우 SPD는 순시에 작동하여 뇌전류만을 대지로 방류시키며, 침입한 과전압을 SPD의 제한전압으로 억제시킨다.

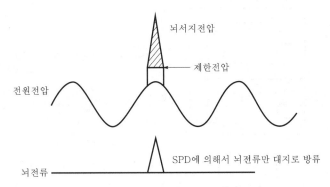

2 SPD의 회로접속단자 분류

회로에 접속하는 단자의 형식에 따라 구조를 분류하며, 1포트 SPD와 2포트 SPD가 있다.

(1) 1포트 SPD[그림 1]

① 보호대상 회로에 병렬로 접속하는 SPD이다.

② 1포트 SPD는 입·출력단자 사이에 특정 직렬 임피던스 없이 별도의 입·출력단자를 갖는 것도 있다. 1포트 SPD는 전원선로에 병렬 또는 직렬로 접속한다.

(2) 2포트 SPD[그림 2]

① 입·출력단자가 2쌍으로 구성된 SPD이다.

② 양단자 사이에 특정 직렬 임피던스가 삽입되어 있다.

③ 제한전압은 출력단자에서보다 입력단자에서 더 높다.

④ 보호대상 기기는 출력단자에 접속하며, 대표적인 2포트 SPD의 구성도는 [그림 2]와 같다.

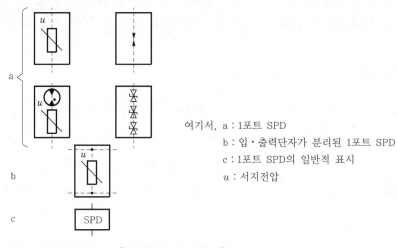

여기서, a : 1포트 SPD
b : 입·출력단자가 분리된 1포트 SPD
c : 1포트 SPD의 일반적 표시
u : 서지전압

▮ 그림 1_1포트 SPD ▮

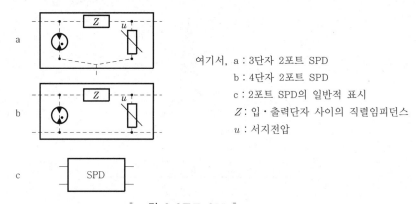

여기서, a : 3단자 2포트 SPD
b : 4단자 2포트 SPD
c : 2포트 SPD의 일반적 표시
Z : 입·출력단자 사이의 직렬임피던스
u : 서지전압

▮ 그림 2_2포트 SPD ▮

3 SPD의 동작기능에 따른 분류

SPD는 동작기능의 유형에 따라 다음의 3가지로 분류한다.

(1) 전압스위치형 SPD(voltage switching type SPD)

① 서지가 없을 때는 고임피던스이며, 서지전압에 대한 응답으로 임피던스가 급격히 낮아지는 SPD이다.

② 전압스위치형 SPD는 서지전압 U에 대한 전류 I가 불연속적으로 변동하는 것이 특징이며, 방전갭, 가스방전관(GDT), 사이리스터, 트라이액(TRIAC) 등으로 크로바형 (crowbar type)이라고도 한다.

(2) 전압제한형 SPD(voltage limiting type SPD)

① 서지가 없는 때는 고임피던스이며, 서지전류와 전압이 증가하면 임피던스가 연속적으로 감소하는 SPD이다.

② 전압제한형 SPD는 서지전압 U에 대한 전류 I가 연속적으로 변동하는 것이 특징이며, 금속산화물 배리스터, 억제형 다이오드 등으로 클램핑형(clamping type)이라고도 한다.

(3) 조합형 SPD(combination type SPD)

① 전압스위치형과 전압제한형 SPD 소자 모두를 포함하는 SPD이다.

② 인가전압의 특성에 따라 전압스위치형, 전압제한형 또는 전압스위치형과 전압제한형 2가지의 혼합특성으로 동작할 수 있다.

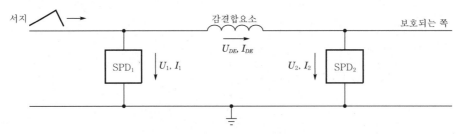

문제 41

서지보호기(SPD ; Surge Protective Device)의 에너지협조에 대하여 설명하시오.

1 개 요

(1) SPD의 에너지협조란 계통 내의 SPD에 과도한 스트레스가 가해지는 것을 방지하기 위하여 필요하다.

(2) 따라서, SPD의 특성과 설치위치에 따른 SPD 각각의 스트레스를 검토해야 한다.

2 SPD의 에너지협조의 원리

(1) 각 SPD에 입사하는 에너지량이 견딜 수 있는 에너지보다 낮거나 같으면 에너지협조는 이루어진 것이다.

(2) SPD가 견딜 수 있는 에너지량은 다음과 같이 얻으면 된다.
  ① KS C IEC 61643-1에 따른 전기적 시험
  ② SPD 제조자가 제공하는 기술정보

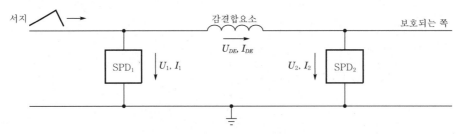

서지　　　　　　　　　　　　　감결합요소　　　　　　　　　　　보호되는 쪽

U_{DE}, I_{DE}

SPD_1　　U_1, I_1　　　　　　U_2, I_2　　SPD_2

┃ SPD 에너지협조에 대한 기본모델 ┃

3 SPD의 에너지협조의 방법

SPD 사이의 협조는 다음 방법 중 하나를 이용하면 된다.

(1) 감결합요소가 없는 전압·전류특성의 협조
  ① 전압·전류특성을 기초로 하며, 전압제한형 SPD에 적용한다.
  ② 전류파형에 매우 민감하지 않다.

(2) 전용 감결합요소를 사용하는 협조

① 협조목적을 위하여 충분한 서지내량을 가지는 추가 임피던스를 감결합요소로 사용한다.

② 정보시스템에서는 저항 감결합요소를, 전원계통에서는 유도성 감결합요소가 주로 사용된다.

(3) 감결합요소 없이 트리거 SPD를 사용한 협조

전자트리거 회로가 후위 SPD의 에너지내량을 초과하지 않도록 보증할 수 있다면 트리거 SPD를 사용하여 에너지협조한다.

(4) 전원용 SPD 간의 에너지협조의 예

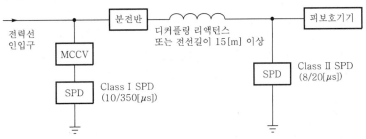

┃ Class Ⅰ SPD(10/350[μs])와 Class Ⅱ SPD(8/20[μs])의 에너지협조 ┃

① 인입구의 SPD(10/350[μs])는 제한전압이 4[kV] 이하이고 피보호기기 직전 SPD(8/20[μs])의 제한전압은 1.5[kV] 이하이다.

② 뇌서지가 침입했을 경우 먼저 SPD(8/20[μs])가 동작해 뇌전류가 전부 통과하면서 SPD(8/20[μs])가 열적으로 장해를 받을 가능성이 크다.

③ 이 문제 때문에 양 SPD 간에 직렬로 감결합요소(디커플링 리액턴스)를 삽입한다.

④ 이렇게 하면 SPD(8/20[μs])가 동작하면서 발생한 제한전압과 감결합요소의 전압강하가 합해져서 SPD(10/350[μs])를 동작시킨다.

⑤ 이것은 거의 동시에 이루어져서 대부분의 뇌전류가 SPD(10/350[μs])를 통과해 SPD(8/20[μs])는 열적 스트레스를 받지 않는다.

⑥ 이것을 SPD 간의 에너지협조라 한다.

뇌방전형태를 분류하고, 뇌격전류 파라미터의 정의와 뇌전류의 구성요소를 설명하시오.

COMMENT 대단히 많은 내용이나, 뇌격전류 파라미터의 내용을 반 페이지로 압축하여 기입할 것

1 뇌방전의 종류

(1) 뇌운에서 대지로 전하를 방출하는 낙뢰(cloud-to-ground lightning discharges)

(2) 뇌운내부에서 방전이 일어나는 운내방전(intracloud lightning discharges)

(3) 뇌운과 뇌운 사이에서 일어나는 운간방전(intercloud lightning discharges)

(4) 뇌운과 주위 대기 사이에서 일어나는 대기방전(cloud-to-air lightning discharges)

2 뇌방전의 형태

뇌방전현상 중에서 가장 빈번하게 발생하는 방전형태는 운방전이지만, 여러 가지 형태의 뇌방전현상 중에서 사람과 가축의 생명 또는 시설물에 직접적으로 영향을 미치는 요인이 되는 뇌방전의 진전기구와 특성에 대해서 가장 많이 연구된 분야는 뇌운과 대지 간의 방전 즉, 낙뢰현상이며, 이의 발생과 진전형태는 다음의 4가지로 분류할 수 있다.

(1) 부(−)극성 하향 리더에 의한 낙뢰

[그림 1]의 (a), (b)의 경우로 뇌운의 부(−)전하의 부분이 대지를 향해 리더방전이 하향으로 진전된 후 지면으로부터 귀환뇌격이 발생하는 형태로 가장 일반적인 대지방전이다.

(2) 정(+)극성 상향 리더에 의한 낙뢰

[그림 1]의 (c), (d)의 경우로 대지의 정(+)전하의 리더가 뇌운을 향해 상향으로 진전하여 발생하는 뇌격이다. 이런 형태의 뇌격은 높은 철탑이나 산 정상 등의 낙뢰에서 볼 수 있다.

(3) 정(+)극성 하향 리더에 의한 낙뢰

[그림 1]의 (e), (f)의 경우로 정(+)극성의 리더가 대지를 향해 진전하여 발생하는 뇌격이다.

(4) 부(−)극성 상향 리더에 의한 낙뢰

[그림 1]의 (g), (h)의 경우로 대지로부터 부(−)극성의 리더가 뇌운을 향하는 방향으로 진전하여 발생한다.

| 그림 1_낙뢰의 종류 |

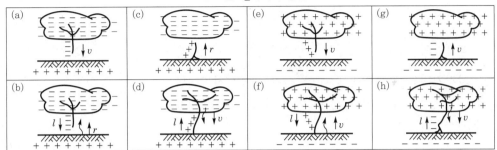

3 뇌격전류의 파라미터

(1) 뇌격전류파형의 표시법

① 일반적으로 뇌격전류파형은 [그림 2]에 나타낸 바와 같이 2중 지수형의 펄스형상을 가진다.

② 뇌격전류파형은 파두시간/파미시간($\pm\,T_f\,/\,T_t\,[\mu s]$)으로 나타내며, 크기는 파고값으로 표시한다.

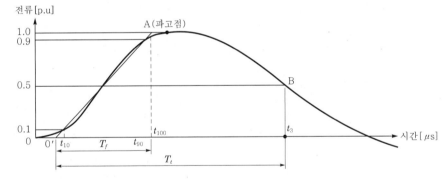

여기서, $0'$: 규약원점

　　　T_f : 파두시간

　　　T_t : 파미시간

　　　$t_{10} - t_{90}$: 상승시간

| 그림 2_뇌격전류파형의 파라미터 |

(2) 뇌격전류 파라미터

일시적 충격전류 및 지속전류로 구성된 뇌격전류파형은 뇌격이 입사하는 물체에는 거의 영향을 받지 않으나, 뇌격전류가 흐르는 경로에는 영향을 받는다. 또한 뇌방전의 형태나 극성에 따라 뇌격전류 파형은 다양하며, 피뢰기술에 있어서 특히 중요한 요소인 뇌격전류의 작용 파라미터는 다음과 같다.

① 뇌격전류의 최대값

  ㉠ 뇌격전류의 최대값 $i_{\max}$[A]는 뇌격을 받은 물체의 접지저항 R[Ω]에 나타나는 저항강하의 최대값 $V_{\max}$[V]를 접지저항으로 나눈 값으로 $i_{\max} = \dfrac{V_{\max}}{R}$ 이다.

  ㉡ 뇌격지점의 무한원점에 대한 전위상승의 척도이다.

  ㉢ 다중뇌격의 경우에는 임펄스전류의 최초의 최대값으로 나타낸다.

② 뇌격전류의 전하량

  ㉠ 뇌격전류에 의해서 대지로 방출되는 전하량으로 [A·s] 또는 [C]의 단위로 나타낸다.

  ㉡ 뇌격전류의 시간에 대한 적분으로, 지속뇌격전류의 전하량은 지속전류의 시간에 대한 적분으로 구해진다. 즉, 뇌격전류의 전하량 $Q = \displaystyle\int i dt$ 이다.

  ㉢ 뇌격전류가 아크상태로 뇌격점 및 절연된 경로를 통과할 때에 발생하는 에너지의 척도이다.

  ㉣ 즉, 이 전하량은 수뢰장치의 끝단이나 피뢰용 방전갭의 전극을 용융시키게 된다.

  ㉤ 아크방전의 발생점에 공급되는 에너지는 뇌격전류의 전하량과 수뢰장치의 끝단 미소영역에 발생하는 양극강하 또는 음극강하 $V_{A,K}$의 곱이다.

  ㉥ [그림 3]과 같이 뇌격점에서의 전압강하 즉, 양극강하 또는 음극강하 $V_{A,K}$는 뇌격전류의 최대값과 파형에 의해서 결정되며, 대략 수 십[V] 정도이다.

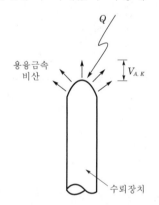

| 그림 3_뇌격점의 전압강하 |

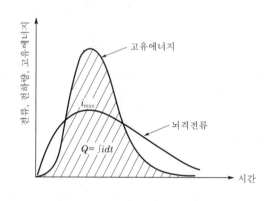

| 그림 4_뇌격전류 파라미터 |

③ 뇌격전류의 비에너지

  ㉠ 전기저항이 R[Ω]인 도선에 전류 i[A]가 흐를 때에 소비되는 에너지 W[J]는 $W = R \displaystyle\int i^2 dt$ 이다.

  ㉡ 전기저항이 1[Ω]일 때의 에너지 $W/R = \displaystyle\int i^2 dt$ 는 비에너지(specific energy)이다.

ⓒ 뇌격전류의 흐름에 의한 금속체의 온도상승 및 전자력학적 작용의 척도이며, 뇌격
전류 파라미터인 뇌격전류 최대값, 전하량, 비에너지의 개략은 위의 [그림 4]와 같
이 나타낸다.

ⓓ 또한 뇌격점에 지속전류가 흐르고 있을 때는 전류의 제곱에 비례하는 전자력이 전
류가 흐르는 도선에 작용하지만, 임펄스와 같이 도신의 기계적 진동주기에 비해서
대단히 짧은 시간동안의 전류작용의 경우에는 전류의 제곱임펄스 $\int i^2 dt$ 즉, 뇌
격전류의 비에너지에 비례하는 임펄스력이 작용한다.

④ **뇌격전류의 상승률** : 뇌격전류파두의 상승 부분에 시간 Δt 동안의 전류상승률 $\Delta i / \Delta t$
는 뇌격전류가 흐르는 도체 주변에 있는 설비 내의 개회로 또는 폐회로에 전자유도
작용으로 인해 고전압을 유도시키는 원인이 되므로, 내부 피뢰설비에 있어 이에 대
하여 규제하고 있다.

(3) 이들 4가지 뇌격전류 파라미터 즉, 뇌격전류의 최대값, 전하량, 비에너지, 전류상승률 등
에 대하여 피뢰설비의 보호등급별 한계값이 규정되어 있으며, 피뢰설비를 설계할 때에는
이를 적용하여야 한다.

4 뇌격전류의 구성요소

(1) 뇌격전류의 극성

① 뇌운을 형성하고 있는 전하가 이동하여 뇌격전류가 흐르게 되며, 뇌운으로부터 대
지로 향하여 이동하는 전하의 극성을 기준으로 뇌격전류의 극성을 나타낸다.

② 운방전에서도 이동하는 전하의 극성을 기준으로 뇌격전류의 극성을 나타낸다.

③ 대개의 경우 뇌운의 상부에는 정(+)전하가 그리고 하부에는 부(−)전하가 위치하게
되므로 부전하의 이동에 의한 대지뇌격이 많이 발생하기 때문에 부극성 낙뢰의 발
생빈도가 많다.

④ 특히 기온이 높은 하절기에는 부극성 낙뢰의 비율이 매우 높다.

(2) 뇌격전류의 파형

① 뇌운에 존재하는 전하의 대지뇌격에 의해서 흐르는 뇌격전류의 파형은 뇌운의 규
모, 뇌격지점의 형상과 도전율 등 여러 가지 요소에 의해 영향을 받게 되며, 매우
다양한 형상을 나타낸다.

② 일반적으로 전력시설물에 침입하는 낙뢰의 전류파형은 대지뇌격의 전류파형과는
매우 다르다.

③ 피뢰설비의 수뢰장치에 입사한 부극성 낙뢰에 의한 뇌격전류의 개략적인 파형의 예
는 [그림 5]에 나타낼 수 있다.

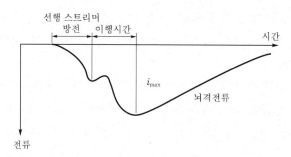

┃ 그림 5_수뢰장치에 입사한 부극성 낙뢰에 의한 뇌격전류파형의 개략도 ┃

④ 귀환뇌격을 이루는 대지 또는 수뢰장치에서 방사된 상향 스트리머와 최종 하향 리더와의 접합 이후 선행계단상 리더의 도전통로를 이루고 있는 전하축적통로의 방전에 의해서 주방전이 개시된다.

⑤ 선행의 계단상 리더의 도전통로에 축적된 전하는 광속의 약 1/3의 속도로 수뢰장치를 경유하여 대지로 방출된다.

전기설비와 통신설비에서 발생되는 낙뢰피해의 형태와 대책을 설명하시오.

COMMENT 아래 내용 중 **2**, **3**, **5**의 내용만 기입해도 된다. 전기설비와 통신설비에서 발생되는 낙뢰피해의 효과에 대한 출제도 예상된다.

1 전기설비와 통신설비에서 발생되는 낙뢰피해의 효과

(1) 열적효과

① 뇌전류로 인한 줄의 열효과가 있으며, 그 파라미터는 뇌전류의 파고값, 지속시간 등에 따라 달라진다.

② 열적효과인 $\int i^2 t \cdot dt$는 양극성 뇌일 때 $10^7 [\text{A}^2 \cdot \text{s}]$ 정도이고, 음극성일 경우에는 $10^6 [\text{A}^2 \cdot \text{s}]$ 로 실측되며, 이 가열효과로 화재·금속용융 등이 발생한다.

(2) 전기적인 파괴효과

① 접지계통의 전위상승에 의한 서지

㉠ 뇌격시 피뢰침설비에 의한 접지된 지점의 대지전위상승(V_G)은 다음과 같다.

$$V_G = R_e \cdot i(t) + L \frac{di(t)}{dt}$$

여기서, R_e : 접지저항
$i(t)$: 순간전류
L : 인하도선과 접지극 사이 전기회로에 있어 집중상수의 인덕턴스

㉡ 이 전위상승은 피뢰도선의 가닥수 및 간격, 건축물의 높이에 따라 달라진다.

② 정전용량결합에 의한 서지

㉠ 뇌격시 급준파전류에 의해 건축물 내의 절연금속체에 정전유도에 의한 고전압이 유도된다.

㉡ 이때 정전유도전압은 다음과 같다.

$$V_C = \frac{C_g}{C_g + C_e} V_i$$

여기서, C_g : 피뢰도선과 금속체 사이의 정전용량
C_e : 금속체의 대지에 대한 자기정전용량
V_i : 뇌격전류가 흐르는 인하도선에 발생되는 전위

③ 유도결합에 의한 서지

    ㉠ 인하선에 가까이 있는 도체계에 있어 전자유도전압이 발생한다.

    ㉡ $V_L = M\dfrac{di}{dt}$ (여기서, M : 인하선에 가까이 있는 도체계와의 상호 인덕턴스)

    ㉢ 아래 개념도와 같이 도체와 인하도선의 배치방법에 따라 전자유도현상은 달라진다.

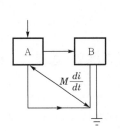 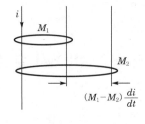

∥ 전자유도에 의한 Surge 발생의 개념도 ∥

(3) 기계적인 파괴효과

① 방전로가 급격히 줄의 열효과로 가열되면 팽창, 압축을 발생하여 초음속 압력파(폭굉)로 기계적 파괴현상이 일어날 수도 있다.

② 이때, 충격파의 압력 $P = \dfrac{0.2\,W}{r^2}\,[\text{N/m}^2]$이다.

    여기서, W : 순식간의 해방되는 에너지, r : 원주상 방전로의 반지름

2 낙뢰피해의 손상유형

(1) D1 : 접촉전압이나 보폭전압으로 인한 인축에 대한 상해

(2) D2 : 불꽃방전을 포함하여 뇌격전류의 영향에 의한 물리적 손상(화재, 폭발, 기계적인 파괴, 화학적 물질의 방출)

(3) D3 : LEMP로 인한 내부시스템의 고장

(4) LEMP(뇌전자임펄스, Lightning Electro Magnetic Pulse) : 뇌격전류에 의한 전자기 영향

3 낙뢰피해의 손실유형(손실유형은 보호대상물의 특성에 따라 다름)

(1) L1 : 인명손실

(2) L2 : 공공시설에 대한 손실

(3) L3 : 문화유산의 손실

(4) L4 : 경제적 가치(구조물과 그 내용물, 공공시설과 작업 손실 등)의 손실

4 뇌격의 영향 예

(1) 구조물의 유형

유 형	뇌격의 영향(손상 예)
거주지	• 전기설비의 절연파괴, 화재나 물건의 손상 • 뇌격점이나 뇌격전류에 노출된 물체의 제한된 손상 • 전기 · 전자장비나 시스템의 고장
농장구조물	• 물체의 손상 뿐 아니라 화재유발의 리스크 및 위험한 보폭전압 • 전기공급의 중단에 따른 간접적인 리스크, 통풍과 사료공급시스템의 전자제어시스템 고장으로 인한 가축의 폐사위험 등
극장, 호텔, 학교, 백화점, 경기장	• 공황을 야기할 수 있는 전기설비(조명등)의 손상 • 화재진압을 지연시킬 수 있는 화재경보기의 고장
은행, 보험회사 등	위 내용에 추가해서, 통신두절에 따른 문제, 컴퓨터의 고장과 데이터의 손실
병원, 요양시설, 감옥	위 내용에 추가해서, 집중적인 치료를 받고 있던 환자의 문제, 거동할 수 없는 환자를 대피시키는 어려움
산업시설	공장의 내용물에 따르는 추가적인 영향, 광범위한 피해 및 생산손실
박물관, 유적지, 교회	복원할 수 없는 문화유산의 소실
통신소, 발전소	공공서비스의 막대한 손실
화약공장, 탄약창	공장이나 그 주변 지역에서의 화재나 폭발
화학공장, 정제소, 발전소, 생화학실험실	일부 또는 전 지역환경에 결정적인 피해를 가져올 수 있는 공장의 화재나 운전중지

(2) 인입설비의 유형

유 형	뇌격의 영향(손상 예)
통신선	전선의 기계적 손상, 차폐선이나 도체의 융해, 인입설비의 직접적인 손실과 더불어 주요한 고장을 일으키는 케이블과 기기의 절연파괴. 인입설비의 손상 없이 케이블의 손상으로 인한 광케이블의 2차 고장
전력선	인입설비의 중대한 손실을 가져오는 저압가공선용 애자의 손상, 케이블절연체의 관통, 변압기와 기기의 절연파괴
수도관	인입설비의 손실을 가져오는 전기 · 전자제어장치의 손상
가스관 석유관	• 화재폭발을 야기할 수 있는 비금속 플랜지, 개스킷의 관통파괴 • 인입설비의 손실을 가져오는 전기 · 전자제어장치의 손상

5 뇌서지에 대한 건축물측의 대책(건축구조물에 대한 뇌서지 대책)

(1) 외부 피뢰시스템(KS C IEC-62305)인 낙뢰보호시스템을 적용(LPMS)

① 수뢰부(돌침, 수평도체, 메시도체)를 보호범위 산정위치에 설치할 것

② 보호범위 산정방법 : 보호각법([그림 1] 참조), 회전구체법, 메시법이 적용

③ 측뢰에 의한 구조물 보호(여기서, h : 수뢰부의 높이, R : 회전반경)

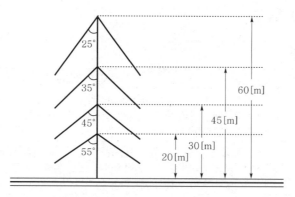

┃ 그림 1_돌침높이에 의한 보호각도범위 ┃

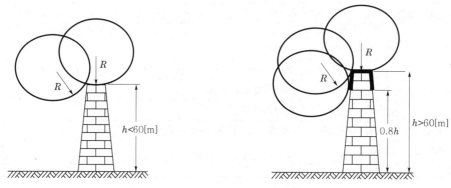

┃ 그림 2_회전구체법에 의한 보호범위 ┃

[그림] 1. 보호각법에 의한 보호대상물의 높이별 보호각도범위
2. 보호대상물의 높이가 60[m] 미만인 경우 및 60[m] 이상인 경우의 회전구체법에 의한 측뢰의 보호범위

④ 인하도선 및 수평환도체 보호범위(메시법에 의함)

보호레벨	I	II	III	IV
배치간격	10	10	15	20

⑤ 뇌보호시스템의 재료별 최소치수[mm²]

재 료	수뢰부	인하도선	접지극
Cu	35	16	50
Fe	50	50	80
Al	70	25	–

⑥ 철근구조체의 접지저항이 0.2[Ω] 이하이면 연속성 있는 도체의 인하도선 대용가능

⑦ 접지극의 시스템 구분

A형 접지극	방사형, 수직, 판상접지극을 말하며 2개 이상일 것
B형 접지극	환상, 기초, 망상접지극

(2) 내부 피뢰시스템

① 등전위본딩 : 도전성 부분을 전기적으로 연결하는 것
② 절연(이격) : 등전위본딩을 할 수 없는 경우에 불꽃방전의 발생을 방지하기 위하여 안전거리 이상 이격
③ 유지관리와 검사 : LPS의 기능저하, 부식 등 다양한 요인에 의한 성능저하를 관리
④ 접촉전압과 보폭전압에 대한 인축의 보호대책
  ㉠ 노출 도전성 부분의 적절한 절연
  ㉡ 메시접지시스템에 의한 등전위화
  ㉢ 물리적 제한과 경고

(3) 전기전자시스템의 보호(KS C IEC 62305-4)

① 뇌전자계 보호시스템의 설계·시공, 검사·관리
② 기본보호대책
  ㉠ 접지와 본딩 : 뇌격전류를 분산하는 접지계와 전위차 및 자위차를 줄이는 본딩계를 연결하도록 요구
  ㉡ 자기차폐와 배선 : 전자계와 내부 유도서지를 저감하기 위한 것
  ㉢ 동작이 서로 협조되는 SPD를 사용하여 보호
③ SPD(Surge Protection Device)의 적용
  ㉠ 과전압의 유입에 대한 전자기기의 보호를 위해서 필요
  ㉡ 선정할 때는 보호레벨, LPZ, SPD의 등급을 고려할 것
  ㉢ SPD 관련 규격 : KSC IEC 61643

(4) 고압전기기기설비에 적정 피뢰기 설치

(5) 수전용 변압기가 몰드타입이고 차단기가 VCB이면 적정 서지옵서버(SA) 설치

(6) 뇌서지로 인한 과도현상으로 대지전위가 일시적으로 상승될 때, 등전위화가 되도록 공통접지 및 통합접지 시행

뇌전자계임펄스(LEMP) 보호대책시스템(LPMS)과 설계에 대하여 설명하시오.

1 LEMP 보호대책의 기본

전기전자시스템은 뇌전자계임펄스(LEMP)에 의해 손상을 입게 된다. 그러므로 내부시스템의 고장을 막기 위하여 LEMP 보호대책을 할 필요가 있다.

(1) 피뢰구역(LPZ)과 대책

① LEMP에 대한 보호는 피뢰구역(LPZ)의 개념을 기본으로 하고 있다.

② 즉, 보호대상 시스템을 포함한 영역을 LPZ로 나누어야 한다.

③ 이 구역은 [그림 1]과 같이 이론상으로 LEMP 위험성이 둘러싸인 내부시스템의 내량과 양립되는 공간영역으로 지정된다.

④ [그림 1]과 같이 정의된 뇌보호영역(LPZ ; Lightning Protection Zone)을 공간적으로 구분하고 개개의 공간 내의 장비내력에 상응하는 대책을 수립하는 것이다.

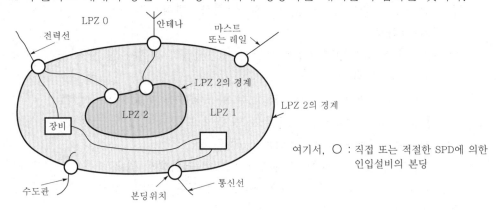

‖ 그림 1_여러 가지 LPZ로 분할하는 일반적인 원리 ‖

(2) 구조물에 인입하는 모든 금속인입설비는 LPZ 1의 경계에서 본딩바를 통해 본딩한다. 추가로 LPZ 2(예 컴퓨터실)에 인입하는 도전성 인입설비는 LPZ 2의 경계에서 본딩바를 통해 본딩한다.

(3) LEMP에 의한 전자계에 의해 건축물 내부의 설비나 전기·전자기기에 장해가 발생하지 않도록 금속물이나 전력선, 통신선, 수도관 등을 피뢰영역의 경계 부분에서 확실하게 공통접지로 본딩하여 등전위화가 이루어지도록 한다. 피뢰구역 내의 설비에 대한 구체적인 예를 나타내면 다음 표와 같다.

피뢰영역별 구체적인 대상설비	
피뢰영역	**구체적인 대상설비의 예**
LPZ 0_A	외등(가로등, 보안등), 감시카메라 등
LPZ 0_B	옥상수전(큐비클)설비, 공조옥외기, 항공장해등, 안테나 등
LPZ 1	건물 내 인입부분의 설비 : 수변전설비, MDF, 전화교환기 등
LPZ 2	방재센터, 중앙감시실, 전산실 등

2 LEMP 보호대책시스템(LPMS)의 설계

(1) LPMS는 서지와 전자계에 대한 장치의 보호를 위해 설계되어야 한다.

(2) 공간차폐물과 협조된 SPD 보호를 이용한 LPMS는 방사자계와 전도성 서지에 대하여 보호한다([그림 2] 참조).

① 일련의 공간차폐물과 SPD 보호협조는 자계와 서지를 위험레벨보다 낮은 레벨로 낮출 수 있다.

② 공간차폐물과 협조된 SPD 보호를 이용한 LPMS 예

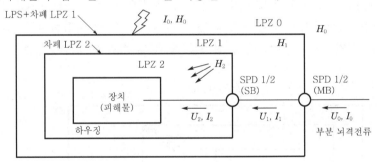

| 그림 2_공간차폐물과 협조된 SPD 보호를 이용한 LPMS |

(3) LPZ 1의 입구에 SPD의 설치와 공간차폐물을 이용한 LPMS는 방사자계와 전도성 서지에 대하여 장치를 보호할 수 있다([그림 3] 참조). 만약 너무 높은 자계가 남아 있거나 또는 서지의 크기가 너무 크게 남아 있으면 그 보호는 충분하지 않다.

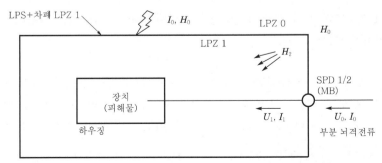

| 그림 3_LPZ 1의 입구에 SPD의 설치와 LPZ 1의 공간차폐물을 이용한 LPMS |

(4) 장비의 차폐외함에 결합된 차폐선을 이용하여 만들어진 LPMS는 방사자계에 대해 보호하게 된다.

① LPZ 1 입구에 SPD의 설치는 전도성 서지에 대해 보호를 한다([그림 4] 참조).

② 더 낮은 위험 서지레벨을 이루기 위해서는 낮은 전압 보호레벨을 충분히 만족하는 특별한 SPD를 설치할 필요가 있다(예 내부에 추가적인 협조단계).

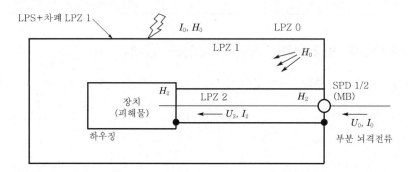

‖ 그림 4_LPZ 1의 입구에 SPD의 설치와 내부선 차폐물을 이용한 LPMS ‖

(5) SPD는 단지전도성 서지에 대하여 보호하기 때문에 협조된 SPD 보호시스템을 이용하는 LPMS는 방사자계에 민감하지 않은 장치의 보호에만 적합하다([그림 5] 참조). 더 낮은 위험 서지레벨은 SPD 간의 협조를 통해 달성할 수 있다.

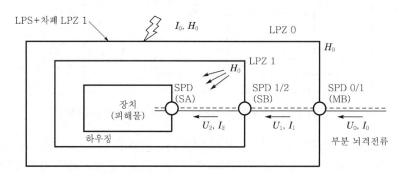

‖ 그림 5_협조된 SPD 보호만 이용한 LPMS ‖

(6) [그림 1]과 [그림 3]에 의한 해결방법은 관련된 EMC 제품규격을 만족하지 못하는 장치에만 특별히 권고한다.

(7) KS C IEC 62305-3에 따라 단지 등전위본딩 SPD만을 적용하는 LPS는 민감한 전기·전자시스템의 고장에 대하여 효율적인 보호를 하지 못한다. 따라서, LPS를 LPMS의 효율적인 구성요소로 만들기 위해서는 적절한 SPD를 선정하고, 접지망의 치수를 줄임으로써 보호효과가 향상될 수 있다.

(8) 피뢰구역(LPZ) : 뇌격의 위협에 대하여 다음의 LPZ가 정의된다(KS C IEC 62305).

① 외부구역

COMMENT 아래 설명을 표로 정리해도 좋음

ㄱ) LPZ 0 : 뇌전자계가 감쇠되지 않은 위험구역과 뇌서지전류의 전체 또는 일부가 내부시스템에 흐를 수 있는 위험구역으로 LPZ 0은 다음과 같이 세분화된다.

ㄴ) LPZ 0_A : 직격뢰에 의한 뇌격과 완전한 뇌전자계의 위협이 있는 지역으로 내부시스템은 뇌서지전류의 전체 또는 일부분이 흐르기 쉽다.

ㄷ) LPZ 0_B : 직격뢰에 의한 뇌격은 보호되나 완전한 뇌전자계의 위협이 있는 지역으로 내부시스템은 뇌서지전류의 일부분이 흐르기 쉽다.

② 내부구역(직격뢰에 대하여는 보호된 구역)

ㄱ) LPZ 1 : 전류분배기나 경계지역의 SPD에 의해 서지전류가 제한된 지역으로 공간적인 차폐는 뇌격에 의한 전자계의 형성을 약하게 한다.

ㄴ) LPZ 2 … n : 전류분배기나 경계지역의 SPD에 의해 서지전류가 더욱 제한된 지역으로 뇌전자계의 형성이 더욱 약하게 되도록 추가적인 공간차폐가 이용된다.

3 LPMS에서 기본보호대책

(1) 접지와 본딩

① 접지시스템은 뇌격전류를 대지로 흘리고 분산시킨다. 본딩망은 전위차를 최소화하고, 자계를 감소시킨다.

② 구조물의 접지시스템은 KS C IEC 62305-3에 따른다.

③ 단지 전기시스템만이 설치되는 구조물에서는 A형 접지극을 사용해도 되지만 B형의 접지극을 사용하는 것이 더 바람직하다.

④ 전자시스템이 시설된 구조물에서는 B형 접지극이 바람직하다.

(2) 자기차폐와 선로경로

① 공간차폐물은 구조물 또는 구조물 근처의 직격뢰에 의해 발생하는 LPZ 내부의 자계를 감쇠시키고 내부서지를 감소시킨다.

② 차폐케이블이나 케이블덕트를 이용한 내부배선의 차폐는 내부 유도서지를 최소화시킨다.

③ 내부 선로경로는 유도루프를 최소화시킬 수 있으며, 내부서지를 감소시킨다.

(3) 협조된 SPD 보호

① 협조된 SPD 보호는 내부서지와 외부서지의 영향을 제한한다.

② 접지와 본딩은 항상, 특히 구조물의 인입점에서 등전위본딩 SPD를 통해서나 또는 직접 모든 도전성 인입설비에서 본딩을 확실하게 한다.

용어

1) LEMP : 뇌전자계임펄스
2) LPMS : 보호대책시스템
3) LPZ : 뇌보호영역(Lightning Protection Zone)
4) LPS : 낙뢰보호시스템
5) EMC : 전자계 적합성
6) SPD : 서지보호장치(Surge Protector Device)

문제 **45**

KS C IEC 62305 제4부 구조물 내부의 전기전자시스템에서 말하는 LEMP에 대한 기본보호대책(LPMS ; LEMP Protection Measures System)의 주요내용을 서술하고, 그 중 본딩망(bonding network)에 대하여 상세히 설명하시오.

1 개 요

(1) 전기전자시스템은 뇌전자계임펄스(LEMP)에 의해 손상을 입게 되므로 내부시스템의 고장을 방지하기 위해 LEMP 보호대책이 필요하다.

(2) LEMP에 대한 보호는 피뢰구역(LPZ)의 개념을 기본으로 하고 있어 보호대상 시스템을 포함한 영역을 LPZ로 나누어야 한다.

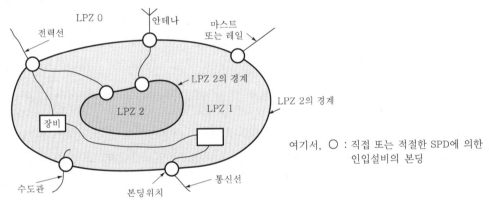

│ 직접 또는 적정한 SPD에 의한 인입설비의 본딩 │

① 구조체를 내부 LPZ로 나눈 예를 나타낸 것이다.

② 구조물에 인입하는 모든 금속인입설비는 LPZ 1 경계에서 본딩바를 통해 본딩한다.

③ 추가로 LPZ 2(예 컴퓨터실)에 인입하는 도전성 인입설비는 LPZ 2의 경계에서 본딩바를 통해 본딩한다.

2 LPMS에서 기본보호대책

(1) 접지와 본딩

① 접지시스템은 뇌격전류를 대지로 흘리고 분산시킨다.

② 본딩은 전위차를 최소화하고, 자계를 감소시킨다.

(2) 자기차폐와 선로경로

① 공간차폐물은 구조물 또는 구조물 근처의 직격뢰에 의해 발생하는 LPZ 내부의 자

계를 감쇠시키고 내부서지를 감소시킨다.

② 차폐케이블이나 케이블덕트를 이용한 내부배선의 차폐는 내부 유도서지를 최소화시킨다.

(3) 협조된 SPD 보호

① 협조된 SPD 보호는 내부서지와 외부서지의 영향을 제한한다.

② 접지와 본딩은 항상, 특히 구조물의 인입점에서 등전위본딩 SPD를 통해서나, 또는 직접 모든 도전성 인입설비에서 본딩을 확실하게 한다.

3 본딩망(bonding network)

(1) LPZ 내부에 있는 모든 장비 사이의 위험한 전위차를 피하기 위해 낮은 임피던스의 본딩망이 필요하며 본딩망은 또한 자계를 감소시킨다.

(2) 구조물의 도전성 부분 또는 내부시스템의 일부분을 통합하는 메시본딩망으로 실현될 수 있고, LPZ의 경계에서 금속 부분 또는 도전성 인입설비를 직접 본딩하거나 적당한 SPD 적용으로 실현될 수 있다.

(3) 본딩망은 전형적인 5[m]의 메시폭을 가진 3차원 메시구조물처럼 배열할 수 있다.

(4) 본딩망은 구조물과 구조물 내부에 있는 금속 부분(콘크리트 보강재, 엘리베이터 레일, 크레인, 금속지붕, 금속외장, 창문이나 문의 금속프레임, 금속바닥프레임, 인입금속관과 케이블 트레이 등)의 다중접속을 요구한다.

(5) 본딩바(환상본딩바, 구조물의 여러 층에 있는 수 개의 본딩바)와 LPZ의 자기차폐는 같은 방식으로 통합되어야 한다.

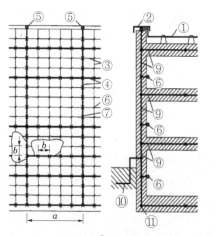

여기서, ① : 수뢰도체
② : 지붕난간의 금속덮개
③ : 강철보강봉
④ : 보강용 철근에 중첩시킨 메시도체
⑤ : 메시도체의 접속
⑥ : 내부 본딩바와의 접속
⑦ : 용접과 죔쇠에 의한 접속
⑧ : 임의 접속
⑨ : 콘크리트 내의 강철보강재
⑩ : 환상접지전극
⑪ : 기초접지전극
a : 메시도체를 중첩시키는 거리(일반적으로 5[m])
b : 메시도체를 보강재에 접속하는 거리(일반적으로 1[m])

구조물 보강봉을 이용한 등전위본딩 예

(6) 금속체설비인 가스관 또는 상하수도관의 도중에 절연부품이 삽입되어 있는 경우에는 적절한 동작조건을 가지는 서지보호장치로 아래 그림과 같이 등전위본딩을 해야 한다.

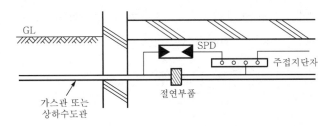

∥ 서지보호장치를 이용한 등전위본딩의 예 ∥

(7) 내부시스템의 도전성 부분(캐비닛, 외함, 선반 등)과 보호접지도체는 다음의 형상으로 본딩망에 접속해야 한다.

∥ 본딩망의 구조 및 형태 ∥

구 분	방사형(S)	메시형(M)
기본형	S ERP	M_m
통합 본딩망	S_s ERP	M_m
심벌	여기서, ──── : 본딩망, ──── : 본딩도체, ☐ : 기기 ● : 본딩점, ERP : 접지기준점 S_s : 방사점에 의한 통합방사형 M_m : 메시에 의한 통합메시형	

4 결 론

　뇌전자계임펄스에 대한 기본보호대책으로 접지와 본딩, 자기차폐와 선로경로, 협조된 SPD 보호의 사항이 있으며, 그 중에서 본딩망은 전위차를 최소화하고 자계를 감소시켜 보호대상물 내부를 보호하는 방법으로 위와 같은 방법을 설계 및 시공에 반영하여야 한다.

CHAPTER **02** 예비용 전원

문제 01

건축물 내에 설치되는 비상용 발전기의 용량결정시 고려할 사항을 기술하시오.

문제 01-1 비상용 발전기의 용량산정방식에 대하여 설명하시오.

1 자가발전설비의 부하결정시 고려사항

발전기 용량의 결정시 부하의 종류에 따른 용량을 산정 후 장래의 부하증가에 대한 여유 등을 고려하여 결정하여야 한다.

(1) 자가발전설비의 부하결정시 고려사항

① 건축물이나 시설의 성격, 부하의 용도, 성질, 건축주의 의향을 충분히 고려한다.

② 사용빈도가 낮은 것을 고려하여 불필요한 부하를 줄인다.

③ 디젤엔진구동인 예비전원은 수십 초간의 정전은 피할 수 없음을 고려해야 한다(단, 무정전전원장치를 시설하는 경우는 제외).

④ 유도전동기와 같은 시동전류가 큰 부하가 있는 경우에는 시동방법을 고려해야 한다.

⑤ 일반적인 발전기 용량식(비상부하 별도 가산)

⑥ 최대전력조정용이나 상용전원공급용의 발전기는 시설부하용량을 적용한다.

$$\text{발전기 용량[kVA]} = 2.5\sqrt{\frac{2.5 \times T \times \alpha}{0.8}}$$

여기서, T : 변압기 용량[kVA]

α : 용도별 적용 계수로서, 사무실은 20~25[%] 이상, 병원은 30[%] 이상, 통신시설은 65[%] 이상, 상하수도시설은 80[%] 이상

(2) 구체적으로 보면 일반부하와 소방부하의 경우로 구분·적용되어 있다.

2 일반부하의 경우에 있어 비상용 발전기 용량을 구하는 방법

(1) 발전기 용량

$$\text{발전기 용량[kVA]} = (\text{부하 전체 입력합계} \times \text{수용률} \times \text{여유율})$$

단, 수용률에 대해서는 다음과 같다.

① 동력의 경우 : 최대입력이고 최초 1대는 100[%], 기타 입력에 대해서 80[%]

② 전등의 경우 : 발전기 회로에 접속되는 모든 부하에 대해서 100[%]를 적용

(2) 부하 중 가장 큰 유도전동기의 시동용량으로부터 구하는 방법

① 유도전동기의 기동전류는 계통전원인 때에는 전원용량이 크기 때문에 별로 문제될 것이 없다.

② 기동전류는 예비발전기인 경우에는 전동기를 기동할 때에 큰 부하가 갑자기 발전기에 걸리게 되므로 전원의 단자전압이 순간적으로 저하하여 접촉자가 개방되거나 엔진이 정지하는 등의 사고를 유발하기도 한다. 이러한 사고를 예방하기 위한 발전기의 정격은 다음과 같다.

$$발전기의\ 용량[kVA] > \left(\frac{1}{\Delta v - 1}\right) \times X_d > 시동[kVA]$$

여기서, Δv : 허용전압강하율(20~25[%])
X_d : 발전기의 과도리액턴스(25~30[%])

시동[kVA]은 2대 이상의 전동기가 동시에 시동할 때에는 2대의 시동[kVA]를 합한 값과 1대의 시동[kVA]를 비교하여 큰 값을 취한다. 또한 시동[kVA]를 구하는 식은 다음과 같다.

$$시동[kVA] = \sqrt{3} \times 정격전압 \times 시동전류 \times \frac{1}{1,000}$$

(3) (1)과 (2)를 혼합한 부하인 경우

보통은 전등부하가 먼저 발전기에 걸리고 그 다음에 전동기 부하가 걸리게 되므로 위의 (1)과 (2)에 의해서 계산한 출력의 합계를 발전기 출력으로 한다.

3 소방비상용 부하에 해당하는 경우

(1) PG_1 산정식

정상운전상태에서 부하의 설비기동에 필요한 발전기 용량일 것. 즉, 비상부하로 분류된 발전기 부하에 전력을 공급하여 원활한 기동이 이루어지도록 하기 위한 용량산정식이다.

$$PG_1 = \frac{\sum P_L}{\eta_L \times \cos\theta} \times \alpha\,[kVA]$$

여기서, $\sum P_L$: 부하의 출력합계[kW]
η_L : 부하의 종합효율(분명하지 않을 경우 0.85)
$\cos\theta$: 부하의 종합효율(분명하지 않을 경우 0.8)
α : 부하율과 수용률을 고려한 계수(분명하지 않을 경우 1.0)

(2) PG_2 산정식

부하 중 최대의 값을 갖는 전동기 또는 전동기군을 시동할 때 허용전압강하를 고려한 발전기 용량. 즉, 출력용량이 큰 전동기는 시동시 발전기 단자에 큰 전압강하를 일으켜 발전기가 시동 불능이 되거나 계전기의 개방현상이 일어나고 선로에 악영향을 줄 수 있으므로 전압계통의 순시 전압강하를 0.2~0.3초 이내로 유지하도록 고려한 산정식이다.

$$PG_2 = P_n \times \beta \times C \times X_d \times \frac{100 - \Delta V}{\Delta V} [\text{kVA}] = K_1 \times P_n [\text{kVA}]$$

여기서, P_n : 부하전동기 또는 전동기군의 시동[kVA](출력[kVA]$\times \beta \times C$의 값이 최대 시동[kVA]인 전동기 출력[kW]

β : 전동기 출력 1[kW]에 대한 시동[kVA](분명하지 않을 경우 7.2 적용)

C : 계수(직입시동 : 1.0, Y$-\triangle$시동 : 0.67, 시동보상기 : 0.42, 리액터시동 : 0.6)

X_d : 발전기 리액턴스(분명하지 않을 경우 25~30[%] 적용)

ΔV : P_n[kW]의 전동기를 투입했을 때의 허용전압강하율(분명하지 않을 경우 25~30[%] 적용, 비상 E/L : 20[%] 적용)

K_1 : 제작회사의 표 수치에 의한 것(분명하지 않을 경우 $X_1 = 0.2\sim0.25$란에서 전동기 시동계급 F란의 수치로 함)

(3) PG_3 산정식

부하 중 최대의 값을 갖는 전동기 또는 전동기군을 기동순서상 마지막으로 시동할 때 필요한 발전기 용량이다.

$$PG_3 = \left(\frac{\Sigma P_L - P_n}{\eta_L} + P_n \times \beta \times C \times \cos\theta_s \right) \times \frac{1}{\cos\phi} [\text{kVA}]$$

여기서, ΣP_L : 부하출력의 합계[kW]

P_n : 시동[kW]$-$입력[kW]의 값이 최대로 되는 전동기 또는 전동기군의 출력[kW]

$\cos\theta_s$: P_n[kW] 전동기 시동시의 역률(분명하지 않을 경우 0.4 적용)

η_L : 부하의 종합효율(분명하지 않을 경우 0.85 적용)

$\cos\phi$: 발전기의 역률(분명하지 않을 경우 0.8 적용)

(4) PG_4 산정식

부하 중 고조파성분을 고려한 발전기 용량이다.

$$PG_4 = P_C \times (2 \sim 2.5) + PG_1$$

여기서, P_C : 고조파성분 부하

(5) 이상의 식(PG_1, PG_2, PG_3)에서 가장 큰 값을 선정하여 허용역상전류 및 고조파전류분을 고려하여야 한다.

| 소방비상용 부하에 해당하는 경우 |

구 분	PG_1	PG_2	PG_3
정의	정상운전상태에서 부하의 설비기동에 필요한 발전기 용량	부하 중 최대의 값을 갖는 전동기 또는 전동기군을 시동할 때 허용전압강하를 고려한 발전기 용량	부하 중 최대의 값을 갖는 전동기 또는 전동기군을 기동순서상 마지막으로 시동할 때 필요한 용량
용량식	$PG_1 = \dfrac{\Sigma P_L}{\eta_L \times \cos\theta} \times \alpha [\text{kVA}]$	$PG_2 = P_n \times \beta \times C \times X_d \times \dfrac{100 - \Delta V}{\Delta V}$ $= K_1 \times P_n [\text{kVA}]$	$PG_3 = \left(\dfrac{\Sigma P_L - P_n}{\eta_L} + P_n \times \beta \times C \times \cos\theta_s \right)$ $\times \dfrac{1}{\cos\phi} [\text{kVA}]$
기호 의미	ΣP_L : 부하의 출력합계 [kW] η_L : 부하의 종합효율(분명하지 않을 경우 0.85) $\cos\theta$: 부하의 종합효율 (분명하지 않을 경우 0.8) α : 부하율과 수용률을 고려한 계수(분명하지 않을 경우 1.0)	P_n : 부하전동기 또는 전동기군의 시동[kVA](출력[kVA]$\times \beta \times C$의 값이 최대시동[kVA]인 전동기 출력[kW] β : 전동기 출력 1[kW]에 대한 시동[kVA](분명하지 않을 경우 7.2 적용) C : 계수(직입시동 : 1.0, $Y-\triangle$시동 : 0.67, 시동보상기 : 0.42, 리액터시동 : 0.6) X_d : 발전기 리액턴스(분명하지 않을 경우 25~30[%] 적용) ΔV : P_n[kW]의 전동기를 투입했을 때의 허용전압강하율(분명하지 않을 경우 25~30[%] 적용, 비상 E/L : 20[%] 적용) K_1 : 제작회사의 표 수치에 의한 것 (분명하지 않을 경우 $X_1 = 0.2$ ~0.25란에서 motor 시동계급 F란의 수치로 함)	ΣP_L : 부하출력의 합계[kW] P_n : 시동[kW]−입력[kW]의 값이 최대로 되는 전동기 또는 전동기군의 출력[kW] η_L : 부하의 종합효율(분명하지 않을 경우 0.85 적용) $\cos\theta_s$: P_n[kW] 전동기 시동시의 역률 (분명하지 않을 경우 0.4 적용) $\cos\phi$: 발전기의 역률(분명하지 않을 경우 0.8 적용)

문제 01-2

비상용 발전기의 용량을 구하는 방법을 간단히 설명하시오.

1 일반부하의 경우에 있어 비상용 발전기 용량을 구하는 방법

(1) 발전기 용량

> 발전기 용량[kVA]=(부하 전체 입력합계×수용률×여유율)

단, 수용률에 대해서는 다음과 같다.
　① 동력의 경우 : 최대입력이고 최초 1대는 100[%], 기타 입력에 대해서 80[%]
　② 전등의 경우 : 발전기 회로에 접속되는 모든 부하에 대해서 100[%]를 적용

(2) 부하 중 가장 큰 유도전동기의 시동용량으로부터 구하는 방법

$$발전기의 \ 용량[kVA] > \left(\frac{1}{\Delta v}=1\right) \times X_d > 시동[kVA]$$

　여기서, X_d : 발전기의 과도리액턴스(25~30[%])
　　　　　Δv : 허용전압강하율(20~25[%])

시동[kVA]은 2대 이상의 전동기가 동시에 시동할 때에는 2대의 시동[kVA]을 합한 값과 1대의 시동[kVA]을 비교하여 큰 값을 취한다.
시동[kVA]을 구하는 식은 다음과 같다.

$$시동[kVA] = \sqrt{3} \times 정격전압 \times 시동전류 \times \frac{1}{1,000}$$

2 소방비상용 부하에 해당하는 경우

(1) PG방식

　① PG_1 산정식 : 정상운전상태에서 부하의 설비기동에 필요한 발전기 용량일 것
　② PG_2 산정식 : 부하 중 최대의 값을 갖는 전동기 또는 전동기군을 시동할 때 허용전압강하를 고려한 발전기 용량
　③ PG_3 산정식 : 부하 중 최대의 값을 갖는 전동기 또는 전동기군을 기동순서상 마지막으로 시동할 때 필요한 발전기 용량
　④ PG_4 산정식 : 부하 중 고조파성분을 고려한 발전기 용량

$$PG_4 = P_C \times (2 \sim 2.5) + PG_1$$

여기서, P_C : 고조파성분 부하

⑤ 이상의 식(PG_1, PG_2, PG_3)에서 가장 큰 값을 선정하여 허용역상전류 및 고조파 전류분을 고려할 것

(2) RG계수에 의한 발전용량 산정방식

① RG_1 : 정상부하 출력계수

② RG_2 : 허용전압강하 출력계수

③ RG_3 : 단시간 과전류 내력에 의한 출력계수

④ RG_4 : 허용역상전류 및 고조파분에 의한 출력계수

3 발전기 용량산정시 고려사항(상향 조정하는 이유)

(1) 단상부하

(2) 감전압 기동전동기

(3) 정류기 부하(고조파부하)

(4) E/V 부하 등

RG계수에 의한 발전용량산정방식과 원동기 출력산정공식에 대해 설명하시오.

1 개 요

발전기의 출력계수(RG계수)를 산출 후 제일 큰 값을 정하고, 부하출력합계(K)를 산출한 수치에 의해 발전기의 소요출력(G[kVA])을 선정한다.

2 RG계수에 의한 발전기 용량산정방식

(1) 발전기의 출력계수산출

① RG_1 정상부하 출력계수 : 정상시 발전기가 부담해야 할 부하전류에 의해 정해지는 계수

$$RG_1 = 1.47DS_1$$

여기서, D : 부하의 수용률
S_1 : 불평형 부하에 의한 선전류의 증가계수

② RG_2 허용전압강하 출력계수 : 대용량 전동기 등의 기동시에 전압강하의 허용량에 의해 정해지는 계수

$$RG_2 = \frac{M}{K} \times \frac{K_S}{Z_m} \times x_d{'} \times \frac{1-\Delta V}{\Delta V}$$

여기서, M : 기동시 전압강하가 최대로 되는 부하의 출력[kW]
K : 부하출력의 합계[kW]
K_S : 부하의 기동방식에 따른 계수
Z_m : 부하의 기동시 임피던스[p.u]
$x_d{'}$: 발전기의 과도 리액턴스
ΔV : 발전기의 허용전압강하[p.u]

③ RG_3 단시간 과전류 내력에 의한 출력계수 : 대용량 부하의 기동시에 단시간 과전류가 흐르는 과도기간 동안 발전기가 부담해야 할 최대부하전류에 의해 정해지는 계수

$$RG_3 = 0.98D + \frac{M}{K}\left(\frac{1}{1.5} \times \frac{K_S}{Z_m} - 0.98D\right)$$

여기서, D : Base 부하의 수용률

M : 단시간 과전류가 최대인 부하의 출력 즉, 기동시 입력[kVA]-정격입력
[kVA]이 최대인 부하의 출력[kW]

④ RG_4 허용역상전류 및 고조파분에 의한 출력계수 : 부하에 흐르는 역상전류 및 고조파
분에 의해 정해지는 계수

$$RG_4 = \frac{1}{K_{G_4}} \sqrt{\left(0.432 \frac{R}{K}\right)^2 + \left(1.25 \frac{\Delta P}{K}\right)^2}$$

여기서, K_{G_4} : 발전기의 허용역상전류에 의한 계수

K : 부하출력의 합계[kW]

R : 고조파 발생부하의 출력합계[kW]

ΔP : 단상부하 불평형분의 합계출력[kW]로 3상 각 선간의 단상부하 A, B,
C가 있고 $A \geq B \geq C$일 때 $\Delta P = A + B - 2C$

(2) 발전기의 출력계수 결정

① 출력계수는 앞에 계산한 RG_1, RG_2, RG_3, RG_4 중에서 가장 큰 값을 선택한다.

② RG값의 범위 : $1.47 \leq RG \leq 2.2$

(3) 부하출력의 합계(K)산출

$$K = \sum_{i=1}^{n} M_i$$

여기서, M_i : 각 부하기기의 출력, i : 부하기기의 대수

(4) 발전기의 소요출력(G[kVA])산출

$$G[\text{kVA}] = RG \times K$$

여기서, RG : 앞에서 선정한 발전기의 출력계수, K : 부하출력의 합계

3 원동기의 출력산정공식

$$\text{엔진출력[PS]} = \frac{\text{발전기 용량[kVA]} \times \text{역률[\%]}}{\text{발전기 효율[\%]} \times 0.736}$$

여기서, 1[kW]=1.36[PS]

비상용 발전기의 용량산정 정리

1) 산출방식의 종류

   ① PG방식 발전기 용량 $\geq$ MAX(PG_1, PG_2, PG_3)

     ㉠ PG_1 산정식 : 정상운전상태에서 부하운용에 필요한 용량

     ㉡ PG_2 산정식 : 전동기 기동시 순시전압강하를 고려한 용량

     ㉢ PG_3 산정식 : 부하 중 최대값을 갖는 전동기를 마지막 시동할 때 용량

   ② RG방식 발전기 용량= $RG \times$ 부하의 출력합계[kVA]

     여기서, RG : 발전기 출력계수 MAX(PG_1, PG_2, PG_3, PG_4)

     ㉠ PG_1 : 정상부하 출력계수

     ㉡ PG_2 : 허용전압강하 출력계수

     ㉢ PG_3 : 단시간 과전류 내력 출력계수

     ㉣ PG_4 : 허용역상전류에 의한 출력계수

   ③ NEC에 의한 방식

$$발전기\ 용량 = 부하의\ 출력합계/효율[kVA]$$

2) 산출방식의 비교

구 분	PG방식	RG방식	NEC
용량산출 방법	용량을 직접 산출	RG계수를 구한 후 산출	소방부하출력의 합
특징	• 용량산출 비교적 간단 • 고조파 비고려 및 신규 기동방식 데이터 부족으로 계산값 부정확	• 고조파, 역상전류 고려 • $1.47D \leq RG \leq 2.2$ 범위 내 선정 　여기서, D : 수용률 • 계산이 복잡	• 용량산출 간단 • 비경제적
사용 국가	한국	한국, 일본	북미, 중국

문제 01-4

용량 370[kW], 효율 95[%], 역률 85[%]인 배수펌프용 농형 유도전동기 3대에 아래 조건에 적합하게 전력을 공급하기 위한 변압기 용량과 발전기 용량을 산출하시오.

[조건]

1. 각 전동기 역률은 95[%]로 개선
2. 리액터 기동방식(TAP 65[%])으로 시동계수($\beta \times C$) : 7.2×0.65
3. 전동기 기동시 역률 : 21.4[%]
4. 전동기 기동시 전압변동률 : 5[%]
5. 변압기 %임피던스 : 6.0[%]

1 개 요

변압기, 발전기의 용량산정시 전동기의 기동방식, 기동순서검토 후 운전방식을 결정하고 이로부터 변압기 및 발전기의 용량을 산정하도록 한다.

2 변압기 용량산정

(1) 변압기의 전압변동률 계산

$$\text{전압변동률 } \varepsilon = \frac{P \cdot \%R + Q \cdot \%X}{\text{기준[kVA]}}$$

여기서, P : 유효전력

Q : 무효전력

$\%R$: %저항

$\%X$: %리액턴스

① 일반적으로 $\%R \ll \%X$ 이므로 $\%R \fallingdotseq 0$, $\%X \fallingdotseq \%Z$라고 볼 수 있다.

② 따라서, 위 식으로부터 다음과 같다.

$$\text{전압변동률 } \varepsilon = \frac{Q \cdot \%Z}{\text{기준[kVA]}}$$

(2) 전동기의 P(유효전력), Q(무효전력)계산

① 정상운전시의 P, Q

㉠ $P = \dfrac{\text{전동기 용량} \times \text{대수}}{\text{효율} \times \text{역률}} \times \text{역률}$

$= \dfrac{370 \times 2}{0.95 \times 0.95} \times 0.95 = 778.9\,[\text{kW}]$

㉡ $Q = \dfrac{\text{전동기 용량} \times \text{대수}}{\text{효율} \times \text{역률}} \times \text{무효율}$

$= \dfrac{370 \times 2}{0.95 \times 0.95} \times \sqrt{1-0.95^2} = 256\,[\text{kW}]$

② 전동기 기동시의 P', Q'

㉠ $P' = \dfrac{\text{전동기 용량}}{\text{효율} \times \text{역률}} \times \text{시동계수} \times \text{전동기 기동시 역률}$

$= \dfrac{370}{0.95 \times 0.95} \times 7.2 \times 0.65 \times 0.214 = 410.6\,[\text{kW}]$

㉡ $Q' = \dfrac{\text{전동기 용량}}{\text{효율} \times \text{역률}} \times \text{시동계수} \times \text{전동기 기동시 무효율}$

$= \dfrac{370}{0.95 \times 0.95} \times 7.2 \times 0.65 \times \sqrt{1-0.214^2} = 1,874.2\,[\text{kVar}]$

③ PT, QT의 합산

㉠ $PT = P + P' = 778.9 + 410.6 = 1,189.5\,[\text{kW}]$

㉡ $QT = Q + Q' = 256 + 1874.2 = 2,130.2\,[\text{kVar}]$

(3) 변압기 용량산정

$$\text{전압변동률}\ \varepsilon = \dfrac{Q \cdot \%Z}{\text{기준}[\text{kVA}]}$$

위 식으로부터 다음과 같이 계산할 수 있다.

$\text{기준}[\text{kVA}] = \dfrac{Q \cdot \%Z}{\text{전압변동률}\,\varepsilon} = \dfrac{2,130.2 \times 6}{5} = 2,556.24\,[\text{kVA}]$

따라서, 2,750[kVA] 용량의 변압기를 선정하는 것이 바람직하다.

3 발전기 용량산정

발전기 용량산정에 있어 PG방식과 RG방식이 있으며, 여기서는 PG방식을 적용하여 발전기 용량을 산정하고자 한다.

(1) PG방식에 의한 발전기의 출력선정

허용전압강하로부터 필요로 하는 용량은 다음과 같다.

$$PG_2 = P_m \times \beta \times C \times X_d' \times \frac{1 - \Delta E}{\Delta E}$$

여기서, P_m : 기동용량이 최대가 되는 전동기 출력[kW]

β : 최대용량 1[kW]당 기동[kVA]

C : 기동방식 계수

X_d' : 발전기 정수 0.25

ΔE : 허용전압강하율 0.25

(2) 계산

$$PG_2 = 370 \times 7.2 \times 0.65 \times 0.25 \times \frac{1 - 0.25}{0.25} = 1,298.7 [kVA]$$

∴ 발전기 용량은 약 1,500[kVA]가 적당하다.

건축물에서 비상부하의 용량이 500[kW]이고 그 중 마지막으로 기동되는 전동기의 용량이 50[kW]일 때의 비상발전기의 출력을 계산하시오. (단, 비상부하의 종합효율은 85[%], 종합역률은 0.9, 마지막 기동의 전압강하는 10[%], 발전기의 과도 리액턴스는 25[%], 비상부하설비 중 가장 큰 50[kW] 전동기 기동방식은 직입기동방식)

1 개 요

(1) 용량계산방식에는 PG방식($PG_1 \sim PG_4$)과 RG방식($RG_1 \sim RG_4$)이 있다.

(2) 본 문제에서는 전동기 기동과 관련되어 가장 마지막에 기동되는 전동기 용량을 감안하여, PG방식을 통해 계산 후 가장 큰 값을 적용하여 발전기 용량을 산정한다.

2 PG법 용량계산(발전기 용량계산 검토, $PG_1 \sim PG_4$ 중 최대값의 용량을 선정)

구 분	공 식	계 수
PG_1	$PG_1 = \dfrac{\sum P_L}{\eta_L \times Pf_L} \times \alpha \, [\text{kVA}]$ 정상운전상태에서 부하의 설비기동에 필요한 발전기 용량	여기서, $\sum P_L$: 부하의 출력합계[kVA] ηL : 부하의 종합효율 Pf_L : 부하의 종합역률 α : 부하율, 수용률 고려한 계수 (보통 1.0)
PG_2	$PG_2 = P_n \times \beta \times c \times X_d' \times \dfrac{100 - \Delta V}{\Delta V} \, [\text{kVA}]$ 최대값을 갖는 전동기의 기동시 전압강하를 고려한 발전기 용량	여기서, P_n : 최대값을 갖는 전동기 출력[kW] β : 전동기 출력 1[kW]에 대한 시동[kVA] C : 기동방식에 따른 계수 X_d : 발전기 초기 과도 리액턴스 (0.2~0.25) ΔV : 허용전압강하율(일반적 0.25, 비상용 승강기 0.2)
PG_3	$PG_3 = \left(\dfrac{\sum P_L - P_n}{\eta_L} + P_n \times \beta \times c \times pf_s \right)$ $\times \dfrac{1}{\cos \phi} \, [\text{kVA}]$ 최대값을 갖는 전동기를 마지막으로 기동할 때 필요한 발전기 용량	여기서, pf_s : P_n전동기 기동시 역률(0.4) $\cos \phi$: 발전기 역률(0.8)
PG_4	$PG_4 = PG_1 + (2 \sim 2.5) P_c \, [\text{kVA}]$ 고조파 부하를 감안한 경우의 발전기 용량	여기서, P_c : 고조파 발생부하

3 PG법에 의한 발전기 용량계산

(1) PG_1

$$PG_1 = \frac{\sum P_L}{\eta_L \times Pf_L} \times \alpha = \frac{500}{0.85 \times 0.9} \times 1 = 653.6[\text{kVA}]$$

(2) PG_2

$$PG_2 = P_n \times \beta \times c \times X_d{}' \times \frac{100 - \Delta V}{\Delta V} = 50 \times 7.2 \times 1 \times 0.25 \times \frac{100 - 10}{10}$$
$$= 810[\text{kVA}]$$

(3) PG_3

$$PG_3 = \left(\frac{\sum P_L - P_n}{\eta_L} + P_n \times \beta \times c \times pf_s \right) \times \frac{1}{\cos \phi}$$
$$= \left(\frac{500 - 50}{0.85} + 50 \times 7.2 \times 1 \right) \times \frac{1}{0.9}$$
$$= 948.2[\text{kVA}]$$

(4) 발전기 용량산정

계산 PG_3식에서 948[kVA] 산출한다.

∴ 발전기 용량은 1,000[kVA]를 산정한다.

발전기 용량결정시 단상부하의 영향에 대해 설명하시오.

1 개 요

(1) 3상 발전기에 단상부하를 연결하면 발전기에 걸 수 있는 3상 부하의 용량이 감소하여 발전기 이용률이 낮아지고, 불평형 전압에 의한 파형의 왜곡, 발전기의 이상진동 등을 일으킬 수 있으므로 가능한 한 단상부하를 피하고 꼭 필요한 경우에는 스코트결선변압기 등을 사용하여 3상이 평형되도록 하는 것이 좋다.

(2) 따라서, 발전기에 단상부하만 걸릴 경우에는 정격전류의 약 20[%] 이하로 하고, 3상의 각 상 전류가 다를 때는 그 최대와 최소의 비를 10 : 7 이상으로 한다.

2 단상부하의 영향

(1) 용량감소

① 발전기에 다음 그림과 같이 단상부하가 걸렸다고 가정하면 각 상 코일에 흘릴 수 있는 최대전류는 한계가 있다.

② 왼쪽 그림의 경우는 이론상 전체 용량의 거의 1/3, 오른쪽 그림의 경우에는 2/3 정도의 용량밖에 사용할 수가 없게 된다.

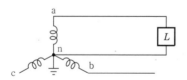 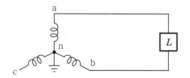

(2) 불평형 전류에 의한 영향

① 다음 그림에서와 같이 발전기의 3상에 부하가 모두 걸려 있는 경우에도 각 상에 걸린 단상부하의 크기가 서로 다른 경우에는 발전기에 불평형 전류가 흐르게 된다.

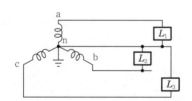 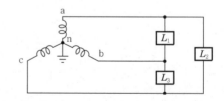

② 이러한 부하불평형이 생기면 발전기 고정자에 역상전류가 흐르고, 이 역상전류에 의해서 회전자 회전방향과 반대방향으로 동기속도로 회전하는 자계가 발생하여 회전자 표면에 계통주파수의 2배 주파수인 제동전류가 흐른다.

③ 이 전류는 회전자 치부의 표면과 Slot key를 흘러 코일 지지환을 통해 환류하고 회전자를 가열하여 발전기를 과열시키게 된다.

(3) 기계적 진동

발전기에 부하불평형이 걸리면 발전기 회전자가 회전하는 과정에서 부하가 많이 걸린 상의 자극 밑을 통과하는 순간에는 부하각이 증가했다가, 부하가 적게 걸린 상의 자극 밑을 통과하는 순간에는 부하각이 감소하게 되므로 회전자의 각속도가 일정하게 유지될 수 없어서 발전기에 기계적인 진동이 발생하게 된다.

비상발전기의 운영에 있어 단상과 3상의 부하불평형 정도에 대한 부하분담의 한도를 간단히 설명하시오.

부하분담의 한도는 다음과 같다.

(1) 단상부하만 사용시는 정격전류의 약 20[%] 이하일 것

(2) 3상의 각 상 전류가 다를 때는 그 최대와 최소의 비는 10 : 7~8로 할 것

(3) 부하불평형 설명

① 그림과 같이 $I_c = 1.0$[p.u]일 때, $I_a = I_b$이며, 단상전류는 정격전류의 20[%] 이하일 것

② 3상일 경우 $I_a > I_b > I_c$일 때, $I_a : I_b < 10 : 7~8$일 것

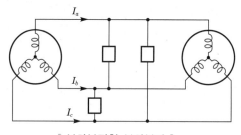

│ 부하불평형 부하분담 │

발전기 용량산정시 그 용량을 상향하여 결정하는 사유를 설명하시오.

1 발전기 용량산정시 고려할 사항

(1) 단상부하

(2) 감전압 기동전동기

(3) 정류기 부하

(4) E/V 부하

2 단상부하로 인한 발전기 용량상향

(1) 원인

교류 3상 발전기에 단상부하를 접속하면 $\sqrt{3}$ 배만큼 발전기 이용률이 낮아진다.

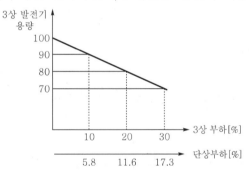

‖ 단상부하 접속시 용량 ‖

(2) 영향

① 전압불평형

② 파형의 찌그러짐(파형의 왜곡)

③ 이상진동 등으로 이용률이 저하되어 결국 발전기의 수명저하

(3) 대책

① 단상부하를 3상에 균등하게 접속할 것

② Scott결선변압기 사용 : 3상에서 2상으로 변환하기 위한 결선으로, 3상측 회로의 선로에 접속되는 권선의 다른 2상 권선에 접속되는 권선의 중간 지점에서 접속되어 양권선의 유기전압이 서로 직각위상으로 되는 것

179

③ 불평형률을 10[%] 이하로 억제할 것

④ 단상부하만 접속시 정격전류의 20[%] 이하일 것

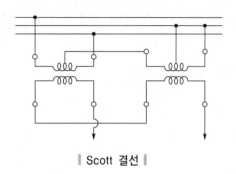

┃ Scott 결선 ┃

단상 변압기 2대를 3상의 전원에 접속하여 Scott 결선하면 3상을 단상으로 변환하여 부하에 공급할 수 있다.

③ 감전압 기동전동기로 인한 발전기 용량상향

(1) 원인

유도전동기를 전전압방식으로 발전기에 접속하면 기동돌입전류가 과대해져 발전기 용량을 상향시켜야 한다.

(2) 영향

기동돌입전류 및 기동토크 감소 → 순시전압강하 유발

(3) 대책

Y − △ 및 리액터 기동 등의 감전압방식을 채택하면 기동돌입전류가 감소된다.

(4) 주의사항

유도전동기를 일단 감전압상태에서 기동 이후 전전압으로 전환시 다음의 방식별로 시간설정을 검토한다.

① Y − △ 기동 : $t = 4 + 2\sqrt{P}$[sec]

② 리액터 기동 : $t = 2 + 4\sqrt{P}$[sec]

④ 고조파부하(정류기 부하)로 인한 발전기 용량상향

(1) 원인

VVVF, CVCF, UPS 등 Power electronics 기기 사용

(2) 영향

① 전동기 손실 및 온도증가

② AVR로 점호위상 제어시 동작불안정(여기서, 점호 : gate에 signal을 인가시키는 것)

(3) 대책

① 리액턴스가 적은 발전기 선정 또는 발전기 용량을 상향시킨다.

② 부하측에 정류상수를 많게 한다.

③ 수동필터, 능동필터를 설치한다.

④ 발전기 용량을 부하용량보다 2배 이상 크게 한다.

5 엘리베이터 부하가동에 따른 발전기 용량상향

(1) 허용순시전압강하가 0.2[p.u]로 억제되어 있다.

(2) 엘리베이터 모터의 기동역률을 0.4~0.8 정도로 한다.

(3) 엘리베이터 제동시 회생에너지가 발생하므로, 이 에너지를 흡수할 저항이 필요하다. 따라서 DBR(Dynamic Break Resister)을 설치해야 한다.

(4) 엘리베이터 모터는 제동시에 전력을 회생하므로, 엔진이 거기에 견디도록 한다.

6 디젤기관의 출력보정

(1) 고도에 의한 보정

설치장소의 고도가 해발 500[m]를 넘는 경우 1,000[m]마다 약 8[%] 정도의 출력이 감소된다.

(2) 주위 온도에 의한 보정

주위 온도가 40[℃]를 넘는 경우 40[℃]를 넘으면 10[℃]마다 약 1.25[%] 정도의 출력이 감소한다.

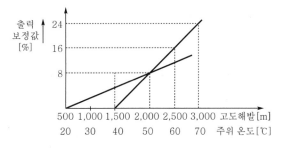

┃ 고도와 주위 온도에 따른 출력보정 ┃

문제 **03-1**

건축물에 설치되는 비상발전기의 선정시 저압과 고압에 대하여 장단점을 비교 설명하시오.

1 비상발전기 선정시 고려사항

(1) 건물의 용도, 비상부하의 종류, 비상부하설비의 용량, 발전기 형식, 발전기 전압

(2) 기본적 고려사항

　① 안전성

　　㉠ 인체에 대한 안전을 고려한 최선의 방식

　　㉡ 화재, 폭발 등에 있어 재산에 대한 안전성 보장

　② 신뢰성 : 무정전 또는 최소의 정전

　③ 경제성 : 적정한 수준의 균형일 것

(3) 건축적인 제반고려

(4) 환경적인 고려사항

(5) 전기적 고려사항

이들 중 전압에 대한 사항을 아래와 같이 기술한다.

2 비상발전기 출력전압 선정시 고려사항

(1) 비상발전기 출력전압

3상 380/220[V], 3상 3.3[kV], 6.6[kV]로 적용

(2) 상용전원과 발전전압과의 1차측의 변환

(3) 2차측의 회로구성

(4) 비용 및 경제성

비상발전기 2차측의 구성방법 및 운영에 다른 경제성 등

(5) 조작의 용이성

(6) 일반적으로 고·저압용의 경계는 200~300[kVA] 정도

3 비상부하의 종류

(1) 「건축법」상

방화셔터는 20분 이상, 비상용 엘리베이터는 2시간 이상 가동하는 것

(2) 「소방법」상

소화설비 및 소화활동설비(옥내소화전, SP, 비상콘센트, 유도등, 배연설비)에는 20분 이상, 경보설비(비상경보설비, 자동화재탐지설비)에는 60분 이상 감시 후 10분 경보, 무선통신보조설비는 30분 이상 가동할 것

(3) KSC IEC에서 정한 의료장소용

비상전원 절체시간	유지시간	요구실 또는 기기
0.5초 이하	3시간	수술실, 내시경, 필수조명
15초 이하	24시간	배연설비, 환자용 승강기, 호출시스템, 비상조명
15초 초과	24시간(권장)	소독기기, 냉각기기, 축전지, 폐기물 처리

(4) 고·저압 비상용 발전기의 장단점 비교

구 분	고압용	저압용
장점	• 손실은 전압의 2승에 반비례하므로, 전력손실이 경감한다. • 정격전압 상승으로 발전기의 효율도 상승한다. • 동일출력에서 출력전압이 상승하면 발전기의 크기가 감소되어, 설치면적이 축소된다. • 대용량의 비상부하에 적합하다. • 소음과 진동이 감소한다. • 권선의 굵기가 적어져 부피와 중량이 감소한다. • 고전압으로 차단전류가 적어 차단이 용이하다.	• 설비가 간단하다. • 부하설비 변동에도 대처가 용이하다. • 절연이 쉽고 절연파괴에서 상대적으로 안전하다. • 부분 방전, 열화가 적게 발생한다. • 가격이 저가이다. • 단자나 인출회로의 감전 우려가 낮다. • 계전방식이 용이하다.
단점	• 가격이 상승한다. • 고압으로서 차단기와 보호계전시스템 구성이 필요하고 복잡하다. • 비상시 저압에 비하여 위험하다 • 부분 방전, 열화가 쉽게 일어날 수 있다. • 단자나 인출회로에서 감전의 우려가 높다. • 계전방식이 복잡하다.	• 저압으로 차단전류가 크며, 차단이 어렵다. • 권선굵기가 굵어져 부피와 중량이 커진다. • 전력손실이 많다. • 소음과 진동이 크다. • 고압에 비하여 설치면적이 증가한다. • 배선 및 제어에 대한 동력설비의 경제성이 저하한다. • 대용량일 때는 차단기 선정에 제약이 있다.

(5) 비상용 발전기의 전원변환방식

① 고압회로에서 전원변환

㉠ 단모선식

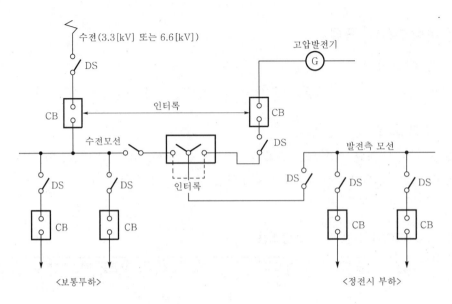

      ⓛ 2중 모선식

      ⓒ 쌍투개폐방식

      ⓔ 쌍투단로식

  ② 저압회로에서의 전원변환

      ⓖ 쌍투개폐기 방식

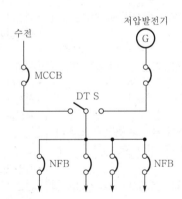

      ⓛ 쌍투전자개폐기 방식

  ③ 무정전 교환방식

      ⓖ 축전지를 병용, 전력변환기를 사용하여 정전시 부하에 연결

      ⓛ 엔진을 병용, 전력변환기를 사용하여 정전시 부하에 연결

문제 04

대용량 발전기의 보호방식에 대하여 기술하시오.

문제 04-1 **발전기에 설치된 다음 보호계전기의 보호목적과 정정방법에 대하여 기술하시오.**

1. 51R/Y
2. 46R/Y
3. 32R/Y
4. 81R/Y

1 발전기 고장의 종류 및 처리

(1) 고장의 종류

전기자 권선의 상간단락, 층간단락 및 지락, 전기자 권선의 과전류, 철심 또는 권선의 과열, 발전기의 Motoring, 계자상실, 과속도 및 부족속도, Bearing 과열, 단상 또는 불평형 운전, 과전압 및 부족전압, 동기탈조, 계자권선의 지락 등

(2) 처리

① 비상정지
  ㉠ 발전기의 전기적 사고로 계통측으로부터 유입되는 사고전류와 발전기 자체에서 발생하는 사고전류를 고속차단
  ㉡ 타기기측에서 피해가 있더라도 발전기를 정지시키는 것으로 차동보호계전기(내부 층간단락 및 상간단락보호) 및 발전기 회로지락계전기 동작

② 급정지
  ㉠ 발전기의 기계적 사고시 조치
  ㉡ 어느 정도의 순서에 따라 발전기를 정지시키는 것으로 과속도, Bearing 과열, 여자기 과전압, 조속기 구동장치의 고장, 유압저하 발생시에 의한 것

③ 무부하, 무여자 정지
  ㉠ 외부사고시의 발전기 보호
  ㉡ 모든 보호기기를 순서에 의하여 조작 후 발전기를 정지하는 것으로 과전압, 과전류, 변압기 내부고장 및 부족여자 검출에 의한 것

④ 경보
  ㉠ 경미한 사고로서 운전원의 진단으로 조치
  ㉡ Bearing 온도상승, 유면, 유압저하, 냉각수 단수, 수위저하, 수소가스 순도저하, 제어전원 부족전압일 경우 동작

(3) Unit식 화력발전소를 예로 한 단선결선도

Unit식은 발전기와 M.Tr 및 소내 보조변압기 사이에는 차단기가 없는 방식이다.

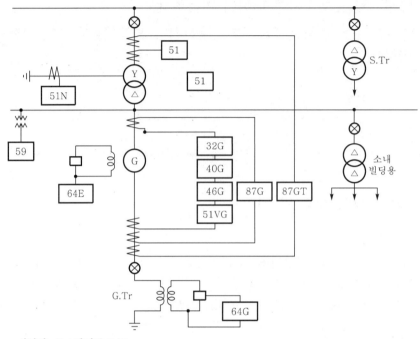

여기서, 51 : 과전류 R/Y

87G, 87T : M.Tr 및 발전기 전체의 비율차동(지락, 단락보호)

59 : 과전압계전기로 페란티현상의 이상전압방지

64E : 계자접지 R/Y(경보음), 40G : 계자상실 보호계전기

46G : 역상전류계전기, 32G : 역전력, 모터링 보호

64G : 지락과전압 RY, 51VG : 전압억제부 과전류계전기

2 발전기 전기자 권선의 보호

COMMENT 63회에 발전기의 전기자 권선의 단락보호와 지락보호에 대한 문제출제

(1) 단락보호(87G : 비율차동계전기)

① 비율차동 R/Y의 동작비율은 10[%] 이하, 2[MVA] 이상, 용량에는 고속도형(동작시간 2[Hz] 이내) 사용(동작시간 : 고속도 5~100[ms])

② 동작원리 : 차동전류회로 내에 유입하는 동작전류, 억제전류의 비율에 의해 동작

③ 접속시 유의사항

ㄱ 사용되는 CT의 과정류정수는 발전기 단락전류 이상일 것

ㄴ 양쪽 CT의 부담을 되도록 적게 함과 동시에 같게 할 것

ㄷ CT 2차측의 중성점은 계전기 설치 배전반 접속점에서 접지할 것

ⓔ 전기자 권선 양단의 CT는 동일 규격, 특성을 선택

ⓜ 고속도형 비율차동계전기(동작시간 2[Hz])에는 전용 CT사용

④ **최소동작전류** : 0.25[A] 이하(CT 1차 정격전류의 4~8[%])

⑤ **층간단락 보호에도** 87G(비율차동계전기)를 사용

⑥ **동작비율** : 5~10[%]

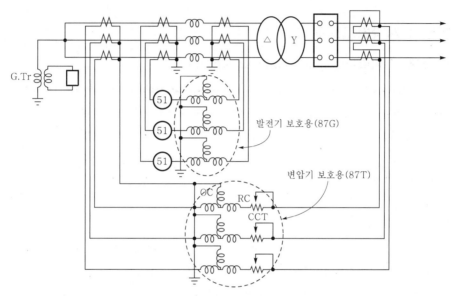

‖ 대형 발전기의 단락보호용 87R/Y결선도 ‖

(2) 전기자 권선 지락보호

① 전기자 권선에 지락사고 발생시 지락전류의 크기는 발전기의 중성점 접지방식에 의해 결정된다.

② 비단위식 발전기 전기자 지락보호 : 고저항접지방식을 적용한다. 발전기의 중성점을 지락전류 100[A] 전·후로 제한하는 저항기가 있어 영상전류에 의한 비율차동계전 방식이며, 고감도 지락보호용이다. 이때 CT회로는 3차 영상분로를 적용하고, 2차 잔류회로를 사용한다.

$$\text{저항기 } R = \frac{E}{\sqrt{3} \times 100} [\Omega]$$

③ **단위식 발전기 전기자 지락보호(64G)**

ⓗ 동작원리 : 접지용 변압기 2차측 저항과 병렬로 지락 과전압계전기(OVGR)를 설치하여 지락을 검출한다.

ⓛ 특성 : 보호감도 90~95[%], 필터설치로 고조파전압에 대한 계전기 오동작을 방지하고 변압기 2차측에 OVGR을 연결한다.

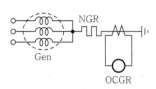

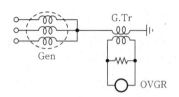

| ┃ 저항접지식(비단위식에 적용) ┃ | ┃ 변압기 접지식(단위식에 적용) ┃ |

3 발전기 계자회로보호

(1) 계자회로의 지락보호(64E : 계자지락계전기)

계자회로는 비접지방식으로 1개 요소만 지락이면 운전에는 지장이 없으나, 방치시는 과도적인 대지전위 상승으로 2점 지락으로 발전되어 큰 사고로 진행된다.

① Bridge식 : R_1과 R_2는 같고, 배리스터를 저항 한 편에 넣으면 지락지점에 따라 배리스터에 걸리는 전압이 달라지고, 배리스터 저항치도 달라지므로 보호맹점을 최소한으로 줄일 수 있다.

② 직류중첩식

　㉠ 계자회로와 대지 간에 직류전압은 OCR(X_1)을 통하여 인가된다.

　㉡ 계자회로 1점 지락시 인가된 직류전압과 계자권선의 연결점에서 고장점까지의 계자회로전압에 의해 OCR에는 한 전류가 통전되어 OCR 동작(계자회로에 1선 지락 발생시 계전기 X_1에 흘러 전압이 중첩되어 계전기가 동작)된다.

　㉢ 100[%] 지락검출이 가능하다.

　㉣ 대용량 발전기에서 주로 적용된다.

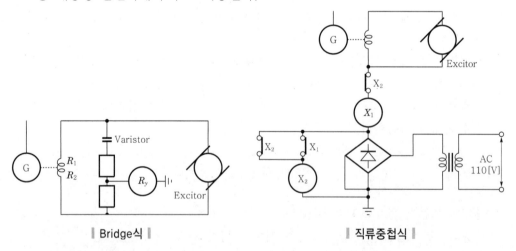

| ┃ Bridge식 ┃ | ┃ 직류중첩식 ┃ |

(2) 계자상실보호(40G) : Off-set mho형 거리계전기를 사용한다.

① 계자상실원인 : 계자단락, 브러시 접촉불량, AVR 고장 등

② 동작원리 : 발전기 전기자에서 계자상실시 임피던스 궤적이 $\frac{1}{2}X_d$와 X_d 간에 이동되는 것에 착안한다.

③ 발전기가 계자상실시 계통에서 무효전력을 유입하여 유도발전기가 되며, 동기속도 이상으로 회전($N = N_s(1+s)$)하여 회전자 간에는 큰 유도전류가 흘러서, 회전자 철심은 급속히 과열되고 그 단부는 2분 정도면 위험상태에까지 온도가 상승 → 발전기 속도증가 → 동기탈조 → 계통에 동요한다.

④ 사용 계전기의 동작원리

계자상실이 아닌 탈조 때 오동작하지 않도록 $\frac{1}{2}X_d$ 이상으로 계전기의 동작 임피던스를 Off-set시킨 Off-set mho형 거리계전기를 한시요소로 이용한다.

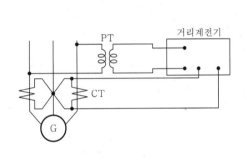

┃ Off-set mho형 거리계전기 ┃

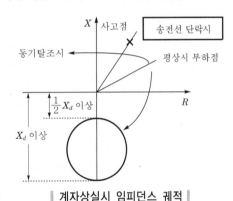

┃ 계자상실시 임피던스 궤적 ┃

4 단락후비보호(51VG : 전압억제부 OCR)

고정자 권선의 과부하 보호이기도 하다.

(1) 보호목적

모선, T/L 등 외부 단락사고시 외부사고가 조속히 제거되지 않으면 동작하여, 단락후비 및 과부하 보호

(2) 정정법

① 동작정정은 정격전류의 150[%], 전압억제부인 경우는 전압 80[%] 정정
② 한시정정은 전위보호계전기(부하측 차단기의 트립용 계전기)와 협조(0.4~0.5초)

(3) 최근 경향

최근의 터빈발전기는 단락비가 적고, 단락전류도 적어 단순한 OCR로는 정격전류와 구별이 안되므로 단락사고시 전압이 저하되는 것을 이용하여 거리계전기와 한시계전기에 의해 발전기를 트립함과 동시에 터빈도 트립시킨다.

5 불평형 전류에 대한 보호(46G : 역상계전기, 즉 역상과전류 보호)

(1) 보호목적(또는 영향)

발전기가 동기속도로 운전 중 불평형 고장시 고장전류 중의 역상전류에 의한 계통주파수의 2배에 달하는 유도전류가 회전자 철심에 유기됨에 따라 회전자의 급속가열을 방지하기 위함이다.

(2) 불평형 전류의 발생원인

① 불평형 고장(단선사고, 차단기의 결상개방을 포함)
② 불평형 부하 : 단상 전철부하, 유도로, 단상 재폐로방식 적용
③ 계통임피던스의 불안정, 송전선로 연가미흡, 동작치 정정
　㉠ 차단용으로 경보요소가 없는 것 : 연속 허용역상전류(I_2) 이하
　㉡ 차단용으로 경보요소가 있는 것 : 차단요소는 정격부하 운전시 계전기 전류의 60[%]에 해당하는 역상전류, 경보요소는 연속 허용역상전류(I_2)의 100[%] 이하

(3) 한시정정은 경보용은 5~10[sec], 차단용은 발전기 종류 및 냉각방식에 따른 K값이 $I_2^2 \times K = t$로 결정되는 시한보다 작은 값을 말한다.

(4) 불평형 전류의 허용한도

불평형 전류의 단시간 허용한도는 다음 식에 의한다.

$$\int_0^t i_2^2\, dt = I_2^2 \cdot t = K$$

여기서 i_2 : 단위법으로 표시된 역상전류의 순시값
I_2 : 시간 t 동안 I_2의 평균값, K : 발전기 모터의 허용한도

(5) 적용되는 보호계전기

역상 과전류계전기, 반한시요소 등

(6) 역상계전기의 특성

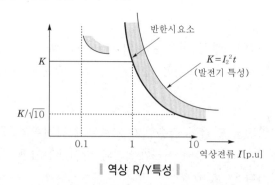

| 역상 R/Y특성 |

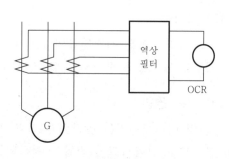

| 역상과전류 보호 |

(7) **기타** : 불평형 보호는 화력발전소에서 더욱 필요하다.

6 모터링 보호(역전력 보호 : 32G 또는 67G)

정한시형 유효전력계전기로 보호한다.

(1) 보호목적

터빈의 공회전 방지목적, 발전기가 원동기의 입력상실시 발전기는 계통에서 전력을 받아 동기전동기로 회전하는 것을 방지한다.

(2) 정정법

① 동작치 정정 : 발전기와 터빈이 동기속도로 모터링되는 데 필요한 전력의 5[%] 이하
② 한시정정 : 발전기의 동기투입시나 계통동요시 일시적인 전력발전으로 오동작되지 않도록 정정(반적으로 10초)

(3) 현상 : 수차의 캐비테이션, 터빈날개의 과열

(4) 발전기가 동기속도로 모터링되는 역전력을 발전기의 정격출력[%]으로 나타낸 값

① 가스터빈 : 5~20[%] 이하
② 디젤엔진 : 25[%] 이하
③ 수력터빈 : 0.2~2[%] 이하
④ 복수터빈 : 3[%] 이하

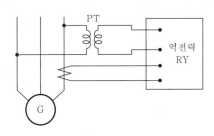

| 모터링 보호 |

7 과전압에 대한 보호(59)

(1) 자기여자 등으로 이상전압 상승이 생기는 경우는 발전기 단자에 설치한 PT와 OVR(59)을 사용해서 보호, 이 경우 PT는 별도 설치(즉, AVR용 PT와는 별도로 PT 설치)

(2) **OVR 동작정정치** : 정격전압의 120~130[%]로, 저속도로 하고 OVR(반한시형) 사용

8 저주파수 보호(95)

(1) 주파수 저하원인 : 계통분리, 발전기 탈락

(2) 저주파수의 영향 : 저압터빈 종단날개의 진동증가로 피로균열

(3) 사용 계전기 : 저주파수계전기(UFR)를 사용하여 계통주파수 저하시 부하차단을 6단계(58.8
~57.8[Hz])로 시행하며, 발전기 보호용은 57.8[Hz] 이하에서 동작

9 계자의 과여자 보호(V/F 계전기)

(1) 특성

① 자기회로 내에서 자속은 전압에 비례하고 주파수와는 반비례하므로 전압이 증가하거
나 주파수가 감소하면 과여자상태가 되는데, 과다한 자속이 철심을 포화시키고 주변
으로 누설되어 철심과 주변의 도체에 강한 와류손을 일으켜 가열의 원인이 된다.
② 과여자 보호는 V/F 계전기를 적용, 보호범위는 발전기 정격전압을 기준으로 110[%V/Hz]
이상으로 하고 한시요소는 2~5초로 설정한다.

(2) 과여자의 원인

① Gen prewarming 운전을 위하여 정격속도 이하에서 수통로는 AVR을 정격전압으
로 Setting하여 운전할 경우
② AVR 운전 또는 계자조정상태에서 부하가 탈락
③ AVR 운전상태에서 Shutdown을 위하여 저속운전할 경우
④ AVR용 PT 퓨즈사고 및 AVR 오동작
⑤ 계통주파수 저하

10 과속도 보호

(1) 수차발전기의 적용 : 정격회전 수 110[%] 이상시 동작하도록 12R/Y 정정

(2) 화력발전기의 적용 : 정격회전 수 130[%] 이상시 동작하도록 12R/Y 정정

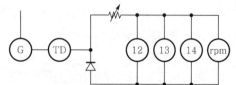

여기서, 12 : 과속도 보호 Relay
　　　　13 : 동기검정 Relay → 동기속도 보호(동기속도 95[%]
　　　　　　　이상시 동작)
　　　　14 : 저속도 Relay → 정지명령(수차)(동기속도 30[%]
　　　　　　　이상시 동작)
　　　　TD : Tachometer Dynamo

11 이상전압에 대한 보호

(1) SA(서지흡수기), 정전콘덴서 등을 발전기 단자 또는 모선에 설치

(2) 발전기가 변압기를 통하지 않고 직접 계통에 접속시는 가공지선 설치로 뇌격보호

(3) 침입한 이상전압에 대한 발전기 보호 : 모선에 피뢰기 설치

12 베어링 보호(베어링 과열은 38 → 온도계전기 적용)

(1) 베어링 과열 : 베어링 또는 온도경보장치, 베어링 최고온도점에 온도계의 측정요소가 삽입되어 베어링이 위험속도에 달하면 온도계의 접점을 달아 경보를 울린다.

(2) 베어링 냉각수 단수 및 윤활유 단유 : 경보장치를 이용한다.

(3) 저속도에서의 유막의 불평형 : 발전기에 제동기를 사용한다.

13 기타 보호장치

(1) 과열보호 : 온도계전기(49), 또한 정지기인 변압기의 과열보호는 26 사용

(2) 속도보호 : 12R/Y → 과속도 보호

   13R/Y → 동기속도 보호
   14R/Y → 저속도 보호

(3) 부족전압 : 27RY → UVR

(4) 조속기 관련

   ① 81F : 전기조속기의 보호계전기
   ② 81G : 조속기 구동용 발전기
   ③ 81M : 조속기 구동용 전동기

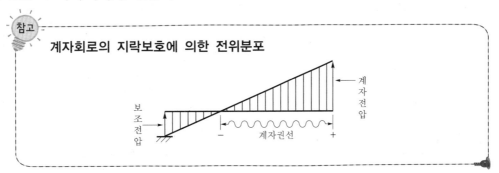

참고

계자회로의 지락보호에 의한 전위분포

비상저압발전기가 설치된 수용가에 발전기 부하측 지락이나 누전을 대비하여 지락 과전류계전기(OCGR)를 설치하는 경우가 있다. 이때, 불필요한 OCGR 동작을 예방할 수 있는 방안에 대하여 설명하시오.

1 개 요

(1) 최근 건축물이 대형화, 초고층화, 최첨단화로 설비용량의 증대는 물론 정보통신기기로 인하여 전력품질(특히 고조파로 인한 OCGR 동작)과 전기설비의 신뢰성이 요구되고 있다.

(2) 또한, 전력계통에 누설전류가 날로 증가하고 있어서 화재 및 감전사고 등의 안정성을 저해하는 것은 물론이고 비상발전기의 지락 과전류계전기의 오동작 발생으로 인하여 큰 문제로 발전할 수가 있어서 이에 대한 대책수립이 필요하다.

2 비상발전기 OCGR 오동작의 원인

(1) 누설전류의 발생

① 중성점을 접지하여 사용하므로 누설전류가 접지선로를 통하여 대지로 흐르게 된다.
② 불필요한 누설전류는 감전사고, 화재 및 폭발은 물론 전력손실이 되고, 경제적으로도 문제이므로 이에 대한 대책이 필요하다.
③ 누설전류의 위험성의 또 하나는 누설전류로 인한 비상발전기의 중지이다.
④ 국내에서의 대부분이 ACB에 내장된 OCGR을 이용하여 지락차단을 하도록 되어 있다.

(2) OCGR 오동작의 원인

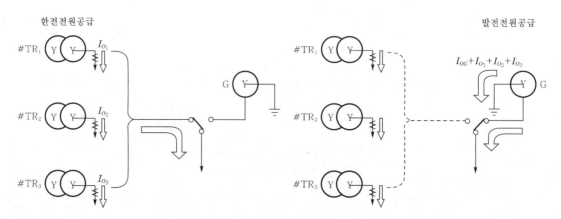

위 그림의 #TR1의 누설전류가 10[A]이고 #TR3의 누설전류가 15[A]인 경우 정상적으로 운전하고 있다가 비상시 발전기로 #TR1, #TR3의 부하를 공급한다면 영상전류 크기는 다음과 같다.

$$I_{OG} = I_{O_1} + I_{O_2} + I_{O_3} = 10 + 15 = 25[A]$$

누설전류가 25[A]이므로 발전기의 ACB에 내장된 OCGR을 20[A]에 동작하도록 되어 있다면 OCGR이 작동하여 ACB가 차단됨으로 발전기가 없는 것과 같다.

❸ 배전선로의 OCGR 오동작 원인

다수의 배전선로 부하로부터 고조파가 유입되고 또 3상 4선식 부하의 불평형으로 인한 중성선 전류와 부하측에서 발생한 고조파가 전원측으로 유입됨에 따른 영상고조파와 Vector적 합성으로 한전용 변전소의 해당 D/L에 설치된 유도원판형 계전기의 오동작 원인이 발생된 경험이 있다.

❹ OCGR 동작의 방지대책

실제 사고의 원인으로 부터 누설전류의 변화를 인지하지 못하여 사고가 발생될 수 있다는 것을 알 수 있다. 사고의 원인을 방지할 수 있는 시스템이 갖추어지지 않은 것이 현실이다. 따라서, 누설전류의 변화를 상시감시하여 사전에 사고를 방지할 수 있는 방안이 필요하다.

(1) 변압기 누설전류 통합감시장치 설치

변압기 누설전류 통합감시장치는 변압기 전체의 누설전류를 실시간으로 모니터링하여 누설전류의 변동을 확인하고 사고 전에 조치가 가능하다. 한 대 이상의 변압기에 설치시 누설전류 합계를 나타낼 수 있다(30[mA]~30[A] 검출가능).

(2) 변압기 누설전류 통합감시장치의 구성

변압기 누설전류 통합감시장치는 누설전류를 검출하는 검출부와 지정값 이상의 누설전류가 검출되면 관리자에게 경보해주는 경보부와 수신부로 구성되어 있다.

(3) 변압기 누설전류 통합감시장치 설정

누설전류의 크기에 따라 맞춰서 설정해주어야 한다.

(4) 한전변전소용 계전기의 디지털화

필터기능을 구비시켜 고조파로 인한 OCGR 오동작 방지용 디지털계전기를 적용한다.

디젤기관의 연료소비량에 대하여 기술하시오.

디젤기관의 연료소비량 공식은 다음과 같다.

$$Q = \frac{[kVA] \times \cos\theta}{0.736 \times \eta_G} \times \frac{b}{1,000} [kg/h]$$

여기서, [kVA] : 발전기의 정격출력

$\cos\theta$: 발전기의 역률

η_G : 발전기의 효율

b : 연료소비율(190~165[g/ps · h])

기관의 연료소비=0.4×발전기 출력[kW]

용량이 1,000[kVA]인 발전기를 역률 0.8로 운전할 때의 연료소비량을 구하시오. (단, 발전기 효율은 0.93, 연료소비율은 175[g/ps·h]라 한다)

1 디젤기관의 연료소비량 공식

$$Q = \frac{[kVA] \times \cos\theta}{0.736 \times \eta_G} \times \frac{b}{1,000} [kg/h]$$

2 수치계산

$$Q = \frac{1,000[kVA]}{0.736 \times 0.93} \times \frac{175}{1,000} = 204[kg/h]$$

연료의 비중 0.92를 고려한 매시간 연료의 소비량은 다음과 같다.

$$Q = \frac{204}{0.92} = 222([l/h]가 \ 필요)$$

문제 **07**

용량 1,000[kVA], **역률** 0.8일 **때 연료소비량**[l/h]**을 구하시오. (단, 효율** 0.93, **엔진 연료소비율** 180[g/ps · h], **연료비중은** 0.92)

1 엔진출력

$$\frac{발전기\ 용량 \times \cos\theta}{발전기\ 효율 \times 0.736}[ps] = \frac{1,000 \times 0.8}{0.93 \times 0.736} = 1,168.77[ps]$$

2 엔진소비량

$$엔진출력[ps] \times 연료소비율[g/ps \cdot h] = 1,168.77 \times \frac{180}{1,000} = 210.387[kg/h]$$

3 연료소비량

$$엔진소비량 \div 연료비중 = \frac{210.38}{0.92} = 228.7[l/h]$$

문제 **08**

건축물 내에 설치되는 비상발전기실(디젤엔진, 공랭식) 설계시 고려사항을 설명하시오.

문제 **08-1** 발전기실을 설계할 때 건축적 · 환경적 및 전기적(발전기실의 면적, 높이, 기초 등 포함) 고려사항을 기술하시오.

1 개 요

(1) 공장이나 빌딩 내의 전기설비는 그 공장 또는 건물의 생산성, 안전성, 보안성 측면에서 매우 중요한 기능을 가지고 있다. 만일 전력회사로부터 공급받는 상용전원이 정전되는 경우, 공장의 경우는 치명적인 경제적 손실을 초래할 수 있다.

(2) 일반건물의 경우에도 엘리베이터, 조명, 급배수 펌프, HVAC 등의 돌발적인 정지로 인해서 큰 재해를 일으킬 수 있다.

(3) 더욱이 병원의 수술실에서 중환자 수술을 하는 도중 정전이 된다면 이는 환자의 생명과 직결되는 일이다.

(4) 이러한 재난이나 위험을 방지하기 위해서 정전시에도 디젤엔진, 가솔린엔진, 가스터빈엔진 등을 원동기로 하여 구동되는 발전기를 가동시켜 기능상 필요한 최소한의 전력을 공급하는 것이 비상발전설비이다.

(5) 발전기는 사용목적에 따라 상용발전기와 비상용 발전기로 구분되며, 원동기에 따라 크게 디젤발전기와 터빈발전기로 분류된다. 여기서는 빌딩 내 일반적으로 많이 사용하는 디젤엔진의 비상용 발전기실의 설계시 고려하여야 할 사항에 대하여 살펴보기로 한다.

(6) 위의 개념으로 발전기실에 대한 전기적(발전기실의 면적, 높이, 기초 등 포함), 건축적, 환경적 사항에 대하여 다음과 같이 기술한다.

2 발전기실의 위치선정시 고려사항

(1) 연료 및 냉각수 공급이 용이할 것
(2) 기기의 반 · 출입 및 운전보수가 편리할 것
(3) 고온다습하지 않고 실내 환기가 충분할 것
(4) 소음, 진동이 다른 곳에 영향을 주지 않을 것

(5) 변전실과 평면적, 입체적으로 충분히 검토

(6) 부하중심이 되며 전기실에 가까울 것

(7) 급기 및 배기가 용이할 것

(8) 건축물 옥상시설을 피하고, 기타 관계법규에 충족할 것

3 비상발전기실 설치에 대한 전기적 고려사항(전기적 고려사항 및 발전기실의 면적, 높이, 기초)

(1) 넓이 및 높이와 기기배치 공간(즉, 발전기실의 크기)

발전기실의 크기는 설치하는 원동기 종류, 회전수, 실린더 수, 실린더 배열, 시동방식에 따라 기기배치가 다르며 크기도 달라진다.

① 넓이(S) : 일상적인 보수, 점검 및 정기정비시 작업가능 넓이

$S > 2\sqrt{P(\text{원동기 출력})}[\text{ps}]$ 또는 $S > 1.7\sqrt{P(\text{원동기 출력})}[\text{ps}][\text{m}^2]$

권장치 넓이는 $S \geq 3\sqrt{\text{원동기 출력}[\text{ps}]}[\text{m}^2])$

여기서, S : 발전기실의 소요면적$[\text{m}^2]$

P : 원동기의 마력수$[\text{ps}]$

② 높이(H)

㉠ 실린더의 해체 및 조립이 필요한 높이로, 천정에 Overhead crane 등을 설치해야 하므로 층고가 5[m] 정도는 되어야 한다.

㉡ 혹은 $H = (8 \sim 17)D + (4 \sim 8)D$

여기서, D : 실린더 지름[mm]

$(8 \sim 17)D$: 실린더 상부까지의 엔진높이(속도에 따라 결정)

$(4 \sim 8)D$: 실린더 해체에 필요한 높이(체인블록의 유무에 따라 결정되며, 체인 블록이 없으면 $4D$ 정도)

③ 발전기실 기기배치 공간

㉠ 엔진발전기 주위 : 0.8~1.0[m] 이상

㉡ 배전반 및 축전지설비 전면 : 1.0[m] 이상

㉢ 가로, 세로의 관계 : 1 : 1.5~1 : 2 이상

(2) 발전기실의 기초

① 기초의 주요 기능

㉠ 발전기와 그 부속장비의 조립상태를 유지한다.

㉡ 외부의 진동으로부터 발전기를 보호한다.

② 기초의 설계(디젤엔진의 경우)

㉠ 방진장치가 없는 기초

$$W = 0.2w\sqrt{N}\,[\text{ton}]$$

여기서 W : 발전기 기초의 중량[ton]

w : 발전기 설비의 총중량[ton]

N : 발전기 엔진의 회전수[rpm]

- 대지의 내력이 발전장치의 중량과 기초중량에 충분한가를 검토한다.
- 기초길이 및 폭은 발전기보다 30[cm] 이상 커야 한다.
- 기초의 깊이

$$깊이[\text{m}] = \frac{W}{2,402.8 \times B \times L}$$

여기서, W : 발전기 총중량[kg]

2,402.8 : 콘크리트 밀도[kg/m^3]

B : 기초의 폭[m]

L : 기초의 길이[m]

ⓛ 방진장치를 부착한 경우의 기초

$$W = aw$$

여기서, a : 방진계수(0.3~0.4), w : 장치중량[ton]

- 콘크리트 기초깊이는 적정하중에 견뎌야 한다.
- 시동, 정지시 이상진동이 발생(1~2초간)하므로 발전기와 외부설비 연결점은 플렉시블 커플링으로 연결한다.

ⓒ 콘크리트 배합비율

시멘트 : 모래 : 자갈=1 : 2 : 4, 압축강도가 270[kg/cm^2] 이상일 것

(3) 비상용 발전기의 전기적 고려사항

① 발전기 용량

ⓐ 정전시 발전기가 전력을 공급해야 할 모든 부하를 검토한다. 「소방법」 및 「건축법」에 의해서 요구되는 각종 비상용 전원과 산업현장 부하의 출력과 그 효율을 고려한다.

$$PG_1 = \frac{\sum P_L}{\eta_L \times \cos\theta} \times \alpha\,[\text{kVA}]$$

여기서, PG_1 : 정상운전상태에서 부하의 설비기동에 필요한 발전기 용량

$\sum P_L$: 부하의 출력합계[kW]

η_L : 부하의 종합효율(분명하지 않을 경우 0.85)

$\cos\theta$: 부하의 종합효율(분명하지 않을 경우 0.8)

α : 부하율과 수용률을 고려한 계수(분명하지 않을 경우 1.0)

ⓛ 부하의 특성에 따라 $PG_2 \sim PG_4$를 면밀히 고려한다.

② 발전기 대수

ㄱ 1대로 단독운전을 할 것인지, 2대 이상으로 병렬운전을 할 것인지를 결정한다.

ⓛ 병렬운전시에는 각 발전기의 전압 및 주파수가 같아야 함은 물론이고, 동기투입 장치가 있어야 한다.

③ 회전 수

ㄱ 고속형(1,200[rpm] 이상)은 체적이 적고, 설치면적이 작아서 경제적이지만 소음 및 진동이 크고, 수명이 짧다.

ⓛ 저속형(900[rpm] 이하)은 전압안정도가 좋고, 소음 및 진동이 작고, 수명이 긴 장점이 있으나 고가이다.

ⓒ 고속기는 소용량·고압에 유리하고, 저속기는 장기운전·저전압에 유리하다.

④ 기동방식 및 기동에 요하는 시간

ㄱ 기동에는 보통 전기식과 압축공기식의 두 가지가 사용되는데, 전기식은 고속의 예열식에, 압축공기식은 중고속의 직접 분사식에 많이 적용된다.

ⓛ 기동시간은 일반적으로 10초 이내로 하고 있다.

⑤ 열효율 및 연료소비량

ㄱ 열효율이 높아서 같은 출력이라도 연료소비량이 적은 것을 선정한다.

ⓛ 열효율은 다음 식으로 계산한다.

$$\text{열효율 } \eta = \frac{860 P_G}{BH} \times 100[\%] = \text{보일러 효율} \times \text{터빈효율}$$

여기서, P_G : 발전기 출력전력량[kWh]
B : 연료의 소비량[kg/h]
H : 연료의 발열량[kcal/kg]

⑥ 냉각방식

ㄱ 디젤엔진의 경우 냉각방식은 수랭식으로 단순순환식, 냉각탑 순환식, 방류식 및 라디에이터식 등이 있다.

ⓛ 라디에이터식은 소용량기에 사용되고, 대용량기가 되면 냉각탑 순환식을 쓰며, 냉각수의 다량보급이 가능한 경우는 방류식을 사용한다.

4 발전기실의 건축적 고려사항(발전기실의 구조 및 규제사항)

(1) 침수 또는 침투할 염려가 없는 구조이어야 한다.

(2) 가연성, 부식성의 증기 또는 가스발생 염려가 없어야 한다.

(3) 불연재료로 구획되며 갑·을종방화문을 설치하여야 한다.

(4) 옥외로 통하는 환기통구가 있어야 한다(즉, 환기가 잘 되는 장소).

(5) 점검, 조작에 필요한 조명설비를 가져야 한다.

(6) 방진을 위한 조치 및 내진대책을 고려한다.

(7) 바닥의 기초는 엔진의 진동에 충분히 견딜 수 있어야 한다.

(8) 발전기실은 중량물의 운반, 설치, 유지보수가 용이한 구조이어야 한다.

(9) 천장높이는 Overhead crane의 설치와 배기기의 설치높이 등을 고려하여 충분한 높이를 확보한다.

(10) 출입구 및 통로는 기기의 반·출입에 지장이 없어야 한다.

(11) 연료 및 냉각수 배관을 고려한다.

5 발전기실의 환경대책

(1) 소음대책

① 배기소음 : 소음기 설치(터빈의 경우에는 고온발생으로 단열대책 강구)
② 엔진소음 : 방음커버 설치, 벽에 흡음판 설치, 지하실 이용, 저속회전기 채택
③ 방음벽을 설치, 배기관은 주위에 소음공해를 일으키지 않는 위치에 설치

(2) 방진대책

① 방진고무 : 진동이 심하지 않은 곳
② 방진스프링 : 방진효과 우수
③ 엔진·발전기의 기초는 건물기초와 관계없는 장소를 택하고, 공통대판과 엔진 사이에는 고무 또는 스프링으로 제작된 진동흡수장치(vibration absorber)를 설치하여 진동이 건물의 다른 부분으로 전달되지 않도록 한다.

(3) 대기오염 방지대책

① 유황산화물(SO_x) : 저유황 사용, 탈류장치 설치
② 질소산화물(NO_x) : 기기 연소시스템 개량, 탈질장치 설치, 연료예열

(4) 기름의 누출에 의한 수질 및 지질오염에 대한 대책

기름의 누출은 저장탱크, 급유탱크, 엔진 사이를 연결하는 배관과 밸브, 드레인 등에서 주로 발생하므로 배관시공을 철저히 하고, 발전기실의 바닥을 기름이 침윤되지 않는 재료로 하며, 누유피트를 만들어 만일의 경우에 대비한다.

6 부속기기의 위치

(1) 배전반은 발전기 단자측에 가깝고 엔진의 운전측으로부터 배전반의 계기들을 모두 볼 수 있는 위치에 설치하고 주위에 보수점검을 위해 필요한 공간을 확보한다.

(2) 공기압축기는 공기탱크 부근에 설치하고 분해조립을 할 수 있는 스페이스를 확보한다.

(3) 연료탱크의 밑면은 연료펌프로부터 1[m] 이상 높게 설치한다.

(4) 소음기를 천장에 매다는 경우는 천장과 소음기 사이에 방열장치를 해야 한다.

(5) 고층건물의 경우 배기관은 일반보일러용 연도에 연결하는 경우와 배기관을 옥상까지 연장시키는 경우가 있는데, 배압을 고려하여 관경을 정해야 한다.

(6) 환기장치를 천장 가까이 설치하고, 그 반대쪽 바닥 가까이에 흡기구를 설치한다.

(7) 냉각수 탱크는 엔진의 펌프측에 설치한다.

비상발전기 환기량 산출방법 중 디젤엔진에 대해 설명하시오.

1 개 요

발전기실에는 발전기에서의 연소에 필요한 공기량과 발전기의 열손실에 의해서 실내의 온도상승을 억제하기 위해서 필요한 공기량의 두 가지 측면에서 계산하여 이 둘을 합한 것만큼의 환기량이 필요하다.

2 환기량 계산방법

(1) 연소에 필요한 공기량

$$V_1 = \frac{14 \times b\varepsilon P \times 10^{-3}}{60\rho}[\text{m}^3/\text{min}]$$

여기서, b : 연료소비율[g/ps · h]
ε : 공기과잉률(약 2 정도)
P : 디젤기관의 출력[ps]
ρ : 공기밀도[kg/m³], 30[℃], 760[mmHg]에서 $\rho = 1.165$[kg/m³]

(2) 실내의 온도상승을 억제하기 위해서 필요한 공기량

$$V_2 = \frac{fHP_e b \times 10^{-3} + P_g \left(\frac{1}{\eta} - 1 \right) \times 860}{60(t_2 - t_1)c \cdot \rho}[\text{m}^3/\text{min}]$$

여기서, f : 엔진의 열방산손실률(라디에이터식은 0.35, 그 이외는 0.03)
H : 연료의 총발열량[kcal/kg]
P_e : 디젤엔진의 출력[ps], P_g : 발전기 용량[kW]
b : 연료소비율[g/ps · h]
η : 발전기 효율
t_1 : 실내 급기온도, t_2 : 온도상승 한도(일반적으로 40[℃])
c : 공기의 정압비율[kcal/kg · ℃], 30[℃], 760[mmHg]에서 0.241
ρ : 공기밀도[kg/m³]

(3) 총환기량

$$V = V_1 + V_2[\text{m}^3/\text{min}]$$

문제 08-3

발전기 시동방식에서 전기식과 공기식에 대하여 특성, 시설, 관리 및 장단점을 비교 설명하시오.

1 개 요

일반건축물의 예비전원용으로는 규모가 작은 곳에는 축전지설비에 의하여 어느 정도의 시간은 대체가 되지만 대용량, 장시간 부하에 대해서는 디젤기관에 의해서 구동되는 3상 교류발전기를 많이 사용하고 있다.

2 발전설비의 분류

(1) 사용목적에 따른 분류

① 상용발전기 : 전력회사에서 전력공급을 받을 수 없는 장소(도서, 산간벽지)에 설치하는 것과 여름철 일시적으로 최대수요전력이 증가할 우려가 있을 때, Peak-cut용으로 사용하는 것이 있다.

② 비상용 발전기 : 각종 건축물에서 상용전력의 공급이 정지되었을 경우 여러 시설물 보안 또는 비상동력의 공급원으로 사용하는 발전기이다.

③ CO-generation 발전기 : 폐열회수가 가능한 발전장치를 갖추고 있으며, 발전기를 가동시켜 전력을 이용하고 이에 발생되는 열원을 폐열에서 회수하는 발전방식이다.

(2) 설치방법에 의한 분류

① 고정식 : 발전기 실내에 일정한 기초 위에 디젤발전장치의 구성을 배치한 것으로 중규모 이상의 발전장치가 이에 속하며, 빌딩이나 공장 등에서 비상 및 보완용 전원으로 많이 사용되고 있다.

② 이동식 : 토목·건축도로공사, 방송중계차 등의 임시전력이 필요 장소의 경우 차량용 또는 차량 탑재형 산업기계용으로 공랭식을 이용한 발전기이다.

(3) 시동방식에 의한 분류

① 공기식 : 공기식 시동형은 중고속의 직접분사식에 많이 채용되며 방폭지역에 효과적이다. 공기압축기, 공기압축제어반, 공기조 등으로 구성되어 있다.

② 전기식 : 전기식 시동형은 엔진구동모터에 의한 방식으로, 직류 24[V]의 축전지에 접속구동모터로 엔진을 회전하여 시동하며, 시동형 축전지, 충전기 셀모터 등으로 구성되어 있다.

3 발전기 시동방식의 전기식과 공기식의 비교(특성, 시설, 관리 및 장단점)

비교항목		공기기동방식		전기기동방식 (셀모터방식)
		실린더 내 취부방식	에어모터방식	
1	필요한 부속기기	공기압축기 공기탱크 분배밸브 기동밸브	공기압축기 공기탱크(감압밸브) 링기어 에어모터	충전기 축전지 링기어 셀모터
	에너지원	고압공기	저압공기	직류(축전지)
2	에너지원의 재생	공기압축기에 의하여 용이하게 보급가능 (1시간 이내)	공기압축기에 의하여 용이하게 보급가능 (1시간 이내)	축전지의 충전에 시간이 필요
3	기동토크	크다. (고압공기 사용 때문에)	작다. (단, 공기압에 의하여 다소 크게 된다)	작다.
4	구조적 제약	실린더 헤드에 기동밸브를 설비할 필요가 있기 때문에 공간면에서 제약을 받는다.	실린더 헤드의 구조는 간단하게 된다.	실린더 헤드의 구조는 간단하게 된다.
5	설치장소의 제약	별로 없다.	별로 없다.	폭발성 가스 등의 분위기
6	기동조작	5실린더 이하의 기관에서는 기동 전에 기동위치로 터닝할 필요가 있다.	어떤 위치에서든지 기동이 가능하므로 간단하다.	어떤 위치에서든지 기동이 가능하므로 간단하다.
7	원격기동 (자동)	6실린더 이상의 기관에서 가능	실린더에 관계없이 가능	실린더에 관계없이 가능
8	저온기동 성능	약간 뒤떨어진다.	우수하다.	축전지의 용량을 크게 할 필요가 있어서 한계가 있다.
9	기동실패	거의 없다.	교합(맞물림)실패로 일어날 가능성이 있으나, 치합력이 전기모터방식보다 커서 비교적 적다.	교합(맞물림)실패로 일어날 가능성이 있다.
10	보수	거의 필요로 하지 않는다.	거의 필요로 하지 않는다.	축전지의 유지관리에 주의해야 한다.
11	공기탱크 용량	소형	기동밸브방식에 비해서 큰 것이 필요(10[kgf/cm²] 이하의 공기탱크인 경우)	없다.
12	기동시 소음	작다.	크다.	작다.
13	용도	선박용 육상용 고정식 중·대형 기관	선박용 (실린더 내 설비방식과 셀모터방식의 장점을 가질 수가 있다)	비상용 (경우에 따라서는 장치 전체가 소형 및 경량으로 할 수 있다)

문제 **08-4**

예비전원설비로 자가용 발전설비를 설치할 경우 고려사항을 설명하시오.

문제 **08-5** 건축물에서 고압용 비상발전기 적용시 주요 고려사항에 대하여 설명하시오.

1 개 요

상용전원의 공급정지시 비상전원을 필요로 하는 중요설비나 시설에 대하여 전원을 공급하기 위한 비상발전기 설치기준 관련 법규는 다음과 같다.

(1) 「건축법시행령」 제89조 : 승강기 설치 6층 이상 연면적 $2,000[\text{m}^2]$ 이상 건물

(2) 「소방기술기준에 관한 규칙」 제9조 : 옥내 소화전용 비상전원이 있어야 할 지하층을 제외한 7층 이상으로 연면적 $2,000[\text{m}^2]$ 이상, 기타 지하층 바닥면적 $3,000[\text{m}^2]$ 이상 건물

(3) 「소방기술기준에 관한 규칙」 제21조 : 스프링클러 전원이 있어야 할 주차장 바닥면적이 $1,000[\text{m}^2]$ 이상 건물

(4) 관광사업용 건물 : 「관광진흥법 시행규칙」 제5조 제1항 [별표 1] 등록업종

2 비상발전기 적용시 주요 고려사항

(1) 용량산정시 고려사항

① 전부하 정상운전시 소요입력에 의한 용량

ㄱ 정전시 발전기가 전력을 공급해야 할 모든 부하를 검토한다.

ㄴ 「소방법」 및 「건축법시행령」에 의해서 요구되는 각종 비상용 전원과 산업현장에서 필수적인 부하의 출력과 그 효율을 고려해야 한다.

ㄷ 발전기는 예정한 부하에 100[%] 전력공급이 가능한 것이 기본이므로 그 용량은 다음 식으로 구한 값 이상으로 한다.

$$P[\text{kVA}] = \frac{\sum W_L[\text{kW}] \times L}{\cos\theta} \quad\text{.................................... (1)}$$

여기서, P : 발전기 출력
$\sum W_L$: 부하입력의 총합
L : 부하수용률
$\cos\theta$: 발전기 역률(통상 0.8)

② 부하 중에 큰 기동용량을 요하는 대형 전동기 등이 있는 경우

㉠ 이 경우는 최대부하의 기동에 의한 순시전압강하를 고려하여 용량을 계산한다.

$$\Delta E = \cfrac{Xd'}{xd' + \cfrac{P[\mathrm{kVA}]}{Q_L[\mathrm{kVA}]}} \quad \cdots\cdots\cdots\cdots\cdots\cdots\cdots\cdots (2)$$

여기서, ΔE : 전압강하[p.u]

Q_L : 기동시 돌입용량[kVA]

P : 발전기 용량[kVA]

xd' : 발전기 직축 과도 리액턴스[p.u](보통 0.2~0.3)

㉡ 전압강하 ΔE는 0.2~0.3 정도 이내가 되도록 발전기 용량을 정할 필요가 있으며, 식 (3)에 의해서 구한다.

$$P[\mathrm{kVA}] = \cfrac{1 - \Delta E}{\Delta E} \cdot xd \cdot Q_L \quad \cdots\cdots\cdots\cdots\cdots\cdots\cdots\cdots (3)$$

③ 최대부하가 제일 나중에 기동되는 경우 : 이때는 발전기가 Base load를 건채로 운전 중 최대부하가 기동되므로, 발전기의 과전류 내량(약 15초 동안 150[%])까지 고려해서 계산한다.

④ 최근에 문제가 되는 고조파 부하를 감안하는 경우 : 비선형 부하(inverter, converter, rectifier, copper) 등의 고조파를 발생시키는 부하가 있는 경우에는 고조파 부하용량의 2~3배를 가산한다.

(2) 설치시의 고려사항

① 고압발전기

㉠ 발전기에서 부하에 이르는 전로에는 발전기의 가까운 곳에 개폐기, 과전류차단기, 전압계, 전류계를 아래와 같이 시설하여야 한다.

- 각 극에 개폐기 및 과전류차단기를 설치할 것
- 전압계는 각 상의 전압을 각각 읽을 수 있도록 시설할 것
- 전류계는 각 상(중성선은 제외)의 전류를 읽을 수 있도록 시설할 것

㉡ 예비전원으로 시설하는 고압발전기의 철대·금속제 외함 및 금속프레임 등은 규정에 따라 접지하여야 한다.

② 상시전원의 정전시에 비상전원으로 절환하는 경우에는 양전원의 인입측 접속점에 절환스위치를 설치하여, 상시전원과 비상전원이 상호혼촉되지 않도록 하여야 한다.

③ 위 ②의 절환스위치는 비상전원에서 공급하는 전력이 상시전원계통으로 역가압되지 아니하도록 설치하여야 한다.

④ 상시전원의 일시적인 전압강하와 상시전원차단시에 비상발전기의 우발적인 기동을 방지하기 위하여 기동시간 지연장치(타이머)를 설치하여야 한다. 대부분의 경우 1초 간의 공칭시간지연을 두는 것이 적당하다.

⑤ **원동기의 종류선정** : 고압비상용 발전기는 디젤엔진과 가스터빈엔진의 두 가지가 주로 쓰인다.

   ㉠ 단위기의 용량은 디젤엔진은 1,000[kW] 정도가 한도이고 그 이상이면, 가스엔진을 써야 한다.

   ㉡ 전기품질은 주파수 및 전압변동률 모두 다 가스터빈이 우수하다.

   ㉢ 기동에 요하는 시간은 디젤엔진이 빠르다(10초 정도).

   ㉣ 소음 및 진동은 둘 다 가스터빈이 작다.

⑥ **설치장소의 선정**

   ㉠ 비상발전기는 내화도가 2시간 이상인 방화구획된 전용실에 설치하거나, 눈이나 비의 침입을 방지할 수 있는 적절한 곳에 설치하여야 한다.

   ㉡ 비상발전기를 설치한 전용실 또는 분리건물은 소화활동으로 인한 침수, 홍수, 하수구 역류, 이와 유사한 형태의 재난으로부터의 손상가능성이 최소화되는 곳에 위치하여야 한다.

   ㉢ 비상발전기실은 축전기에 의한 비상조명을 확보하여야 하며, 실내의 조도는 100[lx] 이상이어야 한다.

   ㉣ 비상발전기는 연료, 배기 또는 윤활유 배관의 처짐과 연결부에서의 누출을 유발하는 부품은 손상이 일어나지 않도록 견고하게 받침대에 설치하여야 한다.

   ㉤ 진동방지장치는 회전장치와 미끄럼 방지기초 사이, 미끄럼 방지기초와 기초 사이에 설치하여야 한다.

   ㉥ 설계시 적용가능한 소음제어장치를 고려하여야 한다.

   ㉦ 비상발전기에서 방출되는 열로 인하여 발전기 실내의 온도가 상승하는 것을 방지하기 위한 적절한 환기조치를 강구하여야 한다.

   ㉧ 충분한 연소용 공기를 비상발전기에 공급하여야 한다.

   ㉨ 배기설비는 배기가스 연무가 근로자가 있는 방이나 건물 안으로 침입하는 것을 방지하는 기밀구조이어야 하고, 특히 창문·환기구 입구 또는 엔진 공기흡입설비를 통해 건물이나 구조물에 독성연무가 환류되지 않도록 하여야 한다.

   ㉩ 비상발전기실은 창고 등 타용도로 사용되어서는 안 된다.

   ㉪ 비상발전기실에는 비상발전기 운전절차 및 비상전원 공급계통도(전기단선도) 등을 비치하여야 한다.

⑦ **엔진기동방식의 선정** : 기동에는 전기식과 압축공기식이 사용되는데 전기식은 고속예열식에, 압축공기식은 중·고속 직접분사식에 많이 채용된다.

⑧ 냉각방식의 선정 : 디젤엔진의 경우 냉각방식은 수랭식으로 단순순환식, 냉각탑순환식, 방류식 및 라디에이터식 등이 있다. 라디에이터방식은 소용량기에 사용되고 대용량기가 되면 냉각탑순환식을 쓰며, 냉각수의 다량보급이 가능한 경우는 방류식을 적용한다.

⑨ 발전기의 대수선정 : 1대로 단독운전을 할 것인지 아니면 2대 이상으로 병렬운전을 할 것인지를 결정한다. 병렬운전시에는 각 발전기의 전압 및 주파수가 같아야 함은 물론이고 동기투입장치가 있어야 한다.

⑩ 회전수 선정

  ㉠ 고속형(1,200[rpm] 이상)은 체적이 적고 설치면적도 작아서 경제적이나 소음 및 진동이 크고 수명이 짧다. 고속기는 소용량, 고압에 유리하다.

  ㉡ 저속형(900[rpm] 이하)은 전압안정도가 좋고 소음진동이 작고 수명이 긴 장점이 있으나, 가격이 비싸다. 저속기는 장기운전, 저전압에 유리하다.

⑪ 소음에 대한 대책 : 소음기를 사용하고, 방음커버로 차음하며 방음벽을 설치한다.

⑫ 진동에 대한 대책 : 방진고무, 방진스프링을 사용하고, 발전기 설치용 콘크리트패드와 바닥본체 사이에 완충재를 삽입한다.

⑬ 대기오염방지대책 : 유황분이 적은 연료를 사용하여 SO_x의 발생을 줄이고 배기가스 중의 NO_x를 분리 제거하는 탈질장치를 고려한다.

(3) 비상발전기의 설치시 주의사항

① 발전기용 냉각설비는 전부하 정격에서 원동기(엔진) 냉각에 충분한 용량이어야 한다.

② 연료탱크의 용량산정은 비상발전기의 기동시간, 상시전원의 정전지속시간, 제작상의 권장 유지보수시간을 고려하여 산정하여야 한다. 일반적으로 4~8시간, 운전가능한 용량으로 산정하는 것이 바람직하다.

③ 비상전력공급장치가 낙뢰로 인하여 손상되지 않도록 적절히 보호하여야 한다.

자가발전설비의 부하 및 운전형태에 따른 발전기 용량산정시 고려할 사항을 설명하시오.

1 자가용 발전기 용량산정시 일반적 고려사항

(1) 원동기 선정시 고려사항

필요한 발전기의 용량, 열효율, 사용연료 및 공해문제, 가격 및 운전유지비, 요구되는 전기품질, 소음 및 진동, 유지보수의 용이성 등을 고려하여 선정한다.

(2) 발전기 대수

① 1대로 단독운전을 할 것인지 아니면, 2대 이상으로 병렬운전을 할 것인지를 결정한다.

② 병렬운전시에는 각 발전기의 전압 및 주파수가 같아야 함은 물론이고, 동기투입장치가 있어야 한다.

(3) 회전 수

① 고속형(1,200[rpm] 이상)은 체적이 적고 설치면적도 작아서 경제적이지만, 소음 및 진동이 크고 수명이 짧다.

② 저속형(900[rpm] 이하)은 전압안정도가 좋고 소음 및 진동이 작고 수명이 긴 장점이 있으나, 고가이다.

③ 고속기는 소용량 및 고압에 유리하고, 저속기는 장기운전 및 저전압에 유리하다.

(4) 기동방식 및 기동에 요하는 시간

① 기동에는 보통 전기식과 압축공기식의 두 가지가 사용되는데, 전기식은 고속의 예열식에, 압축 공기식은 중·고속의 직접분사식에 많이 적용된다.

② 기동시간은 일반적으로 10초 이내로 하고 있다.

(5) 냉각방식

① 디젤엔진의 경우 냉각방식은 수랭식으로 단순순환식, 냉각탑순환식, 방류식 및 라디에이터식 등이 있다.

② 라디에이터식은 소용량기에 사용되고, 대용량기가 되면 냉각탑순환식을 쓰며, 냉각수의 다량보급이 가능한 경우는 방류식을 사용한다.

(6) 소음에 대한 고려

소음기를 사용하고, 방음커버로 차음하여 방음벽을 설치한다.

(7) 진동에 대한 고려

방진고무, 스프링을 사용하고, 발전기 설치용 콘크리트 패드와 바닥본체 사이에 완충제를 삽입한다.

(8) 대기오염방지에 대한 고려

저유황 연료사용으로 SO_x 감소 및 배기가스 중의 NO_x를 분리 제거하는 탈질장치를 고려한다.

(9) 발전기 용량

정전시 발전기가 전력을 공급해야 할 모든 부하를 검토한다. 「소방법」 및 「건축법」에 의해서 요구되는 각종 비상용 전원과 산업현장 부하의 출력과 그 효율을 고려한다.

$$PG_1 = \frac{\sum P_L}{\eta_L \times \cos\theta} \times \alpha \, [\mathrm{kVA}]$$

부하의 특성에 따라 $PG_2 \sim PG_4$을 면밀히 고려한다.

여기서, PG_1 : 정상운전상태에서 부하의 설비기동에 필요한 발전기 용량

$\sum P_L$: 부하의 출력합계[kW]

η_L : 부하의 종합효율(분명하지 않을 경우 0.85)

$\cos\theta$: 부하의 종합효율(분명하지 않을 경우 0.8)

α : 부하율과 수용률을 고려한 계수(분명하지 않을 경우 1.0)

(10) 고조파에 대한 고려

$$PG_4 = P_C \times (2 \sim 2.5) + PG_1$$

여기서, P_C : 고조파성분 부하

■2 운전형태에 따른 발전기의 분류 및 고려사항

(1) 비상발전기

① 비상발전기는 소방 관련법이나 「건축법」의 규제에 의해서 또는 자체의 필요에 의해서 설치한 자가발전기로, 상시에는 운전하지 않고 있다가 상용전원의 정전시에만 가동하는 것이다.

② 비상발전기는 운전시간이 극히 적기 때문에 효율보다는 신뢰성 있는 기동방식에 주안점을 두어야 한다. 이를 위해 정전이라도 주기적으로 시험기동을 해보아야 한다.

(2) 상용발전기

① 상용발전기는 전력회사로부터는 전력공급을 받지 않거나 또는 일부만을 수전하고 자가발전기를 상시운전하여 전력을 공급하는 방식이다.

② 상시운전을 해야 하므로 효율이 높고, 저속기로 내구성이 좋은 것으로 선정해야 한다.

(3) 열병합발전기

① 열병합발전은 연료를 연소시켜 전기와 열을 동시에 생성하여 다른 목적에 열과 전기를 사용하며, 에너지를 우선적으로 사용하는 방법에 따라 다음과 같이 분류된다.

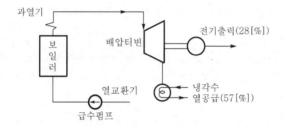

② 토핑사이클 : 전기생산우선방식

  ㉠ 터빈이나 엔진으로 발전기를 구동 후 배열을 흡수하여 열원(급탕, 냉·난방 등)으로 이용한다.

  ㉡ 일반적으로 도시형 열병합발전 사이클에 많이 적용한다.

③ 버토밍사이클 : 증기생산우선방식

  ㉠ 고온의 열을 먼저 프로세스용으로 이용한 후 그 배열로 구동하는 방식이다.

  ㉡ 산업용에 많이 적용한다.

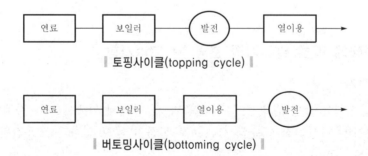

‖ 토핑사이클(topping cycle) ‖

‖ 버토밍사이클(bottoming cycle) ‖

(4) 피크컷(peak cut)용 발전기

① 피크시 해당되는 피크전력의 일부분만을 담당하는 발전기로, 전력계통 전체의 발전 설비용량을 억제할 수 있으며, 해당 발전기 보유 가동측은 전력요금을 감소시킬 수 있는 방식이다.

② 피크컷용 발전기는 매일 여러 시간씩 운전되어야 하므로, 효율과 내구성이 좋은 저속기를 선정하는 것이 바람직하다.

건축물에서 소방부하와 비상부하를 구분하고, 소방부하 전원공급용 발전기의 용량산정방법과 발전기 용량을 감소하기 위한 부하의 제어방법에 대하여 설명하시오.

1 개 요

(1) 비상발전기는 정전시에 비상부하 또는 정전 및 화재시에 소방부하와 비상부하에 자동으로 전원을 공급하는 중요 시설이다.

(2) 그러나 경제성으로 인한 용량부족으로 인해 비상발전기 미작동 사례가 많아 「국가 화재안전기준(NFSC-103)」에서는 2011년 11월 24일 적은 용량에서도 과부하를 방지할 수 있는 소방전원보존형 발전기를 설치하도록 개정하여 운영 중이다.

2 소방부하와 비상부하의 구분

(1) **소방부하**

① 정의 : 화재가 발생시 사용되는 부하

② 대상

㉠ 「소방시설설치유지 및 안전관리에 관한 법률」에 의한 소방시설 : 소화설비, 피난설비, 소화용수설비, 소화활동설비 등

㉡ 「건축법령」에 의한 방화, 피난시설 : 비상용 승강기, 피난용 승강기, 배연설비, 방화구획시설 등

(2) **비상부하**

① 정의 : 소방 이외의 비상용 전력부하

② 대상 : 항온항습시설, 보안시설, 급수펌프, 급배기팬, 승용 승강기 등

3 소방부하 전원공급용 발전기의 용량산정방법

(1) **산출방식의 종류**

① PG방식 발전기 용량 ≥ MAX(PG_1, PG_2, PG_3)

㉠ PG_1 산정식 : 정상운전상태에서 부하운용에 필요한 용량

㉡ PG_2 산정식 : 전동기 기동시 순시전압강하를 고려한 용량

㉢ PG_3 산정식 : 부하 중 최대값을 갖는 전동기를 마지막으로 시동할 때 용량

② RG방식 발전기 용량= $RG \times$ 부하의 출력합계[kVA]

여기서, RG : 발전기 출력계수 MAX(RG_1, RG_2, RG_3, RG_4)

RG_1 : 정상부하 출력계수

RG_2 : 허용전압강하 출력계수

RG_3 : 단시간 과전류 내력 출력계수

RG_4 : 허용역상전류에 의한 출력계수

③ NEC에 의한 방식 : 발전기 용량=부하의 출력합계 및 효율[kVA]

(2) 산출방식의 비교

구 분	PG방식	RG방식	NEC
용량산출 방법	용량을 직접 산출	RG계수를 구한 후 산출	소방부하출력의 합
특징	• 용량산출 비교적 간단 • 고조파 미고려 및 신규 기동 방식 데이터 부족으로 계산값 부정확	• 고조파, 역상전류 고려 • $1.47D \le RG \le 2.2$, 범위 내 선정(D : 수용률) • 계산이 복잡	• 용량산출 간단 • 비경제적
사용 국가	한국	한국, 일본	북미, 중국

4 발전기 용량을 감소하기 위한 부하제어방법

(1) 목적

소방부하 및 비상부하 중 큰 부하를 기준으로 한 용량산정을 허용하면서도 과부하를 방지함으로써 경제성과 안전성을 동시에 만족시킨다.

(2) 부하제어방법

① 운전순서 : 화재, 정전발생 → 소방부하, 비상부하 동시전원공급 → 과부하 발생 → 비상부하차단 → 소방부하만 전원공급 유지

② 종류

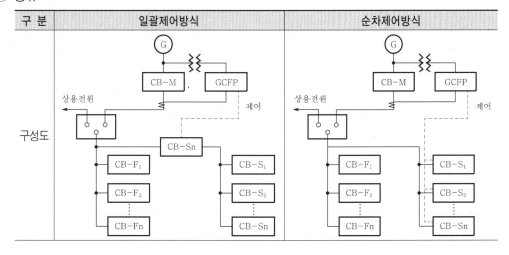

구 분	일괄제어방식	순차제어방식
구성도	여기서, GCFP : Generator Control For Fire Power 　　　CB-M : 주차단기, CB-Sn : 비상용 주차단기 　　　CB-F : 소방용 차단기, CB-S : 비상용 차단기	
원리	발전기에 과부하 발생시 비상부하 전부를 한 번에 차단	발전기에 과부하 발생시 지정된 순서에 따라 순차적으로 부하차단
적용	중 · 소규모 건축물	중 · 대규모 건축물

5 결 론

(1) 소방부하 전원공급용 발전기의 용량산정방법은 고조파 발생부하의 사용 증가로 인해 고조파를 고려한 RG방식으로 변하는 추세이다.

(2) 비상발전기는 소방부하 및 비상부하의 전력공급뿐만 아니라 최근에는 수요관리 측면에서 예비전력 부족시 상용부하공급 및 계통연계하여 공급하는 방안을 적용하고 있다.

문제 **09-2**

비상발전기 구동원으로서 디젤엔진, 가스엔진, 가스터빈방식에 대하여 발전효율, 시설비, 환경, 가동시간, 부하변동에 따른 속응성, 소방용 비상전원으로 사용시 고려사항 등에 대하여 각각 비교 설명하시오.

COMMENT | 이 문제는 향후 표의 내용이 단독(25점)으로 나올 가능성도 보인다.

1 디젤엔진, 가스엔진, 가스터빈방식의 발전효율 및 환경 비교

(1) 디젤엔진

디젤엔진은 일반적으로 중유 또는 등유, 경유를 연료로 하여 압축한 공기에 연료를 분사하는 압축착화식의 엔진으로 압축비가 높기 때문에 동급의 가스터빈과 비교하면 발전효율이 높은 경향이 있지만 고도의 배기가스 처리라는 과제가 있어 환경규제가 엄격하지 않은 지역에서 보급되고 있다.

(2) 가스엔진

가스엔진은 연료가스와 공기의 예혼합기를 압축하여 불꽃점화한 것으로 천연가스를 연료로 하는 것은 배기가스가 깨끗하며, 도시부의 민생용으로는 발전출력 100~1,000[W] 정도가 보급되고 있다. 발전효율은 최근 고효율화가 진행되고 있으며, 28~38[%] 정도에서 배열회수효율은 40~50[%], 종합효율은 75~88[%] 정도가 된다.

(3) 가스터빈

가스터빈은 내연기관인 왕복운동과 같이 흡기, 압축, 연소, 팽창, 배기를 연속적으로 행하여 연소가스가 가진 열에너지를 기계에너지로 변환하는 원동기이다. 진동이 적고 경량이며 연소배기가스에서 고온의 증기를 회수할 수 있는 이점이 있고, 발전출력은 마이크로 가스터빈을 제외하면 600~10,000[kW] 정도까지 이르게 된다. 발전효율은 20~35[%], 배열회수효율은 30~55[%], 종합효율은 70~80[%] 정도이다.

2 디젤엔진, 가스엔진, 가스터빈방식의 특징 비교

(1) 디젤엔진형 발전기

① 적용
  ㉠ 디젤엔진발전기는 조작이 쉽고 제작, 보수에 큰 문제점이 없어 일반적으로 가설동력이나 고정비상동력으로 설계 및 시공되고 있다.

ⓛ 비상전원의 사용빈도가 적고 주용도가 중시되지 않는 부하설비, 전원측의 완벽한
　　　전원공급회선의 확보로 비상전원 사용빈도가 극히 적을 것으로 예상되는 부하설
　　　비는 발전용량의 소용량화가 가능하기 때문에 디젤발전기가 무난하고, 비상전원
　　　의 중요도가 낮은 부하설비에서도 설치, 유지보수에 무난한 디젤형 발전기가 무
　　　난하다.

　② 냉각수 확보가 용이한 조건

　　　㉠ 500[kVA] 이상은 엔진냉각방식으로 저수조 수랭식을 채택하고 있어 비상가동 예
　　　정시간에 충족될 수 있는 저수조 확보가 건축적으로 용이해야 한다.

　　　ⓛ 500[kVA] 미만의 소용량은 라디에이터형식의 수랭식 방식을 채택하고 있으나,
　　　팬에 따른 소음 및 급기설비 등으로 바람직한 냉각방식으로 볼 수 없다.

　　　㉢ 저수조 수랭식으로 쿨링타워 등의 부가 냉각설비의 설치 및 유지보수가 용이해야
　　　한다.

　③ 장시간 가동 및 저압발전방식 채택설비

　　　㉠ 부하특성상 저압발전기 가동방식을 채택하고, 장시간 발전기 가동이 예상되는 장
　　　소는 디젤발전기가 종합적으로 유리하다.

　　　ⓛ 저압발전기를 채택하여야 하는 곳은 몸체가 크고 건축적인 조건이 불리하더라도
　　　디젤형 발전기를 설치해야 하는 필요성이 중시되고 있다.

　④ **저렴한 초기투자비용에 의한 비상전원 확보** : 비상전원에 대한 초기투자비용을 가능한
　　저렴한 가격으로 유도하고자 하는 경우 디젤쪽이 우세하며 특별한 규격이 아닌 경
　　우 손쉽게 설치할 수 있다.

(2) 가스엔진형 발전기

　① **적용** : 비상전원의 의존도는 높지 않으나 양질의 전원이 요구되며, 폐열을 이용하여
　　CO-generation system을 구축하고자 할 때 적용하고, 상시가동을 하거나 비상전
　　원으로 사용시 모두 가능하다.

　② **건축물의 환경 및 소음** : 배기가스의 NO_x, CO가 배출되어 공해의 우려가 없으며, 저
　　소음으로 저렴한 Life cycle cost를 유지할 수 있다.

　③ **바이오가스를 이용한 열병합발전** : 천연가스는 물론 축산분뇨, 하수처리장, 매립지, 음
　　식물쓰레기, 생활쓰레기 등에서 발생되는 바이오가스 메탄성분을 이용하여 열병합
　　발전이 가능하다.

(3) 가스터빈형 발전기

　① **비상전원의 의존도가 높고 양질의 전원이 요구되는 전원**
　　정전사고시에도 양질의 전원이 요구되는 부하설비(병원 등) 단일 샤프트의 경우에
　　는 전부하를 기동과 동시에 투입할 수 있다. 부품수가 적어 고장발생률이 낮아 기
　　동실패확률이 적다.

② 건축물을 Modernization화 할 경우 : 건축물의 개·보수시 부하증설로 인한 디젤발전기의 교체가 필요하나 교체가 불가능한 경우 저진동·저소음으로 냉각수가 불필요하므로 설치장소에 대한 선택의 폭이 넓다(옥상설치 등).

③ 냉각수 확보가 어렵고 진동방지용 별도 기초가 어려운 건축물, 고산지대의 특수설비용 비상전원 등에 적합하다.

④ 열병합발전시스템이나 피크컷 겸용설비(가스터빈발전설비에서 가장 중요한 분야) 장시간 운전과 상시열원이 필요한 경우, 배기가스가 고온·고압이 되므로 폐열을 회수하여 활용하거나 하절기 등에 장시간 피크전력을 제한할 필요가 있는 경우에 적합하다.

⑤ 기타

  ㉠ 환경오염이 적고, 연료선택의 범위가 넓다. 구동부(왕복운동)가 없기 때문에 구조가 간단하나, 고가이다.

  ㉡ 대기압 대기온도에 의한 출력저하가 크다. 기기중량에 대해 1.1~1.2배의 기초 콘크리트 하중으로 가능하므로 간이식으로도 가능하다. 대부분 흡기소음이고 고주파음이 주이기 때문에 비교적 음의 흡수가 용이하다.

| 디젤 및 가스엔진과 가스터빈발전기의 비교 |

구 분		디 젤	가스엔진	가스터빈
일반 특성	작동원리	단속연소, 왕복운동	연료가스와 공기의 혼합기를 압축하여 불꽃점화, 왕복운동	연속연소, 회전운동
	출력특성	주위 조건과 출력감소가 관련이 없다.	연료가스와 공기의 혼합비가 영향을 준다.	흡입공기의 온도가 수명, 출력에 악영향을 준다.
	경부하운전	엔진내부에 흑화현상	문제 없다.	문제 없다.
	진동	대책 필요	진동이 적다.	별도 기초 불필요
	소음	105~115[dB/M]	68~75[dB/M]	80~95[dB/M]
	체적 및 중량	체적 1.5~2배, 중량 3배	컴펙트하고 설치용이	체적이 작고 가볍다.
	냉각수	필요	불필요	불필요(공랭식)
	몸체가격	–	디젤의 1.5~3배	디젤의 1.5~4배
전기적 특성	주파수변동률	±5[%]	<0.5[%]	±0.4[%]
	과도 주파수 변동률	±10[%](75[%] 부하)	–	±4[%](전부하)
	전압변동률	±4[%]	±0.5[%]	±1.5[%]
	과도전압 변동률	±20[%]	±4[%]	±4[%]
	기동시간	5~40초(대개 8~10초)	–	20~40초(대개 40초)
	부하투입	단계적	단계적	• 단일축 : 100[%] • 2축식 : 70[%]

구 분		디 젤	가스엔진	가스터빈
연료 특성	연료소비율	$150 \sim 230[g/ps \cdot h]$	$23.93[Nm^3/hr]$	$190 \sim 500[g/ps \cdot h]$
	사용 연료	A · B · C중유, 경유, 등유	천연가스, 바이오가스	등유, 경유, A중유, 천연가스, LNG
	윤활유소비량	$0.5 \sim 3[g/ps \cdot h]$	—	$0.4 \sim 0.5[g/ps \cdot h]$
급배기 특성	급배기장치	소음기 부착	별도의 대책강구	별도의 대책강구
	배기단열시공	기본적인 단열	별도의 대책강구	별도의 대책강구
	NO_x, SO_x 배기량	• $300 \sim 1,000[ppm]$ • $150 \sim 200[ppm]$	$36 \sim 144[ppm]$	• $20 \sim 150[ppm]$ • $100[ppm]$
기타	엔진제작 여부	용량에 따라 국내제작	국내제작	국내제작 불가
	엔진 OH	국내에서 가능	국내에서 가능	국내에서 불가

3 비상전원으로 사용시 고려사항

(1) 비상발전기의 유지관리 및 운전시험은 제조자의 지침서 등을 참고하여 적절한 기준 및 주기를 정하여 실시하여야 한다.

(2) 비상발전기의 유지관리(검사, 시운전, 작동, 보수 등) 계획은 서면으로 정하여 해당 구내에 비치하여야 하며 다음 사항을 포함하여야 한다.

① 유지관리 보고서의 작성 날짜
② 담당직원의 신분
③ 교체된 부품을 포함하여 모든 부적합한 상태와 취해진 시정조치에 관한 기록
④ 비상발전기는 주 1회 무부하상태에서 30분 이상의 운전을 실시

발전기실의 소음 및 진동대책에 대하여 설명하시오.

1 발전기의 소음

(1) 소음의 종류

① 기관의 기계음

② 진동음

③ 흡기음, 배기음

④ 연소음, 발전기 동체음

(2) 특성

① 이들 소음크기는 기계측 1[m]에서 100~150[phon] 정도로 커서, 외부로 방출되면 민원 등의 복잡한 문제발생 우려가 높다.

② 디젤기관의 소음주파수 분석

㉠ 20~10,000[Hz]

㉡ 대책을 필요로 하는 주요 주파수식

$$f_1 = \frac{N \cdot n}{60}[\text{Hz}], \ f_2 = \frac{N \cdot n}{30}[\text{Hz}]$$

여기서, f_1 : 기본주파수

f_2 : 2차 기본주파수

n : 차수

N : 회전 수(6기통 기관의 차수(n)는 3, 8기통 기관의 차수(n)는 4, 12기통 기관의 차수(n)는 6)

(3) 소음대책

① 배기소음 : 소음기 설치(터빈의 경우에는 고온발생으로 단열대책 강구)

㉠ 팽창형, 공명형, 흡음형 등 각 형식의 소음기를 결합하여 사용한다.

‖ 팽창식 ‖   ‖ 흡음식 ‖   ‖ 공명식 ‖

ⓛ 배기관 출구에서 55~60[phon] 정도로 억제되며, 이때 소음기는 7.5[m]마다 익
스팬션 조인트를 설치, 열팽창에 비틀림이 없도록 한다.

ⓒ 방음벽을 설치, 배기관은 주위에 소음공해를 일으키지 않는 위치에 설치한다.

② 흡기음 : 적당한 필터로 흡수

③ 기관음(기계음) : 엔진소음으로, 기관음이 외부로 나오는 것을 방지하는 방법

ⓐ 방음커버 : 발전장치 전체를 강판재 함 안에 수납, 방음커버 주변을 55~60[phon]
정도로 억제한다.

ⓑ 벽에 흡음판 설치, 지하실 이용, 저속회전기를 채택한다.

ⓒ 건물구조 : 건물을 먼저 건축 후 발전기를 나중에 설치시 문제가 된다.

• 건물의 벽 주변에서 75[phon] 이하로 억제하려면 창문이 없는 밀폐형 콘크리트
구조물과 내면에는 흡음판을 설치한다.

• 일반적으로 콘크리트 벽을 사용하면 실외의 소음값은 70[phon] 이하로 내려간다.

ⓓ 거리에 의한 감음(減音)

$$\Delta L = 20\log_{10}\frac{l_2}{l_1} = 20\log_{10} l_2$$

여기서, ΔL : 주지점 간의 음의 차[phon]
l_1 : 기준이 되는 지점 1[m]
l_2 : 음감(音減)에서 부지경계선까지의 거리[m]

실제로는 음원의 크기, 바람, 부근의 상황 등에 따라 계산값의 0.5~ 0.7배 정도
의 감쇄량이 된다.

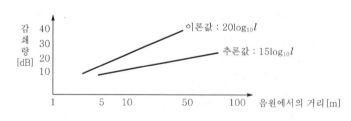

┃ 거리에 따른 소음의 감쇄량 ┃

2 진동대책

(1) 진동방지의 필요성

① 발전기는 모두 그 자체가 진동에 견딜 수 있도록 되어 있다.

② 발전기의 유효수명을 연장한다.

③ 외부로부터의 진동에 의한 조장을 방지(베어링과 축보호)한다.

(2) 진동방지

① 방진기구

ㄱ 강철스프링(방진스프링) : 가장 좋은 방진효과(96[%] 정도의 방진효과)를 가진다.

ㄴ 방진고무판 : 스프링 밑면에 고무판은 스프링을 통하여 전달되는 고주파 차단, 진동이 심하지 않은 곳에 적용한다.

ㄷ 고무방진기구 : 90[%] 정도의 방진효과가 있다.

ㄹ 엔진·발전기의 기초는 건물기초와 관계없는 장소를 택하고 공통대판과 엔진 사이에는 고무 또는 스프링으로 제작된 진동흡수장치(vibration absorber)를 설치해서 진동이 건물의 다른 부분으로 전달되지 않도록 한다.

② 진동측정

측정부위	기관발전기의 공통 베이스		기초 및 그 부근
	1, 2, 3, 4, 5, 7실린더 엔진	6, 8실린더 이상 엔진	
진동	8/10[mm] 이하	5/10[mm] 이하	1/100[mm] 이하

문제 **11**

동기발전기의 병렬운전의 조건과 순서를 기술하시오.

1 개 요

발전기는 운전방식에 따라 단독운전, 병렬운전으로 분류가 가능하다. 본문에서는 발전기의 분류, 병렬운전시 고려사항, 운전 전(前) 고려사항, 단독운전과 병렬운전의 비교 등을 중심으로 설명하겠다.

2 발전기의 분류

(1) 발전기의 운전방식 : 비상용, 상용, 피크컷, CO−generation

(2) 사용연료 : 디젤, 가솔린, 가스터빈

(3) 시동방식 : 전기시동식, 공기시동식

(4) 회전자 : 회전전기자형(소용량, 저전압), 회전계자형(대용량)

3 병렬운전(parallel operation)시 고려사항

(1) 발전기의 운전방식

① 단독운전 : 각 호기별로 단독으로 운전
② 병렬운전 : 2대 이상의 복수발전기, 상용전원과 병렬, UPS전원과 병렬운전

(2) 병렬운전 적용

① 2대 이상 병렬운전시 1대가 고장나면 전원차단 없이 연속적 부하에 전원공급이 가능하다.
② 부하량에 따라 발전기의 분할제어가 가능한 방식이다.
③ 동일 용량의 단독운전시보다 소음, 진동, 연료소비가 적다.

(3) 병렬운전조건

① 기전력의 크기가 같을 것 : 전압계로 검출
   ㉠ 전압 크기가 다를 경우 : 순환전류(무효횡류)발생 → 저항손 발생 → 과열 → 소손
   ㉡ 자동전압조정기(AVR) 적용 : 출력전압을 항상 정격전압과 일정하게 유지

② 기전력의 위상이 같을 것 : 엔진속도 조정

    ㉠ 위상이 다를 경우 : 순환전류(유효횡류)가 발생하면, 위상이 앞선 발전기는 회전속도감소, 위상이 뒤진 발전기는 회전속도증가

    ㉡ 동기검정기(synchroscope) 적용 : 계통의 위상일치 여부 검출

③ 기전력의 주파수가 같을 것 : 엔진속도 조정

    ㉠ 조속기(governor) 적용 : 부하 및 엔진회전 수에 따라 연료분사량 조절

    ㉡ 주파수가 다를 경우 : 발전기 단자전압 상승(최대 2배) → 권선가열 → 소손

④ 기전력의 파형이 같을 것 : 발전기 제작상 문제

⑤ 상회전 방향이 같을 것 : 다를 경우 선간단락 발생 → 상회전 방향검출기로 파악

⑥ 원동기는 적당한 속도변동률과 균일한 각속도를 가질 것

(4) 병렬운전순서

① 병렬운전회로도

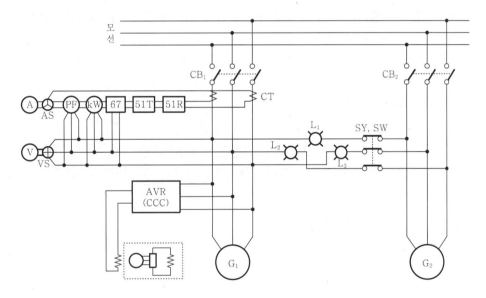

순 번	기 호	명 칭	순 번	기 호	명 칭
1	A	전류계	8	CB	차단기
2	V	전압계	9	CT	변류기
3	PF	역률계	10	CCC	횡류보상회로
4	kW	전력계	11	SY, SW	동기검정기 스위치
5	67	역전력계전기	12	L_1, L_2, L_3	동기검정등(lamp)
6	51T, 51R	과전류계전기(T상, R상)	13	EX	여자기(勵磁機) (EXcitor)
7	AVR	자동전압조정기			

② G_1 운전 중 G_2 투입시의 운전방법

㉠ G_1의 횡류보상회로가 동작되지 않은 상태를 유지한다.

㉡ G_2 속도 및 전압을 조절하여 G_1의 속도 및 전압에 맞춘다.

㉢ 동기 S/W 투입시 동기검정램프 점등 : 정상시 회전하지 않음 → 시계방향회전(G_1 이 빠름), 반시계방향회전(G_2가 빠름)

㉣ G_2의 조속기 이용 주파수 0.2[Hz], 전압 3[V] 이내로 조절한다.

㉤ 위상일치시 CB_2 투입 : L_1이 꺼지고, L_2와 L_3의 광도 일치하는 시점 → 수동투입 시는 위상일치점을 고려하여 조금 일찍 투입한다.

㉥ 동기투입 및 동기 S/W Off 후 G_1, G_2의 횡류보상회로가 동작한다.

③ G_1, G_2 병렬운전 중 G_1 분리시의 운전방법

㉠ G_1 조속기 이용감속, G_2 조속기 이용가속

㉡ G_1의 부하는 G_2의 부하로 모두 이동

㉢ G_1, G_2 횡류보상회로 부동작시킨 후 G_1정지

④ 동기발전기의 병렬운전순서를 요약하여 설명(G_1, G_2 두 발전기를 병렬운전하는 순서)

㉠ 먼저 G_1을 기동시켜 조속기로 회전 수를 조정하고, 전압조정기로 전압을 조정하 여 전압과 주파수가 정격치에 이르도록 한 후 모선에 투입한다.

㉡ 다음 G_2 발전기를 기동시켜 동기투입을 하기 위해서 모선을 기준으로 발전기의 전압, 주파수, 위상이 일치하도록 가버너(조속기), 전압조정기 등을 조정하여 이 들이 일치된 순간에 발전기의 축력측 차단기를 투입한다.

㉢ 전압의 크기와 위상을 완벽하게 일치시키기는 어려우므로 일반적으로 전압의 크 기가 5[%] 이하, 위상차는 10° 이하이면 투입해도 무난하다고 본다.

4 발전기 운전 전(前) 점검사항

(1) 엔진윤활유 점검

청결유지, 계절 및 규격에 따라 보충

(2) 냉각수 점검

가능한 불순물이 없도록 유지, 동절기 부동액 주입(3 : 1)

(3) 연료계통 및 연료점검

불순물 및 수분함유 방지, 운전 중 연료부족 대비

(4) 축전지상태 및 결선 확인

각 부분의 결선, 전해액의 상태 확인

(5) 발전기 각 부분 볼트류 및 각종 조임상태 확인

(6) 발전기 및 발전기반의 선로절연 점검

5 단독운전과 병렬운전 비교

구 분	단독운전	병렬운전

엔진	• 제한속도 범위에서 속도조정이 된다.
	  (1,750~1,950[rpm])
	• 속도변동의 영향이 적다.
	• 순간속도 변동이 크다.
		• 일정 범위의 속도조정이 필요하다.
		  (1,500~2,000[rpm])
		• 속도변동의 영향이 크다(균일속도 요구).
		• 순간변동이 적다.

발전기	일반 동기발전기	일반 동기발전기(AVR 적용)
운전성	• 부하분배 운전불가 • 취급 간편	• 부하분배 운전 • 속도조정, 전압조정, 동기화, 부하투입 등의 순으로 운전 → 운전성이 복잡
기타	• 2대 병렬보다 합산용량 1대가 저가이다. • 설치면적이 작다. • 설치비용이 적다. • 운전비용이 크다.	• 가격이 비싸다. • 설치면적이 크다. • 설치비용이 크다. • 운전비용이 적다.

문제 11·1

발전기의 운전에 있어, 병렬운전의 조건과 동기운전(KEPCO와 병렬운전)의 조건을 구분하여 설명하시오.

COMMENT 자주 출제되는 문제이므로 꼭 암기할 것

1 병렬운전(parallel operation)의 조건

(1) 기전력의 크기가 같을 것

① 기전력의 크기가 다른 경우 : 전압차에 의한 무효순환전류 발생

② 무효순환전류로 인한 영향

　㉠ 기전력이 작은 발전기 → 증자작용(용량성) → 전압증가

　㉡ 기전력이 큰 발전기 → 감자작용(유도성) → 전압감소

　㉢ 전압크기가 다를 경우 : 전압차에 의한 무효순환전류(무효횡류)가 발생하며, 저항손 발생 → 발전기의 온도상승으로 과열 → 소손

③ 확인 방법 : 전압계로 검출

④ 대책 : 횡류보상장치 내의 자동전압조정기(AVR)를 적용하여 출력전압을 항상 정격전압과 일정하게 유지한다.

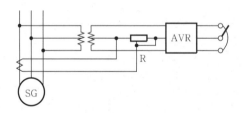

‖ 횡류보상장치 ‖

⑤ 개념도 및 벡터도

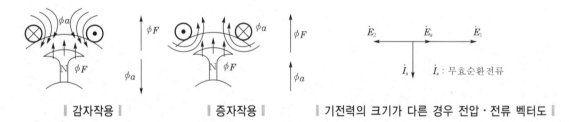

‖ 감자작용 ‖　　　‖ 증자작용 ‖　　　‖ 기전력의 크기가 다른 경우 전압·전류 벡터도 ‖

(2) 기전력의 위상이 같을 것 : 엔진속도 조정

① 기전력의 위상이 다른 경우 : 위상차에 의한 동기화 전류발생

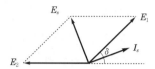

여기서, I_s : 동기화 전류
δ : 동기화 전류

② 동기화 전류로 인한 영향

ㄱ 위상이 다를 경우 : 순환전류(유효횡류)가 발생하면 다음과 같다.

• 위상이 늦은 발전기는 부하가 감소되고, 회전속도를 증가시킨다.

• 위상이 앞선 발전기는 부하가 증가되어 회전속도가 감소되며, 두 발전기 간의 위상이 같아지도록 작용한다.

ㄴ 위상이 빠른 발전기는 부하증가로 과부하 발생 우려가 있다.

③ 확인 방법 : 동기검정기(synchroscope)를 사용하여 계통의 위상일치 여부 검출

(3) 기전력의 주파수가 같을 것

① 다른 경우 : 기전력의 크기가 달라지는 순간이 반복하여 생기게 된다.

② 주파수가 다를 때의 영향

ㄱ 무효횡류가 두 발전기 간을 교대로 주기적으로 흐르게 되어 난조의 원인이 되며, 탈조까지 이르게 된다.

ㄴ 발전기 단자전압상승(최대 2배) → 권선가열 → 소손

③ 대책 : 부하 및 엔진회전 수에 따라 엔진속도를 조정할 수 있도록 연료분사량을 조절한다.

(4) 기전력의 파형이 같을 것

① 파형이 틀린 경우 : 위상이 같아도 파형이 틀린 경우 각 순간의 순시치가 달라서, 양 발전기 간에 무효횡류가 흐르게 된다(발전기 제작상 문제).

② 영향 : 이 무효횡류는 전기자의 동손을 증가시키고, 파열의 원인이 된다.

(5) 상회전방향이 같을 것

① 다를 경우 : 어느 순간에는 선간단락 상태가 발생한다 $\left(I_s = \dfrac{E_1 + E_2}{2x_d}\right)$.

② 확인 방법 : 상회전방향검출기로 파악한다.

(6) 원동기는 적당한 속도변동률과 균일한 각속도를 가질 것

2 KEPCO와 병렬운전조건(동기운전조건)

(1) 계통과 주파수의 차가 허용치 이내일 것

병입순간의 Motoring을 피하기 위해 발전기를 계통주파수보다 약간 높게(0.1~0.2[Hz]) 하는 것이 좋다.

(2) AVR이 자동이되게 하고, 발전기 전압은 계통전압보다 높은 편이 좋다.

① 계통전압이 발전기 전압보다 높은 상태에서 병입하면 계자전류는 감소하고, 그 차가 크면 여자회로의 정류기가 정지되어 계자이상전압을 발생시킨다.

② 통상양자의 전압비가 0.95 이내이면 지장이 없다.

(3) 계통과의 위상차가 작을 것

비동기 병입에 의해 발전기에 발생하는 전기토크 및 과도한 전류는 상당히 높은 Level이므로, 회전자 축계 및 고정자 권선에 미치는 영향이 매우 크다. 따라서, 동기조작시는 발전기 전압을 계통전압에 맞추고, 위상각이 최소가 되게 투입하여야 하며 통상 허용되는 위상차는 10° 이하이다.

상용전원계통과 발전기를 병렬운전할 경우의 조건과 각종 제어장치에 대하여 설명하시오.

1 운전상황

(1) 그림과 같이 하나의 수용가에서 상용전원과 자가용 발전기를 동시에 사용하여 전체 부하에 전력을 공급하는 경우이다.

(2) Tie CB는 정상상태에서는 항상 투입되어 있다.

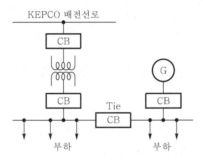

(3) 이 경우 수용가의 잉여전력을 배전계통에 공급하는 방식과 공급하지 않는 방식의 두 가지가 있는데, 여기서는 배전계통에 전력을 공급한다는 가정하에 설명한다.

2 병렬운전시의 조건

(1) 용량이 큰 자가용 발전기가 운전되고 있다가 고장나는 경우, 배전계통으로부터의 전력유입이 갑자기 커지게 되므로 당해 수용가 및 인근 수용가의 전압강하가 우려되어 발전기 고장시 당해 수용가의 부하제한을 할 필요가 있다.

(2) 계통과 연계운전시 연계차단기의 투입시에는 양계통의 전압의 크기와 위상이 같아야 한다. 일반적으로 전압의 크기 5[%] 이하, 위상차 10° 이하이면 투입해도 무난하다고 본다.

(3) 계통측에서 정전보수 등을 하는 경우 자가발전설비에서 역송전되어 보수작업자에게 위험을 주지 않도록 유의해야 한다.

(4) 잉여전력을 직접 배전선로로 급전하는 경우는 배전선로의 임피던스 등을 고려하여 계통의 안정도를 저하시키지 않도록 해야 한다.

(5) 연계된 배전계통에 부하불평형이 생기면 발전기 고정자에 역상전류가 흐르고, 이 역상전류에 의해서 회전자 회전방향과 반대방향의 동기속도로 회전하는 자계가 발생하여, 회전자 표면에 계통주파수의 2배 주파수의 제동전류가 흐른다. 이 전류는 회전자 치부의 표면과 Slot key를 흘러 코일 지지환을 통해 환류하여 회전자를 가열시키므로 발전기 설계상 이에 대한 고려가 필요하다.

(6) 연계된 배전선로에 지락, 단락사고 등이 발생하면 자가발전기를 계통에서 분리시키는 보호장치가 필요하다.

(7) 인버터를 사용해서 연계하는 발전기인 경우에는 고조파전류가 배전계통으로 유출되는 것을 방지하기 위한 조치를 취해야 한다.

(8) 발전기측에서 사고가 발생한 경우 발전기를 배전계통에서 분리하여 사고가 배전계통으로 파급되는 것을 방지해야 한다.

3 병렬운전할 경우의 각종 제어장치 및 보호계전기

(1) KEPCO측

차단기 52K와 함께 51(과전류계전기), 64(지락 과전압계전기), 59(과전압계전기), 79(재폐로계전기), 27(부족 전압계전기)를 설치한다.

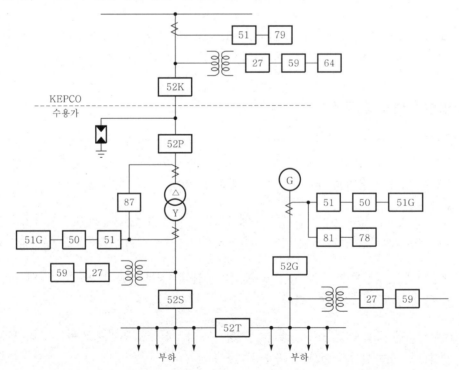

(2) 수용가의 상용전원측

변압기 1차측 차단기 52P와 2차측 차단기 52S 및 피뢰기와 87(비율차동계전기), 51(과전류계전기), 50(순시 과전류계전기), 51G(지락 과전류계전기), 27(부족전압계전기), 59(과전압계전기)를 설치한다.

(3) 수용가의 발전기측

51(과전류계전기), 50(순시 과전류계전기), 51G(지락 과전류계전기), 27(부족전압계전기), 59(과전압계전기)를 설치하고 상용전원과의 사이에 52T(Tie breaker)를 설치한다.

위 그림의 계전기 기타 번호

1) 81U : Under frequency relay(저주파수계전기)
2) 81O : Over frequency relay(고주파수계전기)
3) 78 : 위상비교계전기

문제 11-3

동기발전기를 병렬운전할 경우 필요사항을 기술하시오.

1 개 요

2대 이상의 발전기 또는 발전기와 상용전원계통과 병행운전하려면 전압이 같고, 주파수가 같아야 하는 조건이 충족되어야 한다.

이러한 병행운전을 위해 필요한 사항은 다음과 같다.

(1) 수동동기투입

(2) 자동동기투입(자동동기투입장치)

(3) 자동부하분담장치

(4) 자동전력조정장치

(5) 횡류보상장치

(6) 자동역률조정장치

2 수동동기(同期)투입구성과 방법

(1) **전압계(2개)** : 양쪽의 전압을 본다.

(2) **주파수계** : 양쪽의 주파수를 본다.

(3) **주기검정기(1개)** : 양쪽 위상의 지속(遲速)과 일치하는가를 본다.

(4) 발전기의 전압설정기(90R)을 조작해서 전압을 맞춘다.

(5) 그 후 동기검정계를 보고 지침속도가 완만해지고, 점차 동기검정기의 0점에 이르기 직전(5° 이내)에 차단기를 투입한다.

3 자동동기투입(자동동기투입장치)

(1) 수동동기투입의 모든 조작을 자동적으로 하는 장치이다.

(2) 전압, 주파수를 각각 맞추고, 위상일치점에서 차단기를 투입이 완료되는 투입 전 진행시간에 투입한다.

(3) 따라서, 전압설정기, 회전 수 설정기용 전동기로 구동해야 한다.

(4) 동기투입이 완료되면 조속기를 조작해 부하를 이행해서 병행운전에 들어간다.

4 자동부하분담장치

(1) 부하를 분담하는 조속기(governor)를 제어하는 장치이다.

(2) 이때 분담비율은 다음과 같은 수하특성에 따른다.
   ① 부하의 합 = A기의 부하 + B기의 부하
   ② f_0 : 부하의 합일 경우 모선주파수
   ③ 이후 전체부하가 늘어나면 f_0에서 f_0'로 내려간다.
   ④ 따라서, 각 부하는 A′, B′를 교점하는 위치로 이동한다.
   ⑤ 이때 수하율이 큰 A기의 부하이행은 B기와 비교해 작다. 즉, 수하율이 다른 2기 이상의 병행운전에는 부하의 편차가 생긴다.
   ⑥ 따라서, 수하율 교점이 f_0에서 f_0'로 일치하도록 하여, 양기기의 부하율도 동일하게 선정가능하다.

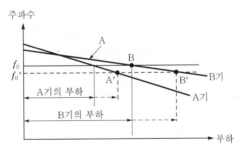

‖ 병렬발전기의 수하율 특성 ‖

5 자동전력조정장치

(1) 발전기 출력은 조속기로 제어된다.

(2) 자가용 발전과 한전의 전력분담비율이 경제적 계통운용의 견지에서 반드시 가장 적합한 것은 아니다.

(3) 이때, 자동전력조정장치를 병용하면 각종 목적에 대해 최적의 자가용 발전과 한전전력의 과도, 정상배분을 실현할 수 있다.

(4) 자가용 발전전력이 연계된 한전전력계통에 역송되는 경우에 자기계통 부하의 변동폭이 크다면 신속제어가 필요하며, 이때 자동전력조정장치가 효과적으로 적용된다.

6 횡류보상장치

(1) 기전력의 크기가 다른 경우 : 전압차에 의한 무효순환전류 발생

(2) 무효순환전류로 인한 영향

    ① 기전력이 작은 발전기 → 증자작용(용량성) → 전압이 증가

    ② 기전력이 큰 발전기 → 감자작용(유도성) → 전압이 감소

    ③ 전압크기가 다를 경우 : 전압차에 의한 무효순환전류(무효횡류)가 발생하며, 저항손
    발생→ 발전기의 온도상승으로 과열 → 소손

(3) 확인방법 : 전압계로 검출

(4) 대책 : 횡류보상장치 내의 자동전압조정기(AVR)를 적용하여 출력전압을 항상 정격전압과
일정하게 유지

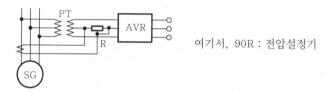

여기서, 90R : 전압설정기

    ※ CT와 PT회로에 설치된 저항으로 보상해서 AVR의 검출전압으로 제어한다.

‖ 횡류보상장치 ‖

7 자동역률조정장치

(1) 거대한 상용전원과 병행하면 발전기 단자전압은 계통전압에 의해 지배받는다.

(2) 자가용 발전설비를 일정한 전압을 유지시키려고 AVR이 작동해서 여자전류를 대폭변화시
키면 과전류의 원인이 된다.

(3) 이 현상을 방지하고자 자동역률조정장치를 설치하며, 이때 발전기의 운전역률을 일정하게
유지하도록 전압조정기는 전동조작으로 조작한다.

동기발전기의 병렬운전조건과 병렬운전법에 대하여 설명하시오.

COMMENT 여러 번 발송배전기술사에서 25점 출제문제로 나옴(꼭 암기).

1 병렬운전조건

(1) 기전력의 크기가 같을 것 : 전압계로 검출

① 크기가 다를 경우 : 무효순환전류(무효횡류) 발생 → 저항손 발생 → 과열 → 소손
② 기전력이 큰 발전기 → 감자작용(유도성) → 전압감소
③ 기전력이 작은 발전기 → 증자작용(용량성) → 전압증가
④ 횡류보상장치 내에 전압조정기(AVR) 적용 : 출력전압을 정격전압과 일정하게 유지

(2) 기전력의 위상이 같을 것 : 엔진속도 조정

① 위상이 다를 경우 : 순환전류(유효횡류) 발생
② 위상이 늦은 발전기 → 부하감소 → 회전속도증가
③ 위상이 빠른 발전기 → 부하증가 → 회전속도감소
④ 동기검정기 적용 : 계통의 위상일치 여부 검출

(3) 기전력의 주파수가 같을 것 : 엔진속도 조정

① 주파수가 다를 경우 : 발전기 단자전압상승(최대 2배) → 권선가열 → 소손
② 난조의 원인이 되며, 심하면 탈조까지 이르게 된다.
③ 조속기 적용 : 부하 및 엔진회전 수에 따라 연료분사량 조정

(4) 기전력의 파형이 같을 것

① 파형이 다를 경우 : 무효순환전류가 흐름 → 전기자 동손증가 → 과열, 소손
② 발전기 제작상 문제

(5) 상회전방향이 같을 것

① 방향이 다를 경우 : 선간단락 발생
② 상회전방향검출기로 방향 파악

(6) 원동기는 적당한 속도변동률과 균일한 각속도를 가질 것

2 병렬운전법

(1) 병렬운전회로도

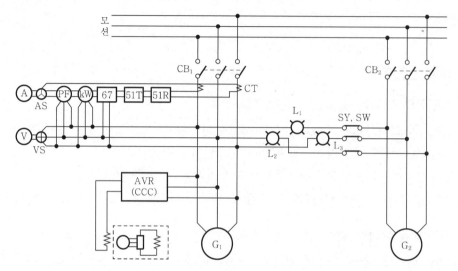

여기서, CCC(Cross Current Compensator) : 횡류보상장치
G_1 : 동기발전기 1
G_2 : 동기발전기 2

┃ 동기발전기 병렬운전회로도 ┃

(2) 병렬운전법

① G_1 운전 후 G_2 투입

㉠ 먼저 G_1을 기동시켜 조속기로 회전 수를 조정하고, 전압조정기로 전압을 조정하여 전압과 주파수가 정격치에 이르도록 한 후 모선에 투입한다.

㉡ 다음 G_2를 기동시켜 동기투입을 하기 위해서는 모선을 기준으로 발전기의 전압, 주파수, 위상이 일치하도록 조속기, 전압조정기 등을 조정하여 이들이 일치된 순간에 발전기의 출력측 차단기를 투입한다.

㉢ 전압의 크기와 위상을 완벽하게 일치시키기는 어려우므로 일반적으로 전압의 크기가 5[%] 이하, 위상차는 10° 이하이면, 투입해도 무난하다고 본다.

② G_1, G_2 병렬운전 중 G_1 분리

㉠ G_1 조속기 이용 감속, G_2 조속기 이용 감속

㉡ G_1의 부하는 G_2의 부하로 모두 이동

㉢ G_1, G_2 횡류보상회로 Off 후 G_1 정지

동기전동기의 난조방지에 대하여 설명하시오.

1 동기전동기의 난조

(1) 동기전동기는 회전계자와 회전자 사이에 일정한 부하각을 가진 상태에서 동기속도로 회전한다.

(2) 부하각 δ로 정상운전 중 부하가 갑자기 변동하면 부하토크와 전기자 발생 토크의 평형이 깨지고 새로운 부하각 δ_t을 중심으로 주기적으로 진동하게 되는 현상을 난조(hunting)라고 한다.

(3) 난조현상은 일반적으로는 감쇄진동을 하여 시간의 경과와 더불어 새로운 부하각에서 안정을 되찾게 된다. 그러나 난조에 의한 진동과 회전자의 고유진동주기가 일치할 때는 공진현상으로 인해 동기를 이탈하여 정지하게 된다.

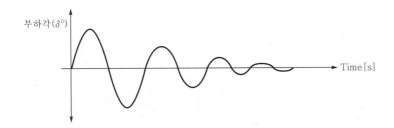

2 동기전동기의 난조방지대책

(1) 제동권선(단락권선) 설치

동기기의 회전자 또는 계자자극표면에 Slot을 파고, 단락권선(즉, 유도전동기의 농형 권선과 같은 권선)을 두어 자극에 슬립이 생겼을 때 난조에 의해 발생하는 슬립주파수의 전류가 이 권선에 흘러 진동을 제동하는 역할을 한다.

(2) 플라이휠 부착으로 난조감소

플라이휠을 붙이면 전동기의 자유진동주기가 길어져서 난조발생을 억제한다. 그러나 플라이휠의 크기와 무게를 잘못 선정하면 난조를 더욱 악화시키는 결과를 초래하기도 한다.

(3) 동기발전기의 경우에는 조속기(governor)의 감도를 너무 예민하지 않게 조정한다.

문제 13

건축물의 예비전원설비에 가스터빈발전기를 적용하고자 한다. 이때 가스터빈발전기의 구조, 특징, 선정시 검토사항 및 시공시 고려할 사항에 대해 설명하시오.

1 개 요

(1) 대형 건축물의 비상전원장치

① 디젤엔진발전장치 : 보편적으로 채용, 저가이나 진동 및 소음대책

② 가스터빈발전장치 : 양질의 전기공급, 고가

③ 무정전전원공급장치(UPS) : 단시간, 소용량

(2) 최근 대형 건축물은 인텔리전트화되어 고도의 정보통신설비, 정보화기기의 급증으로 양질의 전원공급이 상용·비상용에 관계되지 않고 요구되어 가스터빈발전장치의 수요가 확대될 것이다.

2 가스터빈발전기의 구조

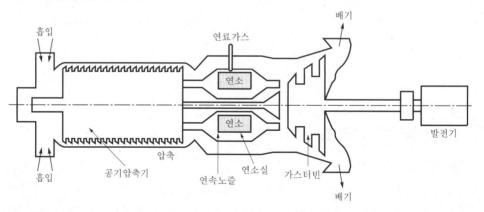

(1) **압축기** : 외부공기를 흡입하여 압축가압 후 연소실로 보내는 장치, 열효율을 높이는 목적으로 많은 Blade로 구성된다.

(2) **연소기** : 가압흡입된 공기에 연료를 분사하여 연소시켜 고온·고압의 가열기체를 형성시킨다(약 1,300~1,400[℃]).

(3) **터빈** : 연소기의 고온·고압가스를 Blade 내에서 팽창시켜 회전력을 얻는 장치, 티타늄, 알루미늄, 니켈 등의 합금으로 제작된 노즐과 회전 Blade로 구성된다.

3 가스터빈의 특징

(1) 흡입 → 압축 → 연소 → 팽창 → 배기 5행정의 회전운동을 하며, 회전속도가 연속적이다.

(2) 고온·고압 배기가스

① 고온·고압의 대량 배기가스(열손실 온도 : 1,300~1,400[℃], 배기온도 : 400~600[℃]) 가 그대로 방출되므로 열손실이 크다.

② 건축물의 열병합발전은 이 배기가스의 폐열을 흡수재활용한 시스템이다.

(3) 간단한 구조와 경량 : 압축기, 연소기, 터빈은 경량의 합금제작, 구조간단, 중량은 디 젤의 절반이다.

(4) 다양한 연료사용 및 연료소비율

① 디젤엔진의 연료 : 경유, A중유로 국한되나 가스터빈엔진은 연소실의 구조변경으로 등유, 경유, 중유, LNG, LPG, 천연가스 등 사용가능하다.

② 연소계통이 맥동이 아닌 회전으로 완전 연소가능하며, NO_x물질, CO_2물질 외에는 거의 공해물질 배출이 없다.

③ **연료소비율** : 디젤과 비교하여 2배 정도 높아 적용시 신뢰성 및 경제성의 검토가 필 요하다.

(5) 전기적 부하투입 특성

① 가스터빈은 고속운전하여 부하를 전부하 투입하거나 차단해도 속도변동률이 적어 전압변동도 적다.

② 따라서, 대형 전산센터, IG에 양질의 전원공급이 가능하다.

③ 2축식의 경우 디젤엔진보다 전기적 특성이 뒤지기 때문에 발주계획시 검토가 필요 하다.

(6) 엔진소음 : 회전고속음이나 Packing 가능(디젤식보다 소음 및 진동이 작음)

(7) 냉각방식 : 공랭식(냉각수 확보에 따른 문제점 해소)

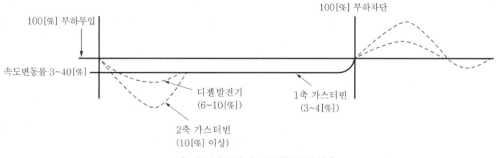

‖ 가스터빈의 속도변동률 특성 ‖

(8) 보통 1,000[kW] 정도 이상의 대용량에 사용된다.

(9) 가격은 디젤엔진의 2~4배 정도로 비싸다.

(10) 동일용량에 대해서 체적 및 중량은 디젤엔진에 비해 작다.

4 엔진선정시 고려사항

(1) 디젤엔진이 적합한 부하

① 비상전원의 사용빈도가 적고, 비상전원의 중요도가 크지 않은 부하
② 냉각수 확보가 용이한 조건
③ 장시간 가동 및 저압발전방식 채택 설비
④ 저렴한 초기투자비용에 의한 비상전원 확보

(2) 가스터빈이 적합한 부하(즉, 가스터빈발전설비가 필요한 경우)

① 비상전원 의존도가 높고, 양질의 전원이 요구되는 부하
② 건축물이 Modernization화할 경우
③ 냉각수의 확보가 어렵고, 진동방지용으로 별도의 기초가 어려운 건축물
④ 열병합발전시스템 또는 Peak-cut용으로 적용
⑤ 가스연료를 사용할 때 NO_x, SO_x 배출량이 적어 공해방지효과
⑥ 환경문제에 민감한 지역
⑦ 발전설비의 설치환경이 열악한 지역
⑧ 단시간 피크부하를 사용하면서 중요 부하에 대해서 무정전이 요구되는 경우

5 가스터빈발전기의 설계 및 시공시 고려사항

(1) 급기대책

① 급기에는 연소용 급기와 공랭용 급기가 필요하다.
② 연소용 급기의 온도가 높으면 발전기 출력에 지대한 영향(출력감소)을 준다.
   즉, 급기온도에 따른 출력제한이 있다.

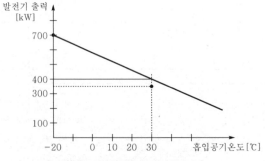

┃ 급기온도에 따른 출력제한 예 ┃

(2) 배기대책

① 400~600[℃]의 고온·고압 배기가스를 배출하므로 연도의 크기와 단열대책이 필요하다.

② 허용 Back pressure를 300[mmAq] 이하로 하지 않으면 엔진출력이 감소된다.

(3) 배기단열대책

① 배기가스의 높은 온도로 건축물의 수축, 팽창 등의 문제점이 발생하므로 특히 단열대책이 필요하다.

② 옹벽내부에 단열처리를 하는 경우 : 단시간 운전되는 가스터빈발전기에 적용한다.

③ AS 파이프(내부에 2개의 공기층을 갖는 파이프)를 사용하는 방법 : 장시간 운전시 적용한다.

(4) 발전기실 설치시 고려사항

① 면적 : 개략적으로 $1.7\sqrt{P}\,[\mathrm{m}^2]$(여기서, P : 원동기의 마력 수)로 계산되며, 충분한 면적 확보가 필요하다.

② 실내(지하실 등)에 설치할 때는 층고 5[m] 정도로 하여 유지보수용 크레인 등을 설치가능하도록 한다.

③ 바닥의 기초는 엔진의 진동에 충분히 견딜 수 있어야 한다.

④ 연료의 배관을 고려한다.

⑤ 환기가 잘 되는 장소여야 한다.

⑥ 기기의 반출입이 용이한 장소를 택한다.

⑦ 급기 및 배기를 원활히 할 수 있도록 해야 한다.

(5) 가스터빈발전기 선정시 검토사항

① 전압변동률, 주파수 등의 전기품질과 신뢰도를 검토한다.

② 진동, 소음, 대기오염 등의 환경 관련 문제를 고려한다.

③ 적정한 연료를 사용한다.

④ 폐열을 난방 등에 이용하는 방안을 검토한다.

⑤ 초기설치비, 유지보수비, 발전단가 등을 종합적으로 검토하여 Life cycle cost가 최소가 되도록 경제성을 검토한다.

⑥ 잉여전력을 전력회사에 판매할 경우 계통연계방안을 검토한다.

가스터빈발전기의 특징 및 장단점을 설명하시오.

1 개 요

(1) 대형 건축물의 비상전원장치

① 디젤엔진발전장치 : 보편적으로 채용, 저가이나 진동 및 소음대책

② 가스터빈발전장치 : 양질의 전기공급, 고가

③ 무정전전원공급장치(UPS) : 단시간, 소용량

(2) 비상발전기를 구동하는 원동기로는 휘발유 엔진, 디젤엔진, 가스터빈엔진의 3가지가 있는데, 휘발유 엔진은 수 십[kW] 이하의 소형 발전기에 사용되고, 디젤엔진은 수 십~2,000[kW] 정도까지 가스터빈엔진은 1,000~2,000[kW] 이상의 대용량에 사용되고 있다.

(3) 최근 대형 건축물은 인텔리전트화되어 고도의 정보통신설비, 정보화기기의 급증으로 양질의 전원공급이 상용·비상용에 관계되지 않고 요구되어 가스터빈발전장치의 수요가 확대될 것이다.

(4) 일반 전기사업자용

주로 LNG 연료를 사용하여 환경성이 좋고 부하에 응동하는 능력이 수력발전보다 낮으나 대형기력보다 우수하여 주로 첨두부하용에 적용하고 있다.

2 가스터빈발전기의 구조

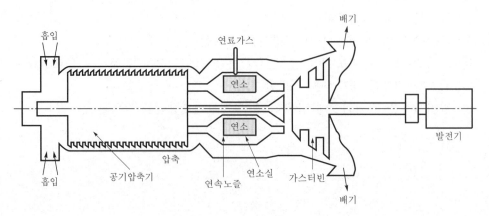

(1) **압축기** : 외부공기를 흡입하여 압축가압 후 연소실로 보내는 장치, 열효율을 높이는 목적, 많은 Blade로 구성된다.

(2) **연소기** : 가압흡입된 공기에 연료를 분사하여 연소시켜 고온·고압의 가열기체를 형성시킨다(약 1,300~1,400[℃]).

(3) **터빈** : 연소기의 고온·고압가스를 blade 내에서 팽창시켜 회전력을 얻는 장치, 티타늄, 알루미늄, 니켈 등의 합금으로 제작된 노즐과 회전 blade로 구성된다.

3 가스터빈의 특징

(1) 흡입 → 압축 → 연소 → 팽창 → 배기의 5행정이 회전운동하며, 회전속도가 연속적이다.

(2) **고온·고압 배기가스**

① 고온·고압의 대량배기가스(연소실 온도 : 1,300~1,400[℃], 배기온도 : 400~600[℃])가 그대로 방출되므로 열손실이 크다.

② 건축물의 열병합발전은 이 배기가스의 폐열을 흡수하여 재활용한 시스템이다.

(3) **간단한 구조와 경량** : 압축기, 연소기, 터빈은 경량의 합금제작, 구조간단, 중량은 디젤의 절반이다.

(4) **다양한 연료사용 및 연료소비율**

① 디젤엔진의 **연료** : 경유, A중유로 국한되나 가스터빈엔진은 연소실의 구조변경으로 등유, 경유, 중유, LNG, LPG, 천연가스 등이 사용가능하다.

② 연소계통이 맥동이 아닌 회전으로 완전연소가능하며, NO_x물질, CO_2물질 외에는 거의 공해물질 배출이 없다.

③ **연료소비율** : 디젤과 비교하여 2배 정도 높아, 적용시 신뢰성 및 경제성의 검토가 필요하다.

(5) **전기적 부하투입 특성**

① 가스터빈은 고속운전하여 부하를 전부하 투입하거나 차단해도 속도변동률이 적어 전압변동도 적다.

② 따라서, 대형 전산센터, IB에 양질의 전원공급이 가능하다.

③ 2축식의 경우 디젤엔진보다 전기적 특성이 뒤지기 때문에 발주계획시 검토가 필요하다.

(6) **엔진소음** : 회전고속음이나, Packing 가능(디젤식보다 소음 및 진동이 작음)

(7) **냉각방식** : 공랭식(냉각수 확보에 따른 문제점 해소)

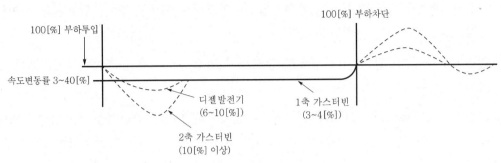

가스터빈의 속도변동률 특성

(8) 보통 1,000[kW] 정도 이상의 대용량에 사용된다.

(9) 가격은 디젤엔진의 2~4배 정도로 비싸다.

(10) 동일용량에 대해서 체적 및 중량은 디젤엔진에 비해 작다.

(11) **엔진선정시 고려사항**

① 디젤엔진이 적합한 부하

  ㉠ 비상전원의 사용빈도가 적고, 비상전원의 중요도가 크지 않은 부하

  ㉡ 냉각수 확보가 용이한 조건

  ㉢ 장시간 가동 및 저압발전방식 채택 설비

  ㉣ 저렴한 초기투자비용에 의한 비상전원 확보

② 가스터빈이 적합한 부하(즉, 가스터빈 발전설비가 필요한 경우)

  ㉠ 비상전원 의존도가 높고, 양질의 전원이 요구되는 부하

  ㉡ 건축물이 Modernization화할 경우

  ㉢ 냉각수의 확보가 어렵고 진동방지용 별도의 기초가 어려운 건축물

  ㉣ 열병합발전시스템 또는 Peak-cut용으로 적용

  ㉤ 가스연료를 사용할 때 NO_x, SO_x 배출량이 적어 공해방지효과

  ㉥ 환경문제에 민감한 지역

  ㉦ 발전설비의 설치환경이 열악한 지역

  ㉧ 단시간 피크부하를 사용하면서 중요 부하에 대해서 무정전이 요구되는 경우

4 가스터빈의 장단점

(1) **장점**

① 운전조작이 간편하다.

② 구조간단, 운전에 대한 신뢰도가 높다.

③ 기동정지가 용이하다.

④ 물처리가 필요 없고, 냉각수 소용용량이 적어도 된다.

⑤ 설치장소를 비교적 자유롭게 선정가능하다.

⑥ 건설기간이 비교적 짧다.

(2) 단점

① 가스온도가 고온이므로 값이 고가인 내열재가 필요하다.

② 열효율은 대형기력 또는 내연력에 비해 떨어진다.

③ Cycle 공기량이 많아 이것을 압축시 에너지소비량이 떨어진다.

④ 가스터빈의 종류에 따라서, 성능이 외기온도의 영향을 받는다.

　㉠ 대기온도가 성능기준보다 15[℃] 이상 낮은 경우 : 출력증가

　㉡ 대기온도가 성능기준보다 15[℃] 이상 높은 경우 : 출력감소

⑤ 급기대책에 특별히 요구된다.

　㉠ 급기에는 연소용 급기와 공랭용 급기가 필요하다.

　㉡ 연소용 급기의 온도가 높으면 발전기 출력에 지대한 영향(출력감소), 즉 급기온도에 따른 출력제한이 있다.

⑥ 배기대책이 요구된다.

　㉠ 400~600[℃]의 고온·고압 배기가스를 배출하므로 연도의 크기와 단열대책이 필요하다.

　㉡ 허용 Back pressure가 300[mmAq] 이하일 것, 그렇지 않으면 엔진출력이 감소된다.

⑦ 배기단열대책

　㉠ 배기가스의 높은 온도로 건축물의 수축, 팽창 등의 문제점이 발생하므로 특히 단열대책이 필요하다.

　㉡ 옹벽내부에 단열처리를 하는 경우 : 단시간 운전되는 가스터빈발전기에 적용된다.

　㉢ AS 파이프(내부에 2개의 공기층을 갖는 파이프)를 사용하는 방법 : 장시간 운전시 적용된다.

디젤엔진과 가스터빈엔진의 특징을 비교하시오.

1 개 요

(1) 비상발전기를 구동하는 원동기로는 휘발유 엔진, 디젤엔진, 가스터빈엔진의 3가지가 있다.

(2) 휘발유 엔진은 수 십[kW] 이하의 소형 발전기에 사용되고, 디젤엔진은 수 십~2,000[kW] 정도까지, 가스터빈엔진은 1,000~2,000[kW] 이상의 대용량에 사용되고 있다.

2 디젤엔진과 가스터빈엔진의 특징 비교

특 성	구 분	가스터빈엔진	디젤엔진
일반 특성	작동원리	연속회전운동으로 완전연소	왕복운동(맥동행정)으로 단속연소
	출력특성	흡입공기의 온도가 높으면 출력저하, 수명단축	주변 여건에 영향을 안 받음
	진동	진동 거의 없음	왕복운동-별도의 진동방지대책 필요
	소음	회전고속음, 패킹가능(80~90[dB])	왕복운동의 충격음(105~115[dB])
	체적, 중량	구성이 간단, 체적이 적고 경량	구성이 복잡, 체적이 크고 중량
	냉각수	불필요	필요
	가격	디젤엔진의 2~3배로 고가	저가
연료 특성	연료소비율	디젤의 약 2배 소비	150~230[g/ps·h]
	사용연료	LNG, LPG, 경유, 등유 등	경유, 중유
급배기 특성	급배기장치	별도의 급배기 장치 필요	배기시 소음기 부착
	배기단열시공	별도의 단열대책 필요	기본단열로 가능
	NO_x 배기량	적다.	많다.
	SO_x 배기량	적다.	많다.
전기적 특성	주파수변동률	±0.4[%]	±5[%]
	전압변동률	±1.5[%]	±4[%]
	속도변동률	±4[%]	±20[%]
	기동시간	20~40초(대개 40초)	5~40초(대개 8~10초)
	부하투입	• 1축식 : 100[%] 투입 • 2축식 : 70[%] 투입	단계별 부하투입

문제 15

동기기에서 발생하는 전기자 반작용(Armature reaction)이란 무엇이며, 발전기 운전 중 그 역할에 따라 발전기 특성에 어떠한 영향을 주는지에 대하여 기술하시오.

1 동기발전기의 전기자 반작용

(1) 전기자 반작용의 정의

전기자 반작용이란 전기자에 전류가 흐르면 그 전류에 의해 생기는 자계가 주(主)자극(자극의 자속)에 영향을 미치는 것으로, 계자기자력에 영향을 주는 작용을 말한다(즉, 전기자 전류의 작용에 의한 영향).

(2) 발생사유

① 터빈발전기의 원통형 회전자의 경우 계자권선은 분포권으로, 기자력의 분포는 계단의 모습과 같다.

② 전기자에 전류가 흐르면 상회전방향으로 동기속도로 회전하는 회전기자력 F_a를 발생시킨다.

이때, 주계자의 기전력 E_f는 계자슬롯 수가 많으면 정현파에 가깝게 된다.

2 역률과의 관계

(1) 개념

동기기의 전기자 반작용은 발전기의 유도기전력과 전기자전류의 위상, 즉 역률에 따라 변한다.

(2) 유도기전력과 전기자 전류와의 위상차에 의한 현상

① 교차자화작용

㉠ 유도기전력과 전기자 전류가 동상(同相)($\cos\phi = 1$)일 때 발생한다.

㉡ 전기자 기자력(ϕ_a)과 주계자에 의한 자속(ϕ_F)이 공간적으로 90° 직교하므로 이를 교차자화작용 또는 횡축반작용이라 한다.

㉢ 현상 : 이들의 합성기자력에 감자작용으로 유도기전력이 감소한다.

㉣ 개념도 및 Vector도

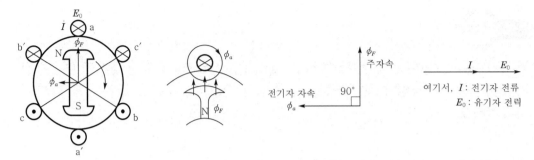

┃ 교차자화작용 개념도 및 Vector도 ┃

② 감자작용

  ㉠ 전기자 전류가 유도기전력보다 $90°(\pi/2$[rad] 지상(뒤지는)인 경우, 지상 $\cos\phi=0$)

  ㉡ $\cos\phi=0$(지역률 : lagging)이면 직축반작용 또는 감자작용으로 단자전압강하

  ㉢ 전기자 자속은 계자자속과 반대방향으로 되어 전기자 반작용은 감자작용

  ㉣ 현상 : 공극의 자속을 감소시키는 결과로, 유도기전력을 감소시켜 단자전압은 현저히 감소

  ㉤ 개념도 및 Vector도

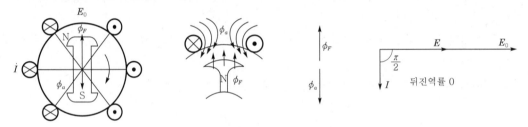

┃ 감자작용 개념도 및 Vector도 ┃

③ 증자작용(＝자화작용)

  ㉠ 전기자 전류가 유도기전력보다 $90°(\pi/2$[rad] 진상(앞서는)인 경우, 진상 $\cos\phi=0$)

  ㉡ $\cos\phi=0$(진역률 : leading)이면 증자작용되어 단자전압상승

  ㉢ 전기자 자속은 계자자속과 동일 방향으로 되어 전기자 반작용은 자화작용

  ㉣ 현상 : 공극의 자속을 증가시키는 결과로, 유도기전력을 증기시켜 단자전압은 현저히 증가

  ㉤ 개념도 및 Vector도

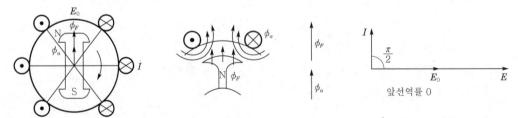

┃ 증자작용 개념도 및 Vector도 ┃

동기발전기에서 발생하는 전기자 반작용에 대하여 설명하고, 운전 중 발전기 특성에 미치는 영향을 설명하시오.

1 개 요

(1) 동기발전기란 동기속도로 회전하는 교류발전기를 말하며, 회전전기자형과 회전계자형이 있으며 회전계자형이 특징적인 이유로 많이 사용된다.

(2) 동기발전기에서 전기자 반작용은 무부하상태에는 발생되지 않고, 특히 운전(부하) 중 전기자권선에서 발생된 자속 중에 공극의 자속분포에 영향을 주어서 발생된다.

(3) 전기자 전류의 크기, 권선의 분포, 자기저항, 부하역률에 따라 다르게 발생된다.

2 전기자 반작용

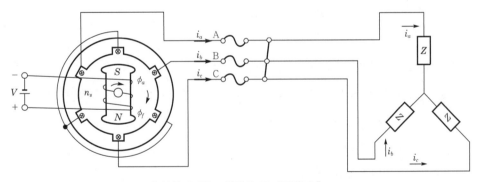

‖ 부하가 있는 경우의 동기발전기 ‖

(1) 무부하일 때

계자전류가 일정하면 공극의 자속 ϕ도 일정하므로 기전력 $E = 4.44 f n \phi$[V]도 일정하다.

(2) 부하가 접속되어 전기자 권선에 전류가 흐를 때

전기자 권선에 자속이 발생하여 계자자속에 영향을 주어 공극의 자속분포가 변하므로 유기기전력도 변하게 된다.

(3) 이와 같이 전기자 권선에 발생한 자속 중에 공극의 자속분포에 영향을 주는 현상을 전기자 반작용이라 한다.

3 운전 중 동기발전기 특성에 미치는 영향

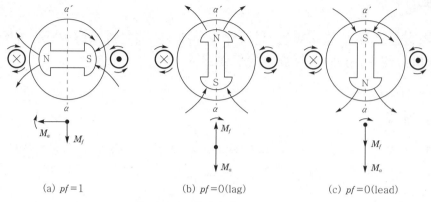

(a) pf=1　　　　(b) pf=0(lag)　　　　(c) pf=0(lead)

┃ 전기자 반작용도 ┃

(1) 전기자 권선에 저항부하가 연결된 경우

① 기전력과 동상의 전기자 전류가 흐른다.

② a상의 도체는 계자극 N, S 바로 위에 높게 된다.

③ 전기자 전류에 의한 자기장의 축은 항상 주자속의 축과 직각이 된다.

④ 이러한 작용은 교차자화작용이 되며 한쪽은 감자작용, 한쪽은 증자작용을 하는 편 자작용을 하게 되어 왜형파 자속분포가 된다.

⑤ 역률은 항상 1이 된다.

(2) 전기자 권선에 리액턴스 부하가 연결된 경우

① 계자가 그림 (a)에서 90°회전한 경우로 그림 (b)의 위치에 있게 된다.

② 전기자 전류가 기전력보다 $\frac{\pi}{2}$[rad] 뒤진전류가 흐르며, 지역률 0이 된다.

③ 전기자 전류에 의한 자속이 주자속과 반대로 되어 계자자속을 저감시키는 감자작용 또는 직축반작용을 하게 된다.

(3) 전기자 권선에 콘덴서 부하가 연결된 경우

① 계자가 그림 (b)에서 180° 회전한 경우로 그림 (c)의 위치에 있게 된다.

② 전기자 전류가 기전력보다 $\frac{\pi}{2}$[rad] 빠른 전류가 흐르며, 진역률 0이 된다.

③ 전기자 자속이 계자자속을 증가시키는 방향으로 작용하는 증자작용 또는 자화작용 을 하게 된다.

4 결 론

동기발전기는 상기와 같이 특히 부하조건에 따라 부하전류 즉, 전기자 전류의 형태에 따라 교차자화작용, 감자작용, 증자작용의 현상이 일어남을 알 수 있다.

문제 15-2

단락비란 무엇이며, 단락비(SCR ; Short Circuit Ratio, K_s)가 발전기 성능에 미치는 영향에 대하여 기술하시오.

COMMENT 발송배전기술사 시험에는 1년에 한 번씩 출제된다.

1 정 의

(1) 단락비란 정격부하전류 I_n과 같은 영구단락전류를 흘리는 데 필요한 계자전류(I_f'')에 대한 무부하 정격속도에서 정격전압 V_n을 발생시키는 데 필요한 계자전류(I_f')이다.

$$\text{단락비}(K_s) = \frac{\text{무부하시 정격속도에서 정격전압을 유기하는 계자전류}(I_f')}{\text{정격 3상 단락전류를 흘리는 데 필요한 계자전류}(I_f'')} = \frac{I_s}{I_n}$$

(2) 단락비는 발전기의 단락시 특성뿐만 아니라 구조, 가격, 충전용량, 안정도의 정도 파악에 중요한 요소이다.

2 단락비의 그림상 해석

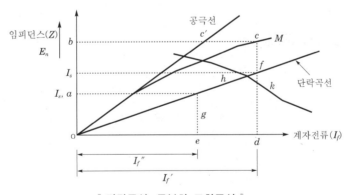

| 단락곡선, 무부하 포화곡선 |

(1) 단락비$(K_s) = \dfrac{\overline{od}}{\overline{oe}} = \dfrac{I_f'}{I_f''} = \dfrac{I_s}{I_n} = \dfrac{1}{Z_s[\text{p.u}]}$ (여기서, $Z_s[\text{p.u}]$: 동기 임피던스 [p.u]값)

(2) 포화율 $= \dfrac{\overline{c'c}}{\overline{be'}}$

$\therefore$ 지속단락전류 $=($단락비$) \cdot I_n$

(3) 단락곡선

발전기에서 중성점을 제외한 단자를 단락 후 정격속도로 운전하여 계자전류 I_f를 서서히 증가 하였을 때 발생되는 단락전류 I_s와 I_f와의 관계곡선

3 단락비가 발전기 구조와 성능에 미치는 영향

COMMENT 10점용으로 자주 출제된다.

단락비가 큰 경우	단락비가 작은 경우

• 구조와 단락비 : 발전기에 구성재료 중 철성분이 많음을 나타내는 철기계의 의미
• 성능에 미치는 영향
  – 동기 임피던스가 작다.
  – 전압변동률이 작다.
  – 전기자 반작용이 작다.
  – 발전기 자기여자현상 방지효과가 크다.
  – 과부하 내량이 커서 안정도 향상에 유리하다.
  – 동기 임피던스가 작다는 것은 계자기자력이 크다는 것을 의미하며, 계자철심(즉, 회전자직경)이 커서 기계중량이 큰 철기계를 의미한다.
  – 기계가 커서 가격이 고가이다.
  – 철손, 기계손 증가로 효율이 저하된다.
	• 구조와 단락비 : 발전기 구성재료 중 구리성분이 많음을 나타내는 동기계의 의미
	• 성능에 미치는 영향
	  – 동기 임피던스가 크다.
	  – 전압변동률이 크다.
	  – 전기자 반작용이 크다.
	  – 발전기 자기여자현상 방지효과가 낮다.
	  – 과부하 내량이 작아 안정도 향상에 불리하다.
	  – 전기자 반작용에 의한 기자력이 크므로 공극이 작고, 계자기자력이 전기자 기자력에 대해 작다는 것을 의미한다.
	  – 중량이 가볍고, 기계가 작아 가격이 싸다.
	  – 철손, 기계손 감소로 효율이 증가한다.

4 단락비 선정시 고려사항

(1) 동기발전기의 출력은 동기 리액턴스 X_S에 반비례한다.

$$안정도를 고려한 출력 \ P = \frac{3EV}{X_S}\sin\delta$$

여기서, V : 단자전압(상전압)[V]
E : 유기기전력[V]

(2) 단락비와 동기 리액턴스[p.u]는 역수관계이다.

(3) 단락비 선정시 전압변동률을 좋게 하고, 안정도 및 선로의 충전용량을 크게 하고 싶은 경우의 단락비는 1.5~1.8 정도가 적합하다.

의료장소(종합병원)의 전기설비시설기준(KSC IEC 60364)에 대하여 특별히 고려할 사항을 설명하시오. (「전기설비기술기준의 판단기준」 제249조)

1 의료장소의 정의

의료장소란 병원이나 진료소 등에서 환자진단, 치료(미용치료 포함), 감시, 간호 등의 의료행위를 하는 장소를 말한다. 다음에 따라 전기설비를 시설하여야 한다.

2 의료장소의 구분

의료장소는 의료용 전기기기의 장착부(의료용 전기기기의 일부로서 환자의 신체와 필연적으로 접촉되는 부분)의 사용방법에 따라 다음과 같이 구분한다.

(1) 그룹 0

일반병실, 진찰실, 검사실, 처치실, 재활치료실 등 장착부를 사용하지 않는 의료장소

(2) 그룹 1

분만실, MRI실, X선 검사실, 회복실, 구급처치실, 인공투석실, 내시경실 등 장착부를 환자의 신체 외부 또는 심장부위를 제외한 환자의 신체내부에 삽입시켜 사용하는 의료장소

(3) 그룹 2

관상동맥질환 처치실(심장카테터실), 심혈관조영실, 중환자실(집중치료실), 마취실, 수술실, 회복실 등 장착부를 환자의 심장부위에 삽입 또는 접촉시켜 사용하는 의료장소

3 의료장소의 시설기준

(1) 접지계통

의료장소별로 다음과 같이 접지계통을 적용한다.
  ① 그룹 0 : TT계통 또는 TN계통
  ② 그룹 1 : TT계통 또는 TN계통. 다만, 전원자동차단에 의한 보호가 의료행위에 중대한 지장을 초래할 우려가 있는 의료용 전기기기를 사용하는 회로에는 의료 IT계통을 적용할 수 있다.
  ③ 그룹 2 : 의료 IT계통. 다만, 이동식 X-ray 장치, 정격출력이 5[kVA] 이상인 대형기기용 회로, 생명유지장치가 아닌 일반의료용 전기기기에 전력을 공급하는 회로 등에는 TT계통 또는 TN계통을 적용할 수 있다.

④ 의료장소에 TN계통을 적용할 때에는 주배전반 이후의 부하계통에서는 TN-C계통
으로 시설하지 말아야 한다.

(2) 보호설비

의료장소의 안전을 위한 보호설비는 다음과 같이 시설한다. 또한 그룹 1 및 그룹 2의 의료 IT
계통은 다음과 같이 시설한다.

① 전원측에 KS C IEC 61558에 따라 이중 또는 강화절연을 한 의료용 절연변압기를
설치하고 그 2차측 전로는 접지하지 말 것

② 의료용 절연변압기는 함 속에 설치하여 충전부가 노출되지 않도록 하고 의료장소의
내부 또는 가까운 외부에 설치할 것

③ 의료용 절연변압기의 2차측 정격전압은 교류 250[V] 이하로 하며 공급방식 및 정격
출력은 단상 2선식, 10[kVA] 이하로 할 것

④ 3상 부하에 대한 전력공급이 요구되는 경우 의료용 3상 절연변압기를 사용할 것

⑤ 의료용 절연변압기의 과부하 및 온도를 지속적으로 감시하는 장치를 적절한 장소에
설치할 것

⑥ 의료 IT계통의 절연상태를 지속적으로 계측, 감시하는 장치를 다음과 같이 설치할 것

㉠ KS C IEC 60364에 따라 의료 IT계통의 절연저항을 계측, 지시하는 절연감시장치
를 설치하여 절연저항이 50[kΩ]까지 감소하면 표시설비 및 음향설비로 경보를 발
하도록 할 것

㉡ 의료 IT계통의 누설전류를 계측, 지시하는 절연감시장치를 설치하는 경우에는 누
설전류가 5[mA]에 도달하면 표시설비 및 음향설비로 경보를 발하도록 할 것

㉢ 상기의 표시설비 및 음향설비를 적절한 장소에 배치하여 의료진에 의하여 지속적
으로 감시될 수 있도록 할 것

㉣ 표시설비는 의료 IT계통이 정상일 때에는 녹색으로 표시되고 의료 IT계통의 절연저
항 혹은 누설전류가 위에 규정된 값에 도달할 때에는 황색 또는 적색으로 표시되도
록 할 것 또한 각 표시들은 정지시키거나 차단시키는 것이 불가능한 구조일 것

㉤ 수술실 등의 내부에 설치되는 음향설비가 의료행위에 지장을 줄 우려가 있는 경우
에는 기능을 정지시킬 수 있는 구조일 것

㉥ 의료 IT계통의 분전반은 의료장소의 내부 혹은 가까운 외부에 설치할 것

㉦ 의료 IT계통에 접속되는 콘센트는 TT계통 또는 TN계통에 접속되는 콘센트와 혼
용됨을 방지하기 위하여 적절하게 구분표시할 것

(3) 의료장소의 배선

① 그룹 1과 그룹 2의 의료장소에서 교류 125[V] 이하 콘센트를 사용하는 경우에는 의
료용 콘센트를 사용할 것. 다만, 플러그가 빠지지 않는 구조의 콘센트가 필요한 경
우에는 잠금형을 사용한다.

② 그룹 1과 그룹 2의 의료장소에 무영등 등을 위한 특별저압(SELV 또는 PELV)회로를 시설하는 경우, 사용전압은 교류실효값 25[V] 또는 직류비맥동 60[V] 이하로 할 것

③ 의료장소의 전로에는 정격감도전류 30[mA] 이하, 동작시간 0.03초 이내의 누전차단기를 설치할 것. 다만, 다음의 경우는 그러하지 아니하다.

　㉠ 의료 IT계통의 전로

　㉡ TT계통 또는 TN계통에서 전원자동차단에 의한 보호가 의료행위에 중대한 지장을 초래할 우려가 있는 회로에 누전경보기를 시설하는 경우

　㉢ 의료장소의 바닥으로부터 2.5[m]를 초과하는 높이에 설치된 조명기구의 전원회로

　㉣ 건조한 장소에 설치하는 의료용 전기기기의 전원회로

(4) 접지설비

의료장소와 의료장소 내의 전기설비 및 의료용 전기기기의 노출도전부 그리고 계통외 도전부에 대하여 다음과 같이 접지설비를 시설하여야 한다.

① 접지설비란 접지극, 접지도체, 기준접지바, 보호도체, 등전위본딩도체를 말한다.

② 의료장소마다 그 내부 또는 근처에 기준접지바를 설치할 것. 다만, 인접하는 의료장소와의 바닥면적 합계가 50[m²] 이하인 경우에는 기준접지바를 공용할 수 있다.

③ 의료장소 내에서 사용하는 모든 전기설비 및 의료용 전기기기의 노출도전부는 보호도체에 의하여 기준접지바에 각각 접속되도록 할 것

④ 콘센트 및 접지단자의 보호도체는 기준접지바에 직접 접속할 것

⑤ 보호도체의 공칭단면적은 아래 표에 따라 선정할 것

상도체의 단면적(S)[mm²]	대응하는 보호도체의 최소단면적[mm²]	
	보호도체의 재질이 상도체과 같은 경우	보호도체의 재질이 상도체과 다른 경우
$S \leq 16$	S	$\left(\dfrac{k_1}{k_2}\right) \times S$
$16 < S \leq 35$	16^a	$\left(\dfrac{k_1}{k_2}\right) \times 16$
$S > 35$	$\dfrac{S^a}{2}$	$\dfrac{k_1}{k_2} \times \dfrac{S}{2}$

[비고] k_1 : 도체 및 절연의 재질에 따라 KS C IEC 60364-5-54에서 선정된 상도체에 대한 k값

k_2 : KS C IEC 60364-5-54에서 선정된 보호도체에 대한 k값

a : PEN도체의 경우 단면적의 축소는 중성선의 크기 결정에 대한 규칙에만 허용

(5) 등전위본딩

① 그룹 2의 의료장소에서 환자환경(환자가 점유하는 장소로부터 수평방향 2.5[m], 의료장소의 바닥으로부터 2.5[m] 높이 이내의 범위) 내에 있는 계통 외 도전부와 전기설비 및 의료용 전기기기의 노출도전부, 전자기장해(EMI) 차폐선, 도전성 바닥 등은 등전위본딩을 시행할 것

② 계통 외 도전부와 전기설비 및 의료용 전기기기의 노출도전부 상호간을 접속한 후 이를 기준접지바에 각각 접속할 것

③ 한 명의 환자에게는 동일한 기준접지바를 사용하여 등전위본딩을 시행할 것

④ 등전위본딩도체는 보호도체와 동일 규격 이상의 것으로 선정할 것

(6) 접지도체

① 접지도체의 공칭단면적은 기준접지바에 접속된 보호도체 중 가장 큰 것 이상으로 해야 한다.

② 철골, 철근 콘크리트 건물에서는 철골 또는 2조 이상의 주철근을 접지도체의 일부분으로 활용할 수 있다.

③ 보호도체, 등전위본딩도체 및 접지도체의 종류는 450/750[V] 일반용 단심비닐절연 전선으로서 절연체의 색이 녹황의 줄무늬이거나 녹색인 것을 사용해야 한다.

(7) 비상전원

상용전원공급이 중단될 경우 의료행위에 중대한 지장을 초래할 우려가 있는 전기설비 및 의료용 전기기기에는 다음 사항 및 KS C IEC 60364에 따라 비상전원을 공급하여야 한다.

① 절환시간 0.5초 이내에 비상전원을 공급하는 장치 또는 기기

② 0.5초 이내에 전력공급이 필요한 생명유지장치

③ 그룹 1 또는 그룹 2의 의료장소의 수술등, 내시경, 수술실 테이블, 기타 필수 조명

④ 절환시간 15초 이내에 비상전원을 공급하는 장치 또는 기기

　㉠ 15초 이내에 전력공급이 필요한 생명유지장치

　㉡ 그룹 2의 의료장소에 최소 50[%]의 조명, 그룹 1의 의료장소에 최소 1개의 조명

⑤ 절환시간 15초를 초과하여 비상전원을 공급하는 장치 또는 기기

　㉠ 병원기능을 유지하기 위한 기본작업에 필요한 조명

　㉡ 그 밖의 병원기능을 유지하기 위한 중요한 기기 또는 설비

의료용 장소란 무엇이며, 그 구분 및 비상전원의 기준에 대하여 KS C IEC 60364에서 정한 내용을 간단히 설명하시오.

1 의료장소의 정의

의료장소란 병원이나 진료소 등에서 환자진단, 치료(미용치료 포함), 감시, 간호 등의 의료행위를 하는 장소를 말한다. 다음에 따라 전기설비를 시설하여야 한다.

2 의료장소의 구분

의료장소는 의료용 전기기기의 장착부(의료용 전기기기의 일부로서 환자의 신체와 필연적으로 접촉되는 부분)의 사용방법에 따라 다음과 같이 구분한다.

(1) 그룹 0

일반병실, 진찰실, 검사실, 처치실, 재활치료실 등 장착부를 사용하지 않는 의료장소

(2) 그룹 1

분만실, MRI실, X선 검사실, 회복실, 구급처치실, 인공투석실, 내시경실 등 장착부를 환자의 신체 외부 또는 심장부위를 제외한 환자의 신체내부에 삽입시켜 사용하는 의료장소

(3) 그룹 2

관상동맥질환 처치실(심장카테터실), 심혈관조영실, 중환자실(집중치료실), 마취실, 수술실, 회복실 등 장착부를 환자의 심장부위에 삽입 또는 접촉시켜 사용하는 의료장소

3 비상전원

상용전원공급이 중단될 경우 의료행위에 중대한 지장을 초래할 우려가 있는 전기설비 및 의료용 전기기기에는 다음 사항 및 KS C IEC 60364에 따라 비상전원을 공급하여야 한다.

(1) 절환시간 0.5초 이내에 비상전원을 공급하는 장치 또는 기기

(2) 0.5초 이내에 전력공급이 필요한 생명유지장치

(3) 그룹 1 또는 그룹 2의 의료장소의 수술등, 내시경, 수술실 테이블, 기타 필수 조명

(4) 절환시간 15초 이내에 비상전원을 공급하는 장치 또는 기기

① 15초 이내에 전력공급이 필요한 생명유지장치

② 그룹 2의 의료장소에 최소 50[%]의 조명, 그룹 1의 의료장소에 최소 1개의 조명

(5) 절환시간 15초를 초과하여 비상전원을 공급하는 장치 또는 기기

① 병원기능을 유지하기 위한 기본작업에 필요한 조명

② 그 밖의 병원기능을 유지하기 위한 중요한 기기 또는 설비

문제 15-5

의료장소(종합병원)의 전기설비시설기준(KSC IEC 60364)에 대하여 특별히 고려할 사항을 설명하시오.

문제 15-6 KSC IEC 60364-7-710에서 정하는 의료장소에서 환자와 의료진의 안전을 도모하기 위한 병원의 비상전원설비를 분류하고 세부 요구사항에 대하여 설명하시오.

1 의료장소의 정의

의료장소란 병원이나 진료소 등에서 환자진단, 치료(미용치료 포함), 감시, 간호 등의 의료행위를 하는 장소를 말한다. 다음에 따라 전기설비를 시설하여야 한다.

2 의료장소의 구분

의료장소는 의료용 전기기기의 장착부(의료용 전기기기의 일부로서 환자의 신체와 필연적으로 접촉되는 부분)의 사용방법에 따라 다음과 같이 구분한다.

(1) 그룹 0

일반병실, 진찰실, 검사실, 처치실, 재활치료실 등 장착부를 사용하지 않는 의료장소

(2) 그룹 1

분만실, MRI실, X선 검사실, 회복실, 구급처치실, 인공투석실, 내시경실 등 장착부를 환자의 신체 외부 또는 심장부위를 제외한 환자의 신체내부에 삽입시켜 사용하는 의료장소

(3) 그룹 2

관상동맥질환 처치실(심장카테터실), 심혈관조영실, 중환자실(집중치료실), 마취실, 수술실, 회복실 등 장착부를 환자의 심장부위에 삽입 또는 접촉시켜 사용하는 의료장소

3 의료장소의 시설기준

(1) 접지계통

의료장소별로 다음과 같이 접지계통을 적용한다.
① 그룹 0 : TT계통 또는 TN계통
② 그룹 1 : TT계통 또는 TN계통. 다만, 전원자동차단에 의한 보호가 의료행위에 중대한 지장을 초래할 우려가 있는 의료용 전기기기를 사용하는 회로에는 의료 IT계통을 적용할 수 있다.

③ 그룹 2 : 의료 IT계통. 다만, 이동식 X-ray 장치, 정격출력이 5[kVA] 이상인 대형 기기용 회로, 생명유지장치가 아닌 일반의료용 전기기기에 전력을 공급하는 회로 등에는 TT계통 또는 TN계통을 적용할 수 있다.

④ 의료장소에 TN계통을 적용할 때에는 주배전반 이후의 부하계통에서는 TN-C계통 으로 시설하지 말 것

(2) 보호설비

의료장소의 안전을 위한 보호설비는 다음과 같이 시설한다. 또한 그룹 1 및 그룹 2의 의료 IT 계통은 다음과 같이 시설할 것

① 전원측에 KS C IEC 61558에 따라 이중 또는 강화절연을 한 의료용 절연변압기를 설치하고, 그 2차측 전로는 접지하지 말 것

② 의료용 절연변압기는 함 속에 설치하여 충전부가 노출되지 않도록 하고 의료장소의 내부 또는 가까운 외부에 설치할 것

③ 의료용 절연변압기의 2차측 정격전압은 교류 250[V] 이하로 하며 공급방식 및 정격 출력은 단상 2선식, 10[kVA] 이하로 할 것

④ 3상 부하에 대한 전력공급이 요구되는 경우 의료용 3상 절연변압기를 사용할 것

⑤ 의료용 절연변압기의 과부하 및 온도를 지속적으로 감시하는 장치를 적절한 장소에 설치할 것

⑥ 의료 IT계통의 절연상태를 지속적으로 계측, 감시하는 장치를 다음과 같이 설치할 것

  ㉠ KS C IEC 60364에 따라 의료 IT계통의 절연저항을 계측, 지시하는 절연감시장치 를 설치하여 절연저항이 50[kΩ]까지 감소하면 표시설비 및 음향설비로 경보를 발 하도록 할 것

  ㉡ 의료 IT계통의 누설전류를 계측, 지시하는 절연감시장치를 설치하는 경우에는 누 설전류가 5[mA]에 도달하면 표시설비 및 음향설비로 경보를 발하도록 할 것

  ㉢ 위의 표시설비 및 음향설비를 적절한 장소에 배치하여 의료진에 의하여 지속적으 로 감시될 수 있도록 할 것

  ㉣ 표시설비는 의료 IT계통이 정상일 때에는 녹색으로 표시되고 의료 IT계통의 절 연저항 혹은 누설전류가 위에 규정된 값에 도달할 때에는 황색 또는 적색으로 표 시되도록 할 것. 또한, 각 표시들은 정지시키거나 차단시키는 것이 불가능한 구 조일 것

  ㉤ 수술실 등의 내부에 설치되는 음향설비가 의료행위에 지장을 줄 우려가 있는 경우 에는 기능을 정지시킬 수 있는 구조일 것

  ㉥ 의료 IT계통의 분전반은 의료장소의 내부 혹은 가까운 외부에 설치할 것

  ㉦ 의료 IT계통에 접속되는 콘센트는 TT계통 또는 TN계통에 접속되는 콘센트와 혼 용됨을 방지하기 위하여 적절하게 구분 표시할 것

(3) 의료장소의 배선

① 그룹 1과 그룹 2의 의료장소에서 교류 125[V] 이하 콘센트를 사용하는 경우에는 의료용 콘센트를 사용할 것. 다만, 플러그가 빠지지 않는 구조의 콘센트가 필요한 경우에는 잠금형을 사용한다.

② 그룹 1과 그룹 2의 의료장소에 무영등 등을 위한 특별저압(SELV 또는 PELV)회로를 시설하는 경우, 사용전압은 교류실효값 25[V] 또는 직류비맥동 60[V] 이하로 할 것

③ 의료장소의 전로에는 정격감도전류 30[mA] 이하, 동작시간 0.03초 이내의 누전차단기를 설치할 것. 다만, 다음의 경우는 그러하지 아니하다.

　㉠ 의료 IT계통의 전로

　㉡ TT계통 또는 TN계통에서 전원자동차단에 의한 보호가 의료행위에 중대한 지장을 초래할 우려가 있는 회로에 누전경보기를 시설하는 경우

　㉢ 의료장소의 바닥으로부터 2.5[m]를 초과하는 높이에 설치된 조명기구의 전원회로

　㉣ 건조한 장소에 설치하는 의료용 전기기기의 전원회로

(4) 접지설비

의료장소와 의료장소 내의 전기설비 및 의료용 전기기기의 노출도전부, 그리고 계통 외 도전부에 대하여 다음과 같이 접지설비를 시설하여야 한다.

① 접지설비란 접지극, 접지도체, 기준접지바, 보호도체, 등전위본딩도체를 말한다.

② 의료장소마다 그 내부 또는 근처에 기준접지바를 설치할 것. 다만, 인접하는 의료장소와의 바닥면적 합계가 50[m²] 이하인 경우에는 기준접지바를 공용할 수 있다.

③ 의료장소 내에서 사용하는 모든 전기설비 및 의료용 전기기기의 노출도전부는 보호도체에 의하여 기준접지바에 각각 접속되도록 한다.

④ 콘센트 및 접지단자의 보호도체는 기준접지바에 직접 접속한다.

⑤ 보호도체의 공칭단면적은 아래 표에 따라 선정한다.

상도체의 단면적(S)[mm²]	대응하는 보호도체의 최소단면적[mm²]	
	보호도체의 재질이 상도체과 같은 경우	보호도체의 재질이 상도체과 다른 경우
$S \leq 16$	S	$\left(\dfrac{k_1}{k_2}\right) \times S$
$16 < S \leq 35$	16^a	$\left(\dfrac{k_1}{k_2}\right) \times 16$
$S > 35$	$\dfrac{S^a}{2}$	$\dfrac{k_1}{k_2} \times \dfrac{S}{2}$

[비고] k_1 : 도체 및 절연의 재질에 따라 KS C IEC 60364-5-54에서 선정된 상도체에 대한 k값

　　　k_2 : KS C IEC 60364-5-54에서 선정된 보호도체에 대한 k값

　　^{a} : PEN도체의 경우 단면적의 축소는 중성선의 크기결정에 대한 규칙에만 허용

(5) 등전위본딩

① 그룹 2의 의료장소에서 환자환경(환자가 점유하는 장소로부터 수평방향 2.5[m], 의료장소의 바닥으로부터 2.5[m] 높이 이내의 범위) 내에 있는 계통 외 도전부와 전기설비 및 의료용 전기기기의 노출도전부, 전자기장해(EMI) 차폐선, 도전성 바닥 등은 등전위본딩을 시행할 것

② 계통 외 도전부와 전기설비 및 의료용 전기기기의 노출도전부 상호간을 접속한 후 이를 기준접지바에 각각 접속할 것

③ 한 명의 환자에게는 동일한 기준접지바를 사용하여 등전위본딩을 시행할 것

④ 등전위본딩도체는 보호도체와 동일 규격 이상의 것으로 선정할 것

(6) 접지도체

① 접지도체의 공칭단면적은 기준접지바에 접속된 보호도체 중 가장 큰 것 이상으로 해야 한다.

② 철골, 철근콘크리트 건물에서는 철골 또는 2조 이상의 주철근을 접지도체의 일부분으로 활용할 수 있다.

③ 보호도체, 등전위본딩도체 및 접지도체의 종류는 450/750[V] 일반용 단심비닐절연전선으로서 절연체의 색이 녹황의 줄무늬이거나 녹색인 것을 사용한다.

(7) 비상전원

상용전원공급이 중단될 경우 의료행위에 중대한 지장을 초래할 우려가 있는 전기설비 및 의료용 전기기기에는 다음 사항 및 KS C IEC 60364에 따라 비상전원을 공급하여야 한다.

① 절환시간 0.5초 이내에 비상전원을 공급하는 장치 또는 기기

② 0.5초 이내에 전력공급이 필요한 생명유지장치

③ 그룹 1 또는 그룹 2의 의료장소의 수술등, 내시경, 수술실 테이블, 기타 필수 조명

④ 절환시간 15초 이내에 비상전원을 공급하는 장치 또는 기기

　㉠ 15초 이내에 전력공급이 필요한 생명유지장치

　㉡ 그룹 2의 의료장소에 최소 50[%]의 조명, 그룹 1의 의료장소에 최소 1개의 조명

⑤ 절환시간 15초를 초과하여 비상전원을 공급하는 장치 또는 기기

　㉠ 병원기능을 유지하기 위한 기본작업에 필요한 조명

　㉡ 그 밖의 병원기능을 유지하기 위한 중요한 기기 또는 설비

문제 **15-7**

비상용 디젤엔진 예비발전장치의 트러블(trouble)진단에 대해 설명하시오.

COMMENT 유사한 문제가 104회 발송배전기술사에도 출제되었다.

1 개 요

(1) 비상용 디젤엔진발전기는 일반건축물의 비상전원공급장치로 많이 적용되고 있다.

(2) 최근 문헌에 의하면 발전기 고장을 유형별로 분석한 결과 베어링의 마모와 고정자 권선의 절연파괴는 발전기의 신뢰성을 저하시키는 주된 요인들로 밝혀졌으며, 또한 고정자 권선의 절연파괴는 대부분 부분방전을 수반하고 있다.

(3) 진단방법과 관련하여 발전기 절연예방 진단방법을 중심으로 설명한다.

2 발전기 절연예방 진단방법

(1) 일반적인 전기적 진단법

① 흡수전류 측정법
  ㉠ 절연체의 표면상태와 수분함유량 척도가 되는 것으로 분극지수와 절연저항을 측정한다.
  ㉡ 분극지수는 전압인가 후 1분 및 10분에 측정한 전류의 비율을 의미하며, 그 비율이 1에 가까울수록 수분함유량이 과다하다.
  ㉢ 이 측정법의 절연저항은 절연물의 절연파괴전압과 밀접한 관계가 있다.

② 유전정접 측정법
  ㉠ 전력회사에 많이 사용하는 방법이다.
  ㉡ 인가전압을 상승시킴으로서 절연물 내부의 미소공기층에서 발생되는 부분 방전의 증가량을 통해 진단한다.
  ㉢ 이 방법은 절연물의 절연상태를 정확히 나타낼 수는 없다.

(2) 부분 방전 발생지점 진단법

① Off-line 측정법 : 발전기 고정자 권선에 있어서 부분 방전의 발생지점을 측정하는 방법이다.
② On-line 측정법 : 발전기 내부에 있는 고정자 권선을 부분 방전 신호가 진행할 때, 주파수가 감쇠하는 현상을 이용하여 부분 방전 발생지점을 발견하는 방법이다.

(3) 발전기 내 Gas products를 이용한 측정법

① 절연물의 열분해 성분을 측정하는 방법이다.

② 절연물의 열화 정도가 상당히 심화된 후에야 비로소 활용될 수 있는 단점이 있다.

(4) 부분 방전 특성을 이용한 진단법

① 부분 방전의 크기 측정법

ㄱ 부분 방전의 특성을 이용한 진단법 중 가장 범용으로, 절연물 진단에 사용한다.

ㄴ 부분 방전의 크기의 최대치가 시간에 따라 감소하나, 절연파괴 전에는 급격히 변화한다는 실험결과에 근거한 방법이다.

ㄷ 부분 방전의 크기는 부하의 변동에 의한 권선온도의 영향이 크다.

② 부분 방전의 위상분포 측정법

ㄱ 일반적으로 크기가 큰 부분 방전은 열화과정의 초기에는 인가전압파형의 부극성 최대치에서 발생하여 점차 정극성의 최대치로 진전한다.

ㄴ 열화가 더욱 진전되어감에 따라 부분 방전이 일어나는 위상각은 인가전압 파형의 최대치에서 영점으로 확산된다.

③ 부분 방전의 Time interval 측정법 : 부분 방전의 시간간격을 측정하여 절연물의 열화 정도를 판별할 수 있는 방법이다.

④ 부분 방전 횟수 측정법

ㄱ 절연특성이 양호하게 제작된 절연물은 열화과정 초기에는 부분 방전 횟수가 감소하는 추세를 보이다가 절연파괴 전에 갑자기 증가한다.

ㄴ 절연특성이 불량하게 제작된 절연물의 열화과정은 초기부터 급격히 그 횟수가 증가하는 경향을 나타낸다.

3 전문가 절연진단시스템

(1) 발전기 고정자 권선에 대한 전문가 집단시스템을 개발하여 숙련되지 않은 발전기 운전자라도 측정된 자료에 대한 분석 및 판단을 용이하게 실시한다.

(2) 이 전문가 집단시스템은 측정된 자료를 분석하여 발전기 고정자 권선의 수명예측, 부분방전형태의 구분, 부분 방전지점 발견, 운전자에 대한 운전, 보수의 계획수립 및 지침 등의 정보를 판단할 수 있도록 한다.

4 결 론

비상발전기의 트러블 진단방법은 이외에도 디지털계전기 이용방식, On-line 상시감시방식 등으로 트러블 진단을 할 수 있으며, 이를 통해 비상시 안전가동 확보가 될 수 있도록 해야 할 것이다.

무정전전원설비에 대하여 논하시오.

1 개 요

(1) 무정전전원설비 즉, UPS(Uninterruptible Power Supply)란 전원에서 발생되는 외란에서 기기를 보호하고 양질의 전원으로 변환시켜 Main load에 무정전으로 주어진 Discharge time 동안 연속적으로 전력공급을 하는 CVCF(Constant Voltage Constant Frequency) 전원장치이다.

(2) 위의 개념으로 UPS에 대한 목적, 기본구성, 동작방식, 시스템 구성, 2차 회로보호에 대하여 간략히 아래와 같이 기술한다.

2 UPS의 사용목적

(1) 정보고도화 사회에 따른 전력전자의 다방면 이용으로 상호간섭(고조파, 노이즈 등)이 있어 전기품질 저하요인이 다수발생하므로 이에 대한 대책의 일환이다.

(2) UPS는 사용전원에 나타나는 전원교란 노이즈의 다음과 같은 형태에 대한 대책이 될 수 있다.
  ① 수 시간까지의 지속된 정전으로 시스템 동작불능 및 경제적 피해가 발생된다.
  ② 임펄스는 매우 짧고 파형을 심하게 왜곡시키는 외란으로 수 $[\mu s]$에서 수 $[ms]$ 정도로 짧으나, 크기가 매우 커서 부품의 성능저하, 시스템 Shutdown이 발생되기도 한다.
  ③ Sag나 Surge는 수 사이클 이내의 시간 동안 정격전압보다 훨씬 낮거나 높은 전압 변동으로, 컴퓨터 메모리의 유실이나 전송 중인 데이터에 에러를 발생시킨다.
  ④ 안정된 상태에서 수 초 이상 지속적으로 정격전압보다 수 십[%] 차이가 있는 과전압, 저전압이 발생하면 연결된 전자장비의 예열발생으로 수명단축 및 시스템 에러 발생 요인이 된다.

3 기본구성

(1) 기본구성도

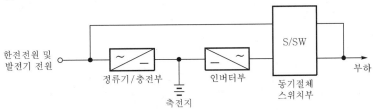

(2) 구성요소

① 정류기/충전부 : 한전의 교류전원 또는 발전기에서 공급된 교류를 정류하여 직류전원으로 변환시키며, 동시에 축전지를 양질의 상태로 충전한다.

② 인버터부 : 직류전원을 교류로 변환하는 장치이다.

③ 동기절체 스위치부(S/SW) : 인버터의 과부하 및 이상시 예비상용전원(bypass line)으로 절체시키는 스위치부이다.

④ 축전지 : 정전이 발생한 경우에 직류전원을 부하에 공급하여 일정시간 동안 무정전으로 공급한다.

4 무정전전원설비의 동작방식

(1) On-line 방식

상용전원이 정상일 경우, 충전기와 인버터에 DC를 공급하여 항시 인버터로 공급하는 방식으로 중용량 이상에서 많이 적용된다.

(2) Off-Line 방식

상용전원이 정상일 경우는 부하에 상용전원으로 공급하다가, 정전시에만 인버터를 동작시켜 부하에 공급하는 방식으로 서버전용의 소용량에 주로 적용된다.

(3) Line interactive 방식

정상적인 상용전원공급시 인버터 모듈 내의 IGBT를 통한 풀(full)브리지 정류방식으로 충전기능을 하고, 정전시는 인버터 동작으로 출력전압을 공급하는 오프라인 방식이다.

5 UPS 시스템의 구성

(1) 단일시스템

① NO.1 방식 : 바이패스가 없는 시스템으로서 주로 주파수 변환을 요하는 부하에 적용된다.

② NO.2 방식 : UPS 고장시 전자접촉기 등의 기계적인 스위치의 전환에 의해 바이패스로부터 상용전원을 공급받는 방식이다.

③ NO.3 방식 : 바이패스 전환회로에 사이리스터 등을 사용한 반도체스위치에 의해 무순단의 전환하는 방식으로 고신뢰도 시스템이며, 소용량에서 대용량까지 표준기종 중 사용이 가장 많다.

(2) 병렬시스템

① 부하시스템이 대형화된 경우 더욱 고신뢰도를 요구할 때 적용한다.

② 예비기를 포함해 상시 여러 대의 병렬운전으로 1대가 고장시에도 UPS의 기능손상 없이 나머지 배터리로 전 부하에 급전을 하는 시스템이다.

③ NO.4 방식 : NO.1 방식에 비해 대용량, 고신뢰성이 요구될 때 적용된다.

④ NO.5 방식 : 전자접촉기가 사이리스터 등에 의한 바이패스 전환하는 고신뢰성 시스템에 적용된다.

⑤ NO.6 방식 : 전자접촉기가 사이리스터 등에 의한 바이패스 전환하는 최고의 신뢰성이 필요한 곳(주로 은행)에 적용하는 시스템이다.

6 UPS의 2차 회로의 보호

(1) UPS의 2차 회로의 단락보호(바이패스용)

UPS가 과전류 검출(150[%] 이상)과 동시에 무순단 상용 바이패스측으로 공급이 전환되어 고장회로를 분리한다.

(2) UPS의 2차측 단락회로의 분리보호

① 배선용 차단기에 의한 보호

② 속단퓨즈에 의한 보호

③ 반도체 차단기에 의한 보호

(3) UPS의 2차 지락보호

ELB에 의하면 사용 부하가 급정지되므로, 누전계전기 또는 접지용 콘덴서 등에 의한 경보시스템을 활용한다.

UPS용 축전지설비에 대하여 간략히 기술하시오.

1 개 요

(1) 무정전전원설비, 즉 UPS(Uninterruptible Power Supply)란 전원에서 발생되는 외란에서 기기를 보호하고 양질의 전원으로 변환시켜 Main load에 무정전으로 주어진 Discharge time 동안 연속적으로 전력공급을 하는 CVCF(Constant Voltage Constant Frequency) 전원장치이다.

(2) 이러한 UPS의 확대 적용에는 필수적으로 축전지의 대용량화도 수반되므로 이에 대하여 다음과 같이 기술하고자 한다.

2 UPS 축전지에서의 요구사항

(1) 높은 신뢰성

(2) 고에너지 밀도

(3) 고출력 밀도

(4) 긴 수명

(5) 경제성(저렴한 가격)

3 UPS용 축전지의 고려사항

(1) 기본개념

① 가격면에서 연축전지가 우수하다.

② 알칼리축전지는 연축전지에 비해 다음 사항이 우수하므로 신뢰성면과 경제성을 동시에 고려하여 두 종류 중에서 결정한다.

㉠ 고에너지 밀도, 고출력 밀도이므로 소형 경량이다.

㉡ 과충전, 과방전에 강하므로 취급이 용이하다.

㉢ 수명이 길다.

(2) UPS용 축전지의 선정

① 대용량 UPS는 에너지유지량에 제한이 있을 수 밖에 없어 축전지 외에 엔진발전기와 조합하여 그 정전시간을 보상하고 있다.

② 따라서, 축전지만으로의 Backup 시간이 짧아져 5~6분이 소요된다.

③ 그러므로 장시간 방전에 적합한 저율방전 특성의 우수한 축전지보다는 고율방전 특성이 좋은 축전지를 선정해야 한다.

④ 축전지의 용량산정법은 다음의 필요조건에 의한다.

　㉠ 방전지속시간

　㉡ 방전전류

　㉢ 허용최저축전지의 전압

　㉣ 보수율

무정전전원설비의 2차 회로의 단락보호에 대하여 기술하시오.

1 개 요

(1) 무정전전원설비 즉, UPS(Uninterruptible Power Supply)란 전원에서 발생되는 외란 (특히 순시전압강하)에서 기기를 보호하고 양질의 전원으로 변환시켜 주부하에 무정전(無停電)으로 주어진 방전시간 동안 연속적으로 전력공급을 하는 CVCF(Constant Voltage Constant Frequency) 전원장치이다.

(2) 위의 개념으로 UPS의 2차 회로에 대한 2차 회로의 단락보호, 2차측 단락회로의 분리보호에 대하여 중점 설명하고, 2차 회로의 지락보호에 대하여 간략히 다음과 같이 기술한다.

2 무정전전원설비의 2차 회로의 보호

(1) UPS의 2차 회로의 단락보호(바이패스용)

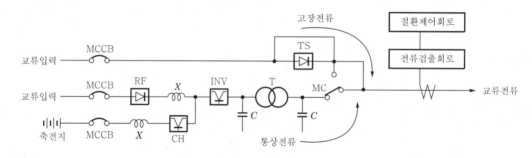

‖ 바이패스를 이용한 보호방식의 구성 예 ‖

① UPS가 과전류 검출(150[%] 이상)과 동시에 무순단 상용 바이패스측으로 공급이 전환되어 고장회로를 분리한다.
② 고장회로 분리 후 정상인 부하전류에 복귀한 것을 확인해 UPS측에 무순단으로 전환한다(즉, auto return).
③ 바이패스계통이 상용전원이므로 전원 임피던스가 작고, 큰 고장전류를 공급할 수 있어 고장개소의 제거에는 적합하다.
④ 단, 사이리스터 내량과 고장개소가 제거될 때까지의 고장전류의 협조가 취해져야 한다.

⑤ 적용시 아래의 유의사항을 반드시 확인하여 시행해야 한다.

   ㉠ 바이패스측 전환 후 바이패스전원으로부터 고장전류에 의해 부하측의 전압저하가 부하설비의 최저전압허용범위를 초과한 경우

   ㉡ 정전 등으로 바이패스전원이 건전하지 않을 때는 이 방식이 활용되지 않는다는 것

   ㉢ 주파수 변환의 UPS에는 교류입력과 부하측 주파수가 달라져서 채택 불가능하다는 것

(2) UPS의 2차측 단락회로의 분리보호방식

UPS 2차측 단락사고 등의 발생시 UPS로부터 고장회로를 분리하는 방식이다.

① 배선용 차단기에 의한 보호

   ㉠ MCCB는 차단기구가 기계적 요소가 크므로, 과전류 발생부터 차단까지의 시간은 10[ms] 이상이 일반적이다.

   ㉡ 허용순시전압 저하시간이 10[ms] 이하인 것도 있어, 발생시의 MCCB의 차단시간과 부하단의 전압강하율의 정도를 검토하여야 한다.

② 속단퓨즈에 의한 보호

   ㉠ 퓨즈는 일반형과 속단형이 있으며 UPS용은 속단퓨즈를 사용한다.

   ㉡ 속단퓨즈의 기능 : 2차측 단락시 UPS의 보호기능이 동작하기 전에 고장회로를 분리시켜야 하므로, 차단시간이 짧고 한류를 차단하는 기능이 있어야 한다.

   ㉢ 한류차단 : 고장전류가 최고값에 도달하기 전에 전류를 억제하는 차단방법이다.

   ㉣ MCCB에 비해 다른 부하에 영향을 미치지 않고, 고장회로를 차단할 수 있는 확률이 높다.

   ㉤ 퓨즈의 정격값 : 부하의 정상전류 외에 기동전류나 돌입전류가 퓨즈의 허용정격 미만이어야 한다.

   ㉥ 허용전류는 비반복 전류인 경우 정격의 70[%] 정도, 반복전류의 경우는 정격의 60[%] 정도에서 초과하는 경우 피로현상에 의하여 용단된다.

   ㉦ 경년변화를 고려하여 교환주기는 5년 정도로 한다.

   ㉧ 속단퓨즈는 계폐기능이 없어 MCCB와 조합하여 사용해야 한다.

③ 반도체 차단기에 의한 보호

   ㉠ 변류기에 의해 부하전류를 검출하여 이것이 과전류인 경우 사이리스터의 게이트 제어로 단락회로를 차단한 것이다.

   ㉡ 차단시간은 검출회로의 지연시간과 사이리스터 턴오프 타임값으로 결정된다(약 $100\sim150[\mu s]$).

   ㉢ 고장전류의 한류는 게이트 제어회로에 설정된 값에 의하므로 타부하에 영향을 미치지 않고 고장회로를 차단할 수 있다. 다만, 고가로 경제성을 충분히 검토해야 한다.

④ 각 분리보호방식의 특성 비교

구 분		MCCB	속단퓨즈	반도체 차단기
회로구성		UPS	UPS	UPS 게이트 제어회로
동작시간	4배 전류시	3~60[sec]	20[ms]~600[sec]	100~150[μs]
	10배 전류시	10[ms]~4[sec]	2~4[ms]	100~150[μs]
	한류효과	없음	있음	없음
적용 한계		단시간 영역에서는 협조 안 된다.	수 [ms] 이하의 영역에서는 협조 안 된다.	과부하내량이 예상가능하고, 협조가 쉽다.
전류특성		반시한 특성	반시한 특성	일정 특성
콘덴서 인풋 부하대책		문제 없음	돌입전류를 예상	돌입전류를 예상
수명		트립횟수에 제한	자연열화하므로 5년마다 교체	콘덴서는 10년마다 교체, 정기적으로 동작 확인
가격		저렴하다.	보통이다.	비싸다.

(3) ELB에 의하면 사용 부하가 급정지되므로, 접지계통은 누전계전기를 활용하고 비접지계통은 접지용 콘덴서에 의한 경보시스템 등을 활용한다.

UPS의 2차측 단락회로의 분리보호방식을 간략히 설명하시오.

1 UPS의 내부 보호방식

(1) UPS는 일반적으로 정격전류의 125[%] 전류에서 10분간, 150[%] 전류에서 1분간 견디도록 설계되고, 내부에 단락 및 과전류 보호회로가 구성되어 있다.

(2) 따라서, 보호회로는 125[%]의 전류가 흐르면 10분 내에, 150[%]의 전류가 흐르면 1분 이내에, 160[%]에서는 10초 정도, 200[%]에서는 1초 정도, 그 이상이 되면 순시동작하도록 구성한다.

2 보호동작

(1) 보호회로가 동작하면 인버터의 작동을 정지시킴과 동시에 바이패스회로의 트라이액을 도통시켜 입력전원과 부하가 직결되게 한다.

(2) 이때, 트라이액의 동작시간은 4[ms] 정도이다.

(3) 전원과 부하가 직결상태에서 고장이 지속되면 출력단의 MCCB가 개방되어 부하를 차단한다.

3 보호계통도

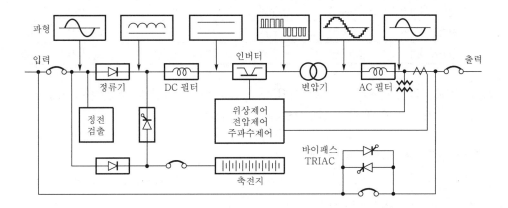

무정전전원설비의 2차 회로의 지락보호에 대하여 기술하시오.

1 개 요

무정전전원설비 즉, UPS(Uninterruptible Power Supply)란 전원에서 발생되는 외란(특히 순시전압강하)에서 기기를 보호하고 양질의 전원으로 변환시켜 주부하에 무정전(無停電)으로 주어진 방전시간 동안 연속적으로 전력공급을 하는 CVCF(Constant Voltage Constant Frequency) 전원장치이다.

2 무정전전원설비의 2차 회로의 지락보호

(1) UPS의 2차 지락보호의 특성

① UPS의 2차는 부하측(컴퓨터 등)의 요구로 비접지방식이 많다.
② 비접지식은 1선 지락시 지락전류가 작아서 UPS는 이상 없이 동작하기도 한다.
③ 1선 지락시 부하기기에 공급되는 전원(즉, UPS 앞단)은 대지전위가 급격히 변동하여 부하기기가 오동작되기도 한다.
④ 따라서, 전원측에서 지락검출에 의한 경보표시 또는 회로차단 등을 하는 것은 부하기기의 오동작의 원인규명, 감전이나 화재방지를 위해 중요한 역할을 한다.

(2) UPS 2차 회로의 지락보호방식 분류

방 식	적합한 사용회로	동작 확실성	사고점의 판별	동작시 대처방법	비 용
누전차단기	최종분기점	특히 주의	피더마다	부하차단	보통
누전보호계전기	최종분기점	주의	피더마다	경보, 표시	높다.
지락방향계전기	간선분기	양호	피더마다	경보, 표시	가장 높다.
전압계전기	분기모선	양호	절연된 모선단위	경보, 표시	약간 높다.

(3) ELB에 의하면 사용부하가 급정지되므로, 접지계통은 누전계전기를 활용하고 비접지계통은 접지용 콘덴서에 의한 경보시스템 등을 활용한다.

(4) 누전보호계전기를 사용한 예

비접지계는 다음의 그림과 같이 C_0(접지용 콘덴서) 등을 사용하여 고임피던스 접지를 통해 검출가능한 지락전류를 확보할 수 있다.

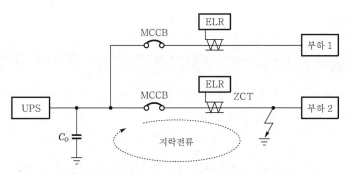

| UPS 2차 회로의 지락보호방식 중 누전보호계전기를 사용한 예 |

문제 19

비상용 자가발전설비와 UPS를 조합하여 운전하는 경우에 고려사항을 기술하시오.

1 개 요

(1) Dynamic UPS를 사용하는 경우에는 발전기가 UPS 구성요소의 일부로 동작하므로 문제가 되지 않는다.

(2) 정지형 UPS를 사용하는 경우에도 UPS는 비상용 발전기가 기동되어서 전압을 확립할 때까지만 사용하고, 발전기 전압이 확립된 후에는 UPS 운전을 중지하고 발전기가 부하를 담당하도록 하는 시스템이면 문제될 것이 없다.

(3) 그러나 상용전원이 장시간 정전된 경우에는 UPS를 상시운전방식으로 운전할 때, 발전기와 UPS가 동시에 운전되어 비상용 자가발전설비로 공급하여야 하므로, 조합운전시에 발생하는 고조파, 전압과 주파수의 과도한 변동, 안정도 등을 검토하여야 한다.

2 고조파

(1) 고조파 발생

UPS는 충전기 입력회로의 정류장치 및 인버터의 교류변환 과정에서 고조파전류가 발생하며, 정류방식 및 인버터회로방식에 따라 고조파의 종류가 달리 나타난다.

(2) 고조파가 발전기에 주는 영향

① 발전기의 출력전압파형이 일그러져 발전기 자체 AVR회로에 지장을 준다.
② 유인된 고조파전류로 표류부하 손실증가와 발전기의 회전자 자체의 온도상승이 발생한다.
③ 회전자 도체의 손실증가에 의해 온도가 상승하고, 국부가열이 되기 쉽다.
④ 회전자 제동권선과 계자권선이 과열 또는 소손된다.
⑤ 인버터 부하에서 발생하는 5, 11, 17 고조파의 고조파 역상전류도 발전기의 온도상승, 단부가열 등의 악영향을 끼친다.

(3) 발전기측에서의 고조파 대책

① 등가역상전류

$$I_{eq} = I_1 \times \sqrt{\{(I_5 + I_7) \times 1.36\}^2 + \{(I_{11} + I_{13}) \times 1.565\}^2}$$

여기서, I_1 : 기존파 전류

I_5 : 제5고조파전류

I_7 : 제7고조파전류

I_{11} : 제11고조파전류

I_{13} : 제13고조파전류

┃ 고조파 등가역상전류의 보정계수 ┃

고조파 차수	3	5, 7	9	11, 13	17, 19	21	23, 25	27	29, 31
보정계수	1.107	1.316	1.456	1.565	1.732	1.800	1.816	1.917	19.568

② 정류회로에서 발생하는 등가역상전류는 전류상수를 증가시켜 저감시킬 수 있다.

즉, 고조파전류 크기$\left(I_m = K_m \cdot \dfrac{I_1}{n}\right)$는 b에 반비례한다.

여기서, K_m : 고조파 저감계수

I_1 : 기본파 전류

n : 발생고조파 차수

③ 발전기에서 허용하는 등가역상전류는 발전기의 형태에 따라 다르므로, 양자의 관계에서 정류기를 비상용 발전기에 연결시킨 경우의 필요 용량배수는 다음의 표와 같다.

┃ 정류회로의 등가역상전류와 발전기 필요 용량배수 ┃

정류회로 상수	I_R : 정류회로 부하의 역상전류 (단, 정류회로의 입력 [kVA] 기준)	I_G : 발전기측의 허용등가역상전류(단, 발전기 출력 [kVA] 기준)		
		수소냉각발전기 9[%]	냉각식발전기 12[%]	철극 디젤발전기 15~20[%]
		$n = \dfrac{I_R}{I_G}$: 정류회로 부하에 대한 최소 필요 발전기 용량배수		
6	44.0	4.89	3.66	2.94~
12	19.6	2.17	1.63	1.3~1.0
18	13.4	1.49	1.11	1.0
24	10.3	1.14	1.0	1.0
30상 이상	7.3 이하	1.0	1.0	1.0

④ 일반적으로 고조파 부하를 고려한 비상용 발전기 용량은 다음과 같다.

㉠ PG_1 산정식(정상운전상태에서 부하의 설비기동에 필요한 발전기 용량)

즉, 비상부하로 분류된 발전기 부하에 전력을 공급하여 원활한 기동이 이루어지도록 하기 위한 용량산정식이다.

$$PG_1 = \frac{\sum P_L}{\eta_L \times \cos\theta} \times \alpha \,[\text{kVA}]$$

여기서, $\sum P_L$: 부하의 출력합계[kW]

η_L : 부하의 종합효율(분명하지 않을 경우 0.85)

$\cos\theta$: 부하의 종합효율(분명하지 않을 경우 0.8)

α : 부하율과 수용률을 고려한 계수(분명하지 않을 경우 1.0)

 ⓛ PG_4 산정식(부하 중 고조파 성분을 고려한 발전기 용량)

  그러나 고조파 부하가 포함된 경우에는 다음과 같이 용량을 증가시킨다.

$$PG_4 = P_c \times (2 \sim 2.5) + PG_1$$

여기서, P_C : 고조파 성분 부하

⑤ 발전기에 댐퍼권선을 설치하여 발전기 자체의 허용등가역상전류를 크게 하고, 필요용량배수를 저감시킨다.

⑥ 발전기 자동전압제어회로의 전압검출부에 필터를 삽입해서 출력전압파형에 포함된 고조파의 영향을 받지 않도록 한다.

(4) UPS측에서의 대책

① UPS 교류입력측의 정류상수를 증가시켜서 발생 고조파를 억제한다. 즉 UPS 전력변환장치의 펄스 수를 크게 한다. 즉, 3상(6펄스)보다는 6상(12펄스), 6상보다는 12상(24펄스)의 변환장치를 사용한다.

② UPS 교류입력측에 패시브 필터나 액티브 필터를 삽입하여 시스템적으로 고조파를 흡수한다.

③ UPS를 복수대 설치시는 각각의 정류기, 변압기 위상관계를 어긋나게 하여 발전기측에서 본 정류상수가 증가되게 하여 고조파전류를 억제한다. 일반적으로 18상 이상의 다상정류회로방식으로 하면 거의 문제가 없다.

④ 최근 중·소용량의 UPS에 다수 도입되어 있는 고역률 컨버터를 사용한 신형의 UPS를 사용하면 고조파전류의 발생을 대폭 억제할 수 있다.

⑤ 인버터에 펄스폭 변조방식(PWM)을 채택하면 고조파를 대폭 제거할 수 있다.

⑥ Walk-in 기능을 채용한다.

▣3 과도변동의 검토(비상용 발전기의 과도안정도 대책)

(1) 발전기에 부하를 걸 때 부하의 기동전류, 돌입전류, 부하용량 등을 검토하여 발전기의

주파수 및 전압변동을 관찰하면서 많은 부하를 동시에 투입하지 말고 차례로 서서히 투입한다.

(2) 대용량 UPS가 발전기에 급격하게 투입되는 것을 방지하기 위해서 UPS에 Walk-in 기능을 설치한다.

(3) Walk-in 기능이란 UPS에 전압이 인가될 때 정류기의 위상제어에 의해서 교류입력전류를 서서히 증가시키는 Soft start 기능을 말한다.

4 안정도에 대한 고려사항

(1) 안정도의 의미
① 발전기의 안정도에는 정태안정도와 동태안정도의 2가지가 있다.
② 정태안정도란 정상적인 운전상태에서 서서히 부하를 증가시켜 갈 경우, 안정운전을 계속할 수 있는 정도를 말한다.
③ 과도안정도는 부하가 갑자기 크게 변하든지, 계통에 사고가 발생하든지 하여 계통에 큰 충격을 주었을 경우에도 계통에 연결된 각 동기기가 동기를 유지해서 계속 운전을 할 수 있는 정도를 말한다.

(2) 비상용 발전기에서 안정도를 고려해야 하는 이유
① 수용가의 입장에서 한전으로부터 전력을 수전받을 때 전원용량은 무한대 용량이라고 생각해도 된다. 그러나 소용량 자가발전기로 전력을 공급하는 경우에는 갑자기 큰 부하를 투입하거나 부하변동이 크면 발전기의 회전 수가 크게 변동하게 되고, 이에 따라 발전기의 전압과 주파수도 크게 변동하게 된다.
② 전압과 주파수의 불규칙한 변동은 UPS의 정상적인 작동을 저해하므로 안정도에 대한 고려가 있어야 한다.

(3) 기계와 전기계의 공진현상
가스터빈, 발전기 축 비틀림의 고유 진동수와 UPS의 전기계의 공진주파수와의 공진현상이 발생된 경우에는 기계측의 대책이 어려워 전기측에서 대책을 수립해야 한다.

(4) 전압제어계의 진동
① 발전기의 정전압 제어와 UPS의 정류기, 충전기의 전압제어 응답속도에 따라 발전기의 출력전압에 불안정한 현상이 발생하는 일이 있다.
② 이 경우 발전기 또는 UPS의 정류기 또는 충전기의 제어계 응답속도를 변화시킨다.

(5) 비동기 운전시의 전압진동

① 비상용 자가발전설비로 교류전원을 공급시 UPS 시스템에 따라서는 동기운전을 중지하고, UPS의 내부에 있는 발전기로 운전하는 경우가 있다.

② 이 운전모드는 경우에 따라서는 발전기의 출력주파수와 UPS의 주파수 차이로 전압에 비트가 발생하는 경우도 있다.

③ 이 경우 자가발전설비의 원동기 회전 정도(精度) 즉, 조속기의 제어 정도를 올려서 발전기의 출력주파수가 일정하도록 제어하여 UPS를 동기운전시키면 해결되는 경우가 많다.

UPS(Uninterruptible Power Supply)에 공급되는 자가발전설비의 용량산정방법에 대하여 설명하시오.

1 개 요

(1) 예비전원설비란 상용전원의 정전시를 대비하여 자가용 발전설비, 무정전전원장치설비(UPS), 축전지설비 등을 말하며, 최근에는 「건축법」 및 「소방법」에서 요구하는 예비전원설비 외에 상용전원의 일부부하를 발전설비로 공급하여 여름철 냉방부하를 Demand control하는 방식으로도 사용한다.

(2) UPS(Uninterruptible Power Supply)

UPS는 전원에서 발생되는 각종 장애(전압변동, 주파수 변동, 전압파형의 왜곡, 노이즈, 순간정전)로부터 기기를 보호하고 양질의 전원으로 바꾸어서 중요 부하에 정전없이 방전시간 동안 연속적으로 공급해주는 정지형 전원장치(CVCF)이다.

(3) 비상 및 화재시 상시전원 정전으로 인한 피해를 최소화하고 비상전원이 필요한 부하설비에 전원을 공급함으로써 전원공급의 신뢰성을 높이기 위한 것이다.

2 자가발전설비의 용량산정방법

PG(Power Generator)	RG(Reference Generator)
• 미국은 모든 대상 부하를 소방, 비상용 부하를 합산하므로 용량이 크다. • 일본에서 발전기 용량을 줄이기 위한 방법으로 PG, RG방식을 만들었다. • PG방식은 고조파, 역상분 전류에 대한 고려를 하지 않아 일본에서는 사용하지 않는다.	RG방식 발전기 용량계산은 부하의 불평형 전류와 역상전류에 대비한 용량계산방법이다.
발전기의 용량을 산정하는 데에는 비상시에 공급되어야 할 설비의 용량, 운전성격 및 용도별 수용률을 먼저 고려하여 다음 값 중에서 제일 큰 값을 선정한다.	계산방법은 발전기의 출력계수(RG)를 산정하여 부하출력합계(K)와의 곱으로 계산한다.
• PG_1 : 정격운전상태에서 부하설비의 가동에 필요한 발전기 용량산정에 적용한다. • PG_2 : 부하 중 최대의 값을 갖는 전동기를 시동할 때의 허용전압강하를 고려한 발전기 용량에 적용한다.	$$G = RG \cdot K$$ 여기서, G : 발전기 용량[kVA] K : 부하출력합계[kW]

PG(Power Generator)	RG(Reference Generator)
• PG_3 : 부하 중 최대의 값을 갖는 전동기 또는 전동기 群을 순서상 마지막으로 시동할 때 필요한 발전기 용량 산정 즉, 기저부하를 감안하고 발전기가 기동할 경우에 적용한다.	RG : 발전기 출력계수<RG_1, RG_2, RG_3, RG_4 중 가장 큰 계수 • RG_1 : 정상부하 출력계수(발전기에 연결된 정상 부하전류에의해 정해짐) • RG_2 : 허용전압강하 출력계수(최대기동전류 전동기 기동에 따라 발생하는 발전기 허용전압강하에 의함) • RG_3 : 단시간 과전류에 견디는 출력계수(발전기에 연결되는 과도시 부하전류 최대값에 의함) • RG_4 : 허용역상전류 출력계수(발전기 연결부하에서 발생하는 역상전류, 고조파전류에 의해 정함)

3 UPS에 공급되는 자가발전설비의 용량산정방법

(1) 위의 표에서와 같이 자가발전설비용량 산정방법에는 RG방식, PG방식이 있다.

(2) PG방식은 고조파, 역상분 전류에 대한 고려를 하지 않는다. 그러나 RG방식 중에서 RG_4 방식은 고조파전류, 역상전류를 고려한다.

(3) UPS는 고조파 발생 부하이므로 RG_4방식을 사용하면 된다.

(4) RG_4 산정식

허용역상전류에 의한 출력계수로, 발전기 연결부하에서 발생하는 역상전류, 고조파전류에 의해 정해지는 계수는 다음과 같다.

$$RG_4 = \frac{1}{KG_4} \sqrt{\left(\frac{043R}{K}\right)^2 + \left(\frac{1.25\Delta P}{K}\right)^2 \cdot (1 - 3u - 3u^2)}$$

여기서, RG_4 : 허용역상전류에 의한 출력계수

KG_4 : 발전기 허용역상전류계수

R : 고조파 발생 부하용량[kW] $\times$ 0.35

K : 부하출력합계[kW]

ΔP : 단상부하 불평형 출력값[kW]으로서 $A \geq B \geq C$인 경우에

$\Delta P = A + B - 2C$

u : 단상 불평형계수로서 $A \geq B \geq C$인 경우 $u = \dfrac{A - C}{\Delta P}$

(5) RG계수의 조정

산정식에서 구한 RG의 값이 $1.47D$의 값에 비해 아주 큰 경우에는 대상 부하와 균형이 맞는 RG값을 선정하도록 하고 그 값을 $1.47D$에 가깝도록 다음과 같이 조정한다.

① 실용상 바람직한 RG값의 범위 : $1.47D \leqq RG \leqq 2.2$

② RG_2 또는 RG_3에 의해 과대한 RG값이 산출된 경우 기동방식의 변경을 하여 실용적 범위를 만족하도록 한다.

③ RG_4가 원인이 되어 과대한 RG값이 산출된 경우에는 특별한 시방의 발전기를 선정하고 실용적 범위를 만족하도록 한다.

④ 승강기가 원인이 되어 RG값이 과대하게 되느 경우는 가능하다면 제어방식을 변경하여 RG값이 보다 작아지도록 한다.

(6) 적용방법

$$G = RG_4 \cdot K$$

여기서, G : 발전기 용량[kVA]
RG_4 : 발전기 출력계수
K : 부하출력합계[kW]

4 자가발전설비의 부하 결정시 고려사항

(1) 건축물의 성격, 부하의 용도·성질, 건축주 의향을 고려한다.

(2) 예비전원은 자위상 필요 부하 이외의 불필요한 부하를 줄인다.

(3) 디젤엔진 시동은 수 초간 정전이 불가피하다.

(4) 유도전동기와 같이 시동전류가 큰 부하는 시동방법을 고려한다.

(5) 단상부하, 감전압 시동전동기, 정류기 부하(고조파 발생 부하), 엘리베이터 부하결정시에는 주의해서 용량을 결정해야 한다.

예비전원설비의 일종인 무정전전원장치(UPS ; Uninterruptible Power Supply)의 병렬시스템 선정시 고려사항을 적으시오.

1 무정전전원설비의 운전방식의 종류

(1) 무정전전원설비의 운전방식은 다음과 같이 구분할 수 있다.

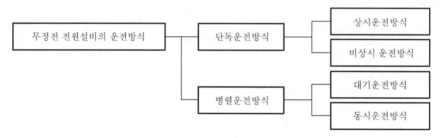

(2) 단독운전방식에서 상시운전방식은 UPS를 상시운전하다가 UPS 내부에 고장발생시에만 상용전원으로 절환하는 방법이고, 비상시 운전방식은 상시에는 UPS를 운전하지 않고 있다가 정전시에만 운전하는 방식이다.

(3) 병렬운전방식에서 대기운전방식은 두 대의 UPS에서 한 대는 상용운전, 다른 한 대는 예비기로 운전하는 방식이며, 이는 상시운전되고 있는 UPS는 한 대뿐이므로 독립운전방식이라고 볼 수 있다.

(4) 동시운전방식은 여러 대의 UPS를 병렬로 동시에 운전하여 부하에 전력을 공급하다가 1대가 고장나면 고장난 UPS를 회로에서 분리하고 건전한 나머지가 전부하에 급전하는 방식인데, 이 방식을 진정한 의미의 병렬운전방식이라고 보며 이에 대한 시스템 선정시 고려사항을 설명하면 다음과 같다.

2 무정전전원설비의 병렬운전시스템 선정시 고려사항

(1) 출력용량의 여유가 있어야 함

병렬운전되고 있던 UPS 중에서 1대가 고장나면 나머지 UPS들이 그 부하를 부담해야 하므로 용량에 여유가 있어야 한다.

(2) 출력전압의 크기가 같아야 함

병렬운전되는 모든 UPS들의 출력전압이 동일하지 않으면 UPS 간에 순환전류가 흘러서 무효전력이 증가한다. 따라서, 출력전압의 제어편차를 최소화하도록 해야 한다.

(3) UPS의 출력 임피던스의 크기가 같아야 함

UPS의 내부 임피던스가 동일하지 않으면 부하전류의 크기에 따라서 출력전압에 차이가 발생해서 순환전류가 흐르게 된다.

(4) UPS의 출력 임피던스 저항과 인덕턴스의 비가 같아야 함

① UPS의 출력임피던스는 저항보다 인덕턴스가 훨씬 크다.
② 이때, 저항과 인덕턴스의 비가 같지 않으면 전압과 전류에 위상차가 생겨서 순환전류가 흐르게 된다.

(5) 출력전압을 동기화시켜야 함

UPS 간의 출력전압이 동기화되지 않으면 최악의 경우 단락사고가 일어날 수도 있다.

(6) 적절한 부하분담이 이루어져야 함

병렬운전되는 UPS 간에 부하가 적절하게 분담되기 위해서는 출력전압, $\%Z$임피던스 등이 동일해야 한다.

(7) 출력파형이 정현파이어야 함

출력파형에 고조파가 포함되어 있으면 고조파 순환전류가 발생되어 UPS를 과부하시키게 된다.

(8) 정격이 같아야 함

정격전압, 전압조정범위, 정격역률, 단시간 과부하 정격, 전압변동률, 파형 왜곡률, 과도전압변동률, 전압불평형률 등 모든 정격이 동일해야 한다.

UPS 시스템의 구성방법에 대하여 기술하시오.

1 UPS 시스템의 분류 비교

(1) 단일시스템

구 분	NO.1 방식	NO.2 방식	NO.3 방식
바이패스	無방식	절단전환방식	무순단전환방식
시스템 구성	교류 입력 → UPS → 교류 출력	바이패스회로 / UPS	UPS
적용 예	• 주파수 변환을 요하는 부하(50~60[Hz] 출력 또는 400[Hz] 등) • 바이패스를 적용하지 못하는 부하	• UPS 고장시 전자접촉기 등의 기계적인 스위치의 전환에 의해 바이패스로부터 상용전원을 공급받는 방식 • 터널조명 등 바이패스 전환시의 절단시간(0.05~0.1[sec] 정도)이 허용되는 부하	• NO.3 방식 : 바이패스 전환회로에 사이리스터 등을 사용한 반도체스위치에 의해 무순단으로 전환하는 방식 • 고신뢰도 시스템, 소용량에서 대용량까지 표준기종 중 사용이 가장 많은 방식 • 모든 컴퓨터 부하에 적용

(2) 병렬운전시스템

① 부하시스템이 대형화된 경우 더욱 높은 신뢰도를 요구할 때 적용된다.

② 예비기를 포함해 상시 여러 대의 병렬운전으로 1대가 고장시에도 UPS의 기능손상 없이 나머지 배터리로 전부하에 급전을 하는 시스템이다.

구 분	NO.4 방식	NO.5 방식	NO.6 방식
바이패스	無방식	절단순환방식	무순단전환방식
시스템 구성	No. 1 UPS / X_n대 / No. n UPS	No. 1 UPS / X_n대 / No. n UPS	No. 1 UPS / X_n대 / No. n UPS
적용 예	• NO.1 방식에 비해 대용량, 고신뢰성 요구시 적용할 것 • 주파수 변환을 요하는 온라인시스템 등 대용량으로 고신뢰성이 요구되는 부하	• 전자접촉기가 사이리스터 등에 의해 바이패스 전환하는 고신뢰성 시스템에 적용 • 각종 온라인시스템 등의 모든 중요 부하에 적용	• 전자접촉기가 사이리스터 등에 의해 바이패스 전환하는 최고의 신뢰성이 있는 시스템 • 금융기관의 온라인시스템 등 가장 높은 신뢰성이 요구되는 부하

UPS 병렬시스템의 구성방법에 대하여 기술하시오.

1 개 요

부하시스템이 대형화된 경우 더욱 높은 신뢰도를 요구할 때 적용하고, 예비기를 포함해 상시 여러 대의 병렬운전으로 1대가 고장시에도 UPS의 기능손상 없이 나머지 배터리로 전부하에 급전을 하는 시스템이다.

2 UPS 병렬시스템의 구성방법

구 분	구성도	일반특징
$N+1$ 병렬예비방식	입력 — UPS / UPS → 출력 / UPS (1대 예비)	한 대 정지까지 허용, 점검시(1대 정지) 예비성 확보 불가
$N+2$ 병렬예비방식	입력 — UPS / UPS → 출력 / UPS / UPS (2대 예비)	두 대 정지까지 허용, 점검시(2대 정지) 예비성 확보
$N+1$+바이패스 방식	입력 — UPS / UPS / UPS → 절환장치 → 출력 (1대 예비)	• 바이패스모드로 UPS 일괄점검이 가능 • 바이패스는 정전보상이 없으며, 입·출력주파수가 같을 때 가능
UPS군 간 상호 Backup 방식	입력 — UPS / UPS / UPS → 절환장치 → 출력 / 입력 — UPS / UPS / UPS → 절환장치 → 출력 (뱅크 예비)	• 한쪽 시스템의 UPS 전체 점검시에도 무정전전원을 확보 • 입·출력주파수가 다를 때도 사용

무정전전원설비의 필요성 및 설치요건을 설명하시오.

1 UPS의 필요성

(1) 전기품질은 정전시간, 전압변동률, 주파수변동률 및 고조파 등에 의한 외란현상에 의하여 결정된다.

(2) 전기는 생산과 소비가 동시에 이루어지는 동시성이 있어 아무리 전기품질을 향상시키더라도 수송배분 과정에서 완전한 무정전, 정전압, 정주파수로 전기공급은 거의 불가능하다.

(3) 특히 원거리 발·변전소로부터 부하측에 도달하려면 송·배전선로의 전력수송 과정상 전력에너지 변환이 요구되고, 수많은 위험요소가 산재되어 있다. 또한 대용량 기기의 기동전류로 인한 전압강하나 낙뢰 등의 외란, 개폐서지 등의 내뢰가 있어 공급신뢰도는 저하된다. 더욱이 정보고도화 사회에 따른 전력전자의 다방면 이용으로 상호간섭(고조파, 노이즈 등)이 있어, 전기품질 저하요인이 다수발생하므로 이에 대한 대책이 필요하다.

(4) UPS는 사용전원에 나타나는 전원교란 노이즈의 다음과 같은 형태에 대한 대책이 될 수 있다.
① 수 시간까지의 지속된 정전으로 시스템 동작불능 및 경제적 피해가 발생된다.
② 임펄스는 매우 짧고 파형을 심하게 왜곡시키는 외란으로 수 [μs]에서 수 [ms] 정도로 짧으나, 크기가 매우 커서 부품의 성능저하, 시스템 Shutdown이 발생되기도 한다.
③ Sag나 Surge는 수 사이클 이내의 시간 동안 정격전압보다 훨씬 낮거나 높은 전압변동으로 컴퓨터 메모리의 유실이나, 전송 중인 데이터에 에러를 발생시킨다.
④ 안정된 상태에서 수 초 이상 지속적으로 정격전압보다 수 십[%] 차이가 있는 과전압, 저전압이 발생하면 연결된 전자장비의 예열발생으로 수명단축 및 시스템 에러 발생 요인이 된다.

2 설치요건

(1) 주위 온도는 40[℃] 이하이며, UPS 자체에서 열발생이 있어 충분한 환기가 되어야 한다.

(2) 자체가 열에 약한 반도체나 IC부품이므로, 공조설비를 설치하고 주위 온도는 30[℃] 이하가 되어야 한다.

(3) UPS용 축전지를 가대에 설치시는 불연전용실을 마련할 것. 단, 축전지를 큐비클에 수납할 경우에는 축전지실이 따로 필요하지 않다.

(4) 축전지실에서 발생하는 폭발성 가스(주로 수소)가 실내에 체류하지 못하도록 충분한 환기시설을 갖춘다.

(5) 장치의 주위에 유지보수를 위한 공간을 확보해야 한다.

(6) 대용량 UPS실이 따로 있는 경우(대용량 UPS설비)는 항온·항습장치의 설치가 필수적이다.

UPS의 동작원리에 대하여 설명하시오.

1 개 요

(1) UPS란 변환장치, 에너지축적부(축전지) 및 필요에 따라 스위치를 조합함으로써 교류입력 전원의 연속성을 확보할 수 있는 교류전원시스템을 말한다(JEC의 정의).

(2) UPS는 정류기 → DC 필터 → 인버터 → 변압기 → AC 필터 및 축전지 등으로 구성된다.

2 UPS의 구성

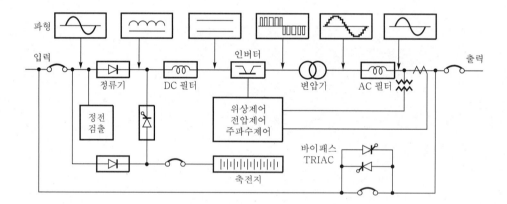

3 UPS의 동작원리

(1) 정류기(충전기)

　① SCR 4개를 브리지회로로 접속하여 교류전압을 직류전압으로 전파되게 하는 장치이다.

　② 정류된 직류전압을 축전지에 충전한다.

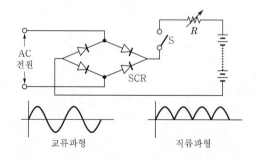

(2) DC 필터

① 전파정류된 직류는 1초에 120번 맥동이 있으므로 이를 평활한 직류전압으로 변환한다.

② 주요 구성요소인 인덕터는 전압 또는 전류의 급격한 변화를 억제하는 성질이 있다.

(3) 인버터

① 인버터는 주로 PWM(Pulse Width Modulation) 방식이 사용된다.

② PWM 방식은 펄스파형의 폭을 제어하여 출력전압을 제어하는 방법이다.

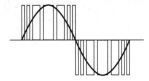

(4) 변압기

① 인버터의 출력전압을 변화시킴과 동시에 폭이 다른 펄스파형을 정현파에 가까운 계단상 파형으로 변환시켜주는 필터 역할을 한다.

② 변압기는 인덕턴스이기 때문에 필터기능이 가능하다.

(5) AC 필터

① 계단상의 파형을 완전한 정현파로 변환시켜 주는 역할을 한다.

② 필터의 주요 구성요소는 인덕턴스이다.

(6) 축전지

① 연축전지와 알칼리축전지가 있다.

② 전기에너지를 화학에너지로 저장했다가 다시 전기에너지로 변환하여 사용한다.

(7) 제어장치

① 인버터의 출력전압, 위상 및 주파수를 상시감시한다.

② 이들 값이 규정치를 벗어나면 인버터회로에 피드백(feedback)한다.

③ 출력전압, 위상 및 주파수가 항상 규정치 이내에 있도록 해주는 장치이다.

(8) 바이패스스위치

① 내부고장이 생기면 UPS를 차단하고 부하를 전원에 직접 연결한다.

② 순시동작을 할 수 있도록 하기 위해서 TRIAC을 사용한다.

문제 24

무정전전원설비의 동작특성을 설명하시오.

문제 24-1 On-line UPS와 Off-line UPS의 동작특성을 설명하시오.

문제 24-2 UPS(Uninterruptible Power Supply)의 운전방식에서 On-line 방식과 Off-line 방식에 대한 내용과 장단점을 설명하시오.

문제 24-3 UPS의 운전방식 중 상시상용급전방식(off-line)에 대하여 설명하시오.

1 개 요

(1) 무정전전원설비 즉, UPS(Uninterruptible Power Supply)란 전원에서 발생되는 외란에서 기기를 보호하고 양질의 전원으로 변환시켜 주부하에 무정전(無停電)으로 주어진 방전시간 동안 연속적으로 전력공급을 하는 CVCF(Constant Voltage Constant Frequency) 전원장치이다.

(2) 위의 개념으로 UPS의 종류별 동작방식인 On-line 방식, Off-line 방식, Line-interactive 방식에 대하여 설명한다.

2 On-line 방식

(1) 방식 설명

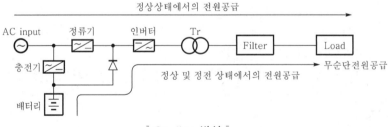

┃ On-line 방식 ┃

① 상용전원이 정상일 경우, 충전기와 인버터에 DC를 공급하여 항시 인버터로 공급하는 방식이다.

② 입력과 관계없이 인버터를 구동하여 부하에 무정전전원을 공급하는 방식으로 부하전류를 지속적으로 인버터에서 공급하므로 신뢰도를 특히 높게 요구할 때 적용되는 방식이다.

③ 중용량 이상에서 많이 적용된다.

(2) 장점

① 입력전원이 정전인 경우에도 무순단이므로(끊어짐이 없는) 입력과 관계없이 안정적으로 전원을 공급한다.

② 회로구성에 따라 양질의 전원을 공급한다,

③ 입력전압의 변동에 무관하게 출력전압을 일정하게 유지한다.

④ 입력의 서지, 노이즈 등을 차단하여 출력전원을 공급한다.

⑤ 출력단자, 과부하 등에 대한 보호회로가 내장되어 있다.

⑥ 출력전압을 일정 범위($\pm10[\%]$) 내에서 조정할 수 있다.

(3) 단점

① 회로구성이 복잡하여 높은 기술력이 요구된다.

② 효율이 Off-line 방식보다 낮다(전력소모가 많음).

③ 외형 및 중량이 증대된다.

④ 대체로 고가이다.

3 Off-line 방식

(1) 방식 설명

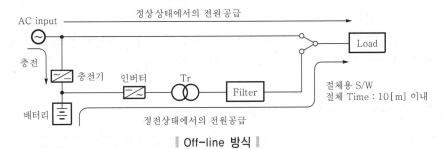

‖ Off-line 방식 ‖

① 상용전원이 정상일 경우는 부하에 상용전원으로 공급하다가 정전시에만 인버터를 동작시켜 부하에 공급하는 방식이다.

② 주로 서버전용의 소용량에 적용된다.

(2) 장점

① 입력전원이 정상시에는 효율이 높다(전력소모가 적음).

② 회로구성이 간단하여 내구성이 높다(잔고장이 적음).

③ On-line에 비하여 가격이 싸다.

④ 소형화가 가능하다.

⑤ 정상동작시(즉, 상용입력시) 전자파(노이즈 포함) 발생이 적다.

(3) 단점

① 정전시에는 순간적인 전원의 끊어짐이 발생한다(일반적인 부하에는 별문제 없음).
② 입력의 변화로 출력의 변화가 있다(전압조정이 안 됨).
③ 입력전원과 동기가 되지 않아 정밀급 부하에는 적합하지 않다.

4 Line interactive 방식

(1) 방식 설명

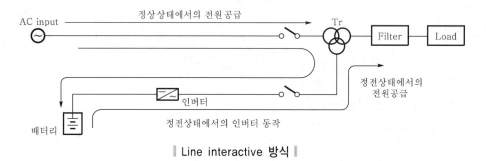

❘ Line interactive 방식 ❘

(2) 특징

① 정상적인 상용전원공급시 인버터 모듈 내의 IGBT를 통한 풀(full)브리지 정류방식으로 충전기능을 한다.
② 정전시는 인버터 동작으로 출력전압을 공급하는 오프라인방식으로 한다.
③ 일정 전압이 자동으로 조정되는 기능이 있다.

5 UPS 종류별 운전방식의 비교

구 분	On-line 방식	Off-line 방식	Line Interactive 방식
효율	낮다(70~90[%] 이하).	높다(90[%] 이상).	높다(90[%] 이상).
신뢰도(내구성)	오프라인 방식에 비해 낮다.	높다.	중간이다.
동작	상시 인버터가 구동한다.	입력정상시 인버터는 구동 안 한다.	인버터 구동소자의 프리휠링 다이오드로 충전한다.
절체 Time	4[ms] 이하 무순단	10[ms] 이하	10[ms] 이하
출력전압변동 (입력변동시)	입력변동에 관계없이 정전압	입력변동과 같이 변동	5~10[%] 정도 자동전압 조정
입력이상시 (Sag, 임펄스, 노이즈)	완전차단한다.	차단하지 못한다.	부분적으로 차단한다.
주파수 변동	변동없음(±0.5[%] 이내)	입력변동에 따라 변동	입력변동에 따라 변동
제조원가	높다.	낮다.	낮은 편이다.

무정전전원설비(UPS)의 용량 결정시 고려사항에 대하여 설명하시오.
문제 25-1 무정전전원설비의 용량산정시 고려사항에 대하여 설명하시오.

1 개 요

(1) UPS를 선택함에 있어서는 피보호대상 부하의 전원이 요구하는 사항을 면밀히 검토해야 하며 여기서는 [W], [VA]를 포함한다.

(2) 용량 결정시 고려사항

① 부하용량
② 역률
③ 파고율
④ 시동돌입용량
⑤ 정류기 부하에 의한 전압왜곡특성
⑥ 3상 불평형 특성

2 용량 결정시 고려사항

(1) 정격부하용량

① 부하의 정격용량을 피상전력 [VA]로 표시
② 적정 수용률 및 여유율 적용
③ UPS 용량

$$P_{C1} > P_L \times k \times \alpha$$

여기서, P_{C1} : UPS의 용량
P_L : UPS의 부하용량
k : 수용률(0.7~0.9)
α : 여유율(전등 : 1.3, 전산시스템 : 1.5, OA main 전원 : 1.6)

(2) 부하역률

① UPS의 정상용량은 인버터부의 능력에 의해 좌우된다. 고역률 부하시 출력용량 저 감특성은 출력측 AC 필터의 설계에 따라 서로 다르다.

② UPS에 정격역률(0.8 정도) 이상인 부하기기 사용시 : 역률 0.9 이상에서는 용량 [kVA] 의 저감사용가능

　예 40[kW]의 경우
- 역률 0.9일 경우(40[kW]/0.9)는 44.4[kVA]
- 역률 1.0일 경우(40[kW]/1.0)는 40[kVA]

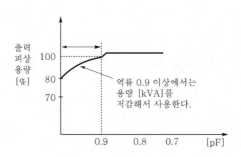

| 부하역률과 UPS 용량 |

③ 역률에 따른 [W]와 [VA] 비교

기기	정격[W]	역 률	입력전압[V]	정격[VA]
A	200	0.6	AC 120	333
B	200	1.0	AC 120	200

　㉠ A : [VA] 정격이 [W] 정격보다 훨씬 크다.
　㉡ B : 입력전류가 작다.
④ 역률에 의한 부하용량 저감률을 적용
⑤ UPS 용량

$$P_{C1} > P_L \times \beta$$

　　　여기서, β : 역률에 의한 저감률

(3) 파고율

① 파고율＝순간 피크전류치 / 실효치(RMS)
　㉠ 단상은 2~3배, 3상은 1.6~1.8배 정도
　㉡ 컴퓨터와 SMPS는 입력전원공급시 높은 전류가 필요
② 피크전류에 의한 용량저감률을 적용
③ UPS 용량

$$P_{C1} > P_L \times r$$

　　여기서, r : 피크전류에 의한 적용률, 대부분의 UPS는 파고율을 3으로 제한

(4) 부하의 시동돌입용량

① 부하의 시동전류나 돌입전류 등에 대해서는 다음 조건을 검토해야 한다.

  ㉠ 부하시동 순시전류는 UPS 과전류 허용값의 150[%] 이하일 것

  ㉡ 부하급변시, 과도전압변동은 부하의 허용값 이하일 것

② 부하의 투입패턴도

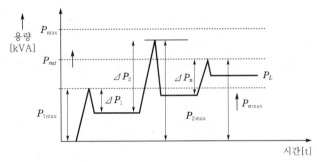

여기서, $P_{\max}$: UPS 순시과전류 보호값(용량)

  P_{rat} : UPS 연속정격용량

  P_L : 정상부하용량

  $\Delta P_1 \cdots \Delta P_n$: 시동돌입전류(용량)

  $\Delta P_{1\max} \cdots \Delta P_{n\max}$: 시동시 최대용량

㉠ 협조조건 : $P_{\mathrm{rat}} > P_L$

㉡ 과도용량이 큰 부하 : 한류저항, 한류리액터 설치

㉢ 정류부하(통신기기) : 10~20[%]의 여유율을 적용

㉣ 과도돌입전류가 큰 부하를 기동시 : On-line 방식의 바이패스 채택 후 무순단절환

(5) 정류기 부하에 의한 전압왜곡특성(비선형 부하)

① 순시파형 제어방식 채택 : 정류기 부하시의 전압왜곡을 대폭 저감

② 순시파형 제어방식이 없는 경우

  ㉠ UPS의 출력 임피던스 저감대책 강구 : 큰 용량의 UPS

  ㉡ 부하측에 공진필터 설치

③ UPS 용량

$$P_{C1} > P_L \times \delta$$

여기서, δ : 전압왜곡에 의한 적용률

(6) 3상 불평형 특성

① 3상 출력의 UPS

  ㉠ 부하가 불평형되면 출력전압의 3상 불평형 발생

ⓛ 부하불평형률 30[%]에서 전압변동률±3[%] 정도(컴퓨터는 불평형률 한도가 20[%] 이하)

   ② 대책

       ㉠ 단상부하의 3상 균등분배(3상 불평형 기준 ≦ 30[%])

       ⓛ UPS와의 스코트결선

3 결 론

(1) 현재 중용량 이상의 UPS는 정격부하용량 이외의 Factor를 고려할 필요가 없는 제품이 개발 생산된다.

(2) 위의 내용의 P_{C1}으로 표기된 용량공식들은 UPS 병렬운전시스템에서의 정격용량을 나타 낸다.

방송 · 통신용 UPS의 조건에 대하여 간단히 기술하시오.

(1) 부하변동에 대한 순시응답이 되어야 한다. 즉, 부하변동에 따른 UPS 출력전압의 순시추적제어가 가능해야 한다(완전한 정현파).

(2) 정전시 및 순시전압저하인 경우 배터리 백업시간을 정확히 판단할 수 있어야 함은 물론, 배터리 수명을 연장하기 위한 충전전류에 리플이 없는 연속전류로 충전(SMPS 방식 충전기)한다.

(3) 소규모 방송설비용 UPS는 방송설비와 같은 장소에 설치되므로, UPS에는 잠금장치를 설치하여, 운전 중인 UPS가 오조작되지 않게 한다.

(4) 부하량에 따른 팬의 통풍량이 조절되므로(부하의 50~100[%] 범위) UPS 소음레벨을 저감하여 쾌적한 환경조성 → 팬의 소음이 대부분이다.

(5) 리액터, 변압기의 자기잡음을 흡수하기 위한 장치를 부착한다.

(6) 소형, 경량화를 위해서 파워모듈부의 배선을 PCB화하고, 출력 AC 필터 중 리액터를 출력 변압기에 내장한다.

(7) 통신시스템의 전원부가 콘덴서 입력형 정류부이므로, 높은 파고율(3 : 1)에 견디는 제품이어야 한다.

(8) UPS 역률은 RLC로 구성되는 부하로 인하여 0.67이 가장 이상적이다.

문제 27

UPS(무정전전원설비) 선정시 고려할 사항을 간단히 설명하시오.

1 개 요

UPS의 용량은 다음과 같다.

$$P = \sum P_0 \times LF \times \alpha \times \frac{1}{\eta}$$

여기서, P : UPS 용량[kVA]
$\sum P_0$: 부하의 총합
LF : 수용률(0.8 적용)
α : 여유율(1.2 적용)
η : UPS 효율(0.85 적용)

2 선정시 고려사항

(1) 대용량 1대보다는 중용량 2대를 권장한다.

(2) UPS 입력에 ATS(Automatic Transfer Switch)를 사용하는 경우, 절체시험을 필히 시행하여야 한다.

(3) 용량이 20[kVA] 이상이면 3상을 권장한다.

(4) 주위가 한적한 공장이나 낙뢰 등의 침입 우려가 있는 공장 등에는 낙뢰대책이 필수이다.

(5) UPS 출력상태가 좋지 않거나, 접지와 관련되어 복권트랜스가 부착된 경우는 Tr 입·출력에 서지방지장치가 설치되어야 한다.

(6) 10[kVA] 이하 입·출력배선은 부드러운 배선을 사용하여 관리해야 한다.

(7) **생산현장의 Main Power로 사용하는 경우는 다음 사항을 고려**

① 용량산정
② 설치장소
③ 입·출력전압
④ 출력배선
⑤ 기타

(8) 주파수변환기로 사용하는 경우

① 종류로는 50[Hz] ↔ 60[Hz] 변환기, 60[Hz] ↔ 400[Hz] 변환기

② 주파수변환기(FC) 제작시 주요 검토항목

　㉠ 발진주파수의 정확도가 필요하다.

　㉡ 과부하 내량이 커야 한다.

Dynamic UPS의 동작원리 및 시스템 구성에 대해 설명하시오.

1 Dynamic UPS의 필요성

(1) 최근 정보화 사회에서 컴퓨터 사용은 무정전이어야 하며, 주로 사용되는 방식인 Static UPS는 대용량에서 병렬시스템의 구성 및 제어회로가 복잡하여 Dynamic UPS가 필요하다.

(2) Static UPS보다 고조파 발생이 적다.

(3) 단락전류 보호특성이 우수하다.

(4) 높은 신뢰성이 요구되는 공항, 병원, 증권사, 반도체 공장, IBC 등에 적용하는 것이 바람직하다.

2 Dynamic UPS의 동작원리

(1) 상시운전

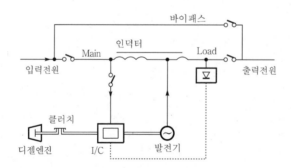

① 상시운전 동안 부하전력은 상용전원에 의해 공급된다. 인덕터는 기준 발전기에 의해 교류출력전압을 기준전압과 비교하여 피드백 제어로 일정 전압을 유지한다(이것이 UPS의 CV특성).
② 인덕션커플링의 내부 회전자는 외부 회전자에 있는 60[Hz] 3상 2극 교류권선에 의해 여자되어 3,600[rpm]으로 회전하고(절대치 : 5,400[rpm]), 외부 회전자는 1,800[rpm] 속도의 동기전동기로 운전되며, 발전기는 동기전동기인 인덕션커플링의 외부 회전자에 의해 1,800[rpm]의 속도로 운전된다.
③ 이때, 디젤엔진과 인덕션커플링의 외부 회전자 사이는 동기클러치에 의해 완전히

분리된 상태이며, 내부 회전자는 정전대비를 위한 운동에너지를 보유하고 있는 상태이다.

(2) 정전시 운전으로 전환

① 상용전원이 정전되거나 전압 및 주파수가 허용변동치를 벗어났을 때 인덕션커플링과 상용전원은 차단기에 의하여 전원공급이 중단된다.

② 동시에 인덕션커플링의 DC 와인딩은 주파수 레귤레이터에 의해 내부 회전자를 감속시키고, 그 운동에너지를 외부 회전자로 이동시킨다.

③ 외부 회전자에 이동된 에너지로, 3상 동기발전기는 1,800[rpm](60[Hz]) 정속도 운전을 유지한다.

(3) 정전시 운전

① 디젤엔진의 속도가 인덕션커플링의 외부 회전자의 속도와 동기되는 순간에 클러치는 자동적으로 연결되며, 이때부터 디젤엔진이 구동에너지원이 된다.

② 디젤엔진이 구동에너지원의 역할을 완전히 이어받은 2~3초 후에 인덕션커플링의 3상 교류권선을 통해 내부 회전자를 정상속도로 가속시킨다.

(4) 상시운전으로 전환

① 상용전원이 복전되어 양질의 전력이 공급될 때 Dynamic UPS system은 자동적으로 상용전원과 병렬로 연결된다. 이때 디젤엔진의 속도는 약 1,700[rpm]로 감속되어 운전하고 있으며, 인덕션커플링의 외부 회전자와는 분리된 상태이다.

② 디젤엔진은 3분 정도 공회전한 후 자동적으로 정지한다.

(5) 동작원리 비교

① Series on-line 방식

ㄱ 정상동작시 : Motor-generator의 주공급전원은 Static-UPS가 공급한다.

ㄴ 정전시 : 주보조전원으로 축전지가 사용된다.

② Internal redundant, Series on-line 방식

ㄱ Static UPS system을 예비전원으로 사용한다.

ㄴ Motor-generator의 주공급전원은 상용전원을 직접 공급하는 방식이다.

③ Internal redundant, Parallel on-line 방식

ㄱ 부하전원은 Thyrister switch에 의해 공급된다.

ㄴ Motor-generator는 Filter 기능을 한다.

④ Internal redundant with diesel engine series on-line 방식

ㄱ 대표적인 구성방식이다.

ㄴ 정전시 Diesel engine이 동작부하에 일정한 전원을 공급한다.

ⓒ 기동시간 10~20초 동안에는 축전지 → 인버터 → M/G 구동을 따라서 이상적인 무순단전원을 공급하는 방식이다.

3 회로구성

(1) 주전력 회로구성

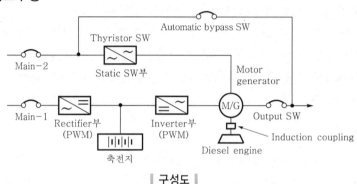

┃ 구성도 ┃

(2) 정류부

① AC를 DC로 변환하여 인버터에 전원공급 및 동시에 축전지 충전
② PWM 정류방식

(3) Inverter부

DC를 AC로 변환 Motor-generator에 보조전원 역할(필터내장)

(4) Static-switch부

① Thyristor와 Magnetic-contactor로 구성
② 자동으로 절체 무순단전원공급(0.25cycle)

(5) Motor-generator부

① 핵심적인 기기로서 양질의 AC 출력전원공급
② Stator와 Rotor 공유
③ 100[%] 불평형 부하가 가능
④ 주전원과 부하측을 전기적으로 완전분리
⑤ Damper cage 고조파 흡수

4 Dynamic UPS의 시스템 구성

(1) 단독운전(single system)

한 대의 UPS와 바이패스회로로 된 단일 시스템으로 만약 UPS가 이상이 있을 때는 자동 혹은 수동으로 상용전원이 부하에 공급되며, 이때 부하는 전혀 영향을 받지 않는다.

(2) 병렬운전(parallel system)

두 대 또는 그 이상의 UPS가 바이패스회로에 대해 병렬로 연결되는 시스템으로, 이때 UPS 용량의 합계는 전력량의 합계와 같거나 조금 큰 정도이다. 따라서, UPS 중의 하나라도 이상이 있게 되면 즉시 상용전원이 부하에 공급된다. 이때 부하는 전혀 영향을 받지 않는다.

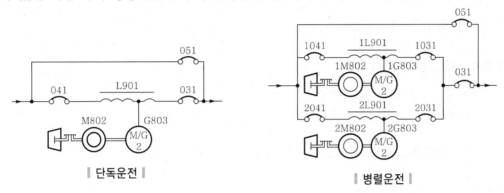

| 단독운전 | | 병렬운전 |

(3) 예비전원(redundant system)

총필요전력량을 수 대의 UPS로 균등분할하여 이들을 병렬로 연결하는데, 같은 용량의 UPS를 한 대 더 여유있게 연결한다. 만약 운전 중 한 대의 UPS가 절체되어 중단되더라도 전체 시스템은 전혀 부하에 영향을 주지 않고 계속 운전되는 점이 병렬운전과 다른 점이다.

5 바이패스회로

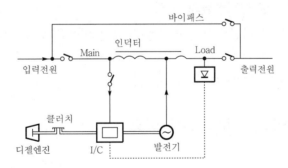

(1) 바이패스 전환회로는 UPS의 점검, 또는 만일의 고장에 대해서도 중요 부하에 응급적으로 상용전력을 공급하기 위한 회로로서 시스템의 공급신뢰도를 높이기 위한 중요한 회로이다.

(2) 이 전환회로는 UPS에서 바이패스로, 바이패스에서 UPS로의 전환시 어느 경우에도 부하에 영향을 주지 않는 상시상용 무순단 전환방식을 채용하고 있다.

6 Dynamic UPS의 장점(특성)

(1) 무축전지 정전보상방식 : 축전지가 없어 환경공해가 없고, 설치장소 확보와 운영관리에 경제적이다.

(2) 정전시 정전시간과 무관(연속사용)

(3) 특수부하조건에 최적

① 유도성, 용량성 및 전류변동량이 큰 곳
② 고조파 다량 발생기기를 사용하는 곳, 기동성 부하에 최적

(4) 대용량 병렬운전방식(최대 5[MVA]) : 25대까지 병렬운전가능

(5) 연간 장비유지비용 저렴 : 효율성, 신뢰성 향상

(6) Backup용 발전기 불필요

(7) 항온·항습기 불필요, 설치면적 절약, 원격제어가능

(8) 입력고역률(0.98 이상), 입력역류 고조파 극소(5[%] 이하), 출력전압안정도(±1[%])

(9) 높은 단락전류용량(정격전류의 10배)

① 과도현상 또는 부하단락시 출력특성이 크게 영향을 받지 않는다.
② 부하단락시 정격전류의 14배까지 100[ms] 이내 차단 즉, 단락측 부하만 차단하고 기타 부하전원을 안정적으로 공급한다.

7 Dynamic UPS와 Static UPS 비교

(1) 출력전압파형

구 분	파 형	장 점	단 점	비 고
Dynamic UPS		• 정현파 형태 • 이상시 축전지 기능을 Diesel engine이 담당	• Diesel engine • 속도 10~20초 • 초기투자비 고가	장시간 운전비 고려시 경제적
Static UPS		• 정현파에 근접 • 초기투자비 저렴	장시간 운전시 축전지 용량과다	−

(2) 시스템 구성 비교

① Dynamic UPS

  ㉠ Motor Generator−diesel engine 구성

  ㉡ 상용전원 정전시 부하측에 일정한 전원을 지속적으로 공급(발전기 역할)

  ㉢ 과도응답특성이 양호

② Static UPS

  ㉠ 축전지 사용 → 유지보수비용 증가

  ㉡ 축전지 용량에 따라 정전시 운전시간 제한

 문제 28-1

공간과 성능면에서 다이나믹 UPS와 정지형 UPS를 비교 설명하시오.

1 정지형 UPS

(1) 정지형 UPS의 구성

정지형 UPS는 다음 그림과 같이 정류기 → DC 필터 → 인버터 → 변압기 → AC 필터 및 축전지 등으로 구성된다.

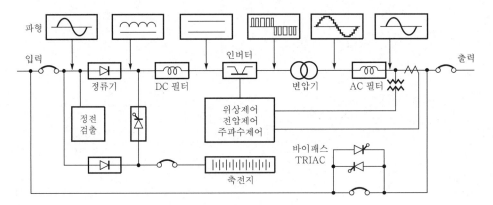

(2) 정지형 UPS의 운전방식

① 단독운전방식
  ㉠ 단독운전방식에는 상시운전방식과 비상시 운전방식의 두 가지가 있다.
  ㉡ 상시운전방식 : UPS를 상시운전하다가 UPS 내부에 고장이 났을 때만 상용전원으로 절환하는 방식
  ㉢ 비상시 운전방식 : 상시에는 UPS를 운전하지 않고 있다가 정전시에만 운전하는 방식

② 병렬운전방식
  ㉠ 병렬운전방식에는 대기운전방식과 동시운전방식의 두 가지가 있다.
  ㉡ 대기운전방식 : 두 대의 UPS를 한 대는 상용, 다른 한 대는 예비기로 운전하는 방식
  ㉢ 동시운전방식 : 여러 대의 UPS를 병렬로 동시에 운전하여 부하에 전력을 공급하다가 한 대가 고장나면, 고장난 UPS를 회로에서 분리하고 건전한 나머지가 전부하에 급전하는 방식

☑ Dynamic UPS(회전형 UPS)

(1) Dynamic UPS의 구성

회전형 UPS는 그림과 같이 동기기와 Induction coupling 및 디젤엔진으로 구성된다.

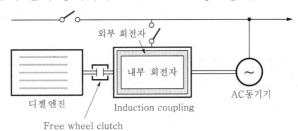

(2) 회전형 UPS의 동작원리

① 정상운전
　㉠ 상용전원을 공급받아 인덕터를 거쳐 전력변환이 없이 직접 부하에 전력을 공급한다.
　㉡ 인덕션커플링의 내부 회전자는 외부 회전자에 있는 3상 2극 교류권선에 의해 여자되어 3,600[rpm]으로 회전하며, 외부 회전자는 1,800[rpm]으로 회전하여 내부 회전자의 절대속도는 5,400[rpm]이 된다.
　㉢ 이때, 동기기는 동기전동기인 인덕션커플링의 외부 회전자에 의해 1,800[rpm]의 속도로 운전되고 프리휠클러치는 디젤엔진과 인덕션커플링의 외부 회전자와는 완전히 분리되어 있다.
　㉣ 동기기와 결합되어 있는 탭인덕터는 부하로 공급되는 전압을 조정하고 안정화하는 역할을 한다.

② 비상운전으로 전환
　㉠ 주개폐기와 인덕션커플링의 3상 AC 공급회로의 개폐기는 상용전원이 정전될 때 차단된다.
　㉡ 동시에 디젤엔진이 기동되며, 인덕션커플링의 외부 회전자에 의해 회전 중인 동기기는 발전기로 동작하여 무순단으로 양질의 교류전력을 공급함으로써 정전순간에도 무정전 상태로 계속 운전된다.
　㉢ 인덕션커플링의 내부 회전자의 회전이 5,400[rpm]에서 1,800[rpm]으로 서서히 감속되는 과정에서 디젤엔진이 기동완료된다.

③ 비상운전
　㉠ 디젤엔진의 속도가 회전 중인 인덕션커플링의 외부 회전자 속도와 동기되었을 때, 자동적으로 프리휠클러치가 맞물리게 되며, 이때부터 회로의 전력은 디젤엔진의 동력으로부터 공급받게 된다.

313

ⓛ 소모된 인덕션커플링 내부 회전자의 비상에너지는 외부 회전자에 있는 권선을 순간적으로 여자시켜 5,400[rpm]까지 가속한 후 정상회전속도를 유지한다.

④ 정상운전으로 전환

㉠ 상용전원이 다시 공급되면 자동적으로 주개폐기가 폐로되고 상용전원은 인덕터를 거쳐 전력변환 없이 직접 부하에 공급된다. 동기기는 발전기 운전에서 전동기 운전으로 변환된다.

ⓛ 이때, 디젤엔진과 인덕션커플링의 외부 회전자를 연결하고 있던 프리휠클러치는 자동적으로 완전히 분리된다.

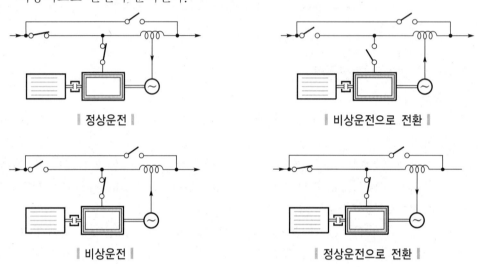

③ 정지형 UPS와 회전형 UPS의 비교

정지형 UPS	회전형 UPS
정지기이다.	회전기이다.
회전형 UPS에 비해 공간을 적게 차지한다.	비교적 큰 설치공간이 필요하다.
실내에 설치하기에 적합하다.	발전기, 배기덕트, 연료배관 등이 있어서 실내에 설치할 수 없다.
출력이 인버터와 축전지 용량에 따라 제한받아서 대용량은 곤란하다.	발전기 용량을 크게 하면 얼마든지 대용량이 가능하다.
축전지 용량으로는 장시간 운전할 수 없기 때문에 Backup용 발전기가 필요하다.	Backup용 발전기가 필요하지 않다.
인버터회로에서 다량의 고조파를 발생시킨다.	고조파를 거의 발생시키지 않는다.
정지기이므로 유지보수가 용이하다.	유지보수가 어려운 편이다.

안정화 전원장치의 종류와 특징에 대하여 기술하시오.

1 전원장치는 목적에 따라 다음의 3종류로 분류

(1) 정전압장치(AVR ; Automatic Voltage Regulator)

전압을 일정하게 유지하는 장치이다.

(2) 정전압 정주파전원장치(CVCF ; Constant Voltage Constant Frequency)

전압, 주파수를 일정하게 유지하는 장치, 주파수변환장치(frequency changer)도 포함한다.

(3) 무정전전원장치(UPS ; Uninterruptible Power Supply)

CVCF 장치의 기능에 교류입력정전시에도 전력을 공급할 수 있는 기능을 가진 장치이다.

2 정전압장치(AVR ; Automatic Voltage Regulator)

(1) 유도전압조정기(IVR ; Induction Voltage Regulator)

① 유도전동기와 동일한 권선배치로 입력측의 3상 권선에 의한 회전자계 중에 정지한 직렬권선을 놓고, 이 직렬권선의 유기전압을 전원전압에 가산해 출력전압으로 한다.
② 직렬권선 유기전압의 위상이 회전자의 위치에 따라 변화해서 전압조정을 한다.

(2) 정지형 자동전압조정기(AVR)

① 리액터제어형 AVR은 병렬리액터의 전류를 사이리스터 스위치로 제어해 전압조정한다.
② 탭전환형 AVR은 보조트랜스 전압을 양, 음, 0의 3모드로 전환해서 그 전압을 승압 트랜스로 전원에 가산하는 방식으로, 출력전압이 단계적으로 제어된다.

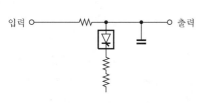

‖ 리액터형 AVR 원리도 ‖

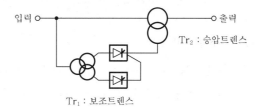

‖ 탭전환형 AVR 원리도 ‖

3 무정전전원장치

(1) 회전형 UPS

① Rotary UPS는 그림과 같이 동기기와 인덕션커플링 및 디젤엔진으로 구성된다.

② 정상운전상태에서 디젤엔진은 운전되지 않고, 동기기가 전동기로 작용하여 인덕션 커플링의 외부 회전자를 1,800[rpm]으로 회전시키고, 내부 회전자는 외부 회전자에 설치된 3상 2극 권선에 의해 3,600[rpm]으로 회전한다.

③ 즉, 내부 회전자의 절대속도는 5,400[rpm]이 된다. 내부 회전자는 또한 상당한 관성 모멘트가 있어서 플라이휠효과가 크도록 설계되어 있다.

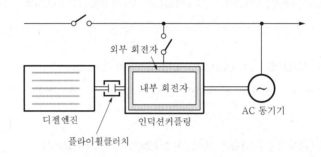

④ 정전이 되면 내부 회전자가 인덕션커플링에 의해 외부 회전자를 1,800[rpm]으로 회전시켜서 동기기가 발전기로 동작하여 무순단으로 전원을 공급함과 동시에 디젤 엔진이 기동되어 계속적으로 전력을 공급할 수 있도록 되어 있다.

⑤ 종류

㉠ IM-AG 방식 : 유도전동기와 교류발전기의 결합으로, 교류입력 급력시의 주파수 변화를 줄이기 위해 플라이휠을 설치한다.

㉡ DM-AG 방식 : 직류전동기와 교류발전기의 결합으로, 직류전동기는 정류기에 구동된다. 가격면에서 소용량기를 사용하는 경우가 많다.

㉢ 크레이머방식 : 회전형에서 가장 많이 사용한다. 평상시는 유도전동기, 보조직류 전동기에 의해 교류발전기를 구동한다. 상용전원이 정전되면 축전지로 입력하고, 보조직류전동기, 승압기로 구동한다.

(2) 정지형 UPS

정지형 UPS는 Thyrister 또는 Power transistor 등을 사용하여 교류를 직류로 변환하여 축전지에 저장해 두었다가 필요시에 인버터를 사용하여 직류를 다시 교류로 변환하는 장치로, 다음 그림과 같이 정류기 → DC 필터 → 인버터 → 변압기 → AC 필터 및 축전지 등으로 구성된다.

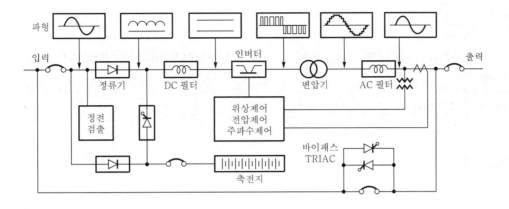

4 각종 전원장치의 비교

기 종	방 식	장 점	단 점
정전압장치	유도전압 조정기 (IVR)	저렴, 대용량기까지 제작가능하다.	기계적 기구가 많고, 자주 사용시 수명단축 · 보수필요. 응답속도가 느리다(30~60초/전 범위).
	정지형 자동 전압조정기 (AVR)	• 응답속도가 빠르다(0.1~0.5초). • 마모부품이 없고, 긴 수명, 보수가 용이하다.	IVR에 비해 고가이다.
정전압 정주파전원장치 (CVCF), 주파수 변환장치(FC)	회전형 CVCF	• 서지내량(과부하내량)이 크다. • 입력전원의 순시정전에 강하다.	• 저효율, 주파수 정밀도가 낮다. • 응답속도가 느리다. • 진동, 소음이 크다. • 보수, 오버홀이 필요하다.
	정지형 CVCF	• 고효율, 주파수 정밀도가 높다. • 응답속도가 빠르고, 진동 · 소음이 작다. • 보수가 용이하다.	서지내량(과부하내량)이 낮다.
무정전 전원장치 (UPS)	회전형 CVCF + 축전지	회전형 CVCF의 장점과 동일하다.	회전형 CVCF의 단점과 동일하다.
	정지형 CVCF + 축전지	정지형 CVCF의 장점과 동일하다.	정지형 CVCF의 단점과 동일하다.

전기실 정류기반 설계시 축전지 용량산출방법에 대하여 설명하시오.

문제 **30-1** 축전지 및 충전기의 용량산정을 위한 흐름도를 제시하고, 용량산정 방법에 대하여 설명하시오.

1 개 요

(1) 축전지는 정전시 및 비상시에 사용되는 전지로서 「건축법」, 「소방법」에 의해 비상전원으로 사용된다.

(2) **축전지설비 구성요소** : 축전지, 충전지, 역변환장치

(3) **축전지 설치목적**

① 상용전원 정전시 법적인 요구충족

② 보안상 필요한 시설에 전원공급 : 비상조명등, 제어기기용 릴레이, 감시반 전원표시

(4) **축전지 사용추세**

① 대용량 변전소는 고정형 연축전지를 사용한다.

② 소용량 변전실은 무보수형 연축전지를 사용한다.

③ 방재설비는 고효율 방전특성, 저온특성, 극판의 기계적 강도, 과전류·과전압에 강하고 부식성 가스 미발생으로 방재설비에 연축전지 보다는 보관이 용이한 알칼리 축전지를 사용한다.

④ 대용량 변전소에서 니켈카드뮴전지 시험사용 후 확대 검토한다.

2 축전지 용량산정시 고려사항

(1) **부하종류의 결정**

비상용 조명부하, 차단기 투입부하, 릴레이용, 제어회로용 기기용 등

(2) **방전전류(I)의 결정**

방전전류는 최대전류치를 사용한다.

$$방전전류(I) = \frac{부하용량[\text{VA}]}{정격전압[\text{V}]}$$

(3) 방전시간(t)의 산출

① 부하의 종류에 따른 비상시간 결정

② 법적인 전원공급 : 10~30분

③ 발전기 설치시 : 10분

(4) 예상부하특성곡선 작성

방전말기에 가급적 큰 방전전류가 사용되도록 그래프를 작성한다. 즉, 방전말기의 최저 조건시에 대전류가 필요한 경우에도 작동하도록 해야 되기 때문이다.

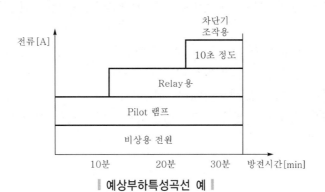

‖ 예상부하특성곡선 예 ‖

(5) 축전지 종류의 결정

① 축전지의 종류는 다음과 같다.

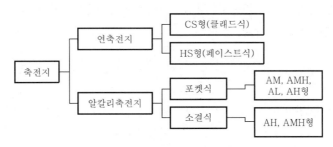

‖ 극판의 형식에 따른 분류 ‖

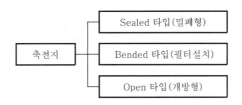

‖ 외부구조에 따른 분류 ‖

② 연축전지는 납합금의 극판이나 격 자체에 양극작용물질을 충진한 것으로 반응식은 다음과 같다.

$$PbO_2(양극)+2H_2SO_4(전해질)+Pb(음극) \leftrightarrow PbSO_4(양극)+2H_2O+PbSO_4(음극)$$

③ 니켈도금강판이나 니켈을 주성분으로 한 금속분말을 성형한 것에 양극작용물질을 충진한 것으로 그 반응식은 다음과 같다.

$$2NiOOH+2H_2O(양극)+Cd(음극) \leftrightarrow 2Ni(OH)_2(양극)+Cd(OH)_2(음극)$$

④ 연축전지의 클래드식은 완방전형이며, 페이스트식은 급방전형으로 가격면에서 적정하다.

⑤ 알칼리축전지의 포켓식은 전체적으로 성능유지보수면에서는 연축전지보다 앞서나 고가로서 일반적인 적용방법은 다음과 같다.

　㉠ AM형은 표준형으로 성능면에서 적정하다.

　㉡ AMH형은 30분마다 짧은 급충·방전형으로 순간적인 대전류가 많을 때 용이하나 용량이 적다.

(6) 방전율

축전지의 소요용량(AH)을 산정을 함에 있어, 연축전지는 10시간, 알칼리축전지는 5시간 방전율을 기준으로 한다.

(7) 허용최저전압의 결정

부하측의 각 기기에서 요구하는 최저전압 중에서 최고값에 전지와 부하 사이 접속선의 전압강하를 합산한 값으로 한다.

$$V = \frac{V_a + V_c}{n}$$

여기서,　V : 1[Cell]당 허용최저전압[V]，　V_a : 부하의 허용최저전압[V]
　　　　　V_c : 축전지와 부하 간의 전압강하[V] → 배선의 전압강하
　　　　　n : 축전지 직렬접속 Cell 수

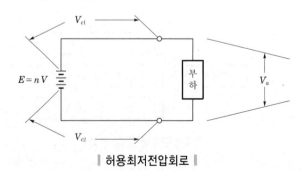

‖ 허용최저전압회로 ‖

(8) 축전지 Cell 수의 결정

① 1[Cell]당 허용최저전압 : 다음의 표같이 부하의 제한전압과 최저제한전압을 고려해서 결정한다.

정격전압	100[V]					
허용최저전압	95[V]		90[V]		85[V]	
종 류	연	알칼리	연	알칼리	연	알칼리
허용최저전압/[Cell]	1.8	1.10	1.7	1.06	1.6	1.00
Cell 수	54	86	54	86	54	86

② 축전지 종류별 구분

종 류		연	알칼리
Cell당 공칭전압		2.0[V]	1.2[V]
공칭용량		10시간율[Ah]	5시간율[Ah]
Cell 수	100[V]	50~55	80~86
	60[V]	30~31	50~52
	48[V]	24~25	40~42
	24	12~13	20~21

③ 연축전지, 알칼리축전지 표준 Cell 수

종 류	표준 Cell 수	Cell의 공칭전압	정격전압[V]
연축전지	54개	2.0	2.0×54=108
알칼리축전지	86개	1.2	1.2×86=103

④ 일정 부하에 대하여 Cell 수를 적게 하면, 최고제한전압에 대해서는 안전하나, 용량이 큰 축전지가 필요하다. Cell 수를 많이 하면 축전지 용량이 적어도 되나, 충·방전시의 과대전압을 조정하기 위한 전압조정장치가 필요하다.

(9) 충전방식 결정

① 초기충전
② 사용 중 충전
  ㉠ 보통충전
  ㉡ 급속충전
  ㉢ 세류충전(트리클 충전)
  ㉣ 균등충전
  ㉤ 부동충전
  ㉥ 전자동 충전
  ㉦ 교호충전
  ㉧ 전기사용설비는 부동충전을 많이 적용

(10) 예상되는 최저전지온도의 결정

① 옥내설치시 : 5[℃]

② 옥외큐비클 수납시 : 5~10[℃]

③ 한랭지 : -5[℃]

④ 방전특성은 35~40[℃] 부근에서 가장 양호

(11) 보수율(L)

축전지의 장시간 사용 및 사용조건을 고려하여, 용량변화를 보상하는 보정치로 $L=0.8$을 적용한다.

(12) 방전종지전압

축전지는 일정전압 이하로 방전되면, 극판의 열화 등으로 인해 수명의 급격한 저하가 발생되므로 방전을 중지시켜야 할 전압이다.

(13) 용량환산시간 K의 결정

① 축전지의 표준특성곡선, 용량환산시간표에 의하여 결정된다.

② 축전지 종류별, 온도별, 허용최저전압에 따라 달리 검토한다.

(14) 용량환산공식에 적용하여 축전지 용량을 결정

① 부하의 크기와 특성, 예상정전시간, 순시 최대방전전류의 세기, 제어케이블에 의한 전압강하, 경년변화에 의한 용량의 감소, 온도변화 보정 등을 고려한 종합적 계산이어야 한다.

② 적용식은 다음과 같다.

$$C = \frac{1}{L}\left\{K_1 I_1 + K_2(I_2 - I_1) + K_3(I_3 - I_2) \cdots\cdots K_n(I_n - I_{n-1})\right\}$$

여기서, C : 25[℃]에 있어서 정격방전율 환산용량[Ah]

L : 보수율(보통 0.8)

I : 방전전류[A]

K : 방전시간, 축전지의 최저온도 및 허용최저전압에 의해서 결정되는 용량환산시간, 제조회사의 자료참조

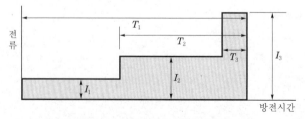

▌ 용량환산공식에 적용하여 축전지 용량결정 ▐

3 축전기 및 충전기의 용량산정을 위한 흐름도

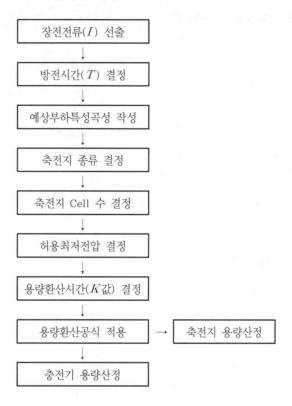

장전전류(I) 선출
↓
방전시간(T) 결정
↓
예상부하특성곡성 작성
↓
축전지 종류 결정
↓
축전지 Cell 수 결정
↓
허용최저전압 결정
↓
용량환산시간(K값) 결정
↓
용량환산공식 적용 → 축전지 용량산정
↓
충전기 용량산정

예비전원설비에서 축전지설비의 축전지 용량산출시 고려해야할 사항에 대하여 설명하시오.

1 개 요

(1) 축전지설비는 유도등과 같이 법적인 것과 보안상 필요한 조명용 전원뿐만 아니라 수
· 변전기기 및 제어기기의 조작용 전원, 기타 전화교환대, 비상방송, 전기시계, 화재
경보장치 등의 전원 등으로 다양하게 사용된다.

(2) 설비의 구성은 축전지, 충전장치 및 부대설비로 구성된다.

2 축전지 용량산출순서

(1) 축전지 부하종류의 결정

(2) 방전전류의 산출

(3) 방전시간의 결정

(4) 방전시간(T)과 방전전류(I)의 예상부하특성곡선 작성

(5) 축전지 종류 및 Cell 수의 결정

(6) 허용최저전압의 결정

(7) 최저전지온도 결정

(8) 용량환산계수 K값의 결정

(9) 축전지 용량의 계산

3 축전지 용량산출시 고려해야 할 사항

(1) 축전지 부하종류의 결정

① 단시간 부하

ⓐ 차단기 조작전원

ⓑ 소방설비용 부하

ⓒ 기타 필요부하

② 연속부하
- ㉠ 배전반 및 제어감시반의 표시등
- ㉡ 비상조명등
- ㉢ 연속여자코일
- ㉣ 기타 필요부하

(2) 방전전류의 산출

$$방전전류(I) = \frac{부하용량[\text{VA}]}{정격전압[\text{V}]}$$

(3) 방전시간의 결정

① 부하의 종류에 따라 방전시간을 결정
② 소방 관련 부하 : 통상 10~30분
③ 단시간 부하 : 통상 1분을 기준

(4) 방전시간(T)과 방전전류(I)의 예상부하특성곡선 작성

① 최악의 조건을 고려한 부하특성곡선 작성
② 부하특성곡선의 예

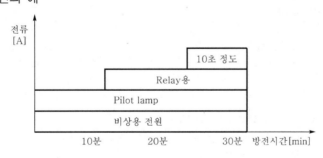

(5) 축전지 종류 및 Cell 수의 결정

① **연축전지** : 납합금의 극판이나 격 자체에 양극작용물질을 충진

$$PbO_2 + 2H_2SO_4 + Pb \;\underset{방전}{\overset{충전}{\longleftrightarrow}}\; PbSO_4 + 2H_2O + PbSO_4$$

② **알칼리축전지** : 니켈도금강판이나 니켈을 주성분으로 한 금속분말을 성형한 것에 양극작용물질을 충진

$$2NiOOH + 2H_2O + Cd \;\underset{방전}{\overset{충전}{\longleftrightarrow}}\; 2Ni(OH)_2 + Cd(OH)_2$$

③ Cell 수 결정

$$\text{축전지[Cell] 수} = \frac{\text{계통정격전압[V]}}{\text{1[Cell]의 공칭전압}}$$

(6) 허용최저전압의 결정

$$\text{허용최저전압[V/Cell]} = \frac{\text{부하의 허용최저전압} + \text{배선의 전압강하}}{\text{축전지의 직렬접속 Cell 수}}$$

(7) 최저전지온도 결정

① 옥내설치시 : 25[℃]

② 옥외설치시 : 외함이 있는 경우 5[℃], 외함이 없는 경우 −5[℃]

③ 방전특성은 35~40[℃] 부근에서 가장 양호

(8) 용량환산계수 K 값의 결정

축전지 종류, 방전시간, Cell당 허용최저전압, 최저축전지온도(보통 5[℃]를 기준)를 고려하여 용량환산계수표 또는 그래프를 통해 결정(제조자 카탈로그 참조)

(9) 축전지용량의 계산

① 계산식

$$C = \frac{1}{L}\left\{ K_1 I_1 + K_2(I_2 - I_1) + \cdots\cdots K_n(I_n - I_{n-1}) \right\}$$

여기서, C : 필요 축전지 용량[Ah]

L : 보수율(일반적으로 0.8을 적용)

K_n : 용량환산계수

I_n : 부하특성별(연속/단시간 부하) 방전전류[A]

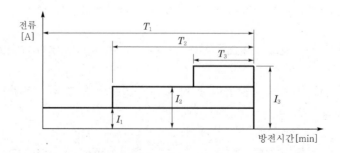

② 축전지용량의 선정

  ㉠ 축전지용량의 최종선정은 위 ①에서 계산한 값에 향후 부하증설이 예상되어 있을 경우에는 이를 반영하고, 없을시는 계산값 직상위의 제조사의 표준용량을 선정한다.

  ㉡ 예를 들어 계산값이 94[Ah]일 경우, 표준용량인 100[Ah]를 선정한다.

4 결 론

(1) 마지막에 신뢰가능한 설비이므로 용량선정, 검증제품, 대상 부하의 특성 및 설치장소의 환경 등 정밀파악이 요구된다.

(2) 충전장치의 선정

① 축전지의 용도와 목적 및 특성에 맞는 충전방식의 적용이 중요하다.

② 정류기는 필요시 균등충전을 할 수 있는 출력전압과 급속충전이 가능한 전류를 공급할 수 있도록 충분한 용량을 선정하여 축전지의 운용에 차질이 없도록 해야 한다.

문제 **31**

100[V]용 연축전지와 알칼리축전지를 간단히 비교 설명하시오.

구 분	연축전지	알칼리축전지
Cell의 공칭전압	2.0[V/Cell]	1.2[V/Cell]
Cell 수	54개	86개
정격전압[V]	$2.0 \times 54 = 108[V]$	$1.2 \times 86 = 103[V]$
단가	싸다.	비싸다.
충전시간	길다.	짧다.
전기적 강도	과충전, 과방전에 약하다.	과충전, 과방전에 강하다.
수명	10~20년	30년 이상
가스발생	수소가스가 발생한다.	부식성 가스가 없다.
최대방전전류	1.5[C]	2[C](포켓식), 10[C](소결)
온도특성	열등	우수
정격용량	10시간	5시간
용도	장시간, 일정 부하에 적당하다.	• 단시간, 대전류 부하에 적당(전류부하가 큰 부하)하다. • 고효율 방전특성이 좋다.

축전지의 정류회로에 대하여 기술하시오.

1 개 요

(1) 일반적인 사용의 전기가 교류이나, 직류가 요구되는 개소에 교류를 정류하여 직류로 변환하는 회로가 정류회로이다.

(2) 정류회로에는 단상 반파정류기, 단상 전파정류기, 브리지정류기, 다상 성형 정류기 등이 있다.

2 종 류

(1) 단상 반파정류기

다음 그림에서 전원의 정(+)의 반주기 동안은 다이오드가 도통하여 부하에 전류가 흐르고 부(−)의 반주기 동안은 저지상태(blocking condition)가 되어 출력전압은 0이 된다.

‖ 단상 반파정류기 ‖

(2) 단상 전파정류기

① 이 방식은 변압기에 중간 탭을 두어 다음 그림과 같이 접속한 것이다.

② 입력파형이 정(+)의 반주기 동안은 D_1이 도통하고, 부(−)의 반주기 동안은 D_2가 도통하여 부하에는 그림의 출력파형과 같은 전압이 걸리게 된다.

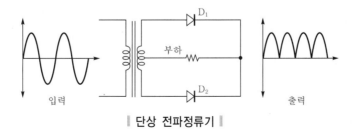

‖ 단상 전파정류기 ‖

(3) 브리지정류기

정류회로의 다이오드를 다음 그림과 같이 브리지로 결선하여 전파정류를 하는 방법이다.

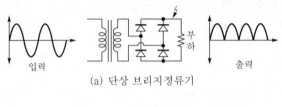

(a) 단상 브리지정류기

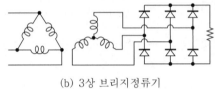

(b) 3상 브리지정류기

‖ 브리지 정류회로 ‖

(4) 다상 성형 전류기

대전력계통에 사용되는 것으로, 다음 그림과 같다.

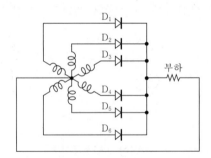

‖ 다상 성형 정류기 ‖

축전지설비 충전방식의 종류 및 각 종류별 특징을 설명하시오.

1 개 요

(1) 축전지설비는 정전시 및 비상시 가장 신뢰할 수 있는 전지이며, 「건축법」이나 「소방법」의 규정에 의하여 예비전원이나 비상전원용으로 채택되고 있다.

(2) 최근 건물의 IB화, 정보화에 따라 고도의 감시설비의 조작 및 제어전원으로 필수적이며, 여기서는 충전방식별 특징에 대하여 설명하고자 한다.

2 축전지설비의 구성 및 특징

(1) 구성

축전지, 충전장치, 보안장치, 제어장치 등으로 구성된다.

(2) 특징

① 독립된 전원이다.
② 순수한 직류전원이다.
③ 경제적이고 유지보수가 용이하다.

3 충전방식별 특징

(1) 초기충전

축전지에 아직 전원을 넣지 않은 미충전상태의 축전지에 전해액을 주입하여 처음으로 행하는 충전이다.

(2) 사용 중의 충전

① 보통충전 : 필요할 때마다 표준시간율로 소정의 충전을 행하는 방식
② 급속충전 : 비교적 단시간에 보통 충전전류의 2~3배의 전류로 충전하는 방식
③ 부동충전
 ㉠ 정의 : 정류기가 축전지 충전과 직류부하전원으로 병용하여 사용되는 충전방식
 ㉡ 방법
  • 충전장치를 축전지와 부하에 병렬접속하여 전지의 자기방전을 보충함과 동시에 상용부하에 대한 전력공급은 충전기가 부담한다.

- 충전기가 부담하기 어려운 대전류부하는 일시적으로 축전지로 부담하는 방식이다.
- 축전지의 자기방전에 대해 충전한다.
- 평상시 직류부하에 전원공급을 한다.

ⓒ 장점
- 축전지가 항상 완전충전상태를 유지한다.
- 정류기 용량이 적어도 된다.
- 급격한 부하 및 전원변동에 대응가능하다.

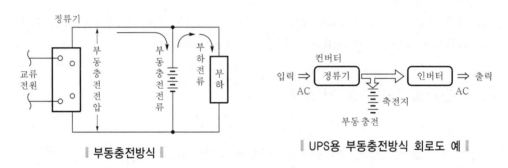

| 부동충전방식 |

| UPS용 부동충전방식 회로도 예 |

(3) 세류충전(트리클 충전)

자기방전량만을 항상 충전하는 부동충전방식의 일종으로 휴대폰, 전지자동차 등이 있다.

(4) 균등충전

① 정의 및 필요성 : 축전지는 일반적으로 부동충전방식을 적용하는데, 부동충전상태에서 극판 간 충전상태 산란과 각 단전지 간 충·방전특성의 산란으로 인한 전압불균일을 방지하고자 과충전하는 방식이다.

② 균등충전방법
- ㉠ 부동충전시 각 전해조의 전위차를 보정하기 위해 1~3개월마다 1회 정전압으로 균일하게 충전하는 방식이다.
- ㉡ 인가하는 정전압으로는 연축전지는 2.4~2.5[V]이며, 알칼리축전지는 1.45~1.5[V/Cell]으로 10~15시간 과충전하여 단전지들 간의 전압차를 해소한다.
- ㉢ 충전시기
  - 만충전시 비중값이 0.01[V] 이상 떨어졌을 때
  - 축전지 평균전압이 0.05[V] 이상 떨어졌을 때
  - 급방전 후 짧은 시간에 재충전시

③ Seal형, 거치형 납축전지는(MSE, HSE형) 자기방전이 극히 작고, 부동충전전압이 높게 설정되어 있어 단전지 간의 산란발생이 어려워 균등충전이 불필요하다.

(5) 과충전

축전지 고장을 사전에 방지 또는 이미 고장발생한 것을 회복하기 위해 저전류를 장시간 충전하는 방식이다.

(6) 보충전

축전지를 장시간 방치시(자기방전상태) 미소전류로 충전하는 방식이다.

(7) 단별 전류충전

정전류 충전의 일종이며, 충전시 단계적으로 2단, 3단 전류치로 저하시켜 충전한다.

(8) 교호충전방식

정류기를 2대로 하여 교대로 방전하는 방식이다.

(9) 자동충전방식

① 전압 초기에 대전류가 흐르는 결점을 보완, 일정 전류 이상이 흐르지 않도록 자동 전류 제한장치를 달아 충전하는 방식이다.

② 회복충전시 자동전류와 정전압 기능을 가지고, 충전완료 후 자동으로 균등충전으로 변환한다.

③ 보수관리를 쉽게 하기 위해 적용되는 경우가 많다.

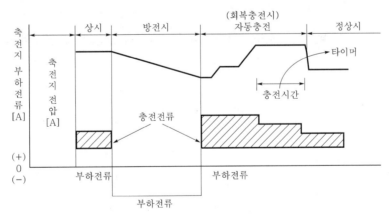

┃ 자동충전패턴도 ┃

4 정류기 용량의 산정

(1) 반도체 정류기 사용

① 단상 반파, 단상 전파, 3상 반파, 3상 전파 등을 사용하며, 파형 평활을 위해 전파 정류방식을 많이 채택한다.

② 반도체로는 실리콘을 사용하고, 전자동 충전방식은 SCR를 사용한다.

(2) 충전장치의 출력전압은 균등충전전압보다 약간 높게 한다.

(3) 정류기 용량

$$P_{AC} = \frac{(I_L + I_C) \cdot V_D}{\cos\theta \cdot \eta} \times 10^{-3} [\text{kVA}], \quad I_{AC} = \frac{(I_L + I_C) \cdot V_D}{\sqrt{3} \cdot E \cdot \cos\theta \cdot \eta} [\text{A}]$$

여기서, P_{AC} : 정류기 교류측 입력용량[kVA]

I_{AC} : 정류기 교류측 입력전류[A]

I_L : 정류기 직류측 부하전류[A]

I_C : 정류기 직류측 축전지 충전전류[A]

V_D : 정류기 직류측 전압[V]

E : 정류기 교류측 전압[V]

$\cos\theta$: 정류기 역률[%]

η : 정류기 효율[%]

5 결 론

(1) 용도 및 특징에 맞는 충전방식 선정이 중요하며, 축전지실에 대한 전기적·환경적 고려사항에 대해 검토가 요구된다.

(2) 최근 무보수 밀폐형 연축전지는 산무발생이 문제되지 않으므로, 별도의 축전지실이 필요 없다.

축전지의 자기방전에는 여러 원인이 있다. 원인별로 구분하여 설명하시오.

문제 34-1 축전지설비의 자기방전의 의미 및 원인에 대하여 설명하시오.

1 자기방전의 의미

축전지에 축적되어 있던 전기에너지가 사용하지 않는 상태에서 저절로 없어지는 현상이다.

2 자기방전의 원인(자기방전의 특성)

(1) **온도** : 온도가 높을수록 자기방전량이 증가한다. 대개 25[℃]까지는 직선적으로 증가하고 온도가 그 이상이면 가속적으로 증가한다.

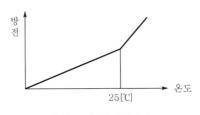

┃ 온도와 자기방전 ┃

(2) **불순물** : 은, 동, 백금, 바륨, 니켈, 안티몬, 염산, 질산 등의 불순물이 양극 또는 음극표면에 접착되어 있으면 자기방전이 현저히 증가한다.

(3) **비중** : 연축전지는 전해액의 비중이 클수록 자기방전량이 증가한다.

(4) **경년** : 오래된 축전지는 새 축전지에 비해 자기방전량이 많다.

(5) **종류** : 연축전지는 알칼리축전지에 비해 자기방전량이 많다.

(6) 자기방전량은 형식, 구성, 방치조건에 따라 다르며, 1개당 평균 20[%] 정도이다.

3 국내규정

충전완료 후 25±4[℃]에서 4주간 방치 후 8시간을 평균으로 충전시 용량감소가 그 축전지 용량의 25[%] 이내이어야 한다.

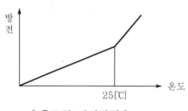

축전지 이상현상의 대표적인 두 가지 현상을 설명하시오.

1. 자기방전현상(self-discarge)
2. 설페이션(sulphation)현상

1 자기방전현상(self-discharge)

(1) 정의

축전지에 축적되어 있던 전기에너지가 사용하지 않는 상태에서 저절로 없어지는 현상이다.

(2) 특징

① 온도가 높으면 심해진다. 일반적으로 25[℃]까지는 직선적으로 증가하고, 그 이상이면 가속적으로 증가한다.

| 온도와 자기방전 |

② 불순물이 양극 또는 음극표면에 접착되어 있으면, 자기방전이 현저히 증가한다.
③ 낡은 축전지는 새 것 보다 심하다.
④ 연축전지의 경우 전해액 비중이 크면 심해진다.
⑤ 연축전지는 알칼리축전지에 비해 자기방전량이 많다.
⑥ 자기방전량은 평균적으로 1개당 20[%] 전·후이다.
⑦ 자기방전량을 구하는 방법

$$\text{자기방전량} = \frac{C_1 + C_2 - 2C_2}{T(C_1 + C_3)} \times 100[\%]$$

여기서, C_1 : 방치 전 만충전용량[Ah]
C_3 : C_2방전 후 만충전하여 방전한 용량[Ah]
C_2 : T기간 방치 후 충전없이 방전한 용량[Ah]
T : 방치기간[h]

(3) KS규정

충전완료 후 25±4[℃]에서 4주 방치 후 8시간을 평균으로 방전하였을 때 용량감소가 그 축전지 용량의 25[%] 이상이 되어서는 안 된다.

(4) 자기방전원인

① 전기적 원인 : 내부단락을 의미한다.

② 화학적 원인 : 일반적인 자기방전은 화학적인 원인에 의하여 일어난다.

  ㉠ 온도와 자기방전과의 관계 : 전기온도가 높을수록 자기방전량은 증가하고 이 증가의 비율은 온도 25[℃]까지에는 거의 직선적으로 증가하며, 그 이상의 온도에서는 가속적으로 증가하게 된다.

  ㉡ 불순물과 자기방전의 관계 : 바륨, 백금, 금, 은, 동, 니켈, 안티몬 등의 불순물이 음극표면에 접착되면 현저하게 자기방전을 일으킨다.

  ㉢ 시간과 자기방전 : 자기방전은 충전완료 직후에 가장 많으며, 시간이 경과함에 따라 점차 감소한다.

  ㉣ 비중 : 연축전지는 전해액의 비중이 클수록 자기방전량이 증가한다.

2 설페이션(sulphation)현상

(1) 정의

극판이 백색(백색피복물은 부도체 이므로 작용물질의 면적이 감소)으로 되거나, 표면에 백색반점이 생기는 현상이다.

(2) 원인

① 충전부족상태에서 장기간 사용한 경우

② 불순물(파라핀, 악성 유기물)이 첨가된 경우

③ 비중이 과대한 경우

④ 전해액의 부족으로 극판이 노출되었을 경우

⑤ 충전상태에서 보충을 하지 않고 방치한 경우

⑥ 방전상태로 장시간 방치한 경우

(3) 영향

① 비중이 저하

② 충전용량이 감소

③ 충전시 전압상승이 빠름

④ 가스발생이 심함

⑤ 수명단축 : 작용물질을 탈락시켜 수명을 감축

⑥ 내부저항이 대단히 증가

⑦ 전해액의 온도상승

⑧ 황산의 비중이 낮아짐

(4) 대책

① 정도가 가벼우면 20시간 정도의 과전류 충전시 회복된다.

② 회복되지 않으면 충・방전을 수회 반복하고, 방전시의 비중을 1.05 이하로 하면 회복이 빨라진다.

③ Sulphation 현상이 심한 경우는 희류산 또는 중성 유산염으로 장시간 충전하면 이 백색피복물을 제거할 수 있다.

축전지실의 위치 및 설치방법에 대하여 기술하시오.

1 개 요

현재의 연축전지의 경우 실드형·밴디드형 밀폐구조로 산무의 문제점이 거의 없다. 또한, 알칼리축전지의 경우 유해한 가스가 거의 없으므로 축전지실이 거의 필요없는 경우도 있다. 따라서, 전원의 타기기와 함께 설치되기도 한다. 그러나 대용량 변전실의 경우 및 대용량 UPS용 축전지실을 설치하는 경우에는 건축적, 위생적, 전기적으로 고려하고 내진대책도 동시에 적용하여야 한다.

2 건축적 고려사항

(1) **바닥구조** : 장비의 집중하중 및 평균하중에 견딜 것

(2) 충·방전시 가스발생 우려 개소는 가스의 종류에 따라 내산성 또는 내알칼리성 도장을 시행할 것

(3) 축전지를 벽이나 바닥에 견고히 지지하여 전도가 없게 할 것

(4) **축전지 배열** : 점검이 용이하고, 반입시 통로와 보수를 고려한 필요공간 등을 확보할 것

(5) **축전기 자대와 축전지실의 간격은 다음 치수 이상일 것**

① 축전지와 벽면과의 치수 : 1[m] 이상
② 축전지와 비보수측 벽면과의 치수 : 0.1[m] 이상
③ 축전지와 부속기기 사이의 치수 : 1[m] 이상
④ 축전지와 입구 사이 : 1[m] 이상
⑤ 천장높이 : 2.6[m] 이상

(6) **축전지의 가대와 축전지설비의 보유거리**

보유거리를 확보해야 하는 부분			보유거리
큐비클식이 아닌 경우	축전지	벽면과의 사이	벽에서 0.1[m] 이상
		열상호간	• 동일실에 2대 이상 설치시 : 0.6[m] 이상 • 가대설치된 경우 높이가 1.6[m] 이상인 경우는 1.0[m] 이상
		점검면	0.6[m] 이상
	충전장치	조작면	1.0[m] 이상
		점검면	0.6[m] 이상

보유거리를 확보해야 하는 부분		보유거리
큐비클식	조작면	1.0[m] 이상
	점검면	• 0.6[m] 이상의 점검공간을 확보할 것 • 큐비클식 외의 설비 또는 건축물과 마주 대한 경우는 1.0[m] 이상일 것

(7) 환기장치

① **연축전지** : 충전 중 산과 수소가 발생하므로 통풍이 양호하도록 환기장치를 설치한다.

② 실드형은 주위의 온도가 극심한 경우 외에는 환기장치가 불필요하다.

③ 알칼리축전지는 산소와 수소가스가 발생하므로 실내 환기장치를 설치해야 한다.

④ 실드형을 전기실에 설치하는 경우는 환기장치가 불필요하지만 축전지실에 설치시 실드 2종(밀폐형)은 환기장치가 필요하다(실드 1종(단전밀폐형)도 불필요).

3 환경적 고려사항

(1) 충전시 가스발생 우려가 있는 종류는 축전지 설치시에 부식 또는 폭발의 농도에 이르지 않도록 유효한 환기설비가 있어야 한다.

(2) 물의 침입이나 침투가 될 수 없는 장소에 설치한다.

4 전기적 고려사항

(1) 별도의 실로 설치하는 경우 수·변전실과 인접하여 설치할 것

(2) 천장의 높이는 2.6[m] 이상으로 할 것

(3) 진동이 없는 곳일 것

(4) 수소가스 발생에 대비한 배기시설을 구비할 것

(5) 개방형 축전지의 경우는 조명기구 등은 내산형일 것

(6) 충전기는 가급적 부하에 가까운 곳에 설치할 것

(7) 축전지실의 배선은 비닐전선 사용(가능하면 FR배선)할 것

(8) 실내에는 싱크를 시설할 것

(9) 기타 관련 법령에 적합하게 할 것

문제 **36**

실형 거치 납축전지에 대하여 설명하고, 또 음극흡수식 실형 납축전지를 중점 기술하시오.

1 개 요

(1) 납축전지는 충전 중에 전해액의 물분해나 증발로 전해액이 천천히 감소하므로, 규정액면보다 감소된 경우에는 정제수를 보급할 필요가 있다.

(2) 이 보수작업에 상당한 노력이 요구되므로 이를 간이화하기 위해 개발된 것이 실형 축전지이다.

2 실형 거치 납축전지의 실방식별 방법과 특징

(1) 촉매식 실방식

① 축전지에서 발생하는 산소와 수소가스를 촉매로 재결합해서 물로 되돌리는 방법이다.
② 축전지의 반응과는 관계없이 축전지의 뚜껑상부에 촉매전만 설치하면 된다.
③ 축전지의 성능, 수명 등은 일반적인 벤트형과 동일하다.

(2) 보조전극식 실방식

① 축전지에 보조전극을 두고 전해액과 가스 양쪽에 접촉시켜 산소와 수소가스를 전부 이온화해서 물로 되돌리는 방법이다.
② 전지 안에 희류산을 전해액으로 한 산소, 수소연료전지를 구성한 형태이다.

    ㉠ 산소극 : $\frac{1}{2}O_2 + 2H^+ + 2e \rightarrow H_2O$

    ㉡ 수소극 : $H_2 \rightarrow 2H^+ + 2e$

(3) 음극흡수식 실방식

① 양극판에서 발생한 산소가스를 음극활성물질로 흡수시킴과 동시에, 음극판을 화학적으로 방전상태로 하고 수소가스의 발생을 억제하는 방법이다.
② 이 반응을 쉽게 하려면, 전해액의 양을 제한하거나 Gel 모양 전해질을 이용하는 등의 방법으로 산소가스가 음극에 도달하기 쉽도록 할 필요가 있다.

(4) 과잉액량식 실방식

① 장기간 보수가 불필요하므로 극판 위에 과잉전해액을 보유시켜 놓는 방법이다.

② 촉매식 실형 축전지와 동일한 정도의 보수간격을 기대하려면 현재 5배 이상의 전해 액량을 극판 위에 유지시킬 필요가 있어 외형 치수(용적)와 중량이 모두 상당히 커 진다.

③ 거치용 납축전지에는 적당하지 않은 방식이다.

(5) 자동보수식 실방식

① 사용 중에 전해액이 감소하면 감소한 양만큼 상비된 탱크에서 축전지로 자동적으로 보수하는 방식

② 일반적으로 기구가 복잡하며, 가격이 쉽게 상승하여 극히 일부만 실용화되어 있다.

3 실방식의 장단점

실방식	장 점	단 점
촉매식	• 축전지 성능에 미치는 영향이 없다. • 설치가 용이하다. • 기존 제품의 개조가 용이하다.	• 가스조정으로 환수효율이 저하된다. • 빙점 아래에서의 사용에는 문제가 있다. • 수명이 3~5년이다.
보조전극식	밀폐성이 완전하다.	• 설치가 복잡하다. • 기존 설치품의 개조가 곤란하다. • 수명이 3~5년이다.
음극흡수식	• 밀폐성이 완전하다. • 촉매전극 · 보조전극 등 특별한 부품이 불필요하다.	−
과잉액량식	특별한 부품이 불필요하다.	• 중량능률, 용적능률이 나쁘다. • 전해액이 농축되기 쉽다.
자동보수식	안전성이 높다.	기구가 복잡해지기 쉽다.

4 음극흡수식 실형 납축전지

(1) 개요

① 최근 개발되어 상품화된 실형 납축전지로 완전한 무보수화(maintenance free)된 축전지이다.

② 차후 거치용 납축전지의 주류가 될 것으로 예상된다.

③ 형식은 MSE형으로 50~3,000[Ah]까지 10기종이 상품화된다.

(2) 밀폐화의 원리

① 납축전지의 충전말기에는 전해액 속의 물이 전기분해되어 양극에서 산소가 발생하고, 음극에서 수소가 발생한다.

② 축전지를 밀폐화하려면 가스의 발생을 억제시키거나, 발생가스를 축전지 내에서 흡수하는 것이 필요하다.

(3) 특징

① Maintenance free(보수 및 균등충전 불필요)

  ㉠ 충전 중에 발생하는 산소가스를 음극판에 흡수하는 실방식을 사용함에 따라 수명이 다할 때까지 완전하게 보수가 필요없다.

  ㉡ 극판격자에 특수합금을 사용하고 있어 자기방전이 극히 작아 균등충전이 불필요하다.

② 고성능 : 낮은 저항의 특수 세퍼레이터 사용으로 고율방전의 특성이 한층 향상되었다.

③ 장수명

  ㉠ 극판의 재료 및 구조의 개량으로 기대수명이 대폭적으로 연장된다.

  ㉡ HSE형의 5~7년에 비해, MSE형은 7~9년이다.

④ 스페이스 절약 : 축전지 본체가 콤팩트화되어 HSE형과 비교하면 용적비가 30[%] 감소되어 있고, 보수나 비중측정용 공간이 불필요하므로 종전의 축전지에 비교해 대폭적으로 공간이 절약된다.

⑤ 안전

  ㉠ 안전한 밀폐구조로, 전해액은 극판이나 세퍼레이터에 흡수되어 유동하지 않으므로 액이 누출될 염려는 없다.

  ㉡ 축전지 설치 후 덮개로 축전지 윗면을 덮는 구조이므로, 감전이나 금속용구 등에 의한 단락의 위험이 없어서 안전하다.

문제 37

비상조명용 백열전등부하가 110[V] 100[W] 58등, 60[W] 50등이고, HS 56[Cell], 허용최저전압 100[V], 최저축전지온도 5[℃], 용량환산시간 $K = 1.2$, 경년 용량저하율이 0.8일 때, 축전지 용량[AH]을 구하시오.

1 기본공식

축전지에 여러 부하가 연결되어 있는 경우 그 중에서 어느 부하가 먼저 동작하고 어느 것이 나중에 동작하게 될지는 상황에 따라 변화하므로 일방적으로 단정하기는 어렵다. 따라서, 축전지 용량을 산정할 때에는 그림과 같이 방전종기에 가장 큰 부하가 걸리는 것으로 가정한다. 이때, 용량을 계산하는 공식은 다음과 같다.

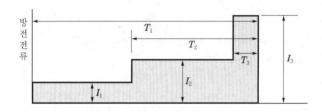

$$C = \frac{1}{L}\{K_1 I_1 + K_2(I_2 - I_1) + K_3(I_3 - I_2) \cdots\cdots K_n(I_n - I_{n-1})\}$$

여기서, L : 보수율
K : 용량환산계수
I_n : 해당되는 부하의 방전전류

2 용량계산

(1) 문제에 주어진 조건상 전류산출($I = P/V$)

$$I_1 = \frac{60[W] \times 50[개]}{100[V]} = 30[A], \quad I_2 = \frac{100[W] \times 58[개]}{100[V]} = 58[A]$$

(2) 전등의 점등순서에 따른 용량환산 시간곡선 작도

① 60[W] 전등이 먼저 점등된 상태에서 나중에 100[W] 전등이 점등되는 경우 [그림 1]
② 60[W] 전등과 100[W] 전등이 동시에 점등되는 경우 [그림 2]
③ 100[W] 전등이 먼저 점등된 상태에서 나중에 60[W] 전등이 점등되는 경우 [그림 3]

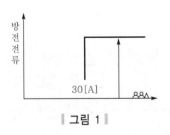

┃ 그림 1 ┃

┃ 그림 2 ┃

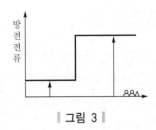

┃ 그림 3 ┃

3 축전지의 소요용량산출

(1) [그림 1]의 경우 25[℃]에서 축전지의 소요용량

$$C = \frac{1}{0.8}\{1.2 \times 30 + 1.2 \times (88 - 30)\} = 132[AH]$$

(2) [그림 2]의 경우 25[℃]에서 축전지의 소요용량

$$C = \frac{1}{0.8}(1.2 \times 88) = 132[AH]$$

(3) [그림 3]의 경우 25[℃]에서 축전지의 소요용량

$$C = \frac{1}{0.8}\{1.2 \times 58 + 1.2 \times (88 - 58)\} = 132[AH]$$

어느 경우나 소요용량은 동일하다.

4 결 론

원래 위의 3가지 경우에서 소요용량은 달라야 한다. 그러나 동일한 값이 나온 것은 용량환산계수 K_1, K_2가 달라야 하는데, 문제에서 이를 일률적으로 1.2로 주었기 때문이다.

문제 38

비상용 조명부부하 40[W] 12등, 60[W] 50등이 있다. 방전시간은 30분이며, 연축전지 HS형 54셀, 허용최저전압 90[V], 최저축전지온도 5[℃]일 때, 축전지 용량을 구하시오. (단, 전압은 100[V], 납축전지의 용량환산시간 K는 아래 표에 의함)

│ K값 도표 │

형 식	온도[℃]	30[분]		
		1.6[V]	1.7[V]	1.8[V]
HS	25	1.03	1.14	1.38
	5	1.11	1.22	1.54
	−5	1.2	1.35	1.68

1 Cell 수와 1[Cell]당 허용최저전압과의 관계

$$V = \frac{V_a + V_c}{n} \text{에서} \quad n = \frac{V_a + V_c}{V}$$

$$54\text{개} = \frac{V_a + V_c}{V} \fallingdotseq \frac{V_a}{V} = \frac{90}{X} \quad \rightarrow \quad X = \frac{90}{54} = 1.666 \fallingdotseq 1.7$$

여기서, V(혹은 X) : 1[Cell]당 허용최저전압[V]
V_a : 부하의 허용최저전압[V]
V_c : 축전지와 부하 간의 전압강하[V] → 배선의 전압강하
n : 축전지 직렬접속 Cell 수

2 도표에 의한 K값 선정

온도가 5°이고 1[Cell]당 허용최저전압이 1.7[V]이므로, 주어진 표에서 K값을 선정하면, 1.22이다.

3 축전지 용량산출

(1) 방전전류(I)산출

$$I = \frac{P}{V} = \frac{(40[\text{W}] \times 120[\text{개}]) + (60[\text{W}] \times 50[\text{개}])}{100[\text{V}]} = 78[\text{A}]$$

(2) 축적지 용량(C)

$$C = \frac{1}{L}\left\{ K_1 I_1 + K_2(I_2 - I_1) + K_3(I_3 - I_2) \cdots\cdots K_n(I_n - I_{n-1}) \right\}$$

$$= \frac{1}{0.8}(1.22 \times 78)$$

$$= 118.95[\text{AH}]$$

문제 **39**

다음 그림과 같은 방전특성을 갖는 부하에 필요한 축전지 용량[AH]을 구하시오.

[조건]
1. 방전전류[A] : $I_1 = 500[A]$, $I_2 = 300[A]$, $I_3 = 100[A]$, $I_4 = 200[A]$
2. 방전시간[T] : $T_1 = 120$, $T_2 = 119.9$, $T_3 = 60$, $T_4 = 1$
3. 용량환산시간 : $K_1 = 2.49$, $K_2 = 2.49$, $K_3 = 1.46$, $K_4 = 0.57$
4. 보수율 : 0.8

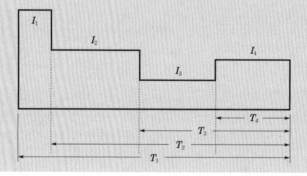

1 개 요

방전전류가 감소하기 직전까지의 부하특성마다 분리하여 축전지 용량을 산정한 후 가장 큰 값을 선정한다.

2 축전지 용량

(1) $I_1 = 500[A]$, $t_1 = 0.1[min]$, $K_1 = 2.49$일 경우(여기서, $t_1 : 120 - T_2 = 0.1[min]$)

$$C_A = \frac{1}{L} K_1 I_1 = \frac{1}{0.8} \times (2.49 \times 500) = 1,556.26[AH]$$

(2) $I_1 = 500[A]$, $t_1 = 0.1[min]$, $K_1 = 2.49$일 경우, $I_2 = 300[A]$, $t_2 = 59.9[min]$, $K_2 = 2.49$일 경우(여기서, $t_2 : T_2 - T_3 = 119.9 - 60 = 59.9[min]$)

$$C_A = \frac{1}{L}\{K_1 I_1 + K_2(I_2 - I_1)\} = \frac{1}{0.8} \times \{2.49 \times 500 + 2.49 \times (300 - 500)\}$$
$$= 932.5[AH]$$

(3) $I_1 = 500[\text{A}]$, $t_1 = 0.1[\text{min}]$, $K_1 = 2.49$**일 경우**, $I_2 = 300[\text{A}]$, $t_2 = 59.9[\text{min}]$, $K_2 = 2.49$
일 경우, $I_3 = 100[\text{A}]$, $t_2 = 59[\text{min}]$, $K_3 = 1.46$**일 경우**, $I_4 = 200[\text{A}]$, $t_4 = 1.00[\text{min}]$,
$K_4 = 0.57$**일 경우**

$$C_A = \frac{1}{L}\{K_1 I_1 + K_2(I_2 - I_1) + K_3(I_3 - I_2) + K_4(I_4 - I_3)\}$$

$$= \frac{1}{0.8} \times \{2.49 \times 500 + 2.49 \times (300 - 500) + 1.46(100 - 300) + 0.57(200 - 100)\}$$

$$= 640[\text{AH}]$$

3 결 론

C_A, C_B, C_C 중 최대값인 $1,556.25[\text{AH}]$ 이상인 축전지를 선정한다.

문제 39-1

다음과 같은 조건에서 UPS의 축전지 용량을 계산하고 선정하시오.

[조건]

1. UPS 용량 : 100[kVA], 부하역률 : 80[%], 인버터효율 : 95[%], 컨버터효율 : 90[%], 축전지의 직렬개수 : 180개
2. 축전지 종류 : MSB(2[V]), 축전지 방전종지전압 : 1.75[V/Cell]

전류[A](1.75[V], 주위 온도 : 25[℃])

Type[AH]	정전보상시간(분)					
	10	20	30	40	50	60
MSB 300	454	340	250	214	187	166
MSB 400	606	454	333	285	250	222
MSB 500	757	568	416	347	312	277
MSB 600	909	681	500	428	375	333
MSB 700	1,060	795	583	500	437	389
MSB 800	1,212	909	666	571	500	444

COMMENT 수험자들이 표가 나오고 수치가 나오면 긴장해서 아주 단순한 공식대입인데도 접근하는걸 곤란해 한다. 이 문제는 기사실기 수준에서 가끔 나올 수 있는 유형으로 차후에도 출제될 수 있다.

UPS 축전지 용량계산은 다음과 같다.

(1) 방전전류의 계산

$$I = \frac{P_0 \times 10^3 \times pf}{ef \times ns \times inv \times cov}[A]$$

여기서, P_0 : UPS 출력[kVA]

pf : 부하역률

ef : 방전종지전압[V/Cell]

ns : 축전지 직렬개수

inv : 인버터효율

cov : 컨버터효율

(2) 산출

$$I = \frac{100 \times 10^3 \times 0.8}{1.75 \times 180 \times 0.95 \times 0.9} \fallingdotseq 297[A]$$

(3) 축전지 용량

$$C = \frac{1}{L} KI[\text{AH}] \quad (\text{단, } 25[\text{℃}]에서의 \text{ 정격방전율 환산용량이라고 함})$$

(4) Back-up time의 선정

방전전류값에 의한 제조사 정격에 의하여 선정한다.

(5) 주어진 조건에 의해 보수율 0.8을 적용하여 MSB 700으로 선정한다.

연축전지의 정격용량 200[AH], 상시부하 10[kW], 표준전압 100[V]인 부동 충전방식의 충전기 2차 충전전류값은 얼마인가?

1 부동충전방식

정류기가 축전지 충전과 직류부하전원으로 병용하여 사용되는 충전방식이다. 그러므로 이를 고려한 2차 충전전류값을 구하여야 한다. 즉, 직류부하에 전원을 공급하면서 충전하는 방식이다.

2 2차 충전전류

$$I_2 = \frac{축전지의\ 정격용량[AH]}{연축전지의\ 방전율[H]} + \frac{상시부하}{표준전압}$$

$$= \frac{200[AH]}{10[H]} + \frac{10 \times 10^3[W]}{100[V]}$$

$$= 120[A]$$

K-factor가 13인 비선형 부하에 3상 750[kVA] 몰드변압기로 전력을 공급하는 경우 고조파 손실을 고려한 변압기 용량을 계산하시오. (단, 와류손의 비율은 변압기 손실의 5.5[%] 이다)

1 개 요

(1) 비선형 부하에 의한 고조파 발생은 손실의 증가 및 변압기 용량을 감소시키므로 발생되는 고조파의 영향을 고려하여 변압기 용량을 계산하여야 한다.

(2) 3상 750[kVA] 몰드변압기로 전력공급시 고조파 내량 변압기를 검토해야 한다.

(3) 이미 변압기 용량이 정해져 있는데, 고조파 내량을 감안한 변압기 용량을 계산하라는 내용이다.

(4) 여기서는 부하가 3상 모두 비선형 부하인 경우에 K-factor가 13에 해당되며, 실제로는 비선형 부하를 750[kVA]로 해석하면 된다.

(5) 따라서, K-factor에 의한 변압기 출력감소율을 구한 후 감소한 용량만큼 부하에 더해주면 설계단계에서 변압기 용량을 선정하면 된다.

2 변압기 용량계산

(1) K-factor 정의

비선형 부하에 의한 고조파의 영향으로 부터 변압기가 과열현상 없이 전원을 안정적으로 공급할 수 있는 능력을 부여하기 위해 적용하는 설계상수이다.

(2) K-factor 값 및 공식

K-factor 값	부하특성
1	순수한 선형 부하, 찌그러짐 현상이 없음
7	3상 부하 중 50[%] 비선형 부하, 50[%] 선형 부하
13	3상의 비선형 부하
20	단상과 3상의 비선형 부하
30	단상의 비선형 부하

K-factor 공식은 $K-\text{factor} = \sum (h^2 \times I_h^2)$이다.

(3) 변압기 출력감소율(THDF: Transformer Harmonics Derating Factor)

$$THDF = \sqrt{\frac{P_{LL-R}[\text{p·u}]}{P_{LL}}} = \sqrt{\frac{1 + P_{EC-R}[\text{p·u}]}{1 + K-Factor \times P_{EC-R}[\text{p·u}]}}$$

여기서, P_{LL} : 고조파전류를 감안한 부하손

P_{LL-R} : 정격에서 부하손

P_{EC-R} : 와류손

(4) K-factor 적용

① K-factor가 13인 비선형 부하에 3상 750[kVA] 몰드변압기이므로 와류손(5.5[%]) 발생

② $THDF = \sqrt{\dfrac{1 + 0.055}{1 + 13 \times 0.055}} \times 100[\%] = 78.48[\%]$

3 변압기 용량산정

(1) 위 식에서 용량이 78.48[%]로 감소하므로 변압기 용량은 다음과 같다.

$$T_R = \frac{1}{THDF} \times P_L = \frac{1}{0.7843} \times 750 = 956.3[\text{kVA}]$$

(2) 따라서, 약간의 여유를 두어 1,000[kVA]를 산정한다.

고조파의 K-factor에 대하여 설명하시오.

1 개 요

(1) 비선형 부하에 의한 고조파 발생은 손실의 증가 및 변압기 용량을 감소시키므로 발생되는 고조파의 영향을 고려하여 변압기 용량을 계산하여야 한다.

(2) K-factor란 비선형 부하에 의한 고조파의 영향으로 부터 변압기가 과열현상 없이 전원을 안정적으로 공급할 수 있는 능력을 부여하기 위해 적용하는 설계상수이다.

2 K-factor의 의미

(1) K-factor 정의

① 비선형 부하에 의한 고조파의 영향으로 부터 변압기가 과열현상 없이 전원을 안정적으로 공급할 수 있는 능력을 부여하기 위해 적용하는 설계상수이다.

② 즉, 비선형 부하로 인해 고조파를 함유한 부하전류가 주로 변압기에 와류손을 증가시켜 변압기 온도상승에 초래하는 영향을 수치화한 것이다.

③ K-factor란 부하측 고조파전류에 대한 변압기 용량산정시 저감식과 관련한 Factor이다.

④ 고조파 부하가 많은 변전설비에서 K-factor가 고려되지 않으며, 실제 부하가 변압기 용량을 초과하게 되는 경우 과열 및 손실, 수명 등의 악영향이 발생된다.

⑤ 수식표현

$$K\text{-factor} = \sqrt{\frac{P_{LL-R}[\text{p.u}]}{P_{LL}[\text{p.u}]}} = \left(\frac{\text{기본파} + \text{고조파전류가 흐를때의 와류손}}{\text{기본파 전류가 흐를때의 와류손}}\right)^{1/2} > 1$$

(2) K-factor 값 및 공식

K-factor 값	부하특성
1	순수한 선형 부하, 찌그러짐 현상이 없음
7	3상 부하 중 50[%] 비선형 부하, 50[%] 선형 부하
13	3상의 비선형 부하
20	단상과 3상의 비선형 부하
30	단상의 비선형 부하

$$K - \text{factor} = \sum (h^2 \times I_h^2)$$

여기서, h : 고조파 차수, I_h : 고조파전류

3 K-factor의 적용

(1) K-factor 변압기

① K-factor 변압기란 비선형 부하들에 의한 고조파 영향에 대하여 변압기가 과열현상 없이 전원을 안정적으로 공급할 수 있는 능력을 부여한 변압기로서 고조파를 상쇄하는 것이 아니라 고조파에 견디도록 강화시킨 변압기이다.

② 비선형 부하로 인해 고조파를 함유한 부하전류가 주로 변압기에 와류손을 증가시켜 변압기 온도상승을 초래하게 되는데, 이 영향을 수치화해서 내량을 강화시킨 변압기이다.

③ 변압기의 부하전류 중 고조파 함유량을 직접 실측, 평가하여 변압기가 과열되지 않는 허용부하율을 결정하여 용량을 저감시키는 방법과 설계단계에서 이 K-factor를 고려하여 변압기를 설계하는 방법으로 구분된다.

(2) K-factor 변압기 제작

① 권선연가 : 권선을 연속적으로 연가한다.

② △ 결선시 : 결선 내 3배수 고조파가 순환하므로 권선굵기를 표준 변압기보다 굵게 한다.

③ Y 결선시 : 중성점에 영상전류가 흐르므로 중성점 접속부의 굵기를 상권선의 3배로 한다.

④ K-factor 변압기의 %임피던스(22.9[kV] 기준)

  ㉠ 표준 변압기 : %임피던스 5~6[%]

  ㉡ K-factor 변압기 : %임피던스 2~3[%]

(3) 변압기 고조파 저감계수(THDF, K-factor로 인한 변압기 출력감소율)

$$THDF = \sqrt{\frac{P_{LL-R}[\text{p.u}]}{P_{LL}[\text{p.u}]}} \times 100[\%]$$

$$= \sqrt{\frac{1 + P_{EC-R}[\text{p.u}]}{1 + (K - \text{factor} \times P_{EC-R}[\text{p.u}])}} \times 100[\%]$$

① $P_{LL-R}[\text{p.u}]$: 정격에서의 부하손실($= P_{LL-R}[\text{p.u}] : 1 + P_{EC-R}[\text{p.u}]$)

② $P_{LL}[\text{p.u}]$: 고조파전류를 감안한 부하손실(load loss)

③ P_{EC-R} : Eddy current loss(와전류손)

④ $THDF$: Transformer Harmonics Derating Factor

(4) 저감용량(derating power)[kVA]

Name plate[kVA] $\times THDF$

4 일반변압기와의 차이점

(1) 손실과 권선온도 보상

① 권선의 도체에서 발생하는 와류손은 전류의 주파수의 제곱에 비례하여 증가하며, 변압기의 온도상승이 증가한다.

② 그러므로 권선의 온도상승시 적절한 내량을 갖게 한다.

(2) 절연내력 증가

① 정류기 회로에서 Commutating 순간에 변압기의 단자전압은 심한 Notching 및 Oscillation이 발생되며, Pulse가 발생되는 것과 동일하다.

② 이 Pulse에 의한 Peak치가 변압기의 저압권선절연에 손상의 우려가 있다.

③ 실제 Peak voltage는 정격전압의 최대 115[%]까지 발생될수 있음으로 일반부하용 변압기에 비해 내부적인 절연보강이 필요할 수 있다.

(3) 철손과 이상소음을 고려

① 부하단에서 발생되는 고조파전류는 변압기 철심자속파형을 왜곡되게 하여 소음의 증가와 철심내부의 Eddy current loss를 증가시킨다.

② Rectifier용 변압기에서는 2차 전류의 특성상 철심내부에 잔류 Reactance가 존재하게 되어 변압기 철심내부의 자속밀도가 증가하게 된다.

③ 그러므로 Rectifier용 변압기에서는 자속밀도를 일반 몰드변압기보다 적게 한다.

5 K-factor의 변압기 적용 예

(1) 아래와 같이 현장 조건의 경우 K-factor를 고려하여 변압기 용량산정의 경우(조건)

K-factor가 20인 단상과 3상 비선형 부하에 3상 1,000[kVA] 몰드변압기로 전력을 공급하는 경우 고조파 손실을 고려한 변압기 용량을 계산(단, 와전류손(P_{EC-R})의 비율은 변압기 손실의 13[%])한다.

(2) 계산

① $THDF = \sqrt{\dfrac{1 + P_{EC-R}[\text{p.u}]}{1 + (K-\text{factor} \times P_{EC-R}[\text{p.u}])} \times 100}[\%]$

$= \sqrt{\dfrac{1 + 0.13}{1 + 20 \times 0.13} \times 100} = 56[\%]$

② THDF를 고려한 실제 변압기 용량산정 : 변압기 정격용량이 1,000[kVA]인 경우 실제로 이 변압기가 출력하고 있는 용량은 1,000[kVA]×0.56=560[kVA]이다.

(3) 검토 내용

① 단상과 3상의 비선형 부하가 연결되어 있는 경우 변압기 용량의 56[%] 부하만 걸어야 고조파에 견디고 안전하다는 의미이다. 즉, 변압기 공급용량은 1,000[kVA]×0.56=560[kVA]으로 감소한다.

② K-factor를 고려한 변압기 용량 설계용량은 $TR_{THDF} = \dfrac{1,000}{0.56} = 1,785[kVA]$

③ 즉, K-factor를 고려하여 표준용량인 2,000[kVA] 변압기를 선정한다(기존 TR의 2배).

④ 설계시 K-factor를 반드시 고려하여 반영이 필요하다.

 참고

K-factor 변압기 선정의 중요성 일례

현실에서 10여 년 전쯤에 경인권발전소 내 변압기가 소손된 원인분석 결과, 최초 설치 후 경과기간 동안 각종 전력전자부하, OA 부하 등의 증가로 인한 고조파 때문인 것으로 측정되어, 변압기를 2배 용량으로 교체했다. 발전소 정지비용이 예를 들어 10억이라 가정하고 변압기 교체 총공사비는 5천만원으로 본다면 그야말로 그 회사의 손실이 눈에 보인다.

→ 설계 및 기존 설비의 검토에 눈을 크게 뜨고 고조파 규정, 고조파 측정 등에 심혈을 기울여야 할 것이다.

5 결 론

(1) K-factor는 최근 고조파 발생 부하증가 추세에 따라 고조파로 인한 변압기에 와류손 증가로 변압기 온도상승을 초래하여, 변압기 용량의 감소 및 기능상실에 따른 변압기 내량 증가가 적극 검토되고 있어 K-factor 변압기에 대한 관심이 증가되고 있다.

(2) 고조파가 많은 부하의 경우 일반변압기 용량산정과 달리 K-factor 및 Eddy current loss를 고려한 용량저감계수인 THDF를 적용하여, 변압기 용량이 적정하게 선정되어 고조파 부하에 대한 변압기 손실과 온도상승 및 이상소음, 수명저하를 방지해야 한다.

(3) 또한 K-factor 변압기가 고조파에 견디도록 제작되는 반면, 고조파를 상쇄시키는 하이브리드 변압기 등이 개발되어 현재 상용화 되고 있어 고조파 내량에 대한 설계자의 적극적인 반영이 요구되고 있다.

ANSI C 57.110-1998에 의한 K-factor 계산법

$$K-\text{factor} = \frac{\displaystyle\sum_{h=1}^{50} h^2 \times (I_h/I_1)^2}{\displaystyle\sum_{h=1}^{50} (I_h/I_1)^2}$$

여기서, h : 고조파 차수, I_h : 고조파전류[A], I_1 : 기본파 전류[A]

문제 43

아래 그림과 같이 Y−△−Y 결선된 변압기가 있다. 이 변압기의 내부 사고 보호를 위해 비율차동계전기를 사용하였다. 이 계전기의 정정값을 구하시오.

[조건]

1. 변압기 용량 : 20,000[kVA], 1차 전압 : 154[kV], 2차 전압 : 6.9[kV], 임피던스 : 10[%]

2. Tap changer : ±10[%], 결선 : Y−△−Y, NGR : 100[A] 38[Ω]

3. CT : 1차 BCT 150/5[A], △ 결선

4. CT : 2차 BCT 3,000/5[A], Y 결선

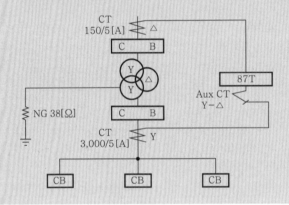

1 전류 Tap 정정

(1) 보호계전기 사양 : 유도형

(2) 정정범위

① 전류 Tap : 2.9−3.2−3.5−3.8−4.2−4.6−5.0−8.7

② 동작비율 : 20−40−70[%]

항 목	154[kV]측	6.9[kV]측
정격전류	$I_N = \dfrac{20,000}{\sqrt{3} \times 154} \fallingdotseq 75[A]$	$I_N = \dfrac{20,000}{\sqrt{3} \times 6.9} \fallingdotseq 1,673[A]$
사용 CT Ratio	150/5[A]	3,000/5[A]
변압기 정격운전시 CT 2차 전류	$75 \times \dfrac{5}{150} = 2.5[A]$	$1,673 \times \dfrac{5}{3,000} \fallingdotseq 2.79[A]$
CT 2차 회로결선	△	Y

항 목	154[kV]측	6.9[kV]측
보호계전기 유입전류	$2.5 \times \sqrt{3} \fallingdotseq 4.33[\text{A}](I_P)$	$2.79(I_S)$
전류 Tap 선정	$\text{Tap} = 4.6\text{A}(T_P)$	$\text{Tap} = 4.6 \times \dfrac{2.79}{4.33} \fallingdotseq 2.96[\text{A}]$ $\text{Tap} = 2.9[\text{A}](T_S)$

2 Mismach율 계산

$$\varepsilon = \frac{\dfrac{I_S}{I_P} - \dfrac{T_S}{T_P}}{\dfrac{I_S}{I_P} \text{와} \dfrac{T_S}{T_P} \text{ 중 작은 값}} \times 100 = \frac{\dfrac{2.79}{4.33} - \dfrac{2.9}{4.6}}{\dfrac{2.9}{4.6}} \times 100 \fallingdotseq 2.22[\%]$$

3 동작비율 정정

(1) ULTC 조정에 의한 오차 : ±10[%]

(2) Tap 선정시 Mismach : 2.22[%]

(3) CT 오차(±5×2) : ±10[%]

(4) 보호계전기 오차 : ±5[%]

(5) CT Cable의 차이 및 부담의 차이 또는 기타 : ±5[%]

(6) 여유 오차 : ±5[%]

(7) 합계 = -32.78~+37.22[%]

(8) 따라서, Slop tap = 40[%]로 결정

문제 44

비접지계통에서 지락시 GPT를 사용하여 영상전압을 검출하기 위한 등가회로도를 그리고, 지락지점의 저항과 충전전류가 영상전압에 미치는 영향에 대하여 설명하시오.

COMMENT 상당한 고단수의 문제로서 수험자들이 회피하거나 입장을 바꾸어 보면 향후 문제가 출제될 가능성 매우 높다. 매우 유사한 문제가 과거 출제되었으며, 출제시 해답은 **1**~**3**까지만 작성하면 된다.

1 개 요

(1) 비접지계통에서는 지락전류가 적어 보호계전기 동작이 불확실해지므로 GPT를 사용하여 SGR 또는 OVGR의 동작에 필요한 영상전압을 검출하여 지락보호를 한다.

(2) 그러나 영상전압은 지락지점의 저항 및 충전전류의 크기에 따라 그 값이 달라져 보호계전기 동작범위를 벗어나는 경우가 있다.

(3) 충전전류로 인한 보호계전기 오부동작의 경우 충전전류값에 따른 접지방식의 변경을 검토하여야 한다.

2 등가회로도

(1) GPT의 영상전압

① 3차 Open-delta 영상전압 벡터도

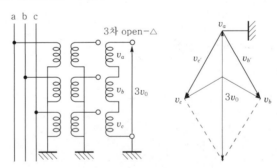

| GPT Open-delta 결선과 지락시 영상전압 벡터도 |

② 3차 영상전압 : Open-delta 각 상의 전압을 63[V]로 두고 a상 지락시 개방단에 나타나는 전압은 다음과 같다.

$$v_b' = \sqrt{3}\,v_b$$

$$v_c' = \sqrt{3}\,v_c = 110[V]$$

$$3v_0 = \sqrt{110^2 + 110^2 + 2 \times 110 \times \cos 60°} = 190 [\text{V}]$$

또는 $v_0 = \dfrac{1}{3}(v_a + v_b + v_c) = \dfrac{1}{3}(110 + 110 \underline{/60°}) = 63.5 [\text{V}]$

$$\therefore \ 3v_0 = 190.5 [\text{V}]$$

(2) 3차 영상전압 특징

① 3상 중 임의의 어느 상이 지락이더라도 Open-delta 양단전압은 $3v_0$이다.

② 위상은 $\pm 30°$ 변한다.

(3) Feeder가 두 개인 계통을 가정한 단선결선도

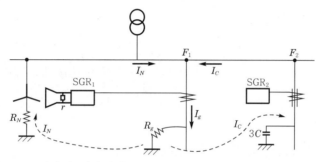

여기서, R_g : 지락점 지락저항

R_N : CLR을 1차로 환산한 저항

$3C$: 건전회선 대지정전용량

F_1 : Feeder 1

F_2 : Feeder 2

I_C : 충전전류

I_g : 지락전류

I_N : R_N으로 제한되는 유효분 전류

① 위 계통에서 F_1 회선에서 지락발생시 R_N으로 제한되는 유효분 전류와 건전회선의 대지정전용량에 의한 충전전류 I_C의 합성전류가 지락전류가 된다. 즉, $\overrightarrow{I_g} = \overrightarrow{I_N} + \overrightarrow{I_C}$ 이다.

② 등가회로도 : 그림에서 지락전류 I_g는 ZCT를 통과하고 제한저항 R_N과 건전회선의 충전전류로 분류하게 된다. 여기서, 충전전류 I_C는 I_N보다 $90°$ 진상이다.

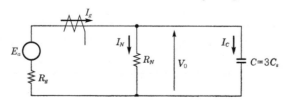

3 지락점 저항과 충전전류가 영상전압에 미치는 영향

(1) 영상전압

① GPT 1차측 영상전압

$$V_{01} = \frac{Z_0}{Z_0 + R_g} \cdot E_a = \frac{\dfrac{1}{\dfrac{1}{3R_N} + j\omega C_s}}{\dfrac{1}{\dfrac{1}{3R_N} + j\omega C_s} + R_g} \cdot E_a = \frac{E_a}{\left(1 + \dfrac{R_g}{R_N}\right) + j\dfrac{I_C}{E_a} \cdot R_g}$$

② GPT 3차측 영상전압

$$V_{03} = \frac{3}{n} V_{01} = \frac{3E_a}{n\left[\left(1 + \dfrac{R_g}{R_N}\right) + j\dfrac{I_C}{E_a} \cdot R_g\right]}$$

(2) 지락점 저항과 충전전류의 영상전압에 의한 영향

① 위 식에서 $V_0 \propto \dfrac{1}{R_g} \propto \dfrac{1}{I_C}$ 이다.

② 지락점 저항 R_g가 크면 영상전압이 낮아져서 감도가 떨어진다.

③ 케이블 선로와 같이 대지정전용량이 커서 충전전류가 커지면 영상전압이 낮아져서 감도가 떨어진다.

④ GPT 대수가 증가하면 R_N이 병렬화되어 저항이 감소하므로 영상전압이 낮아진다.

4 결 론

비접지방식은 보호계전기의 확실한 동작을 위하여 GPT + ZCT + SGR 방식을 주로 이용하고 있으나, 케이블과 케이블 사이 또는 케이블과 대지 사이의 정전용량 및 대용량 전동기의 권선과 외함 사이의 정전용량으로 인해 발생하는 충전전류에 의해 영상전압이 감소하고 SGR의 오부동작이 발생하므로, 아래와 같이 충전전류의 크기에 따른 접지방식의 선정이 필요하다.

충전전류값	500[mA] 이하	500[mA] 초과~1[A] 이하	1[A] 초과~10[A] 이하	10[A] 초과
접지방식	비접지방식(GPT)	비접지방식(GSC)	고저항 접지방식	저저항 접지방식

GPT 이용시에 있어서 지락전류 및 한류저항과 위상특성의 요약

1) 지락전류

$$I_g = \cfrac{E_a}{R_g + \left(R_N \parallel \cfrac{1}{j3\omega C_s}\right)} = \cfrac{E_a}{R_g + \cfrac{1}{\cfrac{1}{R_N} + j3\omega C_s}}$$

$$= \cfrac{\cfrac{1}{R_N} + j3\omega C_s}{\cfrac{R_g}{R_N} + j3\omega C_s R_g + 1} E_a$$

2) 한류저항(CLR ; Current Limit Resistor)

① 설치목적

㉠ 지락전류를 적정치로 제한

㉡ 계전기 동작에 필요한 유효분 전류(dynamic current) I_N 공급

㉢ $L - C$ 공진(철공진)으로 인한 중성점 불안정 현상 방지

② 한류저항계산

㉠ 지락전류는 다음과 같다.

$$I_g = \frac{E}{\sqrt{3}} \times \frac{9}{n^2 R} \left(\text{여기서, } \begin{matrix} n : GPT \,전압비 \\ R : CLR \,저항 \end{matrix}\right) \quad \cdots\cdots\cdots\cdots\cdots\cdots (1)$$

㉡ 위 식 (1)은 완전지락인 경우이며, 이때 지락전류를 제한하는 것은 Open-delta에 삽입된 제한저항에 의해서만 좌우되므로 이 제한저항의 크기를 1차측으로 환산하여 계산한다.

㉢ 물론, 이 경우는 Feeder가 1개일 경우이고 Feeder가 여러 개일 경우는 건전회선의 충전전류가 포함된다.

③ 계산 예

㉠ 개념 : 기본적으로 SGR의 동작전류는 380[mA]로 두고 계산한다. 이는 곧 계전기의 정격이라 할 수 있다.

㉡ 전압 3.3[kV], 전류 380[mA], 3차 전압 190[V]일 경우

$$R = \frac{3,300}{\sqrt{3}} \times \cfrac{9}{0.38 \times \left(\cfrac{3,300/\sqrt{3}}{190/3}\right)^2} = 50[\Omega]$$

㉢ 전압 3.3[kV], 전류 380[mA], 3차 전압 110[V]일 경우

$$R = \frac{3,300}{\sqrt{3}} \times \cfrac{9}{0.38 \times \left(\cfrac{3,300/\sqrt{3}}{110/3}\right)^2} = 17[\Omega]$$

ⓔ 전압 6.6[kV], 전류 380[mA], 3차 전압 190[V]일 경우

$$R = \frac{6,600}{\sqrt{3}} \times \frac{9}{0.38 \times \left(\frac{6,600/\sqrt{3}}{190/3}\right)^2} = 25[\Omega]$$

ⓜ 전압 6.6[kV], 전류 380[mA], 3차 전압 110[V]일 경우

$$R = \frac{6,600}{\sqrt{3}} \times \frac{9}{0.38 \times \left(\frac{6,600/\sqrt{3}}{110/3}\right)^2} = 8[\Omega]$$

3) 위상특성

위 계통에서 SGR의 동작특성을 해석해 보면 다음과 같다.

① 각 Feeder의 전류를 I_1, I_2라면, $I_1 = \overrightarrow{I_N} + \overrightarrow{I_c}$, $I_2 = -\overrightarrow{I_c}$

② 위상곡선

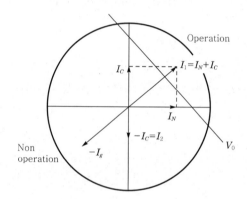

위 그림에서 V_0를 나타내는 직선을 기준으로 볼 때

ⓐ I_1은 동작영역이므로 SGR$_1$은 동작(정동작)

ⓑ I_2는 부동작영역이므로 SGR$_2$은 부동작(정부동작)

ⓒ SGR$_1$의 ZCT가 오결선이면 $I_1 = -I_g$가 되어 부동작(또는 오부동작)

CHAPTER

03 방재설비

01 방재설비 기초

문제 01

전력설비의 화재예방과 관련한 각종 소방시설의 종류 및 적용기준에 대하여
아는 바를 기술하시오.

COMMENT 이 문제는 대단히 내용이 많으나, NFSC를 요약한 것으로 필수암기!

1 소화기구(설치기준)

(1) 소화기 또는 간이소화용구 설치장소(단, 노유자시설의 경우에는 투척용 소화용구 등을 「화재안전기준」에 따라 산정된 소화기 수량의 2분의 1 이상으로 설치)

① 연면적 33[m²] 이상인 것

② ①에 해당하지 않는 시설로서 지정문화재 및 가스시설

③ 터널

(2) **주방용 자동소화장치를 설치** : 아파트 및 30층 이상 오피스텔의 모든 층

2 옥내소화전설비

(1) 정의

옥내소화전설비는 건축물에 화재가 발생하는 경우 화재발생 초기에 자체 관리자 또는 재실자에 의하여 신속하게 화재를 진압할 수 있도록 건축물 내에 설치하는 고정식, 수동식의 물(수계) 소화설비이다.

(2) 설치대상

① 연면적이 3,000[m²] 이상, 지하층, 무창층 또는 4층 이상인 것 중 바닥면적이 600[m²] 이상인 층이 있는 것은 모든 층

② 지하가 중 터널의 경우 길이가 1,000[m] 이상

③ 근린생활시설, 위락시설, 판매시설, 영업시설, 숙박시설, 노유자시설, 의료시설, 업무시설, 통신촬영시설, 공장, 창고시설, 운수자동차 관련 시설, 복합건축물로서 연면적이 1,500[m²] 이상 또는 지하층, 무창층 또는 4층 이상인 층 중 바닥면적이 300[m²] 이상인 층이 있는 것은 모든 층

④ 건축물의 옥상에 설치된 차고 또는 주차장으로서 바닥면적이 200[m²] 이상

⑤ 위에 해당하지 않는 공장 또는 창고시설 : 「소방기본법시행령」[별표 2]에서 정하는 수량의 750배 이상의 특수가연물을 저장·취급하는 것

3 스프링클러설비

(1) 문화 및 집회시설(동·식물원은 제외), 종교시설(사찰·제실·사당은 제외), 운동시설(물놀이형 시설은 제외)로서 다음의 어느 하나에 해당하는 경우에는 모든 층

① 수용인원이 100명 이상인 것

② 영화상영관의 용도로 쓰이는 층의 바닥면적이 지하층 또는 무창층인 경우에는 500[m²] 이상, 그 밖의 층의 경우에는 1,000[m²] 이상인 것

③ 무대부가 지하층·무창층 또는 4층 이상의 층에 있는 경우에는 무대부의 면적이 300[m²] 이상인 것

④ 무대부가 ③ 외의 층에 있는 경우에는 무대부의 면적이 500[m²] 이상인 것

(2) 판매시설, 운수시설 및 창고시설 중 물류터미널로서 다음의 어느 하나에 해당하는 경우에는 모든 층

① 층수가 3층 이하인 건축물로서 바닥면적 합계가 6,000[m²] 이상인 것

② 층수가 4층 이상인 건축물로서 바닥면적 합계가 5,000[m²] 이상인 것

③ 수용인원이 500명 이상인 것

(3) 층수가 6층 이상인 특정 소방대상물의 경우에는 모든 층. 다만, 주택 관련 법령에 따라 기존의 아파트를 리모델링하는 경우로서 건축물의 연면적 및 층높이가 변경되지 않는 경우에는 해당 아파트의 사용검사 당시의 소방시설 적용기준을 적용한다.

(4) 다음의 어느 하나에 해당하는 경우에는 모든 층

① 의료시설 중 정신의료기관이나 노유자시설로서 해당 용도로 사용되는 바닥면적의 합계가 600[m²] 이상인 것

② 숙박이 가능한 수련시설로서 해당 용도로 사용되는 바닥면적의 합계가 600[m²] 이상인 것

(5) 천장 또는 반자(반자가 없는 경우에는 지붕의 옥내에 면하는 부분)의 높이가 10[m]를 넘는 래크 창고(rack warehouse, 물건을 수납할 수 있는 선반이나 이와 비슷한 것을 갖춘 것)로서 연면적 1,500[m²] 이상인 것

(6) 지하가(터널은 제외)로서 연면적 1,000[m²] 이상인 것

(7) (1)부터 (5)까지의 특정 소방대상물에 해당하지 않는 특정 소방대상물(냉동창고는 제외의 지하층·무창층(축사는 제외) 또는 층수가 4층 이상인 층으로서 바닥면적이 1,000[m²] 이상인 층

(8) (1)부터 (7)까지의 특정 소방대상물에 부속된 보일러실 또는 연결통로 등

(9) 기숙사(교육연구시설·수련시설 내에 있는 학생수용을 위한 것) 또는 복합건축물로서 연면적 5,000[m²] 이상인 경우에는 모든 층

(10) (5)에 해당하지 않는 공장 또는 창고시설로서 다음의 어느 하나에 해당하는 시설
　① 「소방기본법시행령」 [별표 2]에서 정하는 수량의 1,000배 이상의 특수가연물을 저장·취급하는 시설
　② 「원자력안전법시행령」 제2조 제1호에 따른(중·저준위 방사성 폐기물의 저장시설 중 소화수를 수집·처리하는 설비가 있는 저장시설구를 제외) 저장시설

(11) 교정 및 군사시설 중 다음의 어느 하나에 해당하는 경우의 해당 장소
　① 보호감호소, 교도소, 구치소 및 그 지소, 보호관찰소, 갱생보호시설, 치료감호시설, 소년원 및 소년분류심사원의 수용거실
　② 「출입국관리법」 제52조 제2항에 따른 보호시설(외국인보호소의 경우에는 보호대상자의 생활공간으로 한정)로 사용하는 부분. 다만, 보호시설이 임차건물에 있는 경우는 제외한다.
　③ 「경찰관 직무집행법」 제9조에 따른 유치장

4 간이 스프링클러설비 설치대상

(1) 「소방시설설치·유지 및 안전관리에 관한 법률시행령」 [별표5]
　① 근린생활시설로 사용하는 부분의 바닥면적 합계가 1,000[m²] 이상인 것은 모든 층
　② 교육연구시설 내에 합숙소로서 연면적 100[m²] 이상인 것
　③ 의료시설 중 정신의료기관으로서 다음의 어느 하나에 해당하는 시설
　　㉠ 해당 시설로 사용되는 바닥면적의 합계가 300[m²] 이상 600[m²] 미만인 시설
　　㉡ 해당 시설로 사용하는 바닥면적의 합계가 300[m²] 미만이고 창살(철재·플라스틱 또는 목재 등으로 사람의 탈출 등을 막기 위하여 설치한 것을 말하며 화재시 자동으로 열리는 구조로 되어 있는 창살은 제외)이 설치된 시설
　④ 노유자시설로서 다음의 어느 하나에 해당하는 시설
　　㉠ 제12조 제1항에 따른 시설로 제12조 제1항 제6호 나목부터 바목까지의 시설 중 단

독주택 또는 공동주택에 설치되는 시설은 제외하며, 이하 노유자생활시설이라
한다.

   ⓛ ㉠에 해당하지 않는 노유자시설로 해당 시설을 사용하는 바닥면적의 합계가 300[m²]
      이상 600[m²] 미만인 시설

   ⓒ ㉠에 해당하지 않는 노유자시설로 해당시설을 사용하는 바닥면적의 합계가 300[m²]
      미만이고, 창살이 설치된 시설

⑤ 건물을 임차하여 「출입국관리법」 제52조 제2항에 따른 보호시설로 사용하는 부분

⑥ 숙박시설 중 생활형 숙박시설로서 해당 용도로 사용되는 바닥면적의 합계가 600[m²]
   이상인 것

⑦ 복합건축물로서 연면적 1,000[m²] 이상인 것은 모든 층

(2) 「다중이용업소의 안전관리에 관한 특별법」(제9조)

① 지하층에 설치된 영업장

② 무창층 「소방시설설치·유지 및 안전관리에 관한 법률시행령」에 설치된 영업장

③ 법에서 정한 산후조리업, 고시원업의 영업장, 다만, 무창층에 설치되지 않은 영업장
   으로서 지상 1층 1에 있거나 지상과 직접 맞닿아 있는 층(영업장의 주된 출입구가 건
   축물의 외부의 지면과 직접 연결된 경우를 포함)에 설치된 영업장은 제외한다.

④ 관련법에 따른 권총사격장의 영업장

5 물분무 등 소화설비

(1) 항공기 격납고

(2) 주차용 건축물로서 연면적 800[m²] 이상

(3) 건축물 내부에 설치된 차고 또는 주차장으로서 차고 또는 주차의 용도로 사용되는 부분의
   바닥면적의 합계가 200[m²] 이상

(4) 기계식 주차장으로서 20대 이상의 차량을 주차할 수 있는 것

(5) 전기실, 발전실, 변전실, 축전지실, 통신기기실, 전산실로서 바닥면적이 300[m²] 이상

6 옥외소화전설비

(1) 지상 1층 및 2층의 바닥면적의 합계가 9,000[m²] 이상인 것. 이 경우 같은 구내의 둘 이
   상의 특정 소방대상물이 행정안전부령으로 정하는 연소 우려가 있는 구조인 경우에는 이
   를 하나의 특정 소방대상물로 본다.

(2) 지정문화재로서 연면적 1,000[m²] 이상

(3) (1)에 해당하지 않는 공장 또는 창고시설로서 「소방기본법시행령」 [별표 2]에서 정하는 수량의 750배 이상의 특수가연물을 저장·취급하는 것. (1)의 연소 우려가 있는 구조는 「화재예방, 소방시설 설치·유지 및 안전관리에 관한 법률 시행규칙」 제7조에서의 "행정안전부령으로 정하는 연소 우려가 있는 구조"를 말하며, 다음의 기준에 모두 해당하는 구조를 말한다.
  ① 건축물대장의 건축물 현황도에 표시된 대지경계선 안에 둘 이상의 건축물이 있는 경우
  ② 각각의 건축물이 다른 건축물의 외벽으로부터 수평거리가 1층의 경우에는 6[m] 이하, 2층 이상의 층의 경우에는 10[m] 이하인 경우
  ③ 개구부(영 제2조 제1호에 따른 개구부를 말함)가 다른 건축물을 향하여 설치되어 있는 경우

7 비상경보설비

(1) 연면적이 400[m²] 이상

(2) 지하층 또는 무창층의 바닥면적이 150[m²](공연장은 100[m²]) 이상

(3) 지하가 중 터널로서 길이가 500[m] 이상

(4) 50인 이상의 근로자가 작업하는 옥내작업장

8 비상방송설비

(1) 연면적 3,500[m²] 이상

(2) 지하층을 제외한 11층 이상 전부

(3) 지하층의 층수가 3개층 이상 전부

9 자동화재탐지설비

(1) 근린생활시설(일반목욕장은 제외), 위락시설, 숙박시설, 의료시설 및 복합건축물로서 연면적 600[m²] 이상

(2) 공동주택, 일반목욕장, 문화집회 및 운동시설, 통신촬영시설, 관광휴게시설, 지하가(터널 제외), 판매시설 및 영업시설, 공동주택, 업무시설, 운수자동차 관련 시설, 공장 및 창고시설로서 연면적 1,000[m²] 이상

(3) 교육연구시설(숙박시설이 있는 청소년시설은 제외), 동·식물 관련 시설, 분뇨 및 쓰레기 처리시설, 교정시설(국방군사시설은 제외) 또는 묘지시설로서 연면적 2,000[m²] 이상

(4) 지하구 전부

(5) 터널로서의 길이 1,000[m] 이상인 터널

(6) 노유자 생활시설 전부

(7) (6)에 해당하지 않는 노유자 시설 및 숙박시설이 있는 시설
연면적 400[m²]이고 수용인원 100인 이상

(8) (2)에 해당하지 않은 공장 및 창고시설로서 특수가연물을 저장(이때, 취급량)
지정수량의 500배 이상

10 자동화재 속보설비

(1) 업무, 공장 및 창고시설, 교정 및 국방군사시설, 발전시설로서 바닥면적 1,500[m²] 이상인 곳

(2) 노유자시설 전부

(3) (2)에 해당하지 않은 노유자시설로서 바닥면적 500[m²] 이상

(4) 수련시설(숙박시설이 있는 건물)로서 바닥면적 500[m²] 이상

(5) 국보 또는 보물로 지정 된 목조건축물 전부

(6) (1)부터 (5)까지 해당하지 않는 소방대상물 중 30층 이상인 것 전부

11 단독경보형 감지기

(1) 전선배선이 없는 곳, 수신반 기기가 없는 곳에 단독으로 설치가능한 연기로 감지작동(배터리 9[V] 작동 제품)

(2) 연면적 1,000[m²] 미만의 아파트, 기숙사

(3) 교육연구시설 내에 있는 합숙소 또는 기숙사로서 연면적 2,000[m²] 미만

(4) 연면적 600[m²] 미만의 숙박시설

12 시각경보기

(1) 근린생활시설, 위락시설, 문화집회 및 운동시설, 판매시설 및 영업시설

(2) 숙박시설, 노유자시설, 의료시설 및 업무시설, 발전시설 및 장례식장

(3) 통신촬영시설 중 방송국, 교육연구시설 중 도서관, 지하상가

13 가스누설경보기

(1) 숙박시설, 노유자시설, 판매시설 및 영업시설, 창고시설 중 물류터미널

(2) 문화 및 집회시설, 종교시설, 수련시설, 운동시설, 장례식장, 의료시설

14 피난설비(건물의 내·외에서 발생된 사고나 화재로부터 안전한 장소로 탈출하기 위한 기구들)

(1) 피난기구

2층 이상의 층 또는 지층에 있어서 피난할 때에 사용하는 편리한 기구로 피난사다리, 피난용 트랩, 미끄럼대, 피난로프, 완강기, 구조대, 피난교 등

(2) 비상조명등

① 5층(지하층 포함)이상으로 연면적 $3,000[\text{m}^2]$ 이상
② 지하층 또는 무창층의 바닥면적이 $450[\text{m}^2]$ 이상인 경우에는 그 지하층 또는 무창층
③ 지하가 중 터널의 길이가 500[m] 이상
④ 무선통신보조설비, 비상콘센트, 비상조명등, 비상경보설비 : 터널의 길이가 500[m] 이상일 때, 모두 설치(즉, 예로 800[m] 터널일 때 무선통신보조설비+비상콘센트+비상조명등+비상경보설비를 함께 설치)

(3) 휴대용 비상조명등

① 숙박시설 또는 다중이용업소에는 객실 또는 영업장 안의 구획된 실마다 잘 보이는 곳(외부에 설치시 출입문 손잡이로부터 1[m] 이내 부분)에 1개 이상 설치
② 「유통산업발전법」 제2조 제3호에 따른 대규모 점포(지하상가 및 지하역사를 제외)와 영화상영관에는 보행거리 50[m] 이내마다 3개 이상 설치
③ 지하상가 및 지하역사에는 보행거리 25[m] 이내마다 3개 이상 설치

(4) 유도등, 유도표지

① 불특정한 다수의 사람이 집합하는 시설 등의 지대, 11층 이상 부분인 피난구, 피난통로 등에 대피하는 사람을 유도시키기 위해 설치하는 것
② 유도등은 「비상구」 등을 표시한 등화

③ 유도표지는 백색바탕에 녹색화살표시로 나타낸 표지판
④ 피난구유도등, 통로유도등, 유도표지 : 모든 소방대상물에 설치
⑤ 객석유도등 : 유흥주점영업, 문화집회시설, 운동시설에 설치

(5) 인명구조기구

지하층을 포함한 7층 이상인 관광호텔 및 5층 이상인 병원

(6) 인명구조용 공기호흡기

수용인원 100인 이상의 지하역사, 백화점, 대형점, 쇼핑센터, 지하상가, 영화상영관에는 층마다 2대 이상 비치

15 상수도 소화용수설비

(1) 연면적 5,000$[m^2]$ 이상

(2) 가스시설로서 지상에 노출된 탱크의 저장용량의 합계가 100[t] 이상

16 소화활동설비

(1) 거실제연설비

① 문화 및 집회시설, 종교시설, 운동시설로서 무대부 바닥면적이 200$[m^2]$ 이상
② 문화 및 집회시설 중 영화상영관으로서 수용인원 100인 이상
③ 근린생활시설, 판매시설, 운수시설, 숙박시설, 위락시설, 창고시설 중 물류터미널 : 지하층 또는 무창층의 바닥면적이 1,000$[m^2]$ 이상인 것은 해당 용도로 사용되는 모든 층
④ 시외버스정류장, 철도역사, 공항시설, 해운시설의 대합실 또는 휴게실로서 지하층 또는 무창층의 바닥면적이 1,000$[m^2]$ 이상
⑤ 지하가(터널 제외)로서 연면적이 1,000$[m^2]$ 이상
⑥ 지하가 중 예상교통량, 경사로 등 터널의 특성을 고려하여 행정안전부령으로 정하는 터널
⑦ 특정 소방대상물에 부설된 특별피난계단 또는 비상용 승강기의 승강장

(2) 특별피난계단의 계단실 및 부속실의 제연설비

① 특별피난계단 설치대상 : 11층 이상(공동주택은 16층 이상), 지하 3층 이하
② 비상용 승강기의 승강장 설치대상 : 31[m] 이상의 건축물, 10층 이상의 건축물

(3) 연결송수관설비

① 5층 이상으로서 연면적 6,000$[m^2]$ 이상
② 지하층을 포함한 층수가 7층 이상

③ 지하층의 층수가 3개층 이상이고 지하층의 바닥면적의 합계가 1,000[m²] 이상

④ 터널의 길이가 1,000[m] 이상

(4) 연결살수설비

① 판매시설 및 영업시설로서 바닥면적의 합계가 1,000[m²] 이상

② 지하층으로서 바닥면적의 합계가 150[m²] 이상(국민주택 규모 이하의 아파트의 지하층과 학교의 지하층은 700[m²] 이상)

③ 가스시설 중 지상에 노출된 탱크의 용량이 30톤 이상인 탱크시설

(5) 비상콘센트설비

① 지하층을 포함한 11층 이상인 특정 소방대상물의 경우에는 11층 이상의 층

② 지하층의 층수가 3개층 이상이고 지하층의 바닥면적의 합계가 1,000[m²] 이상인 것은 지하층의 모든 층

③ 지하가 중 터널의 500[m] 이상인 것

(6) 무선통신보조설비

① 지하층의 바닥면적의 합계가 3,000[m²] 이상은 지하층의 모든 층에 설치

② 지하층의 층수가 3개층 이상이고 지하층 바닥면적의 합계가 1,000[m²] 이상인 지하층은 모든 층

③ 층수가 30층 이상은 16층 이상의 모든 층

④ 공동구

⑤ 지하가(터널은 제외)의 연면적 1,000[m²] 이상

⑥ 지하가 중 터널의 길이가 500[m] 이상

(7) 연소방지설비

지하구(전력 또는 통신사업용인 것만 해당)에 설치

소방시설에 대하여 기술하시오.

1 개 요

소방시설은 화재를 탐지(감지)하여 이를 통보함으로서 피해가 우려되는 사람들을 보호하거나 대피시키고, 화재 초기단계에서 즉시 사람으로 하여금 소화활동을 할 수 있도록 하며, 자동설비 또는 수동조작에 의한 화재진압은 물론 피난을 가능하게 하여 화재로 인한 인명과 재산의 피해를 최소화하기 위한 기계·기구 및 시스템이다.

2 소방시설의 분류

(1) 소화설비

① 정의 : 소화설비는 물 또는 그 밖의 소화약제를 사용하여 직접 화재를 진압하는 기계·기구 또는 설비와 이에 상응한 소화성능이 있는 것

② 구분

㉠ 소화기구(소화기, 자동소화장치, 간이소화용구)·옥내소화전설비·스프링클러설비·간이 스프링클러설비

㉡ 물분무 등 소화설비(물분무소화설비, 미분무소화설비, 포소화설비, 이산화탄소 소화설비, 할로겐화합물 소화설비, 청정소화약제 소화설비 및 분말소화설비, 강화액소화설비)

㉢ 옥외소화전설비로 분류

(2) 경보설비

① 경보설비는 화재발생 사실을 통보하는 기계·기구 또는 설비를 말한다.

② 비상벨설비 및 자동식 사이렌설비(비상경보설비)·단독경보형 감지기·비상방송설비·누전경보기·자동화재탐지설비 및 시각경보기·자동화재 속보설비·가스누설경보기·통합감시시설로 분류한다.

(3) 피난설비

① 피난설비는 화재발생시 인명피해를 방지하기 위하여 사용되는 것을 말한다.

② 미끄럼대·피난사다리·구조대·완강기·피난교·피난밧줄·공기안전매트 그 밖의 피난기구와 방열복·공기호흡기·인공소생기 등 인명구조기구 또는 유도등·유도표지·비상조명등·휴대용 비상조명등으로 분류한다.

(4) 소화용수설비

① 소화용수설비는 화재진압에 필요한 소화용수를 저장하는 설비를 말한다.
② 상수도 소화용수설비 · 소화수조 · 저수조 그 밖의 소화용수설비로 분류한다.

(5) 소화활동설비

① 소화활동설비는 화재진압활동상 필요한 보조설비를 말한다.
② 제연설비 · 연결송수관설비 · 연결살수설비 · 비상콘센트설비 · 무선통신보조설비, 연소 방지설비로 분류한다.

문제 02

물소화펌프에 사용되는 전동기 또는 내연기관의 소요동력을 구하는 데에는 통상 다음의 공식을 사용하고 있다. 이 공식을 유도하시오. (단, P : 동력[kW], Q : 정격토출량[m³/min], H : 양정[m], η : 펌프의 효율, K : 축동력계수)

$$P = \frac{0.163\,QH}{\eta} \times K$$

1 수동력, 축동력, 모터동력

(1) 펌프에 의해 유체(소화용수)에 주어지는 동력을 수(水)동력(P_W)이라 한다.

(2) 모터에 의해 펌프에 주어지는 동력을 축동력(P_S)이라 한다.

(3) 이 경우 실제 운전에 필요한 실제 소요동력 즉, 모터 자체의 동력을 P라 하면 $P_W < P_S < P$가 되어야 한다.

(4) 이때, $\dfrac{P_W}{P_S} = \eta$ 효율(efficiency)이라 하며, $\dfrac{P}{P_S} = K$ 전달계수라 한다. 따라서, 모터의 동력 $P = K \times P_S = \dfrac{P_W}{\eta} \times K$가 된다.

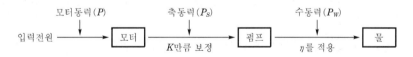

┃ 수동력, 축동력, 모터동력의 관계 ┃

2 전달계수

(1) 정의

모터에 의해 발생되는 동력이 축(shaft)에 의해 펌프에 전달될 때 발생하는 손실을 보정한 것

(2) 적용

전동기 직결의 경우 $K = 1.1$, 전동기 직결이 아닌 경우(내연기관 등) $K = 1.15 \sim 1.2$

3 모터동력의 일반식

(1) 표현식

$$P = \frac{0.163\,QH}{\eta} \times K$$

여기서, P : 전동기 출력[kW]
Q : 토출량[m³/min]
H : 양정거리[m]
η : 효율
K : 전달계수

(2) 저수조의 흡수면에서 소화전함의 방수구까지 소요양정[m]만큼 소화수를 이동시키려 소화수에 일정한 힘을 가하여야 하며, 이는 물리적으로 일을 하는 것과 같다.

이때, W(일)$=F$(힘)$\times L$(거리)이며, F(힘)$=m$(질량)$\times a$(가속도)이므로 다음과 같다.

소요동력(일)$=$(유체질량$\times$가속도)$\times$양정(여기서, H : 양정거리[m])

(3) 가속도(a)는 중력가속도(g)이며, 질량[m]$=$밀도(ρ[kg/m³]$\times$토출량 q[m³/s]이다. 따라서, 수(水)동력 P_W[W]는 다음과 같다.

P_W[W]$=$(유체질량[m]$\times$가속도(a))$\times$양정(여기서, H : 거리)
$=${밀도(ρ[kg/m³]$\times$토출량 q[m³/s])}$\times$중력가속도 g[m/s²]
$\times$양정(여기서, H[m] : 양정거리[m])··················· (1)

또한 토출량이 Q[m³/min]일 때 단위 변환을 하면 q[m³/s]$=\dfrac{Q}{60}$[m³/min]가 된다.

즉, 식 (1)에 의하여 나타내면 다음과 같다.

수동력 P_W[W]$=\rho \times \dfrac{Q}{60} \times H$ ····················· (2)

또한 물의 밀도 $\rho=1{,}000$[kg/m³]이고, 중력가속도 $g=9.8$[m/s²]이다.
따라서, 식 (2)에 ρ, g값을 대입하면 다음과 같다.

$$P_W[\text{kW}] = \rho \times \frac{Q}{60} \times g \times H = 1{,}000 \times \frac{Q}{60} \times 9.8 \times H \times 10^{-3} = 0.163\,QH[\text{kW}]$$

또한, 모터동력$=$(수동력/효율)$\times$전달계수(K)이므로 $P = \dfrac{0.163\,QH}{\eta} \times K$이다.

힘과 일의 단위관계

1) $1[\text{kW}] = 102[\text{kg} \cdot \text{m/s}]$

2) $1[\text{HP}] = 76[\text{kg} \cdot \text{m/s}]$

3) $1[\text{PS}] = 75[\text{kg} \cdot \text{m/s}]$

4) 일의 단위 : 에너지와 같은 Joule이며, 일률$\left(\dfrac{\text{Joule}}{\text{sec}}\right)$의 단위는 $W[\text{J/s}]$

문제 03

소방용 펌프의 동력식을 아래의 기호를 적용시켜 다른 방식으로 유도하시오. (단, 펌프의 양정은 H[m], 토출량은 q[m³/s])

1 양정 H[m]에 대한 수두압력

수두압력은 중력단위로 $0.1H$[kgf/cm²]

2 SI단위로 표현하면

$0.1H \times g(중력가속도)[\mathrm{N/cm^2}] = 0.1H \times g \times 10^4 [\mathrm{N/m^2}]$

3 펌프의 토출량 q[m³/s]와 Q[m³/min]의 관계

$q[\mathrm{m^3/s}] = q\left[\mathrm{m^3}/\left(\dfrac{1}{60}\right)\mathrm{min}\right] = q \times 60 = Q[\mathrm{m^3/min}]$

따라서, $q = \dfrac{Q}{60}[\mathrm{m^3/s}]$

4 펌프로부터 단위시간당 방사되는 물의 압력에너지(베르누이의 정리)

(1) 물의 압력에너지 $= P(압력) \times V(체적)$

(2) 압력 $P[\mathrm{N/m^2}] \times$ 단위시간당 체적 $Q[\mathrm{m^3/s}] = [\mathrm{N \cdot m/s}] = [\mathrm{J/s}] = [\mathrm{W}]$

5 단위시간당 에너지

$P \times V = 1{,}000 \times g \times H[\mathrm{N/m^2}] \times \left(\dfrac{Q[\mathrm{m^3/s}]}{60}\right) = 1{,}000 \times 9.8 \times H \times \dfrac{Q}{60} = 163.3 \times Q \times H$

6 [kW]로 환산하면

동력 $P[\mathrm{kW}] = 0.163 \times Q \times H$

7 모터동력=(수동력/효율)×전달계수

일반적인 모터동력 $P[\mathrm{kW}] = \dfrac{0.163QH}{\eta} \times K$

옥내소화전설비의 전원 및 배선의 설계기준에 대하여 기술하시오.

1 상용전원

옥내소화전설비에는 그 소방대상물의 수전방식에 따라 다음의 기준에 따른 상용전원회로의 배선을 설치하여야 한다.

(1) 저압수전

① 인입개폐기의 직후에서 분기한다.
② 전용배선으로 하여야 하며, 전용의 전선관에 보호되도록 해야 한다.

(2) 특고압수전 또는 고압수전

① 전력용 변압기 2차측의 주차단기 1차측에서 분기하여 전용배선으로 하되, 상용전원의 상시공급에 지장이 없을 경우에는 주차단기 2차측에서 분기하여 전용배선으로 한다.
② 다만, 가압송수장치의 정격입력전압이 수전전압과 같은 경우는 위 ①의 기준에 따른다.

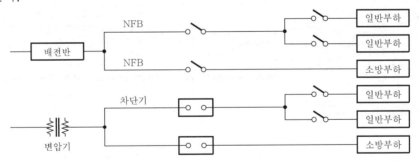

2 비상전원

(1) 설치대상

① 지하층을 제외한 층수가 7층 이상으로서 연면적이 2,000[m²] 이상인 것
② 소방대상물로서 지하층의 바닥면적의 합계가 3,000[m²] 이상인 것. 다만, 차고, 주차장, 보일러실, 기계실, 전기실 및 이와 유사한 장소의 바닥면적은 기준면적에서 제외한다.
③ 두 곳 이상의 변전소로부터 전력공급을 받을 경우는 제외할 것

(2) 옥내소화전용 비상전원의 적용(종류)

① 자가발전설비, 축전지설비 또는 전기저장장치
② 내연기관에 따른 펌프를 사용시 : 내연기관의 기동 및 제어용 축전지

(3) 비상전원 설치기준

① 점검에 편리하고 화재 및 침수 등의 재해로 인한 피해를 받을 우려가 없는 곳에 옥내소화전설비를 유효하게 20분 이상 작동할 수 있어야 할 것
② 상용전원으로부터 전력의 공급이 중단된 때에는 자동으로 비상전원으로부터 전력을 공급받을 수 있도록 할 것
③ 비상전원의 설치장소는 다른 장소와 방화구획할 것. 이 경우 그 장소에는 비상전원의 공급에 필요한 기구나 설비 외의 것(열병합발전설비에 필요한 기구나 설비는 제외)을 두어서는 아니 된다.
④ 비상전원을 실내에 설치하는 때에는 그 실내에 비상조명등을 설치할 것

3 옥내소화전설비의 배선

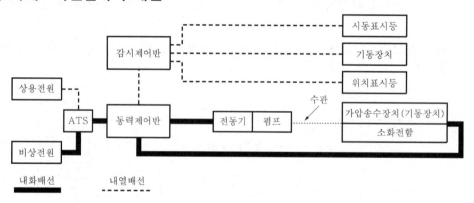

(1) 비상전원으로부터 동력제어반 및 가압송수장치에 이르는 전원회로의 배선은 내화배선으로 할 것. 다만, 자가발전설비와 동력제어반이 동일한 실에 설치된 경우는 발전기로부터 그 제어반에 이르는 전원회로의 배선은 제외한다.

(2) 상용전원으로부터 동력제어반에 이르는 배선, 그 밖의 옥내소화전설비의 감시 · 조작 또는 표시등회로의 배선은 내화배선 또는 내열배선으로 할 것. 다만, 감시제어반 또는 동력제어반 안의 감시 · 조작 또는 표시등회로의 배선은 그러하지 아니하다.

(3) 옥내소화전설비의 과전류차단기 및 개폐기에는 "옥내소화전설비용"이라고 표시한다.

옥내소화전설비의 감시제어반에 대하여 기술하시오.

1 옥내소화전설비의 감시제어반

(1) 감시제어반의 기능

① 각 펌프의 작동 여부를 확인할 수 있는 표시등 및 음향경보기능이 있어야 한다.

② 각 펌프를 자동 및 수동으로 기동 정지시킬 수 있어야 한다.

③ 비상전원을 설치한 때는 상용전원 또는 비상전원의 공급 여부를 확인할 수 있어야 하고 자동 및 수동으로 상용전원 또는 비상전원으로 전환할 수 있어야 한다.

④ 수조 물올림탱크 등이 저수위로 될 때 표시등 및 음향으로 경보되어야 한다.

⑤ 기동용 수압개폐기의 압력스위치 회로, 수조 또는 물올림탱크 저수위 감시회로 등의 모든 확인 회로는 도통시험 및 작동시험을 할 수 있어야 한다. 또한 예비전원이 확보되고 예비전원의 적합 여부를 시험할 수 있어야 한다.

(2) 감시제어반의 설치기준

① 감시제어반은 화재 및 침수의 피해를 받을 우려가 없는 곳에 설치해야 한다.

② 옥내소화전설비 전용으로 해야 한다. 단, 옥내소화전설비의 제어에 지장이 없는 경우에는 다른 설비와 겸용할 수 있다.

③ 감시제어반은 전용실 안에 설치해야 한다.

④ 전용실은 다른 부분과 방화구획해야 한다.

⑤ 전용실은 피난층 또는 지하 1층에 설치한다.

⑥ 전용실에는 비상조명등 및 급배기설비를 해야 한다.

⑦ 전용실에는 제어 및 감시설비 이외의 물건을 두어서는 안 된다.

2 옥내소화전설비의 동력제어반

동력제어반(MCC ; Motor Control Center)은 각종 동력장치의 제어기능이 포함된 주분전반을 의미한다.

(1) 전면은 적색으로 하고 "옥내소화전설비용 동력제어반"이라고 표시한다.

(2) 외함은 두께 1.5[mm] 이상의 강판 또는 동등 이상의 강도 및 내열성능이 있는 것으로 제작한다.

(3) 화재 및 침수의 우려가 없는 곳에 설치한다.

(4) 동력제어반은 옥내소화전설비 전용으로 한다.

3 감시 및 동력제어반을 따로 구분해서 설치하지 않아도 되는 경우

(1) 비상전원 설치대상이 아닌 소방대상물에 설치된 옥내소화전설비

(2) 내연기관에 의한 가압송수장치를 사용하는 옥내소화전설비

(3) 고가수조에 의한 가압송수장치를 사용하는 옥내소화전설비

스프링클러의 전원 및 배선의 설계기준에 대하여 기술하시오.

1 상용전원

(1) 저압수전

① 인입개폐기의 직후에서 분기하여 전용배선을 사용한다.
② 전용의 전선관으로 보호되도록 한다.

(2) 특고압수전 또는 고압수전

전력용 변압기 2차측의 주차단기 1차측에서 분기하여 전용배선으로 하되, 상용전원의 상시공급에 지장이 없을 경우에는 주차단기 2차측에서 분기하여 전용배선으로 할 것. 다만, 가압송수장치의 정격입력전압이 수전전압과 같은 경우에는 위 (1)의 기준(저압수전기준)에 따른다.

2 비상전원

(1) 자가발전설비, 축전지설비 또는 전기저장장치를 비상전원으로 설치할 것

(2) 차고 · 주차장으로서 스프링클러설비가 설치된 부분의 바닥면적(「포소화설비의 화재안전기준」 규정에 따라 차고 · 주차장의 바닥면적을 포함)의 합계가 1,000[m²] 미만인 경우에는 비상전원수전설비로 설치할 수 있다.

(3) 설치면제

두 곳 이상의 변전소에서 전력을 동시에 공급받을 수 있거나, 하나의 변전소로부터 전력의 공급이 중단되는 때, 자동으로 다른 변전소로부터 전력을 공급받을 수 있도록 상용전원을 설치한 경우에는 비상전원을 설치하지 아니할 수 있다.

(4) 스프링클러설비를 유효하게 20분 이상 작동할 수 있어야 한다.

3 배전반, 배선 등 기타

옥내소화전과 동일하다.

문제 07

다음의 조건에 따라 옥외탱크 저장소에 고정포 Ⅱ형 방출구로 포소화설비를 설계할 경우, 아래 물음에 답하시오.

1. 수성막포 6[%] 사용시 포원액량[l]은 얼마인가?
2. 전동기 용량[kW]은 얼마인가?

[조건]

1. 탱크용량 : 60,000[l]
2. 탱크직경 : 15[m]
3. 탱크높이 : 60[m]
4. 액표면적 : 100[m²]
5. 보조포소화전 : 1개
6. 배관경 : 100[mm], 배관길이 : 20[m]
7. 폼챔버의 방사압력 : 3.5[kgf/cm²]
8. 배관 및 부속류 마찰손실 : 10[m]
9. 펌프효율 : 75[%], 안전율 : 10[%]
10. 고정포 방출량 : $Q_1 = 2.271[l/\text{m}^2 \cdot \text{min}]$
11. 방출시간 : 30분

1 포원액량 산정

(1) 적용공식

$$Q_f = (A\,Q_1\,TS) + (NS8{,}000) + \left(\frac{\pi}{4}d^2 l \times 1{,}000S\right)$$

여기서, Q_f : 포원액량[l]

N : 보조포소화전의 수량(최대 3개), 송액관 체적은 내경 75[mm]만을 적용

A : 액표면적[m²]

Q_1 : 고정포방출량[$l/\text{m}^2 \cdot \text{min}$]

T : 방출시간[min]

S : 농도[%]

d : 배관경[m]

l : 배관길이[m]

8,000 : [min]당 400[l] 방출하는 보조포로 20[min] 동안의 약제방출량

즉, 8,000[l] = 400[l/min] × 20[min]

(2) 계산(여유율을 위해 모두 올림)

① 방출구에서의 소요량

㉠ A : 액표면적[m²], 100[m²](조건에서 주어짐)

ⓒ 소요량 : $A\,Q_1\,TS = 100\,[\mathrm{m}^2] \times 2.27 \left(\dfrac{l}{\min\,\cdot\,\mathrm{m}^2}\right) \times 30\,[\min] \times 0.06 = 408.6\,[l]$

② 보조포소화전에서의 소요량

$NS \times 400\,[l\mathrm{pm}] \times 20\,[\min] = 1 \times 0.06 \times 8,000 = 480\,[l]$

③ 송액관에서의 소요량

$\left(\dfrac{\pi}{4}d^2\,l \times 1,000 S\right) = \left(\dfrac{\pi}{4} \times 0.1^2 \times 20 \times 1,000 \times 0.06\right) = 9.43\,[l]$

④ 포원액량의 산정

$Q_f = $ 방출구에서의 소요량 + 보조포소화전에서의 소요량 + 송액관에서의 소요량

$Q_f = 408.6 + 480 + 9.43 + 89.803 \fallingdotseq 900\,[l]$

2 전동기 용량

(1) 적용공식

$$L[\mathrm{kW}] = \left(\dfrac{\gamma QH}{10^2 \times 60 \times \eta} \times K\right)$$

여기서, γ : 물의 비중량(물을 토출하기 때문)
Q : 토출량$[\mathrm{m}^3/\min]$
H : 양정$[\mathrm{m}]$
η : 펌프의 효율$[\%]$
K : 동력전달계수(일반적으로 1.1을 적용)[또, $K = 1 + S_f$]
S_f : 안전율

(2) 계산

① 토출량

$Q = A\,Q_1 + N \times 400\,[l\mathrm{pm}]$(고정포 방출을 위한 물의 양 + 보조포의 물의 양)이므로

$\therefore\ Q = (100 \times 2.27) + (1 \times 400) = 627\,[l\mathrm{pm}] = 0.627\,[\mathrm{m}^3/\min]$

② 양정

$$H = H_1 + H_2 + H_3$$

여기서, H_1 : 낙차손실수두
H_2 : 마찰손실수두
H_3 : 방사압 환산수두
H_1 : 60$[\mathrm{m}]$, H_2 : 10$[\mathrm{m}]$, H_3 : 35$[\mathrm{m}]$이므로

$\therefore\ H = 60 + 10 + 35 = 105\,[\mathrm{m}]$

③ 전동기 용량

$$L[\text{kW}] = \left(\frac{\gamma QH}{10^2 \times 60 \times \eta} \times K \right) \ (단, \ K = 1 + S_f)$$

$$= \left(\frac{1,000 \times 0.627 \times 105}{102 \times 60 \times 0.75} \times 1.1 \right) = 17.36[\text{kW}]$$

전동기 용량의 규격에 의해 전동기 용량은 18.5[kW]

④ $P = \dfrac{9.8QH}{\eta} \times K = \dfrac{9.8 \times \dfrac{0.627}{60} \times 105}{0.75} \times 1.1 = 17.35[\text{kW}]$

$$\therefore \ Q = (100 \times 2.27) + (1 \times 400) = 627[\text{lpm}] = 0.627[\text{m}^3/\text{min}] = \frac{0.627\,[\text{m}^3]}{60\,[\text{sec}]}$$

 참고

전동기 공칭규격

1.5[kW], 2.2[kW], 3.7[kW], 5.5[kW], 7.5[kW], 11[kW], 15[kW], 18.5[kW], 22[kW], 30[kW], 37[kW], 45[kW], 55[kW], 75[kW], 90[kW], 110[kW], 132[kW], 160[kW], 200[kW]

열가소성과 열경화성수지에 대하여 설명하시오.

1 개 요

(1) 고분자 물질이란 탄소를 포함한 여러 함유물을 폴리머 상태로 화학반응된 물질이다.

(2) 폴리머란 분자가 작은 유기 및 무기화합물이 반복적인 여러 가지 화학반응으로 거대한 분자를 이룬 것이다. 이러한 거대한 분자물질은 저분자에 비하여 다양한 특성이 있고, 일반적으로 플라스틱, 고무, 성형 폼, 발포제, 섬유, 페인트 등에 사용된다.

(3) 일반적으로 건물 내에서 발생하는 화재는 내장재료나 가구를 구성하고 있는 고분자 물질을 중심으로 한 유기재료가 복잡하게 조합되어 연소하는 현상이며, 재료의 형상 및 특성도 다양하다. 따라서, 이와 같은 재료의 연소구조는 개별 물질에 따라 다르게 나타난다.

2 고분자 물질 연소(플라스틱 연소)의 특성(고분자 물질의 일반특성)

(1) 일반적으로 분자량 10,000 이상을 폴리머라 한다.

(2) 열, 전기, 공기 등에 의하여 안정한다.

(3) 분자량이 클수록 발열량이 크고, 인화점이 높아진다.

(4) 분자량이 클수록 연소속도와 온도상승이 크며, 압력상승은 낮아진다.

$$\text{열분해속도}\left(=\frac{1}{\sqrt{\text{분자량}}}\right)$$

(5) 분자량이 작으면 액체, 분자량이 크면 고체이다(여기서, $C_1 \sim C_4$: 기체, $C_5 \sim C_{15}$: 액체, C_{16} 이상 : 고체).

(6) 연소과정상 불완전연소의 지속시간이 길고, 또한 연소하면서 미연소 부분을 지속적으로 연소시키므로 이에 따른 불완전연소 지속시간이 길어져 연기, 유독성 가스를 다량발생시킨다.

(7) 고체이므로 고체의 연소형태 중 분해연소의 형태를 따른다.

3 열경화성, 열가소성 플라스틱의 비교

항 목	열경화성수지(thermosetting)	열가소성수지(thermoplastic)
정의	용융하면 다른 모양으로 재성형할 수 없는 화학반응을 하여 영구성형 경화되고, 지나치게 높은 온도로 가열하면 분해된다(재가열·재성형 불가능).	단량체가 상호결합하는 중합을 행하여 고분자로 된 것으로, 일반적으로 무색투명의 중합체이고, 열에 의해 고체가 되는 물질(재가열·재성형 가능)이다. 즉, 온도가 올라가면 부드러워지고, 내려가면 딱딱해지는 성질을 갖는 플라스틱이다.
특성	• 고분자구조가 3차원적 교차결합의 형태이므로 부드러워지거나 녹지 않는다(액체→고체). • 연소시 대부분 훈소가 되어 숯이 생성된다.	• 가열하여 성형한 후 냉각시키면, 그 모양을 유지하고 재성형이 가능하여 가열하면 고체에서 겔상을 거쳐 액체로 된다. • 화염이나 열복사에 의해 열피드백될 경우 고체분자가 가열되면 부드러워지고, 녹아서 흐르기 시작한다(고체 → 겔상 → 액체). • 고분자의 합성과정이 선형으로 결합하여 중합되는 것으로 그 결합이 쉽게 끊어지므로 액상화하여 재성형이 용이하다. • 연소시 대부분 화염연소가 되어 화염으로부터의 복사열류에 의해 미연소 부분이 다시 발화하므로 화염확산의 위험성이 있다.
유독가스	• CO, CO_2, HCl, NH_3 등이 발생한다. • CO : 미연소가스로 훈소시 다량발생, 인체동작 과정으로는 연소 1차 열분해 생성시 다량발생한다.	• 열경화성수지와 비슷하다. • $C_1 \sim C_4$: 기체성질, $C_5 \sim C_{15}$: 액체성질, C_{16} : 고체성질
제품	페놀수지, 멜라민수지, 요소수지, 폴리카보네이트 등	염화비닐수지(PVC), 폴리에틸렌, 폴리프로필렌 등

4 고분자 물질의 연소과정(PVC, 플라스틱, 전선케이블 등의 연소과정도 동일)

생성과정(연소메커니즘 : 훈소메커니즘도 동일)은 다음과 같다.

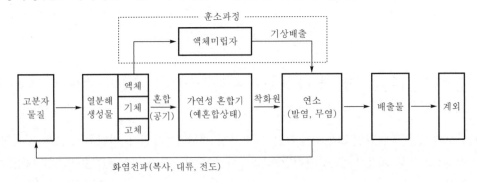

① 가열(heating)
  ㉠ 외부열량을 공급받아 복사, 대류, 전도의 열전달 기구에 의해 고분자 물질의 온도가 상승된다.

ⓛ 온도상승속도는 공급열 유입속도, 공급체와 수용체의 온도차이, 고분자 물질의
비열, 열전도율, 융해열, 증발열 등에 의해 결정된다.

② 분해(열분해, decomposition) : 열분해에 의해 다음과 같은 분해물질이 생성된다.

　ⓐ 가연성 가스 : 고분자 물질의 종류에 따라 다르나 메탄, 에탄, 에틸렌, 아세톤, 일
산화탄소 등이 생성된다.

　ⓑ 불연성 가스 : 이산화탄소, 염화수소가스, 브롬산가스, 수증기

　ⓒ 액체 : 고분자 또는 유기화합물의 분해물

　ⓓ 고체 : 탄소성 잔유물, 숯, 재

　ⓔ 기타 : 연기처럼 보이는 고체입자나 고분자 조각들

③ 점화(ignition)

　ⓐ 점화는 화염이나 스파크와 같은 외부 점화원, 온도, 혼합가스의 조성 등에 의해
좌우된다.

　ⓑ 점화단계에서는 인화점, 발화점, 한계산소농도(MOC, LOI)와 같은 물질특성과 밀
접한 관계를 가진다.

　　• 인화점 : 물질에서 방출된 가스나 증기가 스파크, 나화 등에 의하여 점화될 수 있
는 온도

　　• 발화점 : 점화원 없이 발생할 수 있는 온도로서 인화보다 더 많은 에너지가 소요

　　• 한계산소농도 : 점화와 연소가 지속되기 위하여 필요한 산소의 최저농도

④ 연소(combustion)

　ⓐ 연소열은 가연성 및 불연성의 가스생성물 온도를 높이므로 열의 전도량을 늘리고
가스의 팽창으로 열의 대류량도 늘린다.

　ⓑ 고체입자들을 가열함으로써 열의 복사량을 늘리고, 동시에 고체잔유물도 가열하
므로써 전도량을 늘린다. 이 단계는 Flashover 단계이며, 일단 이 단계가 되면
소화는 힘들어진다.

⑤ 연소확대(propagation)

　ⓐ 주변에 열량을 방출하면서 감소되고, 주변의 연소와 같은 열공급에 의해 연소확
대현상이 발생하려면 단위질량이 충분히 커야 한다.

　ⓑ 고분자 물질에서 표면의 화염전파는 연소확대의 실질적인 방법이다.

　ⓒ 같은 질량이라도 표면에 노출된 쪽이 내부보다는 외부의 열을 받아들이기가 용이
하므로 이 단계에 이르기가 쉽다.

　ⓓ 고분자 물질의 화염전파는 복사뿐만 아니라 고체연료에서 전형적인 전도에 큰 영
향을 받는다.

⑥ 훈소(smoldering)

　ⓐ 정의 : 열분해에 의한 강산성 생성물이 바람에 의해 그 농도가 현저히 희석되거나
공간이 밀폐되어 있어서 산소공급이 부족하게 되면, 가연성 혼합기는 형성되지

않고 분해 생성물은 화염을 통하지 않는 직접 경로로 계 밖으로 나가게 되는 현상을 말한다.

ⓒ 훈소에서 분해 생성물은 화염이라는 고온의 장을 통과하지 않으므로 그대로의 모양으로 외부에 방출되기 쉽고, 분자량이 큰 특유의 냄새가 나는 물질이나 독성 물질이 나올 가능성이 높다. 이는 물질의 자연발화 착화점보다 낮은 온도에서 표면반응의 지속으로 인한 것이며, 종이나 목재 등과 같이 저온에서도 표면반응이 가능한 물질에서 발생이 용이하다.

⑦ 배출 : 연기 및 유독가스를 다량발생시켜, 계 외로 연기 및 유독가스를 배출시킨다.

5 고분자 물질의 연소확대 거동

(1) 고분자 물질에서 화재가 발화되면 화염의 열이 미연 부분으로 전달되므로 주위에 연소확대가 된다. 이 거동은 액온이 인화점보다 낮은 경우 액면상의 연소확대와 같은 예열형이다.

(2) 고체에서는 액체와는 달리 연소확대 방향이 다양하다.

(3) 가연성 가스의 발생은 열분해에 기인하며, 그 화학반응은 고체와 기체 간의 평형이라고는 할 수 없다.

(4) 예열의 방법은 열복사와 열전도에 의하나 대부분 열전도의 영향이 크다.

(5) 탄화수소 고분자 물질은 산화유도체보다 많은 탄소가 있어 가연성비가 크다.

(6) 고분자 물질의 연소위험성은 가연성비$\left(= \dfrac{\Delta H_c}{L_V}\right)$에 의존한다(여기서, ΔH_c : 연소열, L_V : 기화열).

6 고분자 물질의 화재발생시 위험성

(1) 산소결핍

① 공기 중 산소농도가 10[%]일 경우를 생존을 위한 최소산소농도로 간주한다.
② 산소농도에 영향을 주는 요인에는 가연성 가스의 농도와 연소속도, 공간의 크기, 환기속도 등이 있다.

(2) 화염

직접적인 화염접촉 및 복사열에 의한 인체 피부온도가 65° 이상으로 1초 이상 노출되면 화상을 입는다.

(3) 열

뜨거운 공기나 가스가 화상, 탈진, 탈수, 호흡장해 등을 유발한다.

(4) 연소가스 및 유독가스

CO, HCl, CO_2, NO_2, NH_3 등의 유독가스를 방출하여 특히 인체에 위험하다. 이 중 CO_2는 그 자체로는 유독하지 않으나, 산소결핍의 원인을 제공하여 과다축적되면 타유독가스의 흡입을 촉진시키므로 위험하다.

- ① CO : 미연소가스, 훈소시 다량발생
  - ㉠ $2C + O_2 \rightarrow 2CO$(1차 연소과정)
  - ㉡ $2CO + O_2 \rightarrow 2CO_2$(2차 연소과정)
- ② 신체 내 $F_e^+ + O_2$로 혈액이 공급되나, CO가 흡입되면 CO가 O_2보다 결합력이 200배 이상으로 매우 강하여 $F_e^+ + O_2$로 결합되어 몸 전체로 퍼지고, 혈 중 산소농도를 줄이는 역할을 한다. 따라서, 화재실 및 인체의 산소부족현상을 유발시키고, 다량 흡입시 호흡속도를 증가시킬 때 타유독가스 흡입이 많아져 인체에 위험하다(치사농도는 20[%] 정도).

(5) 연기

연기의 위험은 피난대피를 어렵게 하며, 감광계수 변화로 감지거리가 축소되고 이에 따른 Panic 현상 등으로 위험해진다.

(6) 구조물의 피해

열로 약해진 구조물을 지탱하지 못할 경우 또는 주수에 의한 붕괴 등의 피해가 발생될 수 있다.

7 고분자 물질로 인한 화재의 방지대책(사전관리방안)

(1) 고열을 피한다.

(2) 점화원을 억제한다.

(3) 열축적 방지를 위한 환기시설을 가동한다.

(4) 자연배출을 실시한다.

(5) 금수성 물질은 물과의 혼합을 방지한다.

(6) 산소농도를 연소하한계 이하로 유지한다.

(7) 대단위로 밀폐보관시는(공장제조소에 해당) 불활성 기체와 혼합하여 보관한다.

(8) 난연화 공법 적용

위의 고체를 난연화하기 위한 연소사이클의 프로세스 중 어느 한 부분을 절단하면 된다.

8 소화대책(사후관리방안)

일반화재와 마찬가지로 연소반응을 줄이는 방법이다.

(1) 냉각

(2) 산소공급차단

(3) 가연물의 제거

(4) 화학소화시행

불활성 가스로 소화하여 연소반응 억제

9 난연화 공법

(1) 원리

가열 → 흡열 → 분해 → 혼합 → 점화 → 연소 →연소확대의 프로세스 중 어딘가를 절단하면 된다.

(2) 난연화 공법

① 열전달 제어 : 온도상승을 저지하거나 고체표면에 열차단성이 높은 피막으로 코팅하는 방법
② 열분해 속도제어(자연발화를 대비한 경우) : 속도를 감속 또는 증가시켜 가연성 가스를 연소에 필요한 온도도달 이전에 그 전체를 발생시키는 것
③ 열분해 생성물의 제어 : 연소가스 중의 가연성 가스 함량을 감소시키는 것
④ 기상반응의 제어 : 기상반응 물질에는 연소반응을 억제하는 물질도 배출되므로 발염성을 감소시키는 방법

과전류에 의한 화재발생 메커니즘을 설명하시오.

1 개 요

(1) 정격전류

모든 전기기기에는 거기에 흘릴 수 있는 전류치에 제한이 있는데, 각각의 전기기기에 손상을 주거나 고장 또는 화재를 일으키지 않고 안전하게 사용할 수 있는 적정 수준의 전류를 정격전류라 한다.

(2) 과전류의 정의

① 정격전류보다 큰 전류가 흐르는 것을 과전류라고 한다.
② 전선에 전류가 흐르면 Joule의 법칙에 의하여 열이 발생하는데, 기기의 정격전류용량을 초과하여 전선이나 전선절연물의 온도를 위험수위까지 상승하게 하는 전류를 말한다.

(3) 과전류에 의하여 발열과 방열의 평형이 깨져서 발화의 원인이 된다.

2 과전류를 일으키는 주요 원인

(1) 과부하

(2) 단락

(3) 지락

3 과전류에 의한 화재발생 메커니즘

(1) 전류증가에 따른 발열량 증가

① Joule의 법칙

$$W = I^2 Rt$$

여기서, W : 발열량[Wh]
I : 전류[A]
R : 저항[Ω]
t : 전류가 흐르는 시간[sec]

② 발열량(전열량)과 전류 간의 관계

    ㉠ 발열량(W)과 전류(I)의 관계는 다음의 그림과 같다.

    ㉡ 정격전류(I_1)로 사용되던 기기에 어떠한 원인에 의해 과전류(I_2)가 흐르게 되면, 발열량은 전류의 제곱에 비례하여 $W_1 \rightarrow W_2$로 증가된다.

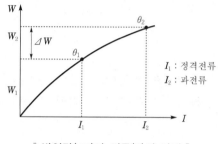

‖ 발열량(W)과 전류(I)의 관계 ‖   ‖ 발열온도와 시간의 관계 ‖

(2) 열축적에 의한 화재발생(과전류에 의한 상태 정도, 과전류의 위험성)

① 발열량의 축적에 의해 기기가 과열되면, 절연피복의 용융연소 또는 주위 가연물에 대해 열면 역할을 하게 되어 발화한다.

② 비닐전선의 경우는 과전류 200~300[%]에서 피복이 변질, 변형된다.

③ 500~600[%] 정도의 과전류이면 적열 후 용융되는 결과를 가져온다(고무절연저항이 비닐전선보다 내전성이 큼).

(3) 이와 같이 발생한 열은 기기의 온도를 상승시키다가 위의 그림과 같이 발생하는 열량과 기기로부터 방출되는 열량이 같은 시점에서 온도상승이 멈추게 된다.

(4) 위의 그림에서 θ_1을 정상적인 온도상승, θ_2를 기기가 견딜 수 있는 온도상승의 한도라고 하면 기기에 정격전류가 흘러서 온도상승곡선이 곡선 1과 같이 θ_2보다 아래 있을 때는 정상이지만, 기기에 과전류가 흘러서 발생되는 열량이 증가하여 곡선 2와 같이 θ_2보다도 더 높게 된다면 기기는 과열되어 절연이 파괴되고 결국에는 소손되게 된다.

(5) 화재 또는 폭발

기기가 과열소손되는 것은 해당 기기에서 그치지 않고 기기 주변에 가연물이 있으면 화재로 발전하게 되며, 주변에 가연성 가스 또는 증기 등이 있는 경우에는 폭발로 이어질 위험이 있다.

4 과전류 화재의 예방대책

(1) 과전류계전기, 과전류차단기 등을 설치한다.

(2) 과전류의 원인이 될 수 있는 단락, 누전 등을 방지한다.

문제 **10**

절연열화로 220[V] 전압인가시 누전전류가 흘렀다. 누전회로의 저항이 500[Ω] 이라면, 누전회로에서 발생하는 발열량[cal/s]을 구하시오.

1 전선로 전류가 흐르며 줄의 법칙에 의해 열발생

(1) 발열량

$$H = 0.24 I^2 Rt$$

(2) 전력

$$P = VI = (IR)I = I^2 R$$

(3) 전력량

$$W = Pt = I^2 Rt [\text{W} \cdot \text{sec}] = I^2 Rt [\text{J}]$$

※ 1[J] = 0.24[cal]

2 발열량(H) 계산

(1) 조건을 1[sec] 동안으로 설정하면 다음과 같다.

$$H = 0.24 \frac{V^2}{R}, \quad t = 0.24 \times \frac{220^2}{500} \times 1 [\text{cal}]$$

(2) 그러므로 시간당 발열량[cal/s]은 다음과 같다.

$$H = 0.24 \frac{V^2}{R} / t = \left(0.24 \times \frac{220^2}{500} / 1 \right) [\text{cal/s}]$$

문제 **11**

전기화재를 발화의 형태별로 분류하고 설명하시오.
문제 11-1 출화경과에 의한 전기화재의 원인 10가지 이상을 쓰시오.

1 개 요

(1) 전기화재는 전류가 흐르고 있는 전기설비에 불이 난 경우의 화재를 말한다.

(2) 전기화재에 대한 소화기의 적응화재별 표시는 C로 표시한다.

(3) 전류가 흐르지 않는 전기설비 화재일 경우에는 A급 또는 B급 소화기를 적용할 수 있다.

(4) 전기화재의 원인은 다음의 3가지 요인에 의해 발생된다(화재원인 중 30[%] 차지).
　① 발화원
　② 착화물
　③ 출화의 경과(발화원인)

(5) 발화원

화재가 발생된 부위를 말하며, 배전, 전열기 순으로 발생순위가 높다.

(6) 출화의 경과

화재의 원인으로 과전류, 합선 등의 순서로 많이 발생한다.

(7) 전기화재원인별 발생비율

　① 발화원별 : 이동가능한 전열기＞전등, 전화 등의 배선＞전기기기 및 장치＞배선기구
　② 출화의 경과 : 과전류＞단락＞전기불꽃＞접촉부의 과열＞절연열화 및 파괴＞과열

2 전기화재의 원인(출화경과에 의한 전기화재의 원인)

(1) 과전류에 의한 발화

　① 저항 $R[\Omega]$의 전선에 전류 $I[A]$가 $t[\sec]$ 동안 흐르면 줄(Joule)의 법칙에 의하여 $H = I^2Rt[J] = 0.24\,I^2Rt[cal]$의 열발생으로 전선이 가열되어 전선의 온도가 상승한다. 이때, 발생하는 열과 방열되는 열량이 평형되는 점에서 전선의 온도가 결정된다.

② 전선의 온도상승이 정상상태에서는 화재의 원인이 될 수 없으나, 과전류가 흐르거나 회로의 고장 등으로 인해 설계치보다 큰 전류가 흐르면 과전류로 인한 발열이 발화원으로 진전될 수 있다.

③ 전선의 저항은 일정한 온도계수를 가지고 온도가 올라가면 커진다. 따라서, 전선온도가 상승하면 저항이 커지고, 저항이 커지면 발열량이 커지고, 발열량이 커지면 온도는 더욱 상승하는 악순환을 거듭하여 결국에는 발화된다.

(2) 단락에 의한 발화

① 단락원인 : 전선의 피복이 벗겨지거나 전선에 못, 핀 등을 박을 때 또는 이동전선에 중량물의 압력이 가해지게 되면 두 가닥의 전선이 접촉된다.

② 합선시에는 전기기기보다는 저항이 훨씬 낮아서 접촉 부분으로 전기가 집중적으로 흐르게 되는데 이러한 현상을 단락되었다고 한다.

③ 발화의 형태

　㉠ 단락점에서 발생한 스파크가 주위의 인화성 가스 또는 물질에 연소한 경우에 일어난다.

　㉡ 단락순간의 과열전선이 주위의 인화성 물질 또는 가연성 물체에 접촉한 경우에 일어난다.

　㉢ 단락점 이외의 전선피복이 연소하는 경우에 화재발생 전선이나 전기기기에 있어서 절연체가 전기, 기계적 원인으로 파괴되면 전류의 통로가 바뀌어서 단락이 일어난다.

　㉣ 저압옥내배선에서 단락시 단락전류는 배선의 길이, 굵기, 전원의 단락용량 등에 따라 다르나 보통 옥내전로 단락전류는 약 1,000~1,500[A]로 볼 수 있다. 이러한 단락전류는 엄청난 대전류이므로 이로 인해 발생하는 열이 전선피복을 태우거나 주위의 인화물질을 착화시키게 된다. 또는 단락하는 순간폭음과 함께 단락점에서 스파크를 발생하며, 단락점이 떨어진다.

(3) 누전에 의한 화재

① 누전이란 전기의 정상적인 통로 이외의 곳으로 전류가 흐르는 현상이다. 엄밀한 의미로는 완전절연체는 지구상에 존재하지 않으니까 극소전류라도 누전은 항상 있게 마련이다. 그러나 어느 정도 이하의 누전은 안전상 지장이 없다고 판단하여 문제시하지 않는다(예를 들어 저압전류의 경우 최대수전전류의 1/2,000 이하의 누전).

② 전선의 피복 또는 전기기기의 절연물이 열화되거나, 기계적인 손상 등을 입게 되면 전류가 금속체를 통하여 대지로 새어나가게 되는데 이러한 현상을 누전이라 하며, 이로 인하여 인화성 물질이 발화되는 현상을 누전화재라고 한다.

③ 설계된 통로 외의 타부분으로 전류가 흘러 건축물, 공작물을 통하여 함석판 등의 접합부와 같이 저항이 많은 부분에서 발열하여 화재를 일으킨다.

④ 누전의 3요소
   ㉠ 발화점
   ㉡ 접지점
   ㉢ 누전점
⑤ 누전화재를 입증하기 위해서는 반드시 누전점(전류의 유입점), 발화부(발열장소), 접지점(확실한 접지의 존재 및 적당한 접지저항)의 3요건을 규명하여야 한다.
⑥ 누전으로 인한 화재로 이어지는 경우 최소발화에너지는 300~500[mA]의 적은 전류에 의해 발화된다.
⑦ 그림과 같은 경우 누전전류는 누전지점으로부터 건물의 벽체, 대지 등을 통해서 접지개소로 흘러간다. 누전전류가 커서 충분한 Joule열이 발생할 때 근처에 가연물이 있으면 인화하게 된다.

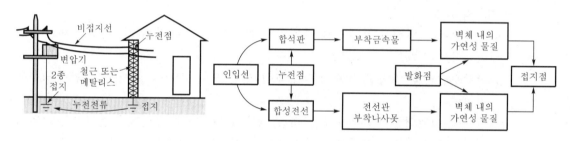

누전으로 인한 화재의 원인 예

(4) 지락에 의한 발화

지락은 전류가 대지를 통하는 점이 단락과 다르다. 이 경우 전류가 대지를 통하기 때문에 접지저항치가 문제이다. 접지저항은 전선에 비하여 대단히 커서 단락에서와 같이 큰 전류는 극히 드물다.

(5) 접속부(접촉부)의 과열에 의한 발화

전선과 전선, 전선과 단자 또는 접촉편 등의 도체에 있어서 접촉상태가 불완전하면, 접촉저항에 의해서 접촉부가 줄의 법칙에 의거 발열하게 되고 주위의 절연물을 발화시킨다. 발열이 방열보다 크면 열누적이 발생되고 과열로 이어져 발화상태가 된다.

(6) 아연화 동 증식의 발열현상에 의한 발화

① 통전된 금속(동 또는 동합금)의 접촉부에 가까운 곳
② 동이 아연화·동화해서 까맣게 변색하여 푸석푸석해져 있으며, 그 부분의 가까운 곳의 가연물은 불꽃이 나지 않은 채 착화(발열재에 밀착한 가연물은 저온착화)되어 타들어간다.

(7) 열적 경과에 의한 발화(지속적인 가열에 의한 발화)

전등, 전열기 등을 가연물 주위에서 사용하거나, 열의 방산이 잘 안 되는 상태에서 사용하면 열의 축적이 일어나 가연물을 발화시킨다. 예를 들어 60[W] 백열등을 신문지로 싸서 점등하여 수 시간이 지나면 발화할 수 있다. 또 백열등을 가연성 천장에 바싹 근접시켜 가설한 경우에도 장시간 점등시에 발화하는 경우가 있다.

(8) 스파크(spark)에 의한 발화 : 최소착화에너지 전류는 약 0.02~0.3[mA]

① 스위치로 전기회로를 열거나 닫을 경우 또는 전기회로가 단락될 경우에는 스파크가 발생하며, 이 스파크는 회로를 열 때가 더욱 심하다. 이때, 스파크 가까이에 가연성 가스 등이 있을 경우에 인화 또는 착화가 일어난다.

② 개폐기는 단로기(DS ; Disconnecting Switch)를 제외한 전부가 어떤 일정한 전압 (최소발화전압) 이상의 전압이 가해진 회로의 차단 때에 불꽃을 낸다. 그러나 회로 중에 인덕턴스를 포함할 경우에는 최소발화전압 이하에서도 과도현상에 의한 전압 상승으로 차단할 때 Arc나 Glow를 내는 일이 있다. 또한 개폐시 접촉저항으로 접촉 부분의 금속이 과열되어 불꽃을 내는 경우도 있다.

③ 전기불꽃은 아니지만 전등도 유리가 파손되면 필라멘트가 노출되어 전기불꽃과 같은 위험이 있으며, 전기설비에서 발생하는 모든 전기불꽃은 모두가 점화원이 될 수 있다.

(9) 절연열화 또는 탄화에 의한 발화

① 옥내배선 및 배선기구의 절연체는 그 대부분이 유기질로 되어 있어 오랜 기간이 지나면 절연성이 노화한다. 또한 유기질 절연체는 고온상태가 지속되면 서서히 탄화되어 도전성을 가지게 된다.

② 이와 같이 절연이 노화되었거나 탄화된 부분에 전압이 걸리면 누설전류에 의한 국부가열로 탄화현상이 누적적으로 촉진되어 전류가 점점 증가하고, 결국에는 탄화부분에서의 발열과 누전으로 화재가 발생하여 유기질 자체가 타거나 부근의 가연물에 착화하게 된다.

③ 특히, 절연재료에서 나타내는 현상을 트래킹(tracking) 현상이라 하며, 목재 등 무기질 재료에서 일어나는 현상은 가네하라 현상이라 한다.

(10) 정전기에 의한 발화

① 정전기는 물질의 마찰에 의하여 발생되는 것으로서, 물체에 대전되어 있던 정전기가 방전할 때 발생하는 정전스파크에 의해서 주위의 가연성 가스 및 가연성 증기가 인화하게 된다.

② 정전기는 고체, 액체, 기체상의 어떤 물질에서도 발생한다. 위험물 취급시에 특히 주의해야 할 것은 액체위험물의 이송시에 발생하는 정전기이다.

③ 고유저항이 10^{12}[cm]보다 큰 액체는 유동에 의해서 대전하기 쉽다.

(11) 낙뢰에 의한 발화

낙뢰는 정전기에 의한 구름과 대지 간의 방전현상이다. 낙뢰가 발생하면, 직격뢰에 의한 이상전압의 파고치는 수백 [kV], 그때의 전류치는 수만 [A]에 이르는 것이 보통이므로, 전선로에 이상전압이 유기되어 절연을 파괴시키고 때로는 대전류로 인하여 화재의 원인이 되기도 한다.

3 출화의 경과(화재의 원인)에 의한 전기화재대책

(1) 단락 및 혼촉방지대책
① 이동전선의 관리 철저
② 전선인출부의 보강
③ 규격전선의 사용
④ 작업시 전원스위치의 차단

(2) 누전방지
① 누전차단기의 설치
② 주기적인 누전 여부 측정

(3) 과전류 방지
① 정격용량의 과전류차단장치
② 문어발식 배선의 금지
③ 스위치 등의 접촉부 점검
④ 고장난 전기기기 사용금지
⑤ 동일 전선관에 많은 전선은 사용금지

(4) 접촉불량 방지
① 전기설비점검 철저(먼지, 이물질 유입 여부, 정기적 점검)
② 전기공사시공 철저

과전류와 전선의 연소관계를 기술하시오.

1 개 요

(1) 전선의 연소
  ① 발화(發火) : 온도상승에 수반하여 자연적으로 발화하는 경우
  ② 착화(着火) : 발화는 없으나 연소하는 경우
  ③ 인화(引火) : 불씨를 접근시키면 발화하는 경우

(2) 전선의 허용전류 이상으로 통전이 지속되면 전선의 온도가 상승되고, 이 온도상승으로 저항이 상승되고, 이 저항의 상승으로 줄열이 더욱 발생하게 되고, 절연피복이 파괴되어 결국 피복이 연소하게 된다.

(3) 전선의 연소과정은 인화, 착화, 발화 및 순시용단의 4단계로 나누어진다.

2 인화단계

(1) 전선에 허용전류의 2배 정도의 전류를 흐르게 하면, 표면 면편조(綿編組)에 침윤시킨 컴파운드가 녹기 시작하여 연기가 발생한다. 이때, 불을 가깝게 갖다 대어도 인화하지 않는다.

(2) 여기서 전류를 3배 정도 증가시키면, 내부의 고무피복이 용단되어 면편조 사이로 부터 컴파운드가 침출(浸出)하기 때문에 불을 갖다대면 인화하는 단계를 말한다.

3 착화단계

(1) 인화단계보다 더욱 전류를 증가시키면 고무를 많이 분출하게 되며, 액상의 고무형태로 뚝뚝 떨어지기 시작한다.

(2) 이와 같은 상태가 어느 정도 경과하면 피복 전체에 착화하여 연소하게 되며, 그 피복은 곧 탄화(炭化)되어 떨어져 나가면서 적열(積熱)한 심선이 노출되고, 외기와 접촉하여 암적색으로 변한다. 이와 같은 단계를 착화단계라 한다.

4 발화단계

착화단계보다 더 큰 전류가 흐르면 심선이 용단하기 전에 피복이 발화하는 단계이다.

5 순시용단단계

대전류를 순시에 흐르게 하면 심선이 용단되어 피복을 파열시키면서 동(銅)이 비산(飛散)한다. 이 경우 동(銅)이 분출한 개소 이외에는 외견상 아무런 변화도 없으며, 착화나 발화도 되지 않는다. 이와 같은 단계를 순시용단단계라 한다.

6 전선의 용단단계현상이 발생하는 전류치

단위 : [A/mm²]

단 계	인화단계	착화단계 (최소용단전류치)	발화단계		순시용단 단계
			발화 후 용단	용단과 동시에 화재	
전류밀도	40~43[A]	45[A]	60~70[A]	75~120[A]	120[A] 이상

누전으로 인한 전기화재발생시 대책에 대하여 논하시오.

1 개 요

(1) 현대사회에서 도시구조는 과학의 진보와 함께 빌딩의 형태가 대형화·첨단화되고, 이에 수반하는 각종 설비도 고도화 또는 다양화되어 화재발생 기회도 증가하여 화재시 인명의 위험도와 소화활동의 어려움이 커지고 있다.

(2) 특히 전기화재의 대부분을 차지하는 누전으로 인한 화재는 크나 큰 인명과 재산을 빼앗아 가는 많은 예를 보았다.

(3) 여기서는 누전으로 인한 화재예방대책 및 화재발생시 대책에 대하여 살펴보기로 하겠다.

2 누전(전기)화재 경보설비

(1) 목적

전기화재의 원인이 되는 누설전류를 검출하고, 설치한 건축물 관계자에게 누설전류가 발생한 것을 조기에 자동적으로 알리기 위함이다.

(2) 회로구성 및 동작원리

① 구성 : 수신기, 변류기, 음향장치

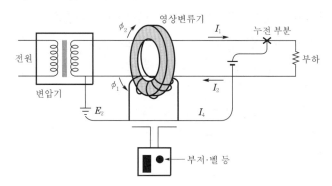

② 동작원리

㉠ 옥내배선 또는 사용기구의 불량으로 내부접지 금속체와 접촉하게 되면 누전이 발생한다.

ⓒ 누설전류는 변압기 저압측 제2종 접지선을 거쳐 변압기 저압측 비접지선 → 누전점 → 금속체 → 대지로 폐회로를 형성하여 흐르게 된다.

ⓒ 누설전류로 인한 변압기 2차측의 불평형 전류를 수신기의 변류기로 검출하게 되면 강력부저가 울리고 표시등이 점등된다.

ⓔ 누설전류 200[mA] 이하에서 경보를 발생해야 하며, 절연저항(변압기 1·2차 권선, 외부 금속체 등) 모두 5[MΩ] 이상이 되어야 한다.

(3) 설치대상 건물

제1종 장소	제2종 장소	제3종 공사
• 연면적 300[m^2] 이상인 것 • 계약전류의 용량(동일 건축물에 계약종별이 다른 전기가 공급되는 경우에는 그 중 최대계약전류의 용량을 말함)이 100[A]를 초과하는 것	• 연면적 500[m^2] 이상(사업장의 경우는 1,000[m^2] 이상)인 것 • 계약전류의 용량이 100[A]를 초과하는 것(4층 이상의 공동주택 및 사업장에 한함)	연면적 1,000[m^2] 이상의 창고(내화건축물은 제외)로서 벽·바닥 또는 천장의 전부 또는 일부를 불연재료나 준불연재료가 아닌 재료에 철망을 넣어 만든 구조의 것

③ 누전차단기

누전의 화재방지목적으로도 사용되는 누전차단기는 로드히팅, 플로어히팅, 전기온상, 비상용 조명장치, 유도등, 소화설비, 철도신호장치, 병원 수술실 등 누전발생시 전로차단용과 경보용 2가지가 있다.

④ 화재발생시 대책

(1) 자동화재탐지설비(감지기, 발신기, 수신기)로 화재조기감지

① 화재발생시 감지기가 자동감지하거나 발신기의 누름단추 등으로 수신기로 통보한다.

② 수신기는 감지기, 발신기로부터 화재발생신호를 수신하여 화재장소를 알리고 화재현장의 지구벨을 연동시킨다.

③ 소화전 펌프연동 및 배연기를 작동시킨다.

(2) 자동화재 속보설비

① 화재발생시 자동으로 신속하게 작동하여 소방관서에 통보한다.

② MM 발신기, 비상통보기

(3) 소화설비로 방화대상물에 설치하는 고정식 소화설비의 종류

① 옥내소화전설비

② 스프링클러설비

③ 물분무소화설비

④ 포소화설비

⑤ 옥외소화전설비

⑥ 이산화탄소 소화설비

⑦ 할로겐화물 소화설비

⑧ 분말소화설비

⑨ ①~⑤는 수계소화설비, ⑥~⑧는 가스계 소화설비

(4) 스프링클러설비

① 호텔, 백화점 등에 설치되며, 살수에 의해 냉각소화함에 있어서 인위조작을 필요로 하지 않고, 자동적으로 소화하는 것이다.

② 감열부가 있는 살수기구를 천장면에 배관을 경유해서 설치하고 평상시 헤드까지 유압(有壓)충수되어 있으며, 화재발생시 살수한다.

(5) 할로겐화물 소화설비(할로겐 1301)

① 할로겐화물을 소화제로 사용하여 화재의 가연물 연소화학반응을 억제하는 작용으로 소화한다.

② 주차장, 자동차수리공장, 통신기기실, 전산기실, 발전기실, 엔진실 등의 화재에 대비해서 설치된다.

5 결 론

화재는 발생 후 진화보다 발생을 사전에 예방하는 것이 더욱 중요하므로 누전차단기, 화재경보설비를 설치하여 조기감지를 통하여 예방할 수 있도록 하여야 하며, 발생시에도 초기에 진화할 수 있도록 하여 피해를 최소한으로 하고, 자동화재탐지설비와 소화설비가 적절한 연동동작을 할 수 있도록 하여야 할 것이다.

문 제 **14**

직류 2선식에서 전압강하 $E = \dfrac{0.0356LI}{S}$ 를 유도하시오. (단, L : 전선길이[m], I : 전류[A], S : 단면적[mm^2])

1 회로도와 부하의 전압

다음 그림과 같은 직류회로에 부하가 걸려 있는 경우 전류가 흐르면 전원전압 E[V]가 전부 부하에 걸리는 것이 아니고 일부는 전선에서 전압강하된다. 이때, 전압강하되는 전압을 e[V]라고 하면 실제로 부하에 걸리는 전압은 $E-e$[V]가 된다.

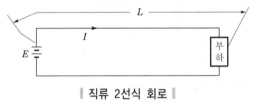

‖ 직류 2선식 회로 ‖

2 전선의 저항

(1) 전선의 길이에 비례하고 전선의 단면적에 반비례하여 다음 식으로 표시된다.

$$R = \rho \, \dfrac{L[\text{m}]}{S[\text{mm}^2]} \cdots\cdots\cdots\cdots\cdots\cdots\cdots\cdots (1)$$

여기서, ρ : 고유저항률([$\Omega - \text{mm}^2/\text{m}$]로, 도전율이 100[%]일 경우)

(2) 위의 식에서 ρ는 전선의 종류에 따라 달라지는 고유저항이며, 고유저항의 일반적인 값은 다음 값을 사용한다.

전선의 종류	ρ값[$\Omega-\text{mm}^2/\text{m}$]	비 고
연동선	1/58	단, 도전율을 100[%]로 간주할 경우
경동선	1/55	

(3) 따라서, 도전율은 동에서 97[%]로서 Dimension과 경동선의 고유저항(ρ값[$\Omega-\text{mm}^2/\text{m}$]을 고려하면 고유저항은 도전율의 역수가 되므로)은 다음과 같다.

$$\rho' = \dfrac{1}{58} \times \dfrac{1}{0.97} = 0.0178[\Omega-\text{mm}^2/\text{m}] \cdots\cdots\cdots\cdots\cdots\cdots (2)$$

그러므로 저항은 식 (1)과 위의 그림의 전체 연장길이에 해당되는 해당 회로의 모든 저항은 전원에서 부하까지의 거리 L의 2배가 되어 다음과 같다.

$$R = \rho \frac{L[\text{m}]}{S[\text{mm}^2]} = \rho' \frac{2L}{S} = 2 \times 0.0178 \frac{L}{S} = 0.0356 \frac{L}{S}[\Omega] \cdots\cdots\cdots\cdots\cdots\cdots\cdots (3)$$

▣ 결과적으로 전압강하는 다음 식으로 표시

옴의 법칙과 식 (3)에 의하여 경동선이 전체 길이에서 나타나는 전압강하(e)는 다음과 같다.

$$e = IR = 0.0356 \frac{LI}{S}[\Omega]$$

트래킹 현상과 탄화현상(가네하라 현상)을 비교 설명하시오.

1 개 요

전기화재의 원인은 단락, 접촉부의 과열, 과전류, 절연열화 또는 탄화, 정전기 스파크, 전기불꽃 등이 있으며, 이중절연열화에 의한 탄화 및 트래킹 현상과 가네하라 현상에 대하여 설명한다.

2 절연열화에 의한 탄화

(1) 배선, 전선기구의 절연체는 대부분 유기질로 구성되어 있어 오랜 기간이 경과되면 절연성능은 감소한다. 뿐만 아니라 유기질 절연체는 고온의 공기유통이 나쁜 곳에서 가열되면 탄화과정 및 도전성을 띤다.

(2) 그러므로 이러한 장소에 전압이 걸리면 미소전류에 의한 국부발열로 탄화현상이 주기적으로 촉진되어 누설전류는 증가하며, 유기질 자체가 타거나 부근의 가연물은 착화된다. 이 현상은 단자과열, Arc 등의 현상발생시에도 나타난다.

(3) 탄화현상시 탄화물 저항

① 잔존되어 있는 탄화물의 저항값은 수 [Ω]에서 수 백[Ω] 정도의 도전성이 있다.
② 특히 전기에 의한 탄화는 타조건에 의한 탄화보다 절연성이 적어 쉽게 탄화된다.

3 트래킹 현상과 가네하라 현상

트래킹(tracking) 현상	탄화현상(가네하라 현상)
• 전기제품 등에서 충전전극 간의 절연물 표면에 어떤 원인으로 탄화전로가 생성, 결국은 지락, 단락으로 발전・발화하는 현상 • 절연체 표면에 탄화도전로가 생성 • 전기재료의 절연성능 열화의 일종 • 전기기계・기구의 탄화현상 • 결국은 지락, 단락으로 진전되어 발화하는 현상이며, 전기재료의 절연성능 열화의 일종으로 검토	• 플라스틱 등의 유기절연체가 누전회로에 발생하는 스파크(전기불꽃) 등에 의하여 유기절연체 표면에 탄화도전로(전기통로)가 생성되고 그 부분에 전류가 흐르게 되면 줄열의 발생에 의해서 확대되고 발열량이 증대하여 발화하는 현상 • 그래파이트화 현상 : 목재나 플라스틱 등의 유기절연체가 전기불꽃(스파크)에 의해서 절연체 표면이 미소하게 숯(탄소)으로 변하여 전기통로가 생기고, 그 부분에 전류가 흐르게 되면 줄열의 발생에 의해서 서서히 입체적으로 확대해감에 따라 더욱 전류가 증가하고 발열량도 증가하여 결국에는 그 곳에 발화하는 현상

트래킹(tracking) 현상	탄화현상(가네하라 현상)
	• 저압누전화재의 발화기구, 발화까지 포함한 의미 • 절연체 표면에 탄화도전로가 생성 • 광의의 의미로 전기기기 외에 나타난 경우의 탄화현상

4 차이점

(1) 이 두 가지 현상은 절연체 표면에 탄화도전로가 생기게 되는 점에 있어서는 비슷하지만 그래파이트 현상은 저압누전화재의 발화기구로서 발화까지 포함한다.

(2) 양자의 명확한 구별은 지금까지 되어있지 않지만 화재원인 조사상 관례적으로 전기기계·기구에 나타나는 경우를 트래킹 현상이라 하고 전기기계·기구 이외의 곳에 나타난 경우를 그래파이트 현상이라고 한다.

전기화재의 주요 원인 가운데 접속부의 접촉불량사고와 전선의 소손사고발생시, 누전차단기(ELCB : 지락보호, 과부하보호 및 단락보호)와 과전류차단기(MCCB)의 작동불능 근본사유에 대해 설명하시오.

1 ELB와 MCCB의 동작원리

(1) 배선용 차단기(MCCB ; Molded Case Circuit Breaker)

① 일반적으로 배선용 차단기는 과전류와 단락전류의 두 가지 요소에 의해서 동작(trip)한다. 과전류는 한시요소에 의해 동작하고 단락전류는 순시요소에 의해 동작한다.

② 정격전류보다 20~50[%] 정도의 과전류가 흐를 때는 한시요소에 의해서 과전류의 정도가 클수록 동작시간이 짧아지고, 과전류의 정도가 작으면 동작시간이 늦어진다.

③ 단락전류는 정격전류의 2~20배 정도 되는데, 이때는 순시요소가 동작해서 순간적으로 차단기를 동작시킨다.

④ 전자식(電磁式)차단기의 경우에는 한시요소는 Heating coil과 Bi-metal로 구성되어 있고, 순시요소는 전자코일의 전자력(電磁力)에 의해서 동작한다.

(2) 누전차단기(ELCB ; Earth Leakage Circuit Breaker)

① 누전차단기는 원래 누전만을 감지해서 차단하는 기능을 가지는 것을 의미하나, 근래에는 누전차단기에 한시요소와 순시요소를 추가해서 과전류와 단락전류도 차단하는 기능을 모두 가지고 있는 것이 많이 사용된다.

② 누전차단기에는 전류동작형과 전압동작형의 두 가지가 있는데, 일반적으로 전류동작형이 많이 사용된다.

③ 전류동작형 누전차단기는 그림과 같이 영상변류기, 증폭기 및 차단기구로 구성되어 있다. 정상상태에서는 왕로와 귀로의 전선에 흐르는 전류의 크기가 같아서 전류에 의한 자속은 서로 상쇄되어 영상변류기에 전압이 유기되지 않으나, 누전으로 인해서 변류기를 통과하는 전류의 크기가 달라지면 변류기의 전압이 유기되고 전류가 흐르므로 이를 검출하여 차단기구를 동작시키는 구조로 되어있다.

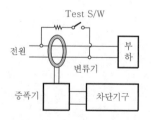

(3) 누전차단기와 과전류차단기의 비교

과전류차단기는 과전류와 단락전류를 차단하는 기능을 가지고 있는데 비해서 누전차단기는 과부하보호와 단락보호기능을 가진 과전류와 단락전류 이외에 누전도 차단하는 기능을 하나 더 가지고 있다고 할 수 있다.

2 접촉불량사고시 ELB와 MCCB가 동작하지 않는 이유

(1) 접촉불량의 의미와 위험

① 전선의 접속이 느슨하게 되어 있어서 저항이 증가하거나, 스위치 접점 등의 접점 표면에 산화물, 먼지 등으로 인해 전류의 흐름을 방해하여 접촉저항이 커지는 것을 말한다.

② 접촉불량으로 저항이 커진 상태에서 전류가 계속 흐르면 $P = I^2 R$[W]의 열이 접촉불량개소에 발생하여 그 부분을 가열하게 되므로 화재의 위험이 크다.

(2) 접촉불량사고시 ELB와 MCCB가 동작하지 않는 이유

① 다음 그림과 같은 회로에 전류 I_1이 흐르고 있다고 하면 이때의 전류 $I_1 = \dfrac{E}{R_1}$[A]이다.

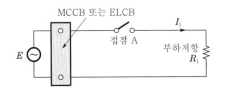 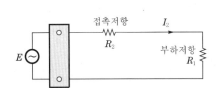

② 이 회로의 접점 A에 접촉불량이 발생해서 접촉저항 R_2가 발행했다면, 이때 회로에 흐르는 전류는 오른쪽의 등가회로에서 $I_1 = \dfrac{E}{R_1 + R_2}$[A]가 되며, $I_2 < I_1$이다. 즉, 접촉불량으로 인해서 정상상태의 전류보다도 오히려 더 작은 전류가 회로에 흐르게 되고, 또한 지락이 발생해서 누전이 되는 것도 아니어서 이 경우에는 ELCB나 MCCB 어느 것도 동작하지 않는다.

3 전선의 소손사고시 ELB와 MCCB가 동작하지 않는 이유

(1) 전선이 소손되었으나 단락되지는 않은 경우

① 전선이 소손된다고 해서 모두 단락이 되는 것은 아니다.

② 예를 들어 합성수지전선관 속에 있는 전선의 한 가닥만 소손되면 그 전선의 절연피복만 소손되었을 뿐이지 다른 선과 단락이 된 것도 아니고, 합성수지전선관이 또 하나의 절연체가 되어 지락된 것도 아니기 때문에 MCCB나 ELCB는 동작하지 않는다.

③ 두 선이 동시에 소손된 경우에도 소손지점이 정확히 일치하지 않거나, 동일 장소에서 소손되었어도 두 개의 도체가 물리적으로 접촉되어 전기적으로 완전한 접속이 되기에는 용이하지 않으며, 일반적으로는 다음의 왼쪽 그림과 같이 큰 저항을 통해서 접속되기 때문에 저항에 흐르는 전류가 작아서 MCCB나 ELCB가 동작하기 어렵다.

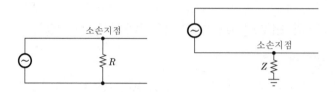

(2) 전선이 소손되었으나 지락되지는 않은 경우

① 전선이 소손되어도 이것이 바로 지락으로 이어지기는 어렵다.

② 예를 들어 합성수지관 속의 전선이 소손되어도 합성수지관을 절연체로 작용하기 때문에 지락되지 않는다.

③ 금속관에 배선된 전선이 소손되어도 완전지락이 되는 경우는 드물고 대부분 위의 오른쪽 그림과 같이 임피던스를 통한 지락이 된다.

④ 지락 임피던스가 커서 지락전류(누전전류)가 누전차단기의 감도전류 이하이면 누전차단기는 동작하지 않는다.

문제 **17**

유입변압기 화재의 발생원인 및 화재 메커니즘을 설명하고, 방재대책에 관하여 기술하시오. 또한 전기화재의 대표적 사례를 들고 그 원인, 상황, 방지대책에 대하여 기술하시오.

1 개 요

(1) 유입변압기

① 철심에 감은 코일을 절연유로 절연하는 A종 절연변압기로 주상변압기, 일반공장, 빌딩 등에 많이 사용되고 있으며 가격도 가장 싸다.

② 유입변압기는 변압기 탱크내부가 절연유(광유)로 채워져 있는 것이 아니며, 유면(油面)상부 또는 콘서베이터 상부의 일부는 공기가 채워져 있다.

(2) 변압기유의 특성

① 변압기유는 광유이며, 광유는 원유를 고도로 정제한 전기절연유이다.

② 절연파괴 전압이 크다.

③ 냉각작용이 좋다.

④ 점성이 낮다.

⑤ 장기간 사용해도 산화변질(酸化變質)이 적다.

⑥ 부식되지 않아야 한다.

⑦ 100[℃] 부근의 온도로 증발감량이 적다.

⑧ 고분자 유기화합물질인 광유로서 화재시 각종 연소생성물을 다량 배출한다.

(3) 광유의 분류

① 1호 : 유입콘덴서, 유입케이블 등에 사용된다.

② 2호 : 유입변압기, 유입차단기 등에 사용된다.

③ 3호 : 매우 춥지 않은 곳에서 유입변압기, 유입차단기 등에 사용된다.

④ 4호 : 고전압 대용량 유입변압기에 사용된다.

⑤ 철도용 : 전기기관차 변압기에 사용된다.

2 화재발생원인 및 메커니즘

(1) 유입변압기는 절연유 속에 동 및 잔류산소가 공존하고 있는데다 유온도(기름온도) 또한 높으므로 이들의 산화작용에 의해서 절연을 열화시킨다.

(2) 유입기기 내부에서 접촉불량, 단락, 섬락, 과열, 부분 방전 등이 발생하면 발열하여 절연유 및 절연재료를 열분해시켜 여러 가지 가스를 발생시킨다.

(3) 발생된 가스의 양이 적을 때는 대부분 절연유에 용해되어 절연유의 절연성능을 저하시키는 것으로 끝나지만, 변압기 내부에서의 층간단락, 아크발생 등으로 발열량이 급격히 많을 때는 열분해된 가스가 유면(油面)상부의 공기 중에 혼합된다.

(4) 상부 공기 중에 혼합된 가연성 혼합기가 폭발범위 내에 있을 때 아크발생 등으로 착화원이 제공되면 인화 → 연소 → 폭발의 단계로 진행한다.

(5) 광유의 최저인화점은 140[℃]이므로 이 온도 이상이 되어있는 상태에서는 상부 공기 중에 먼저 열분해된 가스뿐만 아니라 변압기유 자체가 열분해됨과 동시에 증발하여 연소한다.

3 방지대책

(1) 변압기화재 방지대책 개요
① 유입변압기의 화재를 방지하기 위해서 변압기유의 절연열화를 방지한다.
② 내부에서 접촉불량, 단락, 섬락, 과열, 부분 방전 등이 발생하는 것을 방지한다.
③ 화재가 발생하면 이를 신속히 소화한다.

(2) 방지대책
① 콘서베이터 사용 : 변압기유는 가열된 광유가 상부 공기와의 접촉에서 수분을 흡수하여 열화되는 경우가 많으므로 콘서베이터를 설치해서 고온의 광유가 공기와 접촉하는 면을 작게 한다.
② 질소가스봉입 : 변압기에 공기 대신 질소가스를 봉입하면 광유의 열화도 방지되고 또한 열분해된 가스가 상부에 혼입되어도 질소는 불활성 가스이므로 연소하지 않는다.
③ 수분흡착제 사용 : 탱크내부의 변압기유나 공기는 온도에 따라 수축팽창하므로 탱크를 완전히 밀봉할 수는 없고 숨을 쉬도록 해주어야 하는데, 이를 브리더(breather)라고 한다. 브리더에 실리카겔 등의 흡습제를 두어서 드나드는 공기가 이를 통과하도록 하여 습기를 제거한다.
④ 절연유 시험 : 정기적으로 또는 수시로 절연유의 산가시험, 절연파괴시험, 가스분석시험 등을 행하여 절연상태가 나빠진 것이 확인되면 절연유를 여과하거나 교체한다.
⑤ 과부하 방지 : 과부하 보호계전기를 설치해서 변압기가 과부하로 인해 과열되지 않도록 한다.
⑥ 피뢰기 설치 : 피뢰기를 설치해서 외부로부터 침입하는 서지(surge)를 대지로 방류해서 변압기의 절연파괴를 방지한다.

⑦ On-line 가스분석기 설치 : 가스분석기의 센서를 유입변압기의 Drain valve에 설치하고 분석기를 통해 컴퓨터에서 상시감시 및 진단한다.

⑧ 물분무소화설비 설치 : 초고속 물분무소화설비를 설치한다.

접지공사의 종류, 접지저항값을 기술하시오.

1 개 요

접지공사는 전기기기의 지락사고에 의한 도전부의 전위상승이 인체와 기기에 대하여 위해를 끼치지 않도록 하기 위한 것으로 Earthing 또는 Grounding이라 한다.

2 접지공사의 종류와 접지저항값, 접지선 굵기

접지공사의 종류	접지저항값	접지선 굵기
제1종 접지공사	10[Ω] 이하	공칭단면적 6[mm²] 이상의 연동선
제2종 접지공사	$\left(\dfrac{150[V]}{1\,선\,지락전류[A]}\right)[Ω]$ 이하	공칭단면적 16[mm²] 이상의 연동선(고압전로 또는 제135조 제1항 및 제4항에 규정하는 특고압 가공전선로의 전로와 저압전로를 변압기에 의하여 결합하는 경우에는 공칭단면적 6[mm²] 이상의 연동선)
제3종 접지공사	100[Ω] 이하	공칭단면적 2.5[mm²] 이상의 연동선
특별 제3종 접지공사	10[Ω] 이하	

3 접지저항

접지저항은 다음 그림과 같이 3가지 요소로 구성한다.

(1) 접지선과 전극 자체의 저항

① 접지전극의 표면과 토양 사이의 접촉저항
② 전극 주변 토양의 저항

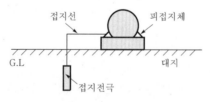

(2) 접지저항은 주로 전극 주변의 토양 자체의 저항에 의하여 좌우되고, 일정한 크기로 만든 접지극의 접지저항은 다음 식으로 나타낸다.

$$R = \rho \cdot f$$

여기서, R : 접지저항, ρ : 대지저항률
f : 접지전극의 형태와 크기에 따라 정해지는 함수

4 접지공사의 용도

(1) 제1종 접지공사 : 접지사고발생시 고압, 특고압이 걸릴 위험이 있을 때

(2) 제2종 접지공사 : 고압, 특고압이 저압과 혼촉사고가 일어날 위험이 있을 때

(3) 제3종 접지공사 : 400[V] 미만의 저압용 기기에 누전발생시 감전방지

(4) 특별 제3종 접지공사 : 400[V] 이상의 저압용 기기에 누전발생시 감전방지

자동화재탐지설비 배선의 접지

자동화재탐지설비 배선의 접지는 제3종 접지 이상으로 하고, 다음에 의하여 행한다.

1) 외부배선 또는 화재발생 우려시 금속관 공사
2) 접지선에는 퓨즈나 차단기 등을 설치하지 말 것
3) 접지저항값은 대지와의 사이에 100[Ω] 이하
4) 접지선은 1.6[mm] 이상, 접지용 비닐선 또는 600[V] 절연전선
5) 접지극은 땅 속 75[cm] 이상 매설

문제 19

피에조전기(압전전기)에 대하여 기술하시오.

1 정 의

수정이나 로셀염, 티탄산바륨과 같은 강유전체 등의 특수한 유전체에 압력이나 장력 등을 가하면, 분극이 생겨서 그 단면에 정전하가 생긴다. 이러한 현상을 압전효과(piezo effect)라 하며, 이때 발생한 전기적 효과를 피에조전기라 한다.

2 발생원리

(1) 서로 다른 2종류의 유전체를 강하게 접착시키면, 한쪽의 전하가 다른 쪽으로 이동하고 그 각각은 양 또는 음으로 대전한다.

(2) 이러한 현상을 접촉전기라 하고, 이때 생기는 전위차를 접촉전위차라 부르며, 그 전위차의 분극발생으로 정전하가 발생된다.

(3) 예를 들어 수정·로셀염·티탄산바륨에서 결정판을 잘라내어 X축 또는 Y축을 따라 압력을 가하면 판의 양면에는 각각 전하가 생기고, 장력을 가할 때에는 이것과 반대부호의 전하가 생긴다.

3 피에조전기(압전전기)

(1) 응용으로는 압전기 라이터로 PZT(티탄산지르콘산납)을 이용한 자동불꽃점화기에 널리 사용된다.

(2) 역피에조효과(역압전효과 또는 전왜효과)

① 정의 : 압전효과의 경우와 반대로 결정판에 고주파전압의 전계를 가해서 수축하거나 부풀어나게 하여 기계적인 응력을 생기게 하는 현상을 역압전효과 또는 전왜효과(電歪效果)라 한다.

② 특히 전압의 주파수를 결정판의 고유진동수에 맞추면 공진(共振)하여 결정판이 강하게 진동하며, 강력하고 안정된 기계적인 진동이 얻어진다.

③ 역압전효과 또는 전왜효과(電歪效果)의 응용

㉠ 휴대용 라디오에 쓰이는 결정수화기, 결정스피커와 초음파의 음원(音源)으로서 사용되는 수정이나 티탄산바륨 등이 있다.

ⓛ 초음파 진동자로서 안정된 높은 첨예도 및 초고주파발전기로서 주파수안정도가
   높아 폭넓게 사용되고 있다.

4 피에조전기현상의 특성 및 응용

(1) 강유전체는 일반적으로 분극률이 일정하지 않은 것이 단점이다.

(2) 변압기의 철심자속 · 자화특성($I-B$), 자속 히스테리시스 현상과 비슷하게 전계와 유전체
   의 분극특성($E-P$)도 변화하는 효과인 유전체 히스테리시스가 있다는 것으로, 이것은
   단점이자 강점이다.

(3) 어떤 종류의 결정에서는 열을 가하면 분극을 일으켜 전하가 발생한다. 또 그 반대로 냉각
   시키면 반대부호의 전하가 발생한다. 이러한 현상을 초전압전효과라 부르고, 이때 발생한
   전기를 피에조전기라 한다. 이런 경우는 전기석(電氣石)에서 가장 현저하게 나타나고 수
   정이나 로셀염에서도 볼 수 있다. 이러한 현상은 서로 다른 종류의 결정들이 원래 분극되
   어 있는데, 이것이 온도에 따라 그 분극의 크기가 변하기 때문이라고 추정하고 있다.

(4) 수정 · 로셀염 · 티탄산바륨 등의 인공결정이 현저하게 압전성을 가지는 소자이다.

(5) 일반적으로 결정판에 의한 압전전기는 극히 미약하나 금속박을 삽입하여 이것을 몇 장 겹
   치면 그 전기량은 충분히 측정할 수 있게 된다. 이것을 이용하면 기계적인 변형을 전기적
   으로 꺼낼 수 있으므로 마이크로폰이나 전축용 픽업 등에 오래 전부터 이용되고 있다. 주
   로 압전율이 큰 로셀염의 결정이 많이 사용되고 있다.

전로의 사용전압의 구분에 따른 절연저항 기준값은?

1 전로의 절연

전로는 다음의 경우를 제외하고는 대지로부터 절연해야 한다.

(1) 모든 접지점

(2) 전기욕기, 전기로, 전해조 등과 같이 대지절연이 기술적으로 불가능한 경우

(3) 시험용 변압기, 전기철도 등과 같이 전로의 일부를 대지로부터 절연하지 않고 사용하는 경우

2 저압전로의 절연

(1) 저압전로의 누설전류는 최대공급전류의 1/2,000을 초과하지 않아야 한다.

(2) 저압전로의 절연저항은 다음 표의 값 이상이어야 한다.

│ 저압전로의 절연저항값 │

구분	전기기기(선로)의 사용전압 구분	절연저항값
400[V] 미만	대지전압 150[V] 이하	0.1[MΩ] 이상
	150[V] 초과 300[V] 이하	0.2[MΩ] 이상
	사용전압 300[V] 초과~400[V] 미만(비접지 계통)	0.3[MΩ] 이상
400[V] 이상	사용전압 400[V] 이상	0.4[MΩ] 이상

3 고압 및 특고압전로의 절연내력시험

「전기설비기술기준」에서 고압 및 특고압전로는 절연저항값을 규정하지 않고 절연내력시험을 하도록 규정하고 있다.

참고

「전기설비기술기준」에서 정의하는 전압의 구분

1) 저압 : 교류 600[V] 이하, 직류 750[V] 이하
2) 고압 : 저압을 넘고 7,000[V](7[kV]) 이하
3) 특고압 : 7,000[V]를 넘는 것
4) 「전기설비기술기준」에 규정된 것은 아니나 특고압 중에서 200[kV]를 넘는 것을 일반적으로 초고압이라고 부른다.

소방용 예비전원에 대하여 기술하시오.

1 개 요

비상전원은 상용전원이 정전한 때의 조치이지만 예비전원은 상용전원이 고장 난 경우이거나 또는 용량이 부족한 때 최소한의 기능을 유지하기 위한 것으로서 이 경우 예비전원은 밀폐형 축전지로 한다.

2 설치기준

(1) 상용전원이 고장 나거나 용량이 부족할 때 자동적으로 예비전원으로 절환되고 상용전원 정전복구시에는 자동적으로 예비전원에서 상용전원으로 절환되는 것으로 해야 한다.

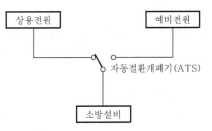

(2) 예비전원을 주전원으로 사용하여서는 안 된다.

(3) 인출선은 적당한 색상에 의하여 쉽게 구분할 수 있어야 한다.

(4) 예비전원은 원통밀폐형 니켈카드뮴축전지 또는 무보수밀폐형 연축전지여야 한다.

(5) 전기적 기구에 의한 자동과충전 및 자동과방전 방지장치를 설치하여야 한다.

(6) 예비전원을 병렬로 접속하는 경우에는 역충전방지 등의 조치를 강구하여야 한다.

(7) 축전지를 직렬 또는 병렬로 사용하는 경우에는 용량(전압, 전류)이 균일한 축전지를 사용하여야 한다.

> **참고**
>
> **방용전원의 종류**
> 1) **상용전원** : 평상시 주전원으로 사용되는 전원
> 2) **비상전원** : 상용전원 정전시를 대비해 변전소 등에서 공급하는 전원
> 3) **예비전원** : 상용전원 고장시 또는 용량부족시를 대비해 수신기에 내장하는 축전지 등의 전원

소방설비용 비상전원에 대하여 기술하시오.

1 개 요

(1) 대부분의 소방설비는 이를 유효하게 사용하기 위하여 전원을 필요로 하게 되는데, 일반 상용전원이 천재지변 또는 예측하지 못한 사고로 인하여 정전되는 경우 소방대상물에 화재발생시 소화경보, 피난에 지장을 일으키게 되어 매우 위험하다.

(2) 따라서, 상용전원의 정전시에도 정상적으로 각종의 소방시설을 사용할 수 있도록 비상전원설비를 설치하여야 한다.

(3) 소방법령상의 비상전원은 비상전원수전설비, 자가발전설비, 축전지설비 등의 세 가지가 있다.

(4) 전원의 구분

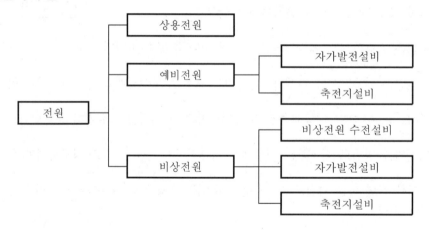

2 비상전원의 설치기준(구비조건)

(1) 점검에 편리하고 화재 및 침수 등의 재해로 인한 피해를 받을 우려가 없는 곳에 설치할 것

(2) 해당되는 각 설비를 유효하게 일정 시간(10·20·30분 이상) 이상 작동가능할 것

(3) 상용전원으로부터 전력공급이 중단된 때에는 ATS(자동절환장치, Auto Transfer Switch)를 통해 자동으로 비상전원으로부터 전력을 공급받을 수 있도록 할 것

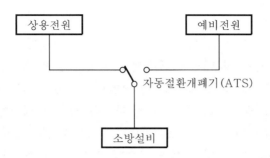

(4) 비상전원의 설치장소는 다른 장소와 방화구획하여야 하며, 그 장소에는 비상전원의 공급에 필요한 기구나 설비 외의 것을 두어서는 아니할 것

(5) 비상전원을 실내에 설치할 때는 그 실내에 비상조명등을 설치해야 할 것

(6) 축전지설비를 설치하는 경우에 축전지실의 벽과의 거리가 0.1[m] 이상 되게 하고 침수의 우려가 없도록 할 것

(7) 비상전원수전설비는 다른 전기회로 등의 개폐기 또는 차단기에 의하여 차단되지 않을 것

(8) 배선은 600[V] 2종 비닐절연전선 또는 이와 동등 이상의 내열성을 가진 전선일 것

3 비상전원설비의 종류

(1) 비상전원수전설비

전력회사가 공급하는 상용전원을 이용하는 것으로서 당해 설비전용의 변압기에 의해 수전하거나 주변압기의 2차측에서 직접 전용의 개폐기에 의해 수전하는 것이다. 소방대상물의 옥내화재에 의한 전기회로의 단락, 과부하에 견딜 수 있는 구조를 말하며, 그 종류는 다음과 같다.

① 특고압 또는 고압으로 수전
  ㉠ 방화구획형 : 전용의 방화구획 내에 설치
  ㉡ 옥외개방형 : 건축물 또는 인접 건축물에 화재발생시 화재로 인한 손상을 받지 않도록 건축물의 옥상 및 공지에 설치
  ㉢ 큐비클형 : 전용 또는 공용으로 설치
    • 전용 큐비클 : 소방회로용의 것으로 수전설비, 변전설비 그 밖의 기기 및 배선을 금속제 외함에 수납한 것
    • 공용 큐비클 : 소방회로 및 일반회로 겸용의 것으로서 수전설비, 변전설비 그 밖의 기기 및 배선을 금속제 외함에 수납한 것

② 저압으로 수전

ㄱ 전용 배전반(1·2종) : 소방회로 전용의 것으로서 개폐기, 과전류차단기, 계기 그 밖의 배선용 기기 및 배선을 금속제 외함에 수납한 것

ㄴ 공용 배전반(1·2종) : 소방회로 및 일반회로 겸용의 것으로서 개폐기, 과전류차단기, 계기 그 밖의 배선용 기기 및 배선을 금속제 외함에 수납한 것

ㄷ 전용 분전반(1·2종) : 소방회로 전용의 것으로서 분기개폐기, 분기 과전류차단기 그 밖의 배선용 기기 및 배선을 금속제 외함에 수납한 것

ㄹ 공용 분전반(1·2종) : 소방회로 및 일반회로 겸용의 것으로서 분기개폐기, 분기 과전류차단기, 그 밖의 배선용 기기 및 배선을 금속제 외함에 수납한 것

(2) 자가발전설비

상용전원이 정전된 경우에 자동적으로 전압의 확립 및 투입이 정해지며, 40초 이내에 소방설비 등에 전력을 공급할 수 있는 것으로 일정량 이상의 용량을 갖는 것

① **구동방식** : 디젤기관 구동, 가솔린기관 구동, 가스터빈 구동 디젤기관에 의해 구동되는 3상 교류발전기를 많이 사용하고 있으나, 가스터빈기관의 사용도 증대되고 있다.

② **자가발전설비의 구성** : 디젤엔진, 교류발전기, 배전반, 엔진기동설비, 부속장치설비, 기타설비 등이 있다.

③ **장점**

ㄱ 자동운전이 용이하다.

ㄴ 동작이 확실하고 신뢰성이 높다.

ㄷ 시동이 빠르다.

ㄹ 효율이 좋다.

ㅁ 취급 및 보수가 용이하다.

④ **단점**

ㄱ 설비비와 부대공사비 비용증가

ㄴ 전문기술자 외에는 운전과 관리가 어려우므로 전문기술자의 확보 필요

ㄷ 운전시 공해의 원인이 되며, 공해방지시설 설치시 더욱 많은 경비가 소요

(3) 축전지설비

항상 충전되어 있으며, 상용전원이 정전된 경우 즉시 상용전원에서 축전지설비로 절환되고, 정전복구시에는 자동적으로 축전지설비에서 상용전원으로 절환가능한 일정량 이상의 용량일 것

① **장점**

ㄱ 순수 직류전원의 독립된 전력원으로 다른 전원에 비해 즉시 전원공급이 가능하다.

ⓛ 조용하며 안전하고, 보수가 용이하다.

② 단점

ㄱ 용량의 한계성 때문에 담당할 수 있는 부하의 종류가 적은 전등용, 제어용 통신용에 사용

ㄴ 경보설비에서는 축전지설비만 인정하므로 비상전원으로서 매우 중요하다.

ㄷ 상용전원의 정전시 자가발전설비가 가동되어 정격전압을 확보할 때까지 중간전원으로 사용되는 경우가 많다.

③ 전지의 종류

ㄱ 1차 전지 : 방전된 후 재사용이 불가능한 전지, 망간(MnO_2)전지, 수은(HgO)전지

ㄴ 2차 전지 : 방전된 후 재충전으로 반복사용이 가능한 전지, 납축전지, 알칼리축전지

(4) 전기저장장치

외부 전기에너지를 저장해 두었다가 필요한 때 전기를 공급하는 장치

4 소방설비용 비상전원의 설치대상 및 요구시간, 종류

소방시설	비상전원 설치대상	요구시간	비상전원의 종류 자	축	비	전
옥내소화전설비	7층 이상으로서 2천[m²] 이상		○	○	×	○
	지하층의 바닥면적 3천[m²] 이상		○	○	○	○
스프링클러설비	• 차고, 주차장 1천[m²] 이상 • 위 외의 모든 설비					
화재조기진압용 SP	해당층의 높이가 13.7[m] 이하일 것					
물분무소화설비	항공기 및 자동차관련시설 중 항공기격납고	20분 이상	○	○	×	○
미분무소화설비	• 항공기격납고 • 주차용 건축물로서 연면적 800[m²] 이상인 것					
포소화설비	• 호스릴포 또는 포소화전만을 설치한 차고, 주차장 • 포헤드설비 또는 고정포방출설비가 설치된 부분의 바닥면적의 합계가 1,000[m²] 미만		○	○	○	○
	위 외의 모든 설비					
CO₂·할론·분말 소화설비	모든 설비(호스릴 제외)		○	○	×	○
옥외소화전설비	1, 2층 바닥면적의 합계가 9,000[m²] 이상		—	—	—	—
제연설비	모든 설비		○	○	×	○
연결송수관설비	가압송수장치 설치시					

소방시설	비상전원 설치대상	요구시간	비상전원의 종류			
			자	축	비	전
연결살수설비	창고시설 중 물류터미널, 운수시설, 판매시설의 용도로 사용부분의 바닥면적의 합계가 1천[m²] 이상인 개소	–	×	×	×	×
연소방지설비	지하구(전력 또는 통신사업용)					
자동화재탐지설비	모든 설비	60분 감시 후 10분 이상 경보	×	○	×	○
비상벨, 자동식 사이렌설비	자동화재탐지설비와 동일					
비상방송설비	연면적 3,500[m²] 이상					
자동화재속보설비	노유자생활시설					
누전경보기	계약전류용량이 100[A] 초과는 특정소방대상물	–	×	×	×	×
유도등	모든 설비	20분/60분 이상 (특정 용도)	×	○	×	×
비상조명등	모든 설비		○	○	×	○
비상콘센트설비	• 7층 이상으로서 2천[m²] 이상 • 지하층의 바닥면적 3천[m²] 이상	20분 이상	○	×	○	○
무선통신보조설비 (증폭기)	지하층의 바닥면적 합계가 3천[m²] 이상 : 지하층의 전층에 설치	30분 이상	×	○	×	○

[비고] 1. 자 : 자가발전설비, 축 : 축전지설비, 비 : 비상전원수전설비, 전 : 전기저장장치
　　　2. ○ : 선택 가능, × : 선택 불가
　　　3. 설치대상은 대표적인 것만 간단히 기록함

5 상용전원과 예비전원의 구분

(1) 상용전원

평상시 전력회사가 소방시설에 공급하는 전기설비이다.

(2) 예비전원

① 상용전원의 고장 및 부족시 최소한의 기능을 유지하기 위해 수신기 등에 갖추게 한 것으로 밀폐형 축전지로 수신기에 내장한다.
② 비상전원은 상용전원이 정전될 때의 조치이지만 상용전원이 고장 난 경우 또는 용량이 부족할 때 최소한의 기능을 유지하기 위한 것으로 이 경우 예비전원은 밀폐형 축전지로 한다.
③ 전지 : 원통밀폐형 니켈카드뮴축전지 또는 무보수밀폐형 연축전지 등이 있다.

소방설비용 비상전원의 설치대상 및 구비조건을 설명하시오.

1 소방설비용 비상전원의 설치대상 및 요구시간, 종류

소방시설	비상전원 설치대상	요구시간	비상전원의 종류			
			자	축	비	전
옥내소화전설비	7층 이상으로서 2천[m^2] 이상	20분 이상	○	○	×	○
	지하층의 바닥면적 3천[m^2] 이상		○	○	○	○
스프링클러설비	• 차고, 주차장 1천[m^2] 이상 • 위 외의 모든 설비		○	○	×	○
화재조기진압용 SP	해당층의 높이가 13.7[m] 이하일 것					
물분무소화설비	항공기 및 자동차관련시설 중 항공기격납고					
미분무소화설비	• 항공기격납고 • 주차용 건축물로서 연면적 800[m^2] 이상인 것					
포소화설비	• 호스릴포 또는 포소화전만을 설치한 차고, 주차장 • 포헤드설비 또는 고정포방출설비가 설치된 부분의 바닥면적의 합계가 1,000[m^2] 미만		○	○	○	○
	위 외의 모든 설비					
CO$_2$ · 할론 · 분말 소화설비	모든 설비(호스릴 제외)		○	○	×	○
옥외소화전설비	1, 2층 바닥면적의 합계가 9,000[m^2] 이상		—	—	—	—
제연설비	모든 설비		○	○	×	○
연결송수관설비	가압송수장치 설치시					
연결살수설비	창고시설 중 물류터미널, 운수시설, 판매시설의 용도로 사용부분의 바닥면적의 합계가 1천[m^2] 이상인 개소	—	×	×	×	×
연소방지설비	지하구(전력 또는 통신사업용)					
자동화재탐지설비	모든 설비	60분 감시 후 10분 이상 경보	×	○	×	○
비상벨, 자동식 사이렌설비	자동화재탐지설비와 동일					
비상방송설비	연면적 3,500[m^2] 이상					
자동화재속보설비	노유자생활시설					
누전경보기	계약전류용량이 100[A] 초과는 특정소방대상물	—	×	×	×	×

소방시설	비상전원 설치대상	요구시간	비상전원의 종류			
			자	축	비	전
유도등	모든 설비	20분/60분 이상 (특정 용도)	×	○	×	×
비상조명등	모든 설비		○	○	×	○
비상콘센트설비	• 7층 이상으로서 2천[m²] 이상 • 지하층의 바닥면적 3천[m²] 이상	20분 이상	○	×	○	○
무선통신보조설비 (증폭기)	지하층의 바닥면적 합계가 3천[m²] 이상 : 지하층의 전층에 설치	30분 이상	×	○	×	○

[비고] 1. 자 : 자가발전설비, 축 : 축전지설비, 비 : 비상전원수전설비, 전 : 전기저장장치

2. ○ : 선택 가능, × : 선택 불가

3. 설치대상은 대표적인 것만 간단히 기록함

2 소방설비용 비상전원의 구비조건

(1) 비상전원은 당해 설비를 유효하게 20분 이상(위의 표 참조) 작동 가능한 용량일 것(단, 자동화재탐지설비(비상경보설비 포함), 비상방송설비는 60분 감시, 10분 이상 경보)

(2) 비상전원이 정전된 경우 자동적으로 비상전원으로 전환되는 것으로 할 것

(3) 축전지설비를 설치하는 경우에는 축전지실의 벽과의 거리가 0.1[m] 이상이 되게 하고, 침수의 우려가 없도록 할 것

(4) 비상전원 설치장소에는 점검 및 조작에 필요한 조명설비와 비상전원의 표시를 할 것

(5) 비상전원전용 수전설비는 물론 전기회로 등의 개폐기, 차단기에 의하여 차단되지 아니하도록 할 것

(6) 배선은 「전기설비기술기준령」에서 정한 것 외에 600[V] 2종 비닐절연전선 또는 이와 동등 이상의 내열성을 가진 전선을 사용하고, 내화구조로 된 주요 구조부에 매설하거나 이와 동등 이상의 내열효과가 있는 방법에 의하여 보호하도록 할 것

소방용 비상전원수전설비에 대하여 기술하시오.

1 개 요

비상전원수전설비는 전력회사가 공급하는 상용전원을 이용하는 것으로 소방대상물의 옥내 화재에 의한 전기회로의 단락, 과부하에 견딜 수 있는 구조를 갖춘 수전설비를 말한다.

2 종류 및 설치기준

(1) 특고압 또는 고압으로 수전

① 방화구획형
  ㉠ 전용의 방화구획 내에 설치하여야 한다.
  ㉡ 소방회로 배선은 일반회로 배선과 불연성 격벽으로 구획하여야 한다. 다만, 배선 상호간 15[cm] 이상 떨어져 설치한 경우는 예외로 한다.
  ㉢ 일반회로에서 과부하, 지락사고 또는 단락사고가 발생한 경우에도 이에 영향을 받지 아니하고 계속하여 소방회로에 전원을 공급시켜줄 수 있어야 한다.
  ㉣ 소방회로용 개폐기 및 과전류차단기에는 "소방시설용"표시를 하여야 한다.

② 옥외개방형
  ㉠ 옥상설치시 : 건축물에 화재가 발생할 경우에도 화재로 인한 손상을 받지 않게 설치
  ㉡ 공지설치시 : 인접 건축물에 화재가 발생할 경우에도 화재로 인한 손상을 받지 않게 설치

③ 큐비클형
  ㉠ 전용 큐비클 또는 공용 큐비클식으로 설치할 것
  ㉡ 외함은 두께 2.3[mm] 이상의 강판과 이와 동등 이상의 강도와 내화성능이 있는 것으로 제작하여야 하며, 개구부에는 갑종방화문 또는 을종방화문을 설치할 것
  ㉢ 다음 표시등(옥외에 설치하는 것에 있어서는 표시등 내지 환기장치)에 해당하는 것은 외함에 노출하여 설치할 수 있다.
    • 표시등(불연성 또는 난연성 재료로 덮개를 설치한 것에 한함)
    • 전선의 인입구 및 인출구
    • 환기장치
    • 전압계(퓨즈 등으로 보호한 것에 한함)

- 전류계(변류기의 2차측에 접속된 것에 한함)
- 계기용 전환스위치(불연성 또는 난연성 재료로 제작된 것에 한함)

② 외함은 건축물의 바닥 등에 견고하게 고정할 것

③ 외함에 수납하는 수전설비, 변전설비 그 밖의 기기 및 배선은 다음에 적합하게 설치할 것

- 외함 또는 프레임(frame) 등에 견고하게 고정할 것
- 외함의 바닥에서 10[cm](시험단자, 단자대 등의 충전부는 15[cm]) 이상의 높이에 설치할 것

④ 전선인입구 및 인출구에는 금속관 또는 금속제 가요전선관을 쉽게 접속할 수 있도록 할 것

⑤ 환기장치는 다음에 적합하게 설치할 것

- 내부의 온도가 상승하지 않도록 환기장치를 할 것
- 자연환기구의 개부구 면적의 합계는 외함의 한 면에 대하여 당해 면적의 3분의 1 이하로 할 것. 이 경우 하나의 통기구의 크기는 직경 10[mm] 이상의 둥근 막대가 들어가서는 안 된다.
- 자연환기구에 따라 충분히 환기할 수 없는 경우에는 환기설비를 설치할 것

⑥ 환기구에는 금속망, 방화댐퍼 등으로 방화조치를 하고, 옥외에 설치하는 것은 빗물 등이 들어가지 않도록 할 것

⑦ 공용 큐비클식의 소방회로와 일반회로에 사용되는 배선 및 배선용 기기는 불연재료로 구획할 것

⑧ 그 밖의 큐비클형의 설치는 위 (1)의 ③의 규정 및 「한국산업규격」 KS C 4507(큐비클식 고압수전설비)의 규정에 적합할 것

(2) 저압으로 수전하는 경우

저압으로 수전하는 비상전원설비는 전용 배전반(1·2종), 전용 분전반(1·2종) 또는 공용 배전반(1·2종), 공용 분전반(1·2종)으로 하여야 한다.

3 고압 또는 특고압 수전의 경우(NFSC 602의 제5조 제1항 제5호 관련)

(1) 일반회로의 과부하 또는 단락사고시에 CB10(또는 PF10)이 CB22(또는 F22) 및 CB22(또는 F22)보다 먼저 차단되어서는 안 된다.

(2) CB11(또는 F11)은 CB12(또는 F12)와 동등 이상의 차단용량일 것. 전용의 전력용 변압기에서 소방부하에 전원을 공급하는 경우이다.

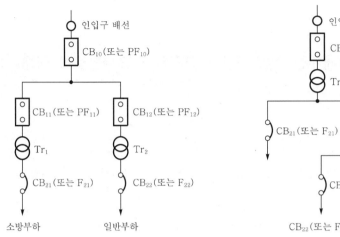

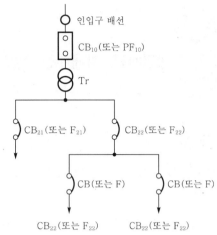

4 저압수전의 경우(NFSC 602의 제6조 제3항 제3호 관련)

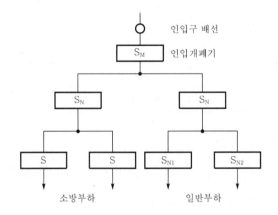

약 호	명 칭
CB	전력차단기
PF	전력퓨즈(고압 또는 특고압용)
F	퓨즈(저압용)
Tr	전력용 변압기
S	저압용 개폐기 및 과전류차단기

(1) 일반회로의 과부하 또는 단락사고시 S_M이 S_N, S_{N1} 및 S_{N2} 보다 먼저 차단되어서는 안 된다.

(2) S_F는 S_N과 동등 이상의 차단용량이어야 한다.

내화배선, 내열배선, 차폐배선, 일반배선의 전기배선 공사방법에 대해 설명 하시오.

1 개 요

(1) 소방설비의 배선은 기능과 능력에 의해 내화·내열 배선, 차폐배선, 일반배선으로 나눌 수 있다.

(2) 소방설비에 사용하는 상용·비상전원의 배선은 화재시 일정 기간 동안 기능을 유지해야 하므로, 내화·내열 조치가 필요하다.

(3) 내화배선이란 내화성이 있는 배선이고, 내열배선은 차열성이 있는 배선을 의미한다.

2 내화·내열 배선에 사용되는 전선의 종류

내화배선	내열배선
내화전선(FR-8)	내열전선(FR-3), 내화전선

(1) 450/750[V] 저독성 난연가교폴리에틸렌 절연전선(HFIX)

(2) 0.6/1[kV] 가교폴리에틸렌 절연저독성 난연폴리올레핀 전력케이블(0.6/1[kV] HF-CO)

(3) 6/10[kV] 가교폴리에틸렌 절연저독성 난연폴리올레핀 전력케이블(6/10[kV] HF-CO)

(4) 가교폴리에틸렌 절연비닐시스 트레이용 난연전력케이블(TFR-CV)

(5) 0.6/1[kV] EP 고무절연 클로로프렌시스 케이블

(6) 300/500[V] 내열성 실리콘 고무절연전선(180[℃])

(7) 내열성 에틸렌-비닐 아세테이트 고무절연케이블

(8) 버스덕트(bus duct)

(9) 기타 전기설비기술기준에 따라 동등 이상의 내화 또는 내열성능이 있다고 주무부장관이 인정하는 것

3 내화 · 내열 배선 공사방법

(1) 내화 · 내열 배선

내화 · 내열 배선은 케이블 공사방법에 따라 설치한다.

(2) 배관 등 설치

① 내화배선

ㄱ 금속관, 2종 금속제 가요전선관, PVC에 수납한다.

ㄴ 내화구조로 된 벽 또는 바닥 등에 25[mm] 이상의 깊이로 매설한다.

② 내열배선 : 금속관, 금속제 가요전선관, 금속덕트에 수납한다.

(3) 내화 · 내열 배선의 배선전용실 등 설치방법

① 내화성능의 배선전용실 또는 배선용 샤프트, 피트, 덕트 등에 설치한다.

② 배선전용실 또는 배선용 샤프트, 피트, 덕트 등에 다른 설비의 배선이 있는 경우 15[cm] 이상 이격하여 설치한다.

③ 배선지름의 1.5배 이상 높이의 격벽을 설치한다.

(4) 내화 · 내열 배선의 배선구성도

① 수납하여 매설하는 방법

② 구획된 실내 설치방법

4 내화 · 내열 전선의 성능시험

(1) 내화전선의 내화성능(가열시험)

① 버너 노즐에서 75[mm] 이격 후 $750\pm5[℃]$ 불꽃으로 3시간 가열한다.

② 12시간 경과 후 허용전류 3[A] 퓨즈 연결하여 내화시험 전압인가 퓨즈가 단선되지 않을 것

③ 소방방재청장이 정하여 고시한 내화전선의 성능기준에 적합할 것

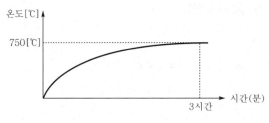

‖ 내화전선의 성능시험 가열곡선 ‖

(2) 내열전선의 내열성능

① 가열시험 : 816 ± 10[℃] 불꽃으로 20분간 가열 후 불꽃을 제거한다.
  ㉠ 10초 이내에 자연 소화될 것
  ㉡ 연소길이가 180[mm] 이하일 것
② 내화시험(KSF 2257) : 15분 동안 380[℃]까지 가열한다.
  ㉠ 연소된 길이가 벽에서 150[mm] 이하일 것
  ㉡ 행전안전부장관이 고시한 내열전선 성능시험기준에 적합할 것

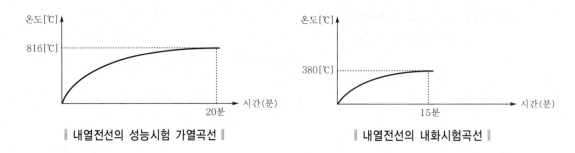

‖ 내열전선의 성능시험 가열곡선 ‖   ‖ 내열전선의 내화시험곡선 ‖

5 차폐배선

(1) 현대의 전자기기는 IC(Integrated Circuit) 및 LSI(Large Scale IC)를 사용하여 갈수록 저전압화, 고집적화, 소전류화되어 가고 있기 때문에 각종 유도장해 및 노이즈에 대한 취약성이 증가하고 있다.

(2) 또한 가격의 저렴화 및 경량화를 위해서 전자기기의 외함과 부품에 플라스틱류의 합성 고분자 물질이 많이 사용되는데, 각종 전자파가 용이하게 침투하여 오동작을 초래할 수도 있기 때문에 차폐배선이 필요하다.

(3) 차폐배선은 전자통신기기에 주는 공중파에 의한 노이즈의 침투를 방지하기 위해서 전선에 차폐선(shielded cable)을 사용하고 차폐층을 접지함으로써 노이즈가 대지로 방류되도록 하는 것이다.

(4) 건물 내의 전력선 배선공사는 도전성이 없는 경질비닐관공사 등으로 하지 말고 금속관공사, 금속덕트공사, 차폐쉴드가 있는 케이블공사 등으로 시공하고 이들을 접지함으로써 전력선으로부터 발생하는 전자파를 차폐한다.

(5) 정보신호전송의 배선을 알루미늄, 동테이프 또는 이들의 편조로 차폐하고 이들을 1점에서 접지한다. 이때, 1점 접지하지 않고 다중접지로 하면 다른 전기회로의 대지로 전류가 차폐도체에 흘러서 쉴드의 효과가 떨어지게 된다.

(6) 자동화재탐지기의 배선에서 차폐배선을 적용하는 곳은 아날로그식 감지기의 배선, 다신호식 감지기의 배선, R형 설비의 네트워크 통신배선 및 경보설비의 전화회로배선 등이다.

(7) 차폐배선에 사용하는 전선은 제어용 가교폴리에틸렌 절연비닐시스케이블(CCV-SB), 소방신호제어용 비닐절연비닐시스케이블(STP) 등이 사용된다.

6 일반배선

(1) 일반배선에서 전선의 굵기를 선정함에 있어서는 전선의 허용전류, 전압강하, 기계적 강도 등을 우선적으로 고려하는 것이 원칙이다.

(2) 내화·내열 배선, 차폐배선, 방폭배선, 습기가 많은 장소의 배선 등 이외의 일반배선은 애자사용배선, 금속관배선, 합성수지관배선, 가요전선관배선, 금속몰드배선, 합성수지몰드배선, 플로어덕트배선, 셀룰러덕트배선, 금속덕트배선, 버스덕트배선, 라이팅덕트배선, 평형보호층배선, 케이블배선 등의 방법으로 시공한다.

(3) 건물 내의 배선은 간선과 분기선으로 이루어지는데 전압강하는 원칙적으로 간선에서 2[%], 분기선에서 2[%] 이내로 하는 것이 일반적이다.

(4) 소방에서 옥내의 일반배선에는 600[V] 비닐절연전선(IV), 600[V] 2종 비닐절연전선(HIV)이 주로 사용된다.

소방시설공사에 사용하는 내열·내화 배선용 사용전선의 종류와 공사방법을 기술하고 각각(자동화재탐지설비, 옥내소화전설비, 비상콘센트설비, CO_2 소화설비)의 내열·내화 배선구간을 Block diagram상에 표시하시오.

1 개 요

(1) 소방설비의 배선은 기능과 능력에 의해 내화·내열 배선, 차폐배선, 일반배선으로 나눌 수 있다.

(2) 소방설비에 사용하는 상용·비상전원의 배선은 화재시 일정 기간 동안 기능을 유지해야 하므로, 내화·내열 조치가 필요하다.

(3) 내화배선이란 내화성이 있는 배선이고, 내열배선은 차열성이 있는 배선을 의미한다.

2 내화·내열 배선에 사용되는 전선의 종류

내화배선	내열배선
내화전선(FR-8)	내열전선(FR-3), 내화전선

(1) 450/750[V] 저독성 난연가교폴리에틸렌 절연전선(HFIX)

(2) 0.6/1[kV] 가교폴리에틸렌 절연저독성 난연폴리올레핀 전력케이블(0.6/1[kV] HF-CO)

(3) 6/10[kV] 가교폴리에틸렌 절연저독성 난연폴리올레핀 전력케이블(6/10[kV] HF-CO)

(4) 가교폴리에틸렌 절연비닐시스 트레이용 난연전력케이블(TFR-CV)

(5) 0.6/1[kV] EP 고무절연 클로로프렌시스 케이블

(6) 300/500[V] 내열성 실리콘 고무절연전선(180[℃])

(7) 내열성 에틸렌-비닐 아세테이트 고무절연케이블

(8) 버스덕트(bus duct)

(9) 기타 전기설비기술기준에 따라 동등 이상의 내화 또는 내열성능이 있다고 주무부장관이 인정하는 것

3 내화 · 내열 배선 공사방법

(1) 내화 · 내열 배선

내화 · 내열 배선은 케이블 공사방법에 따라 설치한다.

(2) 배관 등 설치

① 내화배선

　㉠ 금속관, 2종 금속제 가요전선관, PVC에 수납한다.

　㉡ 내화구조로 된 벽 또는 바닥 등에 25[mm] 이상의 깊이로 매설한다.

② 내열배선 : 금속관, 금속제 가요전선관, 금속덕트에 수납한다.

(3) 내화 · 내열 배선의 배선전용실 등 설치방법

① 내화성능의 배선전용실 또는 배선용 샤프트, 피트, 덕트 등에 설치한다.

② 배선전용실 또는 배선용 샤프트, 피트, 덕트 등에 다른 설비의 배선이 있는 경우 15[cm] 이상 이격하여 설치한다.

③ 배선지름의 1.5배 이상 높이의 격벽을 설치한다.

(4) 내화 · 내열 배선의 배선구성도

① 수납하여 매설하는 방법

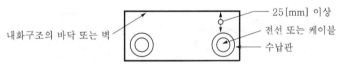

② 구획된 실내 설치방법

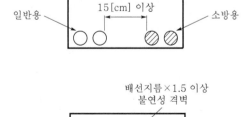

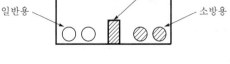

4 배선 Block diagram(내열 · 내화 배선의 사용구간)

(1) 자동화재탐지설비

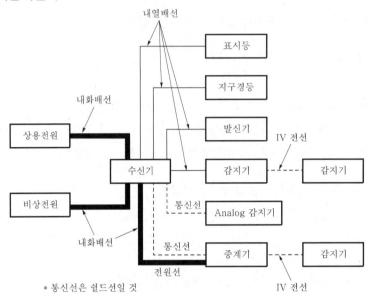

▌ 자동화재탐지설비의 배선도 ▌

(2) 비상콘센트설비

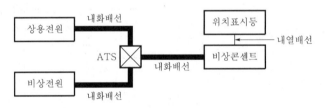

▌ 비상콘센트설비의 배선도 ▌

(3) 옥내소화전설비

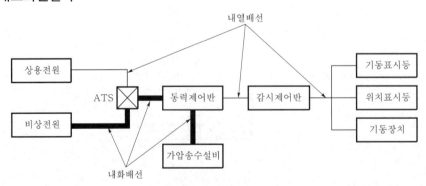

▌ 옥내소화전설비의 배선도 ▌

(4) 이산화탄소 소화설비

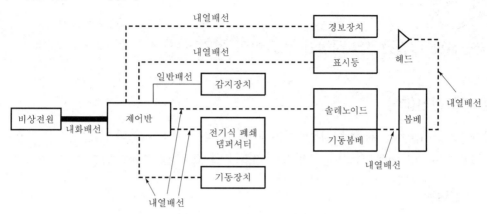

‖ 이산화탄소 소화설비의 배선도 ‖

내화전선과 내열전선의 성능을 비교하여 설명하시오.

1 내화전선(FP)

(1) Fire protected wire로 실무에서는 FR-8이라는 기호로 쓰이고 있다. 케이블인 경우 MI(Mineral Insulated)로 불리며 무기질(불연재)로 된 전선을 말한다.

(2) 적용범위

비상부하간선(화재경보장치, 비상등, 스프링클러 등의 전원선 및 내화성이 요구되는 곳)으로 내화배선 및 내열배선에 적용된다.

(3) 성능시험방법

① 버너의 노즐에서 75[mm]의 거리에서 온도가 750±5[℃]인 불꽃으로 3시간 동안 가열한 다음 12시간 경과한 후, 전선 간에 허용전류 3[A]의 퓨즈를 연결하여 내화시험 전압을 가한 경우 퓨즈가 단선되지 아니하는 것

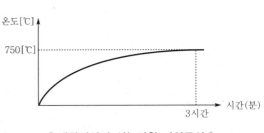

| 내화전선의 성능시험 가열곡선 |

② 또는 행정안전부장관이 정하여 고시한 내화전선의 성능시험기준에 적합한 것

2 내열전선(HP)

(1) 옥내소화전설비의 화재안전기준 제10조, 스프링클러설비의 화재안전기준 제14조, 옥외소화전설비의 화재안전기준 제10조, 자동화재탐지설비의 화재안전기준 제11조, 비상방송설비의 화재안전기준 제5조, 연결송수관설비의 화재안전기준 제10조, 비상콘센트설비의 화재안전기준 제6조에 의한 옥내소화전설비, 스프링클러설비, 옥외소화전설비, 자동화재탐지설비, 비상방송설비, 연결송수관설비, 비상콘센트설비 등의 배선에 사용되는 내열성을 가진 전선을 말한다.

(2) 실무에서는 FR-3이라는 기호로 쓰이고 있다.

(3) 성능시험방법

온도가 816±10[℃]인 불꽃을 20분간 가한 후 불꽃을 제거하였을 때 10초 이내에 자연소화가

되고, 전선의 연소된 길이가 180[mm] 이하이
거나 가열온도의 값을 「한국산업규격」에서
정한 건축 부분의 내화시험방법으로, 15분
동안 380[℃]까지 가열한 후 전선의 연소된
길이가 가열로의 벽으로부터 150[mm] 이하
일 것 또는 행정안전부장관이 정하여 고시한
내열전선의 성능시험기준에 적합한 것을 말
한다.

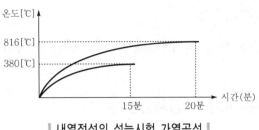

| 내열전선의 성능시험 가열곡선 |

3 내화전선 및 내열전선의 구성단면도

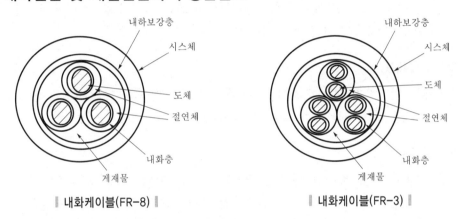

| 내화케이블(FR-8) | | 내화케이블(FR-3) |

(1) 내화전선

FR-8로 적용범위는 비상부하간선, 주요 피더의 전선 및 케이블

(2) 내화처리

「한국산업규격(KS F 2257)」에서 정한 건축주조 부분의 내화시험방법으로 30분 가열곡선
에 의해 내화시험에 합격하는 내열처리

4 MI 케이블

(1) 동관에 전선을 넣은 후 전선과 동관 사이에 산화마그네슘(MgO) 분말을 넣은 구조로 전혀
    불에 타지 않는다.

(2) 주위 온도 250[℃]에서 영구사용이 가능하며, 화재시 700~800[℃]까지 온도가 상승해
    도 단기간 사용에 지장이 없다.

(3) 가용성(flexibility)이 우수하며, 내화・내열 배선 모두 적용 가능하다.

내화배선 및 내열배선 공사방법에 대한 각 경우의 이유를 설명하시오.

1 배관의 공사방법

(1) 가요전선관

① 가요전선관의 종류는 금속제 가요전선관(1종 및 2종)과 합성수지제 가요전선관이 있다.

② 1종 금속제 가요전선관은 전개(全開)된 장소 또는 점검할 수 있는 은폐된 장소로서 건조한 장소에 한하여 사용할 수 있다.

(2) 합성수지제품

합성수지제는 연소하기 쉽고 연소할 때 유독성 가스가 발생하므로, 전개된 장소 또는 천장 속 같은 은폐장소의 배관재료로 사용하는 것은 바람직하지 않다.

(3) 케이블공사

케이블을 금속관 내에 배선할 경우는 금속관공사로 분류되며, 가요전선관 내에 배선할 경우에는 가요전선관공사로 분류되고, 금속덕트 내에 배선할 경우에는 금속덕트공사가 된다. 따라서, 케이블 공사라 함은 케이블을 관로(管路) 내에 배선하지 아니한 것을 말한다.

2 내화배선

(1) 1종 금속제 가요전선관의 사용이 제한된 이유

① 내화배선으로 인정받으려면 내화구조로 된 벽 또는 바닥에 일정 깊이 이상 매설하거나 그와 동등 이상의 내화효과가 있는 방법으로 시공하여야 한다.

② 1종 금속제 가요전선관은 「전기설비기술기준 및 내선규정」에 의하여 전개된 장소 또는 점검할 수 있는 은폐된 장소로서 건조한 장소에 한하여 사용할 수 있으므로 매설할 수 없기 때문이다.

(2) 내화전선 또는 MI 케이블을 관로(管路) 내에 배선하는 것을 제한하는 이유

① 내화전선 또는 MI 케이블은 노출공사에 적합하도록 제조된 것이며, 절연물의 절연 내력은 온도가 높아질수록 급격하게 저하하는 성질이 있다.

② 관로 내부는 통풍이 잘 되지 아니하므로, 화재시에 관로 내부의 공기가 일단 가열되면 가열된 공기의 온도가 다시 낮아지기가 매우 어렵다.

③ 따라서, 내화전선 또는 MI 케이블을 관로 내에 배선할 경우는 외부의 충격으로부터 보호되는 이점은 있으나, 관로 내의 온도가 상승할 경우 여간해서는 온도가 다시 저하하기가 힘드므로 케이블의 허용온도보다 상승할 경우는 절연내력이 급격하게 저하해서 얻는 것보다 잃는 것이 더 많게 된다.

3 내열배선

(1) 1종 금속제 가요전선관의 사용이 허용되는 이유

① 내화배선으로 인정받으려면 관로를 주요 구조부에 매설하거나 동등 이상의 내화효과가 있는 방법으로 시공하여야 하지만, 내열배선은 노출공사에 의하여도 된다.

② 배선을 노출공사에 의할 경우에는 1종 금속제 가요전선관을 사용하더라도 전기설비 기술기준 및 내선규정에 저촉되지 아니한다.

(2) 합성수지관의 사용이 제한되는 이유

합성수지는 연소하기 쉽고 연소할 때 유독성 가스가 발생하므로, 전개(全開)된 장소 또는 천장 속 같은 은폐장소의 배관재료로 사용하는 것은 바람직하지 않다. 그러나 내화구조부에 매설하거나 동등 이상의 내화효과가 있는 방법으로 시공될 경우에는 합성수지를 사용하더라도 불꽃이 직접 닿을 우려가 없으므로 사용이 허용된다.

소방설비용 전기배선으로 적용하는 내화·내열 배선의 종류 및 공사방법에 대하여 설명하시오.

1 개 요

방재배선은 화재라는 특수상황을 고려해야 하므로 각 소방설비의 종류에 따라 그 목적이 완료될 때까지 열적 장애를 일으키지 않는 내열성이 확보되어야 하고, 불에 강한 내화성을 가져야 하며 내화·내열성을 확보하기 위해서는 전선 자체뿐만 아니라 회로종류별과 포설 장소의 상황을 고려해야 한다.

2 내화전선과 내열전선의 정의

(1) 내열전선(HIV)

① 옥내소화전설비의 화재안전기준 제10조, 스프링클러설비의 화재안전기준 제14조, 옥외소화전설비의 화재안전기준 제10조, 자동화재탐지설비의 화재안전기준 제11조, 비상방송설비의 화재안전기준 제5조, 연결송수관설비의 화재안전기준 제10조, 비상콘센트설비의 화재안전기준 제6조에 의한 옥내소화전설비, 스프링클러설비, 옥외소화전설비, 자동화재탐지설비, 비상방송설비, 연결송수관설비, 비상콘센트설비 등의 배선에 사용되는 내열성을 가진 전선을 말한다.

② 성능시험방법 : 온도가 816±10[℃]인 불꽃을 20분간 가한 후 불꽃을 제거하였을 때 10초 이내에 자연소화가 되고, 전선의 연소된 길이가 180[mm] 이하이거나 가열온도의 값을 「한국산업규격(KS F 2257)」에서 정한 건축 부분의 내화시험방법으로 15분 동안 380[℃]까지 가열한 후 전선의 연소된 길이가 가열로의 벽으로부터 150[mm] 이하일 것 또는 행정안전부장관이 정하여 고시한 내열전선의 성능시험기준에 적합한 것을 말한다.

(2) 내화전선(FP)

① Fire protected wire로 케이블인 경우 MI(Mineral Insulated)로 불리며 무기질(불연재)로 된 전선이다.

② 적용범위 : 비상부하간선

③ 성능시험방법 : 버너의 노즐에서 75[mm]의 거리에서 온도가 750±5[℃]인 불꽃으로 3시간 동안 가열한 다음 12시간 경과한 후 전선 간에 허용전류 3[A]의 퓨즈를 연결

하여 내화시험전압을 가한 경우 퓨즈가 단선되지 아니하는 것 또는 행정안전부장관이 정하여 고시한 내화전선의 성능시험기준에 적합한 것을 말한다.

ⓐ 내화전선 : FR−8의 적용범위는 비상부하간선, 주요 피더의 전선 및 케이블

ⓑ 내화처리 : 한국산업규격(KS F 2257)에서 정한 건축구조 부분의 내화시험방법으로 30분 가열곡선에 의한 내화시험에 합격하는 내열처리를 말한다.

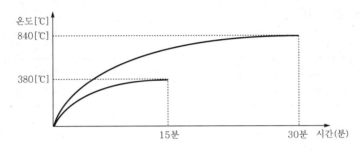

| KS F 2257(건축구조 부분의 내화시험방법)에 제시한 가열곡선 |

3 소방법규에 따른 시공방법

내화·내열을 위한 배선의 종류는 내화배선과 내열배선의 2종류가 있으며, 비상전원에서 소방설비까지의 주전원회로는 내화배선을 사용하고, 기타 배선에 있어서는 내열배선을 사용한다.

(1) 내화·내열 배선

내화·내열 배선은 케이블 공사방법에 따라 설치한다.

(2) 배관 등 설치

① 내화배선

ⓐ 금속관, 2종 금속제 가요전선관, PVC에 수납한다.

ⓑ 내화구조로 된 벽 또는 바닥 등에 25[mm] 이상의 깊이로 매설한다.

② 내열배선 : 금속관, 금속제 가요전선관, 금속덕트에 수납한다.

(3) 내화·내열 배선의 배선전용실 등 설치방법

① 내화성능의 배선전용실 또는 배선용 샤프트, 피트, 덕트 등에 설치한다.

② 배선전용실 또는 배선용 샤프트, 피트, 덕트 등에 다른 설비의 배선이 있는 경우 15[cm] 이상 이격하여 설치한다.

③ 배선지름의 1.5배 이상 높이의 격벽을 설치한다.

(4) 내화·내열 배선의 배선구성도

① 수납하여 매설하는 방법

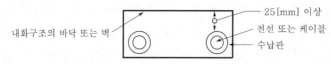

② 구획된 실내 설치방법

4 시공시 주의사항

(1) 내화배선

① 노출용 내화케이블 금속관 내 시공시 금속관 길이를 2.0[m] 이하(금속관 내 사용시 공기유통이 안 되고, 화재시 열축적 케이블 절연성능저하)로 해야 한다.

② 노출용 내화케이블을 Cable race, Cable ladder, Cable tray 등에 여러 선을 포설하는 경우에는 노출용 내화 케이블을 1단으로 배선하여야 한다.

③ 노출용 내화 케이블 금속제 덕트포설시 덕트길이 2[m] 이하로 하고, 그 양단은 충분히 개방하여 공기의 유통이 자유로워야 한다.

④ 내화구조의 벽에 매설하는 경우 불연전용실, Pipe shaft 등의 밀폐된 장소에서 시설하는 경우 금속관의 길이에 관계없이 노출 내화케이블을 금속관 내에 시공할 수 있다.

⑤ 케이블을 콘크리트 내 매입시는 전선관 수납, 불연성 전용실에 수납하지 않아도 된다.

(2) 내열배선

① 금속관공사는 매설하지 않아도 된다.

② 합성수지관은 노즐 사용이 불가하다.

③ 방화구획을 확실히 시공(관통 부분 모르타르)해야 한다.

(3) 내화케이블

① 내열케이블+840[℃]

② 30분 이상 내화성능 조치

케이블(cable) 화재에 대하여 기술하시오.

1 개 요

케이블이 고전압화·대형화·다양화되어감에 따라 케이블이 발화원이 될 잠재성은 더욱 커지고 있으며, 또한 일단 화재가 발생하면 케이블이 도화선이 되어 피해가 확대될 위험성도 증가하고 있다.

(1) 전선 및 케이블을 장시간 사용하게 되면 열적·화학적·환경적·전기적 요인에 의해 열화되고 절연파괴에 이르게 된다.

(2) 도체 및 절연물의 열분해, 산화, 뒤틀림 등에 의해 케이블 특성이 저하하여 화재가 발생한다.

(3) 케이블의 절연재나 피복재는 고분자 물질로서 연소시 산소를 많이 소모하므로 미연소탄소 및 유독가스를 다량방출한다.

2 연소특성

(1) 착화가 용이하다.

(2) 유독가스 및 연소생성물을 다량방출시킨다.

(3) 연소열이 매우 높다.

(4) 연소속도가 빠르다.

(5) 화점파악이 곤란하다.

(6) 소화기에 의한 소화가 어렵다.

(7) 화재지속시간, 화재하중 등이 증대한다.

3 케이블 화재원인

케이블 화재의 원인은 크게 케이블 자체가 발화원인인 경우와 외부화원에 의한 경우로 대별할 수 있으며, 그 내용을 개략적으로 살펴보면 다음과 같다.

케이블 자체의 발화	외부에 의한 발화

• 과전류, 단락, 지락, 누전에 의한 발화
• 접촉부의 과열에 의한 발화
• 스파크 등에 의한 발화
• 절연열화 및 탄화에 의한 발화
• 다회선 포설에 따른 허용전류저감률 부족으로 온도
  상승하여 발화
• 시공불량 등에 의한 온도상승으로 부분 발열·발화
	• 공사 중 용접불꽃 등에 의한 발화
	• 케이블 주위에서 기름 등의 가연물의 연소에 의한 발화
	• 케이블이 접속되어 있는 기기류의 과열에 의한 발화
	• 타구역에서 발생한 화재가 케이블로 연소확대에 의한
	  발화
	• 방화에 의한 발화

4 케이블 화재의 방재대책

케이블 화재의 방재대책으로는 화재가 발생하지 않도록 예방하는 출화방지대책과 화재가 발생한 경우의 연소방지대책으로 대별할 수 있다.

(1) 케이블 화재방재대책

구 분	방재대책
출화방지	• 케이블 선로, 전기기기의 적정화 • 케이블의 점검, 보수 등 유지관리 철저 • 케이블의 난연화, 불연화
연소(확대)방지	• 케이블 난연화, 불연화, 방화보호 • 케이블 관통부 방화조치 • 화재의 조기발견, 초기소화 • 방재설비시스템

(2) 방재대책의 세부사항

요구조건	세부적인 사항	
케이블 선로, 전기기기의 적정화	• 보호계통의 검토 • 케이블 종류, 규격의 검토 • 지진, 수해대책	• 접지계통의 검토 • 배선방법의 검토
케이블 점검, 보수 등 유지관리	• 정기점검 • 유압, 온도감시 • 공사 중의 부주의 방지(용접, 불꽃, 외상 등)	• 절연진단
케이블 난연화, 불연화	• 불연케이블 채용 • 케이블의 방화보호 : 방화도료, 방화테이프, 방화시트	• 난연케이블 채용
케이블 관통부의 방화조치	• 구획관통부의 방화조치 • 반자 밑 등의 발화 Seal	• 통로, 덕트 내의 격벽
화재의 조기발견, 초기소화	• 케이블의 이상온도감지 • 화재경보설비 : 감지기화재경보 • 자동소화설비 : 스프링클러, CO_2, 할론	
기타	• 동물의 침입방지 및 침입로 폐쇄 • 방화대책	

케이블의 난연화 방법에 대하여 기술하시오.

1 개 요

(1) 기존 케이블이 연소하면 연소생성물의 대량발생, 화재성장속도의 증대 등으로 인명·재산 피해가 커지므로 이에 대한 대책이 필요하다.

(2) 난연화 방법에는 방화도료, 방화테이프, 방화시트 등이 있다.

2 케이블의 난연화 목적

(1) 착화시간의 지연

(2) 열과 유독가스 발생의 최소화

(3) 연소속도의 저감

(4) 초기소화 단축 및 대피시간의 연장

(5) 피해범위의 제한

3 케이블 화재의 연소특성 및 문제점

(1) 착화가 용이하다.

(2) 유독가스 및 연소생성물을 다량방출시킨다.

(3) 연소열이 매우 높다.

(4) 연소속도가 빠르다.

(5) 화점파악이 곤란하다.

(6) 소화기에 의한 소화가 어렵다.

(7) 화재지속시간, 화재하중 등이 증대한다.

4 케이블 연소방지제 특징

연소방지제라함은 케이블에 도포하거나 감음으로서 화염에 노출되었을 때 팽창, 발포, 탄화 등으로 인한 단열효과와 화염침투 저지효과를 갖게 하여 연소를 방지하는 것을 말한다. 또한 단열층의 형성, 열전달의 차단, 화염의 확산을 방지하는 것으로 석면이 포함되지 않은 것이다.

(1) 시공이 간편하다.

(2) 접착성과 내수성이 우수하다.

(3) 화염이나 고열에 노출되면 200~300[℃]에서 급격히 팽창, 발포하여 피복두께보다 50 ~100배 두꺼워지게 된다.

(4) 난연성능은 4가지 효과(단층, 열역학, 화학적, 가스희석효과)가 복합·유기적으로 작용하여 나타난다.

5 케이블의 난연화(연소방지제) 방법

(1) 필요성

① 케이블의 절연재(체)나 피복재는 고분자 물질이므로 고분자 물질의 연소기구와 같이 열에 의해 재료가 용융·분해되고, 분해가스가 산소와 혼합하여 가연성 혼합기를 만들어서 인화 및 발화에 의해 연소하게 된다.

② 난연성 재료의 조건 : 비할로겐 난연재를 사용해야 하며, 다음 3가지 요소를 충족시키는 것이어야 한다.

㉠ 화재시에 연기발생이 적을 것

㉡ 독성가스를 발생하지 않을 것

㉢ 부식성 가스를 발생하지 않을 것

③ 위의 요소를 충족하기 위해서는 PVC나 클로로프렌, 고무 등과 같은 염소함유의 고분자 재료나 할로겐원소 함유의 난연제를 사용할 수 없고 주로 금속수산화물의 난연제를 사용해야 한다.

(2) 난연성 재료의 위험성

① 연소방지를 위해 난연성 재료를 사용하는데, 난연성 재료가 할로겐 함유물질이면 피복재료 연소시 가스화되어 독성·부식성 연기에 의해 2차 재해를 유발한다.

② 비할로겐 난연제는 연소시 연기발생이 적고, 할로겐 가스를 발생하지 않는다는 특징이 있으나, 난연제의 다량배합으로 기계적 강도가 저하되어 그 배합비율에 따라 난연화에는 한계가 있다.

(3) 연소방지제의 종류

연소방지제는 케이블에 도포하거나 감아서 화염에 노출되었을 때 팽창, 발포, 탄화 등으로 인한 단열효과와 화염침투 저지효과를 갖게 하여 연소를 방지한다.

① 연소방지도료(방화도료)

　㉠ 기존 케이블 표면에 도포하여 난연성 피복을 형성하여 선로의 연소확대를 방지한다.

　㉡ 물로 희석시킨 도료를 스프레이, 솔 또는 롤러로 바르며 건조 후 두께는 0.89~
　　2.0[mm] 정도이다.

　㉢ 어떤 형태의 케이블도 용이하게 바를 수 있는 장점이 있다.

　㉣ 건조 후에는 굳어져 케이블의 증·개설이 빈번한 선로에는 부적합하다.

② 연소방지테이프(방화테이프)

　㉠ 주로 단선으로 된 케이블의 표면에 방화테이프를 감아서 난연성 피복을 형성시켜
　　선로의 연소를 방지한다.

　㉡ 고난연재료의 두께 0.7~1.4[mm]인 테이프로서 신축성이 있다.

　㉢ CV 케이블, 특고압 CV 케이블 등 대용량 케이블에 적용된다.

③ 연소방지포(방화시트) : 유리섬유 등 불연성 포에 연소방지도료를 합침·건조시켜 케이블에 감는 것이다.

　㉠ 불연재인 유리섬유를 2중 재단·봉재한 시트로서 길이 및 폭은 케이블 크기에 맞
　　춘 치수로 하고 연속해서 케이블 선로 전체를 감싼다. 따라서, 선로가 난연화되고
　　연소방지효과가 증대된다.

　㉡ 2중 유리섬유 사이에 불연단열재인 세라믹을 삽입시켜 연소방지 및 케이블의 내
　　화보호효과도 있다.

　㉢ 주로 발열이 없는 통신·신호케이블에 적용되며, 최근에는 전력케이블에도 적용
　　되고 있다.

6 난연화의 4가지 효과

(1) 단층효과

발포층이 연소물과 공기(산소)와의 접촉을 차단

(2) 열역학적 효과

① 연소방지제의 화학물질에 의한 흡열기능으로 연소물의 온도상승지연
② 연소방지제 발포시 상변화에 의한 흡열반응으로 연소물의 온도상승지연

(3) 가스희석효과

① 화학반응으로 난연성 기체생성
② 화학반응으로 수증기가 생성되어 가연성 혼합기 희석

(4) 화학적 효과

축합반응으로 형성된 Char(숯)층이 연소속도를 감소

문제 **32**

1. 케이블 화재확대 방지대책에 대하여 설명하시오.
2. 전력케이블 관통부(방화벽 또는 벽면 등)의 화재방지대책과 공법을 설명하시오.

1 개 요

전력 간 최선의 방화대책은 화재가 일어나지 않는 것이지만 뜻 밖의 사고가 일어난다면 직접적인 피해는 물론 2차적인 재해나 사회적으로 미치는 영향이 크다. 따라서, 차선책으로 전력간선의 화재확대를 예방하는 것이 중요하다.

2 전력간선의 화재의 발생원인

(1) 케이블 자체의 발화원인

① 지락, 단락, 과전류, 기기의 접속불량에 의한 발화
② 절연체 열화 및 절연파괴에 의한 발화

(2) 외부적인 요인

① 방화, 용접불똥
② 전력간선에 접속된 기기류의 접속파열에 의한 발화

(3) 케이블 상황별 연소성

① 직매나 관로보다는 기중이나 동도 내가 연소성이 강하다.
② 수평보다는 수직덕트가 연소성이 강하다.
③ 1조포설(단조포설)보다는 다조포설의 연소성이 강하다.

3 케이블 방화대책

(1) 선로설계의 적정화

① 보호계통의 검토
② 접지계통의 검토
③ 케이블 품종, 사이즈의 검토
④ 배선방법의 검토

(2) 점검보수

① 이상점검(순시)

② 절연진단

③ 유압, 온도감지

④ 공사 중 부주의 방지

(3) 케이블의 난연화와 불연화

① 불연케이블의 채용 : MI 케이블

② 난연케이블의 채용 : 난연케이블, 저독성 케이블

③ 케이블의 방화보호 : 방재트랩, 방화시트, 연소방지도료, 방화테이프

(4) 케이블 관통부의 방화실(seal)

① 구획관통부의 방화실

② 통로덕트의 방화실

③ 제어반 밑 등의 방화실

(5) 화재감지

① 케이블 이상온도의 감지 : 화재감지시스템(정온식 감지선형 감지기)

② 화재통보 : 각종 감지 화재통보설비

(6) 소화 : 자동소화설비, 할론, CO_2, 스프링클러

(7) 기타

① 작은 동물의 침입방지 : 침입로 폐쇄

② 방화대책

4 케이블 관통부 시공방법

(1) 관통부는 내화성능 내지 밀폐시공하고, 관통부 양측 1[m] 이내 부분의 케이블을 연소방지 처리(내선규정 820은 양측 3[m]에 난연처리)

(2) 지나친 굴곡부의 절연열화방지

① Nonshield cable 굴곡반경 : 케이블 직경의 8배

② Sheild cable : 케이블 직경의 12배

(3) 케이블 상호 및 타배관의 접근·교차하는 부분은 내화성 격벽설치 또는 관을 난연성 재료로 피복

(4) 화재예방상 무리가 없도록 케이블 증설계획수립

(5) 화약약품에 의한 침식 우려 장소는 염화비닐 또는 폴리에틸렌 절연케이블 사용

5 국내 관련 규정(내선규정 820)

(1) 지중전선에 화재의 확대방지를 위하여 난연케이블 사용이 바람직하다.

(2) 일반케이블 방재대책

① 적용장소 : 아파트 또는 상가의 구내 수전실 케이블 처리실, 전력구, 덕트 및 4회선
이상 맨홀

② 적용대상 및 방재용 자재

㉠ 케이블 및 접속제 : 난연테이프 및 난연도료

㉡ 벽, 천장 등의 관통부 : 난연실(퍼티), 난연보드, 난연레진, 모래 등

③ 방재시설방법

㉠ 케이블 처리실(덕트포함) : 케이블 전 구간 난연처리

㉡ 전력구(공동구)

• 수평길이 20[m]마다 3[m] 난연처리

• 케이블 수직부(45° 이상) 전량 난연처리

㉢ 관통 부분 : 관통부 밀폐, 케이블 양측 3[m]씩 난연재 적용

㉣ 맨홀 : 접속개소의 접속재 포함 1.5[m] 난연처리

㉤ 기타 : 화재취약지역 전량 난연처리

6 관통부 방재시스템

(1) 전력케이블을 바닥이나 내화벽에 설치시 관통부 방재시스템을 도입(TPPS)한다.

(2) TPPS 재료는 내열도를 좋게 한다.

7 케이블 시공법

(1) 케이블 관통부 방화공법

① 유해한 변형, 파괴와 탈락이 없을 것

② 화재가 관통하지 않을 것

③ 케이블 반대방향으로의 발화가 없을 것

④ 케이블 반대쪽 이면온도 260[℃] 이하

⑤ 케이블 반대쪽 표면온도 340[℃] 이하

⑥ 공법에 안전성

(2) 케이블 시공방법

① 방화구획 관통부 조치공법

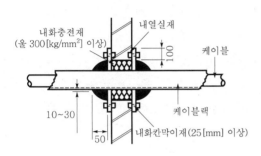

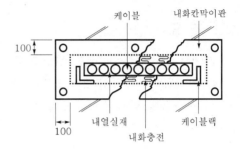

② 바닥 위 슬리브 공법(BCJ)

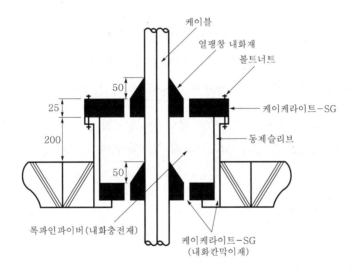

문제 33

케이블 트레이 배선의 설계시 적용되는 전선의 종류와 기타 난연대책에 대하여 상술하시오.

1 개 요

전기에서 규정하는 케이블 트레이 배선은 케이블을 지지하기 위하여 사용하는 금속제 또는 불연성 재료로 제작된 유닛 또는 유닛의 집합체 및 그에 부속하는 부속재 등으로 구성된 견고한 구조물을 말하며 통풍채널형, 사다리형, 바닥밀폐형, 통풍트러프형, 기타 유사한 구조물을 포함하여 적용한다.

2 사용전선

(1) 전선은 연피케이블, 알미늄피케이블 등 난연성 케이블, 기타 케이블(적당한 간격으로 연소방지조치를 할 것) 또는 금속관 혹은 합성수지관 등에 넣은 절연전선을 사용하여야 한다.

(2) (1)의 각 전선은 관련되는 각 조항에서 사용이 허용되는 것에 한하여 시설할 수 있다.

(3) 케이블 트레이 내에서 전선을 접속하는 경우에는 전선의 접속 부분에 사람이 접근할 수 있고, 또한 그 부분이 옆면 레일 위로 나오지 않도록 하여 그 부분을 절연처리하여야 한다.

3 케이블의 시설방법

(1) 수평 이외의 케이블 트레이는 트레이의 가로대에 견고히 고정할 것
(2) 저압과 고압, 특고압 케이블은 동일 트레이 내에 시설하지 아니할 것
(3) 금속관, 합성수지관 등 힘으로 옮겨가는 개소에는 케이블에 압력이 가하여지지 않을 것
(4) 별도의 방호가 필요한 배선 부분에는 방호력이 있는 불연성 커버 등을 사용할 것
(5) 방화구획의 벽, 마루, 천장 등을 관통시 개구부에 연소방지시설을 할 것

4 접 지

저압옥내배선의 사용전압이 400[V] 미만인 경우 제3종 접지공사, 400[V] 이상은 특별 제3종 접지공사를 할 것

5 케이블 방재시행

지중전선에 화재가 발생한 경우 화재의 확대방지를 위하여 케이블이 밀집되어 있는 개소의 케이블은 난연성 케이블을 사용하여 시설하는 것을 원칙으로 하며, 부득이 일반케이블로 시설하는 경우에는 케이블에 방재대책을 강구하여 시행하는 것이 바람직하다.

(1) 적용장소

집단 아파트 또는 상가의 구내수전실 케이블 처리실, 전력구, 덕트 및 4회선 이상 맨홀

(2) 적용대상 및 방재용 자재

① 케이블 및 접속재 : 난연테이프 및 난연도료
② 바닥, 벽, 천장 등의 케이블 관통부 : 난연실(퍼티), 난연보드, 난연레진, 모래 등

(3) 방재시설방법

① 케이블 처리실(옥내덕트 포함) : 케이블 전 구간 난연처리
② 전력구(공동구) → 난연처리기준 변경
　㉠ 수평길이 20[m]마다 3[m] 난연처리
　㉡ 케이블 수직부(45° 이상) 전량 난연처리
　㉢ 접속부위 난연처리
③ 관통부분 : 벽 관통부를 밀폐시키고 케이블 양측 3[m]씩 난연재 적용
④ 맨홀 : 접속개소의 접속재 포함 1.5[m] 난연처리
⑤ 기타 : 화재취약지역은 전량 난연처리

6 트레이용 난연케이블의 사용

2차적인 화재방지를 목적으로 불꽃, 아크 또는 높은 열에 의하여 쉽게 불이 붙지 않거나, 불이 붙어도 일반 케이블보다 상대적으로 연소속도가 느리고, 불꽃 등 화원(fire source)을 제거하면 자연소화되는 특성을 가진 케이블

MI 케이블에 대하여 설명하시오.

1 MI 케이블의 정의 및 기능

(1) MI(Mineral Insulator) 케이블은 금속보호관 케이블이라고도 한다.

(2) 기능

금속관 안에 그 용도에 따라 기능소선인 도체선(conductor)이 있으며, Heating케이블인 경우에는 전열선, 열전대로 사용할 경우에는 열전대 소선 또는 보상도선을 넣고 무기절연재로 금속관과 기능소선 간을 절연시켜 고도로 압축시켜 만든 시스(sheath) 케이블이다.

2 케이블의 내부구조

(1) 케이블 내부에는 기능소선이 시스 케이블 내의 중심에 한 가닥형, 두 가닥형(simplex), 네 가닥형(duplex), 여섯 가닥형(triplex)이 있다.

(2) 여기에 특수형으로는 기능소선이 Twist형으로 배열되어 있고 전자파 차폐용 내부에 또 하나의 시스가 이중(二重) 시스형으로 제작한 케이블이 있다.

3 MI 케이블 절연체의 두께

도체의 공칭 단면적[mm²]	절연체의 두께[mm]		
	사용전압이 300[V] 이하인 것		사용전압이 300[V]를 넘는 것
	단심 또는 2심인 것	3심 이상 7심 이하인 것	
1.0 초과 2.5 이하	0.65	0.75	1.30
2.5 초과 4.0 이하	0.65	—	1.30
4.0 초과 150.0 이하	—	—	1.30

4 특 징

(1) 내열, 내화염성(fire and heat resistance)이 있다.

(2) 내부식성(corrosion resistance)이 좋다.

(3) 방수성(waterproof)이 좋고 습기에 강하다.

(4) 유연성이 좋다.

(5) 고가이다.

문제 35

난연성 CV 케이블의 난연성능을 입증할 수 있는 시험방법에 대해서 설명하시오.

1 개 요

(1) 난연성의 개념

난연성(難燃性)이라 함은 불꽃, 아크 또는 고열에 의하여 착화(着火)하지 아니하거나 또는 착화하여도 잘 연소하지 아니하는 성질을 말한다.

(2) 난연성 케이블을 시설하여야 하는 장소

① 저압지중전선과 고압지중전선이 접근하거나 교차하는 경우 지중함 내 이외의 곳에서 상호간의 거리가 15[cm] 이하인 경우

② 저압 및 고압지중전선과 특고압지중전선의 경우 30[cm] 이하인 경우(「전기설비기술기준」 제157조 제1호)

③ 케이블 트레이 공사에 의한 저압옥내배선을 시설하는 경우(「전기설비기술기준」 제213조의 2 제1항 제1호)

④ 케이블 트레이 공사에 의한 고압옥내배선을 시설하는 경우(「전기설비기술기준」 제229조 제1항 제4호)

2 「전기설비기술기준」 [별표 1]의 시험방법

「전기설비기술기준」에서 규정한 시험방법은 사용전압에 따라 다음과 같다.

(1) 사용전압 6.6[kV] 이하의 저압 및 고압 케이블 : KSC 3341의 6.12

(2) 사용전압 66[kV] 이하의 특고압 케이블 : KSC 3404의 부속서 2

(3) 사용전압 154[kV] 이하의 케이블 : KSC 3405의 부속서 2

3 22.9[kV] 동심중성선 전력케이블 난연성(수직불꽃) 시험방법(KSC 3404)

(1) 시험편의 준비

시험은 케이블 완성품으로부터 길이 600±25[mm]로 취하여 시험시행 전에 습도 50±20[%], 온도 23±5[℃]에서 16시간 이상 둔다.

(2) 가열원

23[℃], 0.1[MPa]에서 650±30[ml/min], 가스순도 98[%] 이상의 프로판 가스와 같은 조건에서 10±0.5[mL/min]의 공기를 혼합한 1[kW] 프로판 가스버너를 가열원으로 사용하며, 불꽃은 산화염의 길이 170~190[mm], 환원염의 길이 50~60[mm]로 조정한다.

① 케이블 절연체 및 시스가 연소되더라도 케이블은 화재를 파급시키지 않는다는 사실을 입증할 수 있어야 한다.

② 불꽃시험은 케이블 설치조건과 비슷한 상태에서 시행되어야 하며, 일관성 있는 결과가 얻어져야 한다.

(3) 시험방법

① 시험은 자연통풍이 되는 실내 혹은 과도한 통풍 및 기류가 없는 차폐된 곳에서 행한다.

② 트레이(tray)는 수직형으로서 금속제의 사다리 형태이며, 깊이 7.5[cm], 넓이 30[cm], 길이 2.4[m]이다.

③ 수직트레이 중심 부분에 케이블을 단층으로 배열하고, 케이블 지름의 1/2 정도를 떨어지게 한 다음 나머지 부분에 시험시료를 배열한다.

④ 리본가스버너는 38[cm] 길이의 불꽃을 트레이 격자 사이의 시료중심에 가해지도록 하며, 버너의 면은 시료의 표면으로부터 7.5[cm] 간격으로 수직트레이 바닥에서 약 60[cm] 높이에 수평으로 장치되어야 한다.

⑤ 불꽃온도는 열전대를 불꽃에 근접하여 시료의 표면에 접근하지 않도록 약 3[mm] 이격하여 측정하였을 때 약 816[℃]이어야 한다.

⑥ 불꽃시험은 20분간 행한다.

(4) 시험결과의 평가

① 불꽃침범 부분의 온도, 버너의 불꽃을 제거한 후 연소가 계속되는 시간, 탄화된 부분의 길이, 절연체가 손상된 길이 등을 기록한다.

② 버너의 불을 끈 후 계속해서 케이블이 자연연소하도록 하며, 자연연소가 끝나면 전체 연소길이를 측정한다.

③ 측정결과는 해당 규격의 기준을 만족하여야 한다.

4 현장에서의 적용사례

(1) 「전기설비기술기준」 [별표 1] 제2항의 시험방법 또는 동등 이상의 국제규격(IEEE 383, IEC, UL 등)에 적합한 시험을 필한 케이블에 한하여 난연성 케이블로 인정하고 있다.

(2) 수평시험 및 60° 경사시험만을 필한 ⓚ표시 및 전 표시케이블은 난연성 케이블로 인정하지 않고 있다(2002년 1월 5일부터 변경하여 적용).

공동구의 재해방지와 안전성 강화를 위해 정부에서 제정한(2006년 7월)「공동구설치 및 관리지침」에 의한 공동구 및 지하구의 기준 중 아래에 해당되는 기준에 대해 기술하시오.

1. 공동구(공동구 통로공간 확보 예시포함)와 지하구의 구분
2. 케이블 및 지지대 설치
3. 통로의 유지관리 및 공동구의 통로규격
4. 전력구 곡률반경과 구내케이블 접속공간

1 공동구와 지하구의 구분

(1) 공동구

「국토의 계획 및 이용에 관한 법률」제2조 제9호의 규정에 의한 공동구를 말하며, 지하매설물(전기·가스·수도 등의 공급설비, 통신시설, 하수도시설 등)을 공동수용함으로써 도시 미관의 개선, 도로구조의 보전 및 교통의 원활한 소통을 기하기 위하여 지하에 설치하는 시설물을 말한다.

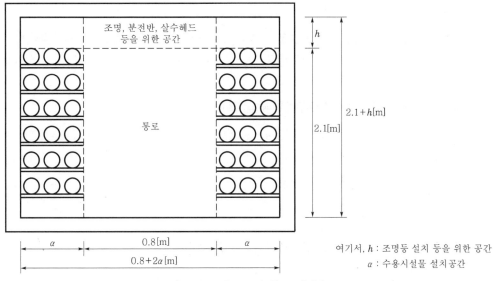

▎ 공동구 통로공간 확보 예시 ▎

(2) 지하구

「소방시설설치·유지 및 안전관리에 관한 법률」의 특정 소방대상물 중에서 지하구는 전력·통신용의 전선이나 가스, 냉·난방용의 배관 또는 이와 비슷한 것을 집합수용하기 위하

여 설치한 지하공작물로서, 사람이 점검 또는 보수하기 위하여 출입이 가능한 것 중 폭 1.8[m] 이상이고, 높이 2[m] 이상이며, 길이가 50[m] 이상(전력 또는 통신사업용인 것은 500[m] 이상)인 것을 말한다.

2 케이블 설치지지대 설치

(1) 전력케이블은 수직지지대(support), 수평지지대(hanger), 케이블 받침대(cleat) 등을 사용하여 안전하게 설치하도록 한다.

(2) 수직지지대 및 수평지지대, 케이블 받침대 등은 케이블 설치 및 유지보수 작업시 움직이지 않도록 견고히 부착하여야 한다.

(3) 지지대 설치기준

① 수직지지대 설치간격은 150[cm]를 기준으로 한다.
② 공동구 천장으로부터 최상단 수평지지대 사이는 조명등 설치를 고려하여 25[cm] 이상 공간을 확보하여야 한다.
③ 공동구 바닥으로부터 최하단 수평지지대 사이는 공동구 헌치 등을 고려하여 30[cm] 이상을 확보하여야 한다.
④ 수평지지대는 I형과 ㄱ형을 사용하며, 케이블의 스네이크(snake) 포설에 지장이 없도록 한다.
⑤ 수평지지대당 케이블 최대배열회선 수는 154[kV] 이상은 1회선, 22[kV]는 3회선으로 한다.

3 통로의 유지관리 및 공동구의 통로규격

(1) 통로는 유지관리의 편의를 위해서 폭은 편측 배열시 100[cm], 양측 배열시 80[cm] 이상 확보하여야 한다.

(2) 공동구 통로규격 : 공동구 내 통로는 높이 2.1[m] 이상, 폭 0.8[m] 이상을 기준으로 한다.

4 전력구 곡률반경과 전력구 케이블 접속공간

(1) 전력구의 곡선부 처리는 전력구 내측을 기준으로 하여 곡률반경이 3[m] 이상이 되도록 한다.

(2) 전력구 케이블 접속공간

① 전압 154[kV] 이상 케이블을 수용하는 공동구는 케이블 접속공간을 확보해야 한다.
② 접속공간의 간격은 400[m]를 기준으로 한다.

문제 37

최근 전력구 화재에 대한 예방 및 방지대책의 중요성이 높아지고 있다. 이러한 대도시의 전력구를 감시하는 제어시스템과 전력구 내 난연케이블에 대하여 기술하시오.

1 개 요

전력구 내에서 발생하는 각종 사고를 미연에 방지하고, 사고발생시 신속한 대처가 가능하도록 구축한 시스템을 말하며, 이 전력구에 설치된 케이블은 법적으로 난연케이블이어야 한다.

2 전력구 감시제어시스템

(1) 주요 기능

① 전력구 내 출입자, 침수, 가스, 환경, 화재 등 상시 전력구의 운전상태 감시
② 케이블 표면온도 측정
③ 펌프, 환풍기 등의 원방제어

(2) 시스템의 구성

① 주국(MS ; Mster Station) : 컴퓨터, 프린터, 제어장치, 무정전접속장치
② 자국(LS ; Local Station) : 광다중전송장치, 광접속함
③ 전송로 : 광케이블
④ 센서
 ㉠ 출입자 감시 : 근접센서, 적외선 센서, ITV
 ㉡ 침수감시 : 수위센서
 ㉢ 화재감시 : 분포온도장치, 정온식 감지선
 ㉣ 환경감시 : 산소, 메탄, 가연성 가스 등

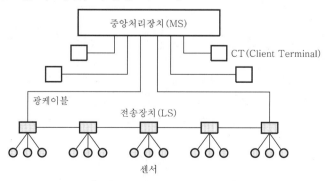

┃ 전력구 감시시스템 구성도 ┃

3 난연(難燃)케이블(flame retardant cable)

(1) 정의

난연케이블이란 화재발생을 최대한 억제하고 일단 화재가 발생하였을 경우에도 연소파급을 일정 시간 지연시킬 수 있도록 제어케이블을 난연화한 케이블이다.

(2) 케이블 화재의 현상과 난연케이블의 필요성

① 케이블의 절연재료 및 외장재료는 유기물의 합성수지가 많이 사용되고 있다. 유기물을 사용한 통상의 케이블은 열에 약하고 불에 타기 쉬운 성질을 가지고 있어서 케이블을 따라 화재가 파급되거나 연소시 케이블에서 연기나 유독가스가 발생한다.

② 염화비닐을 사용한 케이블이 연소하면 다량의 염화수소가 발생하는데, 이것이 물에 용해하여 염산이 되며 배전반이나 전기기기에 침투하여 금속 부분을 부식시키게 된다.

③ 케이블이 다수 배선된 덕트에서는 일단 화재가 발생하면 외장재료가 서로 연료를 공급하며 덕트가 연통 역할을 하여 특히 연소하기 쉽다. 따라서, 상기와 같은 일반 케이블의 화재시 영향을 예방하기 위하여 난연케이블을 적용시켜 전력구 등의 화재시 피해를 최소화할 수 있다.

(3) 케이블의 난연화 방법

① Sheath 재료만을 난연화하는 방법 : 일반적으로 많이 사용
② Sheath 재료와 절연재료를 동시 난연화하는 방법

(4) 케이블 난연성의 특성

① 케이블의 난연성은 Sheath의 산소지수를 30 이상으로 하는 것이 바람직하다. 여기서 산소지수(oxygen index)란 물질의 연소성을 주위 산소량의 대·소에 따라 달라지므로 어느 물질이 연소를 지속하는 산소의 양으로서 그 물질의 연소성을 나타낸다.

$$\text{산소지수} = \frac{\text{산소량}}{\text{산소량} + \text{질소량}} \times 100 [\%]$$

② 케이블의 난연화는 Sheath 재료에 할로겐족 원소(염소, 취소, 옥소) 또는 무기화합물(산화안티몬, 수산화알루미나) 등을 첨가하여 만들고 있으며, 연소시 염화수소의 발생을 줄이기 위해 일반적으로 염화비닐컴파운드에 탄산칼슘을 혼합하고 있다.

건축전기설비 중 건축물 내 방재설비(防災設備)에 대하여 설명하시오.

1 개 요

방재설비는 천재지변 및 화재 등의 재해로부터 건축물의 피해와 거주자의 안전을 도모하고 신속하고 안전하게 피난할 수 있도록 하는 설비를 말한다.

2 방재설비의 분류

단순한 개체가 아니라 유기적으로 연결동작하는 일련의 방재기능을 가져야 한다.

(1) 피뢰침설

낙뢰로부터 건물의 파손, 화재시 인축의 상해를 방지할 목적의 설비

(2) 자동화재탐지설비

① 건물 내에서 발생하는 화재를 열 또는 연기에 의해 초기단계에서 탐지하여 관계자에게 경보하는 설비
② 구성 : 감지기. 중계기. 발신기, 수신기 등

(3) 비상경보설비

① 방화대상물에 화재발생시 유효하게 신속히 알리고 거주자의 피난을 안전하고 신속하게 도울 목적으로 한 설비
② 구성 : 비상벨, 자동식사이렌 및 방송설비 등

(4) 전기화재경보기(ELD)

① 전기화재가되는 누전을 신속히 감지하여 자동통보하는 설비
② 누설전류 200[mA] 이하에서 경보

(5) 유도등설비

① 화재발생시 인명의 안전유도를 위해 피난구 위치 및 방향을 제시하는 설비
② 종류 : 피난구유도등, 통로유도등, 객석유도등 등으로 최소점등시간 30분, 축전지 내장형이 채택

(6) 비상콘센트설비

11층 이상의 고층건물 화재시 소방관의 방재 및 소화활동을 원활하게 하는 조명, 피양기구의 전원으로 적용

(7) 무선통신보조설비

화재발생시 소방지휘부와 소방관의 통신을 원활하게 위한 설비로 유선방식과 누선방식이 있다.

(8) 기타

가스누설경보기, 비상조명장치, 배연설비, 내진조치 등

자동화재탐지설비

문제 01

자동화재탐지설비의 구성에 대하여 기술하시오.

1 개 요

(1) 자동화재탐지설비란 경보설비의 일종으로서, 화재로 인하여 발생되는 인적·물적 피해를 경감하기 위해서는 화재발생 초기단계에서 화재징후를 발견, 피난의 개시를 신속하게 하고 초기소화태세를 확립하게 함은 물론, 소방기관에서 신속하게 통보할 필요가 있다. 그러나 화재를 발견하기 위해 사람이 상시 감시하기란 현실적으로 불가능하여 일련의 조치를 자동적으로 수행하게 한 설비가 자동화재탐지설비이다.

(2) 자동화재탐지설비는 건축물 내에 발생한 화재의 초기단계에서 발생되는 열, 연기 및 불꽃을 자동적으로 감지하여 건축물 내의 관계자에게, 벨, 사이렌 등의 음향으로 화재발생을 알리는 설비라 할 수 있으며, 기타 소화설비와 연동해서 소화설비를 자동화시킬 수 있는 방재설비이다.

2 자동화재탐지설비의 구성요소(국내 기준)

자동화재탐지설비는 화재에 의하여 발생한 열, 연기 또는 불꽃을 초기단계에 자동적으로 탐지하여 화재신호를 발생시키는 감지기(신호발생장치), 화재를 발견한 사람이 수동조작으로 화재신호를 발신하는 발신기(수동신호발생장치), 감지기나 발신기로부터 발하여진 신호를 수신하여 화재장소를 표시하거나 필요한 신호를 제어해주는 수신기, 화재의 발생을 방화대상물의 전 구역에 통보해주는 음향장치, 신호선로, 전원공급선로 등으로 구성된다.

(1) 감지기(sensor)

화재로 인한 연소생성물을 감지하여 화재신호를 발신하는 것으로 다음과 같은 종류가 있다.
① **열감지기** : 차동식(스포트형, 분포형), 정온식, 보상식
② **연기감지기** : 스포트형(이온화식, 광전식), 분리형, 공기흡입식
③ **불꽃감지기** : 자외선식, 적외선식, 자외선·적외선 겸용, (불꽃)복합식
④ **복합형 감지기** : 열복합형, 연복합형, 열·연복합형

(2) 수신기(neceiven)

감지기, 발신기에서 발하는 화재신호를 직접 또는 중계기를 통하여 수신한 후 경보를 발령하고 화재발생 상태를 표시하며, 또한 중계기를 통하여 이에 대응하는 제어신호를 송출하는 장치이다. 종류에는 P형, R형, M형 수신기가 있다.

① P형 : 기본 수신기, 신호전달은 각 경계구역별로 개별 신호선에 의한 공통방식
② R형 : 대규모 단지 및 초고층의 감지기 배선의 가닥수 과다 및 전압강하 때문에 적용, 신호전달은 다중통신선에 의한 고유신호방식을 적용한다.
③ M형 : 외국에서 사용되며, 수신기에서 화재속보설비를 겸한다. 신호는 발신기의 공통신호선에 의한 발신기별 고유신호를 이용한다.

(3) 중계기(transponder)

감시기능의 중계 및 제어기능의 중계 역할을 하는 장치이다.

① 감시기능의 중계 : 감지기, 발신기 등 로컬기기의 동작에 따른 P형 입력신호를 R형 고유의 신호로 변환하여 수신기에 통보하는 중계기능을 행한다.
② 제어기능의 중계 : 수신기에서 이에 대응하는 출력신호를 중계기를 통하여 P형 신호로 송출하여 로컬기기(각종 경보장치, 스프링클러 밸브, 제연댐퍼, 유도등, 방화셔터, 각종 기동장치) 등을 제어한다.

(4) 발신기(manual fire alarm box)

화재를 발견한 사람이 수동으로 화재신호를 수신기에 발신하는 장치이다.

① P형 : 발신기의 동일신호를 P형 및 R형 수신기에 발신하는 것
② M형 : 각 발신기의 고유신호를 M형 수신기에 발신하는 것
③ T형 : 송·수화기가 부설되어 있어 신호발신과 동시에 통화가 가능한 구조의 것

자동화재탐지설비의 법적 설치대상물에 대하여 기술하시오.

1 자동화재탐지설비의 설치대상

특정 소방대상물	연면적, 저장·취급량
근린생활시설(목욕장은 제외), 위락시설, 숙박시설, 의료시설 및 복합건축물	600[m²] 이상
공동주택, 근린생활시설 중 목욕장, 문화 및 집회시설, 종교시설, 판매시설, 운수시설, 운동시설, 공장, 창고시설, 위험물 저장 및 처리시설, 방송통신시설, 항공기 및 자동차 관련 시설, 관광휴게시설, 지하가(터널은 제외), 발전실, 교정 및 군사시설 중 국방·군사시설	1,000[m²] 이상
동물 및 식물 관련 시설, 분노 및 쓰레기 처리시설, 교정 및 군사시설(국방·군사시설은 제외), 교육연구시설(기숙사 및 합숙소 포함), 수련시설(숙박시설이 있는 수련시설은 제외)	2,000[m²] 이상
노유자 생활시설에 해당 없는 수련시설	400[m²] 이상
노유자 생활시설, 숙박시설이 있는 수련시설	수용인원 100명 이상인 것
지하구, 지하가 중 터널로 길이	1,000[m] 이상인 것
공장 및 창고시설로서 특수가연물을 저장·취급하는 것	지정수량 500배 이상

2 지하구(공동구와 지하구의 구분)

(1) 공동구

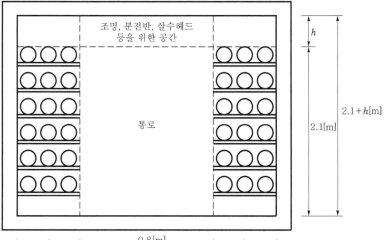

여기서, h : 조명등 설치 등을 위한 공간
a : 수용시설물 설치공간

‖ 공동구 통로공간 확보 예시 ‖

「국토의 계획 및 이용에 관한 법률」 규정에 의한 공동구를 말하며, 지하매설물(전기ㆍ가스ㆍ수도 등의 공급설비, 통신시설, 하수도시설 등)을 공동수용함으로써 도시미관의 개선, 도로구조의 보전 및 교통의 원활한 소통을 기하기 위하여 지하에 설치하는 시설물을 말한다.

(2) 지하구

① 「소방시설설치ㆍ유지 및 안전관리에 관한 법률」에 의한다.

② 특정 소방대상물 중에서 지하구는 아래 조건을 전부 만족하는 것으로 한다.

　㉠ 전력ㆍ통신용의 전선이나 가스, 냉ㆍ난방용의 배관일 것 또는 이와 비슷한 것을 집합수용하기 위하여 설치한 지하공작물일 것

　㉡ 사람이 점검 또는 보수하기 위하여 출입이 가능한 것

　㉢ 각각 폭 1.8[m], 높이 2[m], 길이 50[m] 이상(전력 또는 통신사업용은 500[m] 이상)인 것

감지기 설치제외장소에 대하여 설명하시오.

1 개 요

(1) 「소방시설설치·유지 및 안전관리에 관한 법률」에 의하여 면제사항은 다음과 같다.

① 자동화재탐지설비의 기능(감지, 수신, 경보기능)과 성능을 가진 준비작동식 스프링 클러설비를 「화재안전기준」에 적합하게 설치한 경우는 그 설비의 유효범위 안의 부분에서 설치가 면제된다.

② 스프링클러설비는 경보설비가 아닌 소화설비이므로 자동화재탐지설비가 면제되지 않는다.

③ 다만 준비작동식 SP는 기동용 감지기가 있어 자동화재탐지설비 면제가 가능하다.

(2) 설치면제와 특례조항의 개념차이

설치면제는 법상 면제가능하나 특례조항은 소방대상물의 관계인이 판단하여 설치면제 또는 불면제가 되는 것을 말한다(즉, 소방대상물의 관계인이 설치면제가 아니라고 판단할 수도 있다는 의미).

2 감지기 설치제외장소

(1) 천장 또는 반자의 높이가 20[m] 이상인 장소. 다만, 위의 단서의 감지기로서 부착높이에 따라 적응성이 있는 장소는 제외

(2) 헛간 등 외부와 기류가 통하는 장소로서 감지기에 따라 화재발생을 유효하게 감지할 수 없는 장소

(3) 부식성 가스가 체류하고 있는 장소

(4) 고온도 및 저온도로서 감지기의 기능이 정지되기 쉽거나 감지기의 유지관리가 어려운 장소

(5) 목욕실 욕조나 샤워시설이 있는 화장실, 기타 이와 유사한 장소

(6) 파이프덕트 등 그 밖의 이와 비슷한 것으로서 2개 층마다 방화구획된 것이나 수평단면적이 5[m²] 이하인 것

(7) 먼지, 가루 또는 수증기가 다량으로 체류하는 장소 또는 주방 등 평상시에 연기가 발생하는 장소(연기감지기에 한함)

(8) 실내의 용적이 20[m³] 이하인 장소

(9) 기타 화재발생의 위험이 적은 장소로서 감지기의 유지관리가 어려운 장소

(10) 특례조항에 해당되는 소방대상물

　① 화재위험도가 낮은 특정 소방대상물

　② 「화재안전기준」을 적용하기가 어려운 특정 소방대상물(즉, 특례조항을 받는 경우)

　　㉠ 정수장, 수영장, 목욕장, 노예, 축산, 어류양식용 그 밖의 이와 비슷한 용도의 것이다.

　　㉡ 기존 건축물이 증·개축, 대수선되거나 용도변경되는 경우 배관배선 등의 공사가 현저히 곤란할 때, 당해 설비의 기능 및 사용에 지장이 없는 범위 내에 자동화재탐지설비의 설치 및 유지기준 일부가 미적용될 수도 있다.

　③ 「화재안전기준」을 달리 적용하여야 하는 특수한 용도 또는 구조를 가진 특정 소방대상물

　④ 「위험물안전관리법」에 의한 규정에 따라 자체 소방대가 설치된 특정 소방대상물

자동화재탐지설비의 경계구역의 설계기준에 대하여 기술하시오.

1 개 요

(1) 경계구역이란 자동화재탐지설비 1회선이 유효하게 화재의 발생을 탐지할 수 있는 구역을 말하며, 소방대상물 전반에 걸쳐 설정한다.

(2) 경계구역은 화재발생시 그 발생장소를 쉽게 알 수 있고, 관리가 용이하도록 일정 범위 이내의 기준으로 분할한다.

2 경계구역의 설정시 지침

(1) 경계구역 설정방법

① 경계구역의 면적은 감지기의 설치를 필요로 하지 않는 부분 또는 설치가 면제되는 장소(화장실, 목욕탕, 세면장 등)도 포함하여 산출한다.

② 발코니, 개방된 복도 등 바닥면적에 산입되지 않은 경우에는 경계구역에서 제외한다.

③ 용도상 관련이 있는 장소는 동일 경계구역으로 설정하도록 한다(주방과 식당을 별개 회로로 하지 않고 단일회로로 구성).

④ 경계구역은 가능한 동일 방화구획 내에 있도록 설정한다.

(2) 경계구역의 표기방법

① 수신기에서 가장 가까운 곳에서 먼 곳의 순으로, 하층에서 상층으로 경계구역번호를 명기한다. 표기방법은 다음과 같다.

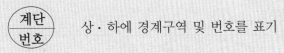

② 대형 건물의 경우는 각 층별, 각 동별로 번호를 부여하여 설계변경이나 증축 등으로 인하여 번호가 증감되어도 전체 번호가 변경되지 않도록 한다.

3 경계구역의 수평적 개념에서 기준

(1) 하나의 경계구역의 면적은 600[m²] 이하로 하고 한 변의 길이는 50[m] 이하로 할 것. 다만,

당해 소방대상물의 주된 출입구에서 그 내부 전체가 보이는 것에 있어서는 1,000[m²] 이하로 할 것

(2) 하나의 경계구역이 2개 이상의 건축물에 미치지 아니하도록 할 것

(3) 하나의 경계구역이 2개 이상의 층에 미치지 아니하도록 할 것. 다만, 500[m²] 이하의 범위 안에서는 2개의 층을 하나의 경계구역으로 할 것

(4) 지하구 하나의 경계구역의 길이는 700[m] 이하로 할 것

(5) 터널에 있어서 하나의 경계구역의 길이는 1,000[m] 이하로 할 것

(6) 외기에 면하여 상시 개방된 부분이 있는 차고·주차장·창고 등에 있어서는 외기에 면하는 각 부분으로부터 5[m] 미만의 범위 안에 있는 부분은 경계구역의 면적에 산입하지 아니한다.

(7) 스프링클러설비 또는 물분무 등 소화설비의 화재감지장치로서 화재감지기를 설치한 경우의 경계구역은 당해 소화설비의 방사구역과 동일하게 설정할 것

4 경계구역의 수직적 개념에서 기준

계단, 경사로, 엘리베이터 권상기실, 린넨슈트, 파이프덕트 기타 이와 유사한 부분에 대하여는 별도로 경계구역을 설정하되, 하나의 경계구역은 높이 45[m] 이하(계단 및 경사로에 한함)로 하고, 지하층의 계단 및 경사로(지하층의 층수가 1일 경우는 제외)는 별도로 하나의 경계구역으로 하여야 한다. 이 경우 하나의 건축물에 수평거리 50[m]의 범위 안에 2개 이상의 계단, 경사로 등이 있는 경우에는 이를 하나의 경계구역으로 할 수 있다.

5 경계구역의 개념적 구분에 대한 정리

(1) 수평적 경계구역

구 분	원 칙	예 외
층별	층마다	2개의 층이 500[m²] 이하일 때는 하나의 경계구역으로 할 수 있다.
면적	600[m²] 이하	주된 출입구에서 건물내부의 전체가 보일 때는 1,000[m²] 이하로 할 수 있다.
한 변의 길이	50[m] 이하	지하구의 경우에는 700[m] 이하, 터널은 100[m]로 할 수 있다.

단, 한 변의 길이란 아래 사항에 의한다.

① 원형, 타원형의 경우 : 지름 또는 장축의 길이

② 다각형의 경우 : 가장 긴 대각선의 길이

③ 삼각형의 경우 : 가장 긴 변의 길이

④ 원형 공간의 내·외부에 실이 있는 경우

　다음과 같이 바깥 쪽 둘레길이의 1/2을 한 변의 길이로 한다.

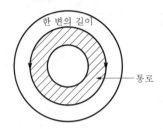

(2) 수직적 경계구역

구 분	계단, 경사로	E/V 권상기실, 린넨슈트 파이프덕트, 기타
높이	45[m] 이하	제한없음
지하층 구분	지상층과 지하층 구분(단, 지하 1층만 있을 경우에는 제외)	제한없음
수평거리 50[m] 이내에 2개 이상의 계단경사로 등이 있을 경우에는 하나의 경계구역으로 할 수 있다.	적용	적용

(3) 다른 설비에 감지기 설치시 경계구역의 설정

① 감지기는 자동화재탐지설비에만 사용되는 것이 아니라 자동소화설비 등이 작동하기 위한 화재감지용으로도 사용된다.

② 이런 스프링클러설비 또는 물분무 등 소화설비의 화재감지장치로서 화재감지기를 설치한 경우의 경계구역은 당해 소화설비의 방사구역과 동일하게 설정할 수 있다.

소화설비		방호구역	설정기준
스프링클러 설비	폐쇄형	바닥면적기준	3,000[m²] 미만
		층별 기준	1개 층이 하나의 방호구역
			1개 층에 헤드가 10개 이하, 3개 층 이내를 하나의 방호구역으로 할 수 있다.
	개방형	층별 기준	1개 층이 하나의 방수구역
		헤드기준	50개 이하
물분무 등 소화설비		방호대상구역	방사구역마다 설정

감지기의 종류에 대하여 기술하시오.

		스포트형(1, 2종)	공기의 팽창을 이용한 것
			열기전력을 이용한 것
	차동식		반도체를 이용한 것
		분포형(1, 2, 3종)	공기관식(1, 2, 3종)
			열전대식(1, 2, 3종)
			열반도체식(1, 2, 3종)
열감지기		스포트형(특, 1, 2종)	바이메탈을 이용한 것
			반도체소자를 이용한 것
	정온식		액체의 팽창을 이용한 것
		감지선형(특, 1, 2종)	선 전체가 감열 부분인 것
			감염부가 띄엄띄엄인 것
	보상식	스포트형(특, 1, 2종)	정온식 또는 차동식
	열복합식	스포트형(다신호)	정온식 또는 차동식 정온식과 차동식
	열아날로그식	스포트형(다신호)	

감지기

- 열감지기
- 연기감지기
- 열·연복합식
- 불꽃감지기

	이온화식	스포트형	비축적형(1, 2, 3종)
			축적형(1, 2, 3종)
		스포트형	비축적형(1, 2, 3종)
			축적형(1, 2, 3종)
연기감지기	광전식	공기흡입형	
		분리형	비축적형(1, 2, 3종)
			축적형(1, 2, 3종)
	연기복합식	스포트형(다신호)	
		광전아날로그식	스포트형
			분리형
	아날로그식		공기흡입형
		이온아날로그식	스포트형

열·연복합식 — 스포트형(다신호)

불꽃감지기
- UV 감지기
- IR 감지기
- UV/IR 겸용
- UV/IR 복합식

자동화재탐지설비에서 감지기를 분류하고 동작원리를 설명하시오.

1 감지기의 종류

열감지기	연기감지기	불꽃감지기	기타 감지기
① 차동식 　㉠ 스포트형 　㉡ 분포형 · 공기관식 　　• 열전대식 　　• 열반도체식 ② 정온식 　㉠ 스포트형 　㉡ 감지선형 ③ 보상식	① 광전식 　㉠ 스포트형 　㉡ 분리형 ② 이온화식	① 자외선식 ② 적외선식 ③ 자외선 · 적외선 복합식	① 덕트감지기 ② 화재가스감지기 ③ 아날로그식 ④ Adressable식 ⑤ 공기샘플형

2 감지기의 동작원리

(1) 차동식 스포트형 감지기

감지기의 주위 온도가 일정 온도상승률 이상이 되었을 때 작동하는 것으로 일국소의 열효과에 의해 작동된다.

(2) 차동식 분포형 감지기

주위 온도가 일정 상승률 이상이 되었을 때 작동하는 것으로 광범위한 열효과의 누적에 의하여 작동된다.

(3) 정온식 스포트형 감지기

① 바이메탈의 변위, 금속의 팽창계수 차이 등을 이용한 것이 있다.
② 일국소의 주위 온도가 일정 온도 이상이 되었을 경우 작동하는 감지기로서 작동시간이 빠르고 느림에 따라 특종, 1종, 2종으로 구분된다.

(4) 정온식 감지선형 감지기

열감지기의 일종으로 일국소의 주위 온도가 일정한 온도 이상이 되었을 경우에 작동하는 감지기로서 외관이 전선모양으로 되어 있는 것을 말한다.

(5) 보상식 감지기

차동식 스포트형 특성과 정온식 스포트형 특성을 갖춘 감지기로서 차동식과 정온식 감지특성 둘 다 작동해야 화재신호를 발한다.

(6) 이온화식 스포트형 연기감지기

① 검지부(chamber와 외부 이온실)에 연기가 들어오면 이온전류가 감소하는 것을 전기적으로 포착하여 일정치 이상이면 화재신호를 발하는 것이다.

② 작동원리는 연기가 없는 상태에서 인가된 전압과 전류는 아래 그림에서 ⓐ, ⓑ의 곡선으로 평행을 유지하고 있으나, 이온실에 연기가 투입되면 이온전류가 I_1에서 I_2로 감소되고 이온실의 전압 및 전류특성은 ⓐ에서 ⓐ'로 변하게 된다.

③ 전압은 ⓐ에서 ⓐ'로 변화된 이온실 전압비 $\triangle V$만큼 상승하고, 이 값이 설정치를 초과하게 되면 감지기 내의 스위칭회로가 작동하여 화재신호를 발한다.

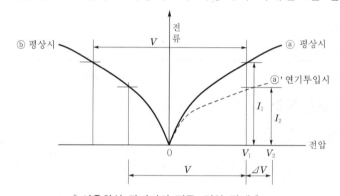

| 이온화식 감지기의 전류-전압 관계 |

(7) 광전식 스포트형 연기감지기

① 광전식은 산란광식과 감광식으로 분류하지만 스포트형은 일반적으로 산란광식을 사용한다.

② 이 산란광식 감지기는 연기를 포함한 미립자가 광원으로부터 방사되고 있는 광속에 의하여 산란반사를 일으키는 것을 이용하여 산란광을 전기적으로 포착하는 것이다.

(8) 자외선 스포트형 감지기

① 불꽃에서 방사되는 자외선의 변화가 일정량 이상이 되었을 경우 작동하는 감지기로서 일국소의 자외선 수광소자가 받는 수광량의 변화로서 작동한다.

② 불꽃에 포함된 자외선을 감지하는 원리는 다음과 같다.

   ㉠ 수광소자로서 UV tron이라는 외부 광전효과를 이용한 방전관이 사용되고 있다.

   ㉡ 200~300[V]의 전압을 인가하여 방사에너지의 입력이 있으면 펄스전압을 카운트 하거나 지속시간을 계측하여 화재를 검출한다.

③ 이 감지기는 감지속도가 매우 빨라 수 [ms]까지도 가능하다.

(9) 적외선 스포트형 감지기

불꽃에서 방사되는 적외선의 변화가 일정량 이상이 되었을 경우에 작동하는 감지기로서 일국소의 적외선 수광소자가 받는 수광량의 변화로서 작동한다.

(10) 적외선 · 자외선 복합형

불꽃에서 방사되는 적외선의 변화가 일정량 이상이 되었을 경우 작동하는 감지기로서 일국소의 자외선 및 적외선 수광소자가 받는 수광량의 변화로서 작동한다.

차동식 스포트형 감지기에 대하여 기술하시오.

1 개 요

주위 온도가 일정한 상승률 이상이 되었을 경우 작동하는 것으로 일국소의 열효과에 의하여 작동하는 것을 말하며 공기의 팽창을 이용한 것, 열기전력을 이용한 것, 반도체를 이용한 것이 있으며, 감도에 따라 1종, 2종으로 구분한다.

2 감지기의 종류 및 구조와 원리

(1) 공기의 팽창을 이용

① 구조 : 차동식 스포트형 감지기는 감열실, 다이어프램, 리크구멍, 접점, 작동표시장치 등으로 구성되어 있다.

  ㉠ 감열실(chamber) : 열을 유효하게 받는 부분이다.

  ㉡ 다이어프램(diaphragm) : 신축성이 있는 금속판으로 인청동판이나 황동판으로 만들어져 있다.

  ㉢ 리크구멍(leak hole) : 완만한 온도상승시 열의 조절구멍이다.

  ㉣ 접점 : 전기접점으로 PGS(Platinum Gold Silver) 합금으로 구성되어 있다.

  ㉤ 작동표시장치(LED) : 감지기의 동작상태를 표시한다.

② 작동원리 : 화재발생시 온도상승에 의해 감열부의 공기가 팽창하여 다이어프램을 밀어올려 접점이 됨으로써 수신기에 화재신호를 보낸다. 난방 등의 완만한 온도상승에 의해서는 리크구멍의 작용으로 감지기가 작동하지 않는다.

(2) 열기전력을 이용

① 구조 : 감열실, 반도체 열전대, 고감도 릴레이, 온접점 · 냉접점로 구성되어 있다.

  ㉠ 감열실(chamber) : 알루미늄제로서 열을 유효하게 받는 부분이다.

  ㉡ 반도체 열전대 : P형과 N형 반도체의 조합으로서 열기전력을 발생한다.

  ㉢ 고감도 릴레이 : 가동선륜형 계전기로 되어 있다.

② 작동원리 : 화재발생시 온도상승에 의해 반도체 열전대가 열기전력을 발생하여 고감도 릴레이의 접점을 붙여 수신기에 화재신호를 알려준다. 난방 등 완만한 온도변화에는 작동하지 않는다.

(3) 반도체를 이용 – Thermistor

① **구조** : 화재에 의한 주위의 온도변화를 센서(sensor)로 감지할 수 있도록 구성되어 있다.

② **작동원리** : Thermistor를 감지기 외부 및 내부에 각각 설치하여 열이 2개의 Thermistor에 전달되는 시간차에 따른 온도변화율(결국 전압이 상승하는 변화율)을 검출하여 이를 증폭 후 화재신호를 출력하는 방식이다.

> 화재발생 → 외부 Thermistor에 의한 열감지 → 외부 Thermistor의 저항변화 → 내부와 외부 Thermistor의 전압강하의 변화발생 → 비교회로에 의한 출력전압발생 → 수신기로 신호발신

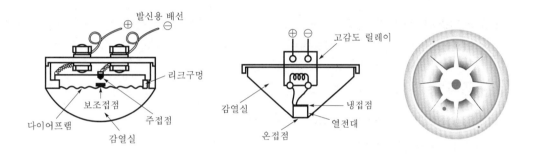

3 차동식 스포트형 설치기준

(1) 감지기는 실내로의 공기유입구로부터 1.5[m] 이상 떨어진 위치에 설치할 것

(2) 감지기는 천장 또는 반자의 옥내에 면하는 부분에 설치할 것

(3) 스포트형 감지기는 45° 이상 경사되지 아니하도록 부착할 것

(4) 차동식 스포트형·보상식 스포트형 및 정온식 스포트형 감지기는 그 부착높이 및 소방대 상물에 따라 다음 표에 따른 바닥면적마다 1개 이상을 설치할 것

부착높이 및 소방대상물의 구분		스포트형 감지기의 종류(단위 : [m²])				
		차동식·보상식		정온식		
		1종	2종	특종	1종	2종
4[m] 미만	주요 구조부를 내화구조로 한 소방대상물 또는 그 부분	90	70	70	60	20
	기타 구조의 소방대상물 또는 그 부분	50	40	40	30	15
4[m] 이상 8[m] 미만	주요 구조부를 내화구조로 한 소방대상물 또는 그 부분	45	35	35	30	–
	기타 구조의 소방대상물 또는 그 부분	30	25	25	15	–

문제 07

화재감지기의 감지소자인 서미스터(thermistor)의 종류별 특성을 설명하고 이를 이용한 감지기를 쓰시오.

1 개 요

(1) 서미스터는 온도변화에 의해 소자의 전기저항이 변화하는 금속산화물 반도체의 감온소자를 말하며, 그 종류로는 PTC와 NTC, CTR이 있다. 화재감지기 중 열식감지기에 주로 이용되고 있다.

(2) **서미스터** : 온도가 상승할 겨우 저항이 변화하는 저항변화율이 큰 소자로서 미소온도의 변화를 측정하는 소자로 사용하며, 감지기 소자는 부(負)특성의 서미스터를 사용한다.

2 종류별 특성

(1) PTC(Positive Temperature Coefficient)
  ① 정온도특성의 서미스터이다.
  ② 즉, 온도가 상승함에 따라 전기저항값이 증가하는데, 이때의 전류흐름의 변화를 측정하여 화재신호를 송신하게 된다.
  ③ 주성분 : 티탄산바륨($BaTiO_3$)

(2) NTC(Negative Temperature Coefficent)
  ① 부온도특성의 서미스터이다.
  ② 즉, 온도가 상승하면 전기저항이 감소하는 특성이 있다.
  ③ 일반적으로 화재감지용 서미스터는 이 NTC를 이용한다.
  ④ 주성분 : 니켈(NiO), 코발트(CoO), 망간(MnO) 등의 산화물을 적당한 비율로 혼합하여 소결한 반도체 소자

(3) CTR(Critical Temjperature Resister)
  ① 어떤 특정 온도범위에서 전기저항이 급격히 감소하는 특성의 서미스터이다.
  ② 주성분 : 산화바라듐(VO_2)

3 서미스터를 이용한 화재감지기

(1) 열감지기 중 차동식 내 스포트형의 반도체를 이용한 감지기

(2) 열감지기 중 정온식 내 스포트형의 반도체를 이용한 감지기

차동식 분포형 감지기에 대하여 기술하시오.

1 개 요

주위 온도가 일정한 상승률 이상이 되었을 경우 작동하는 것으로, 넓은 범위 내에서의 열효과의 누적에 의하여 작동하는 것을 말한다. 공기관식, 열전대식, 열반도체식이 있으며, 감도에 따라 1종, 2종, 3종으로 구분한다.

2 감지기의 종류 및 구조와 원리

(1) 공기관식

① **구조** : 화재시 열을 감지하는 감열부와 감열부에서 전해진 공기의 팽창을 감지하는 검출부로 구분되고, 감열부는 공기관, 검출부는 다이어프램, 리크구멍, 접점, 시험장치 등으로 구성된다.

② **작동원리** : 화재가 발생하면 천장면에 길게 늘어진 두께 0.3[mm] 이상, 외경 1.9[mm] 이상의 중 공동관으로 된 공기관 내의 공기가 팽창하여 검출부 내의 다이어프램을 밀어올려 전기접점이 서로 닿아서 수신기에 화재신호를 알리는 원리이다. 검출부에는 리크구멍이 설치되어 있어 평상시 난방, 스토브 등과 같이 완만한 온도상승에 의해서는 경보가 발하지 않는다.

(2) 열전대식

① **구조** : 화재시 열기전력을 발생하는 열전대부와 열전대부에서 발생한 열기전력을 감지하는 검출부로 구분되고, 열전대부는 열전대, 검출부는 미터릴레이(가동선륜, 스프링, 접점)로 구성된다.

② **작동원리** : 화재가 발생하면 열의 발생에 의해 열전대부가 가열되어 종류가 다른 금속판의 상호간에 열기전력이 발생하여 미터릴레이에 전류가 흘러 접점을 붙게 하여 수신기에 화재신호를 알리는 원리이다.

(3) 열반도체식

① **구조** : 화재시 열기전력을 발생하는 감열부(감지부)와 감열부에서 발생한 열기전력을 감지하는 검출부로 구분되고, 감열부는 열반도체 소자·수열판·동니켈선, 검출부는 미터릴레이로 구성된다.

㉠ 열반도체 소자 : Bi(비스무트), Sb(안티몬), Te(텔루륨)계 화합물로서 열기전력을 발생하는 부분

ⓛ 동니켈선 : 열반도체 소자와 역방향의 열기전력을 발생하는 부분

ⓒ 수열판 : 열을 유효하게 받는 부분

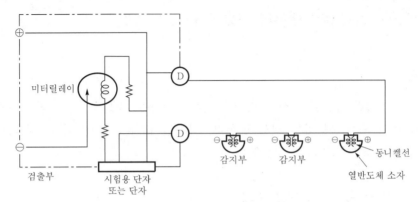

┃ 열반도체식 감지기의 구성 ┃

② 작동원리 : 화재발생시 열에 의해 수열판에 온도가 상승하여 열반도체 소자의 제벡효과에 의해 열기전력이 발생하면, 미터릴레이를 작동시켜 수신기에 화재신호를 알리는 원리이다.

3 설치기준

(1) 스포트형

① 차동식 분포형 감지기 외에는 공기유입구와의 이격거리가 1.5[m] 이상일 것

② 감지기는 천장 또는 반자의 옥내에 면하는 부분에 설치할 것

③ 부착높이 및 스포트 감지의 1개당 배치기준은 다음과 같게 할 것

부착높이 및 소방대상물의 구분		스포트형 감지기의 종류(단위 : [m²])				
		차동식·보상식		정온식		
		1종	2종	특종	1종	2종
4[m] 미만	주요 구조부를 내화구조로 한 소방대상물 또는 그 부분	90	70	70	60	20
	기타 구조의 소방대상물 또는 그 부분	50	40	40	30	15
4[m] 이상 8[m] 미만	주요 구조부를 내화구조로 한 소방대상물 또는 그 부분	45	35	35	30	–
	기타 구조의 소방대상물 또는 그 부분	30	25	25	15	–

(2) 분포형

① 공기관식

ⓛ 공기관의 노출 부분은 감지구역마다 20[m] 이상이 되도록 할 것

ⓛ 공기관과 감지구역의 각 변과의 수평거리는 1.5[m] 이하가 되도록 하고, 공기관 상호간의 거리는 6[m](주요 구조부를 내화구조로 한 소방대상물 또는 그 부분에 있어서는 9[m]) 이하가 되도록 할 것

ⓒ 공기관은 도중에서 분기하지 아니하도록 할 것

ⓔ 하나의 검출 부분에 접속하는 공기관의 길이는 100[m] 이하로 할 것(최대길이를 제한한 이유는 공기량이 많으면 온도변화로 팽창력이 커서 접점이 쉽게 형성되고, 이로써 오동작되므로 이를 방지하고자 제한)

ⓜ 검출부는 5° 이상 경사되지 아니하도록 부착할 것

ⓗ 검출부는 바닥으로부터 0.8[m] 이상 1.5[m] 이하의 위치에 설치할 것

② 열전대식

㉠ 열전대부는 감지구역의 바닥면적 18[m²](주요 구조부가 내화구조로 된 소방대상물에 있어서는 22[m²])마다 1개 이상으로 할 것. 다만, 바닥면적이 72[m²](주요 구조부가 내화구조로 된 소방대상물에 있어서는 88[m²]) 이하인 소방대상물에 있어서는 4개 이상으로 할 것

㉡ 하나의 검출부에 접속하는 열전대부는 20개 이하로 할 것

③ 열반도체식

㉠ 감지부는 그 부착높이 및 소방대상물에 따라 다음 표에 따른 바닥면적마다 1개 이상으로 할 것. 다만, 바닥면적이 다음 표에 따른 면적의 2배 이하인 경우에는 2개(부착높이가 8[m] 미만이고, 바닥면적이 다음 표에 따른 면적 이하인 경우에는 1개) 이상으로 하여야 한다.

부착높이 및 소방대상물의 구분		감지기의 종류	
		1종	2종
8[m] 미만	주요 구조부가 내화구조로 된 소방대상물 또는 그 구분	65[m²]	36[m²]
	기타 구조의 소방대상물 또는 그 부분	40[m²]	23[m²]
8[m] 이상 15[m] 미만	주요 구조부가 내화구조로 된 소방대상물 또는 그 부분	50[m²]	36[m²]
	기타 구조의 소방대상물 또는 그 부분	30[m²]	23[m²]

㉡ 하나의 검출기에 접속하는 감지부는 2개 이상 15개 이하가 되도록 할 것

 참고

열전대(熱電對)

두 종류의 다른 금속을 접합하여 하나의 폐회로를 만들고 그 접합점에서의 온도를 달리하면, 이 폐회로에 자연적으로 기전력이 발생하는 현상을 Seebeck이라 하며, 이러한 한 쌍의 금속을 열전대라 한다.

연기감지기의 감지특성과 설치기준에 대하여 기술하시오.

1 감지특성

(1) 연기감지기의 일반사항

① 연기감지기는 주위의 공기가 일정한 농도의 연기를 포함할 경우에 이를 검출하여 작동하는 것이다.

② **종류** : 이온화식, 광전식, 분리형, 공기흡입형의 4종류

③ 이온화식은 연기입자가 0.01~0.3[μm]에 유리하여, 입자가 작은 표면화재에 적응성이 매우 높다. 또한 감도는 이온에 연기입자가 흡착되는 것이므로 연기의 색상과는 무관하다.

④ 반면에 광전식은 입자의 빛에 의한 산란광을 이용하므로 큰 연기입자(0.3~1[μm])에 유리하며, 입자가 큰 훈소화재에 적응성이 높다. 또한 연기의 색상에 따라 빛이 흡수 또는 반사되는 정도가 다르므로 회색보다 검은색의 연기가 감도에 유리하다.

(2) 입자크기에 따른 연기감지기의 감도

MIE의 분산법칙에 의한다.

① 입자의 크기≒파장의 크기 : 감도가 최대

② 입자의 크기>파장의 크기 : 파장을 흡수

③ 입자의 크기<파장의 크기 : 파장이 통과

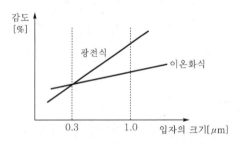

┃ 입자의 크기에 따른 연기감지기의 감도 ┃

④ 0.3[μm] 이하의 입자는 육안으로 식별이 불가능하므로 이온화식이 유리하고, 0.3[μm] 이상의 크기는 육안으로 식별이 가능한 큰 입자로서 광전식이 유리하다.

⑤ 광전식은 0.95[μm](광전식 감지기의 적외선 파장)를 전후하여 감도가 극대치를 이루고 이보다 작으면 감도가 급격하게 떨어진다.

2 연기감지기의 설치기준

(1) 설치장소

① 계단 및 경사로(15[m] 미만의 것을 제외)

② 복도(30[m] 미만의 것을 제외)

③ 엘리베이터 권상기실, 린넨슈트, 파이프덕트, 기타 이와 유사한 장소

④ 천장 또는 반자의 높이가 15[m] 이상 20[m] 미만의 장소

(2) 감지기의 부착높이에 따라 다음 표에 따른 바닥면적마다 1개 이상

부착높이	감지기의 종류	
	1종 및 2종	3종
4[m] 미만	150[m^2]	50[m^2]
4[m] 이상 20[m] 미만	75[m^2]	—

(3) 보행거리 및 수직거리

설치장소	감지기의 종류	
	1종 및 2종	3종
복도, 통로	보행거리 30[m]마다	보행거리 20[m]마다
계단, 경사로	수직거리 15[m]마다	수직거리 10[m]마다

(4) 천장 또는 반자가 낮은 실내 또는 좁은 실내는 출입구의 가까운 부분에 설치

(5) 천장 또는 반자 부근에 배기구가 있는 경우에는 그 부근에 설치

(6) 감지기는 벽 또는 보로부터 0.6[m] 이상 떨어진 곳에 설치

광전식 연기감지기(광전식 스포트형)에 대하여 기술하시오.

1 광전식 연기감지기의 개요

(1) 광전식 연기감지기(photo−electronic smoke detector)는 외부의 빛에 영향을 받지 않는 암실형태의 Chamber 속에 광원과 수광소자를 설치해 놓은 것으로 감지기 주위의 공기가 일정한 농도의 연기를 포함하게 되는 경우에 동작하도록 한 감지기이다.

(2) 광전식 연기감지기에는 스포트형, 분리형 및 고감도형이 있으며, 스포트형은 또 다시 감광식과 산란광식으로 나누어지고, 축적시간의 유무에 따라 축적형과 비축적형으로 구분된다.

(3) 연기감지기의 감도

연기감지기는 그 감도에 따라 1종은 연기농도 5[%]에서, 2종은 연기농도 10[%]에서, 3종은 연기농도 15[%]에서 동작하는 것으로 구분하는데, 이는 축적형, 비축적형, 이온화식 및 광전식에 모두 적용된다.

2 광전식 스포트형 감지기의 동작 메커니즘

(1) 산란광식

광전식은 산란광식과 감광식으로 분류하지만 스포트형은 일반적으로 산란광식이 사용되고 있으며, 발광부는 적외선을 이용하며, 90° 방향에 있는 수광부는 Photo cell을 사용한다.

① 이 산란광식 감지기는 연기를 포함한 미립자가 광원으로부터 방사되고 있는 광속에 의하여 산란반사를 일으키는 것을 이용하여 산란광을 전기적으로 감지하는 것이다.

② 연기가 유입되면 발광부에서 방사하는 Pulse가 연기와 부딪혀 난반사를 일으키게 되므로 수광부에서의 수광량(입사광량)이 증가하게 된다. 이로 인하여 수광부의 전류가 미약하게 증가하므로 출력전압을 증폭하여 감지기가 동작신호를 송출하게 되며, 이때 수광부의 파장과 연기입자의 크기가 같을 때 감도가 최대를 이룬다. 즉, 수광량의 증가를 이용한다.

③ 발광부와 수광부 사이는 발광부의 빛이 직접 수광부에 전달되는 것을 방지하기 위해 차폐판을 설치한다. 이와 같이 빛이 난반사되어 산란되는 것을 이용하는 것을 산란광식이라 한다.

(2) 감광식

① 감광식 감지기는 산란광식 감지기의 구조와 거의 동일한 구조이지만 발광부의 빛이 수광부에 직접 투입됨으로써 산란광식에 있는 차폐판이 없게 된다.

② 이러한 구조에서 평상시에 빛이 투입되던 상태에서 연기유입시 빛의 투과량이 감소됨으로서 수광소자의 전기적 출력은 감소되고, 이때의 전압과 이전 상태의 전압을 비교·증폭하여 화재신호를 보내는 것이다.

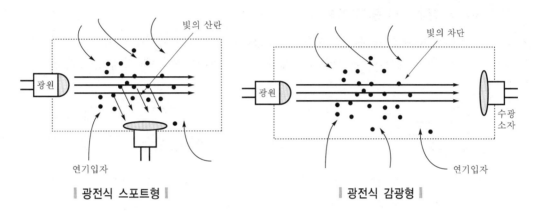

┃ 광전식 스포트형 ┃   ┃ 광전식 감광형 ┃

광전식 분리형 감지기의 특징 및 설치기준에 대해 기술하시오.

1 광전식 분리형 감지기의 특성

(1) 광전식 분리형의 동작 메커니즘

① 광전식 분리형 감지기는 광전식 스포트형 감지기의 발광부와 수광부를 분리한 것으로 넓은 지역에서 연기의 누적에 의한 수광량의 변화에 의해 동작한다.

② 광전식 분리형 감지기는 그림과 같이 송광부와 수광부가 분리되어 설치되며, 송광부에서 수광부로 항시 빛을 조사하고 있다(일종의 분포형).

③ 공간으로 확산된 연기가 빛의 진로를 방해하면 수광부의 수광량이 감소하므로 이를 검출하여 화재신호를 발하는 감광식 동작방식이다.

(2) 적응성

① 위의 그림에서 L은 5~100[m] 이하로 하기 때문에 큰 공간을 갖는 체육관이나 홀 등에 효과적으로 이용할 수 있다. 또한 감지농도를 스포트형보다 높게 설정해도 화재감지성능이 떨어지지 않으며, 국소적 또는 일시적인 연기의 체류에는 동작하지 않는 등의 장점을 가지고 있어서 비화재보의 방지에 도움이 된다.

② 광전식 분리형 감지기의 공칭감시거리는 5~100[m] 이하에서 5[m] 간격으로 되어 있다.

③ 광전식 분리형 감지기는 연기농도에 따라 단계적으로 신호를 보낼 수 있기 때문에 아날로그식 감지기로 사용하기에 적합하다.

2 광전식 분리형 감지기의 설치기준

(1) 감지기의 수광면은 햇빛을 직접 받지 않도록 설치할 것

(2) 광축(송광면과 수광면의 중심을 연결한 선)은 나란한 벽으로부터 0.6[m] 이상 이격 설치할 것

(3) 감지기의 송광부와 수광부는 설치된 뒷벽으로부터 1[m] 이내 위치에 설치할 것

(4) 광축의 높이는 천장 등(천장의 실내에 면한 부분 또는 상층의 바닥하부면을 말함) 높이의 80[%] 이상일 것(오동작 방지)

(5) 감지기의 광축의 길이는 공칭감시거리 범위 이내일 것

(6) 그 밖의 설치기준은 형식승인 내용에 따르며, 형식승인 사항이 아닌 것은 제조사의 시방에 따라 설치할 것

① 천장고가 15[m] 이하인 경우는 1단으로 설치하고 15[m]를 초과하는 경우에는 감지기를 다음 그림과 같이 2단으로 설치한다. 감지기간의 방호간격은 14[m] 이하로 하고 광축과 외측 벽과의 간격은 7[m] 이하로 한다.

② 상단 감지기 설치높이는 벽높이의 80[%], 하단감지기 설치높이는 벽높이의 50[%]로 한다.

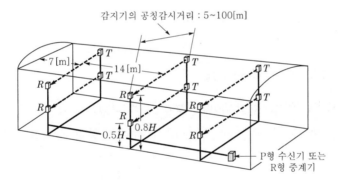

여기서, R : 광전식 분리형 감지기 감광부수신
T : 광전식 분리형 감지기 감광부송신
H : 천장높이

불꽃감지기에 대해서 기술하시오.

COMMENT 뉴스에 자주 이슈되는 내용으로 매우 중요하다.

1 개념 및 원리

(1) 화재시 화염(flame), 전기불꽃(spark), 잔화(ember)로부터의 복사에너지는 스펙트럼상의 자외선, 가시광선, 적외선의 다양한 방출물로 나타나게 된다. 따라서, 특정 파장의 방사에너지를 전기에너지로 변환하여 이를 검출하는 것으로, 이는 물질이 빛을 흡수하면 광전자를 방출하여 기전력이 발생하는 현상인 광전효과(光電效果, photoelectric effect)를 이용한 것이다.

(2) NFPA의 분류 : 불꽃감지기와 잔화로만 구분한다.

(3) 국내에서는 자외선과 적외선으로 구분한다.

2 불꽃감지기의 동작 메커니즘

(1) 자외선식 불꽃감지기(ultra-violet flame detector)

화재시 화염에서 방사되는 $0.18{\sim}0.26[\mu m]$ 범위의 파장인 자외선을 감지하여 화재신호로 발신하는 것으로 UV tron(광전효과를 이용)을 사용한다.

(2) 적외선식 불꽃감지기(infra-red flame detector)

① 화재시 화염에서 방사되는 $4.1{\sim}4.7[\mu m]$ 범위의 파장인 적외선을 감지하여 $4.35[\mu m]$에서 강한 에너지 레벨이 되며, 이를 화재신호로 발신하는 것이다.

② 4.35에서 최고에너지 강도가 되는 것을 CO_2 공명방사라 한다.

③ CO_2 공명방사 감지방식

 ㉠ 화염에서 방사되는 적외선 영역의 CO_2 방사량을 감지하는 방식이다.

 ㉡ 탄소가 함유된 탄화수소 물질의 화재시에 발생하는 CO_2가 열을 받아서 생기는 특유의 파장 중 $4.35[\mu m]$의 파장에서 최대에너지 강도를 갖는다.

3 「화재안전기준」상 불꽃감지기의 설치기준

(1) 공칭감시거리 및 공칭시야각은 형식승인 내용에 따를 것

(2) 감지기는 공칭감시거리와 공칭시야각을 기준으로 감시구역이 모두 포용될 수 있게 설치할 것

　① 감시거리 : 불꽃감지기가 감시할 수 있는 최대거리이다.

　② 시야각 : 불꽃감지기가 감지할 수 있는 원추형의 감시각도이다.

　③ 검정기준상 공칭감시거리와 공칭시야각은 20[m] 미만의 경우는 1[m] 간격으로, 20[m] 이상의 경우는 5[m] 간격으로 분할하고, 시야각은 5° 간격으로 한다.

(3) 감지기는 화재감지를 유효하게 감지할 수 있는 모서리 또는 벽 등에 설치할 것

(4) 감지기를 천장에 설치하는 경우에 감지기는 바닥을 향하여 설치할 것

(5) 수분이 많이 발생할 우려가 있는 장소에는 방수형으로 설치할 것

(6) 그 밖의 설치기준은 형식승인 내용에 따르며, 형식승인 사항이 아닌 것은 제조사의 시방에 따라 설치할 것

4 화염(불꽃)감지기 적용장소(사용장소)

(1) 감지기를 설치할 구역의 천장 등의 높이가 15~20[m] 미만인 장소

(2) 감지기를 설치할 구역의 천장 등의 높이가 20[m] 이상인 장소

(3) 특정 방화대상물의 지하층, 무창층 및 11층 이상의 부분

(4) 교차회로방식에 사용되는 곳

(5) 유류취급장소 등 급격한 연소확대가 우려되는 장소

5 불꽃감지기의 종류

(1) 자외선식 불꽃감지기(ultra-violet flame detector)

　① 화재시 화염에서 방사되는 0.18~0.26[μm] 범위의 파장인 자외선을 감지하여 화재신호로 발신하는 것

② 육안으로 식별할 수 없는 자외선 영역(약 4,000[Å] 이하)의 복사에너지를 감지할 수 있는 화재감지기

③ 검출방식

    ㉠ 광전자(효과) 방출형 : 빛을 받으면 고체 내의 전자가 진공 중에 방출되는 것을 이용한 것(검출소자 : UV tron)

    ㉡ 광도전 효과형 : 빛을 받으면 반도체의 저항변화가 일어나는 것을 이용하는 것(검출소자 : Pbs, Pbse)

    ㉢ 광기전력 효과형 : 빛을 받으면 P, N형 집합반도체의 전극 간에 기전력이 발생하는 것을 이용한 것(silicon photo diode, photo transistor)

④ 장점

    ㉠ 태양광선, 가시광선에 반응하지 않는다.

    ㉡ 감도가 높다.

    ㉢ 가격이 안정적이다.

    ㉣ 대량제작, 세계적으로 사용된다.

⑤ 단점

    ㉠ 검출영역이 좁다.

    ㉡ 분진에 약하다.

    ㉢ 오보가 많다.

    ㉣ 보수유지공간이 필요(투과창 먼지, 오염물의 정기제거)하다.

⑥ 적응성

    ㉠ 화염이 농후한 액체, 기체에 적합하다.

    ㉡ 옥외용으로 사용(가연성 및 폭발성 저장소, 작업장)된다.

    ㉢ 응답이 매우 빠르다.

(2) 적외선식 불꽃감지기(infra-red flame detector)

① 화재시 화염에서 방사되는 4.1~4.7[μm] 범위의 파장인 적외선을 감지하여 화재신호로 발신한다.

② IR 불꽃감지기의 감지방식에 따른 종류

    ㉠ CO_2 공명방사 감지방식

      • 화염에서 방사되는 적외선 영역의 CO_2 방사량을 감지하는 방식이다.

      • 탄소가 함유된 탄화수소 물질이 화재시에 발생하는 CO_2가 열을 받아서 생기는 특유의 파장 중 4.4[μm]의 파장에서 최대에너지 강도를 갖는다. 따라서, 이를 검출할 경우 화재로 인식하는 것이다.

    ㉡ 2파장 감지방식

      • 화염에서 방사되는 적외선 영역의 2 이상의 적외선 파장을 감지하는 방식이다.

- 물체가 연소하는 화염의 온도는 대략 1,100~1,600[℃] 정도가 된다. 이때, 일반 조명광이나 태양광은 이 온도보다 높게 되며, 백열전구의 경우 약 2,800[℃] 정도가 된다. 따라서, 화염과 조명광, 자연광의 스펙트럼 분포는 서로 다르고 화염에 의한 스펙트럼은 단파장보다 장파장이 크게 된다. 이 2개의 파장의 에너지 차이 혹은 비를 검출하여 어느 쪽이 큰가를 판단하는 것이 2파장 검출방식이다.

ⓒ 정방사 감지방식

- 화염에서 방사되는 적외선 영역의 일정 방사량을 감지하는 방식이다.
- 검출소자는 Silicon photo diode 또는 Photo transistor 등이 사용되며, 일반적으로 조명등의 영향을 받지 않기 위해 적외선 필터에 의해 0.72[μm] 이하의 가시광선은 차단시키고 이 범위 이외의 파장을 검출한다. 검출소자의 특성상 태양광이나 일반조명이 완전히 꺼지지 않는 밝은 장소에서의 사용이 곤란한 경우도 있게 된다. 적외선 검출형 중 정방사식은 주로 가솔린 화재 등에 적합한 방법이다.

ⓓ Flicker 감지방식

- 화염에서 방사되는 적외선 영역의 Flicker(깜빡거림)를 감지하는 방식이다.
- 연소하는 화염에는 산란 또는 Flicker 성분이 포함된다. 가솔린 연소 때 발생하는 화염의 경우 정방사량의 약 6.5[%]의 Flicker 성분을 포함하고 있다. 이때, 이 Flicker의 성분을 검출하는 방식이다.

(3) 적외선 불꽃감지기의 장단점 및 적응성

장 점	단 점	적응성
• 검출영역이 넓다. • 창의 더러워짐에 감도저하가 적다. • 분진의 영향이 적다. • 비화재보 우려가 낮다.	• 태양광선, 가시광선에 예민하다. • 감도가 늦다. • 가격이 고가이다.	• 연기가 농후한 장소에 적합하다. • 옥내용으로 사용(은폐창고나 지하금고와 같이 폐쇄된 곳)한다.

6 UV 감지기와 IR 감지기의 특성비교 등

구 분	자외선	적외선
명칭	UV(Ultra-Violet flame detector)	IR(Infra-Red flame detector)
작동 원리	화재시 화염에서 방사되는 0.18~0.26[μm] 범위의 파장인 자외선을 감지하여 화재신호로 발신하는 것	화재시 화염에서 방사되는 4.1~4.7[μm] 범위의 파장인 적외선을 감지하여 화재신호로 발신하는 것
감지 방식	• 외부광전자 효과 : UV tron • 광도전 효과 : Pbs, Pbse • 광기전력 효과 : Silicon photo diode, Photo transistor	• CO_2 공명방사 감지방식 • 2파장 감지방식 • 정방사 감지방식 • Flicker 감지방식

구분	자외선	적외선
연기 영향	연기발생시 급격한 감도가 저하한다(연기 속에서 불꽃을 감지하지 못함).	파장이 길기 때문에 연기의 영향을 받지 않는다 (신뢰도가 높음).
적응성	• 화염농후한 액체, 기체, 불꽃화재 • 옥외용으로 사용 : 가연성 또는 폭발성 물질의 저장소나 작업장 • 응답이 매우 빠름	• 연기농후한 장소 • 옥내용으로 사용 : 햇빛 또는 반짝거리는 물체의 간섭 때문에 은폐창고나 지하금고와 같이 폐쇄된 공간에 사용
장점	• 가시광선, 태양광선에 반응하지 않는다. • 감도가 높다. • 가격이 안정적이다. • 대량제작, 세계적으로 사용된다.	• 검출영역이 넓다. • 분진의 영향이 적다. • 비화재보 우려가 낮다. • 창의 더러워짐에 감도저하가 적다.
단점	• 검출영역이 좁다. • 분진에 약하다. • 오보가 많다. • 보수유지공간이 필요 : 투과창 먼지, 오염물의 정기제거	• 태양광, 가시광선에 예민하다. • 감도가 낮다. • 가격이 고가이다.

문제 **13**

감지기의 형식에 대하여 기술하시오.

1 분포상태

(1) 개념

감지면적이 일국소인지 광범위한 부분인지에 따라 구분한다.

(2) 구분

① 스포트형 : 일국소의 열의 효과에 의해 작동되며, 감지부와 검출부가 통합된 것이다.
② 분포형 : 광범위한 주위의 열의 축적효과에 의해 작동되며, 감지부와 검출부가 분리되어 있다.

2 신호출력

(1) 개념

화재신호를 수신한 후 수신기에 신호를 출력할 때의 방법이 1개의 신호, 2개의 신호, 변화하는 연속적인 신호 즉, 아날로그 출력인지에 따라 구분한다.

(2) 구분 : 단신호식, 다신호식, 아날로그식

3 감도

(1) 개념

감지기별로 특정조건(농도 · 풍속 · 온도상승률 · 연기농도 등)을 부여한 후 작동시험(소정의 시간에 작동되는 것)한다.

(2) 구분 : 특종, 1종, 2종, 3종

4 축적 여부

(1) 개념

감지기가 화재신호를 감지한 후 즉시, 화재신호를 발하지 않고, 공칭축적시간(10초 이상 60초 이내로 10초 단위로 분류) 이후에 수신기에 신호를 발신하는 기능의 여부에 따라 구분된다.

(2) **구분** : 축적형, 비축적형

5 방폭기능

(1) **개념**

감지기의 방폭성능(폭발성 가스가 용기 내부에서 폭발하였을 때, 용기가 그 압력에 견디거나 또는 외부의 폭발성 가스에 인화될 우려가 없는 성능) 여부에 따라 구분된다.

(2) **구분** : 방폭형, 비방폭형

6 재용성(再用性)

(1) **개념** : 감지기가 동작한 후 이를 다시 사용할 수 있는지의 여부에 따라 구분한다.

(2) **구분** : 재용형, 비재용형

광센서 감지선형 감지기의 작동원리와 구성에 대하여 기술하시오.

1 광센서 감지선형 감지기의 작동원리

(1) 광섬유에 레이저 펄스형태의 광을 입사시키면 광섬유 내의 유리격자에 부딪혀 산란 및 흡수 등이 일어난다. 산란광 중에는 입사광과 동일한 파장성분의 Rayleigh 산란광과 다른 파장성분의 Raman 산란광이 존재하는데, 이 중 Raman 산란광이 온도에 반응하는 광신호이다.

(2) 광섬유 내부의 유리격자는 주위 온도가 절대영도가 아니므로 주위의 열에 의해서 격자가 열진동을 하고 있어, 이 진동하고 있는 격자에 입사 레이저광이 부딪히면서 에너지의 흡수와 방출이 일어난다.

(3) 입사광이 유리의 석영분자에 흡수되어 열진동의 횡파모드를 여기한 후 재발광하면서 광에너지를 잃으면 입사광보다 장파장의 빛(stokes, 광)으로 변환되고, 횡파모드를 흡수하고 재발광하면서 에너지를 얻으면 입사광보다 단파장의 빛(anti-stokes, 광)으로 변환된다.

(4) 산란광이 발생된 위치는 광섬유 내에서 빛의 속도가 일정하므로 레이저광이 입사되는 시점을 기준으로 되돌아 오는 시간을 측정하면 계산이 가능하다. 즉, 일정거리 x만큼 떨어진 곳에서 반사되는 Raman 산란광의 위치는 다음 식으로 구할 수 있다.

$$x = v \times \frac{t}{2}$$

여기서, v : 광섬유 내의 빛의 속도
t : 되돌아오는 데 걸린 시간

다시 말해서 시간을 알면 산란광이 반사된 지점을 정확히 알 수 있다는 말이다. 또한 광섬유 내의 Stokes 광과 Anti-stokes 광의 비를 측정하면 광의 강도나 입사조건, 광섬유의 구조 및 재질에 관계없이 매체의 절대온도를 계측할 수 있다.

(5) 이와 같은 원리로 시간을 측정해서 산란광 위치를 측정하고, 산란파장의 비를 계산하여 온도를 측정함으로써 광섬유 전체의 주변 온도를 거리별로 측정하는 것이 가능하게 된다.

2 광센서 감지선형 감지기의 구성

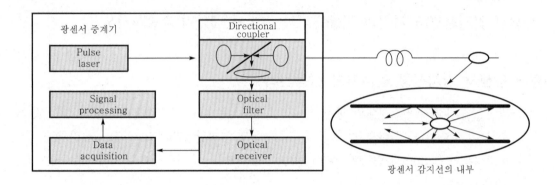

광센서 감지선의 내부

3 광센서 감지선형 감지기의 시공방법

(1) 천장면에 감지선 고정용 클립 등을 이용하여 고정시키는 방법

(2) 다른 배관에 나일론 타이 등을 이용하여 지지하는 방법

(3) 천장에 광케이블 지지용 와이어 로프를 설치하여 턴버클(turn buckle) 등으로 긴장시키고, 케이블 타이 등을 이용하여 고정시키는 방법

(4) 케이블 트레이에 약 1.8[m] 간격으로 지그재그 배치한 후 케이블 타이 등을 이용하여 고정시키는 방법

4 광센서 감지선형 시스템의 적응성

(1) 정온식, 차동식, 보상식 및 아날로그식 감지기의 어떤 형태로도 사용할 수 있다.

(2) 각 지점의 온도를 실시간으로 측정하므로 발화 전 단계에서 사전조치를 취할 시간적인 여유를 제공한다.

(3) 온도, 위치 등 화재발생에 관한 정확한 정보의 파악이 가능하다.

(4) 설치가 용이하고 경제적 시공이 가능하다.

(5) 현장에는 감지선 이외의 다른 부속설비가 필요하지 않으므로 유지보수비용이 절감된다.

(6) Double ended 방식을 채용하면 단일지점의 단선사고시에 단선경보는 물론 정상적인 감시상태를 지속할 수 있다.

(7) 레이저광을 사용하므로 방폭, 분진, 다습, 극저온 등 최악의 환경조건에서도 별도의 장치 없이 사용할 수 있다.

(8) Control desk 및 PC에서 과거기록의 보존 및 저장이 가능하다.

(9) 다른 시스템과의 연계 및 Interface가 용이하다.

(10) 광섬유를 이용한 온도분포 측정은 센서가 단순히 광섬유 자체이며, 측정가능한 거리가 수 [km]에서 최대 30[km]까지로 일반센서로는 계측이 불가능한 넓은 지역의 온도감시가 가능하므로 공동구의 감지시스템으로는 안성맞춤이라고 할 수 있다.

(11) 특히 정보화 사회의 발달에 따라 중요성이 증대되고 있는 전력구, 통신구, 공동구 등의 화재예방 및 감시를 위해서 이러한 장거리 화재감시시스템을 적용하면 매우 효과적일 것으로 판단된다.

정온식 감지선형과 광센서 감지선형을 비교 설명하시오.

구 분	정온식 감지선형	광센서 감지선형
감지매체	2가닥 절연구리/철도체	난연성 광섬유 케이블
감지방식	정온식	정온식, 차동식, 보상식
감지원리	온도상승시 내부 가용절연물의 파괴에 의한 도체접지로 감지	광센서 감지선 내에서 주변의 온도변화에 따른 산란광을 이용하여 감지
감지시간	2분 이상	15~20초
감지속도	늦은 감지	빠른 감지
감지능력	정확한 과열지점 감지불가능	1[m] 내외에서 과열지점 감지
감지온도	70[℃], 90[℃], 130[℃]	−40~90[℃]
감지형식	방수형	방수형, 재용형, 아날로그식
설치높이	0~8[m]	0~20[m]
최대거리	1[km]	12~20[km]
경보온도	조정불가능	조정가능
재사용 여부	불가능	사용가능
단락감시	불가능	가능
단선감시	가능	가능

일반형 감지기와 아날로그식 감지기를 비교하시오.

1 개 요

(1) 주위의 온도 또는 농도를 상시검지하여 수신기로 그 값을 송출하면 수신기에 프로그램된 설정치에 의하여 단계별 출력을 내보내는 감지기로서, 일반형 감지기에 비하여 비화재보를 극소화할 수 있는 장점이 있다.

(2) 즉, 온도 또는 농도의 변화에 따라 예비경보, 화재경보, 설비연동 등을 수행하게 되며 아날로그 신호를 수신할 수 있는 수신기를 설치해야 한다.

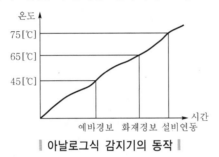

‖ 아날로그식 감지기의 동작 ‖

2 아날로그식 감지기의 종류

3 일반형 감지기와 아날로그식 감지기의 성능비교

항 목	일반형 감지기	아날로그식 감지기
종류	• 차동식 스포트, 분포형 • 정온식 스포트, 광전식, 이온화식	• 열아날로그 • 연아날로그(광전식, 이온화식)
동작특성	• 정해진 온도, 농도에 도달하여 접점동작 • 수신반에서 즉시 경보발생	• 온도, 농도를 항상 검지하여 아날로그 신호를 수신기로 송출 • 수신기의 프로그램에 의해 단계적 경보발생

항 목	일반형 감지기	아날로그식 감지기
시공방법	• 600[m^2]당 1경계구역으로 여러 개의 장치기를 1회로로 구성된다. • 수신기는 특정 경계구역별 화재신호를 감시한다.	• 감지기 하나가 1회로이며 고유번호에 부여하여 각각 수신기에 연결한다. • 각 실별로 1회로로 수신지역이 많아진다.
수신반 회로수	경계구역별 1회로이므로 수신반 회로 수가 적어진다.	감지기(각실)별 1회로이므로 대용량 수신반이 필요하다.
비화재보	비화재보 발생률이 높다.	비화재보 발생률이 낮다.
비용	가격이 저렴하다.	감지기, 수신반 가격이 고가이다.

지하구 또는 터널에 설치하는 8종류의 감지기에 대하여 기술하시오.

지하구 또는 터널에 설치하는 감지기는 다음의 감지기로서 먼지·습기 등의 영향을 받지 아니하고 발화지점을 확인할 수 있는 감지기를 설치하여야 한다. 단, 이 경우의 감지기란 비화재보 적응성 감지기에 해당하는 8종류의 감지기를 말한다.

(1) 불꽃감지기

(2) 정온식 감지선형 감지기

(3) 분포형 감지기

(4) 복합형 감지기

(5) 광전식 분리형 감지기

(6) 아날로그방식의 감지기

(7) 다신호방식의 감지기

(8) 축적방식의 감지기

문제 18

연기감지기에는 축적형과 비축적형이 있다. 이 두 가지의 특성을 비교 설명하시오.

1 비축적형 연기감지기

(1) 설치기준

설치된 장소의 물리·화학적 변화량이 감지기의 동작점에 이르면 즉시 화재신호를 발보하는 것으로 다음의 감지기는 축적기능이 없는 것으로 설치하여야 한다.

(2) 설치장소(축적기능이 없는 감지기를 설치하여야 하는 경우)

① 교차회로방식에 사용되는 감지기
② 급속한 연소확대가 우려되는 장소에 사용되는 감지기(예 유류취급소 등)
③ 축적기능이 있는 수신기에 연결하여 사용하는 감지기

2 축적형 연기감지기

(1) 일정 농도 이상의 연기를 감지한 후 일정 시간 감지를 계속하고 나서 화재신호를 발하는 것을 축적형이라고 하며, 축적형에서 감지 후 화재신호를 발할 때까지의 시간을 축척시간이라 한다.

(2) 축적시간은 5~60초이며, 공칭축적시간은 10초 이상 60초 이내로 10초마다 표시한다.

(3) 설치장소

① 지하층·무창층 등으로서 환기가 잘 되지 아니하거나 실내면적이 $40[m^2]$ 미만인 장소
② 감지기의 부착면과 실내바닥과의 거리가 2.3[m] 이하인 곳

자동화재탐지설비의 설치기준과 종류별 동작특성에 대하여 간단히 설명하시오.

1 개 요

(1) 자동화재탐지설비란 경보설비의 일종으로서, 화재로 인하여 발생되는 인적, 물적 피해를 경감하기 위해서는 화재발생 초기단계에서 화재징후를 발견, 피난의 개시를 신속하게 하고 초기소화태세를 확립하게 함은 물론, 소방기관에서 신속하게 통보할 필요가 있다. 그러나 화재를 발견하기 위해 사람이 상시 감시하기란 현실적으로 불가능하여 일련의 조치를 자동적으로 수행하게 한 설비가 자동화재탐지설비이다.

(2) 자동화재탐지설비는 건축물 내에 발생한 화재의 초기단계에서 발생되는 열, 연기 및 불꽃을 자동적으로 감지하여 건축물 내의 관계자에게 벨, 사이렌 등의 음향으로 화재발생을 알리는 설비라 할 수 있으며, 기타 소화설비와 연동해서 소화설비를 자동화시킬 수 있는 방재설비이다.

2 감지기

(1) 자동화재탐지설비의 구성요소(국내 기준)

자동화재탐지설비는 화재에 의하여 발생한 열, 연기 또는 불꽃을 초기단계에 자동적으로 탐지하여 화재신호를 발생시키는 감지기(신호발생장치), 화재를 발견한 사람이 수동조작으로 화재신호를 발신하는 발신기(수동신호발생장치), 감지기나 발신기로부터 발하여진 신호를 수신하여 화재장소를 표시하거나 필요한 신호를 제어해주는 수신기, 화재의 발생을 방화대상물의 전 구역에 통보해 주는 음향장치, 신호선로, 전원공급선로 등으로 구성된다.

(2) 감지기의 종류 · 구성 · 특징

감지기는 화재로 인한 연소생성물을 감지하여 화재신호를 발신하는 것이다.

① 열감지기

감지기의 종류	특 성
정온식 스포트형	• 국소의 온도가 일정 온도(75[℃])를 넘으면 작동한다. • 화재시 온도상승으로서 바이메탈이 팽창하여 접점이 닫히면 화재신호를 발신한다. • 항상 화기를 취급하는 장소(보일러실, 주방) 등에 적합하다.

감지기의 종류	특 성
차동식 스포트형	• 주위 온도가 일정 온도상승률 이상이 되면 작동한다. • 공기실 속의 공기가 화재의 온도상승으로 급속팽창하여 감압실 접점이 작동한다. • 방수성이 없으므로 수증기가 많은 장소(주방, 목욕탕) 등에 부적합하다.
보상식 스포트형	• 온도상승률이 일정 값을 초과할 때 모두가 작동하므로 이상적이다(정온식+차동식). • 가격이 비싸다.
차동식 분포형	• 전 구역의 열적 누적에 따른 관 속의 공기팽창을 검출기로 탐지한다. • 가는 동관을 사용하므로 눈에 띄지 않고 전 구역에 걸치므로 효과가 크다(일명 : 공기관식).

② 연기감지기

항 목	이온화식	광전식 연기감지기
동작원리	연기입자가 감지기 속에 들어가면 연기의 입자 때문에 이온전류가 변화하여 작동한다(방사성 동위원소 이용).	연기입자로 인하여 광전소자의 입자량이 변화하는 광전효과를 이용한다. 즉, 산란광, 감광에 의한 수광소자의 전기저항 변화를 이용한다.
연기의 감지능력	• 작은 연기$(0.01 \sim 0.3[\mu m])$입자에 유리 • 표면화재에 유리(작은입자) • 연기의 색상에 무관	• 큰 연기입자$(0.3 \sim 1[\mu m])$에 유리 • 훈소화재에 유리(큰 입자) • 엷은 회색의 연기가 유리
비화재보	• 온도, 바람, 습도에 민감하다. • 전자파에 의한 영향이 없다.	• 분광특성상 다른 파장의 빛에 의해 작동될 수 있다. • 증폭도가 크므로 전자파에 의한 오동작 우려가 있다.
적응성	• B급 화재 등 불꽃화재(작은 입자의 화재)에 유리 • 환경이 깨끗한 장소	• A급 화재 등 훈소화재가 예상되는 장소 • 엷은 회색의 연기에 유리
주요 구성	방사선원, 이온챔버, 이온전류 검출부	광원, 광수신부, 출력전압 검지부
가연물 종류	플라스틱 제품, 가솔린 등의 액체화재(B급 화재)	느린 훈소가 예상되는 가연물(A급 화재)
설치장소	육안으로 연소생성물을 식별하기 곤란한 컴퓨터실 등(통신실, 교환실)	내부 연소저장장치를 가진 공간인 주방 부근, 느린 훈소화재 우려 개소

③ 기타 감지기

㉠ 아날로그식

• 열감지기 : 주위의 온도를 항상 감지하여 수신기로 신호를 송출하면 수신기에 프로그램된 온도값에 의해 단계별 출력을 보낸다(비화재보를 극소화할 수 있음).

• 연기감지기 : 열 대신 연기의 농도변화를 감지하여 단계별로 경보가 발생한다.

㉡ 불꽃감지기 : 화재로 인한 불꽃으로부터 방출되는 적외선, 자외선을 검출하여 화재를 감지한다.

ⓒ 광전식 분리형 감지기
- 발광부와 수광부를 5~10[m] 떨어져 설치하여 그 사이의 적외선 빔 중에 침입하는 연기에 의해 광양을 감광하는 것으로 화재를 감지한다.
- 스포트형 연기감지기에 비해 감지기 설치개수의 감소 및 보수점검이 간편하고, 고천장, 넓은 장소 등에 설치하여 연기를 선으로 포착하므로 담배, 조리 등 국소적으로 체류하는 연기 및 일시적 연기발생에 의한 비화재보가 없다.

(3) 감지기 종류별에 따른 설치높이

부착높이	감지기의 종류
4[m] 미만	• 차동식(스포트형, 분포형), 정온식(스포트형, 감지선형) • 보상식(스포트형, 열복합형) • 이온화식, 광전식(스포트형, 분리형, 공기흡입형) • 연기복합형, 열·연기복합형, 불꽃감지기
4[m] 이상 8[m] 미만	• 차동식(스포트형, 분포형) • 정온식(스포트형, 감지선형) 특종 또는 1종 • 보상식 스포트형, 열복합형, 이온화식 1종 또는 2종 • 광전식(스포트형, 분리형, 공기흡입형) 1종 또는 2종 • 연기복합형, 열·연기복합형, 불꽃감지기
8[m] 이상 15[m] 미만	• 차동식 분포형, 이온화식 1종 또는 2종 • 광전식(스포트형, 분리형, 공기흡입형) 1종 또는 2종 • 연기복합형, 불꽃감지기
15[m] 이상 20[m] 미만	• 이온화식 1종, 광전식(스포트형, 분리형, 공기흡입형) 1종 • 연기복합형, 불꽃감지기
20[m] 이상	불꽃감지기, 광전식(분리형, 공기흡입형) 중 아날로그방식

(4) 설치기준

원칙적으로 화재가 방화대상물의 여하한 부분에 발생하더라도 유효하게 탐지할 수 있어야 하나, 다음의 장소에는 설치 후 유지가 곤란하므로 설치완화 또는 면제한다.
① 천장 또는 반자의 높이가 20[m] 이상인 장소
② 헛간 등 외부와 기류가 통하는 장소로서 감지기에 따라 화재발생을 유효하게 감지할 수 없는 장소
③ 부식성 가스가 체류하고 있는 장소
④ 고온도 및 저온도로서 감지기의 기능이 정지되기 쉽거나 감지기의 유지관리가 어려운 장소
⑤ 목욕실·화장실 기타 이와 유사한 장소
⑥ 파이프덕트 등 그 밖의 이와 비슷한 것으로서 2개층마다 방화구획된 것이나 수평단면적이 5[m²] 이하인 것

⑦ 먼지·가루 또는 수증기가 다량으로 체류하는 장소 또는 주방 등 평상시에 연기가 발생하는 장소(연기감지기에 한함)

⑧ 실내의 용적이 20[m³] 이하인 장소

⑨ 기타 화재발생의 위험이 적은 장소로서 감지기의 유지관리가 어려운 장소

3 발신기(manual fire alarm box)

화재를 발견한 사람이 수동으로 누름단추를 누르면 화재신호를 수신기에 발신하는 장치

(1) P형 : 발신기의 동일신호를 P형 및 R형 수신기에 발신하는 것

(2) M형 : 각 발신기의 고유신호를 M형 수신기에 발신하는 것

(3) T형 : 송·수화기가 부설되어 있어 신호발신과 동시에 통화가 가능한 구조의 것

4 수신기

감지기, 발신기에서 발하는 화재신호를 직접 또는 중계기를 통하여 수신하여 수신 후 경보를 발령하고 화재발생 상태를 표시하며, 또한 중계기를 통하여 이에 대응하는 제어신호를 송출하는 장치이다. 종류에는 P형, R형, M형 수신기가 있다.

(1) 수신기는 다음의 기준에 따라 설치

① 수위실 등 상시 사람이 근무하는 장소에 설치할 것. 다만, 사람이 상시 근무하는 장소가 없는 경우는 관계인이 쉽게 접근할 수 있고 관리가 용이한 장소에 설치할 것

② 수신기가 설치된 장소에는 경계구역 일람도를 비치할 것. 다만, 모든 수신기와 연결되어 각 수신기의 상황을 감시하고 제어할 수 있는 수신기(주수신기)를 설치하는 경우에는 주수신기를 제외한 기타 수신기는 그러하지 아니할 것

③ 수신기의 음향기구는 그 음량 및 음색이 다른 기기의 소음 등과 명확히 구별될 것

④ 수신기는 감지기·중계기 또는 발신기가 작동하는 경계구역을 표시할 수 있는 것

⑤ 화재·가스·전기 등에 대한 종합방재반을 설치한 경우에는 당해 조작반에 수신기의 작동과 연동하여 감지기·중계기 또는 발신기가 작동하는 경계구역을 표시할 수 있는 것으로 할 것

⑥ 하나의 경계구역은 하나의 표시등 또는 하나의 문자로 표시되도록 할 것

⑦ 수신기의 조작스위치는 바닥으로부터의 높이가 0.8[m] 이상 1.5[m] 이하인 장소에 설치할 것

⑧ 하나의 소방대상물에 2대 이상의 수신기를 설치하는 경우에는 수신기를 상호간 연동하여 화재발생 상황을 각 수신기마다 확인할 수 있도록 할 것

(2) 수신기의 종류

① P형 : 기본 수신기, 신호전달은 각 경계구역별로 개별 신호선에 의한 공통방식이다.

② R형 : 350[m²] 이상, 4층 이상, 대규모 단지 및 초고층의 감지기 배선의 가닥수 과다 및 전압강하 때문에 적용하는데, 신호전달은 다중 통신선에 의한 고유신호방식을 적용한다.

③ M형 : 외국에서 사용, 수신기에서 화재속보설비를 겸한다. 신호는 발신기의 공통신호선에 의한 발신기별 고유신호를 이용한다.

(3) P형 수신기와 R형 수신기의 비교

P형 1급	R형
• Line to line이므로 감지기, 비상벨 기타 감지통보 시설회로가 모두 수신반까지 와야 한다. • 증설, 변경이 어렵다. • 공사기간이 길다. • 배선덕트(선로가 차지하는 면적)가 크다.	• 수신반에서 중계기까지 8~12가닥으로 처리할 수 있다. • 한 중계기는 100회선까지 수용할 수 있다. • 즉, 감지기마다 다른 디지털 신호를 변조하여(고유신호로 변조) 수신기로 전송한다. • 증설, 변경이 용이하다. • 공사기간이 단축된다. • 선로회선 수가 감소한다. • 컴퓨터화 가능(door 릴리즈, 배연펌프 등과 연계가능)하다.

5 중계기(transponder)

감시기능의 중계 및 제어기능의 중계역할을 하는 장치이다.

(1) 감시기능의 중계

감지기, 발신기 등 로컬기기의 동작에 따른 P형 입력신호를 R형 고유의 신호로 변환하여 수신기에 통보하는 중계기능을 행한다.

(2) 제어기능의 중계

수신기에서 이에 대응하는 출력신호를 중계기를 통하여 P형 신호로 송출하여 로컬기기(각종 경보장치, 스프링클러 밸브, 제연댐퍼, 유도등, 방화셔터, 각종 기동장치) 등을 제어한다.

6 경계구역의 개념적 구분에 대한 정리

(1) 수평적 경계구역

구 분	원 칙	예 외
층별	층마다	2개의 층이 500[m²] 이하일 때는 하나의 경계구역으로 할 수 있다.
면적	600[m²] 이하	주된 출입구에서 건물내부 전체가 보일 때는 1,000[m²] 이하로 할 수 있다.
한 변의 길이	50[m] 이하	지하구·터널의 경우에는 700[m] 이하로 할 수 있다.

단, 한 변의 길이란 다음 사항에 의한다.

   ① 원형, 타원형의 경우 : 지름 또는 장축의 길이

   ② 다각형의 경우 : 가장 긴 대각선의 길이

   ③ 삼각형의 경우 : 가장 긴 변의 길이

   ④ 원형공간의 내·외부에 실이 있는 경우

다음 그림과 같이 바깥 쪽 둘레길이의 1/2을 한 변의 길이로 한다.

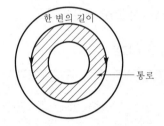

(2) 수직적 경계구역

구 분	계단, 경사로	E/V 권상기실, 린넨슈트 파이프덕트, 기타
높이	45[m] 이하	제한없음
지하층 구분	지상층과 지하층 구분(단, 지하 1층만 있을 경우에는 제외)	제한없음
수평거리 50[m] 이내에 2개 이상의 계단경사로 등이 있을 경우에는 하나의 경계구역으로 할 수 있다.	적용	적용

7 결 론

최근의 화재는 고층빌딩의 화재하중이 막중한 개소의 발화시 인명·재산피해가 가중될 우려가 대단히 높다. 따라서, 화재를 초기에 발견할 수 있도록 감지기는 적응성이 높고, 고도화된 자동화재탐지설비를 건축물에 적용하는 것이 재해·재난예방상 유리하므로 건축자와 설계기획부터 충분한 타당성 검토와 경제적 가치를 고려하는 것이 필요하다.

문제 20

부착높이에 따른 감지기 설치기준을 기술하시오.

1 부착높이의 정의

(1) 감지기가 천장면에 부착될 경우의 높이

(2) 부착높이$(h) = \dfrac{h(최고높이) + h'(최저높이)}{2}$

2 부착높이별 적응성 기준

부착높이	감지기의 종류
4[m] 미만	• 차동식(스포트형, 분포형) • 정온식(스포트형, 감지선형) • 보상식 스포트형 • 열복합형 • 이온화식 • 광전식(스포트형, 분리형, 공기흡입형) • 연기복합형 • 열 · 연기복합형 • 불꽃감지기
4[m] 이상 8[m] 미만	• 차동식(스포트형, 분포형) • 정온식(스포트형, 감지선형) 특종 또는 1종 • 보상식 스포트형 • 열복합형 • 이온화식 1종 또는 2종 • 광전식(스포트형, 분리형, 공기흡입형) 1종 또는 2종 • 연기복합형 • 열 · 연기복합형 • 불꽃감지기
8[m] 이상 15[m] 미만	• 차동식 분포형 • 이온화식 1종 또는 2종 • 광전식(스포트형, 분리형, 공기흡입형) 1종 또는 2종 • 연기복합형 • 불꽃감지기
15[m] 이상 20[m] 미만	• 이온화식 1종 • 광전식(스포트형, 분리형, 공기흡입형) 1종 • 연기복합형 • 불꽃감지기
20[m] 이상	• 불꽃감지기　　　　　• 광전식(분리형, 공기흡입형) 중 아날로그방식

[비고] 1. 감지기별 부착높이 등에 대하여 별도로 형식승인 받은 경우에는 그 성능 인정범위 내에서 사용할 수 있다.
2. 부착높이 20[m] 이상에 설치되는 광전식 중 아날로그방식의 감지기는 공칭감지농도 하한값이 감광률 5[%/m] 미만인 것으로 한다.

수신기의 기능별 분류에 대하여 기술하시오.

1 일반수신기

(1) 최초의 화재신호를 수신한 후 5초 이내에 지구경종동작 및 화재표시를 나타내는 가장 일반적인 수신기이다.

(2) 특히, 신호출력 및 경보기능 이외에 이 신호와 연동하여 소화설비나 제연설비 등을 제어할 수 있는 제어기능이 있을 때 이를 복합식 수신기라 한다.

2 축적형 수신기

(1) 최초의 화재신호를 수신한 후 곧 수신을 개시하지 않고 축적시간(5~60초) 화재신호를 재차 받을 경우에 지구경종동작 및 화재표시를 나타내는 수신기이다.

(2) 수신기는 축적시간 동안 지구표시장치의 점등 및 주경종을 작동시킬 수 있으며, 화재신호축적시간은 5~60초 이내이어야 하고, 공칭축적시간은 10초 이상, 60초 이내에서 10초 간격으로 한다. 또한, 축적기능의 수신기에는 축적형 감지기를 설치하지 않는 것이 원칙이다.

3 다신호식(2신호식) 수신기

(1) 최초의 화재신호시에는 주경종작동 및 지구표시만 되며, 재차 동일 경계구역의 화재신호시에는 지구경종이 작동되는 수신기이다.

(2) 이때, 동일 경계구역의 화재신호란 같은 경계구역 내 설치된 감지기 또는 동일한 다신호식 감지기의 또 다른 신호를 의미한다.

4 아날로그식 수신기

(1) 화재신호를 열 또는 연기에 따라 온도범위, 연기농도, 감도설정 등을 단계별로 표시할 수 있는 수신기이다.

(2) 작동레벨을 설정할 수 있는 조정장치가 필요하다.

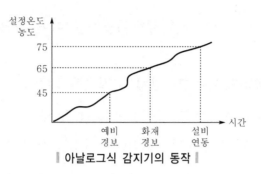

┃ 아날로그식 감지기의 동작 ┃

5 인텔리전트 수신기

(1) 개요

인텔리전트 수신기는 중계기와 아날로그식 감지기에서 발신한 신호와 단말기기의 기동을 제어하는데, 전송방식은 각 중계기 및 아날로그식 감지기를 차례로 호출하고 데이터의 송·수신을 반복하는 다중전송에 의한 Addressing 방식을 채용한다.

(2) 전송방식

① 전송방식은 Polling addressing 방식으로 기존의 R형 시스템보다 배선이 적게 들기 때문에 기존의 배관배선을 그대로 이용하면 된다.
② 인텔리전트 수신기는 R형 수신기와 교체하며 컴퓨터 프로그램에 의한 자동경보 전달체계 및 단말기기를 제어할 수 있는 시스템을 설치한다.

(3) 기능

① 단선감지기능 : 전송로의 이상을 알려주는 기능
② 축적기능 : 비화재보를 방지하는 기능
③ 자기진단기능 : 정기적으로 시스템을 진단하는 기능
④ 집중감시기능 : 모든 이상상태를 한 눈에 볼 수 있는 기능

수신기 설치기준과 수신기의 비화재보기능에 대하여 기술하시오.

1 자동화재탐지설비의 수신기 설치의 일반적 기준

수신기는 다음의 기준에 적합한 것으로 설치하여야 한다.

(1) 당해 소방대상물의 경계구역을 각각 표시할 수 있는 회선 수 이상의 수신기를 설치할 것

(2) 4층 이상의 소방대상물에는 발신기와 전화통화가 가능한 수신기를 설치할 것

(3) 당해 소방대상물에 가스누설탐지설비가 설치된 경우에는 가스누설탐지설비로부터 가스누설신호를 수신하여 가스누설경보를 할 수 있는 수신기를 설치할 것(가스누설탐지설비의 수신부를 별도로 설치한 경우에는 제외)

2 수신기는 다음의 기준에 따라 설치

(1) 수위실 등 상시 사람이 근무하는 장소에 설치할 것. 다만, 사람이 상시 근무하는 장소가 없는 경우는 관계인이 쉽게 접근할 수 있고 관리가 용이한 장소에 설치할 것

(2) 수신기가 설치된 장소에는 경계구역 일람도를 비치할 것. 다만, 모든 수신기와 연결되어 각 수신기의 상황을 감시하고 제어할 수 있는 수신기(주수신기)를 설치하는 경우 주수신기를 제외한 기타 수신기는 그러하지 아니하다.

(3) 수신기의 음향기구는 그 음량 및 음색이 다른 기기의 소음 등과 명확히 구별될 것

(4) 수신기는 감지기·중계기 또는 발신기가 작동하는 경계구역을 표시할 수 있는 것

(5) 화재·가스·전기 등에 대한 종합방재반을 설치한 경우에는 당해 조작반에 수신기의 작동과 연동하여 감지기·중계기 또는 발신기가 작동하는 경계구역을 표시할 수 있는 것으로 할 것

(6) 하나의 경계구역은 하나의 표시등 또는 하나의 문자로 표시되도록 할 것

(7) 수신기의 조작스위치는 바닥으로부터의 높이가 0.8[m] 이상 1.5[m] 이하인 장소에 설치할 것

(8) 하나의 소방대상물에 둘 이상의 수신기를 설치하는 경우에는 수신기를 상호간 연동하여 화재발생 상황을 각 수신기마다 확인할 수 있도록 할 것

3 수신기의 비화재보(非火災報)기능(즉, 축적기능이 있는 수신기 설치)

(1) 적용

다음의 장소에서 일시적으로 발생한 열·연기 또는 먼지 등으로 인하여 감지기가 화재신호를 발신할 우려가 있는 때 축적기능 등의 수신기를 설치할 것. 축적형 감지기가 설치된 장소에는 감지기 회로의 감시전류를 단속적으로 차단시켜 화재를 판단하는 방식 외의 것을 말한다. 즉, 오동작 방지를 위해 이중(二重)축적기능이 없도록 한다.

① 지하층·무창층 등으로서 환기가 잘 되지 않는 장소
② 실내면적이 40[m²] 미만인 장소
③ 감지기의 부착면과 실내바닥과의 거리가 2.3[m] 이하인 장소

(2) 적용제외

다음의 감지기는 신뢰도가 높아 축적기능이 있는 수신기는 설치할 필요가 없다.

① 불꽃감지기
② 정온식 감지선형 감지기
③ 분포형 감지기
④ 복합형 감지기
⑤ 광전식 분리형 감지기
⑥ 아날로그방식의 감지기
⑦ 다신호방식의 감지기
⑧ 축적방식의 감지기

(3) 비축적형 감지기 설치장소

① 교차회로방식에 있어 사용되는 감지기
② 축적기능이 있는 수신기에 연결하여 사용되는 감지기
③ 유류취급소 등 급속한 연소확대가 우려되는 장소에 사용되는 감지기

P형과 R형 설비를 비교 설명하시오.

	P형	R형
유지관리	• 배선 수↑ • 수전기 내부회로 연결이 복잡 • 유지관리가 어려움	• 간선 수↓ • 유지관리가 용이 • 내부부품 모듈화 수리용이
신뢰성	외부 회로단락 등 고장시 전체 시스템 마비	중계기 고장시에도 시스템이 정상
대상적용	소형, 저층건물	대형, 고층, 초고층
중계기	사용없음	사용
간선 및 전압강하	간선 수 많고, 전압강하가 크다.	간선 수 적고, 전압강하가 극히 작다.
배선	각 층에서 수신기까지 각각 배선하므로 최소한 선수가 층수와 같음(80층이면 최소 80가닥)	각 층의 중계기부터 수신기까지는 통신 2회선, 전원선은 2선만 소요
설치공간	회선수당, 설치공간 많음	설치공간 적음
수신기와 부수신기의 네트워크	주종관계 즉, 주수신기 Down시 전체 시스템 Down	대등관계 즉, 주수신기가 Down되어도 부수신기가 각자 기능을 유지, 독립수행 기능이 가능
표시방법	• 창구식 • 지도식	• 창구 • 지도 • 디지털. CRT
가격	저렴	고가
신호전송	개별 신호에 의한 전 회로의 공통신호방식	다중 전송신호에 의한 각 회선의 고유신호방식
경제성	배선비, 인건비↑	배선비, 인건비↓
증설·변경	• 증축시 배관배선 추가 • 회로증가시 수신반 추가	• 증설시 중계기 예비회로를 사용하거나 별도의 중계기 설치 • 중계기 신호선만 분기, 쉽게 증설
선로고장 검출	도통시험스위치에 의해 수동으로 주기적인 Check	자동검출하여 수신반에 경보하고 프린트에 기록하여 실보방지

인텔리전트 R형 수신기에 대해 설명하시오.

1 개 요

(1) 자동화재탐지설비에서 수신기란 감지기나 발신기 등과 전선에 의해 직접 연결되거나 중계기를 사이에 두고 연결되어 감지기, 중계기 또는 발신기가 작동했을 때, 그 장소를 관계자에게 알려주며 경보를 발하고, 때로는 소방관서에 비상연락도 해주는 설비이다. 또한 필요에 따라 소화펌프기동장치, 부수신기, 비상경보장치, 방화댐퍼 등과 같이 화재와 관련된 다른 소화, 감시 및 경보기능과도 연동하여 사용된다.

(2) 인텔리전트 R형 수신기는 인텔리전트 수신기와 R형 수신기의 기능을 동시에 가지고 있는 수신기를 말하는데, 이들 각각의 동작원리와 기능을 설명하면 다음과 같다.

2 R형 수신기

(1) R형 수신기의 동작원리

① 감지기 또는 발신기로부터 발해진 신호를 중계기를 통해서 각 회선마다 고유의 신호로서 수신하여 관계자에게 통보하는 수신기이다.

② 고유의 신호는 주로 시분할방식의 다중통신방식을 이용하고 있기 때문에 한 쌍의 전송로로 각 경계구역마다 고유의 신호로 된 여러 경계구역의 신호를 제공할 수 있다. 또한 P형 수신기에 비해 회선 수를 줄일 수 있어서 건물의 증축, 개축 등 경계구역이 증가되는 경우에도 중계기의 증설 내지는 회로 수의 증대 등에 대응하여 간편하게 회로를 추가시킬 수 있는 장점이 있다. 따라서, 선로가 많이 소요되고 회로의 추가가 필요한 현대의 건축물에서는 R형 수신기를 많이 사용하고 있다. 그러나 제품가격이 고가라는 단점도 있다.

(2) R형 수신기의 구조와 기능

① 화재표시 동작시험장치가 있어야 한다.

② 수신기와 중계기 사이 배선의 단락 및 도통시험장치가 있어야 하며, 이러한 시험 중에도 다른 회선에서 화재신호를 받으면 화재표시가 되는 기능이 있어야 한다.

③ 상용전원을 주전원으로 사용하는 경우에는 정전시 자동으로 예비전원으로 절환되어야 하고, 복구시에는 자동으로 상용전원으로 복구되어야 한다.

④ 예비전원의 양부를 시험할 수 있는 장치를 가지고 있어야 한다.

⑤ 광전식 감지기의 광원이 차단되어 중계기로부터 외부부하로 전력을 공급하는 회로에 설치된 퓨즈의 용단, 브레이커 차단 등의 신호를 받은 경우에 자동적으로 음향신호 및 표시등으로 지시하는 고장신호장치가 있어야 한다.

3 인텔리전트 수신기

(1) 인텔리전트 수신기의 동작원리

① 인텔리전트 수신기는 각각의 중계기 및 아날로그식 감지기를 차례로 호출하여 데이터의 송·수신을 반복하는 다중전송에 의한 Addressing 방식을 채용한 수신기를 말한다.

② 인텔리전트 수신기는 다중전송방식을 채용하므로 기존의 P형 또는 R형 시스템보다 배선이 적어도 되므로, 기존의 P형 또는 R형 수신기를 인텔리전트 수신기로 교체할 경우 기존의 배관배선을 그대로 사용할 수 있는 장점이 있다.

(2) 인텔리전트 수신기의 기능

① 배선의 단선 또는 지락감지기능
② 비화재보를 방지하는 축적기능
③ 정기적으로 시스템을 진단하는 자기진단기능
④ 모든 이상상태를 한눈에 볼 수 있는 집중감시기능

(3) 아날로그식 감지기의 동작원리

Addressable intelligent 수신기는 아날로그식 감지기와 조합해서 사용될 때 그 기능이 충분히 발휘되는데, 여기서 아날로그식 감지기의 기능을 설명하면 다음과 같다.

① 아날로그식 감지기는 주위 온도 또는 연기의 농도변화에 따라 각각 다른 전류 또는 전압을 출력하는 방식의 감지기로서, 종래의 감지기와 같이 감지기 자신이 화재 여부를 판단하는 것이 아니라, 시시각각으로 검출된 온도 또는 연기농도에 대한 정보만을 수신기에 송출하고 화재 여부의 판단은 수신기가 하도록 하는 것이다.

② 즉, 아날로그 신호를 수신할 수 있는 수신기를 설치하여 온도 또는 농도 등의 변화에 따라 다음의 그림과 같이 단계별로 예비경보, 화재경보, 소화설비연동 등을 수행하게 된다.

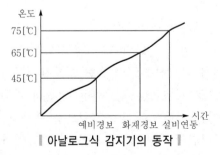

‖ 아날로그식 감지기의 동작 ‖

③ 아날로그식 감지기는 온도나 연기와 같이 화재에 직결된 정보만을 수신기에 송출하는 것이 아니라, 감지기의 오손경보, 저감도경보 등도 수신기에 보내기 때문에 감지기의 이상유무를 미리 알 수 있어 사전에 불량감지기의 교환이 가능하여 시스템의 기능 유지에 크게 도움이 된다.

④ 아날로그식 감지기는 개별 정보의 송출을 위해 감지기마다 고유의 번지(주소)를 지정하여 Addressable analogue sensor로 사용되므로, 감지기의 착·탈유무를 상시 감시할 수 있는 기능도 내장되어 있다.

중계기에 대하여 기술하시오.

1 개 요

(1) R형 설비에서 사용하는 신호전송장치

(2) 감지기 및 발신기 등 로컬기기장치와 수신기 사이에 설치

(3) 화재신호를 수신기에 통보하고 이에 대응하는 출력신호를 로컬기기장치에 송출하는 중계 역할을 하는 기기

2 중계기 설치기준

(1) 수신기에서 직접 감지기 회로의 도통시험을 행하지 아니하는 것에 있어서는 수신기와 감지기 사이에 설치할 것

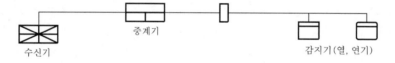

(2) 조작 및 점검에 편리하고 화재 및 침수 등의 재해로 인한 피해를 받을 우려가 없는 장소에 설치할 것

(3) 전원입력측의 배선에 과전류차단기를 설치하고 당해 전원의 정전이 즉시 수신기에 표시되는 것으로 하며, 상용전원 및 예비전원의 시험을 할 수 있도록 할 것

3 중계기의 종류

(1) 집합형

① 전원장치를 내장(AC 110/220[V]), 보통 전기 Pit실에 설치
② 회로는 대용량(30~40회로)의 회로를 수용, 하나의 중계기당 보통 1~3개 층을 담당

(2) 분산형

① 전원장치를 내장하지 않고, 수신기의 전원(DC 24[V])을 이용하여 발신기함 등에 내장 설치
② 회로는 소용량(5회로 미만)으로 로컬기기별 중계기 설치

4 집합형과 분산형의 중계기별 비교

구 분	집합형	분산형
전원장치	• 외부전원 : AC 110/220[V] • 내부에 정류기 및 비상축전지를 내장하고 있다.	• 방재실에 설치된 R형 수신기의 전원 장치인 DC 24[V]를 이용한다. • 별도의 전원장치가 없다.
용량	대용량(30~40회로)	소용량(5회로 미만)
유지보수	수리 및 유지관리가 편리하다.	중계기 이상발생시 새로운 중계기로 교체해야 한다.
설치방법	• 전기피트 내부에 설치 • 1~3개층당 1개씩	• 발신기함 또는 별도의 격납함에 설치 • 각 로컬기기별 1개씩
전원공급 사고시 대응성	내장 예비전원에 의해 정상작동	중계기 전원선로 사고시 해당 계통 전체 마비
적용대상	• 전압강하 우려 장소 • 대단위 공장, 학교, 연구단지, 공항, 병원 초고층 건축물 등	• 전기피트가 좁은 건축물 • 아날로그 감지기 설치장소
중계기 통신계통 사고시 Back up 기능	중계기 독립제어기능으로 자동절환되어 정상적인 방재업무 수행	2중 포설에 의한 루프 Back up 기능을 보유하며, Isolator를 추가 설치
통신방식	Pulse code modulation 방식	Pulse position modulation 방식
형식승인	R형	GR형
중계기 전원공급선로	거리에 따른 전압강하율은 중계기와 로컬기기 장치 간의 거리가 짧아 문제가 되지 않는다.	부하전류가 크거나 거리가 멀어질수록 전선굵기가 비례적으로 굵어진다.
수신기수	1채널	4~16채널
아날로그식 감지기에 의한 농도 · 온도검출기능 및 예비경보기능	없다.	있다.

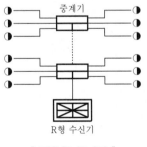

‖ 집합형 중계기 ‖

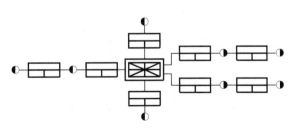

‖ 분산형 중계기 ‖

R형 중계기를 설명하시오.

1 개 요

R형 수신기는 감지기 또는 발신기에서의 신호를 중계기를 통하여 고유신호를 전송하여 수신기에 통보하는 방식으로, 멀티플렉싱에 의해 전압강하나 간선증가의 문제점을 해결한 수신기이다.

2 R형 시스템의 특징

(1) 멀티플렉싱 방식의 송·수신으로 간선 수가 적게 든다.

(2) 중계기를 사용하므로 전압강하의 우려가 낮다.

(3) 일부 중계기가 고장나더라도 다른 중계기들은 정상작동되므로, 신뢰성이 높다.

(4) 건물의 증축이나 개축에 따른 증설 및 이설이 용이하다.

(5) 수신반에서 CRT display 및 프린트가 가능하다.

(6) 댐퍼, 방화셔터 등에 대한 원격제어가 가능하다.

3 R형 시스템의 구성

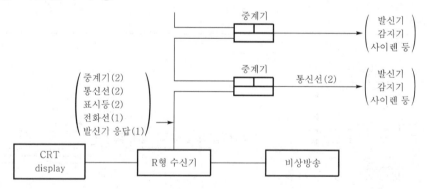

4 R형 중계기

(1) 역할

감지기 또는 발신기의 신호를 받아 수신기로 발신하고, 소화설비, 배연설비 등 방재를 위한 설비의 제어신호를 수신하여 중계한다.

(2) 종류

① R형 수신기에 사용하는 것

② 연기감지기에 사용하는 것

③ 소화설비, 배연설비 등 방재설비에 제어신호를 수신하며 중계하는 것

(3) 구조와 기능

① 수신기에서 전력공급되지 않는 방식의 중계기

　㉠ 정전시 자동으로 예비전원절환

　㉡ 정전을 수신시 표시장치

　㉢ 예비전원 양부시험장치

② 하나의 중계기는 100회선까지 담당

③ 각 감지기마다 다른 디지털 신호로 변화하여(고유신호로 변조된) 수신기로 전송

(4) 장점

증설·변경 용이, 공사기간 단축, 선로회선 수 감소, 컴퓨터화 가능 등이다.

(5) 설치기준

① 수신기에서 직접 감지기 회로의 도통시험을 하지 않는 것은 수신기와 감지기 사이에 설치

② 조작 및 점검에 편리하고 방화상 유효한 장소

③ 수신기에서 전력공급받지 않는 때

　㉠ 전원입력측 과전류차단기

　㉡ 정전의 수신기 표시

　㉢ 예비전원 양수시험

④ 회로도통시험 예비전원 시험장치

⑤ 바닥에서 0.8~1.5[m]

자동화재탐지설비의 발신기에 대하여 기술하시오.

1 정 의

발신기는 화재발생신호를 수신기에 수동으로 발신하는 장치이다.

2 개 요

(1) 화재발생을 발견한 사람이 수동조작에 의해 화재신호를 수신기에 전달하는 장치이다.

(2) 종류로는 P형, T형, M형이 있으나 국내에서는 주로 P형을 사용하고 있으며, 1급과 2급으로 나누어진다.

(3) P형 발신기의 기능비교

종 별	누름스위치	전화연락장치	응답장치	접속수신기
P형 1급	○	○	○	P형 1급
P형 2급	○	×	×	P형 2급

3 P형 발신기 및 기타 발신기

(1) **P형 1급 발신기** : 누름단추스위치 형태로 P형 1급 수신기 및 R형 수신기의 중계기에 연결해서 사용하는 것이다. 발신자가 발신상태를 확인할 수 있는 응답확인 램프가 있고, 수신기와 발신기 간 상호연락을 취할 수 있는 전화장치를 가지고 있다.

(2) **P형 2급 발신기** : P형 2급 수신기에 연결해서 사용하는 것으로 누름단추기능만 가지고 있다.

(3) **T형 발신기** : 발신기의 송 · 수화기를 들면 수신기로 화재신호가 발신되면서 수신기와 상호통화가 가능한 발신장치이다.

(4) **M형 발신기** : 발신기의 누름단추를 작동시 발신기 고유의 신호가 소방관서에 설치된 M형 수신기에 전달된다. 하나의 배선에 모든 발신기를 직렬로 접속하고 각 발신기의 고유신호를 달리하는 발신장치이다.

4 발신기의 설치기준

(1) 조작이 쉬운 장소에 설치하고, 그 누름스위치는 바닥으로부터 0.8[m] 이상 1.5[m] 이하의 높이에 설치한다.

(2) 발신기를 설치하는 경우에는 감지기 회로의 끝 부분에 설치한다.

(3) 소방대상물의 층마다 설치하되, 당해 소방대상물의 각 부분으로부터 하나의 발신기까지의 수평거리가 25[m] 이하가 되도록 한다(지하가 중 터널의 경우는 주행방향의 측벽길이가 50[m] 이내). 다만, 복도 또는 별도로 구획된 실로서 보행거리가 40[m] 이상일 경우에는 추가로 설치한다.

(4) 발신기의 위치표시등
   ① 함의 상부에 설치한다.
   ② 부착면으로부터 15° 이상의 범위 안에서 부착지점으로부터 10[m] 이내의 어느 곳에서도 쉽게 식별할 수 있는 적색등으로 하여야 한다.

5 자동화재탐지설비의 음향장치

(1) 자동화재탐지설비 음향장치의 시설기준
   ① 주음향장치는 수신기의 내부 또는 그 직근에 설치할 것
   ② 지구음향장치는 소방대상물의 층마다 설치하되 당해 소방대상물의 각 부분으로부터 하나의 음향장치까지의 수평거리가 25[m] 이하가 되도록 하고 당해 층의 각 부분에 유효하게 경보를 발할 수 있도록 할 것
   ③ 음향장치는 다음의 기준에 의한 구조 및 성능의 것으로 할 것
      ㉠ 정격전압의 80[%] 전압에서 음향을 발할 수 있는 것으로 할 것
      ㉡ 음량은 부착된 음향장치의 중심으로부터 1[m] 떨어진 위치에서 90[dB] 이상일 것
      ㉢ 감지기의 작동과 연동하여 작동할 수 있는 것으로 할 것
   ④ 하나의 소방대상물에 둘 이상의 수신기가 설치된 경우 어느 수신기에서나 지구음향장치를 작동할 것

(2) 경보의 방식

5층 이상으로서 연면적이 3,000[m²]를 초과 및 30층 이상의 특정 소방대상물은 다음과 같이 경보를 발할 것

발화층	5층 이상의 층	층수가 30층 이상
2층 이상	발화층+그 직상층	발화층, 그 직상 4개층
1층	발화층, 그 직상층, 지하 전 층	발화층, 그 직상 4개층, 지하 전 층
지하층	발화층+직상층+기타의 지하층	발화층, 그 직상층, 지하 전 층

발신기의 배선 수 설계기준에 대하여 기술하시오.

발신기는 기본 배선이 7선으로 경계구역 및 경보의 방식에 따라 배선 수가 증가되며, 경계구역별 배선 수는 다음과 같다.

(1) 회로선 : 경계구역마다 1선씩 추가

(2) 회로공통선 : 7경계구역(회로)마다 1선씩 추가

(3) 경종선

　① 전 층 경보방식 : 1선(층수와 무관)
　② 직상층 · 발화층 우선경보방식
　　㉠ 지상층 부분 → 층별로 1선씩 추가
　　㉡ 지하층 부분 → 1선(층수와 무관)

(4) 전화선 : 1선(경계구역수와 무관)

(5) 응답선 : 1선(경계구역수와 무관)

(6) 표시등선 : 1선(경계구역수와 무관)

(7) 경종 · 표시등 공통선 : 1선(경계구역수와 무관)

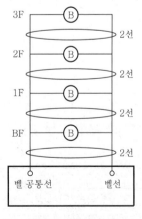

| 전 층 경보방식 |

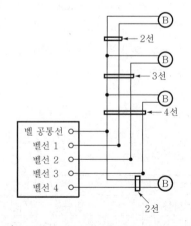

| 직상층 · 발화층 우선경보방식 |

자동화재탐지설비의 전원 및 배선기준에 대하여 기술하시오.

1 전원기준

(1) 상용전원

① 전원은 전기가 정상적으로 공급되는 축전지 또는 교류전압의 옥내간선으로 하고 전원까지의 배선은 전용으로 할 것

② 개폐기에는 "자동화재탐지설비용"이라고 표시한 표지를 할 것

(2) 비상전원

감시상태를 60분간 지속한 후 유효하게 10분 이상 경보하는 축전지설비(수신기에 내장된 것 포함)로 할 것. 다만, 상용전원이 축전지설비인 경우는 그러하지 아니하다(자동화재탐지설비의 비상전원은 축전지설비에 한하여 인정하고 있으며, 단서조항의 의미는 자동화재탐지설비의 상용전원을 축전지설비로 공급할 경우 수신기에 별도의 비상전원용 축전지를 설치할 필요가 없으므로 동일한 조항을 신설한 것).

2 배선기준

(1) 송배선방식

① 목적 : 송배선방식이란 도통시험을 확실하게 하기 위한 배선방식으로 일명 보내기방식이라고 한다.

② 적용 : 감지기 배선은 감지기 1극에 2개씩 총 4개의 단자를 이용하여 배선을 하며, 배선의 도중에서 분기하지 않도록 다음 그림과 같이 시공하는 배선방식을 말한다. 또한 감지기 말단에 있는 발신기 내에 종단저항을 설치하여 도통시험이 가능하도록 한다.

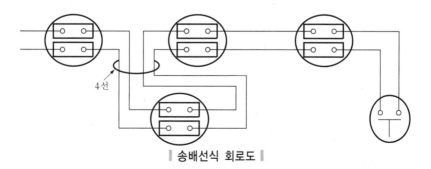

▮ 송배선식 회로도 ▮

(2) 배선의 배관

배선은 다른 전선과 별도의 관, 덕트(절연효력이 있는 것으로 구획한 때에는 그 구획된 부분은 별개의 덕트로 봄), 몰드 또는 풀박스 등에 설치할 것. 다만, 60[V] 미만의 약전류 회로에 사용하는 전선으로서 각각의 전압이 같을 때에는 그러하지 아니하다.

(3) 공통선

P형 수신기 및 GP형 수신기의 감지기 회로의 배선에 있어서 하나의 공통선에 접속할 수 있는 경계구역은 7개 이하로 해야 한다.

(4) 선로저항

① 감지기 회로의 전로저항은 50[Ω] 이하가 되도록 하여야 한다.
② 수신기의 각 회로별 종단에 설치되는 감지기에 접속되는 배선의 전압은 감지기 정 격전압의 80[%] 이상이어야 한다.
③ 전로저항은 선로 자체의 전선저항 및 접속점 저항을 의미한다.

NFPA 기준의 자동화재탐지설비에 대한 구분방법에 대하여 기술하시오.

1 개 요

NFPA에는 자동화재탐지설비를 입력장치, 통보장치, 신호선로장치를 사용하는 3가지의 기본적인 형태로 구분하고 있다.

2 설비의 구성상 구분

(1) 입력장치회로(IDC ; Initiating Device Circuit)

① 정의 : 자동화재탐지설비의 수신기나 중계기에 화재발생을 통보하는 주소기능이 없는 입력장치에 사용하는 회로(즉, 연기감지기, 수동발신기, 감시스위치 등과 같이 자동 또는 수동기동장치가 연결되는 회로)이다.

② 입력장치 종류

㉠ 아날로그형 입력장치 : 수동발신기

㉡ 감지기류 : 열, 연기, 불꽃, 가스감지기 등

㉢ 감시용 스위치류 : 발신기, Flow SW, Pressure SW 등

㉣ 각종 감시용 기기접점 : Tamper SW, 탱크저수위 SW, 각 펌프 및 댐퍼조절용

(2) 통보장치회로(NAC ; Notification Appliance Circuits)

① 정의 : 입력장치에 의한 화재발생신호에 대응하여 수신반에서 관계자에게 화재의 발생을 통보하고 대피와 소화활동에 필요한 신호를 발생시키는 장치에 사용되는 회로(즉, 음향 또는 시각표시용 화재경보설비장치에 연결되는 회로 또는 경로)이다.

② 종류

㉠ 청각용 통보장치 : 벨, 혼, 부저, 사이렌, 스피커, 소방관용 전화 등

㉡ 시각용 통보장치 : 스트로브, 프린터, 모니터 등

㉢ 촉각용 통보장치

(3) 신호선로회로(SLC ; Signaling Line Circuits)

① 정의 : R형 시스템에서 통신선로를 이용하여 입력장치와 수신기, 수신기와 수신기, 수신기와 중계기 간의 통신에 사용되는 다중통신회로이다.

② 종류 : R형 수신기, 중계기, 주소(address)기능이 있는 감지기

3 클래스(class)별 회로 구성 및 특성

(1) Class B(일반배선방식)

① 회로구성

‖ Class B 배선방식 ‖

② 특성
　㉠ 수신기와 기기 간 통신이 단방향이다.
　㉡ 지락고장 때 경보신호를 송신할 수 있는 회로이다.
　㉢ 단선시나 단락시는 통신이 불가능하다.

(2) Class A(루프배선방식)

① 회로구성

‖ Class A 배선방식 ‖

② 특성
　㉠ 수신기와 기기 간 통신이 양방향으로 루프(loop)배선방식으로 단선, 지락, 단선과
　　지락일 경우만 경보가 가능하다.
　㉡ 지락 또는 단선 고장 때 경보신호를 송신할 수 있는 회로이다.

(3) Class X(루프배선방식 + 아이솔레이터 기능)

① 회로구성

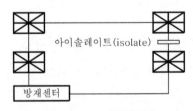

‖ Class X 배선방식 ‖

② Class X 특성
　㉠ 수신기와 수신기 간 또는 수신기와 감지기 간 통신이 양방향으로 단선, 지락, 단락,
　　단선과 지락일 경우만 경보가 가능하다.
　㉡ 단락시 경보가 가능한 것은 로컬(local)수신기 자체에 아이솔레이트(isolate)기능이
　　있어 고장회로 분리 후 통신이 가능하기 때문이다.

ⓒ 지락, 단선 또는 단락 고장 때 경보신호를 송신할 수 있다.

4 클래스(class) 배선별 특징 및 고장표시, 경보능력

(1) 클래스(class) 배선별 특징

구 분	내 용
클래스 (class) A	• 루프(loop)배선방식으로 단선이나 지락시에도 정상작동을 요구한다. • 단선된 지점 이후에서도 정상적인 작동을 할 수 있어야 한다. • 별도의 경로를 적용한다. • 고장이 발생한 경우 해당 상황에 대해 이를 통보한다. • 단락의 경우 정상작동이 되지 않는다.
클래스 (class) B	• 일반배선방식으로 단선된 지점부터는 경보나 감시신호를 전송하지 못한다. • 별도의 경로는 적용하지 아니한다. • 단선된 지점 이후에서는 정상적인 작동을 하지 못한다. • 고장 발생시 해당 상황을 통보한다.
클래스 (class) C	• LAN, WAN, 인터넷, 무선통신망 등을 사용하는 경보설비를 위한 양단 간 통신의 경로이다. • 개별 경로에 대한 감시기능은 없으나 양단 간 통신에서 발생하는 손실에 대해서는 표시되어야 한다.
클래스 (class) D	경로에 대한 고장상태가 통보되지는 않지만 페일 세이프(fail safe) 기능이 있어 회로고장이 발생할 경우 사전에 지정된 기능을 대신 수행할 수 있는 것을 말한다.
클래스 (class) E	선로에 대한 이상 유무 감시기능이 해당되지 않는 경로이다.
클래스 (class) X	• SLC에 있어서 단선, 지락, 단락시에도 정상작동을 요구한다. • 별도의 경로가 있어야 한다. • 단락이나 단선된 지점 이후에서도 정상적인 작동을 할 수 있어야 한다. • 고장이 발생한 경우 해당 상황에 대해 표시한다. • SLC에 있어서 구 Class A Style 7인 경로를 말한다. • 종전 Class A Style 6와 Class A Style 7에 대해 성능 구분을 명확히 하고자 SLC의 성능을 Class A Style 7을 Class X로 개정한다.

(2) 클래스(class) 배선별 고장표시와 경보능력

Class	기 능	단 선	지 락	단 락	단선+지락	단선+단락	단락+지락
B	고장표시	○	○	○	○	○	○
	고장 중 표시		○				
A	고장표시	○	○	○	○	○	○
	고장 중 표시	○	○		○		
X	고장표시	○	○	○	○	○	○
	고장 중 표시	○	○	○	○		

5 결 론

입력장치회로(IDC), 통보장치회로(NAC), 신호선로회로(SLC)는 선로의 비정상상태에서도 그 기능을 계속할 수 있는지의 여부에 따라 이를 클래스(class)로 구분한다.

문제 **31**

R-type 자동화재탐지설비의 네트워크 통신에 사용되는 방식에 대하여 설명하시오.

1 R형 수신기의 개념

(1) 화재신호를 중계를 통해 수신하여 경보 또는 통보하는 장치이다.

(2) 수신기 요구성능 : 신속성 + 정확성 + 신뢰성

(3) 이 타입의 네트워크는 크게 3가지 회로인 입력장치회로, 통보장치회로, 신호선로회로로 구분된다.

2 설비의 구성상 구분

(1) 입력장치회로(IDC ; Initiating Device Circuit)

① 정의 : 자동화재탐지설비의 수신기나 중계기에 화재발생을 통보하는 주소기능이 없는 입력장치에 사용하는 회로(즉, 연기감지기, 수동발신기, 감시스위치 등과 같이 자동 또는 수동기동장치가 연결되는 회로)이다.

② 입력장치 종류

　㉠ 아날로그형 입력장치 : 수동발신기

　㉡ 감지기류 : 열, 연기, 불꽃, 가스감지기 등

　㉢ 감시용 스위치류 : 발신기, Flow SW, Pressure SW 등

　㉣ 각종 감시용 기기접점 : Tamper SW, 탱크저수위 SW, 각 펌프 및 댐퍼조절용

(2) 통보장치회로(NAC ; Notification Appliance Circuits)

① 정의 : 입력장치에 의한 화재발생신호에 대응하여 수신반에서 관계자에게 화재의 발생을 통보하고 대피와 소화활동에 필요한 신호를 발생시키는 장치에 사용되는 회로(즉, 음향 또는 시각표시용 화재경보설비장치에 연결되는 회로 또는 경로)이다.

② 종류

　㉠ 청각용 통보장치 : 벨, 혼, 부저, 사이렌, 스피커, 소방관용 전화 등

　㉡ 시각용 통보장치 : 스트로브, 프린터, 모니터 등

　㉢ 촉각용 통보장치

(3) 신호선로회로(SLC ; Signaling Line Circuits)

① 정의 : R형 시스템에서 통신선로를 이용하여 입력장치와 수신기, 수신기와 수신기, 수신기와 중계기 간의 통신에 사용되는 다중통신회로이다.

② 종류

　㉠ R형 수신기

　㉡ 중계기

　㉢ 주소(address)기능이 있는 감지기

3 클래스(class)별 회로 구성 및 특성

(1) Class B(일반배선방식)

① 회로구성

┃ Class B 배선방식 ┃

② 특성

　㉠ 수신기와 기기 간 통신이 단방향이다.

　㉡ 지락고장 때 경보신호를 송신할 수 있는 회로이다.

　㉢ 단선시나 단락시는 통신이 불가능하다.

(2) Class A(루프배선방식)

① 회로구성

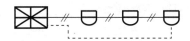

┃ Class A 배선방식 ┃

② 특성

　㉠ 수신기와 기기 간 통신이 양방향으로 루프(loop)배선방식으로 단선, 지락, 단선과 지락일 경우만 경보가 가능하다.

　㉡ 지락 또는 단선 고장 때 경보신호를 송신할 수 있는 회로이다.

(3) Class X(루프배선방식 + 아이솔레이터 기능)

① 회로구성

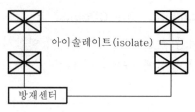

| Class X 배선방식 |

② Class X 특성

㉠ 수신기와 수신기 간 또는 수신기와 감지기 간 통신이 양방향으로 단선, 지락, 단락, 단선과 지락일 경우만 경보가 가능하다.

㉡ 단락시 경보가 가능한 것은 로컬(local)수신기 자체에 아이솔레이트(isolate)기능이 있어 고장회로 분리 후 통신이 가능하기 때문이다.

㉢ 지락, 단선 또는 단락 고장 때 경보신호를 송신할 수 있다.

4 클래스(class) 배선별 특징 및 고장표시, 경보능력

(1) 클래스(class) 배선별 특징

구 분	내 용
클래스 (class) A	• 루프(loop)배선방식으로 단선이나 지락시에도 정상작동을 요구한다. • 단선된 지점 이후에서도 정상적인 작동을 할 수 있어야 한다. • 별도의 경로를 적용한다. • 고장이 발생한 경우 해당 상황에 대해 이를 통보한다. • 단락의 경우 정상작동이 되지 않는다.
클래스 (class) B	• 일반배선방식으로 단선된 지점부터는 경보나 감시신호를 전송하지 못한다. • 별도의 경로는 적용하지 아니한다. • 단선된 지점 이후에서는 정상적인 작동을 하지 못한다. • 고장 발생시 해당 상황을 통보한다.
클래스 (class) C	• LAN, WAN, 인터넷, 무선통신망 등을 사용하는 경보설비를 위한 양단 간 통신의 경로이다. • 개별 경로에 대한 감시기능은 없으나 양단 간 통신에서 발생하는 손실에 대해서는 표시되어야 한다.
클래스 (class) D	경로에 대한 고장상태가 통보되지는 않지만 페일 세이프(fail safe) 기능이 있어 회로고장이 발생할 경우 사전에 지정된 기능을 대신 수행할 수 있는 것을 말한다.
클래스 (class) E	선로에 대한 이상 유무 감시기능이 해당되지 않는 경로이다.
클래스 (class) X	• SLC에 있어서 단선, 지락, 단락시에도 정상작동을 요구한다. • 별도의 경로가 있어야 한다. • 단락이나 단선된 지점 이후에서도 정상적인 작동을 할 수 있어야 한다. • 고장이 발생한 경우 해당 상황에 대해 표시한다. • SLC에 있어서 구 Class A Style 7인 경로를 말한다. • 종전 Class A Style 6와 Class A Style 7에 대해 성능 구분을 명확히 하고자 SLC의 성능을 Class A Style 7을 Class X로 개정한다.

(2) 클래스(class) 배선별 고장표시와 경보능력

Class	기 능	단 선	지 락	단 락	단선+지락	단선+단락	단락+지락
B	고장표시	○	○	○	○	○	○
	고장 중 표시		○				
A	고장표시	○	○	○	○	○	○
	고장 중 표시	○	○		○		
X	고장표시	○	○	○	○	○	○
	고장 중 표시	○	○	○	○		

자동화재탐지설비의 입·출력신호방식에 대하여 기술하시오.

1 일반신호방식(conventional type)

기기작동신호를 On/Off 방식의 접점신호로 관련 신호를 송·수신하는 방식이다.

2 주소화방식(addressable type)

기기 자신이 고유주소(address)를 가지고 있어 기기작동시 자신의 고유주소(위치)와 함께 작동상황에 대한 부호를 수신반에 통보하고, 수신반에서 관련 기기의 제어시에도 해당 주소에 따라 제어신호를 전송하는 방식이다.

3 아날로그주소화방식(analogue addressable type)

주소화방식에서는 기기 자신의 동작상태를 자기 자신의 고유주소와 함께 단순부호로 변환하여 전송하나, 아날로그방식은 자기 자신의 주소(위치)와 함께 감지기 자신이 탐지한 연기농도나 온도에 대한 아날로그 값을 수신반에 전송하는 방식이다.

R형 설비의 통신방법에 대하여 기술하시오.

1 다중통신의 개념

(1) R형은 로컬기기에서 중계기까지는 P형과 동일한 배선방식이나 중계기에서 수신기까지는 2선의 신호선만을 수많은 입력 및 출력신호를 주고받게 된다.

(2) 2선을 이용하여 양방향으로 수많은 입·출력신호를 고유신호로 변환하여 전송하는 방식을 다중(multiflexing)통신이라 한다.

2 다중통신방법

(1) 전송방식

중계기가 많을 경우 수신기에서 중계기마다 송·수신을 하기 위해서는 시분할을 하고 있으나 디지털데이터의 경우 펄스의 1비트당 시간이 짧은 관계로 시스템에서는 시간지연을 느낄 수 없다.

(2) 변조방식

① 신호를 디지털데이터로 변환하여 이를 전송하기 위해서 모든 정보를 0과 1의 디지털신호를 변환하여 송·수신한다.

② 노이즈를 줄이고, 경제성을 위해서 PCM 변조를 사용한 방식을 채택한다.

(3) 신호처리방식

아날로그형식의 감지기 또는 중계기에서 자기 번지가 틀리면 통과(pass)시키고, 동일 번지일 경우에 한하여 수신하는 Polling adressing 방법을 사용한다.

3 신호선

(1) 아날로그식, 다신호식 감지기나 R형 수신기용으로 사용되는 통신선은 전자파 방해를 방지하기 위하여 쉴드선을 사용한다.

(2) 소방시설용의 신호선에서 요구되는 전자적 조건

① 신호선은 전력선이 아닌 분류상 제어용 케이블이다. 소방용 경보설비에 적용되는

경우 경보설비의 전송신호가 매우 미약한 신호로서, 전자파 및 전자유도에 의해 오동작될 우려가 있다.

② 이의 방지는 신호선을 차폐선으로 사용하고, 차폐선은 전자유도를 최소화하기 위하여 동테이프나 알루미늄테이프를 감거나 또는 동선을 편조(編粗)한다.

③ 아울러 신호선 2가닥을 서로 꼬아서 자계(磁界)를 서로 상쇄시키도록 하며, 이러한 선을 Twist pair cable이라 한다.

(3) R형 설비에서 적용되는 차폐선을 사용하여야 하며, 그 종류로는 다음의 2종류가 있다.

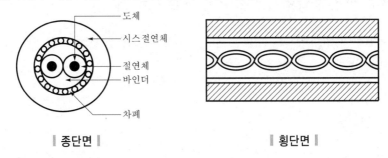

| 종단면 | | 횡단면 |

① 내열성 케이블(H-CVV-SB)
  ㉠ 비닐절연 비닐시스 내열성 제어용 케이블
  ㉡ 동선을 여러 가닥으로 직조한 동선편조방식으로 정전차폐를 이용한 방식
  ㉢ 동선편조의 사유 : 통신선 주위에 고압선이 있을 경우 유도장해에 따라 오동작될 우려를 보완하는 목적
  ㉣ 동선을 편조하여서, 굴곡성이 양호하고 차폐효과가 우수하여 일종의 정전차폐를 이용한 것
  ㉤ 주의점 : 차폐 부분은 서로 간에 접속한 후 반드시 접지할 것
  ㉥ 내열성은 R형 설비에서 신호선으로 사용하는 가장 일반적인 신호선
② 난연성 케이블(FR-CVV-SB)
  ㉠ 비닐절연 비닐시스 난연성 제어케이블
  ㉡ 동선편조를 이용 : 가는 동선을 여러 가닥으로 직조한 것

문제 34

R형 자동화재탐지설비의 신호전송선로에 트위스트 쉴드선을 사용하는 이유를 제시하고, 선로시공시 주의사항을 설명하시오.

문제 34-1 방재센터와 중계기 간의 통신선로가 다른 전력선(동력선 등)과 함께 부설되는 경우, 이들 선로 간에 적절한 이격거리를 두지 못할 때 통신전달기능에 이상이 발생하기도 한다. 그 원인과 대책에 대해 기술하시오.

1 개 요

자동화재탐지설비의 배선 중 아날로그식, 다신호식, R형 수신기용으로 사용되는 것은 전자파 방해를 방지하기 위하여 쉴드선 등을 사용하도록 규정하고 있다.

2 쉴드선의 적용 및 특성

(1) 「소방기술기준에 관한 규칙」에 의거 내열배선의 규정에 적합한 것으로는 다음과 같다.

전선의 명칭	영문기호	차폐방식
제어용 가교 폴리에틸렌 비닐시스 동테이프 차폐케이블	CCV−S	동테이프차폐
제어용 가교 폴리에틸렌 절연 비닐시스 케이블	CCV−SB	동선편조차폐
난연성 비닐절연 비닐시스 케이블	FR−CVV−SB	
내열성 비닐절연 내열성 비닐시스 제어용 케이블	H−CVV−SB	

(2) 차폐방식에는 동테이프차폐와 동선편조차폐방식이 있으며, 장단점은 다음과 같다.

차폐방식	구 조	특 징
동테이프차폐(S)	동 또는 알미늄테이프 등을 피차폐체 위에 감는 방식	• 가격이 저렴하다. • 유연성, 굴곡성이 없다. • 접지가 용이하다.
동선편조차폐(SB)	가느다란 동선 여러 가닥을 직조한 방식	• 구조적으로 매우 안전하다. • 굴곡성이 뛰어나다. • 쉴드효과가 우수하다.

따라서, 경제성과 기능적인 면을 고려하면 H−CVV−SB 케이블을 적용하는 것이 가장 유리하다.

3 신호전송선로에 트위스트페어(twisted pair)를 사용하는 이유

(1) 신호선과 떨어진 강배전선로에 의한 전자유도를 극소화하기 위해서는 그림과 같이 신호전송선로 2가닥을 서로 꼬아서 방해를 주는 자계를 서로 상쇄시키는 방법이 가장 효율적이므로 트위스트페어 케이블을 주로 사용한다.

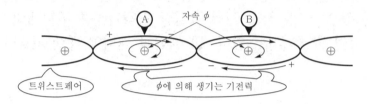

│ 트위스트페어의 전자유도현상 │

(2) 트위스트케이블을 사용하면 위의 그림에서 보는 바와 같이 방해를 주는 자계는 Ⓐ 부분에서 오른나사의 법칙에 따라 화살표 방향으로 잡음에 의한 기전력이 발생되며, Ⓑ 부분에서도 화살표 방향으로 기전력이 발생되어 이 두 영역의 기전력은 서로 상쇄된다.

(3) 따라서, 일반케이블을 사용하는 경우에 비하여 트위스트 케이블을 사용할 때는 전자유도 방해를 거의 받지 않게 된다는 것을 알 수 있다.

(4) 결과적으로 R형 시스템에는 트위스트 처리가 된 전용 신호전송케이블을 적용해야만 시스템의 신뢰도를 높일 수 있게 된다.

4 R형 쉴드선의 시공시 주의사항

(1) 수신기와 중계기의 성능이 아무리 뛰어나더라도 이들을 연결하여 신호를 송·수신하는 전송로(傳送路), 즉 배선의 시공상태가 좋지 않을 경우에는 고성능의 자동차가 비포장도로를 달리는 것과 같다고 할 수 있다. 따라서, 방재시스템이 정상적으로 가동될 수 없다는 것은 당연한 결과로 나타나게 된다.

(2) 쉴드선의 공사방법

① 신호전송선로에 차폐처리를 하는 목적은 전자유도를 방지하기 위한 것인데, 다음 그림과 같이 시공한 경우에는 방재전자파가 유도될 경우에 접지 부분과 연결되어 있지 않으므로 차폐가 안 된 일반전선을 사용한 경우보다 전자유도에 의한 간섭을 더 많이 받게 된다.

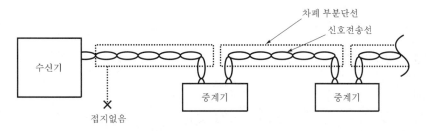

∥ R형 쉴드선의 접지 미시공상태 ∥

② 즉, 쉴드선의 차폐 부분은 다음 그림과 같이 서로 접속하여 수신기에서 별도 접지 해야만 차폐효과를 기대할 수 있다. 이때, 차폐 부분은 함체 또는 배관 부분 등에 접촉되지 않도록 처리하여야 전자유도를 방지할 수 있게 된다.

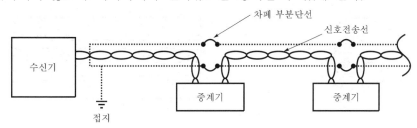

∥ R형 쉴드선의 접지시공상태 ∥

5 R형 시스템 전용 신호전송케이블의 사양

(1) 목적

R형 시스템에 적용되는 Pulse code modulation 방식에 사용되는 신호전송선로로서, 통신을 수행할 때 수신기로부터 로컬에 설치되는 중계기 간에 외부로부터 유도되는 노이즈에 의하여 변화가 발생하지 않도록 하기 위하여 사용되는 트위스트 케이블이다.

(2) 형별 : HCVV−SB 1.2[mm]×1pr 트위스트 케이블

(3) 내열성능 : KSC3328, 600[V] Heat−resistante PVC insulated wires

(4) 차폐방식 : 동편조차폐

(5) 케이블 외경 : 약 9.5[mm]

(6) 절연저항 : 50[mΩ/km](20[℃] 기준)

(7) 도체저항 : 50[MΩ/km](20[℃] 기준)

(8) 계산중량 : 90[kg/km]

(9) 꼬임횟수 : 10~12[회/m]당

(10) 표준조장 : 300[m]

(11) 특성

① 외부 전자기파의 간섭에 의한 효율적 차폐기능

② Nomal mode noise를 상쇄시켜 주는 기능

③ 1.2[mm] 전선을 [m]당 10회 이상 꼬아서 쉴드처리함으로써 전송파형에 영향을 최소화

(12) 케이블 상세도

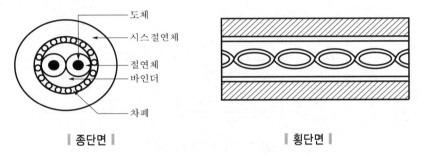

| 종단면 |　　　　　| 횡단면 |

(13) 기존 HIV 전선과의 자체 성능비교

① 피복 내 HIV 전선의 두 가닥의 길이가 차이가 나므로 선로포설시 a전선의 길이차이에 의하여 유도되는 노이즈 값의 차이가 발생된다. 즉 HIV의 두 각을 a전선의 길이를 L로 하면 나머지 b전선의 길이는 $L+D$로서 포설되므로, 이로 인한 유도장해가 발생한다.

② Twisted cable은 선로포설시 두 가닥의 전선길이가 같아 유도되는 노이즈의 값이 일정하며, 또한 유기되는 노이즈를 꼬여진 부분에서 서로 상쇄시킬 수 있다.

(14) 사용범위 : R형 수신기와 중계기 간 또는 아날로그식 감지기 간의 신호전송용도

(15) 설치기준 : 「소방기술기준에 관한 규칙」에 따를 것

자동화재탐지설비를 설계시 검토사항에 대하여 기술하시오.

1 개 요

자동화재탐지설비의 목적 및 구성에 대하여 간단히 언급해야 한다.

2 설계시 검토사항

(1) 엘리베이터 승강로의 연기감지기 설치

① 엘리베이터 승강로에 연기감지기 설치시 오동작의 우려가 있다.
② 엘리베이터 기계실 내에 연기감지기를 설치하되, 전용회로로 감시한다.

(2) 경보설비의 비상전원 종류

자동화재탐지설비의 경우 발전기를 비상전원으로 인정하지 않는다. 왜냐하면 상용이 정전시 비상전원 절체시간에 단속적인 결과로 그 시간 동안 화재확산의 피해 우려가 대단히 높기 때문이다. 그러므로 축전지만 자동화재탐지설비의 비상전원으로 인정하고 있다.

(3) 직상층 · 발화층의 우선경보

「화재안전기준」에 의하여 5층 이상으로서 연면적 3,000[m²] 초과의 장소는 구분경보(직상층 · 발화층의 우선경보)방식으로 할 것. 왜냐하면 일정 규모 이상의 건물에서 전 층 경보로 할 경우 일시에 많은 인명대피가 있어 오히려 혼란을 일으킬 수 있기 때문이다. 이 경우 경보방식은 다음과 같다.

┃ 5층 이상으로서 연면적이 3,000[m²]를 초과할 경우의 경보방식 ┃

화재층	우선 경보되는 층	
	30층 미만	30층 이상
2층 이상	발화층, 그 직상층	발화층, 그 직상 4개층
1층	발화층, 그 직상층 및 지하층	발화층, 그 직상 4개층 및 지하층
지하층	발화층, 그 직상층 및 기타 지하층	발화층, 그 직상층 및 기타 지하층

(4) 내화배선방법과 내열배선방법은 정확한 이해와 시공지도가 필요하다.

03 Section 피난설비, 소화활동설비, 도로터널 화재안전 등

문제 01

피난구유도등, 통로유도등, 객석유도등의 설치기준을 쓰시오.

1 개 요

(1) 피난설비의 하나로 화재시에 피난구와 피난방향을 명시함과 동시에 필요한 최소한도의 밝기를 조사함으로써 당해 소방대상물 내에 있는 관계자와 거주자 등이 안전하고 유효하게 피난할 수 있도록 하기 위한 녹색등을 말한다.

(2) 유도등은 보통 상용전원으로 점등하고 있지만, 상용전원이 정전되어도 비상전원으로 자동 절환되어 점등한다.

(3) 설치대상

① 피난구유도등, 통로유도등 및 유도표지 : 특정 소방대상물에 설치
② 객석유도등 : 유흥주점영업(캬바레, 나이트클럽 등)과 문화 및 집회시설, 종교시설, 운동시설에 설치

2 유도등의 종류

3 피난구유도등

(1) 화재시에 안전하고 신속하게 피난할 수 있도록 피난구 상부에 설치하며, 피난구란 뜻을 표시한 녹색바탕에 백색글씨의 등화이다.

(2) 크기에 따라 대형, 중형, 소형으로 구분된다.

(3) 피난구유도등의 설치장소

① 옥내로부터 직접 지상으로 통하는 출입구 및 그 부속실의 출입구
② 직통계단・직통계단의 계단실 및 그 부속실의 출입구
③ ①, ②에 따른 출입구에 이르는 복도 또는 통로로 통하는 출입구
④ 안전구획된 거실로 통하는 출입구

(4) 설치기준

① 피난구유도등은 피난구의 바닥으로부터 높이 1.5[m] 이상의 곳에 설치한다.
② 피난구유도등의 조명도는 피난구로부터 30[m]의 거리에서 문자 및 색채를 쉽게 식별할 수 있는 것으로 하여야 한다.

4 통로유도등

(1) 개념

화재시에 안전하고 신속하게 피난할 수 있도록 소방대상물 또는 그 부분의 복도, 계단, 통로, 기타 피난을 위한 설비가 있는 장소에 당해 장소의 조도가 피난상 유효하도록 설치하는 유도등으로 설치장소에 따라 거실통로유도등, 복도통로유도등, 계단통로유도등이 있다.

(2) 통로유도등의 구분 적용

구 분	복도통로유도등	거실통로유도등	계단통로유도등
설치장소	복도	거실통로	계단참, 경사로참
설치높이	바닥으로부터 1[m] 이하	바닥으로부터 1.5[m] 이상	바닥으로부터 1[m] 이하
설치거리	구부러진 모퉁이 및 보행거리 20[m]마다	구부러진 모퉁이 및 보행거리 20[m]마다	―
설치개수	$\dfrac{\text{구부러진 곳이 없는 부분의 보행거리[m]}}{20}-1$		각 층 계단참, 경사로참
설치기준	• 바닥에 설치하는 통로유도등은 하중에 따라 파괴되지 아니하는 강도일 것 • 통행에 지장이 없도록 설치할 것 • 주위에 이와 유사한 등화광고물・게시물 등을 설치하지 아니할 것 • 조도는 통로유도등의 바로 밑의 바닥으로부터 수평으로 0.5[m] 떨어진 지점에서 측정하여 1[lx] 이상(바닥에 매설한 것에 있어서는 통로유도등의 직상부 1[m]의 높이에서 측정하여 1[lx] 이상)일 것 • 통로유도등은 백색바탕에 녹색으로 피난방향을 표시 다만, 계단에 설치하는 것에 있어서는 피난의 방향을 표시하지 아니할 수 있다.		

5 객석유도등

(1) 극장 등에 화재가 발생한 경우에 관객 등이 혼란을 일으키지 않도록 객석의 바닥면이 피난상 유효한 조도(통로바닥의 중심선에서 측정)인 0.2[lx] 이상이 되도록 객석의 통로 부분에 설치한다.

(2) 객석 내의 통로가 경사로 또는 수평로로 되어 있는 부분에 있어서는 다음의 식에 따라 산출한 수(소수점 이하의 수는 1로 봄)의 유도등을 설치하며, 그 조도는 통로바닥의 중심선에서 0.5[m] 높이에서 측정하여 0.2[lx] 이상으로 한다.

$$설치개수 = \frac{객석통로의\ 직선부분의\ 길이[m]}{4} - 1$$

6 유도등의 전원

(1) 축전지, 전기저장장치 또는 교류전압의 옥내간선, 전원까지의 배선은 전용일 것

(2) 비상전원의 기준은 다음에 의한다.
　① 축전지로 할 것
　② 유도등을 20분 이상 유효하게 작동시킬 수 있는 용량. 다만, 다음 사항의 소방대상물일 경우는 그 부분에서 피난층에 이르는 부분의 유도등을 60분 이상 유효하게 작동될 수 있는 용량일 것
　　㉠ 지하층을 제외한 층수가 11층 이상의 층
　　㉡ 지하층 또는 무창층으로서 용도가 도매시장, 소매시장, 여객터미널, 지하역사, 지하상가

고휘도유도등(CCFL)의 점등원리를 설명하시오.

1 개 요

(1) CCFL(Cold Cathode Fluorescent Lamp)은 냉음극 형광램프로서 일종의 가스방전 발광방식이며, 이는 램프내부에 도포되어 있는 형광물질을 자극함으로써 빛을 발산시킨다.

(2) 현재 국내에서 이미 검정을 획득한 제품으로는 CCFL, LED, T5관 형광등을 사용한 제품이 있으며, 이는 전부 광효율이 높고, 수명이 길며, 전력소모가 적고, 슬림형의 특징을 가진다.

2 고휘도유도등의 특징

(1) 일반유도등과 달리 다양한 광원을 사용할 수 있으며, 휘도가 높다.

(2) 표시면의 크기 및 두께가 대폭 축소되어 소형화가 가능하다.

(3) 전력소비가 매우 적어 에너지절감이 가능하다.

(4) 일반유도등에 비해 수명이 매우 길다.

(5) 소형, 경량인 관계로 설치위치 변경 및 시공이 편리하다.

(6) 시각적으로 매우 미려하다.

(7) 설치공간을 최소화할 수 있으며, 이로 인하여 낮은 천장이나 출입문의 경우에도 시공이 가능하다.

(8) 일반유도등에 비해 가격이 매우 높다.

3 고휘도유도등의 종류

(1) CCFL

① 냉음극형 형광등(Cold Cathode Fluorescent Lamp)으로 일종의 가스방전 발광방식이다. 램프내부에 도포되어 있는 형광물질을 자극하여 빛을 발산시키는 원리로 전기에너지를 빛에너지로 바꾸는 전환장치이다.

② 우리가 사용하는 일반적인 형광등은 방전관이 방전을 시작할 때 열전자를 사용하는

열음극형이나 CCFL은 방전시 가열되지 않고 이온충격에 의한 2차 전자방출과 이
온의 재결합에 의해 생기는 광전자방출로 방전을 시작하는 형태의 형광등이다.

③ CCFL 형광램프의 관경은 2.6[mm]이다.

(2) LED(Light Emitting Diode)

발광 다이오드를 이용한 것으로 형광램프에 비해 광도는 낮으나 소비전력이 매우 적은
특징을 가지고 있으며, 또한 램프의 교체가 필요하지 않은 우수한 장점이 있다.

(3) T5

① 20~60[kHz]의 고주파를 이용하여 전자식 안정기로만 점등되는 형광램프이며, 이
에 비해 일반형광등은 60[Hz]로 자기식 안정기를 사용하는 제품이다.

② T5의 의미는 형광등 관경에 대한 규격으로서 일반유도등의 형광등 32[mm]는 T10,
28[mm]는 T9, 26[mm]는 T8이며, 16[mm]는 T5의 규격을 의미한다.

4 고휘도유도등의 구조

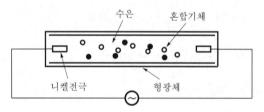

램프내부에는 2~10[mg] 정도의 수은, 아르곤, 네온의 혼합가스가 봉입되어 있다.

5 동작원리

(1) 전극 간에 고전압을 인가하면 관 내에 존재하는 전자가 전극(양극)에 이끌려 고속으로 이
동하고, 전극에 충돌하여 2차 전자를 방출한다.

(2) 방전에 의해 유동된 전자가 수은원자와 충돌하여 자외선(253.7[nm])을 발생하고, 이 자
외선이 형광물질을 자극하여 가시광선을 발광한다.

(3) Blue, Red, Green의 형광물질 배합비를 변경함에 따라 액정에 알맞은 발광색을 선택할
수 있다.

6 적용

(1) LCD용 백라이트, 유도등 및 교통신호등, FAX 및 스캐너, 광고용 라이터 패널

(2) 기타 디스플레이 전원

7 고휘도유도등과 일반유도등의 비교

구 분	고휘도유도등	일반유도등
램프관경	26[mm]	28~32[mm]
밝기	40,000[lx]	18,000[lx]
색온도	6,000[K]	4,500[K]
램프수명	60,000시간	6,000시간
소비전력	4.5[W]	17[W]

8 효 과

(1) 에너지절약효과

① 70[%] 이상의 소비전력 절감
② 과도한 에너지소비의 절감

(2) 유지보수에 따른 인건비 절감 및 램프 자재비용 절감

① 간단한 시공
② 수명이 길어 램프교체비용 절감

(3) 건축물과 융화된 디자인

외관이 미려하여 공간의 아름다움 창출

(4) 비상시 대피효과 상승

고휘도로서 높은 시인성

문제 03

고휘도유도등(CCFL)에서 2선식과 3선식 배선에 대하여 설명하시오.

1 개 요

(1) 피난구유도등을 상시 점등상태로 배선하는 방식을 2선식이라 하며, 이에 비해 평소에는 소등상태를 유지하다가 화재시(필요시, 비상시) 유도등이 점등되는 배선방식을 3선식 배선방식이라 한다.

(2) 3선식 배선방식은 2선식에 비해 장단점이 있으며, 과거에는 용도 및 장소에 관계없이 3선식 배선방식을 적용하였으나, 개정고시에서는 특정된 경우에 국한하여 3선식 배선방식을 적용할 수 있도록 기준을 대폭 제한하였다.

2 유도등 2선식 배선과 3선식 배선의 차이점

안전문제로 현재 2선식을 우선 시공한다.

(1) 2선식 배선(충전선과 공통선)

화재시 정전 등에 의하여 소등되면 자동적으로 예비전원에 의한 점등이 20분 이상 지속 후 소등된다. 이 경우 소등하게 되면 예비전원에 자동충전이 되지 않으므로 유도등으로서의 기능을 상실한다.

(2) 3선식 배선(흑색의 충전선, 백색의 공통선, 녹색 또는 적색의 기동선)

① 점멸기로 소등시 유도등은 꺼지나 상용전원에 의해 상시 충전되고 있는 상태이다.
② 정전 또는 단선이 되어 교류전압에 의한 전원공급이 중단되면 자동적으로 예비전원으로 절환되어 20분 이상 점등된다.

3 3선식 배선의 점등조건(점멸기를 설치하는 경우)

필요시 또는 비상시 아래와 같은 조건에서는 자동으로 점등되어야 한다.

(1) 자동화재탐지설비의 감지기 또는 발신기가 작동되는 때

(2) 비상경보설비의 발신기가 작동되는 때

(3) 상용전원이 정전되거나 전원선이 단선되는 때

(4) 방재업무를 통제하는 곳 또는 전기실의 배전반에서 수동으로 점등하는 때

(5) 자동소화설비가 작동되는 때

4 2선식과 3선식 방식의 배선방법

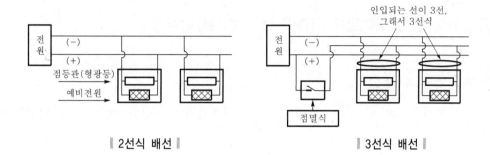

| 2선식 배선 |

| 3선식 배선 |

유도등의 전원 및 배선설치기준에 대하여 기술하시오.

1 유도등의 상용전원

유도등의 전원은 축전지, 전기저장장치 또는 교류전압의 옥내간선, 전원까지의 배선은 전용일 것

2 유도등의 비상전원

(1) 축전지로 할 것. 자동식 발전기는 유도등에서 인정되지 않는다.

(2) 유도등을 20분 이상 유효하게 작동시킬 수 있는 용량으로 하여야 한다.

(3) 다만, 다음의 소방대상물의 경우에는 그 부분에서 피난층에 이르는 부분의 유도등을 60분 이상 유효하게 작동시킬 수 있는 용량으로 하여야 한다.
   ① 지하층을 제외한 층수가 11층 이상의 층
   ② 지하층 또는 무창층으로서 용도가 도매시장, 소매시장, 여객자동차터미널, 지하역사 또는 지하상가

3 유도등의 배선

(1) 유도등의 인입선과 옥내배선은 직접 연결할 것

(2) 유도등은 전기회로에 점멸기를 설치하지 아니하고 항상 점등상태를 유지할 것

(3) 다만, 소방대상물 또는 그 부분에 사람이 없거나 다음에 해당하는 장소로서 3선식 배선에 따라 상시 충전되는 구조인 경우에는 그러하지 아니하다.
   ① 외부광(光)에 따라 피난구 또는 피난방향을 쉽게 식별할 수 있는 장소
   ② 공연장, 암실(暗室) 등으로서 어두워야 할 필요가 있는 장소
   ③ 소방대상물의 관계인 또는 종사원이 주로 사용하는 장소

4 유도등의 점등

3선식 배선에서 상시 충전되는 유도등의 전기회로에 점멸기를 설치하는 경우에는 다음의 하나에 해당되는 때에 점등되도록 할 것

(1) 자동화재탐지설비의 감지기 또는 발신기가 작동되는 때

(2) 비상경보설비의 발신기가 작동되는 때

(3) 상용전원이 정전되거나 전원선이 단선되는 때

(4) 방재업무를 통제하는 곳 또는 전기실의 배전반에서 수동으로 점등하는 때

(5) 자동소화설비가 작동되는 때

문제 05

유도등설비·설계시 검토할 사항을 기술하시오.

1 개 요

피난설비의 하나로 화재시에 피난구라던지 피난방향을 명시함과 동시에 필요한 최소한도의 밝기를 조사함으로써 당해 소방대상물 내에 있는 관계자, 거주자 등이 안전하고 유효하게 피난할 수 있도록 하기 위한 녹색등을 말한다.

2 설계시 검토할 사항

(1) 눈의 감광과 유도등 색과의 관계인 퍼킨제효과를 고려한 유도등 색을 선정해야 한다.

(2) 에스컬레이터에서의 유도등 설치위치

화재시 승강기는 정전시를 고려하여 피난경로로 인정하지 않으나, 에스컬레이터는 화재시 정전이더라도 피난경로로 인정한다. 또한 플래시 오버 이전의 초기화재에 피난이 이루어져야 하므로, 거실쪽 위치에 유도등을 부착하여 에스컬레이터를 피난로로 이용함이 합리적이다.

3 유도등의 비상전원 검토

(1) 유도등의 비상전원은 반드시 축전지에 한한다.

(2) 발전기의 경우 절체시 순간적 정전시간이 유발되어 인명피해의 사전방지 목적상 발전기를 유도등의 비상전원으로 할 수 없다.

4 이동식 의자가 있는 경우의 객석유도등

이동식 의자인 경우는 제외가능하다.

5 유도등의 배선

안전측면에서 내열배선 이상으로 해야 한다.

예비전원을 내장하지 아니하는 「비상조명등의 비상전원 설치기준(NFSC 304)」 및 성능과 설계시 고려사항에 대하여 기술하시오.

1 개 요

(1) 비상조명등은 화재발생 등의 재해시 상용전원이 차단될 경우 안전하고 원활한 피난활동 및 소화활동을 위하여 거실 및 피난통로 등에 설치되어 자동점등되는 조명등을 말한다.

(2) 비상조명등은 전용형과 겸용형의 2가지 종류가 있다.

2 비상조명등 설치대상

(1) 지하층 포함 5층 이상으로 연면적 3,000[m²] 이상

(2) 지하층, 무창층의 바닥면적 450[m²] 이상

(3) 터널길이 500[m] 이상

3 예비전원을 내장하지 아니하는 비상조명등의 비상전원 설치기준

(1) 자가발전설비 또는 축전지설비를 설치할 것

(2) 점검에 편리하고 화재 및 침수 등의 재해로 인한 피해를 받을 우려가 없는 곳에 설치할 것

(3) 상용전원으로부터 전력의 공급이 중단된 때에는 자동으로 비상전원으로부터 전력을 공급받을 수 있도록 할 것

(4) 비상전원의 설치장소는 다른 장소와 방화구획할 것. 이 경우 그 장소에는 비상전원의 공급에 필요한 기구나 설비 외의 것(열병합발전설비에 필요한 기구나 설비는 제외)을 두지 아니할 것

(5) 비상전원을 실내에 설치하는 때에는 그 실내에 비상조명등을 설치할 것

4 비상조명등의 성능

(1) **광학적 성능** : 평균조도 1[lx] 이상을 유지할 것

(2) 내열성
① 비상조명설비는 화재시에 사용하므로 내열성이 있어야 한다.
② 전선은 HIV 전선으로 하고, 등기구는 불연성 재료로 해야 한다.

(3) 점등성능
화재시 즉시 점등할 수 있는 백열전등을 사용하거나 형광등을 사용할 경우는 Start 전구 없이 점등가능한 Rapid start type으로 인버터회로를 내장할 것

(4) 자동절환
상용전원이 차단되면 자동으로 비상전원으로 전환되어, 상용전원이 복구되면 상용전원으로 자동복구되는 구조일 것

5 설계시 고려사항

(1) 등기구의 배치 : 피난동선을 고려하여 최적의 위치 및 장소에 설치한다.

(2) 등기구의 형상 : 설치장소의 용도 등을 적절히 고려하여 등기구의 형상, 조명도, 광원의 형태 등을 선정한다.

(3) 조도 : 경년에 따른 광도감소를 고려한 여유치를 감안하여 최저 1[lx] 이상을 유지할 수 있도록 초기조도를 결정한다.

(4) 점등방식 : 사용전원 및 예비전원의 겸용 또는 예비전원 전용 여부를 결정한다.

(5) 비상전원의 방식 : 비상전원을 내장할지, 별도로 설치할지를 결정한다.

(6) 배선방식 : 내열전선으로 할지, 매립할 것인지 결정한다.

6 비상조명등의 설치제외장소

(1) 거실의 각 부분으로부터 하나의 출입구에 이르는 보행거리가 15[m] 이내인 부분

(2) 의원 · 경기장 · 공동주택 · 의료시설 · 학교의 거실

7 결 론

비상조명등설비에서 예비전원 내장형의 경우는 전선, 등기구, 부대설비에 대한 내열성 관련 기준이 있으나, 가장 많이 사용하고 있는 자가발전설비에 의한 비상조명설비의 경우에는 이러한 기준이 없으므로 관련 기준제정이 시급하다.

문제 07

소방대상물에 비상조명등설비를 설계하고자 한다. 설계시 검토할 사항을 기술하시오.

1 개 요

비상조명등이라 함은 화재발생 등에 따른 정전시에 안전하고 원활한 피난활동을 할 수 있도록 거실 및 피난통로 등에 설치되어 자동점등되는 조명등이다.

2 설치대상

(1) 5층(지하층 포함) 이상으로 연면적 $3,000[m^2]$ 이상

(2) 지하층 또는 무창층의 바닥면적이 $450[m^2]$ 이상인 경우에는 그 지하층 또는 무창층

(3) 지하가 중 터널의 길이가 $500[m]$ 이상

3 면제 및 제외

(1) 설비의 면제

① 피난구유도등 또는 통로유도등을 「화재안전기준」에 적합하게 설치한 경우로서, 그 유도등의 유효범위 안의 부분에는 비상조명등을 면제한다.

② 유효범위 : 바닥에서 조도 1[lx] 이상이 되는 부분을 말한다.

(2) 비상조명등의 제외

① 거실의 각 부분으로부터 하나의 출입구까지의 보행거리가 15[m] 이내인 부분이 있다.

② 의원 · 경기장 · 공동주택 · 의료시설 · 학교의 거실 등이 있다.

4 비상조명등 설치기준(설계시 검토할 사항)

(1) 설치장소

거실과 그로부터 지상에 이르는 복도 · 계단 및 그 밖의 통로에 설치한다.

(2) 조도

비상조명등이 설치된 장소의 각 부분의 바닥에서 1[lx] 이상이어야 한다.

(3) 비상전원

① 예비전원 내장형

　㉠ 평상시 점등 여부를 확인할 수 있는 점검스위치를 설치

　㉡ 당해 조명등을 유효하게 작동시킬 수 있는 용량의 축전지와 예비전원충전장치를 내장

② 예비전원 비내장형

　㉠ 자가발전설비, 축전지설비 또는 전기저장장치를 설치할 것

　㉡ 상용전원 정전시 자동으로 비상전원으로 절환되도록 할 것

③ 비상용 조명등의 비상전원용량 : 비상전원은 비상조명등을 20분 이상 유효하게 작동시킬 수 있는 용량일 것. 다만, 다음의 소방대상물의 경우에는 그로부터 피난층에 이르는 부분의 비상조명등을 60분 이상 유효하게 작동시킬 수 있는 용량으로 하여야 한다.

　㉠ 지하층을 제외한 층수가 11층 이상의 층일 것

　㉡ 지하층 또는 무창층으로서 용도가 도매시장, 소매시장, 여객자동차터미널, 지하역사 또는 지하상가일 것

④ 비상조명등 기구

　㉠ 전용형 : 상용전원과 비상용이 분리된 구조

　㉡ 겸용형 : 동일한 광원을 상용 및 비상전원으로 겸용하는 구조

(4) 성능기준

① 광학적 성능 : 비상시 유효점등시간을 20분(터널의 경우는 60분) 이상 및 평균 1[lx] 이상을 유지할 것

② 내열성능 : 배선은 HIV를 사용하고, 불연성 재료로 구성할 것

③ 즉시 점등성

　㉠ 정전시 즉시 점등되는 구조일 것

　㉡ 형광등의 경우 Rapid 타입일 것

　㉢ 축전지를 비상전원으로 사용시는 형광등을 비상용으로 사용할 경우 인버터 내장형일 것

④ 전원의 자동절환이 정전 또는 복전시에도 가능할 것

휴대용 비상조명등의 설치기준 및 성능에 대하여 간단히 기술하시오.

1 휴대용 비상조명등 설치대상

설치장소	설치개수
숙박시설 객실마다	1개 이상
다중이용업소의 영업장 내의 구획실마다	1개 이상
대규모 점포(지하상가 및 지하역사 제외)와 수용인원 100명 이상의 영화상영관	보행거리 50[m] 이내마다 3개 이상
지하상가 및 철도 및 도시철도의 지하역사	보행거리 25[m] 이내마다 3개 이상
다중이용업소 외부에 설치시 출입문 손잡이로부터 1[m] 이내 부분에 설치	

2 휴대용 비상조명등의 면제 및 제외

(1) 1층 또는 피난층의 복도, 통로 또는 창문 등의 개구부를 통하여 피난이 용이한 경우

(2) 숙박시설로서 복도에 비상조명등을 설치한 경우

3 휴대용 비상조명등의 설치기준 및 성능

(1) 숙박시설의 객실마다 잘 보이는 곳에 설치하되 바닥으로부터 0.8[m] 이상 1.5[m] 이하의 높이에 설치할 것

(2) 어둠 속에서 위치를 확인할 수 있도록 할 것

(3) 사용시 자동으로 점등되는 구조일 것

(4) 외함은 난연성능이 있을 것

(5) 건전지를 사용하는 경우에는 방전방지조치를 하여야 하고, 충전식 배터리의 경우에는 상시 충전되도록 할 것

(6) 건전지 및 충전지 배터리의 용량은 20분 이상 유효하게 사용할 수 있을 것

(축광식)유도표지에 대한 설치기준을 기술하시오.

1 유도표지는 다음의 기준에 따라 설치

(1) 계단에 설치하는 것을 제외하고는 각 층마다 복도 및 통로의 각 부분으로부터 하나의 유도 표지까지의 보행거리가 15[m] 이하가 되는 곳과 구부러진 모퉁이의 벽에 설치할 것

(2) 피난구유도표지는 출입구 상단에 설치하고, 통로유도표지는 바닥으로부터 높이 1[m] 이 하의 위치에 설치할 것

(3) 주위에는 이와 유사한 등화, 광고물, 게시물 등을 설치하지 아니할 것

(4) 유도표지는 부착판 등을 사용하여 쉽게 떨어지지 아니하도록 설치할 것

2 유도표지 설치면제

피난방향을 표시하는 통로유도등을 설치한 부분에 있어서는 유도표지를 설치하지 아니할 수 있다.

3 유도표지는 다음의 기준에 적합한 것

(1) 방사성 물질을 사용하는 유도표지는 쉽게 파괴되지 아니하는 재질로 처리할 것

(2) 유도표지는 주위 조도 0[lx]에서 60분간 발광 후
 ① 직선거리 20[m] 떨어진 위치에서 보통 시력으로 유도표지가 있다는 것을 식별할 수 있 는 것으로 할 것
 ② 3[m] 거리에서 표시면의 문자 또는 화살표 등을 쉽게 식별할 수 있을 것

(3) 유도표지의 표시면은 쉽게 변형, 변질 또는 변색되지 아니할 것

(4) 유도표지의 표시면의 휘도는 주위 조도 0[lx]에서 60분간 발광 후 7[mcd/m^2] 이상으로 할 것

(5) 유도표지의 크기는 다음 표의 기준에 따를 것

종 류	가로의 길이[mm]	세로의 길이[mm]
피난구유도표지	360 이상	120 이상
복도통로유도표지	250 이상	85 이상

(6) 유도표지개수

$$설치개수 = \frac{구부러진\ 곳이\ 없는\ 부분의\ 보행거리[m]}{15} - 1$$

문제 10

비상콘센트설비에 대하여 기술하시오.

문제 10-1 「비상콘센트설비의 화재안전기준(NFSC 504)」의 전원부와 외함 사이의 절연저항 및 절연내력의 기준에 대하여 기술하시오.

1 개 요

(1) 고층건물 화재시 전원개폐장치의 단락 등의 고장으로 어두워서 소화활동에 어려움이 발생한다.

(2) 따라서, 화재시 소방대의 조명등 또는 필요 장비의 전원으로 사용하기 위한 고정설비인 비상콘센트를 설치하여야 한다.

(3) 비상콘센트설비는 이러한 고층건물의 화재시 소화활동장비를 사용하기 위한 비상전원설비를 말한다.

2 설치대상

(1) 지하층을 포함하여 층수 11층 이상인 것은 지상층 11층 이상부터 설치

(2) 지하층 층수가 3 이상이고 지하층 바닥면적 합계가 1,000[m²] 이상 지하인 전 층

(3) 지하가 중 터널로서 길이가 500[m] 이상인 것

3 설치기준

(1) 전원회로

① 비상콘센트설비의 전원회로는 단상교류 220[V]인 것으로서, 그 공급용량은 1.5[kVA] 이상인 것으로 할 것

② 전원회로는 각 층에 2 이상이 되도록 설치할 것(비상콘센트가 1개인 때에는 하나의 회로로 설치)

③ 주배전반에서 전용회로로 할 것(다른 설비의 회로의 사고에 따른 영향을 받지 않는 경우는 예외)

④ 분기시 분기배선용 차단기를 보호함 안에 설치할 것

⑤ 콘센트마다 배선용 차단기를 설치하며, 충전부가 노출되지 아니하도록 할 것

⑥ 개폐기에는 "비상콘센트"라고 표시한 표지를 할 것

⑦ 비상콘센트용의 풀박스 등은 방청도장을 한 것으로서, 두께 1.6[mm] 이상의 철판으로 할 것

⑧ 하나의 전용회로는 10개 이하의 비상콘센트, 전선용량은 콘센트 공급용량을 합한 것(3개 이상은 3개)

(2) 접지공사

플러그 접속기의 칼받이 접지극에는 접지공사를 한다.

(3) 설치방법

① 설치높이 : 바닥으로부터 0.8[m] 이상 1.5[m] 이하

② 바닥면적 1,000[m²] 미만인 층 : 계단으로부터 5[m] 이내

③ 바닥면적 1,000[m²] 이상인 층

　㉠ 지하상가 또는 지하층의 바닥의 면적 합계가 3,000[m²] 이상은 25[m] 이내

　㉡ ㉠에 해당하지 않은 경우는 50[m] 이내

④ 지하층 및 11층 이상 각 층마다 설치

⑤ 터널은 주행방향의 측벽길이 50[m] 이내에 설치

(4) 비상전원

① 비상전원 대상

　㉠ 7층 이상으로 연면적이 2,000[m²] 이상일 경우

　㉡ 지하층의 바닥면적(차고, 기계실, 전기실, 보일러실의 바닥면적은 제외)의 합계가 3,000[m²] 이상일 경우

② 비상전원의 종류 : 자가발전설비, 비상전원수전설비 또는 전기저장장치

③ 용량 20분 이상

④ 정전시 자동으로 절환

(5) 비상콘센트 보호함에 비상콘센트를 설치하고 표면에는 "비상콘센트"라고 표지할 것

(6) 배선

「전기설비기술기준에 관한 규칙」에서 정한 것 외에 내화구조의 주요 구조부 매설 또는 동등 이상 내화구조, 전원회로는 내화배선, 기타 내화 또는 내열배선

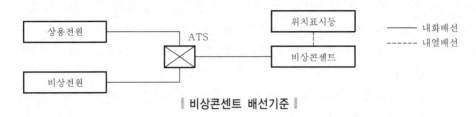

‖ 비상콘센트 배선기준 ‖

(7) 절연저항 및 절연내력기준

① 절연저항 : 전원부와 외함 사이를 500[V] 절연저항계로 측정할 때 20[MΩ] 이상일 것

② 절연내력 : 전원부와 외함 사이에 정격전압이 150[V] 이하인 경우에는 1,000[V]의 실효전압을, 정격전압이 150[V] 이상인 경우 그 정격전압에 2를 곱하여 1,000을 더한 실효전압을 가하는 시험에서 1분 이상 견디는 것으로 할 것

4 특 징

(1) 11층 이상 층과 지하 3층 이상 층에 설치

(2) 아무리 높은 층도 소화활동 가능

(3) 신속한 소화 및 구조 가능

5 설치시 주의사항

(1) 각 층 계단실, 비상 E/V, 로비 등 소방대에 유효하게 접근 및 사용할 수 있도록 설치

(2) 건물 각 부분으로부터 수평거리 50[m] 이하

(3) 보호함 설치

6 결 론

비상콘센트설비는 화재시 소화활동설비를 사용하기 위한 비상전원설비이므로 평상시 절연상태를 점검하여 최상의 상태를 유지한다.

무선통신보조설비의 종류 및 구성요소에 대하여 설명하시오.

1 개 요

(1) 무선통신보조설비란 지하층이나 지하상가의 화재현장에서 활동하는 소방대와 지상의 소방 대원 사이의 연락을 위해 무선교신을 하는 소화활동설비의 일부이다.

(2) **필요성** : 지하층이나 지하상가는 그 구조상 전파의 반송특성이 나빠서 무선교신이 용이하 지 않아, 무선전파가 도착하기 어려운 곳에 누설동축케이블이나 안테나를 설치하여 원활 하게 무선교신을 할 수 있다.

2 설치대상

(1) 지하층의 바닥면적의 합계가 3,000[m^2] 이상 : 지하층의 전 층에 설치

(2) 지하층의 층수가 3개층 이상이고 지하층의 바닥면적의 합계가 1,000[m^2] 이상 : 지하층 전 층

(3) 층수가 30층 이상 : 16층 이상의 전 층

(4) 공동구

(5) 지하가(터널은 제외)의 연면적 1,000[m^2] 이상

(6) 지하가 중 터널의 길이가 500[m] 이상

3 설치제외 및 면제

(1) 위험물 저장 및 처리시설 중 가스시설인 경우 제외할 수 있다.

(2) 지하층으로 특정 소방대상물의 바닥변적 2면 이상이 지표면과 동일하거나 지표면으로부터 깊이가 1[m] 이상인 경우에는 해당 층에 한하여 제외할 수 있다.

(3) 설치면제

대상물에 무선이동중계기 또는 이동통신구내중계기설비 등을 「화재안전기준」의 무선통 신보조설비의 기준에 적합하게 설치한 경우에 면제할 수 있다.

4 종 류

(1) 누설동축케이블 방식

① 동축케이블과 누설동축케이블을 조합한 방식이다.

② 특징

㉠ 터널, 지하철역 등 폭이 좁고 긴 지하상가나 건축물의 내부에 적합하다.

㉡ 전파를 균일하고, 광범위하게 방사할 수 있다.

㉢ 케이블이 외부에 노출되므로 유지보수가 용이하다.

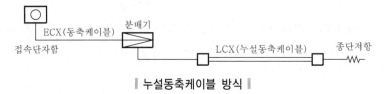

┃ 누설동축케이블 방식 ┃

(2) 공중선 방식(안테나 방식)

① 동축케이블과 공중선(안테나)을 조합한 방식이다.

② 특징

㉠ 장애물이 적은 대강당, 극장 등에 적합하다.

㉡ 말단에서는 전파의 강도가 떨어져 통화의 어려움이 있다.

㉢ 케이블을 반자 내에 은폐할 수 있으므로 화재시 영향이 적고, 미관을 해치지 않는다.

┃ 공중선(안테나 방식) 방식 ┃

(3) 누설동축케이블 및 공중선 방식 : LCX의 장점과 공중선의 장점을 이용한 방식이다.

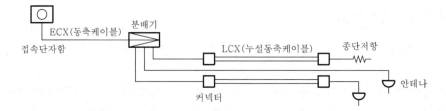

5 무선통신설비의 항목별 설치기준(구성)

(1) 개요

무선통신보조설비는 다음의 그림과 같이 누설동축케이블과 이에 접속하는 공중선, 분배기, 혼합기, 분파기, 무선기 접속단자, 전원 등으로 구성되며, 지상에 설치하는 접속단자에 무선기를 접속하여 교신하는 설비이다. 전송장치, 무반사 종단저항(임피던스는 50[Ω]), 공중선, 분배기, 접속단자, 증폭기로 구성된다.

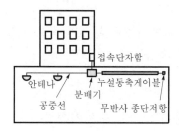

(2) 전송장치

① **동축케이블** : 외부와 전기적으로 차폐되어 있어 외부전파의 영향이 없으나, 안테나가 필요하다.

② **누설동축케이블**

  ㉠ LCX Cable(Leakage CoaXial Cable)은 동축케이블의 외부도체에 슬롯을 만들어서 전파가 외부로 새어 나갈 수 있도록 한 케이블로, 내열성을 가지게 한 것은 내열누설동축케이블이라고 부른다.

  ㉡ 동축케이블과 안테나(공중선)의 역할을 겸한다.

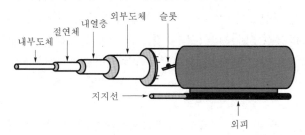

③ **(무선)동축케이블의 그레이딩** : 신호레벨은 케이블을 따라 전파되어 가면서 점점 감쇄되어 약해지게 되므로 이를 어느 정도 평준화시키기 위해서 신호레벨이 높은 곳에는 결합손실이 큰 케이블을 사용하고, 신호레벨이 낮은 곳에는 결합손실이 작은 케이블을 사용하여 다음의 그림과 같이 계단처럼 평준화시켜 주는 것을 그레이딩(grading)이라고 한다.

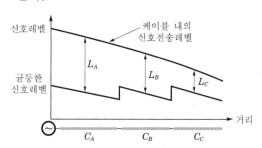

위의 그림에서 L_A, L_B, L_C는 각각 케이블의 신호레벨이며, C_A, C_B, C_C는 결합손실이다.

(3) 케이블커넥터

동축케이블과 분배기, 누설동축케이블과 분배기 등은 서로 규격이 다르므로 이들을 서로 결합시키기 위해서 사용하는 접속기구이다.

(4) 무선기접속함

지상 또는 방재센터에 설치하여 소화활동을 지휘하는 소방대원의 휴대용 무전기를 접속하기 위한 것으로 외함과 접속단자로 구성된다.

(5) 공중선(antenna)

① 설치위치 : 동축케이블 말단에 설치(누설동축케이블은 불필요)한다.
② 설치목적 : 동축케이블 사용시 전파의 원활한 송·수신을 위해 설치한다.

(6) 분배기

① 설치위치 : 누설동축케이블을 분기하는 장소에 설치한다.
② 설치목적 : 분배기는 신호의 전송로가 분기되는 개소에 설치하는 것으로 Impedance matching과 입력신호를 각 부하에 균등분배하기 위함이다.
③ 설치기준 : 임피던스 50[Ω] 이상일 것, 점검이 편리하고 화재피해의 우려가 없는 곳, 먼지, 습기, 부식 등으로 기능에 지장이 없도록 해야 한다.

(7) 혼합기

두 개 이상의 입력신호를 원하는 비율로 비례적으로 조합한 출력이 발생하도록 하는 것이다.

(8) 분파기 : 신호를 주파수에 따라서 분리하기 위해서 사용한다.

(9) 무반사 종단저항(dummy load)

① 원리 : 전압 또는 전류가 케이블을 따라서 전파되어 가다가 임피던스가 다른 지점에 도달하면 일부가 그 점에서 반사한다.
② 무선통신용 신호도 동축케이블의 끝에 도달하면 갑자기 임피던스가 무한대로 되므로 그 점에서 반사하여 오던 길로 되돌아 가게 된다.
③ 반사가 일어나면 동축케이블에는 정방향 진행파와 반사파의 합성파가 형성되어 신호가 뒤범벅이 되므로 통신이 어렵다. 이때, 다음의 그림과 같이 특성 임피던스가 Z_1인 케이블에 전압의 입사파 ν_i가 진행되다가 임피던스가 Z_1인 점에 도달하면 반사파 ν_r은 다음 식으로 계산된다.

$$\nu_r = \frac{Z_2 - Z_1}{Z_2 + Z_1} \cdot \nu_i$$

반사파 ν_r

입사파 ν_i

Z_1 Z_2

이 식에서 $Z_1 = Z_2$이면 반사파의 크기는 0이 되는데, 이와 같이 반사파를 0으로 하기 위해서 케이블의 끝에 연결하는 저항이 무반사 종단저항이다.

④ **설치위치** : 누설동축케이블의 말단에 설치하며 50[Ω]용일 것

⑤ **설치목적** : 누설동축케이블로 전송된 전파는 케이블의 끝에서 반사되며 교신을 방해한다. 따라서, 송신부측으로 되돌아오려 하는 전파반사를 방지하기 위해 설치

(10) 접속단자(terminal)

① **설치목적** : 무선기를 접속

② **설치높이** : 0.8~1.5[m] 이하

③ **설치기준** : 감시제어반(방재센터) 실내에 설치할 것. 수위실 등 상시 사람이 상주하는 지상에서 소방활동을 할 수 있는 장소로 건물 밖 지상에서 보행거리 300[m]마다 설치

④ **문제점** : 접속단자와 케이블을 통일해서 보관할 것(맞는 것을 찾기 곤란), 단자규격통일 필요

(11) 증폭기(amplifier)의 설치기준

① 말단에서 출력신호가 부족할 경우에 사용(증폭기가 없어도 말단에서 통신이 가능하도록 설계하므로 일반적으로 사용하지 않으며, 무선통신만 전문적으로 하는 업체에서 시공)

② **전원** : AC, DC 전용배선일 것

③ **비상전원용량** : 30분 이상

④ 전면에 전압계 및 전원표시등 설치

▣ 6 무선통신보조설비의 계통도

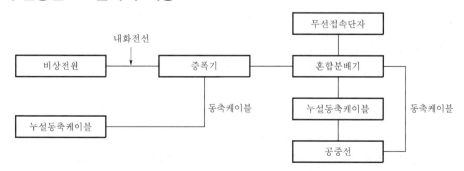

문제 **11-1**

무선통신보조설비의 방식(3가지)에 대한 개념도를 그리시오.
문제 **11-2** **무선통신보조설비의 방식 3가지를 설명하시오.**

1 개 요

(1) 무선통신보조설비란 지하층이나 지하상가의 화재현장에서 활동하는 소방대와 지상의 소방
대원 사이의 연락을 위해 무선교신을 하는 소화활동설비의 일부이다.

(2) 필요성

지하층이나 지하상가는 그 구조상 전파의 반송특성이 나빠서 무선교신이 용이하지 않아,
무선전파가 도착하기 어려운 곳에 누설동축케이블이나 안테나를 설치하여 원활하게 무선교
신을 할 수 있다.

2 종류(개념도)

(1) 누설동축케이블 방식

① 동축케이블과 누설동축케이블을 조합한 방식이다.

② 특징

㉠ 터널, 지하철역 등 폭이 좁고 긴 지하상가나 건축물의 내부에 적합하다.

㉡ 전파를 균일하고, 광범위하게 방사할 수 있다.

㉢ 케이블이 외부에 노출되므로 유지보수가 용이하다.

‖ **누설동축케이블 방식** ‖

(2) 공중선방식(안테나방식)

① 동축케이블과 공중선(안테나)을 조합한 방식이다.

② 특징

㉠ 장애물이 적은 대강당, 극장 등에 적합하다.

㉡ 말단에서는 전파의 강도가 떨어져 통화의 어려움이 있다.

㉢ 케이블을 반자 내에 은폐할 수 있으므로 화재시 영향이 적고, 미관을 해치지 않는다.

▌ 공중선방식(안테나방식) ▌

(3) 누설동축케이블 및 공중선방식

LCX의 장점과 공중선의 장점을 이용한 방식이다.

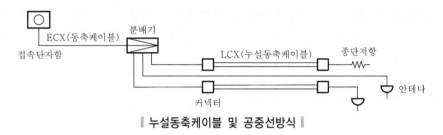

▌ 누설동축케이블 및 공중선방식 ▌

문제 **11·3**

내열 누설동축케이블의 한 종류인 LCX−FR−SS−20D−146의 기호가 뜻하는 의미는 무엇인가?

1 LCX Cable(누설동축케이블)

(1) 정의

LCX Cable(Leakage CoaXial cable)은 동축케이블의 외부도체에 슬롯을 만들어서 전파가 외부로 새어 나갈 수 있도록 한 케이블로, 내열성을 가지게 한 것을 내열 누설동축케이블이라고 부른다.

(2) 동축케이블과 안테나(공중선)의 역할을 겸한다.

2 FR

내열성(Flame Resistance), 내화 또는 내열을 의미한다.

3 SS(Self Supporting)

다음 그림과 같은 누설동축케이블의 구조에서 지지선과 외피없이 스스로 지지한다는 Self supporting의 의미한다.

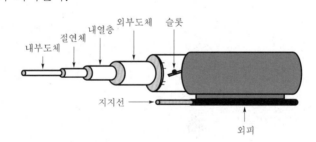

4 20D

절연체의 외경이 20[mm]라는 것을 의미한다.

5 D

특성 임피던스(50[Ω])를 의미한다.

6 146

(1) 150[MHz]대와 450[MHz]대 전용 케이블이며, 결합손실이 6[dB]이다.

(2) 현재 사용 중인 무선주파수 대역은 10[MHz]에서부터 2.7[GHz]까지이며, 146의 의미는 해당 동축케이블의 사용주파수대가 146[MHz]라는 것을 의미한다.

(3) **14** : 사용주파수

(4) **1** : 150[MHz]대 전용

(5) **4** : 450[MHz]대 전용

(6) **14** : 150[MHz]대와 450[MHz]대 전용

(7) **48** : 450[MHz]대와 860[MHz]대 전용

(8) **6** : 결합손실의 의미

문제 12

무선통신보조설비에서 누설동축케이블의 손실과 동축케이블의 Grading에 대해 설명하시오.

1 동축케이블 Grading의 목적

(1) 무선통신보조설비는 지하가 또는 지하층에서의 화재시 소방대의 소화활동상 필요한 무선통신을 원활하게 하기 위해 설치하는 것으로서, 누설동축케이블 방식과 안테나 방식이 있다.

(2) 누설동축케이블 방식의 경우에는 케이블 길이에 따라 수신율이 저하될 수 있어서 이를 보완하기 위해 결합손실이 큰 케이블부터 순차적으로 접속하는 Grading을 실시한다(즉 균등한 수신레벨을 얻기 위해).

2 누설동축케이블의 특성

(1) 균일한 전자계를 방사시킬 수 있다.

(2) 전자계의 방사량을 조절할 수 있다.

(3) 이동체 통신에 적합하다.

(4) 고온에서 고주파특성이 유지된다.

3 Grading

(1) Grading은 전송손실에 의한 수신레벨의 저하폭을 적게 하기 위하여 결합손실이 큰 케이블부터 단계적으로 접속하는 것을 말한다.

(2) Grading의 원리

① 케이블의 결합손실과 전송손실 간의 관계를 이용, 결합손실이 큰 케이블부터 단계적으로 접속하여 전송레벨의 급감을 방지한다.

② 다음의 그림은 그레이딩의 원리를 나타낸 것이다.

㉠ 전송손실은 $L_A < L_B < L_C$이 된다.

㉡ 결합손실은 $C_A > C_B > C_C$의 순서로 되어 균등한 신호레벨이 된다.

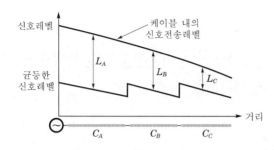

여기서, L_A, L_B, L_C : 각각 케이블의 신호레벨
C_A, C_B, C_C : 각각 케이블의 결합손실

4 누설동축케이블의 손실

(1) 전송손실

① 일반적으로 감쇠량이라 불린다. 케이블의 길이방향으로 신호가 전달되며, 신호입력부에서 멀어질수록 신호크기가 감쇠되는 양[dB]을 말한다.

② 전송손실은 도체손실, 절연체 손실, 복사손실의 합이다.

(2) 결합손실

① 케이블 내부의 전송전력과 일정거리 떨어진 지점에서 수신되는 수신전력의 비율로서, 케이블 길이방향의 누적백분율로 표시한다. 또는 어떤 전기회로에 추가로 기기 등을 결합시켰을 때 발생되는 손실이다.

② 누설동축케이블 내부에 전송되는 전력(P_1)과 케이블에서 1.5[m] 이격된 거리에서 표준안테나(dipole ant)의 수신전력(P_2)과의 차이로 $L_C = -10\log \dfrac{P_2}{P_1}$[dB]이다.

(3) 전송손실과 결합손실 간의 관계

① 결합손실이 큰 것 : 전송손실이 작다.

② 결합손실이 작은 것 : 복사손실이 커져 전송손실이 크다.

5 결 론

누설동축케이블의 가장 큰 특징은 Grading을 할 수 있다는 점이다. 케이블을 포설하게 되면 System loss(전송손실+결합손실)가 발생하므로, 이를 보상하기 위해 결합손실을 줄여 유효통신거리를 상당히 늘릴 수 있다.

문제 13

「소방기술기준에 관한 규칙」에서 누설동축케이블의 설치기준을 설명하시오.

문제 13-1 무선통신보조설비의 적용범위와 설치기준을 설명하시오.

1 무선통신보조설비 및 누설동축케이블

(1) 무선통신보조설비의 적용범위

소방대가 효과적으로 소화활동을 하기 위해서 무선통신을 사용하는데 지하가 또는 지하층에는 전파의 전송특성이 나빠서 무선연락이 곤란하게 된다. 따라서, 지상에서 소화활동을 지휘하는 소방대원과 지하가의 소방대원 간에 원활한 무선통신을 할 수 있도록 하는 것이 무선통신보조설비이다.

(2) 누설동축케이블(LCX ; Leakage CoaXial cable)

동축케이블의 외부도체에 슬롯을 만들어서 전파가 외부로 새어나갈 수 있도록 한 케이블로, 내열성을 가지게 한 것은 내열 누설동축케이블이라고 부른다.

2 누설동축케이블의 설치기준

(1) 누설동축케이블은 소방전용 주파수대에서 전파의 전송 또는 복사에 적합한 것으로서 소방전용의 것으로 할 것

(2) 누설동축케이블과 이에 접속하는 공중선, 또는 동축케이블과 이에 접속하는 공중선에 의한 것으로 할 것

(3) 누설동축케이블은 불연 또는 난연성의 것으로 습기에 의하여 전기적 특성이 변화하지 않는 것으로 하고, 노출하여 설치한 경우에는 피난 및 통행에 장애가 없도록 할 것

(4) 누설동축케이블은 화재에 의하여 당해 케이블의 피복이 소실된 경우에 케이블 본체가 떨어지지 않도록 4[m] 이하마다 금속제 또는 자기제 등의 지지금구로 벽, 천장, 기둥 등에 견고하게 고정시킬 것

(5) 누설동축케이블 및 공중선은 금속판 등에 의하여 전파의 복사특성이 현저하게 저하되지 않는 위치에 설치할 것

(6) 누설동축케이블 및 공중선은 고압의 전로로부터 1.5[m] 이상 떨어진 위치에 설치할 것

(7) 누설동축케이블의 끝 부분에는 무반사 종단저항을 견고하게 설치할 것

(8) 누설동축케이블의 임피던스는 50[Ω]으로 하고, 이에 접속하는 공중선, 분배기 기타의 장치는 당해 임피던스에 적합한 것으로 할 것

3 무전기 접속단자 설치기준

(1) 지상에서 유효하게 소방활동을 할 수 있는 장소 또는 수위실 등 상시 사람이 근무하는 장소에 설치

(2) **설치높이** : 0.8~1.5[m]에 설치

(3) 설치간격은 보행거리 300[m] 이내마다 설치(타용도의 접속단자와는 5[m] 이상 이격할 것)

(4) 단자보조함의 표면은 적색으로 도색하고 "무전기 접속단자"라고 표시할 것

4 증폭기 설치기준

(1) 전원은 축전지, 전기저장장치 또는 교류전압 옥내간선으로 전원까지는 전용배선일 것

(2) 증폭기 전면에는 주회로의 정상 여부를 표시할 수 있는 표시등과 전압계를 설치할 것

(3) 증폭기에는 비상전원이 부착된 것으로서, 무선통신보조설비를 유효하게 30분 이상 작동시킬 수 있는 축전지를 설치할 것

문제 13-2

무선통신보조설비의 동축케이블은 특성 임피던스를 50[Ω]의 것으로 사용한다. 이때, 사용되는 특성 임피던스의 개념에 대해 설명하시오.

1 무선통신보조설비의 개요

(1) 무선통신보조설비는 건물의 지하나 지하가의 화재시 소방활동을 위한 무선연락에서 무선파가 도달하지 못하여 소방활동에 현저한 지장을 가져오는 경우 이러한 장해를 배제하기 위해 지휘본부와 소방대 사이에 무선통화를 확보하기 위한 설비이다.

(2) 이 설비는 「소방법」에 의한 의무설비이므로 소방서의 동의를 얻고 또한 전파관리부서의 허가를 얻어 자위방재관리용 등으로 사용된다.

2 특성 임피던스의 개념과 무선통신보조설비의 특성 임피던스 적용

(1) 특성 임피던스의 개념

① 케이블의 임피던스의 기본요소는 4가지 기본선로정수로 구성된다.
  ㉠ R : 단위길이당 실효값
  ㉡ L : 단위길이당 인덕턴스
  ㉢ C : 단위길이당 정전용량
  ㉣ G : 단위길이당 누설컨덕턴스

② 임피던스와 어드미턴스의 표현 식 : 임피던스 $Z = R + j\omega L$, 어드미턴스 $Y = G + j\omega C$

③ 특성 임피던스

  ㉠ 일반적인 케이블의 특성 임피던스 : $Z_0 = \sqrt{\dfrac{Z}{Y}} = \sqrt{\dfrac{R + j\omega L}{G + j\omega C}}\,[\Omega]$

  ㉡ 실용상 동축케이블의 특성 임피던스 : $Z_0 = \dfrac{138.1}{\sqrt{\varepsilon_r}} \log \dfrac{d_2}{d_1}\,[\Omega]$

  여기서, ε_r : 절연체의 비유전율, d_1 : 내부도체의 반경, d_2 : 외부피복의 반경

(2) 특성 임피던스 적용

① 소방대원용 무선기의 특성에 맞추기 위해 누설동축케이블, 동축케이블의 임피던스는 50[Ω]으로 하고, 이에 접속하는 공중선, 분배기 및 그 회로에 사용하는 모든 기재는 당해 임피던스에 적합한 것으로 하도록 「소방법」에 정해져 있다.

② 즉, 분배기의 각 단자와 누설동축케이블을 통한 신호전원 및 수신기의 특성 임피던스가 같아지게 하여 완전하게 임피던스가 정합이 되면 전력의 수송이 최대로 수신기에 전달되게 한 것이다.

문제 13-3

무선통신보조설비에서 무반사 종단저항기의 저항을 50[Ω]으로 하는 사유를 설명하시오.

1 개 요

(1) 누설동축케이블의 종단부에 전송된 전파는 케이블 종단에서 반사되어 교신을 방해하게 되고 송신효율이 떨어진다. 따라서, 송신부로 되돌아오는 전자파나 반사를 방지하기 위하여 무반사 종단저항기를 누설동축케이블의 끝 부분에 설치한다.

(2) 전송로로 전송되는 전자파는 전송로의 종단에서 반사되어 교신을 방해한다. 따라서, 전송로의 종단에 무반사 종단저항기를 설치하여 전자파의 반사를 방지하여야 한다.

2 무반사 종단저항의 원리

(1) 전압 또는 전류가 케이블을 따라서 전파되어 가다가 임피던스가 다른 지점에 도달하면 일부가 그 점에서 반사한다. 이는 광선이 공기 중을 통과하다가 공기와 밀도가 다른 유리에 도달하면 일부는 유리를 투과하고, 일부는 반사하는 것과 동일한 이치이다.

(2) 전송되는 전파가 동축케이블의 종단부에 도달하면 갑자기 임피던스가 무한대가 되므로 그 점에서 반사하여 오던 길로 되돌아가게 된다.

(3) 반사가 일어나면 동축케이블에는 정방향 진행파와 반사파의 합성파가 형성되어 신호가 뒤범벅이 되고 통신이 어렵게 되는데, 이는 마치 방음장치가 안 된 실내에서 말을 하면 입에서 나가는 음파와 사방의 벽과 바닥 및 천장에서 반사된 음파가 혼합되어 왕왕거려서 말을 알아듣기 어려운 것과 같은 이치이다.

(4) 다음과 같이 특성 임피던스가 Z_1인 케이블에 전압의 입사파 v_i가 진행되다가 임피던스가 Z_2인 점에 도달하면 반사파 v_r은 다음 식으로 계산된다.

반사파 v_r ← 입사파 v_i → Z_1 ─ Z_2 , $$v_r = \frac{Z_2 - Z_1}{Z_2 + Z_1} \cdot v_i$$

이 식에서 $Z_1 = Z_2$이면 반사파의 크기는 0이 되는데, 이와 같이 반사파를 0으로 하기 위해서 케이블의 끝에 연결하는 저항을 무반사 종단저항이라고 한다.

3 특 성

(1) **임피던스** : 50[Ω]

(2) **전압정재파비** : 1.5 이하

(3) **허용전력** : 1[W](연속)

4 자동화재탐지설비의 종단저항이 50[Ω] 이상 되었을 때의 현상

회로의 합성저항치가 50[Ω] 이상이 되면 작동시에 전압강하가 발생하여 수신기가 유효하게 작동하지 않을 우려가 있다. 패턴의 모양은 수전단에서의 반사개수의 크기에 따라 정해진다.

무선통신보조설비에서 전력을 최대로 전달하기 위하여 무선통신설비의 구성 중 어떤 부분에 어떤 이론을 적용하였는가를 설명하시오.

1 개 요

(1) 무선통신보조설비는 소방대원의 진압활동 중의 원활한 무선통신을 위해 지하가 또는 지하층 등에 설치하는 소화활동설비로서, 송·수신을 원활하게 하기 위해 몇 가지 조치를 하고 있다.

(2) 전력을 최대로 전달하기 위한 조치

① 동축케이블 : 증폭기 설치
② 임피던스 정합 : 분배기를 통해 전체 부분에 적용
③ 누설동축케이블 : Grading, 무반사 종단저항

2 전력을 최대로 전달하기 위한 조치

(1) 동축케이블

동축케이블의 신호는 거리에 따라 점점 약해지고, 외부로의 누설전계도 그에 따라 약해진다. 이에 대한 손실보상을 위해 증폭기를 설치한다.

(2) Impedance matching(임피던스 정합)

① 임피던스 : 교류회로에서의 저항(R), Inductance(L), Capacitance(C)를 고려한 총 저항값으로 단위는 옴[Ω]이다.

② Impedance matching의 원리

㉠ 그림과 같이 내부 임피던스가 각각 Z_S, Z_L인 전원과 부하가 연결된 회로에서 $Z_S = Z_L$일 때, 전원의 전력이 최대로 부하에 전달된다.

㉡ 이와 같이 회로에서 전원측과 부하측의 임피던스를 같게 하는 것을 Impedance matching이라 한다.

③ 분배기에 의한 Impedance matching

㉠ 만일 다음 그림과 같이 특성 임피던스가 300[Ω]인 부하를 특성 임피던스가 75[Ω]인 신호전원에 접속하였다면, 부하의 합성 임피던스는 다음과 같다.

$$\frac{1}{Z_T} = \frac{1}{Z_1} + \frac{1}{Z_2} = \frac{1}{300} + \frac{1}{300} = \frac{1}{150} \quad \therefore \ Z_T = 150$$

즉, 전원과 부하의 임피던스 정합이 이루어지지 못하여 전원의 신호전력이 부하측으로 최대한 전달되지 못한다.

㉡ 만일 다음 그림과 같이 특성 임피던스가 75[Ω], 300[Ω], 300[Ω]인 2분배기를 사용하여 접속한다면 임피던스 매칭이 이루어져 신호전력이 최대로 부하측에 전달된다.

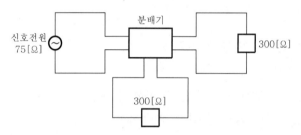

④ 소방용 기기의 임피던스는 50[Ω]으로 정해져 있으며, 이에 따라 무선통신보조설비의 모든 구성요소(접속기, 분배기, 누설동축케이블, 안테나, 무반사 종단저항 등)들은 임피던스가 50[Ω]이 되도록 정합시켜야 한다.

(3) Grading

① 누설동축케이블 방식의 경우에는 케이블 길이에 따라 수신율이 저하될 수 있어서 이를 보완하기 위해 결합손실이 큰 케이블부터 순차적으로 접속하는 Grading을 실시한다.

② 전송손실과 결합손실 간의 관계

㉠ 결합손실이 큰 것 : 전송손실이 적다.

㉡ 결합손실이 작은 것 : 복사손실이 커져 전송손실이 크다.

(4) 무반사 종단저항 설치

① 전압정재파비

㉠ 무선통신보조설비에서의 누설동축케이블에 신호를 보내면 그 말단에서 전파가 반사되어 되돌아온다. 이러한 경우 반사된 전파에 의해 간섭이 일어나 송신효율이 저하된다.

㉡ 누설동축케이블에서의 전압정재파비는 1.5 이하이어야 한다.

② 무반사 종단저항 : 누설동축케이블의 말단에 무반사 종단저항(VSWR : 1.2 이하)을 설치하여 전자파의 반사를 줄이게 된다.

전압정재파비에 대하여 기술하시오.

1 정재파(standing wave)

(1) 소리는 공기 속에서 파동(wave)에 의해 우리의 귀로 전달된다. 그러나 위상(phase)이 같은 2개의 파동이 서로 마주보고 있는 벽면과 벽면 또는 바닥과 천장 사이에서 마주치게 되면 원래의 파동보다 큰 진폭으로 바뀐다. 이와 같이 움직이지 않는 것처럼 보이는 파동이 큰 공기의 진동이 정재파이다.

(2) 정재파는 2개의 파동이 겹친 것이므로, 원래의 파동보다 파장이 크게 된다. 이는 2개의 파동이 서로 충돌하여, 거리에 따른 시간차에 의해 서로 결합되어 진폭이 커지기 때문이다. 이러한 정재파에 의해서 마주보고 있는 양벽면 사이의 공기는 공진(resonance)을 하게 된다.

2 전압정재파비(VSWR ; Voltage Standing Wave Ratio)

(1) 무선통신보조설비에 이용되는 누설동축케이블의 송신단에서 신호를 보내면 수신단에서 반사가 일어나고 되돌아온 파가 간섭하여 전압파에 산의 부분과 골의 부분이 생긴다. 이 전압의 최대치와 최소치와의 진폭비를 말하며, 누설동축케이블의 전압정재파비는 1.5 이하이어야 한다.

(2) 전송선로상에서 발생하는 정재파전압에 대한 최대치와 최소치의 비를 말한다. 즉, 정상파 진폭의 최대치와 최소치와의 비이다.

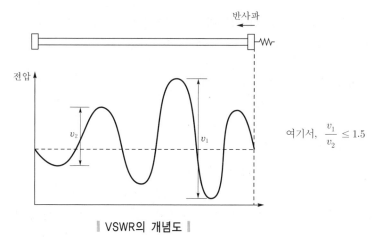

| VSWR의 개념도 |

다음 그림에서 무선통신보조설비의 실제 운용에 있어 유의사항을 설명하시오. (단, 휴대용 무전기는 동일 주파수의 것으로 (a)~(f)의 위치를 고려할 것)

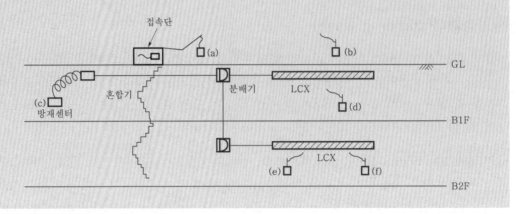

1 무선통신보조설비의 개요

소방대가 효과적으로 소화활동을 하기 위해서 무선통신을 사용하는데 지하가 또는 지하층에서는 전파의 전송특성이 나빠서 무선연락이 곤란하게 된다. 따라서, 지상에서 소화활동을 지휘하는 소방대원과 지하가의 소방대원 간에 원활한 무선통신을 할 수 있도록 하는 것이 무선통신보조설비이다.

2 무선통신보조설비 사용시 유의사항

(1) 무선기는 가능한 한 동일 주파수의 것을 사용하는 것이 좋다.

(2) 무선통신보조설비는 1[W] 정도의 소형 무전기를 사용하는 전제로 설계된 것이므로 출력이 큰 차량의 무전기를 접속단자에 접속해서는 안 된다.

(3) 1[W] 무전기를 접속단자에 접속해서 지하가에서 1[W] 무전기로 교신할 수 있는 거리는 최대 1.5[km] 정도이므로 통화거리가 1.5[km]를 넘으면 증폭기를 설치해야 한다.

(4) 무전기 간의 교신상태
  ① (a)의 무전기를 접속단자에 접속했을 때 (a)는 방재센터에 있는 (c) 및 지하가의 (d), (e), (f)와는 교신이 가능하나 (a)와 (b)는 교신이 불가능하다.
  ② 방재센터에 있는 (c)는 (a) 및 지하가의 (d), (e), (f)와 교신이 가능하다.

③ 지하 1층의 (d)와 지하 2층의 (e), (f) 사이에는 케이블 설치거리가 길어질 경우 직접 교신이 불가능해질 수도 있다. 이 경우 (d)는 (a)와 교신하고 그 내용을 (a)가 (e), (f) 에게 전달해주는 방식으로 교신할 수 있다.

④ 동일 층에 있는 (e), (f) 사이의 교신은 누설동축케이블에서 1.5[m] 이내의 거리에 있을 때 500[m] 정도까지만 교신이 가능하다.

⑤ 지상의 (a)와 방재센터의 (c)가 교신 중일 때, 지하가의 (d), (e), (f)는 수신만 가능하다.

문제 16

지하공동구 화재예방대책에 대하여 기술하시오.

문제 16-1 공동구의 통합감시체계 구축에 대하여 기술하시오.

문제 16-2 연소방지설비에 대하여 기술하시오.

문제 16-3 지하공동구의 방재 및 보안대책에 대하여 기술하시오.

문제 16-4 지하구(공동구)에 설치하는 법정 소방시설기준에 대하여 기술하시오.

1 지하구의 정의

「소방법시행령」 [별표 1]의 아래 사항을 만족하는 것일 것
- ① 전력·통신용의 전선이나 가스, 냉·난방용의 배관일 것(또는 이와 비슷한 것)
- ② 집합수용하기 위하여 설치한 지하공작물일 것
- ③ 사람이 점검 또는 보수하기 위하여 출입이 가능한 것
- ④ 폭 1.8[m] 이상, 높이 2[m] 이상, 길이 50[m] 이상(전력 또는 통신사업용인 것은 500[m] 이상)

2 연소방지설비 설치대상

(1) 대상

연소방지설비 및 방화벽은 지하구(전력 또는 통신사업용인 것에 한함)에 설치

(2) 면제

연소방지설비를 해야 할 소방대상물에 스프링클러 또는 물분무설비가 적합하게 설치된 경우

3 연소방지설비의 시설기준

(1) 개요

- ① 연소방지설비 : 국가화재안전기준(NFSC 506)에 의한 전력케이블, 통신케이블, 도시가스관, 냉방관 등이 설치되는 지하구에 설치하여 화재가 발생했을 경우 피해를 최소화하기 위한 설비
- ② 구성 : 연결살수설비와 거의 비슷한 것으로 송수구, 배관, 살수헤드 및 밸브 등으로 구성되며, 헤드는 전용헤드를 사용하거나 스프링클러 헤드를 사용

(2) 방식

연소방지설비는 습식 외의 방식으로 할 것

(3) 연소방지설비의 송수구

① 소방펌프자동차가 쉽게 접근할 수 있도록 노출된 장소에 설치하되, 눈에 띄기 쉬운 보도 또는 차도에 설치(통행차량의 소통에 방해가 없도록 한 지하구조일 것)
② 송수구는 구경 65[mm]의 쌍구형
③ 송수구로부터 1[m] 이내에 살수구역 안내표시를 설치
④ 송수구로부터 주배관에 이르는 연결배관에는 개폐밸브를 설치하지 말 것
⑤ 지면으로부터 높이가 0.5[m] 이상, 1.0[m] 이하의 위치에 설치
⑥ 송수구의 가까운 부분에 자동배수밸브 및 체크밸브를 설치할 것

(4) 연소방지설비의 배관

① 급수배관
　㉠ 송수구로부터 연소방지설비 방수구에 급수하는 배관, 즉 급수배관은 전용일 것
　㉡ 급수배관에 설치되어 급수차단할 경우의 밸브는 개폐표시형 밸브일 것
② 전용헤드 사용시 배관구경 : NFSC 506 제4조에 의하면 다음 표와 같다.

하나의 배관에 부착하는 살수헤드 수	1개	2개	3개	4개 또는 5개	6개 이상
배관의 구경[mm]	32	40	50	65	80

③ S/P헤드 사용 경우의 배관구경은 S/P기준을 적용한다.
④ 수평주행배관 : 100[mm] 이상하되, 헤드를 향하여 상향 1/1,000 이상의 기울기로 설치한다.

(5) 연소방지설비의 방수헤드

① 천장 또는 벽면에 설치
② 헤드 간 수평거리
　㉠ 전용헤드 : 2[m] 이하
　㉡ S/P헤드 : 1.5[m] 이하
③ 살수구역
　㉠ 길이방향 350[m] 이하마다 1개 이상 설치
　㉡ 하나의 살수구역 길이 : 3[m] 이상

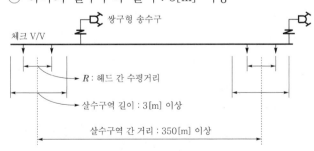

| 연소방지설비 설치개념도 |

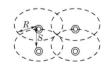

여기서, S : 헤드간격$=2R\cos45°$

| 정방형 헤드 |

4 연소방지제의 시공기준

(1) 정의

연소방지제라 함은 케이블에 도포하거나 감아서 화염에 노출되었을 때 팽창, 발포, 탄화 등으로 인한 단열효과와 화염침투 저지효과를 갖게 하여 연소방지효과를 갖도록 하는 것

(2) 연소방지도료(방화도료)

케이블에 도포함으로써 화염에 노출되었을 때, 팽창, 발포, 탄화로 인하여 단열층을 형성, 열전달의 차단 및 화염의 확산을 방지하는 것으로서 석면이 포함되지 않은 것

① 기존 케이블 표면에 도포하여 난연성 피복을 형성하여 선로의 연소확대를 방지

② 물로 희석시킨 도료를 스프레이, 솔 또는 롤러로 바르며, 두께는 0.89~2.0[mm] 정도(건조 후)

③ 어떤 형태의 케이블도 용이하게 바를 수 있는 장점

④ 건조 후에는 굳어져 케이블의 증·개설이 빈번한 선로에는 부적합

(3) 지하구 안에 설치된 케이블, 전선 등에는 다음의 기준에 따라 연소방지용 도료를 도포하여야 한다. 다만, 케이블, 전선 등을 「옥내소화전설비의 화재안전기준」의 규정에서 정한 기준에 적합한 내화배선방법으로 설치한 경우와 이와 동등 이상의 내화성능이 있도록 한 경우에는 그러하지 아니하다.

① 연소방지도료는 다음의 방법에 따라 도포할 것

　㉠ 도료를 도포하고자 하는 부분의 오물을 제거하고 충분히 건조시킨 후 도포할 것

　㉡ 도료의 도포두께는 평균 1[mm] 이상으로 할 것

　㉢ 유성도료의 1회당 도포간격은 2시간 이상으로 하되, 환기가 원활한 곳에서 실시할 것. 다만, 지하구 또는 유증기(油蒸氣)의 체류가 우려되는 공간에서 실시하지 않을 것

② 연소방지도료는 다음 부분의 중심으로부터 양쪽방향으로 전력용 케이블의 경우에는 20[m](단, 통신용 케이블의 경우 10[m]) 이상 도포할 것

　㉠ 지하구와 교차된 수직구 또는 분기구

　㉡ 집수정 또는 환풍기가 설치된 부분

　㉢ 지하구로 인입 및 인출되는 부분

　㉣ 분전반, 절연유 순환펌프 등이 설치된 부분

　㉤ 케이블이 상호연결된 부분

　㉥ 기타 화재발생 위험이 우려되는 부분

③ 연소방지도료 및 난연테이프의 성능기준 및 시험방법은 다음에 따를 것(NFSC 506 제7조 제3항)

다만, 난연테이프의 경우 라목 및 마목의 규정만을 시험한다. 연소방지도료에는 인체에 유해한 석면 등이 함유되어서는 안 되며, 난연처리하는 케이블, 전선 등의 기능에 변화를 일으키지 아니할 것

(4) 연소방지테이프(방화테이프)

발포성 테이프 등을 별도의 접착제 없이 케이블에 감음으로써 화염에 노출되었을 때 팽창, 발포, 탄화로 인하여 단열층을 형성, 열전달의 차단 및 화염의 확산을 방지하는 것으로서 석면이 포함되지 않은 것

① 주로 단선으로 된 케이블의 표면에 감는 난연성 피복으로 선로의 연소를 방지한다.
② 고난연재료의 두께 0.7~1.4[mm]인 테이프로서 신축성이 있다.
③ 케이블의 열이동에 따라서 CV 케이블, 특고압 CV 케이블 등 대용량 케이블에 적용한다.

(5) 연소방지포(방화시트)

유리섬유(glass wool) 등 불연성 포에 연소방지도료를 합침·건조시켜 케이블에 감음으로써 화염에 노출되었을 때, 단열층을 형성하여 열전달을 방지하게 할 수 있는 것

① 불연재인 유리섬유를 이중재단·봉재한 시트로서 길이 및 폭은 케이블 크기에 맞춘 치수로 하고 연속해서 케이블 선로 전체를 감싼다. 따라서, 선로가 난연화되고 연소방지효과가 증대된다.
② 이중유리섬유 사이에 불연단열재인 세라믹을 끼운 것은 연소방지뿐만 아니라케 이블의 내화보호효과도 있다. 주로 발열이 없는 통신·신호케이블에 적용되며, 최근에는 전력케이블에도 적용된다.

(6) 통신선로 및 전선의 난연화

① 외피는 FR(Flame Retardant) 종류를 사용할 것(특고압 전력케이블은 FR−CNCO−W)
② 기존 선로는 방화도료 또는 방화페인팅으로 내화성능을 확보할 것

5 방화벽 설치기준

(1) 내화구조로서 홀로 설 수 있는 구조일 것

(2) 방화벽의 출입문은 갑종방화문일 것

(3) 방화벽을 통과하는 케이블, 전선 등에는 내화성 있는 화재차단재로 마감할 것

(4) 방화벽의 위치는 분기구 및 환기구 등의 구조를 고려하여 설치할 것

6 공동구의 통합감시체계 구축

(1) 「소방법시행령」의 규정(제33조 제7항)

「국토계획법」 제2조 제9항의 규정에 의한 기준으로 통합감시체계를 구축하여야 한다.

(2) 국가 「화재안전기준」(NFSC 506 제7조)

통합감시체계를 구축하는 경우에는 다음 기준에 의한다.

① 소방관서와 공동구의 통제실 간에 화재 등 소방활동과 관련된 정보를 상시 교환할
수 있는 정보통신망을 구축할 것

② ①의 규정에 의한 정보통신망은 광케이블 또는 이와 유사한 성능을 가진 선로로서
원격제어가 가능할 것

③ 주수신기는 공동구의 통제실에, 보조수신기는 관할 소방관서에 설치하여야 하고,
수신기에는 원격제어 기능이 있을 것

④ 비상시에 대비하여 예비선로를 구축할 것

7 감지기

정온식 감지선형 감지기 또는 먼지, 습기 등의 영향을 받지 않아 발화지점을 정확히 감지
하는 감지기인 광케이블로 된 광센서 감지기 적용이 필요하다.

8 발신기

설치하지 않을 수도 있으나, 공동구 내에 수시로 작업자의 출입이 있어 40[m] 수평보행
거리의 범위로 설치하는 것이 바람직하다.

「연소방지설비의 화재안전기준」에 대한 아래 항목에 대하여 설명하시오.

1. 배관 등의 설치기준
2. 방수헤드 설치기준
3. 연소방지설비 송수구 설치기준
4. 연소방지도료의 도포
5. 방화벽의 설치기준
6. 공동구의 통합감시시설 구축기준

1 배관 등의 설치기준

(1) 배관은 배관용 탄소강관(KS D 3507) 또는 압력배관용 탄소강관(KS D 3562)이나 이와 동등 이상의 강도·내식성 및 내열성을 가진 것으로 하여야 한다. 다만, 다음의 ①에 해당하는 장소에는 소방방재청장이 정하여 고시하는 「소방용 합성수지배관의 성능시험기술기준」에 적합한 소방용 합성수지배관으로 설치할 수 있다.

① 배관을 지하에 매설하는 경우
② 다른 부분과 내화구조로 구획된 덕트 또는 피트의 내부에 설치하는 경우

(2) 급수배관(송수구로부터 연소방지설비 방수구에 급수하는 배관)은 전용으로 하여야 한다.

(3) 급수배관에 설치되어 급수를 차단할 수 있는 개폐밸브는 개폐표시형으로 하여야 한다.

(4) 연결살수설비의 배관의 구경은 다음의 기준에 따라 설치하여야 한다.

① 연소방지용 전용헤드를 사용하는 경우에는 다음 표에 따른 구경 이상으로 할 것

하나의 배관에 부착하는 살수헤드의 개수	1개	2개	3개	4개 또는 5개	6개 이상, 10개 이하
배관의 구경[mm]	32	40	50	65	80

② 스프링클러헤드를 사용하는 경우에는 「스프링클러설비의 화재안전기준(NFSC 103)」 [별표 1]의 기준에 따를 것

(5) 연소방지설비에 있어서의 수평주행배관의 구경은 100[mm] 이상의 것으로 하되, 연소방지설비 전용 헤드 및 스프링클러헤드를 향하여 상향으로 1/1,000 이상의 기울기로 설치하여야 한다.

(6) 연소방지설비 교차배관의 위치·청소구 및 가지배관의 헤드설치는 다음의 기준에 따른다.

① 교차배관은 가지배관과 수평으로 설치하거나 또는 가지배관 밑에 설치하고, 그 구경은 위 (4)의 규정에 따르되, 최소구경이 40[mm] 이상이 되도록 할 것

② 청소구는 주배관 또는 교차배관(교차배관을 설치하는 경우에 한함) 끝에 40[mm] 이상 크기의 개폐밸브를 설치하고, 호스접결이 가능한 나사식 또는 고정배수배관식으로 할 것. 이 경우 나사식의 개폐밸브는 옥내소화전 호스접결용의 것으로 하고, 나사보호용의 캡으로 마감할 것

③ 하향식 헤드를 설치하는 경우에 가지배관으로부터 헤드에 이르는 헤드접속배관은 가지관 상부에서 분기할 것

(7) 배관에 설치되는 행거는 다음의 기준에 따라 설치하여야 한다.

① 가지배관에는 헤드의 설치지점 사이마다 1개 이상의 행거를 설치하되, 헤드 간의 거리가 3.5[m]을 초과하는 경우에는 3.5[m] 이내마다 1개 이상 설치할 것. 이 경우 상향식 헤드와 행거 사이에는 8[cm] 이상의 간격을 두어야 한다.

② 교차배관에는 가지배관과 가지배관 사이마다 1개 이상의 행거를 설치하되, 가지배관 사이의 거리가 4.5[m]를 초과하는 경우에는 4.5[m] 이내마다 1개 이상 설치할 것

③ ① 내지 ②의 수평주행배관에는 4.5[m] 이내마다 1개 이상 설치할 것

(8) 연소방지설비는 습식 외의 방식으로 하여야 한다.

(9) 기계실·공동구 또는 덕트에 설치되는 배관은 다른 설비의 배관과 쉽게 구분이 될 수 있는 위치에 설치하거나, 그 배관표면 또는 배관보온재 표면의 색상을 달리하는 방법 등으로 소방용 설비의 배관임을 표시하여야 한다.

(10) 분기배관을 사용할 경우에는 「소방시설 설치·유지 및 안전관리에 관한 법률」 제39조 또는 법 제42조 제1항의 규정에 따라 성능시험기관으로 지정받은 기관에서 그 성능을 검증받은 것으로 설치하여야 한다.

❷ 방수헤드 설치기준

(1) 천장 또는 벽면에 설치할 것

(2) 방수헤드 간의 수평거리는 연소방지설비 전용 헤드의 경우에는 2[m] 이하, 스프링클러헤드의 경우에는 1.5[m] 이하로 할 것

(3) 살수구역은 지하구의 길이방향으로 350[m] 이하마다 또는 환기구 등을 기준으로 1개 이상 설치하되, 하나의 살수구역의 길이는 3[m] 이상으로 할 것

3 연소방지설비의 송수구 설치기준

(1) 소방차가 쉽게 접근할 수 있는 노출된 장소에 설치하되, 눈에 띄기 쉬운 보도 또는 차도에 설치할 것

(2) 송수구는 구경 65[mm]의 쌍구형으로 할 것

(3) 송수구로부터 1[m] 이내에 살수구역 안내표지를 설치할 것

(4) 지면으로부터 높이가 0.5[m] 이상, 1[m] 이하의 위치에 설치할 것

(5) 송수구의 가까운 부분에 자동배수밸브(또는 직경 5[mm]의 배수공) 및 체크밸브를 설치할 것. 이 경우 자동배수밸브는 배관 안의 물이 잘 빠질 수 있는 위치에 설치하되, 배수로 인하여 다른 물건 또는 장소에 피해를 주지 아니할 것

(6) 송수구로부터 주배관에 이르는 연결배관에는 개폐밸브를 설치하지 아니할 것

4 연소방지도료의 도포

지하구 안에 설치된 케이블, 전선 등에는 다음의 기준에 따라 연소방지용 도료를 도포할 것. 다만, 케이블, 전선 등을 「화재안전기준(NFSC 102)」의 규정에서 정한 기준에 적합한 내화배선방법으로 설치한 경우와 이와 동등 이상의 내화성능이 있도록 한 경우에는 그러하지 아니한다.

(1) 연소방지도료는 다음의 방법에 따라 도포할 것
① 도료를 도포하고자 하는 부분의 오물을 제거하고 충분히 건조시킨 후 도포할 것
② 도료의 도포두께는 평균 1[mm] 이상으로 할 것
③ 유성도료의 1회당 도포간격은 2시간 이상으로 하되, 환기가 원활한 곳에서 실시할 것. 다만, 지하구 또는 유증기(油蒸氣)의 체류가 우려되는 공간에서 실시하여서는 아니된다.

(2) 연소방지도료는 다음 부분의 중심으로부터 양쪽방향으로 전력용 케이블의 경우에는 20[m] (단, 통신케이블의 경우에는 10[m]) 이상 도포할 것
① 지하구와 교차된 수직구 또는 분기구

② 집수정 또는 환풍기가 설치된 부분

③ 지하구로 인입 및 인출되는 부분

④ 분전반, 절연유 순환펌프 등이 설치된 부분

⑤ 케이블이 상호연결된 부분

⑥ 기타 화재발생 위험이 우려되는 부분

(3) 연소방지도료, 난연테이프의 성능기준 및 시험방법은 다음에 따를 것. 다만, 난연테이프의 경우 NFSC 506의 제7조 제3항의 라목 및 마목의 규정만을 시험한다.

① 연소방지도료에는 인체에 유해한 석면 등이 함유되어서는 아니되며, 난연처리하는 케이블, 전선 등의 기능에 변화를 일으키지 아니할 것

② 건조에 대한 시험 : KS M 5000 중 시험방법 2511(도료의 건조시간 시험방법 : 바니시·락카·에나멜 및 수성도료) 또는 시험방법 2512(도료의 건조시간 시험방법 : 유성도료)에 따라 7일간 자연건조하였을 경우 고화건조, 경화건조, 불접착건조 또는 완전건조 중 하나에 해당될 것. 다만, 가열건조할 경우는 65±2[℃]에서 24시간 건조할 것

③ 산소지수

ㄱ 시험을 위한 시료는 KS M 5000 중 1121(도료시험용 유리판 조제방법)의 방법으로 두께 3[mm], 가로 6[mm], 세로 150[mm]의 크기로 제작할 것

ㄴ 시료의 건조는 50±2[℃]인 항온건조기 안에서 24시간 건조한 후 실리카겔을 넣은 데시케이터 안에 2시간 동안 넣어둘 것

ㄷ 시료의 연소시간이 3분간 지속되거나 또는 착염 후 탄화길이가 50[mm]일 때까지 연소가 지속될 때의 최저의 산소유량과 질소유량을 측정하여 산소지수값을 다음 계산식에 따라 산출하되, 산소지수는 평균 30 이상이어야 할 것. 다만, 난연테이프의 산소지수는 평균 28 이상이어야 한다.

$$산소지수 = \frac{O_2}{O_2 + N_2} \times 100$$

여기서, O_2 : 산소유량[l/min]

N_2 : 질소유량[l/min]

(4) 난연성 시험

① 시료의 길이가 2,400[mm]인 전선에 연소방지도료 또는 난연테이프를 도포(감은)한 것일 것

② 난연성 시험기는 금속제 수직형 트레이와 별도의 리본가스버너를 사용할 것

③ 트레이는 사다리 형태이며, 깊이 75[mm], 너비 300[mm], 길이 2,440[mm]로 할 것

④ 리본가스버너의 불꽃의 길이는 380[mm] 이상이어야 하고, 트레이 격자 사이의 시료중심에 불꽃이 닿도록 할 것

⑤ 버너면은 시험편 표면에서부터 76[mm] 간격을 두어야 하며, 수직형 트레이 바닥에서 600[mm] 높이에 수평으로 장치하여야 할 것

⑥ 수직형 트레이 시험기의 온도측정용 온도감지센서는 불꽃 가까이에 설치하여야 하며, 시험편과 닿지 않도록 3[mm]의 거리를 두어 설치하여야 할 것

⑦ 시료의 배열은 수직형 트레이 중심 부분에 시료를 단층으로 배열하고 전선의 직경 1/2 간격으로 폭 150[mm] 이상이 되도록 금속제 사다리 중앙부에 배열할 것

⑧ 가열온도를 816±10[℃]를 유지하면서 20분간 가열한 후 불꽃을 제거하였을 때 자연소화되어야 하며, 시험체가 전소되지 아니하여야 할 것

(5) 발연량

ASTM E 662(고체물질에서 발생하는 연기의 특성광학밀도)의 방법으로 발연량을 측정하였을 때 최대연기밀도가 400 이하이어야 할 것

(6) 성능시험을 위한 시료채취는 다음에 따를 것

① 시료채취는 KS M5000(도료 및 관련원료 시험방법) 중 시험방법(도료의 시료채취방법)에 따를 것

② 성능시험을 위한 시험판은 KS D 3512(냉간압연강판 및 강대) 또는 이와 동등 이상의 것으로 두께 0.8[mm], 가로 70[mm], 세로 150[mm]인 것으로 하며, 전선은 직경 10~20ϕ 또는 22.9[kV] CN－CV(동심중성선 전력케이블) 325[mm^2], 피복은 흑색 폴리에틸렌을 혼합한(black polyethylene compound) 것으로 할 것

③ 시험을 위한 시험판 또는 전선에 도료를 분무기 또는 붓으로 칠하여 직사광선을 피하여 수직으로 7일 이상 건조한 것으로 할 것. 이 경우 건조한 도료의 도포두께는 1.0[mm]일 것

5 방화벽의 설치기준

(1) 내화구조로서 홀로 설 수 있는 구조일 것

(2) 방화벽에 출입문을 설치하는 경우에는 방화문으로 할 것

(3) 방화벽을 관통하는 케이블, 전선 등에는 내화성이 있는 화재차단재로 마감할 것

(4) 방화벽의 위치는 분기구 및 환기구 등의 구조를 고려하여 설치할 것

6 공동구의 통합감시시설 구축기준

(1) 소방관서와 공동구의 통제실 간에 화재 등 소방활동과 관련된 정보를 상시 교환할 수 있는 정보통신망을 구축할 것

(2) (1)의 규정에 따른 정보통신망은 광케이블 또는 이와 유사한 성능을 가진 선로로서 원격제어가 가능할 것

(3) 주수신기는 공동구의 통제실에, 보조수신기는 관할 소방관서에 설치하여야 하고, 수신기에는 원격제어기능이 있을 것

(4) 비상시에 대비하여 예비선로를 구축할 것

문제 **18**

지하구에 설치하는 소화활동설비인 연소방지설비의 연소방지도료에 대해 설명하시오.

1 「화재안전기준(NFSC 102)」상의 설치기준

지하구 안에 설치된 케이블, 전선 등에는 다음의 기준에 따라 연소방지용 도료를 도포하여야 한다. 다만, 케이블, 전선 등을 「옥내소화전설비의 화재안전기준(NFSC 102)」제10조 제2항의 규정에서 정한 기준에 적합한 내화배선방법으로 설치한 경우와 이와 동등 이상의 내화성능이 있도록 한 경우에는 그러하지 아니하다.

2 연소방지도료는 다음의 방법에 따라 도포할 것

(1) 도료를 도포하고자 하는 부분의 오물을 제거하고 충분히 건조시킨 후 도포할 것

(2) 도료의 도포두께는 평균 1[mm] 이상으로 할 것

(3) 유성도료의 1회당 도포간격은 2시간 이상으로 하되, 환기가 원활한 곳에서 실시할 것. 다만, 지하구 또는 유증기(油蒸氣)의 체류가 우려되는 공간에서 실시하지 않을 것

3 연소방지도료 적용개소

연소방지도료는 다음 부분의 중심으로부터 양쪽방향으로 전력용 케이블의 경우에는 20[m](단, 통신용 케이블의 경우 10[m]) 이상 도포할 것

(1) 지하구와 교차된 수직구 또는 분기구

(2) 집수정 또는 환풍기가 설치된 부분

(3) 지하구로 인입 및 인출되는 부분

(4) 분전반, 절연유 순환펌프 등이 설치된 부분

(5) 케이블이 상호연결된 부분

(6) 기타 화재발생 위험이 우려되는 부분

4 연소방지도료 및 난연테이프의 성능기준 및 시험방법

(1) 연소방지도료에는 인체에 유해한 석면 등이 함유되어서는 아니되며, 난연처리하는 케이블, 전선 등의 기능에 변화를 일으키지 아니할 것

(2) 건조에 대한 시험

KS M 5000 중 시험방법 2511(도료의 건조시간 시험방법 : 바니쉬·락카·에나멜 및 수성도료) 또는 시험방법 2512(도료의 건조시간 시험방법 : 유성도료)에 따라 7일간 자연건조하였을 경우 고화건조, 경화건조, 불접착건조 또는 완전건조 중 하나에 해당될 것. 다만, 가열건조할 경우는 65±2[℃]에서 24시간 건조할 것

(3) 산소지수

① 시험을 위한 시료는 KS M 5000 중 1121(도료시험용 유리판 조제방법)의 방법으로 두께 3[mm], 가로 6[mm], 세로 150[mm]의 크기로 제작할 것
② 시료의 건조는 50±2[℃]인 항온건조기 안에서 24시간 건조한 후 실리카겔을 넣은 데시케이터 안에 2시간 동안 넣어둘 것
③ 시료의 연소시간이 3분간 지속되거나 또는 착염 후 탄화길이가 50[mm]일 때까지 연소가 지속될 때의 최저의 산소유량과 질소유량을 측정하여 산소지수값을 다음 계산식에 따라 산출하되, 산소지수는 평균 30 이상이어야 할 것. 다만, 난연테이프의 산소지수는 평균 28 이상이어야 한다.

$$산소지수 = \frac{O_2}{O_2 + N_2} \times 100$$

여기서, O_2 : 산소유량[$l$pm], N_2 : 질소유량[$l$pm]

(4) 연소방지도료의 난연성 시험

① 시료의 길이가 2,400[mm]인 전선에 연소방지도료 또는 난연테이프를 도포(감은)한 것으로 할 것
② 난연성 시험기는 금속제 수직형 트레이와 별도의 리본가스버너를 사용할 것
③ 트레이는 사다리 형태이며, 깊이 75[mm], 너비 300[mm], 길이 2,440[mm]로 할 것
④ 리본가스버너의 불꽃의 길이는 380[mm] 이상이어야 하고, 트레이 격자 사이의 시료중심에 불꽃이 닿도록 할 것
⑤ 버너면은 시험편 표면에서부터 76[mm] 간격을 두어야 하며, 수직형 트레이 바닥에서 600[mm] 높이에 수평으로 장치할 것
⑥ 수직형 트레이 시험기의 온도측정용 온도감지센서는 불꽃 가까이에 설치하여야 하며, 시험편과 닿지 않도록 3[mm]의 거리를 두어 설치할 것
⑦ 시료의 배열은 수직형 트레이 중심 부분에 시료를 단층으로 배열하고 전선의 직경 1/2간격으로 폭 150[mm] 이상이 되도록 금속제 사다리 중앙부에 배열할 것
⑧ 가열온도를 816±10[℃]로 유지하면서 20분간 가열한 후 불꽃을 제거하였을 때 자연소화되어야 하며, 시험체가 전소되지 않게 할 것

(5) 발연량

ASTM E 662(고체물질에서 발생하는 연기의 특성광학밀도)의 방법으로 발연량을 측정하였을 때, 최대연기밀도가 400 이하이어야 할 것

(6) 성능시험을 위한 시료채취는 다음에 따를 것

① 시료채취는 KS M 5000(도료 및 관련 원료시험방법) 중 시험방법 1021(도료의 시료채취방법)

② 성능시험을 위한 시험판은 KS D 3512(냉간압연강판 및 강대) 또는 이와 동등 이상의 것으로 두께 0.8[mm], 가로 70[mm], 세로 150[mm]인 것으로 하며, 전선은 직경 10~20ϕ 또는 22.9[kV] CN−CV(동심중성선 전력케이블) 325[mm^2], 피복은 흑색 폴리에틸렌을 혼합한(black polyethylene compound) 것으로 할 것

③ 시험을 위한 시험판 또는 전선에 도료를 분무기 또는 붓으로 칠하여 직사광선을 피하여 수직으로 7일 이상 건조한 것으로 할 것. 이 경우 건조한 도료의 도포두께는 1.0[mm] 이내이어야 할 것

지하구에 설치하는 소화활동설비인 연소방지설비의 연소방지도료에 대해 설명하시오.

1 연소방지도료의 도포에 대한 법적 기준

(1) 지하구 안에 설치된 케이블, 전선 등에는 다음의 기준에 따라 연소방지용 도료를 도포하여야 한다.

(2) 다만, 케이블, 전선 등을 「옥내소화전설비의 화재안전기준(NFSC 102)」 제10조 제2항의 규정에서 정한 기준에 적합한 내화배선방법으로 설치한 경우와 이와 동등 이상의 내화성능이 있도록 한 경우에는 그러하지 아니하다.

2 연소방지도료의 도포방법

(1) 도료를 도포하고자 하는 부분의 오물을 제거하고 충분히 건조시킨 후 도포할 것

(2) 도료의 도포두께는 평균 1[mm] 이상으로 할 것

(3) 유성도료의 1회당 도포간격은 2시간 이상으로 하되, 환기가 원활한 곳에서 실시 할 것. 다만, 지하구 또는 유증기(油蒸氣)의 체류가 우려되는 공간에서 실시하지 않을 것

(4) 연소방지도료는 다음의 중심으로부터 양쪽방향으로 전력용 케이블의 경우에는 20[m] (단, 통신용 케이블의 경우 10[m]) 이상 도포할 것
   ① 지하구와 교차된 수직구 또는 분기구
   ② 집수정 또는 환풍기가 설치된 부분
   ③ 지하구로 인입 및 인출되는 부분
   ④ 분전반, 절연유 순환펌프 등이 설치된 부분
   ⑤ 케이블이 상호연결된 부분
   ⑥ 기타 화재발생 위험이 우려되는 부분

3 연소방지도료 및 난연테이프의 성능기준 및 시험방법

연소방지도료에는 인체에 유해한 석면 등이 함유되어서는 아니되며, 난연처리하는 케이블, 전선 등의 기능에 변화를 일으키지 아니할 것

「도로터널의 화재안전기준」에 대한 아래 항목에 대하여 설명하시오.

1. 수동식 소화기 설치기준
2. 옥내소화전설비의 설치기준
3. 비상경보설비의 설치기준
4. 자동화재탐지설비 설치기준
5. 비상조명등 설치기준
6. 제연설비의 설계기준
7. 제연설비 설치기준
8. 연결송수관설비 설치기준
9. 무선통신보조설비 설치기준
10. 비상콘센트설비 설치기준
11. 설치대상

1 수동식 소화기 설치기준

(1) 수동식 소화기의 능력단위는 A급 화재에 3단위 이상, B급 화재에 5단위 이상 및 C급 화재에 적응성이 있는 것으로 할 것

(2) 수동식 소화기의 총중량은 사용 및 운반의 편리성을 고려하여 7[kg] 이하로 할 것

(3) 수동식 소화기는 주행차로의 우측 측벽에 50[m] 이내의 간격으로 2개 이상을 설치하며, 편도 2차선 이상의 양방향 터널과 4차로 이상의 일방향 터널의 경우에는 양쪽 측벽에 각각 50[m] 이내의 간격으로 엇갈리게 2개 이상을 설치할 것

(4) 바닥면(차로 또는 보행로, 이하 동일)으로부터 1.5[m] 이하의 높이에 설치할 것

(5) 소화기구함의 상부에 "소화기"라고 조명식 또는 반사식의 표지판을 부착하여 사용자가 쉽게 인지할 수 있도록 할 것

2 옥내소화전설비의 설치기준

(1) 소화전함과 방수구는 주행차로 우측 측벽을 따라 50[m] 이내의 간격으로 설치하며, 편도 2차선 이상의 양방향 터널이나 4차로 이상의 일방향 터널의 경우에는 양쪽 측벽에 각각 50[m] 이내의 간격으로 엇갈리게 설치할 것

(2) 수원은 그 저수량이 옥내소화전의 설치개수 2개(4차로 이상의 터널의 경우 3개)를 동시에 40분 이상 사용할 수 있는 충분한 양 이상을 확보할 것

(3) 가압송수장치는 옥내소화전 2개(4차로 이상의 터널인 경우 3개)를 동시에 사용할 경우 각 옥내소화전의 노즐선단에서의 방수압력은 0.35[MPa] 이상이고, 방수량은 190[l/min] 이상이 되는 성능의 것으로 할 것. 다만, 하나의 옥내소화전을 사용하는 노즐선단에서의 방수압력이 0.7[MPa]을 초과할 경우에는 호스접결구의 인입측에 감압장치를 설치할 것

(4) 압력수조나 고가수조가 아닌 전동기 및 내연기관에 의한 펌프를 이용하는 가압송수장치는 주펌프와 동등 이상인 별도의 예비펌프를 설치할 것

(5) 방수구는 40[mm] 구경의 단구형을 옥내소화전이 설치된 벽면의 바닥면으로부터 1.5[m] 이하의 높이에 설치할 것

(6) 소화전함에는 옥내소화전 방수구 1개, 15[m] 이상의 소방호스 3본 이상 및 방수노즐을 비치할 것

(7) 옥내소화전설비의 비상전원은 40분 이상 작동할 수 있을 것

3 비상경보설비의 설치기준

(1) 발신기는 주행차로 한쪽 측벽에 50[m] 이내의 간격으로 설치하며, 편도 2차선 이상의 양 방향 터널이나 4차로 이상의 일방향 터널의 경우에는 양쪽의 측벽에 각각 50[m] 이내의 간격으로 엇갈리게 설치할 것

(2) 발신기는 바닥면으로부터 0.8[m] 이상, 1.5[m] 이하의 높이에 설치할 것

(3) 음향장치는 발신기 설치위치와 동일하게 설치할 것. 다만, 「비상방송설비의 화재안전기준 (NFSC 202)」에 적합하게 설치된 방송설비를 비상경보설비와 연동하여 작동하도록 설치 한 경우에는 비상경보설비의 지구음향장치를 설치하지 아니할 것

(4) 음량장치의 음량은 부착된 음향장치의 중심으로부터 1[m] 떨어진 위치에서 90[dB] 이상 일 것

(5) 음향장치는 터널 내부 전체에 동시에 경보를 발하도록 설치할 것

(6) 시각경보기는 주행차로 한쪽 측벽에 50[m] 이내의 간격으로 비상경보설비 상부 직근에 설치하고, 전체 시각경보기는 동기방식에 의해 작동될 수 있도록 할 것

4 자동화재탐지설비 설치기준

(1) 터널에 설치할 수 있는 감지기의 종류는 다음의 어느 하나와 같다.

① 차동식 분포형 감지기

② 정온식 감지선형 감지기(아날로그식에 한함)

③ 중앙기술심의위원회의 심의를 거쳐 터널화재에 적응성이 있다고 인정된 감지기

(2) 하나의 경계구역의 길이는 100[m] 이하로 하여야 한다.

(3) (1)의 규정에 의한 감지기의 설치기준은 다음과 같다. 다만, 중앙기술심의위원회의 심의를 거쳐 제조사 시방서에 따른 설치방법이 터널화재에 적합하다고 인정되는 경우에는 다음의 기준에 의하지 아니하고 심의결과에 의한 제조사 시방서에 따라 설치할 수 있다.

① 감지기의 감열부(열을 감지하는 기능을 갖는 부분)와 감열부 사이의 이격거리는 10[m] 이하로, 감지기와 터널 좌·우측 벽면과의 이격거리는 6.5[m] 이하로 설치

② ①의 규정에도 불구하고 터널천장의 구조가 아치형인 터널에 감지기를 터널의 진행방향으로 설치하고자 하는 경우에는 감열부와 감열부 사이의 이격거리를 10[m] 이하로 하여 아치형 천장의 중앙 최상부에 1열로 감지기를 설치하여야 하며, 감지기를 2열 이상으로 설치하고자 하는 경우에는 감열부와 감열부 사이의 이격거리는 10[m] 이하로 감지기 간의 이격거리는 6.5[m] 이하로 설치할 것

③ 감지기를 천장면(터널 안 도로 등에 면한 부분 또는 상층의 바닥하부면)에 설치하는 경우에는 감기기가 천장면에 밀착되지 않도록 고정금구 등을 사용하여 설치할 것

④ 형식 승인내용에 설치방법이 규정된 경우에는 형식 승인내용에 따라 설치할 것. 다만, 감지기와 천장면과의 이격거리에 대해 제조사의 시방서에 규정되어 있는 경우에는 시방서의 규정에 따라 설치할 수 있다.

(4) (2)의 규정에도 불구하고 감지기의 작동에 의하여 다른 소방시설 등이 연동되어서 해당 소방시설 등의 작동을 위한 정확한 발화위치를 확인할 필요가 있는 경우에는 경계구역의 길이가 해당 설비의 방호구역 등에 포함되도록 설치하여야 한다.

(5) 발신기 및 지구음향장치는 비상경보설비의 설치기준을 준용하여 설치하여야 한다.

5 비상조명등 설치기준

(1) 상시 조명이 소등된 상태에서 비상조명등이 점등되는 경우 터널 안의 차도 및 보도의 바닥면의 조도는 10[lx] 이상, 그 외 모든 지점의 조도는 1[lx] 이상이 될 수 있도록 설치할 것

(2) 비상조명등은 상용전원이 차단되는 경우 자동으로 비상전원이 60분 이상 점등되도록 설치할 것

(3) 비상조명등에 내장된 예비전원이나 축전지설비는 상용전원의 공급에 의하여 상시 충전상태를 유지할 수 있도록 설치할 것

6 제연설비의 설계기준

(1) 설계화재강도 20[MW]를 기준으로 하고, 이때 연기발생률은 80[m³/s]로 하며, 배출량은 발생된 연기와 혼합된 공기를 충분히 배출할 수 있는 용량 이상을 확보할 것

(2) (1)의 규정에도 불구하고 화재강도가 설계화재강도보다 높을 것으로 예상될 경우 위험도 분석을 통하여 설계화재강도를 설정하도록 할 것

7 제연설비 설치기준

(1) 종류환기방식의 경우 제트팬의 소손을 고려하여 예비용 Jet fan을 설치하도록 할 것

(2) 횡류환기방식(또는 반횡류환기방식) 및 대배기구방식의 배연용 팬은 덕트의 길이에 따라서 노출온도가 달라질 수 있으므로 수치해석 등을 통해서 내열온도 등을 검토한 후에 적용하도록 할 것

(3) 배기구의 개폐용 전동모터는 정전 등 전원이 차단되는 경우에도 조작상태를 유지하게 할 것

(4) 화재에 노출이 우려되는 제연설비와 전원공급선 및 Jet fan 사이의 전원공급장치 등은 250[℃]의 온도에서 60분 이상 운전상태를 유지할 수 있도록 할 것

(5) 제연설비의 기동은 다음의 하나에 의하여 자동 또는 수동으로 기동될 수 있도록 할 것
  ① 화재감지기가 동작되는 경우
  ② 발신기의 스위치 조작 또는 자동소화설비의 기동장치를 동작시키는 경우
  ③ 화재수신기 또는 감시제어반의 수동조작스위치를 동작시키는 경우

(6) 비상전원은 60분 이상 작동할 수 있도록 하여야 한다.

8 연결송수관설비 설치기준

(1) 방수압력은 0.35[MPa] 이상, 방수량은 400[l/min] 이상을 유지할 수 있도록 할 것

(2) 방수구는 50[m] 이내의 간격으로 옥내소화전함에 병설하거나 독립적으로 터널출입구 부근과 피난연결통로에 설치할 것

(3) 방수기구함은 50[m] 이내의 간격으로 옥내소화전함 안에 설치하거나 독립적으로 설치하고, 하나의 방수기구함에는 65[mm] 방수노즐 1개와 15[m] 이상의 호스 3본을 설치하도록 할 것

9 무선통신보조설비 설치기준

(1) 무선통신보조설비의 무전기 접속단자는 방재실과 터널의 입구 및 출구, 피난연결통로에 설치할 것

(2) 라디오 재방송설비가 설치되는 터널의 경우에는 무선통신보조설비와 겸용으로 설치가능

10 비상콘센트설비 설치기준

(1) 비상콘센트설비의 전원회로는 단상교류 220[V]인 것으로서, 그 공급용량은 1.5[kVA] 이상인 것으로 할 것

(2) 전원회로는 주배전반에서 전용회로로 할 것. 다만, 다른 설비의 회로의 사고에 따른 영향을 받지 아니하도록 되어 있는 것에 있어서는 그러하지 아니하다.

(3) 콘센트마다 배선용 차단기(KS C 8321)를 설치하여야 하며, 충전부가 노출되지 않을 것

(4) 주행차로의 우측 측벽에 50[m] 이내의 간격으로 바닥으로부터 0.8[m] 이상 1.5[m] 이하의 높이에 설치할 것

11 설치대상

소방시설 터널길이	소화활동설비	소화설비, 경보설비, 피난설비
–	제연설비	물분무설비, 소화기
500[m]	비상콘센트, 무선통신보조설비	비상조명등, 비상경보설비
1,000[m]	연결송수관설비	옥내소화전설비, 자동화재탐지설비

04 Section 누전경보기

문제 01

누전경보기의 구성과 동작원리에 대해 설명하시오.

1 개 요

(1) 누전경보시스템이란 교류 600[V] 미만의 전기설비에서 절연불량 등으로 누설전류가 흘러 화재 및 재해가 발생하는 것을 예방할 목적으로 전로에 설치하는 것이다.

(2) 누전경보기는 건축물의 천장, 바닥, 벽, 등의 보강재료로 사용하고 있는 금속류 등이 누전경로가 되어 화재를 발생시키기 쉬우므로 이것을 방지하기 위하여 누설전류가 흐르면 자동적으로 경보를 발하도록 한 것이다.

(3) 누전경보기는 누설전류를 검출하는 영상변류기, 그 전류를 증폭하는 수신기 및 경보를 발하는 음향장치로 구성되어 있다.

2 누전경보기의 구성

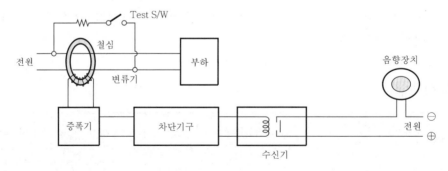

(1) 변류기(영상변류기)

① 변류기는 누설전류를 검출하는 장치로 환상의 철심에 검출용 2차 코일을 감은 것이다.

② 변류기 내부를 통과하는 전선에 흐르는 전류가 같지 않을 때는 전압이 유기되어 누전을 검출하게 된다.

(2) 증폭기

① 누전경보기의 감도를 높이기 위해서는 미소한 전류의 차이도 검출해야 하는데, 이때 유기전압도 미소하게 되므로 이를 증폭하기 위한 것이다.

② 증폭기는 수신기에 내장되기도 하며, 일반으로 Matching transformer, Transistor 및 IC 등으로 구성된다.

(3) 테스트스위치(test switch)

위의 그림에서 테스트스위치를 누르면 변류기를 관통하는 두 도체에 흐르는 전류는 테스트스위치 회로에 흐르는 전류만큼 차이가 나게 되므로 누전경보기가 동작한다.

(4) 수신기

수신기는 영상변류기나 증폭기로부터 누설전류에 의한 전압을 수신하여 계전기를 동작시켜 음향장치를 동작시켜 주는 기구이다. 시험을 위한 테스트스위치도 수신기에 내장된다.

(5) 집합형 수신기(수신기의 구비조건)

하나의 수신기에 여러 개의 변류기 회로가 연결된 것을 집합형 수신기라고 하며, 그 기능은 다음과 같다.

① 누전이 발생한 전로를 명확히 표시해야 한다.

② 누전된 전로를 차단해도 그 전로의 표시가 지속되어야 한다.

③ 2개의 전로에서 동시에 누전이 발생했을 때도 기능에 이상이 없어야 한다.

④ 2개 이상의 전로에서 동시에 누전이 발생해도 최대부하에 견디는 용량을 가진 것이어야 한다.

(6) 음향장치

음향장치는 수신기에 내장시키는 것과 별도로 설치하는 것이 있으며, 어느 것이나 사용전압의 80[%]에서 정상적으로 경보음을 발할 수 있어야 하고, 음량은 1[m] 떨어진 곳에서 70[dB] 이상이어야 한다.

3 누전경보기의 동작원리

(1) 단상식 누전경보기

① 누설전류가 없는 경우에는 다음 그림과 같이 변류가 회로에 흐르는 왕로전류 i_1과 귀로전류 i_2는 같고, 왕로전류 i_1에 의한 자속 ϕ_1과 귀로전류 i_2는 $\phi_1 = \phi_2$와 같이 서로 상쇄하고 있다.

② 누전이 발생하면 누설전류 $\dot{I}_g$가 흐르게 되어 왕로전류는 $\dot{I}_1 + \dot{I}_g$가 되고 귀로전류는 왕로전류 $\dot{I}_1 + \dot{I}_g$보다 작아져서 누설전류 $\dot{I}_g$에 의한 자속이 생기게 되고 영상변류기에 패러데이의 법칙에 의거하여 유기전압을 유도시킨다.

③ 이 전압을 증폭해서 입력신호로 하여 릴레이를 동작시켜 경보를 발한다. 이때, 누설전류 $\dot{I}_g$에 의한 자속에 따른 유기전압의 식은 다음과 같다.

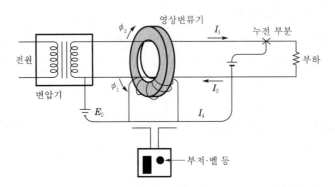

패러데이 제1법칙에 의하여 $N \dfrac{d\phi_g}{dt} = e = E_m \sin \omega t$

자속의 순시치 $\phi_g = \dfrac{E_m}{eN} \sin\left(\omega t - \dfrac{\pi}{2}\right)$[Wb]

자속의 최대치 $\phi_{gm} = \dfrac{E_m}{\omega N}$

따라서, 유기기전력의 실효치 E는 다음과 같다.

$$E = \frac{E_m}{\sqrt{2}} = \frac{2\pi f}{\sqrt{2}} N \phi_{gm}$$

여기서, N : 2차 권수, f : 주파수

(2) 3상식 누전경보기

① 3상 3선식으로 부하가 일정하지 않게 접속한 경우로 누설전류가 없을 때는 다음과 같다.

$\dot{I}_1 = \dot{I}_b - \dot{I}_a$, $\dot{I}_2 = \dot{I}_c - \dot{I}_b$, $\dot{I}_3 = \dot{I}_a - \dot{I}_c$

∴ $\dot{I}_1 + \dot{I}_2 + \dot{I}_3 = 0$

② 누전사고가 생기면 $\dot{I}_1 = \dot{I}_b - \dot{I}_a$, $\dot{I}_2 = \dot{I}_c - \dot{I}_b$, $\dot{I}_3 = \dot{I}_a - \dot{I}_c + \dot{I}_g$이다. 그러므로 $\dot{I}_g = \dot{I}_1 + \dot{I}_2 + \dot{I}_3$라는 누설전류가 되고, 누설전류 $\dot{I}_g$는 ϕ_g라는 자속을 발생시켜 ϕ_g로 기인하여 단상의 경우와 마찬가지로 영상변류기에 유기전압을 인가시키고, 이 유기전압을 증폭하여 경보를 발한다.

4 누전경보기의 설치기준

(1) 설치방법

① 경계전로의 정격전류가 60[A]를 초과하는 전로에 있어서는 1급 누전경보기를, 60[A] 이하의 전로에 있어서는 1급 또는 2급 누전경보기를 설치할 것

② 변류기는 소방대상물의 형태, 인입선의 시설방법 등에 따라 옥외인입선의 제1지점의 부하측 또는 제2종의 접지선측의 점검이 쉬운 위치에 설치할 것. 다만, 인입선의 형태 또는 소방대상물의 구조상 부득이한 경우에 있어서는 인입구에 근접한 옥내에 설치할 것

③ 변류기를 옥외의 전로에 설치하는 경우에는 옥외형의 것을 설치할 것

(2) 수신기 설치장소 및 제외장소

① 누전경보기의 수신기는 옥내의 점검에 편리한 장소에 설치하되, 가연성의 증기, 먼지 등이 체류할 우려가 있는 장소의 전기회로에는 당해 부분의 전기회로를 차단할 수 있는 차단기구를 가진 수신기를 설치하여야 한다. 이 경우 차단기구의 부분은 당해 장소 외의 안전한 장소에 설치하여야 한다.

② 수신기를 설치할 수 없는 장소

㉠ 가연성이 증기, 먼지, 가스 등이나 부식성의 증기, 가스 등이 다량으로 체류하는 장소

㉡ 화약류를 제조하거나 저장 또는 취급하는 장소

㉢ 습도가 높은 장소

㉣ 온도의 변화가 급격한 장소

㉤ 대전류회로, 고주파 발생회로 등에 의해서 영향을 받을 우려가 있는 장소

③ 음향장치는 수위실 등 상시 사람이 근무하는 장소에 설치하여, 그 음량 및 음색은 다른 기기의 소음 등과 명확히 구별할 수 있는 것으로 하여야 한다.

(3) 누전경보기의 전원

① 전원은 전용회로로 하고, 개폐기 및 15[A] 이하의 과전류차단기(배선용 차단기에 있어서는 20[A] 이하의 각 극을 개폐할 수 있는 것)를 설치할 것

② 전원을 분기할 때에는 다른 차단기에 의하여 전원이 차단되지 않도록 할 것

③ 전원의 개폐기에는 누전경보기용임을 표시한 표지를 할 것

5 누전경보기 설치대상(설치장소)

계약전류용량이 100[A]를 초과하는 특정 소방대상물(내화구조가 아닌 건축물로서 벽·바닥 또는 반자의 전부나 일부를 불연재료 또는 준불연재료가 아닌 재료에 철망을 넣어 만든 것만 해당)에 설치하여야 한다.

누전화재경보기의 설치장소 및 시설방법에 대해 설명하시오.

1 개 요

(1) 누전경보시스템이란 교류 600[V] 미만의 전기설비에서 절연불량 등으로 누설전류가 흘러 화재 및 재해가 발생하는 것을 예방할 목적으로 전로에 설치하는 것이다.

(2) 누전경보기는 건축물의 천장, 바닥, 벽, 등의 보강재료로 사용하고 있는 금속류 등이 누전경로가 되어 화재를 발생시키기 쉬우므로 이것을 방지하기 위하여 누설전류가 흐르면 자동적으로 경보를 발하도록 한 것이다.

(3) 누전경보기는 누설전류를 검출하는 영상변류기, 그 전류를 증폭하는 수신기 및 경보를 발하는 음향장치로 구성되어 있다.

2 누전경보기 설치대상(설치장소)

계약전류용량이 100[A]를 초과하는 특정 소방대상물(내화구조가 아닌 건축물로서 벽·바닥 또는 반자의 전부나 일부를 불연재료 또는 준불연재료가 아닌 재료에 철망을 넣어 만든 것만 해당)에 설치하여야 한다.

3 시설방법

(1) 경계전로의 정격전류가 60[A]를 초과하는 전로에 있어서는 1급 누전경보기를, 60[A] 이하의 전로에 있어서는 1급 또는 2급 누전경보기를 설치할 것. 다만, 정격전류가 60[A]를 초과하는 경계전로가 분기되어 각 분기회로의 정격전류가 60[A] 이하로 되는 경우 당해 분기회로마다 2급 누전경보기를 설치한 때에는 당해 경계전로에 1급 누전경보기를 설치한 것으로 본다.

(2) 변류기는 소방대상물의 형태, 인입선의 시설방법 등에 따라 옥외인입선의 제1지점의 부하측 또는 제2종 접지선측의 점검이 쉬운 위치에 설치할 것. 다만, 인입선의 형태 또는 소방대상물의 구조상 부득이한 경우에 있어서는 인입구에 근접한 옥내에 설치할 수 있다.

(3) 변류기를 옥외의 전로에 설치하는 경우에는 옥외형의 것을 설치하여야 한다.

(4) 누전경보기의 수신부는 다음의 장소 외에 설치하여야 한다. 다만, 당해 누전경보기에 대하여 방폭, 방식, 방습, 방온, 방진 및 정전기 차폐 등의 방호조치를 한 것에 있어서는 그러하지 아니하다.

① 가연성의 증기, 먼지, 가스 등이나 부식성의 증기, 가스 등이 다량으로 체류하는 장소
② 화약류를 제조하거나 저장 또는 취급하는 장소
③ 습도가 높은 장소
④ 온도의 변화가 급격한 장소
⑤ 대전류회로, 고주파발생회로 등에 따른 영향을 받을 우려가 있는 장소

(5) 음향장치는 수위실 등 상시 사람이 근무하는 장소에 설치하여야 하며, 그 음량 및 음색은 다른 기기의 소음 등과 명확히 구별할 수 있는 것으로 하여야 한다.

(6) 누전경보기의 전원은 「전기설비기술기준」에서 정한 것 외에 다음의 기준에 따라야 한다.
① 전원은 분전반으로부터 전용회로로 하고, 각 극에 개폐기 및 15[A] 이하의 과전류 차단기(배선용 차단기에 있어서는 20[A] 이하의 것으로 각 극을 개폐할 수 있는 것)를 설치할 것
② 전원을 분기할 때에는 다른 차단기에 따라 전원이 차단되지 아니하도록 할 것
③ 전원의 개폐기에는 누전경보기용임을 적색으로 표시한 표지를 할 것

(7) 옥측에 시설하는 경우 경보기 또는 변류기는 방수함에 넣어 시설하거나 적절한 방수시설을 하여 빗물의 침투를 방지하여야 한다.

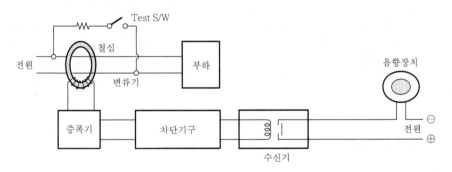

‖ 누전화재경보기의 시설 예 ‖

누전경보기의 종류, 동작원리, 설치기준, 설치대상에 대해 설명하시오.

1 개 요

(1) 누전경보기는 건축물의 천장, 바닥, 벽 등의 보강재료로 사용하고 있는 금속류 등이 누전 경로가 되어 화재를 발생시키기 쉬우므로 이것을 방지하기 위하여 누설전류가 흐르면 자동적으로 경보를 발하도록 한 것이다.

(2) 누전경보기는 누설전류를 검출하는 영상변류기, 그 전류를 증폭하는 수신기 및 경보를 발하는 음향장치로 구성되어 있다.

2 누전경보기의 종류

(1) 누전경보기는 동작원리상으로 전류동작형과 전압동작형의 두 가지가 있는데 전류동작형이 주로 사용된다.

(2) 구성면에 누전을 검출하여 단순히 경보만 하는 순수한 누전경보기, 차단기와 조합하여 경보와 동시에 회로를 차단하도록 되어있는 누전경보기-차단기의 조합형이 있다.

(3) 경보기의 정격전류가 60[A]를 초과하는 1급 누전경보기와 60[A] 이하의 2급 누전경보기로 구분된다.

3 누전경보기의 동작원리와 구성

(1) 단상식 누전경보기

① 누설전류가 없는 경우에는 다음의 그림과 같이 변류가 회로에 흐르는 왕로전류 i_1 와 귀로전류 i_2는 같고, 왕로전류 i_1에 의한 자속 ϕ_1과 귀로전류 i_2는 $\phi_1 = \phi_2$와 같이 서로 상쇄하고 있다.

② 누전이 발생하면 누설전류 i_g가 흐르게 되어 왕로전류는 $i_1 + i_g$가 되고 귀로전류는 왕로전류 $i_1 + i_g$보다 작아져서 누설전류 i_g에 의한 자속이 생기게 되어 영상변류기에 패러데이의 법칙에 의거하여 유기전압을 유도시킨다.

③ 이 전압을 증폭해서 입력신호로 하여 릴레이를 동작시켜 경보를 발한다. 이때, 누설전류 i_g에 의한 자속에 따른 유기전압의 식은 다음과 같다.

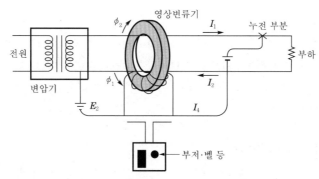

패러데이 제1법칙에 의하여 $N\dfrac{d\phi_g}{dt}=e=E_m\sin\omega t$

자속의 순시치 $\phi_g=\dfrac{E_m}{\omega N}\sin\left(\omega t-\dfrac{\pi}{2}\right)[\text{Wb}]$

자속의 최대치 $\phi_{gm}=\dfrac{E_m}{\omega N}$

따라서, 유기기전력의 실효치 E는 다음과 같다.

$$E=\frac{E_m}{\sqrt{2}}=\frac{2\pi f}{\sqrt{2}}N\phi_{gm}$$

여기서, N : 2차 권수, f : 주파수

(2) 3상식 누전경보기

① 3상 3선식으로 부하가 일정치 않게 접속한 경우로 누설전류가 없을 때는 다음과 같다.

$\dot{I}_1=\dot{I}_b-\dot{I}_a,\ \dot{I}_2=\dot{I}_c-\dot{I}_b,\ \dot{I}_3=\dot{I}_a-\dot{I}_c$

$\therefore\ \dot{I}_1+\dot{I}_2+\dot{I}_3=0$

② 누전사고가 생기면 $\dot{I}_1=\dot{I}_b-\dot{I}_a,\ \dot{I}_2=\dot{I}_c-\dot{I}_b,\ \dot{I}_3=\dot{I}_a-\dot{I}_c+\dot{I}_g$이다. 그러므로 $\dot{I}_g=\dot{I}_1+\dot{I}_2+\dot{I}_3$라는 누설전류가 되고, 누설전류 $\dot{I}_g$는 ϕ_g라는 자속을 발생시켜 ϕ_g로 기인하여 단상의 경우와 마찬가지로 영상변류기에 유기전압을 인가시키고, 이 유기전압을 증폭하여 경보를 발한다.

4 누전경보기의 구성

(1) 변류기(영상변류기)

① 변류기는 누설전류를 검출하는 장치로 환상의 철심에 검출용 2차 코일을 감은 것이다.
② 변류기 내부를 통과하는 전선에 흐르는 전류가 같지 않을 때는 전압이 유기되어 누전을 검출하게 된다.

(2) 증폭기

① 누전경보기의 감도를 높이기 위해서는 미소한 전류의 차이도 검출해야 하는데, 이때 유기전압도 미소하게 되므로 이를 증폭하기 위한 것이다.
② 증폭기는 수신기에 내장되기도 하며, 일반적으로 Matching transformer, Transistor 및 IC 등으로 구성된다.

(3) 테스트스위치(test switch)

위의 그림에서 테스트스위치를 누르면 변류기를 관통하는 두 도체에 흐르는 전류는 테스트스위치 회로에 흐르는 전류만큼 차이가 나게 되므로 누전경보기가 동작한다.

(4) 수신기

수신기는 영상변류기나 증폭기로부터 누설전류에 의한 전압을 수신하여 계전기를 동작시켜 음향장치를 동작시켜 주는 기구이다. 시험을 위한 테스트스위치도 수신기에 내장된다.

(5) 집합형 수신기

하나의 수신기에 여러 개의 변류기 회로가 연결된 것을 집합형 수신기라고하며, 그 기능은 다음과 같다.
① 누전이 발생한 전로를 명확히 표시해야 한다.
② 누전된 전로를 차단해도 그 전로의 표시가 지속되어야 한다.
③ 2개의 전로에서 동시에 누전이 발생했을 때도 기능에 이상이 없어야 한다.
④ 2개 이상의 전로에서 동시에 누전이 발생해도 최대부하에 견디는 용량을 가진 것이어야 한다.

(6) 음향장치

음향장치는 수신기에 내장시키는 것과 별도로 설치하는 것이 있으며, 어느 것이나 사용전압의 80[%]에서 정상적으로 경보음을 발할 수 있어야 하고, 음량은 1[m] 떨어진 곳에서 70[dB] 이상이어야 한다.

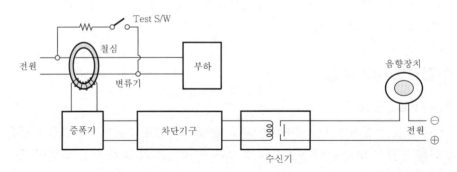

5 누전경보기의 설치기준

(1) 설치방법

① 경계전로의 정격전류가 60[A]를 초과하는 전로에 있어서는 1급 누전경보기를, 60[A] 이하의 전로에 있어서는 1급 또는 2급 누전경보기를 설치할 것. 다만, 정격전류가 60[A]를 초과하는 경계전로가 분기되어 각 분기회로의 정격전류가 60[A] 이하로 되는 경우에 당해 분기회로마다 2급 누전경보기를 설치한 때에는 당해 경계전로에 1급 누전경보기를 설치한 것으로 본다.

② 변류기는 소방대상물의 형태, 인입선의 시설방법 등에 따라 옥외인입선의 제1지점의 부하측 또는 제2종의 접지선측의 점검이 쉬운 위치에 설치할 것. 다만, 인입선의 형태 또는 소방대상물의 구조상 부득이한 경우에 있어서는 인입구에 근접한 옥내에 설치한다.

③ 변류기를 옥외의 전로에 설치하는 경우에는 옥외형의 것을 설치해야 한다.

(2) 수신기 설치장소 및 제외장소

① 누전경보기의 수신기는 옥내의 점검에 편리한 장소에 설치하되, 가연성의 증기, 먼지 등이 체류할 우려가 있는 장소의 전기회로에는 당해 부분의 전기회로를 차단할 수 있는 차단기구를 가진 수신기를 설치하여야 한다. 이 경우 차단기구의 부분은 당해 장소 외의 안전한 곳에 설치하여야 한다.

② 수신기를 설치할 수 없는 장소

　㉠ 가연성이 증기, 먼지, 가스 등이나 부식성의 증기, 가스 등이 다량으로 체류하는 장소

　㉡ 화약류를 제조하거나 저장 또는 취급하는 장소

　㉢ 습도가 높은 장소

　㉣ 온도의 변화가 급격한 장소

　㉤ 대전류회로, 고주파발생회로 등에 의해서 영향을 받을 우려가 있는 장소

③ 음향장치는 수위실 등 상시 사람이 근무하는 장소에 설치하여, 그 음량 및 음색은 다른 기기의 소음 등과 명확히 구별할 수 있는 것으로 하여야 한다.

(3) 누전경보기의 전원

① 전원은 전용회로로 하고, 개폐기 및 15[A] 이하의 과전류차단기(배선용 차단기에 있어서는 20[A] 이하의 각 극을 개폐할 수 있는 것)를 설치할 것

② 전원을 분기할 때에는 다른 차단기에 의하여 전원이 차단되지 않도록 할 것

③ 전원의 개폐기에는 누전경보기용임을 표시한 표지를 할 것

6 누전경보기 설치대상(설치장소)

계약전류용량이 100[A]를 초과하는 특정 소방대상물(내화구조가 아닌 건축물로서 벽·바닥 또는 반자의 전부나 일부를 불연재료 또는 준불연재료가 아닌 재료에 철망을 넣어 만든 것만 해당)에 설치하여야 한다.

7 누전경보기의 시험

(1) 절연저항시험

변류기 및 수신부의 절연저항을 직류 500[V]의 절연저항계로 다음 개소측정시 50[MΩ] 이상일 것
　　① 절연된 1차 권선과 2차 권선 간의 절연저항
　　② 절연된 1차 권선과 외부금속 간의 절연저항
　　③ 절연된 2차 권선과 외부금속 간의 절연저항

(2) 노화시험

변류기는 65[℃]인 공기 중에 30일간 두어도 구조 및 기능에 이상이 없을 것

(3) 진동시험

변류기는 전진폭이 4[mm]이고, 매분 1,000회의 진동으로 60분간의 연속시험에도 이상이 없을 것

05 Section 비상경보설비

비상경보설비에 대하여 아는 바를 기술하시오.

1 개 요

화재발생시 인명을 대피시키기 위한 설비로, 비상벨 또는 자동식 사이렌설비를 하거나 단독경보형 감지기, 비상방송을 설치한다.

2 설치대상

비상경보설비	단독경보설비	비상방송설비
• 연면적 400[m²] 이상인 것 • 지하층 또는 무창층의 바닥면적이 150[m²] 이상 • 지하가 중 터널의 길이가 500[m] 이상 • 50인 이상의 근로자가 작업장이 옥내작업장일 경우	• 연면적 1,000[m²] 미만의 아파트 • 연면적 1,000[m²] 미만의 기숙사 • 교육시설 내에 있는 합숙소 또는 기숙사로서 연면적 2,000[m²] 미만 • 연면적 600[m²] 미만의 숙박시설 • 수용인원 100인 미만의 수련시설(숙박시설이 있는 것만 해당) • 연면적 400[m²] 미만의 유치원	• 연면적 3,500[m²] 이상인 것 • 지하층을 제외한 층수가 11층 이상인 것 • 지하층의 층수가 3층 이상인 것

3 설치기준

보통 비상경보설비는 자동화재경보기가 설치되어 있으면 생략할 수 있다. 단, 다음의 경우에는 방송설비를 생략할 수 없으며, 자동화재경보기와 함께 설치한다.

(1) 지상 11층 또는 지하 3층 이상의 방화대상물

(2) 수용인원이 지정 수 이상인 경우 비상벨, 자동식 사이렌에 대해서는 자동화재경보기의 설치에 따라 면제된다.

  ① 비상벨 또는 자동식 사이렌설비 설치기준

    ㉠ 장소 : 부식성 가스 또는 습기 등으로 인한 부식 우려가 없는 장소에 설치한다.

ⓛ 지구음향장치는 소방대상물의 층마다 설치하되, 당해 대상물의 각 부분에서 수평거리 25[m] 이하일 것이며, 비상방송설비를 한 경우는 설치가 면제된다.

ⓒ 음향장치는 정격전압의 80[%] 전압에서 음향을 발할 수 있어야 한다.

ⓔ 음량 : 음향장치의 중심에서 1[m] 이격된 개소에서 90[dB] 이상이어야 한다.

ⓜ 발신기의 설치기준

- 조작이 쉽고, 조작스위치는 바닥에서 0.8[m] 이상 1.5[m] 이하일 것
- 소방대상물의 각 층에 설치, 해당 층의 각 부분에서 하나의 발신기까지 수평거리가 25[m] 이하일 것
- 다만, 복도 또는 별도로 구획된 실로서 보행거리가 40[m] 이상일 경우에는 추가로 설치할 것
- 위치표시등 : 함의 상부, 부착면으로부터 15° 이상의 범위 안에서 부착지점으로부터 10[m] 이내의 어느 곳에서도 식별 가능한 적색등일 것

ⓑ 상용전원 : 옥내용 저압간선 또는 축전지

- 전원까지의 배선은 전용일 것
- 개폐기에는 "비상벨 또는 자동식 사이렌설비용"이란 표시를 할 것
- 비상벨 또는 자동식 사이렌설비용의 비상용 전원은 축전지(단, 60분간 지속 후 10분 이상 유효하게 경보할 수 있는 것)

ⓢ 비상벨 또는 자동식 사이렌설비용의 배선

- 전원회로의 배선 : 내화배선, 그 밖의 배선은 「옥내소화전의 화재안전기준」에 따른 내화배선 또는 내열배선일 것
- 절연저항 : 직류 250[V] 절연저항계로 0.1[MΩ] 이상일 것
- 배선은 타전선과 별도의 관, 덕트, 몰드 또는 풀박스 등에 설치할 것

② 단독경보형 감지기의 설치기준

㉠ 각 실(이웃하는 실내의 바닥면적이 각각 30[m²] 미만이고 벽체 상부의 전부 또는 일부가 개방되어 이웃하는 실내와 공기가 상호유통되는 경우에는 이를 1개의 실로 봄)마다 설치하되, 바닥면적이 150[m²]를 초과하는 경우에는 150[m²]마다 1개 이상 설치할 것

㉡ 최상층의 계단실의 천장(외기가 상통하는 계단실의 경우를 제외)에 설치할 것

㉢ 건전지를 주전원으로 사용하는 단독경보형 감지기는 정상적인 작동상태를 유지할 수 있도록 건전지를 교환할 것(내장된 건전지는 1년에 1회 이상 교환)

㉣ 상용전원을 주전원으로 사용하는 단독경보형 감지기의 2차 전지는 「전기사업법」 제39조 규정에 따른 성능시험에 합격한 것을 사용할 것

(3) 비상방송 설치기준

① 조작부

㉠ 조작스위치 높이 : 바닥으로부터 0.8[m] 이상 1.5[m] 이하

ⓛ 조작부는 기동장치의 작동과 연동하여 당해 기동장치가 작동한 층 또는 구역을 표시할 수 있는 것으로 할 것

　　ⓒ 기동장치에 따른 화재신고를 수신한 후 필요한 음량으로 화재발생 상황 및 피난에 유효한 방송이 자동으로 개시될 때까지의 소요시간은 10초 이하로 할 것

　　ⓔ 수위실 등 상시 사람이 근무하는 장소로서 점검이 편리하고 방화상 유효한 곳에 설치

② 비상방송의 경보순서 및 구조 등의 기준 : 5층(지하층은 제외) 이상의 소방대상물 또는 그 부분에 있어서는 다음에 따를 것

　　㉠ 2층 이상의 층에서 발화한 때에는 발화층 및 그 직상층에, 1층에서 발화한 때에는 발화층 및 그 직상층 및 지하층에, 지하층에서 발화한 때에는 발화층 및 그 직상층 등 기타의 지하층에 우선적으로 경보를 발할 수 있도록 할 것

　　㉡ 다른 방송설비와 공용하는 것에 있어서는 화재시 비상경보 외의 방송을 차단할 수 있는 구조

　　㉢ 다른 전기회로에 따라 유도장애가 생기지 아니하도록 할 것

③ 음향장치의 구조 및 성능

　　㉠ 정격전압의 80[%] 전압에서 음향을 발할 수 있는 것으로 할 것

　　㉡ 자동화재탐지설비의 작동과 연동하여 작동할 수 있는 것으로 할 것

4 비상경보설비(방송설비)의 설계

(1) 비상경보설비의 기준 중 방송설비의 구성

① 기동장치
② 표시등
③ 스피커
④ 증폭기
⑤ 조작장치
⑥ 전원
⑦ 배선

(2) 증폭기 및 조작장치는 화재시에 바로 조작할 수 있도록 수위실처럼 항상 사람이 있는 장소(방재센터가 설치되어 있는 경우에는 방재센터에 설치)에 설치한다.

(3) 자동화재경보기의 수신기와 겸해서 설치하는 것이 바람직하다.

(4) 또한 방화대상물의 11층 이상의 층, 지하 3층 이상의 층 또는 지하가, 준지하가에 설치하는 방송설비의 기동장치는 비상전화이어야 한다.

(5) 방송의 회로는 건전한 회로의 장해가 되는 단락배선을 피하기 위해 층별 회로로 하고 퓨즈를 설치한다.

5 시공의 요점(기기의 설치)

(1) 기기의 설치에서는 점검 및 조작상 유효한 공간을 확보할 필요가 있다.

(2) 비상시에 사용하는 것이므로 지진 등에 의한 장애가 없도록 견고하게 설치할 필요가 있다.

(3) 스피커는 음향효과를 방해하는 장애물이 없는 장소에 설치한다.

(4) 엘리베이터, 특별 피난계단에도 설치하도록 되어 있다.

6 배관배선

(1) 증폭기에서 스피커까지의 배선은 내열배선으로 한다.

(2) 방송회로에 음량조절기를 설치하는 회로에서는 3선식 배선으로 한다.

(3) 증폭기의 전원은 상용전원으로 하고 분전반에서 전용회로로 한다.

(4) 증폭기로의 접속은 탁상형 앰프를 제외하고 직접 접속하고 리모트마이크 등을 설치하는 경우는 증폭기 간의 배선을 내열배선으로 한다.

단독경보형 감지기의 설치대상 및 설치기준 등에 대하여 기술하시오.

1 개 요

(1) 정의

단독경보형 감지기란 발신기를 설치하지 않고, 감지기만 단독으로 설치하는 것으로, 음향장치가 내장된 일체형 감지기이다.

(2) 상용전원을 거의 사용하지 않고, 대부분 내장된 건전지를 이용한다.

(3) **적용 감지기** : 연기감지기에 한한다.

(4) 배관배선이 불필요하여 다중이용업소의 경우, 구획된 장소에 설치하면 편리하다.

2 단독경보형 감지기의 설치대상

(1) 연면적 1,000[m²] 미만의 아파트

(2) 연면적 1,000[m²] 미만의 기숙사

(3) 교육시설 내에 있는 합숙소 또는 기숙사로서 연면적 2,000[m²] 미만의 것

(4) 연면적 600[m²] 미만의 숙박시설

(5) 수용인원 100인 미만의 수련시설(숙박시설이 있는 것만 해당)

(6) 연면적 400[m²] 미만의 유치원

3 단독경보형 감지기의 설치면제

자동화재탐지설비 설치시 면제된다.

4 단독경보형 감지기의 설치기준

(1) 각 실(이웃하는 실내의 바닥면적이 각각 30[m²] 미만이고 벽체 상부의 전부 또는 일부가 개방되어 이웃하는 실내와 공기가 상호유통되는 경우에는 이를 1개의 실로 봄)마다 설치

하되, 바닥면적이 150[m²]를 초과하는 경우에는 150[m²]마다 1개 이상 설치할 것

(2) 최상층 계단실의 천장(외기가 상통하는 계단실의 경우를 제외)에 설치할 것

(3) 건전지를 주전원으로 사용하는 단독경보형 감지기는 정상적인 작동상태를 유지할 수 있도록 건전지를 교환할 것

(4) 상용전원을 주전원으로 사용하는 단독경보형 감지기의 2차 전지는 「전기사업법」 제39조 규정에 따른 성능시험에 합격한 것을 사용할 것

5 단독경보형 감지기의 구성

(1) 자동복귀형 스위치 : 수동으로 작동시험

(2) 작동표시등 : 화재발생시 화재를 표시하는 작동표시등

(3) 전원표시등 : 주기적으로 점멸하여 전원의 이상유무 감지

(4) 내장형 건전지

6 단독경보형 감지기의 동작특성

(1) 자동복귀형 스위치가 있어 수동으로 작동시험이 가능하다.

(2) 감지기가 작동되는 경우 내장된 작동표시등이 점등되어 화재발생을 표시하고 내장된 음향장치가 경보음을 발하게 된다.

(3) 주기적으로 전원표시등이 점멸하여 전원의 이상유무를 감시할 수 있으며, 전원표시등의 점멸주기는 1초 이내에 점등하고 30~60초 이내에 소등하게 된다.

(4) 경보음은 감지기로부터 1[m] 떨어진 위치에서 85[dB] 이상이며, 10분 이상 계속하여 경보를 할 수 있어야 한다.

(5) 건전지의 성능이 저하된 경우에도 음향이나 광원에 의하여 48시간 이상 계속하여 그 경보 또는 표시를 할 수 있어야 한다.

7 단독경보형 감지기의 특징

(1) 단독형 감지기는 주택의 각 세대를 위해 고안된 것으로 수신기 없이 하나 또는 그 세대 안에 연결된 감지기로 구성된다.

(2) 화재를 감지한 감지기는 내장된 경적을 울려 가족에게 경보한다.

(3) 큰 세대인 경우 하나의 감지기가 화재를 감지하면 연결된 모든 감지기의 내장된 경적이 동시에 경보를 발한다.

(4) 연결감지기의 최대수는 12개 정도로 감지기는 각 침실과 침실로 통하는 문 밖에서 설치하고, 2층인 경우 계단 최상부 천장에도 설치한다.

(5) 단독형 감지기는 모두 연기감지기이다.

(6) 화재경보설비가 아니므로 단순하고 가격도 싸다.

비상방송설비 설치기준에 대하여 기술하시오.

■1 개 요

자동화재탐지설비 또는 다른 방법에 의해서 감지된 화재를 신속하게 소방대상물의 내부에 있는 사람에게 방송으로 화재를 알려 피난 또는 초기소화진압을 용이하게 하기 위한 설비이다.

■2 적용범위(설치대상)

(1) 연면적 $3,500[m^2]$ 이상인 것

(2) 지하층을 제외한 층수가 11층 이상인 것

(3) 지하층의 층수가 3개 층 이상인 것

■3 특 징

(1) 자동화재탐지설비 이외에 사람이 인위적으로 행하는 설비이다.

(2) 지구음향장치가 들리지 않는 곳까지 대피 및 화재발생을 전달할 수 있다.

(3) 업무용 방송설비와 겸용할 수 있다.

(4) 방송에 의한 비상경보설비는 화재의 양상에 따라 필요한 층을 임의로 선택하여 화재를 알릴 수가 있다.

(5) 비교적 설비가 간단하고 설비비가 저렴하다.

■4 음향장치의 구성요소

비상방송설비 구성도

비상방송설비는 다음의 기준에 따라 설치하여야 한다. 이 경우 엘리베이터 내부에는 별도의 음향장치를 설치할 수 있다.

(1) 확성기

① 음성입력 : 실외 3[W] 이상, 실내 1[W] 이상일 것
② 수평거리 : 확성기는 각 층마다 설치하되, 그 층의 각 부분으로부터 하나의 확성기까지의 수평거리가 25[m] 이하가 되도록 하고, 당해 층의 각 부분에 유효하게 경보를 발할 수 있도록 설치할 것

(2) 음량조정기(ATT)

① 가변저항을 이용하여 전류를 변화시켜 음량을 조절하는 장치
② 음량조정기의 배선 : 3선식

(3) 증폭기

① 전압전류의 진폭을 늘려 감도를 좋게 하고, 미약한 음성전류를 커다란 음성전류로 변화시켜 소리를 크게 하는 장치
② 수위실 등 상시 사람이 근무하는 장소로서 점검이 편리하고 방화상 유효한 곳에 설치할 것

(4) 조작부

① 조작스위치 높이 : 바닥으로부터 0.8[m] 이상 1.5[m] 이하
② 조작부는 기동장치의 작동과 연동하여 당해 기동장치가 작동한 층 또는 구역을 표시할 수 있는 것으로 할 것
③ 기동장치에 따른 화재신고를 수신한 후 필요한 음량으로 화재발생 상황 및 피난에 유효한 방송이 자동으로 개시될 때까지의 소요시간은 10초 이하로 할 것
④ 수위실 등 상시 사람이 근무하는 장소로서 점검이 편리하고 방화상 유효한 곳에 설치

5 설치기준

(1) 층수가 5층 이상으로서 연면적이 3,000[m²]를 초과시

① 화재층이 2층 이상 : 발화층, 그 직상층이 경보될 것
② 화재층이 1층 : 발화층, 그 직상층, 지하 전 층이 경보가 울릴 것
③ 화재층이 지하층 : 발화층, 그 직상층, 지하 전 층이 경보가 울릴 것

(2) 층수가 30층 이상의 특정 소방대상물일 경우

① 화재층이 2층 이상 : 발화층, 그 직상 4개층에 경보될 것
② 화재층이 1층 : 발화층, 그 직상 4층, 지하 전 층이 경보가 울릴 것
③ 화재층이 지하층 : 발화층, 그 직상층, 지하 전 층이 경보가 울릴 것

(3) 다른 방송설비와 공용하는 것에 있어서는 화재시 비상경보 외의 방송을 차단할 수 있는 구조로 할 것

(4) 다른 전기회로에 따라 유도장애가 생기지 아니하도록 할 것

6 음향장치의 구조 및 성능

음향장치는 다음의 기준에 따른 구조 및 성능의 것으로 하여야 한다.

(1) 정격전압의 80[%] 전압에서 음향을 발할 수 있는 것으로 할 것

(2) 자동화재탐지설비의 작동과 연동하여 작동할 수 있는 것으로 할 것

7 작동순서

(1) 기동장치 및 감지기에서 화재신호를 수신

(2) 수신기에서 벨, 부저가 울리고 적색표시등이 점등

(3) 발화층과 직상층의 스위치 투입

(4) 방송할 필요가 있는 층의 층별 표시등의 점등을 확인

(5) 마이크로폰이나 테이프레코드를 사용하여 작동

8 배 선

(1) 화재로 인하여 하나의 층의 확성기 또는 배선이 단락 또는 단선되어도 다른 층의 화재통보에 지장이 없을 것

(2) 전원회로의 배선은 내화배선에 의하고, 그 밖의 배선은 내화배선 또는 내열배선일 것

비상방송설비의 다음 사항을 설명하시오.

1. 설치하여야 할 특정 소방대상물
2. 확성기 출력 및 거리와의 관계
3. 증폭기의 특성
4. 「화재안전기준」에 나와 있는 전원

1 설치하여야 할 특정 소방대상물

가스시설, 지하구 및 지하가 중 터널을 제외한 다음 중 하나일 것

(1) 연면적 $3,500[m^2]$ 이상인 것

(2) 지하층을 제외한 층수가 11층 이상인 것

(3) 지하층의 층수가 3개층 이상인 것

2 확성기 출력 및 거리와의 관계

(1) 확성기는 각 층마다 설치하되, 그 층의 각 부분으로부터 하나의 확성기까지의 수평거리가 25[m] 이하가 되도록 하고, 해당 층의 각 부분에 유효하게 경보를 발할 수 있도록 설치해야 한다.

(2) 확성기의 용량은 해당 장소의 면적, 부착높이, 소음의 정도에 따라 결정되나 유의할 것은 반향음(echo)의 방지이다.

(3) 실내벽에 확성기를 설치할 경우 양쪽 벽의 동일 장소에 위치시켜 음축이 마주치게 되면 공진현상이 발생하여 음의 처치가 어렵게 된다. 또한, 옥외에서는 음반사를 고려치 않으면 반향음(echo)현상이 발생하여 목적하는 음향을 들을 수 없게 된다. 특히 입력장치인 마이크로폰보다 확성기를 뒤편에 설치하면 안 된다.

(4) 나팔형 확성기를 옥내에 설치하는 경우 실내면적에 따른 전기적 출력범위를 나타낸 것으로 실내의 소음은 일반 사무실 기준이며 50[%] 소음이 커지면 전기적 출력은 2배 이상으로 해야 한다.

3 증폭기의 특성

(1) 증폭기는 구성형태에 따라 다음과 같이 분류한다.

(2) 휴대형은 정격출력 5~15[W] 정도의 소형·경량의 것으로 휴대를 주목적으로 제작된 것이며, 소화활동시의 안내방송 등에 이용된다.

(3) 근래 전자공업의 발달에 따라 Microphone, 증폭기, 확성기를 일체화시킨 소형의 것이 많다.

(4) 탁상형은 정격출력이 120~150[W]의 것도 있으나 대개 10~60[W] 정도로 소규모 방송설비가 필요한 곳에 사용하며, 마이크 잭(jack), 라디오, 카세트테이프 입력, 사이렌 등의 입력과 보조입력장치가 주로 되어있다.

(5) 데스크형은 정격출력이 500[W] 또는 그 이상 대용량의 것이 있으나 대개 30~180[W] 정도이며, 책상식 형태의 것으로 입력장치 등은 랙형과 유사하다.

(6) 랙형은 증폭기 정격출력이 200[W] 이상일 때 주로 사용하고, 주요 구성은 데스크형과 같으나 배열형태나 외형상의 차이가 있을 뿐이며 가장 큰 특징은 유닛(unit)화하여 교체, 철거, 신설이 용이하면서도 합계용량의 제한이 없다는 것이다.

(7) 증폭기의 주요 구성요소

① 시계장치(시보장치)입력

② 모니터확성기(speaker) 및 모니터 음향조절기, 출력감시장치

③ 라디오 입력장치, 입력조절장치, AM, FM, 단파 등

④ 마이크 입력장치, 입력조절장치, 비상마이크(고정용)장치

⑤ 테이프 입력장치 : 카세트, 카트리지, 릴테이프 등 테이프 입력조절장치

⑥ 턴테이블 입력장치, 입력조절장치 : 필요시 설치

⑦ 사이렌 입력장치 : (민방위, 비상용)입력조절장치

⑧ 혼합(mixing)장치 : 입력, 혼합, 출력조절장치

⑨ 확성기 회로별 스위치회로 : 확성기 회로의 개폐, 비상방송 절환스위치(일제방송용 등), 발화층(구역) 표시장치, 확성기 회로고장표시장치(단선, 단락)

⑩ 비상전화(필요시) : 전화동작음 또는 표시장치, 2차 증폭기 조작장치(필요시)

⑪ 전원장치 : 충전표시등, 사용전원 표시장치(전압, 전류 등), 축전지 시험장치 등

⑫ 전력증폭기 : 필요 출력에 따라 유닛수 조절, 1개 유닛의 출력은 100~150[W] 이하
이며, 필요시 유닛증설

⑬ 비상전원용 축전지 : 비상전원 표시장치, 시험장치 이외에 외부배선 연결단자반 등으
로 배열

(8) 이들 구성품 중 입력장치는 필요에 따라 장착할 수 있으며, 시계장치, 카트리지, 릴테이
프, 턴테이블 등은 비상용 이외의 BGM(Back Ground Music) 등의 목적에 따를 때 필
요로 한다.

(9) 증폭기의 출력단자(확성기 접속단자)는 정저항방식, 정전압방식의 2종류가 있다.

4 「화재안전기준」에 나와 있는 전원

(1) 비상방송설비의 상용전원은 다음의 기준에 따라 설치하여야 한다.

① 전원은 전기가 정상적으로 공급되는 축전지 또는 교류전압의 옥내간선으로 하고,
전원까지의 배선은 전용으로 할 것

② 개폐기에는 "비상방송설비용"이라고 표시를 할 것

(2) 비상방송설비에는 그 설비에 대한 감시상태를 60분간 지속 후 유효하게 10분 이상 경보
할 수 있는 축전지설비(수신기에 내장하는 경우를 포함) 또는 전기저장장치를 설치할 것

건축물 화재시 비상방송설계를 위한 자동방송장치를 설명하시오.

1 설치해야 할 특정 소방대상물

가스시설, 지하구 및 지하가 중 터널을 제외한 다음 중 하나일 것

(1) 연면적 3,500[m²] 이상인 것

(2) 지하층을 제외한 층수가 11층 이상인 것

(3) 지하층의 층수가 3개층 이상인 것

2 설치기준

(1) 건축물이 5층 이상되고 연면적 3,000[m²]를 초과하는 것에서는 직상층, 발화층 우선경보

(2) 일반방송과 겸용시 화재발생시는 비상방송으로 자동전환(일반방송 차단)

(3) 전원 : 축전지설비에 한하여 60분 감시 후 10분 경보

(4) 방송개시시간 : 화재신호 수신 후 10초 이내

3 구 성

확성기, ATT(음량조정기), 증폭기, 조작부

(1) 확성기
  ① 음성입력 : 3[W](실내는 1[W]) 이상
  ② 결선 : 병렬로 결선
  ③ 수평거리 : 25[m] 이하
  ④ 음량
    ㉠ 화재신고를 수신한 후 필요한 음량
    ㉡ 정격전압의 80[%] 전압에서 음향을 발할 수 있을 것

(2) 음량조정기
  ① 가변저항을 이용하여 전류를 변화시켜 음량을 조절하는 장치

② 음량을 줄인 경우에도 비상방송을 청취할 수 있도록 할 것

③ 배선은 3선식일 것

(3) 증폭기

① 이동형 : 휴대형(5~15[W]), 탁상형(10~60[W])

② 고정형 : Desk형(30~180[W]), Rack형(200[W])

(4) 조작부

① 조작스위치 높이 : 0.8~1.5[m] 이내

② 기동장치와 연동되며, 동작구역을 자동표시해야 한다.

③ 한 건물에 조작부가 2개 이상일 경우에는 상호통화가 가능하고, 어느 조작부에서도 전 구역 방송이 가능해야 한다.

4 비상방송 제어방식

구 분	아날로그형	디지털형
개요	일반건물에 많이 적용, 일반방송으로 공지사항 전달, 비상방송에 의한 대피유도를 할 수 있다.	넓은 지역에 일반방송과 비상방송을 제어하며, 많은 Bus local에서 주방송실과 별도로 Local 방송기능이 있다.
기능	일반방송(공지사항 전달, BGM 방송)	일반방송(공지사항 전달, BGM 방송)
관리성	넓은 지역에 적용시 원거리 전송 및 제어가 어렵고, 전송신호 손실이 많아 유지보수가 힘들다.	넓은 지역에 데이터에 의한 원거리 전송방식을 사용하며, 시스템 제어가 편하고, 유지보수관리가 쉽다.
경제성	배관·배선비용이 증가	장비는 고가, 배관·배선비는 감소
장단점	• 장비가격이 저렴하다. • 한정된 기능으로 기능구성이 어렵다. • 원거리 신호전송 한계 및 구성이 복잡하다.	• 회로구성이 간편하다. • 모든 기능구성이 가능하다. • 장비가격이 높다.
적용	일반건물 및 단거리 전송	대단위로 넓은 지역에 전송

비상방송설비의 순차방송을 설명하시오.

1 순차방송의 필요성

(1) 비상경보설비 중 화재발생시에 스피커를 통한 음성에 의해 건물 내의 사람들에게 정확한 통보, 피난유도를 하기 위한 설비를 비상방송설비라고 한다.

(2) 불특정 다수를 수용하는 소방대상물에서 사람들이 흥분상태가 되지 않고 돌발적인 화재에 처한 사람들을 혼란없이 원활하게 피난시키려면, 비상벨이나 사이렌 등의 경보음을 발함과 동시에 비상방송에 의해 음성으로 유도하는 것이 가장 효과적인 방법이다.

(3) 그러나 대형 고층건물에서 전 층에 동시에 비상방송을 하게 되면 많은 사람들이 동시에 피난구 또는 피난계단으로 몰려 2차적인 재해가 발생할 우려가 있으므로 피난유도방송은 가장 위험한 층부터 순차적으로 하는 것이 필요하다.

(4) 현행 기술기준에 의하면 연면적 3,500[m²] 이상이거나 층수가 11층 이상 또는 지하층의 층수가 3층 이상인 소방대상물에는 비상방송설비를 설치하도록 의무화하고 있다.

2 순차방송방법

(1) 층수가 5층 이상으로서 연면적이 3,000[m²]를 초과할 경우

① 화재층이 2층 이상 : 발화층, 그 직상층이 경보될 것

② 화재층이 1층 : 발화층, 그 직상층, 지하 전 층이 경보가 울릴 것

③ 화재층이 지하층 : 발화층, 그 직상층, 지하 전 층이 경보가 울릴 것

(2) 층수가 30층 이상의 특정 소방대상물일 경우

① 화재층이 2층 이상 : 발화층, 그 직상 4개층에 경보될 것

② 화재층이 1층 : 발화층, 그 직상 4층, 지하 전 층이 경보가 울릴 것

③ 화재층이 지하층 : 발화층, 그 직상층, 지하 전 층이 경보가 울릴 것

(3) 기타의 소방대상물의 경우는 일제경보방식으로 한다.

(4) 결국 순차방송의 순서는 화재로 인한 인명피해의 위험이 큰 층부터 순차적으로 하는 것이 원칙이다.

(5) 따라서, 위의 (1)에서 설명한 층의 피난이 완료되면 화재의 진행상황과 각 층의 위험순위에 따라 차례로 피난유도방송을 해야 할 것이다.

06 방폭전기설비
Section

문제 **01**

방폭전기설비에 있어서 다음 사항에 대하여 설명하시오.

1. 화재 및 폭발방지의 기본대책
2. 방폭구조의 종류
3. 위험장소의 종류
4. 방폭전기기기의 분류
5. 방폭전기배선

COMMENT 중요한 문제이므로 숙지할 것

 1 개 요

(1) 전기설비의 방폭구조

주위의 폭발위험분위기에 점화되지 않도록 하기 위해 전기기기에 적용되는 특수한 조치를 한 것

(2) 관련 근거

KS C IEC 60079 0~11, 14, 15, 18 [2007. 10]

2 화재 및 폭발방지의 기본대책

(1) 화재 · 폭발사고는 가연성 혼합가스와 점화원이 동시에 존재할 때 발생한다.

(2) 화재 · 폭발사고를 방지하기 위한 기본대책(위험분위기 생성확률 × 점화원이 발생하는 확률 = 0)

① 위험분위기 생성방지 : 폭발성 가스누설 및 방출방지, 폭발성 가스 체류방지가 요구된다.

② 점화원을 가연성 분위기로부터 제거 및 격리 : 전기설비의 점화원을 제거 및 격리한다.

③ 전기설비를 방폭화한다.

(3) 따라서, 연소의 3요소 중 1개 요소만 제거하여도 화재·폭발은 발생하지 않으므로 전기설비의 점화원에 대한 제거 및 격리에 대하여 다음과 같이 설명한다.

(4) 전기기기의 방폭설비 적용

① 점화원의 실질적 격리
  ㉠ 점화원이 되는 부분을 주위 폭발성 가스와 격리, 접촉되지 않도록 하는 방법 →
    압력, 유입방폭구조
  ㉡ 내부폭발발생이 전기기기 주위 폭발성 가스에 파급되지 않도록 점화원 격리 →
    내압방폭구조
② 전기기기의 안전도 증가 : 정상상태에서 불꽃이나 고온부가 존재하는 전기기기에 대해서는 안전도를 증가시키고, 고장의 발생을 어렵게 함으로 고장을 일으킬 확률을 0에 가까운 값으로 한다(안전증방폭구조).
③ 점화능력의 본질적 억제(본질안전방폭구조) : 소세력화한 약전류 전기기기는 정상상태뿐만 아니라 사고시 발생하는 전기불꽃 또는 고온부가 폭발성 가스에 점화의 위험성이 없다는 것을 시험 등 기타 방법에 의해 확인하여 제작된 본질안전방폭구조이다.

(5) 전기기기에 의한 화재·폭발방지 기본대책

① 위험한 분위기가 될 확률과 점화원이 발생할 확률의 곱을 Zero에 접근시킨다.
② 위험분위기에 따라 위험장소를 적절하게 구분, 선정한다.
③ 폭발성 가스의 폭발등급 및 발화도에 따라 위험성을 분류한다.
④ 위험장소의 종별, 폭발성 가스의 폭발등급 및 발화도에 따라 방폭전기기구를 선정한다.
⑤ 방폭위험시설 공사시에는 적절한 전기방폭대책을 세운다.

3 방폭구조의 종류

방폭구조	기 호	구조(특성)	장 점	단 점
내압	d	내부폭발시 압력, 온도에 견디고 외부파급방지	금속면 채택으로 패킹노화, 탈락 없음	크기, 가격의 상승으로 소형에 적합
유입	o	불꽃, 아크 등의 발생 부분을 유중에 넣은 구조	가스의 폭발등급에 상관 없이 사용	열화, 누유, 온도 등 관리가 어려움
압력	p	용기 내 공기, 불활성 가스를 압입하여 가스침입방지	내압방폭구조보다 성능 우수	기체의 공급이 필요, 압력 경보장치 필요

방폭구조	기 호	구조(특성)	장 점	단 점
안전증	e	정상운전시 불꽃, 아크, 과열보호 특히 온도상승에 따른 안전도 증가	내부고장이 없고, 견고	고장시 방폭성능이 보장되지 않음
본질안전	ia	정상, 사고시 시험을 통해 성능시험	내압에 비해 경제적	시험방법 복잡
	ib	안전입증된 것		
몰드	m	점화원 부분을 절연성 컴파운드로 포입한 것	점화원을 차단하므로 안전	구조복잡, 보수곤란
충전	q	내부를 석영, 유리 등의 입자로 채워 주위의 폭발성 분위기에 점화방지	충전물질 사이로 화염전파 방지가능	유입형과 같이 완전밀봉이 어렵다.
비착화	n	전기기기 정상작동 및 규정된 비정상 조건에서 점화시킬 수 없도록 하는 구조	조건에 따라 타입변경이 가능	적용이 복잡
특수	s	위의 사항 이외의 방폭구조로서 폭발성 가스를 인화시키지 않는다는 사실이 시험이나 기타의 방법에 의해 확인된 구조	안전도가 증가된 방법	특수구조로 제작비용 고가

4 위험장소의 분류(KS C IEC 60079−10 : 폭발위험장소의 구분)

(1) 분류

위험장소	폭발분위기	적용 방폭타입
0종 장소	장기간 또는 빈번하게 존재하는 장소	i타입 또는 0종 장소에 적합하게 제작된 구조
1종 장소	정상작동 중에 생성될 수 있는 장소	a, p, o, e, m, g타입, 0종 장소용, 1종 장소에 적합하게 제작된 구조
2종 장소	정상작동 중에는 생성될 가능성이 없고, 발생하더라도 빈도가 극히 희박하고, 아주 짧은 시간 동안 지속되는 장소	0종 장소 또는 1종 장소용 그 외 타입의 방폭구조

(2) 폭발분위기

대기상태에서 발화하여 소화되지 않는 혼합물로 연소가 계속될 수 있는 가스, 증기, 미스트 또는 분진상태의 가연성 물질이 혼합되어 있는 물질 즉, 폭발성 가스와 공기가 혼합하여 폭발한계 내에 있는 상태의 분위기를 말한다.

(3) 미스트

가스폭발분위기가 형성되도록 공기 중에 확산되어 있는 인화성 액체의 작은 입자를 말한다.

5 방폭용 전기기기의 분류

(1) 분류

그 룹	내 용
그룹 I	폭발성 메탄가스의 광산용 전기기기
그룹 II	폭발성 메탄가스의 광산용 이외에 폭발성 가스 분위기용 전기기기 : 폭발성 가스 분위기의 종류에 따라 IIA, IIB, IIC로 세분

(2) 방폭용 전기기기 분류시 검토사항

① 최고표면온도의 제한

㉠ 그룹 I 전기기기 : 최고표면온도는 다음의 범위를 초과할 수 없다.

- 석탄분진층을 형성할 수 있는 표면의 경우는 150[℃]
- 석탄분진층을 형성하지 않을 것으로 예상되는 경우는 표면은 450[℃]

㉡ 그룹 II 전기기기 : 다음의 표와 같이 압력, 유입, 안전증, 몰드, 충전형에 해당한다.

┃ 그룹 II 전기기기의 최고표면온도의 분류 ┃

전기기기의 온도등급	T_1	T_2	T_3	T_4	T_5	T_6
기기의 표면온도	450[℃] 이하	300[℃] 이하	200[℃] 이하	135[℃] 이하	100[℃] 이하	85[℃] 이하
가스, 증기의 발화온도	450[℃] 초과	300[℃] 초과	200[℃] 초과	135[℃] 초과	100[℃] 초과	85[℃] 초과

② 최소점화전류 및 최대안전틈새에 따른 IEC의 분류

㉠ 그룹 II에서 최대안전틈새 및 최소점화전류비 : IEC에서는 본질안전방폭구조의 방폭기기를 분류함에 있어, 메탄(CH_4)의 최소점화전류와 다른 폭발성 가스의 최소점화전류의 비, 가스 최대안전틈새는 다음의 표와 같다.

구 분	방폭기기	측정단위	그룹 IIA	그룹 IIB	그룹 IIC
최소점화전류비	본질안전	메탄=1	0.8 초과	0.45~0.8	0.45 미만
가스 최대안전틈새	내압형	[mm]	0.9 초과	0.50~0.9	0.50 미만

㉡

$$최소점화전류비 = \frac{측정가스의\ 최소점화전류}{CH_4의\ 최소점화전류}$$

6 방폭전기배선(KS C IEC 60079-14 : 폭발위험장소에서의 전기설비)

(1) 방폭전기배선에서 배선방법의 선정원칙

배선방법		방폭지역의 종별		
		0종 장소	1종 장소	2종 장소
본질안전방폭회로 이외의 배선	케이블의 배선	×	○	○
	금속관의 배선	×	○	○
	이동전기기기의 배선	×	○	○
본질안전방폭회로의 배선		○	○	○

(2) 방폭전기배선시 고려사항

① 내압방폭 금속관의 배선

  ㉠ 잠재적 점화원을 가진 절연전선과 그 접속부를 넣은 전선관로에 대해 특별한 성능을 부여함으로서, 관로 내부에서 발생하는 폭발을 주위의 폭발성 분위기에 전파시키지 않도록 하는 것이다.

  ㉡ 이를 대비하여 금속관에 Sealing을 설치하는 것도 하나의 방법이다.

② 안전증방폭금속관의 배선 : 잠재적 점화원을 가진 절연전선과 그 접속부를 넣은 전선관로에 대해 절연체의 소손이나 열화, 단선, 접속부의 이완 등과 같은 현재적 점화원을 발생할 수 있는 고장이 일어나지 않도록 절연전선의 선정, 접속부의 강화 등 기계적 및 전기적으로 안전도를 증가시키는 것이다.

③ 케이블의 배선 : 절연체의 손상이나 열화, 단선, 접속부의 이완 등과 같은 현재적 점화원이 발생할만한 고장이 일어나지 않도록 케이블의 선정, 외상보호, 접속부의 강화 등 기계적 및 전기적으로 안전도를 증가시키는 것이다.

④ 본질안전방폭회로의 배선

  ㉠ 정상상태에서 뿐만 아니라 이상상태에 있어서도 전기불꽃이나 고온부가 폭발성분위기에 대해 현재적 및 잠재적 점화원이 되지 않도록 전기회로의 소비에너지를 억제한 것이다.

  ㉡ 본질안전방폭회로의 배선은 다른 회로와 혼촉방지 및 정전유도와 전자유도를 받지 않는 조치를 강구하여야 한다.

분진위험장소에 시설하는 전기배선 및 개폐기·콘센트·과전류차단기 등의 시설방법에 대하여 기술하시오.

COMMENT 중요한 문제이므로 숙지할 것

1 배 선

(1) **폭발성 분진이 있는 위험장소의 분진** : 옥내배선은 금속관 배선 또는 케이블 배선

금속관의 경우	케이블 배선의 경우
• 후강전선관 또는 동등 이상의 강도가 있는 것 • 박스는 패킹을 사용하여 분진이 내부로 침입하지 않게 할 것 • 풀박스 또는 전기기계·기구는 5턱 이상의 나사조임으로 접속하고, 또한 내부에 먼지가 침입할 수 없게 할 것 • 가용성을 필요로 하는 부분의 배선은 분진방폭형 플렉서블 피팅을 사용할 것	• 케이블에 고무나 플라스틱 외장 또는 금속제 외장을 한 것 • 개장(鎧裝)으로 한 케이블 또는 MI 케이블을 사용하는 경우를 제외하고는 강제전선관, 배관용 탄소강관(가스관) 등의 보호관에 넣어 시설할 것 • 전기기계·기구에 인입하는 경우에는 패킹식 인입방식 또는 고착식 인입방법을 사용할 것 • 케이블 상호의 접속은 분진방폭 특수방진구조의 접속함 안에서 접속가능

(2) **폭연성 분진 이외의 분진이 있는 위험장소의 배선**

① 옥내배선은 금속관 배선·합성수지관 배선·케이블 배선 또는 캡타이어 케이블 배선에 의할 것

② 금속관 배선에 의할 경우

   ㉠ 금속관 배선은 후강전선관 또는 이와 동등 이상의 강도가 있는 것일 것

   ㉡ 박스 기타 부속품 및 풀박스는 패킹을 사용하여 분진이 내부로 침입하지 않게 할 것

   ㉢ 관 상호 및 관과 기타의 부속품은 5턱 이상의 나사조임으로 접속할 것

   ㉣ 가용성 요구 배선은 분진방폭형 플렉서블 피팅을 사용할 것

③ 합성수지관에 의한 배선일 경우

   ㉠ 합성수지관 및 박스 기타 부속품은 손상되지 아니하도록 시설할 것

   ㉡ 관과 풀박스 또는 전기기계·기구는 패킹을 사용하여 분진이 내부로 침입하지 않게 할 것

   ㉢ 전동기용 배선에 짧고 가용성이 필요한 경우 분진방폭형 플렉서블 피팅을 사용할 것

④ 케이블 배선 및 캡타이어 케이블 배선에 의할 경우

  ㉠ 개장이 있는 케이블 및 MI 케이블 외에는 관 기타 방호장치에 넣어서 시설할 것

  ㉡ 전기기구에 인입시 분진의 내부침입이 없도록 하며, 케이블이 손상되지 않게 할 것

2 개폐기 · 콘센트 · 과전류차단기 등의 시설

(1) 분진위험장소에 시설하는 개폐기 · 과전류차단기 · 제어기 · 계전기 · 배전반 · 분전반 등은 다음에 의하여 시설하여야 한다.

  ① 폭연성 분진이 있는 위험장소에 시설하는 것은 분진방폭 특수방진구조로 할 것(도전성 분진이 있는 위험장소에 시설하는 것에 대하여도 분진방폭 특수구조일 것)

  ② 폭연성 분진 이외의 분진이 있는 위험장소에 시설하는 것은 분진방폭 보통구조일 것

(2) 콘센트 및 콘센트 플러그

  ① 폭연성 분진이 있는 위험장소는 콘센트 및 플러그를 시설하지 말 것

  ② 폭연성 분진 이외의 분진이 있는 위험장소에 시설하는 콘센트 및 콘센트 플러그는 분진방폭 보통구조일 것

문제 03

전기설비에 의한 재해예방을 위한 방폭구조의 종류와 방폭전기배선의 선정 원칙 및 본질안전배선시의 고려사항을 설명하시오.

COMMENT 중요한 문제이므로 숙지할 것

1 개 요

방폭전기설비는 전기설비로 인한 화재 및 폭발을 예방하기 위한 권장기준으로서 법적 의무사항과 상반되지 않는다. 현재 국내 석유화학공장에 설치된 방폭전기설비들 중 많은 부분이 외국 기준에 따라 설계 및 설치되어 있고, 그 기준은 NFPA 및 IEC 기준을 많이 인용하고 있다.

2 방폭구조의 종류

(1) 내압방폭구조 : (d) → Exd

① 전기기계 · 기구에서 점화원이 될 우려가 있는 부분을 전폐구조인 기구에 넣어 외부의 폭발성 가스가 내부로 침입하여 폭발한 경우에도 용기가 그 압력에 견디고 파손되지 않으며, 폭발한 고온가스나 화염이 접합부 틈으로 새어나가는 동안 냉각되어 외부의 폭발성 가스에 화염이 파급될 우려가 없도록 한 구조이다.

② 즉, 전기기구의 용기(enclosure) 내에 외부의 폭발성 가스가 침입하여 내부에서 점화폭발해도 외부에 영향을 미치지 않도록 하기 위해서 용기가 내부의 폭발압력에 충분히 견디고, 용기의 틈새는 화염일주한계 이하가 되도록 설계한 것을 말한다.

③ 시험 : 인화온도, 폭발강도, 기계적 강도

④ 설치대상 : 아크가 생길 수 있는 모든 전기기기, 접점, 개폐기류, 스위치 등

(2) 유입방폭구조 : (o) → Exo

① 점화원이 될 우려가 있는 부분을 절연유 중에 담가서 주위의 폭발성 가스로부터 격리시키는 구조이다.

② 즉, 전기기기 사용에 따른 불꽃 또는 아크 등이 발생한 경우에서 폭발성 가스에 점화할 우려가 있는 부분을 오일 중에 넣고 유면상의 폭발성 가스에 인화될 우려가 없도록 한 구조이다.

③ 유입방폭구조는 절연유의 노화, 누설 등 보수상의 난점이 있다.

④ 시험 : 온도시험, 발화시험

⑤ 설치대상 : 모든 전기기기, 접점, 개폐기, 전동기, 계전기 등

⑥ 2종 장소에 적합하며, 유면으로부터 위험 부분까지 최소 10[mm] 이상 이격하여야 한다.

⑦ 절연유의 온도는 115[℃]를 초과하지 않아야 한다.

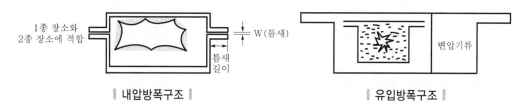

┃ 내압방폭구조 ┃　　　　　　　┃ 유입방폭구조 ┃

(3) 압력방폭구조 : (p) → Exp

① 점화원이 될 우려가 있는 전기기구를 용기 내에 넣고 신선한 공기 또는 불활성 가스를 압입하여 내부에 압력을 유지하고 외부의 폭발성 가스가 용기 내로 침입하지 못하도록 하여 용기 내의 점화원과 용기 밖의 폭발성 가스를 실질적으로 격리시키는 구조이다.

② 운전 중에 압력저하시 자동경보하거나, 운전을 정지하는 보호장치를 설치하여야 한다.

③ 시험 : 온도, 내부압력, 기계적 강도

④ 설치대상 : 모든 전기기기, 접점, 개폐기, 전동기, 계전기 등

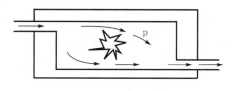

┃ 압력방폭구조 ┃

⑤ 용기의 보호등급은 IP 4X 이상이어야 한다.

⑥ 내부압력은 0.05[kPa] 이상이어야 한다.

⑦ 보호가스온도는 용기의 흡기구에서 40[℃]를 초과하지 않아야 한다.

(4) 안전증방폭구조 : (e) → Exe

① 정상적인 운전 중에는 불꽃, 아크 또는 과열이 생겨서는 안 될 부분에 대하여 이를 방지하기 위한 구조와 온도상승에 대해서 특별히 안전도를 증가시킨 구조이다.

② 시험 : 온도시험, 기계적 강도시험

③ 설치대상 : 안전증변압기, 안전증접촉단자, 안전증측정계기 등

④ 특징 : 점화원인 아크, 불꽃, 과열이 될 수 있는 한 발생하지 않도록 고려한 것뿐이어서 고장, 파손시 폭발원인이 되기도 한다.

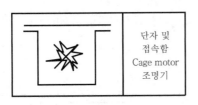

안전증방폭구조

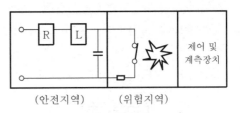

본질안전방폭구조

(5) 본질안전방폭구조(intrinsic safety, i) : ia, ib → Exia, Exib

① 0종, 1종, 2종 장소에 모두 적합한 구조이다.

② 점화능력을 본질적으로 억제시킨 것으로, 폭발성 가스 또는 증기 등의 혼합물이 점화되어 폭발을 일으키려면 어느 최소 한도의 에너지가 주어져야 한다는 개념에 기초한 것으로, 주어진 정상상태나 이상상태의 조건하에서 어떤 스파크나 온도에도 영향을 받지 않는 구조이다.

③ 단선이나 단락에 의해 전기회로 중에 전기불꽃이 생겨도 폭발성 혼합기를 결코 점화시키지 않는다면 본질적으로 안전한 것이 된다.

④ 본질안전방폭구조는 불꽃점화시험에 의해 폭발이 일어나지 않고, 본질적으로 안전하다는 것이 확인된 구조이다.

⑤ 최소한의 전기에너지만을 방폭지역에 흐르도록 하여 절대로 점화원으로 작용하지 못하도록 한 구조로, 사용 에너지는 정격전압 1.2[V], 0.1[A], 정격전력 25[mW] 이상의 에너지를 발생시키지 않는 에너지 발생원일 것

⑥ 대상 기기 : 신호기, 전화기, 계측기, 측정 및 제어장치, 미소전력회로

⑦ 장점 : 반도체 산업발달에 따라 저가격, 높은 신뢰성, 광범위한 활용성 등

(6) 특수방폭구조(s) → Exs

앞에서 열거한 것 이외의 방폭구조로서 폭발성 가스를 인화시키지 않는다는 사실이 시험이나 기타의 방법에 의해 확인된 구조를 말한다.

3 방폭전기배선

(1) 내압방폭금속관의 배선

① 잠재적 점화원을 가진 절연전선과 그 접속부를 넣은 전선관로에 대해 특별한 성능을 부여함으로서, 관로 내부에서 발생하는 폭발을 주위의 폭발성 분위기에 전파시키지 않도록 하는 것이다.

② 이를 대비하여 금속관에 Sealing을 설치하는 것도 하나의 방법이다.

(2) 안전증방폭금속관의 배선

잠재적 점화원을 가진 절연전선과 그 접속부를 넣은 전선관로에 대해 절연체의 소손이나 열화, 단선, 접속부의 이완 등과 같은 현재적 점화원을 발생할 수 있는 고장이 일어나지 않도록, 절연전선의 선정, 접속부의 강화 등 기계적 및 전기적으로 안전도를 증가시키는 것이다.

(3) 케이블 배선

절연체의 손상이나 열화, 단선, 접속부의 이완 등과 같은 현재적 점화원이 발생할만한 고장이 일어나지 않도록, 케이블의 선정, 외상보호, 접속부의 강화 등 기계적 및 전기적으로 안전도를 증가시키는 것이다.

(4) 본질안전방폭회로의 배선

① 정상상태에서 뿐만 아니라 이상상태에 있어서도 전기불꽃이나 고온부가 폭발성 분위기에 대해 현재적 및 잠재적 점화원이 되지 않도록 전기회로의 소비에너지를 억제한 것이다.

② 본질안전방폭회로의 배선은 다른 회로와 혼촉방지 및 정전유도와 전자유도를 받지 않는 조치를 강구하여야 한다.

(5) 방폭전기기기의 분류

① 최고표면온도의 제한

㉠ 그룹 I 전기기기 : 최고표면온도는 다음의 범위를 초과할 수 없다.
- 석탄분진층을 형성할 수 있는 표면의 경우는 150[℃]
- 석탄분진층을 형성하지 않을 것으로 예상되는 표면의 경우는 450[℃]

㉡ 그룹 II 전기기기 : 다음의 표와 같이 압력, 유입, 안전증, 몰드, 충전형에 해당한다.

그룹 II 전기기기의 최고표면온도의 분류

전기기기의 온도등급	T_1	T_2	T_3	T_4	T_5	T_6
기기의 표면온도	450[℃] 이하	300[℃] 이하	200[℃] 이하	135[℃] 이하	100[℃] 이하	85[℃] 이하
가스, 증기의 발화온도	450[℃] 초과	300[℃] 초과	200[℃] 초과	135[℃] 초과	100[℃] 초과	85[℃] 초과

② 최소점화전류 및 최대안전틈새에 따른 IEC의 분류

그룹 II 에서 최대안전틈새 및 최소점화전류비는 IEC에서 본질안전방폭구조의 방폭기기를 분류함에 있어, 메탄(CH_4)의 최소점화전류와 다른 폭발성 가스의 최소점화전류의 비, 가스 최대안전틈새는 다음의 표와 같다.

구분	방폭기기	측정단위	그룹 ⅡA	그룹 ⅡB	그룹 ⅡC
최소점화전류비	본질안전	메탄=1	0.8 초과	0.45~0.8	0.45 미만
가스 최대안전틈새	내압형	[mm]	0.9 초과	0.50~0.9	0.50 미만

(6) 방폭전기배선에서 배선방법의 선정원칙(KS C IEC 60079-14 : 폭발위험장소에서의 전기설비)

배선방법		방폭지역의 종별		
		0종 장소	1종 장소	2종 장소
본질안전방폭회로 이외의 배선	케이블의 배선	×	○	○
	금속관의 배선	×	○	○
	이동전기기기의 배선	×	○	○
본질안전방폭회로의 배선		○	○	○

(7) 위험장소별 전기기기의 구분

위험장소	방폭전기기기
0종 장소	본질안전방폭구조에 적합한 전기기기 중 ia기기
1종 장소	내압 d, 유입 o, 압력 p, ·안전증 e, 본질안전 i, 몰드 m, 충전 q타입
2종 장소	• 내압방폭구조 • 압력방폭구조 • 안전증방폭구조 • 본질안전방폭구조(ia 또는 ib) • 유입안전방폭구조 "2종 장소" 사용표시기기

문제 04

전기설비의 방폭구조에 대하여 설명하시오.

COMMENT 중요한 문제이므로 숙지할 것

1 개 요

(1) 전기설비의 방폭구조란 주위 폭발위험분위기에 점화되지 않도록 하기 위해 전기기기에 적용되는 특수한 조치를 한 것을 말한다.

(2) 관련 근거 : KS C IEC 60079−0~11, 14, 15, 18 [2007. 10]

2 화재 및 폭발방지의 기본대책

(1) 화재 · 폭발사고는 가연성 혼합가스와 점화원이 동시에 존재할 때 발생한다.

(2) 화재 · 폭발사고를 방지하 기위한 기본대책(즉, 그 개념은 위험분위기 생성확률×점화원이 발생하는 확률=0)

① 위험분위기 생성방지 : 폭발성 가스누설 및 방출방지, 폭발성 가스 체류방지가 요구된다.
② 점화원을 가연성 분위기로부터 제거 및 격리 : 전기설비의 점화원을 제거 및 격리한다.
③ 전기설비를 방폭화한다.

(3) 따라서, 연소의 3요소 중 1개 요소만 제거하여도 화재 · 폭발은 발생하지 않으므로 전기설비의 점화원에 대한 제거 및 격리에 대하여 다음과 같이 설명한다.

(4) 전기기기에 의한 화재 · 폭발방지 기본대책

① 위험분위기가 될 확률과 점화원이 발생할 확률의 곱을 Zero에 접근시킨다.
② 위험분위기에 따라 위험장소를 적절하게 구분, 선정한다.
③ 폭발성 가스의 폭발등급 및 발화도에 따라 위험성을 분류한다.
④ 위험장소의 종별, 폭발성 가스의 폭발등급 및 발화도에 따라 방폭전기기구를 선정한다.
⑤ 방폭위험시설 공사시에는 적절한 전기방폭대책을 세운다.

3 폭발분위기의 생성방지

(1) 가연성 가스의 밀폐

(2) 산소제거 · 희석 등의 불활성화

(3) 폭발성 가스 축적을 방지하는 환기

4 전기설비의 방폭설비(전기설비에서의 점화원의 종류)

(1) **정상운전시 전기불꽃발생** : DC 전동기의 정류자, 유도전동기의 슬립링

(2) **보호장치로서 동작시 전기불꽃발생** : 차단기, 보호계전기의 접점

(3) **정상상태에서 고온이 되는 것** : 전열기, 저항기, 전동부

5 방폭구조의 종류

(1) **내압방폭구조** : (d) → Exd

① 전기기계 · 기구에서 점화원이 될 우려가 있는 부분을 전폐구조인 기구에 넣어 외부의 폭발성 가스가 내부로 침입하여 폭발한 경우에도 용기가 그 압력에 견디고 파손되지 않으며, 폭발한 고온가스나 화염이 접합부 틈으로 새어나가는 동안 냉각되어 외부의 폭발성 가스에 화염이 파급될 우려가 없도록 한 구조이다.

② 시험 : 인화온도, 폭발강도, 기계적 강도

③ 설치대상 : 아크가 생길 수 있는 모든 전기기기, 접점, 개폐기류, 스위치 등

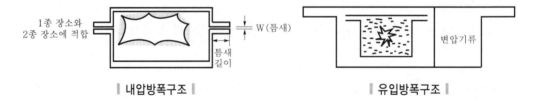

┃ 내압방폭구조 ┃　　　　　　　　┃ 유입방폭구조 ┃

④ 적용장소 : 1종 장소, 2종 장소

⑤ 설치시 고려사항(최대안전틈새, 화염일주한계)

　㉠ 폭발화염이 내부에서 외부로 전파되지 않는 틈새의 한계

　㉡ 작을수록 위험하며, 가스종류마다 그 값이 다르므로 주의

　㉢ 폭발등급

구 분	방폭기기	측정단위	폭발등급		
			그룹 ⅡA	그룹 ⅡB	그룹 ⅡC
최소점화전류비	본질안전	메탄=1	0.8 초과	0.45~0.8	0.45 미만
가스 최대안전틈새	내압형	[mm]	0.9 초과	0.50~0.9	0.50 미만
종류	–	–	일산화탄소, 메탄, 아세톤, 부탄	에틸렌, 시안화수소 등	수소, 아세틸렌

⑥ 용기의 내부는 폭발하므로, 중요한 전기기기에는 부적합한 방식이다.

(2) 유입방폭구조 : (o) → Exo

① 점화원이 될 우려가 있는 부분을 절연유 중에 담가서 주위의 폭발성 가스로부터 격리시키는 구조이다.

② 즉, 전기기기 사용에 따른 불꽃 또는 아크 등이 발생한 경우에서 폭발성 가스에 점화할 우려가 있는 부분을 오일 중에 넣고 유면상의 폭발성 가스에 인화될 우려가 없도록 한 구조이다.

③ 시험 : 온도시험, 발화시험

④ 설치대상 : 모든 전기기기, 접점, 개폐기, 전동기, 계전기 등

⑤ 적용장소 : 위험 1종 장소, 위험 2종 장소

⑥ 설치시 고려사항

  ㉠ 기름의 소화, 누설 등 유지관리가 어려운 방식이다.

  ㉡ 사용 중 유량유지, 유면온도상승을 억제해야 한다.

(3) 압력방폭구조 : (p) → Exp

① 점화원이 될 우려가 있는 전기기구를 용기 내에 넣고 신선한 공기 또는 불활성 가스를 압입하고 내부에 압력을 유지하여 외부의 폭발성 가스가 용기 내로 침입하지 못하도록 하여 용기 내의 점화원과 용기 밖의 폭발성 가스를 실질적으로 격리시키는 구조이다.

② 적용 : 위험 1종 장소, 2종 장소

③ 시험 : 온도, 내부압력, 기계적 강도

④ 설치대상 : 모든 전기기기, 접점, 개폐기, 전동기, 계전기 등

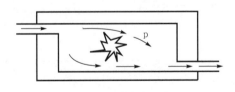

‖ 압력방폭구조 ‖

⑤ 고려사항 : 운전 중에 압력저하시 자동경보하거나 운전을 정지하는 보호장치를 설치

(4) 안전증방폭구조 : (e) → Exe

① 정상적인 운전 중에는 불꽃, 아크 또는 과열이 생겨서는 안 될 부분에 대하여 이를 방지하기 위한 구조와 온도상승에 대해서 특별히 안전도를 증가시킨 구조이다.

② 시험 : 온도시험, 기계적 강도시험

③ 설치대상 : 안전증변압기, 안전증접촉단자, 안전증측정계기 등

④ 특징 : 점화원인 아크, 불꽃, 과열이 될 수 있는 한 발생하지 않도록 고려한 것 뿐이며 고장, 파손시 폭발원인이 되기도 한다.

⑤ 적용장소 : 위험 2종 장소

⑥ 설치시 고려사항 : 전기기기의 고장, 파손시 폭발원인이 되므로 매우 주의해야 한다.

(5) 본질안전방폭구조(intrinsic safety, i) : ia, ib → Exia, Exib

① 0종, 1종, 2종 장소에 모두 적합한 구조이다.

② 점화능력을 본질적으로 억제시킨 것으로, 폭발성 가스 또는 증기 등의 혼합물이 점화되어 폭발을 일으키려면 최소한도의 에너지가 주어져야 한다는 개념에 기초한 것으로, 주어진 정상상태나 이상상태의 조건하에서 어떤 스파크나 온도에도 영향을 받지 않는 구조이다.

③ 단선이나 단락에 의해 전기회로 중에 전기불꽃이 생겨도 폭발성 혼합기를 결코 점화시키지 않는다면 본질적으로 안전한 것이 된다.

④ 본질안전방폭구조는 불꽃점화시험에 의해 폭발이 일어나지 않고, 본질적으로 안전하다는 것이 확인된 구조이다.

⑤ 최소한의 전기에너지만을 방폭지역에 흐르도록 하여 절대로 점화원으로 작용하지 못하도록 한 구조로, 사용 에너지는 정격전압 1.2[V], 0.1[A] 정격전력 25[mW] 이하이다.

⑥ 대상기기 : 신호기, 전화기, 계측기, 측정 및 제어장치, 미소전력회로

⑦ 장점 : 반도체 산업발달에 따라 저가격, 높은 신뢰성, 광범위한 활용성 등

⑧ 적용장소 : 위험 0종 · 1종 · 2종 장소

⑨ 설치시 고려사항

㉠ 불꽃점화시험을 통해 확인된 규격을 선정

㉡

$$최소점화전류비 = \frac{측정가스의\ 최소점화전류}{CH_4의\ 최소점화전류}$$

㉢ 본질안전방폭기기의 규격

폭발등급	A	B	C
전기기기 분류	그룹 IIA	그룹 IIB	그룹 IIC
최소점화전류비	0.8 초과	0.45~0.8	0.45 미만

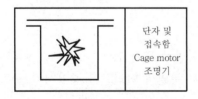

| 안전증방폭구조 |

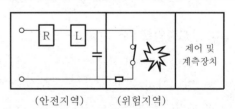

| 본질안전방폭구조 |

(6) 특수방폭구조(s) → Exs

앞에서 열거한 것 이외의 방폭구조로서 폭발성 가스를 인화시키지 않는다는 사실이 시험이나 기타의 방법에 의해 확인된 구조를 말한다.

6 방폭전기기기의 선정조건

COMMENT 이 자체가 전기안전기술사에서 10점 문제로 나왔다.

IEC의 경우 방폭전기설비의 표준환경조건은 다음과 같으며, 원칙적으로 방폭구조의 방폭성능에 대해 표준적인 환경조건하에 설치하는 것을 전제로 한다.

(1) 압력 : 80(0.8)~110[kPa](1.1[bar])

(2) 온도 : −20~40[℃]

(3) 표고 : 1,000[m] 이하

(4) 상대습도 : 45~85[%]

(5) 공해, 부식성 가스, 진동 등이 존재하지 않는 환경

7 방폭전기기기 등급기준의 기호 및 의미

(1) 방폭구조의 종류별 기호 및 적용장소 구분

구 분	내 압	유 입	압 력	안전증	본질안전	충 전	몰 드	특 수	비점화성
IEC	Exd	Exo	Exp	Exe	Exia, Exib	Exs	Exm	Exs	Exn
한국	d	o	p	e	ia, ib	g	m	s	n
적용 장소	1 · 2종 장소	1 · 2종 장소	1 · 2종 장소	1 · 2종 장소	0 · 1 · 2종 장소 (ia는 0종)	1 · 2종 장소	1 · 2종 장소	2종 장소	2종 장소

(2) 위험물질의 종류에 따른 분류

위험물질의 종류	NEC	유입
가연성 가스 및 증기	클래스 I	Group II
분진	클래스 II	Group I
가연성 섬유 및 부유물	클래스 III	

(3) 발화온도에 따른 분류(그룹 Ⅱ 전기기기의 최고표면온도의 분류)

전기기기의 온도등급	T_1	T_2	T_3	T_4	T_5	T_6
기기의 표면온도	450[℃] 이하	300[℃] 이하	200[℃] 이하	135[℃] 이하	100[℃] 이하	85[℃] 이하
가스, 증기의 발화온도	450[℃] 초과	300[℃] 초과	200[℃] 초과	135[℃] 초과	100[℃] 초과	85[℃] 초과

 참고

ExsdⅡBT$_3$의 읽는 방법

1) 방폭구조 : 특수내압

2) 산업용 가스 · 증기

3) 온도등급 : T_3

본질안전방폭구조설비에 대하여 설명하시오.

1 개 요

(1) 전기설비의 방폭구조란 주위 폭발위험분위기에 점화되지 않도록 하기 위해 전기기기에 적용되는 특수한 조치를 한 것을 말한다.

(2) **관련 근거** : KS C IEC 60079-0~11, 14, 15, 18 [2007. 10]

(3) 본질안전방폭구조는 정상상태 및 단락 등 이상상태에서 발생되는 전기불꽃이나 고온부가 폭발성 혼합기체를 점화시키지 않는 방식이다.

2 본질안전의 원리

(1) **본질안전방폭구조 개념도**

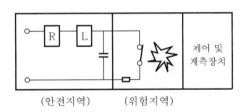

(안전지역)   (위험지역)

(2) **본질안전방폭구조(intrinsic safety i) : ia, ib → Exia, Exib**

① 0종, 1종, 2종 장소에 모두 적합한 구조이다.

② 점화능력을 본질적으로 억제시킨 것으로, 폭발성 가스 또는 증기 등의 혼합물이 점화되어 폭발을 일으키려면 최소한도의 에너지가 주어져야 한다는 개념에 기초한 것으로, 주어진 정상상태나 이상상태의 조건하에서 어떤 스파크나 온도에도 영향을 받지 않는 구조이다.

③ 단선이나 단락에 의해 전기회로 중에 전기불꽃이 생겨도 폭발성 혼합기를 결코 점화시키지 않는다면 본질적으로 안전한 것이 된다.

④ 본질안전방폭구조는 불꽃점화시험에 의해 폭발이 일어나지 않고, 본질적으로 안전하다는 것이 확인된 구조이다.

⑤ 최소한의 전기에너지만을 방폭지역에 흐르도록 하여 절대로 점화원으로 작용하지 못하도록 한 구조로, 사용 에너지는 정격전압 1.2[V], 0.1[A], 정격전력 25[mW] 이하이다.

⑥ 대상기기 : 신호기, 전화기, 계측기, 측정 및 제어장치, 미소전력회로

⑦ 적용장소 : 위험 0종·1종·2종 장소

⑧ 설치시 고려사항

　㉠ 불꽃점화시험을 통해 확인된 규격을 선정

$$최소점화전류비 = \frac{측정가스의\ 최소점화전류}{CH_4의\ 최소점화전류}$$

　㉡ 본질안전방폭기기의 규격

폭발등급	A	B	C
전기기기 분류	그룹 ⅡA	그룹 ⅡB	그룹 ⅡC
최소점화전류비	0.8 초과	0.45~0.8	0.45 미만

(3) 본질안전방폭구조의 종류

① Exia : Fault에 대해 이중 안전보장(위험 0·1·2종 장소에 사용)

② Exib : Fault에 대해 단일 안전보장(위험 1·2종 장소에 사용)

3 본질안전의 장단점

(1) 장점 : 반도체 산업발달에 따라 저가격, 높은 신뢰성, 광범위한 활용성

(2) 단점 : 유효한 Power가 저전력

4 본질안전방폭의 종류

(1) Zenner barrier

① 구조 간단, 수명이 길다.

② 가격이 저렴하다.

③ 접지상태에서 제약(접지 Fault에 대해 제한적 응답)된다.

④ 퓨즈 Fail시 재사용이 불가하다.

(2) Isolated barrier

① Zenner보다 안정적이다.

② 접지가 필요하지 않다.

③ 복잡한 구조로 가격이 비싸다.

④ Fuse 단락시 교환가능하다.

전기방폭구조의 종류, 표준환경조건, 등급기준의 기호 및 의미를 설명하시오.

1 전기방폭구조의 종류와 정의

(1) 내압방폭구조 : (d) → Exd

① 전기기계·기구에서 점화원이 될 우려가 있는 부분을 전폐구조인 기구에 넣어 외부의 폭발성 가스가 내부로 침입하여 폭발한 경우에도 용기가 그 압력에 견디고 파손되지 않으며, 폭발한 고온가스나 화염이 접합부 틈으로 새어나가는 동안 냉각되어 외부의 폭발성 가스에 화염이 파급될 우려가 없도록 한 구조이다.

② 즉, 전기기구의 용기(enclosure) 내에 외부의 폭발성 가스가 침입하여 내부에서 점화폭발해도 외부에 영향을 미치지 않도록 하기 위해서, 용기가 내부의 폭발압력에 충분히 견디고, 용기의 틈새는 화염일주한계 이하가 되도록 설계한 것을 말한다.

③ 시험 : 인화온도, 폭발강도, 기계적 강도

④ 설치대상 : 아크가 생길 수 있는 모든 전기기기, 접점, 개폐기류, 스위치 등

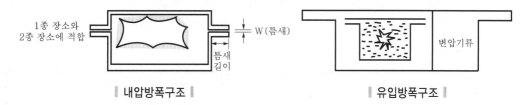

‖ 내압방폭구조 ‖　　　　　　　　　　　‖ 유입방폭구조 ‖

(2) 유입방폭구조 : (o) → Exo

① 점화원이 될 우려가 있는 부분을 절연유 중에 담가서 주위의 폭발성 가스로부터 격리시키는 구조이다.

② 즉, 전기기기 사용에 따른 불꽃 또는 아크 등이 발생한 경우에서 폭발성 가스에 점화할 우려가 있는 부분을 오일 중에 넣고 유면상의 폭발성 가스에 인화될 우려가 없도록 한 구조이다.

③ 유입방폭구조는 절연유의 노화, 누설 등 보수상의 난점이 있다.

④ 시험 : 온도시험, 발화시험

⑤ 설치대상 : 모든 전기기기, 접점, 개폐기, 전동기, 계전기 등

(3) 압력방폭구조 : (p) → Exp

① 점화원이 될 우려가 있는 전기기구를 용기 내에 넣고 신선한 공기 또는 불활성 가

스를 압입하고 내부에 압력을 유지하여, 외부의 폭발성 가스가 용기 내로 침입하지 못하도록 함으로써 용기 내의 점화원과 용기 밖의 폭발성 가스를 실질적으로 격리시키는 구조이다.

② 운전 중에 압력저하시 자동경보하거나 운전을 정지하는 보호장치를 설치해야 한다.

③ 시험 : 온도, 내부압력, 기계적 강도

④ 설치대상 : 모든 전기기기. 접점, 개폐기, 전동기, 계전기 등

‖ 압력방폭구조 ‖

(4) 안전증방폭구조 : (e) → Exe

① 정상적인 운전 중에는 불꽃, 아크 또는 과열이 생겨서는 안 될 부분에 대하여 이를 방지하기 위한 구조와 온도상승에 대해서 특별히 안전도를 증가시킨 구조이다.

② 시험 : 온도시험, 기계적 강도시험

③ 설치대상 : 안전증변압기, 안전증접촉단자, 안전증측정계기 등

④ 특징 : 점화원인 아크, 불꽃, 과열이 될 수 있는 한 발생하지 않도록 고려한 것 뿐이며, 고장 및 파손시 폭발원인이 되기도 한다.

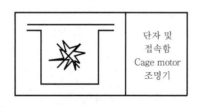

‖ 안전증방폭구조 ‖

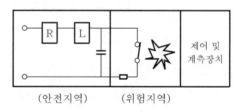

‖ 본질안전방폭구조 ‖

(5) 본질안전방폭구조(intrinsic Safety i) : ia, ib → Exia, Exib

① 0종, 1종, 2종 장소에 모두 적합한 구조이다.

② 점화능력을 본질적으로 억제시킨 것으로, 폭발성 가스 또는 증기 등의 혼합물이 점화되어 폭발을 일으키려면 최소한도의 에너지가 주어져야 한다는 개념에 기초한 것으로, 주어진 정상상태나 이상상태의 조건하에서 어떠한 스파크나 온도에도 영향을 받지 않는 구조이다.

③ 단선이나 단락에 의해 전기회로 중에 전기불꽃이 생겨도 폭발성 혼합기를 결코 점화시키지 않는다면 본질적으로 안전한 것이 된다.

④ 본질안전방폭구조는 불꽃점화시험에 의해 폭발이 일어나지 않고, 본질적으로 안전하다는 것이 확인된 구조이다.

⑤ 최소한의 전기에너지만을 방폭지역에 흐르도록 하여 절대로 점화원으로 작용하지 못하도록 한 구조로, 사용 에너지는 정격전압 1.2[V], 0.1[A], 정격전력 25[mW] 이하이다.

⑥ 대상기기 : 신호기, 전화기, 계측기, 측정 및 제어장치, 미소전력회로

⑦ 장점 : 반도체 산업발달에 따라 저가격, 높은 신뢰성, 광범위한 활용성

(6) 특수방폭구조(s) → Exs

앞에서 열거한 것 이외의 방폭구조로서 폭발성 가스를 인화시키지 않는다는 사실이 시험이나 기타의 방법에 의해 확인된 구조를 말한다.

2 표준환경조건

IEC의 경우 방폭전기설비의 표준환경조건은 다음과 같으며, 원칙적으로 방폭구조의 방폭성능에 대해 표준적인 환경조건하에 설치하는 것을 전제로 한다.

(1) 압력 : 80(0.8)~110[kPa](1.1[bar])

(2) 온도 : −20~40[℃]

(3) 표고 : 1,000[m] 이하

(4) 상대습도 : 45~85[%]

(5) 공해, 부식성 가스, 진동 등이 존재하지 않는 환경

3 방폭전기기기 등급기준의 기호 및 의미

표시품목	기 호	기호의 의미
방폭구조의 종류	Ex	방폭구조의 심벌
	d	내압방폭구조
	p	압력방폭구조
	e	안전증방폭구조
	ia 또는 ib	본질안전방폭구조
	o	유입방폭구조
	m	몰드방폭구조
	g	충전방폭구조
	s	특수방폭구조
	N	비점화성 방폭구조

표시품목	기 호	기호의 의미	
방폭전기기기의 그룹	II	공장·사업장용인 것	
내압방폭구조 및 본질안전방폭구조의 전기기기 분류	IIA	공장·사업장용인 것에서 분류 A의 폭발성 가스에 적용	
	IIB	공장·사업장용인 것에서 분류 B의 폭발성 가스에 적용	
	IIC	공장·사업장용인 것에서 분류 C의 폭발성 가스에 적용	
방폭전기기기의 온도등급	기호	위험물질의 발화온도	전기기기의 최고표면온도
	T_1	450[℃] 초과	450[℃] 이하
	T_2	300[℃] 초과	300[℃] 이하
	T_3	200[℃] 초과	200[℃] 이하
	T_4	135[℃] 초과	135[℃] 이하
	T_5	100[℃] 초과	100[℃] 이하
	T_6	85[℃] 초과	85[℃] 이하

방폭형 전기기기의 구조는 발화도 및 최대표면온도에 따른 분류와 폭발성 가스위험등급으로 분류된다. 이에 대한 한국과 IEC의 분류기준을 비교 요약하시오.

1 발화도 및 최대표면온도에 따른 분류(즉, 온도등급 → 발화도)

최고표면온도의 제한은 다음과 같다.

(1) 그룹 Ⅰ 전기기기

최고표면온도는 다음의 범위를 초과할 수 없다.

① 석탄분진층을 형성할 수 있는 표면의 경우는 150[℃]
② 석탄분진층을 형성하지 않을 것으로 예상되는 경우는 표면은 450[℃]

(2) 그룹 Ⅱ 전기

다음의 표와 같이 압력, 유입, 안전증, 몰드, 충전형에 해당한다.

┃ **그룹 Ⅱ 전기기기의 최고표면온도의 분류(한국과 IEC의 기준은 동일)** ┃

전기기기의 온도등급	T_1	T_2	T_3	T_4	T_5	T_6
기기의 표면온도	450[℃] 이하	300[℃] 이하	200[℃] 이하	135[℃] 이하	100[℃] 이하	85[℃] 이하
가스, 증기의 발화온도	450[℃] 초과	300[℃] 초과	200[℃] 초과	135[℃] 초과	100[℃] 초과	85[℃] 초과

2 폭발성 가스의 위험등급에 따른 분류(즉, 폭발등급)

(1) IEC 및 한국 기준(즉, 최소점화전류 및 최대안전틈새에 따른 IEC의 분류)

그룹 Ⅱ에서 최대안전틈새 및 최소점화전류비의 경우 IEC에서는 본질안전방폭구조의 방폭기기를 분류함에 있어, 메탄(CH_4)의 최소점화전류와 다른 폭발성 가스의 최소점화전류의 비와 가스안전틈새는 다음 표와 같다.

구 분	방폭기기	측정단위	그룹 ⅡA	그룹 ⅡB	그룹 ⅡC
최소점화전류비	본질안전	메탄=1	0.8 초과	0.45~0.8	0.45 미만
가스 최대안전틈새	내압형	[mm]	0.9 초과	0.50~0.9	0.50 미만
종류	–	–	일산화탄소, 메탄, 아세톤, 부탄	에틸렌, 시안화수소 등	수소, 아세틸렌

(2) NFPA 기준에 의한 폭발등급

등 급	그룹 D	그룹 C	그룹 C	그룹 A
안전틈새 [mm]	해당 기준 없음			
해당 가스	벤젠, 메탄, 암모니아, 프로판, 휘발유, 톨루엔	아세트알데히드, 에틸렌, 이소프렌, 프로판	수소, 에틸렌, 옥시드, 프로피렌	아세틸렌

❸ 최소점화전류에 따른 IEC의 분류

COMMENT 참고 내용

IEC에서는 본질안전방폭구조의 방폭기기를 분류함에 있어, 메탄(CH_4)의 최소점화전류와 다른 폭발성 가스의 최소점화전류의 비로 다음과 같이 구분한다.

$$최소점화전류비 = \frac{측정가스의 \ 최소점화전류}{CH_4의 \ 최소점화전류}$$

폭발등급	A등급	B등급	C등급
최소점화전류	0.8 초과	0.45~0.8	0.45 미만
본질안전방폭기기의 분류	ⅡA	ⅡB	ⅡC

❹ 방폭전기기기의 기호

구 분	내압	유입	압력	안전증	본질안전	충 전	몰 드	특 수	비점화성
IEC	EXd	EXo	EXp	EXe	EXia, EXib	EXs	EXm	EXs	EXn
한국	d	o	p	e	ia, ib	q	m	s	n
적용 장소	1, 2종 장소	1, 2종 장소	1, 2종 장소	1, 2종 장소	0, 1, 2종 장소 (ia는 0종)	1, 2종 장소	1, 2종 장소	2종 장소	2종 장소

가스취급설비와 화학공장의 화재 및 폭발을 예방하기 위한 방폭전기기기를 선정하는데 있어, 위험장소의 선정방법과 그 구분에 대하여 논하시오.

1 개 요

(1) 위험장소

일반적으로 대기 중에서 폭발이나 발화를 할 충분한 양의 가연성 혼합기가 존재할 우려가 있는 장소이다.

(2) 위험장소를 구분하는 목적은 위험분위기가 존재하는 시간과 용도에 따라 충분하고 안전한 방폭전기기기 및 방폭전기공사 방법을 선정하기 위함이다.

(3) 일반적으로 대기 중에 폭발이나 발화하는데 충분한 양의 가연성 가스 또는 전기가 존재할 우려가 있는 장소를 가스 · 전기위험장소라 하고 다음과 같이 분류하고 있다.

(4) 위험장소의 구분

① 국내 : Zone에 의한 3가지
② 미국 : Division에 의한 2가지

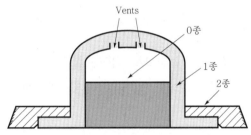

| 위험장소의 구분 개념도 |

2 위험장소 등급의 선정기준

(1) 위험가스의 체류가능성

(2) 통풍의 정도

(3) 위험증기의 양

(4) 공기보다 무거운 가스인지의 여부

(5) 작업지의 영향

3 국내기준에 의한 위험장소 구분

(1) 0종 장소(Zone 0 : 상시 위험분위기가 조성되어 있는 곳)

① 폭발형 혼합기체가 보통상태에서 계속해서 존재하거나 발생할 우려가 있는 장소로서, 폭발성 혼합기체의 농도가 연속적 또는 장시간 동안 폭발하한계 이상이 되는 장소

② 예 : 인화성 액체용기 내부. 위험물탱크 액면 상부공간, 가연성 가스의 용기탱크 내부, 인화성 또는 가연성의 가스나 증기가 지속적 또는 장시간 체류하는 곳

③ 방폭구조 : 본질안전방폭구조

(2) 1종 장소(Zone 1 : 정상상태에서 간헐적으로 위험분위기가 조성되는 곳)

① 정상상태에서 폭발성 혼합기체가 발생할 우려가 있는 위험분위기가 쉽게 생성되는 곳

② 운전, 유지보수 또는 누설에 의하여 자주 위험분위기가 생성되는 곳

③ 예

  ㉠ 설비 일부의 고장시 가연성 물질의 방출과 전기계통의 고장이 동시에 발생하기 쉬운 곳

  ㉡ 환기가 불충분한 장소에 설치된 배관계통으로 배관이 쉽게 누설되는 구조인 것

  ㉢ 주위 지역보다 낮아 가스나 증기가 체류할 수 있는 곳

  ㉣ 탱크류의 Vent 부근

④ 방폭구조 : 내압·압력·유입방폭구조, 안전증, 본질안전, 몰드식, 충전식 방폭구조

(3) 2종 장소(Zone 2 : 이상시 간헐적으로 위험분위기가 조성되는 곳)

① 환기가 불충분한 장소에 설치된 배관계통으로 배관이 쉽게 누설되지 않은 구조인 것

② 예

  ㉠ 가스켓, 패킹 등의 고장과 같이 이상상태에서만 누출될 수 있는 공정설비 또는 환기가 충분한 곳에 배관이 설치된 경우

  ㉡ 1종 장소와 직접 접하여 개방되어 있는 곳

  ㉢ 1종 장소와 덕트, 트렌치, 파이프 등으로 연결되어 이들을 통해 가스나 증기의 유입이 가능한 곳

  ㉣ 강제 환기방식이 채용되는 곳으로 환기설비의 고장이나 이상시에 위험분위기가 생성될 수 있는 곳

③ 방폭구조 : 1종 및 2종 방폭구조, 특수방폭구조, 비착화방폭구조

4 NFPA에서의 위험장소 구분

(1) Division 1(국내 : 0 · 1종 장소)

① 정상상태에서도 가연성 증기나, 가스가 존재하는 장소이다.

② 이 장소에서 설치하는 설비는 정상운전시는 물론, 전기시스템 고장시에 설비내부의 연소가 주위 대지를 연소시킬 수 있는 불꽃이나, 고온가스를 방출시키지 않도록 설계된 방폭구조기기를 사용하고, 본질적으로 안전하다고 승인된 기기나 방폭구조 없이도 사용할 수 있다.

(2) Division 2

① 비정상상태인 경우이다.

② 기기파열, 고장의 경우 가연성 증기나 가스가 나타날 수 있는 장소이다.

③ Arcing이나 이와 유사한 경우 정상상태에서도 점화원을 발생하지 않도록 만들어진 기기를 사용한다.

④ 이 경우 사고는 매우 희귀하게 일어나고, 보통 사고시에는 각 설비가 전원으로부터 차단되기 곤란한 경우가 있다.

 문제 **09**

내압방폭구조에 대하여 기술하시오.

1 내압방폭구조 : (d) → Exd

(1) 전기기계·기구에서 점화원이 될 우려가 있는 부분을 전폐구조인 기구에 넣어 외부의 폭발성 가스가 내부로 침입하여 폭발한 경우에도 용기가 그 압력에 견디고 파손되지 않으며, 폭발한 고온가스나 화염이 접합부 틈으로 새어나가는 동안 냉각되어 외부의 폭발성 가스에 화염이 파급될 우려가 없도록 한 구조이다.

(2) 즉, 전기기구의 용기(enclosure) 내에 외부의 폭발성 가스가 침입하여 내부에서 점화폭발해도 외부에 영향을 미치지 않도록 하기 위해서 용기가 내부의 폭발압력에 충분히 견디고, 용기의 틈새는 화염일주한계 이하가 되도록 설계한 것을 말한다.

(3) **시험** : 인화온도, 폭발강도, 기계적 강도

(4) **설치대상** : 아크가 생길 수 있는 모든 전기기기, 접점, 개폐기류, 스위치 등

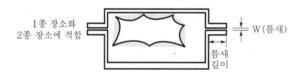

‖ 내압방폭구조 ‖

2 방폭전기기기 등급기준의 기호 및 의미

구 분	내 압	유 입	압 력	안전증	본질안전	충 전	몰 드	특 수	비점화성
IEC	EXd	EXo	EXp	EXe	EXia, EXib	EXs	EXm	EXs	EXn
한국	d	o	p	e	ia, ib	q	m	s	n
적용 장소	1, 2종 장소	1, 2종 장소	1, 2종 장소	1, 2종 장소	0, 1, 2종 장소 (ia는 0종)	1, 2종 장소	1, 2종 장소	2종 장소	2종 장소

방폭전기설비의 전기배선에 대하여 설명하시오.

1 개 요

방폭전기설비란 폭발성 분위기 속에서 사용이 적합하도록 기술적 조치를 강구한 전기설비, 관련 배선, 전기관 및 금구류를 총칭한다.

2 방폭전기의 배선

(1) 방폭전기기기 및 배선선정의 원칙

위험장소	방폭전기기기	방폭전기배선	비 고
0종 장소	본질안전방폭구조	본질안전회로의 배선	1, 2종 장소에도 설치 가능
1종 장소	내압방폭, 압력방폭, 유입방폭, 본질안전, 안전증, 몰드, 충전방폭구조	내압방폭 금속관 배선, 케이블 배선	2종 장소에도 설치 가능
2종 장소	1종, 2종 전부 및 특수, 비측화방폭구조	안전증방폭 금속관 배선	―

(2) 내압방폭 금속관 배선

① 잠재적 점화원을 가진 절연전선과 그 접속부를 넣은 전선관로에 대해 특별한 성능을 부여함으로서, 관로내부에서 발생하는 폭발을 주위의 폭발성 분위기에 전파시키지 않도록 하는 것이다.

② 이것을 대비하여 금속관에 Sealing을 설치하는 것도 방법이다.

(3) 안전증방폭 금속관 배선

① 잠재적 점화원을 가진 절연전선과 그 접속부를 넣은 전선관로에 대해 절연체의 소손이나 열화, 단선, 접속부의 이완 등과 같은 현재적 점화원을 발생할 수 있는 고장이 일어나지 않도록 하는 것이다.

② 절연전선의 선정, 접속부의 강화 등 기계적 및 전기적으로 안전도를 증가시키는 것이다.

(4) 케이블 배선

절연체의 손상이나 열화, 단선, 접속부의 이완 등과 같은 현재적 점화원이 발생할 만한 고장이 일어나지 않도록, 케이블의 선정, 외상보호, 접속부의 강화 등 기계적 및 전기적으로 안전도를 증가시키는 것이다.

(5) 본질안전방폭회로의 배선

① 정상상태뿐만 아니라 이상상태에 있어서도 전기불꽃이나 고온부가 폭발성 분위기에 대해 현재적 및 잠재적 점화원이 되지 않도록 전기회로의 소비에너지를 억제한 것이다.

② 본질안전방폭회로의 배선은 다른 회로와 혼촉방지 및 정전유도와 전자유도를 받지 않는 조치를 강구하여야 한다.

669

관련문제 **0종 및 1종 방폭지역에서의 금속전선관공사시의 전선관 실링(sealing) 방법에 대하여 설명하시오.**

1 정 의

실링(sealing)이란 금속전선관 배선공사를 할 경우 전선관로를 통하여 가스 등이 이동하거나 폭발시 화염이 전파되는 것 등을 방지하기 위하여 전선관로를 밀봉하는 것을 말한다.

2 전선관 실링방법

(1) 0종 또는 1종 장소에서 금속전선관공사시에는 다음에 의거 전선관에 실링을 하여야 한다.

① 스위치, 차단기, 퓨즈, 릴레이, 저항 또는 기타 장치 등과 같이 정상동작시 아아크나 스파크를 발생시키는 방폭전기기기에 접속되는 모든 전선관의 입·출구에는 실링을 해야 한다.

② 실링의 위치는 방폭전기기기의 용기로부터 가능한 가까운 위치에 설치해야 하며 45[cm]를 초과하여서는 아니 된다.

(2) 용기의 굵기가 54[mm] 이상의 금속전선관이 접속시 내압방폭형 정크션박스를 사용하며 그 박스와 45[cm] 이하에 실링할 것

(3) 두 개 이상의 용기를 연결하는 전선관이나 또는 니플의 길이가 90[cm] 이하일 때 실링이 각 배관 중앙에 위치하고, 양측 용기로부터 45[cm] 이내에 설치되는 경우에는 실링피팅 하나만 설치가 가능하다.

(4) 비방폭지역, 0종 장소, 1종 장소, 2종 장소 등 서로 종류가 다른 2개의 장소를 관통하는 모든 전선관에는 그 경계면 양측 중 어느 한 측에 실링한다. 단, 절단되거나 접속부분이 없는 전선관으로서 비위험지역으로부터 방폭지역을 통과하여 다시 비위험지역으로 설치되는 경우에는 경계면에서의 실링을 생략할 수 있으나 경계면으로부터 30[cm] 이내에는 유니언, 커플링, 박스 등 배관용 금구의 설치를 금지한다.

(5) 다음의 경우에는 실링을 생략할 수 있다.

① 누름스위치가 공장밀봉형(factory-sealed) 구조이고 전동기 기동장치 등 단자함으로부터 45[cm] 이내에 설치하는 경우

② 아아크 또는 스파크를 발생하는 기계·기구의 내압방폭형 용기에 연결되는 배관의 굵기가 36[mm] 이하인 경우

③ 스위치, 차단기 또는 기타 장치의 접점이 폭발성 가스, 증기가 유입되지 않도록 밀봉된 구조로서 오일내장형 또는 챔버(chamber)형인 경우

④ 실링피팅과 방폭용기 사이에 전선관부품이 삽입되는 경우에는 내압방폭구조의 배관부품을 설치하여야 하며, 이때 부품접속부의 크기는 접속되는 배관과 동일한 규격의 것을 사용하여야 한다.

방폭전기설비의 전기적 보호에 대하여 설명하시오.

1 점화원의 방폭적 격리

(1) 전기설비에서는 점화원으로 되는 부분을 주위의 가연성 물질과 격리시켜 서로 접촉하지 못하도록 하는 방법 : 압력방폭구조, 유입방폭구조 및 충전방폭구조

(2) 전기설비 내부에서 발생한 폭발이 설비 주변에 존재하는 가연성 물질로 파급되지 않도록 실질적으로 격리하는 방법 : 내압방폭구조

2 전기설비의 안전도 증강(안전증방폭구조)

정상상태에서 점화원으로 되는 전기불꽃의 발생부 및 고온부가 존재하지 않는 전기설비에 대하여 특히 안전도를 증가시켜 고장이 발생할 확률을 0에 가깝게 하는 방법이다.

3 점화능력의 본질적 억제(본질안전방폭구조)

약전류회로의 전기설비와 같이 정상상태뿐만 아니라 사고시에도 발생하는 전기불꽃 고온부가 최소착화에너지 이하의 값으로 되어 가연물에 착화할 위험이 없는 것으로, 충분히 확인된 것은 본질적으로 점화능력이 억제된 것이다.

4 기 타

그 외의 방폭구조로 비점화형 방폭구조와 몰드방폭구조 등이 있다.

폭발의 우려가 있는 장소의 고압계통에서 단선지락시 저압측 보호를 위한 저압접지계통(접지방식)을 선정하고 수식으로 그 이유를 설명하시오.

1 폭발성 우려의 장소 내 저압설비보호

(1) 내선규정에 고압계통의 지락사고에 대한 저압설비의 절연파괴를 방지하기 위한 규정이 있고, KOSHA GUIDE에 폭발위험이 있는 장소의 접지계통에 대한 지침이 있다.

(2) 고압계통 지락시 전위상승으로 저압설비가 절연파괴되어 저압설비가 점화원이 되는 것을 방지하기 위한 접지계통의 선정이 중요하다.

2 폭발위험이 있는 장소의 저압접지계통(접지방식)의 선정방법

(1) KOSHA GUIDE E-47-2012에는 점화성 불꽃을 방지하고 등전위본딩에 의한 전위상승 억제를 강조하고 있다.

(2) TN계통은 TN-C는 안되고 TN-S 방식을 적용하도록 하고 있다.

(3) TT계통은 과전압이 상용주파 과전압내량 이상이면 누전차단장치에 의해 보호된다.

(4) IT계통은 1차 지락사고 검지를 위한 절연감시장치를 설치한다.

(5) 폭발위험장소 내의 모든 설비는 등전위본딩을 시행한다.

3 폭발위험이 있는 장소의 저압접지계통(접지방식)의 선정이유(내선규정의 저압측 상용주파 스트레스전압 제한)

(1) 고압측 1선지락으로 인해 저압측 기기에 가해지는 상용주파 과전압내량 이상이면 규정시간 내에 차단하여 보호한다.

(2) 허용전압 스트레스전압

저압설비의 기기 허용교류 스트레스전압[V]	차단시간(S)
$U_0 + 250[V]$	> 5
$U_0 + 1,200[V]$	≤ 5

(3) 그림같이 고압계통에 단선지락사고가 발생하면 TN, TT, IT계통 모두 1, 2차 상황별로 고장전압 $U_f = R \times I_m$, 스트레스전압 $U_1 = R \times I_m$, 스트레스전압 $U_2 = R \times I_m + U_0$ 등의 스트레스전압이 발생한다.

(4) 그러므로 허용스트레스전압의 조건을 만족하는 접지저항, 위의 **2**의 방법과 같이 저압접지계통(접지방식)의 선정, 또한 보호차단기의 선정 등이 우선시 되도록 하고 있다.

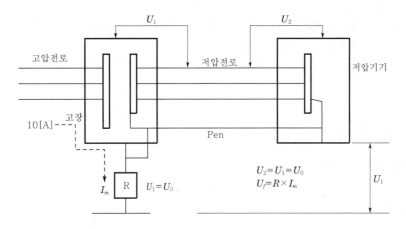

┃ 스트레스전압의 개념도 ┃

건축전기설비에 고려되어야 할 방폭전기설비의 종류를 들고 설명하시오.

1 개 요

(1) 방폭전기설비란 폭발분위기 속에서 사용이 적합하도록 기술적 조치를 강구한 전기설비, 관련 배선, 전기관 및 금구류를 총칭한다.

(2) 위의 개념으로 방폭구조의 종류, 방폭전기배선에 대하여 기술한다.

2 방폭구조의 종류

(1) 내압(耐壓)방폭구조 : (d) → Exd

① 전기기구의 용기(enclosure) 내에 외부의 폭발성 가스가 침입하여 내부에서 점화폭발해도 외부에 영향을 미치지 않도록 하기 위해서, 용기가 내부의 폭발압력에 충분히 견디고, 용기의 틈새는 화염일주한계 이하가 되도록 설계한 것을 말한다.

② 시험 : 인화온도, 폭발강도, 기계적 강도

③ 설치대상 : 아크가 생길 수 있는 모든 전기기기, 접점, 개폐기류, 스위치 등

(2) 유입방폭구조 : (o) → Exo

① 점화원이 될 우려가 있는 부분을 절연유 중에 담가서 주위의 폭발성 가스로부터 격리시키는 구조이다.

② 즉, 전기기기 사용에 따른 불꽃 또는 아크 등이 발생한 경우에 폭발성 가스에 점화할 우려가 있는 부분을 오일 중에 넣고 유면상의 폭발성 가스에 인화될 우려가 없도록 한 구조이다.

③ 유입방폭구조는 절연유의 노화, 누설 등 보수상의 난점이 있다.

④ 시험 : 온도시험, 발화시험

⑤ 설치대상 : 모든 전기기기, 접점, 개폐기, 전동기, 계전기 등

(3) 압력방폭구조 : (p) → Exp

① 점화원이 될 우려가 있는 전기기구를 용기 내에 넣고 신선한 공기 또는 불활성 가스를 압입하여 내부에 압력을 유지하고, 외부의 폭발성 가스가 용기 내로 침입하지 못하도록 함으로써 용기 내의 점화원과 용기 밖의 폭발성 가스를 실질적으로 격리시키는 구조이다.

② 운전 중에 압력저하시 자동경보하거나, 운전을 정지하는 보호장치를 설치해야 한다.

③ 시험 : 온도, 내부압력, 기계적 강도

④ 설치대상 : 모든 전기기기. 접점, 개폐기, 전동기, 계전기 등

(4) 안전증방폭구조 : (e) → Exe

① 정상적인 운전 중에는 불꽃, 아크 또는 과열이 생겨서는 안 될 부분에 대하여 이를 방지하기 위한 구조와 온도상승에 대해서 특별히 안전도를 증가시킨 구조이다.

② 시험 : 온도시험, 기계적 강도시험

③ 설치대상 : 안전증변압기, 안전증접촉단자, 안전증측정계기 등

④ 특징 : 점화원인 아크, 불꽃, 과열이 될 수 있는 한 발생하지 않도록 고려한 것 뿐이며, 고장 및 파손시 폭발원인이 되기도 한다.

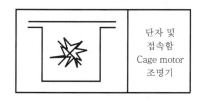

‖ 안전증방폭구조 ‖

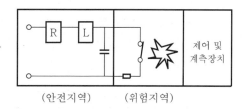

‖ 본질안전방폭구조 ‖

(5) 본질안전방폭구조(intrinsic safety i) : ia, ib → Exia, Exib

① 0종, 1종, 2종 장소에 모두 적합한 구조이다.

② 점화능력을 본질적으로 억제시킨 것으로, 폭발성 가스 또는 증기 등의 혼합물이 점화되어 폭발을 일으키려면 어느 최소한도의 에너지가 주어져야 한다는 개념을 기초한 것으로 주어진 정상상태나 이상상태의 조건하에서 어떤 스파크나 온도에도 영향을 받지않는 구조이다.

③ 단선이나 단락에 의해 전기회로 중에 전기불꽃이 생겨도 폭발성 혼합기를 결코 점화시키지 않는다면 본질적으로 안전한 것이 된다.

④ 본질안전방폭구조는 불꽃점화시험에 의해 폭발이 일어나지 않고 본질적으로 안전하다는 것이 확인된 구조이다.

⑤ 최소한의 전기에너지만을 방폭지역에 흐르도록 하여 절대로 점화원으로 작용하지 못하도록 한 구조로 사용 에너지는 정격전압 1.2[V], 정격전류 0.1[A], 정격전력 25[mW] 이하이다.

⑥ 대상기기 : 신호기, 전화기, 계측기, 측정 및 제어장치, 미소전력회로

⑦ 장점 : 반도체 산업발달에 따라 저가격, 높은 신뢰성, 광범위한 활용성 등

(6) 특수방폭구조(s) → Exs

앞에 열거한 것 이외의 방폭구조로서 폭발성 가스를 인화시키지 않는다는 사실이 시험이나 기타의 방법에 의해 확인된 구조를 말한다.

3 방폭전기배선

(1) 방폭전기기기의 분류

① 내압방폭구조 및 본질안전방폭구조의 전기기기는 그 방폭성능에 따라 1, 2, 3등급 (국내), ⅡA, ⅡB, ⅡC(IEC)의 3개로 분류하고 있다.

② 방폭전기기기는 온도등급에 따라 다음과 같이 분류된다.

  ㉠ 그룹 Ⅰ 전기기기 : 최고표면온도는 다음의 범위를 초과할 수 없다.

  • 석탄분진층을 형성할 수 있는 표면의 경우는 150[℃]

  • 석탄분진층을 형성하지 않을 것으로 예상되는 표면의 경우는 450[℃]

  ㉡ 그룹 Ⅱ 전기기기 : 다음의 표와 같이 압력, 유입, 안전증, 몰드, 충전형에 해당한다.

▌그룹 Ⅱ 전기기기의 최고표면온도의 분류(한국과 IEC의 기준은 동일)▐

전기기기의 온도등급	T_1	T_2	T_3	T_4	T_5	T_6
기기의 표면온도	450[℃] 이하	300[℃] 이하	200[℃] 이하	135[℃] 이하	100[℃] 이하	85[℃] 이하
가스, 증기의 발화온도	450[℃] 초과	300[℃] 초과	200[℃] 초과	135[℃] 초과	100[℃] 초과	85[℃] 초과

③ 최소점화전류 및 최대안전틈새에 따른 IEC의 분류

  그룹 Ⅱ에서 최대안전틈새 및 최소점화전류비 : IEC에서는 본질안전방폭구조의 방폭기기를 분류함에 있어, 메탄(CH_4)의 최소점화전류와 다른 폭발성 가스의 최소점화전류의 비와 가스안전틈새는 다음 표와 같다.

구 분	방폭기기	측정단위	그룹 ⅡA	그룹 ⅡB	그룹 ⅡC
최소점화전류비	본질안전	메탄=1	0.8 초과	0.45~0.8	0.45 미만
가스 최대안전틈새	내압형	[mm]	0.9 초과	0.50~0.9	0.50 미만

$$최소점화전류비 = \frac{측정가스의\ 최소점화전류}{CH_4의\ 최소점화전류}$$

(2) 방폭전기의 배선

① 방폭전기기기 및 배선선정의 원칙

위험장소	방폭전기기기	방폭전기배선	비 고
0종 장소	본질안전방폭구조	본질안전회로의 배선	1, 2종 장소에도 설치가능
1종 장소	내압방폭, 압력방폭, 유입방폭, 본질안전, 안전증, 몰드, 충전방폭구조	내압방폭 금속관 배선, 케이블 배선	2종 장소에도 설치가능
2종 장소	1종, 2종 전부 및 특수, 비측화방폭구조	안전증방폭 금속관 배선	–

② 내압방폭 금속관 배선

㉠ 잠재적 점화원을 가진 절연전선과 그 접속부를 넣은 전선관로에 대해 특별한 성능을 부여함으로써, 관로 내부에서 발생하는 폭발을 주위의 폭발성 분위기에 전파시키지 않도록 하는 것이다.

㉡ 이를 대비하여 금속관에 Sealing을 설치하는 것도 하나의 방법이다.

(3) 안전증방폭 금속관 배선

잠재적 점화원을 가진 절연전선과 그 접속부를 넣은 전선관로에 대해 절연체의 소손이나 열화, 단선, 접속부의 이완 등과 같은 현재적 점화원을 발생할 수 있는 고장이 일어나지 않도록 절연전선의 선정, 접속부의 강화 등 기계적 및 전기적으로 안전도를 증가시키는 것이다.

(4) 케이블 배선

절연체의 손상이나 열화, 단선, 접속부의 이완 등과 같은 현재적 점화원이 발생할 만한 고장이 일어나지 않도록 케이블의의 선정, 외상보호, 접속부의 강화 등 기계적 및 전기적으로 안전도를 증가시키는 것이다.

(5) 본질안전방폭회로의 배선

① 정상상태에서 뿐만아니라 이상상태에 있어서도 전기불꽃이나 고온부가 폭발성 분위기에 대해 현재적 및 잠재적 점화원이 되지 않도록 전기회로의 소비에너지를 억제한 것이다.

② 또한 본질안전방폭회로의 배선은 다른 회로와 혼촉방지 및 정전유도, 전자유도를 받지않는 조치를 강구하여야 한다.

07 Section 내진대책

문제 01

전력시설물의 내진설계에 대하여 기술하시오.

1 내진대책의 기본개념

(1) 건축전기설비의 설계·시공에서 전력시설물의 내진은 중요하며 다음과 같은 부분에 중점을 두어야 한다.

　① 중·소 규모의 지진에 대하여는 변형전도를 탄성범위 내로 억제하여 지진피해를 최소로 억제해야 한다.

　② 대지진에 대해 작은 피해는 허용하지만 건축물 전체의 붕괴로 인하여 인명손실과 전력시설물의 정지로 인한 피해를 최소로 방지한다.

(2) 우리나라도 지진에 대한 안전지역이라 할 수 없으며, 앞으로 시설될 건축물은 물론이고 전력시설물에 대해서도 내진설계를 필히 적용해야 한다.

(3) 특히 원자력발전소를 비롯한 주요 댐과 발전소, 변전소, 전기철로 공항, 지하시설물 등과 같이 지진발생시에 재산피해와 인명피해는 물론 사회혼란이 클 것으로 예상되는 전력시설물에도 내진설계를 해야 한다.

(4) 위의 개념으로 내진설계시 기본적 고려사항과 전기설비에 있어 내진에 대한 고려사항을 다음과 같이 설명한다.

2 내진설계시 기본적 고려사항

(1) 내진설계시 우선적으로 고려할 사항

　① 인명안전의 확보

　② 재산의 보전

　③ 설비기능의 유지

(2) 내진설계시 고려사항

　① 설비의 내진 중요도

② 건물 및 설비계의 지진응답 예측

③ 설비계의 적정 배치

④ 사용부재(자재)의 강도 확보

⑤ 공진방지

⑥ 기능보전

③ 전기설비 내진설계시 고려사항

(1) 내진 중요도

① 설비계의 내진성은 건물의 사회적 중요도나 용도 등을 고려해서 중요도를 설정한다.

② 중요도 등급은 2~5단계 정도로 구분할 수 있지만, 일반적으로 3단계(중요도 ABC)로 분류한다.

  ㉠ 중요도 A : 건물의 사용목적에 따라 건물의 기능 유지상 중요한 설비나 화재시 인명의 안전확보상 중요한 설비에 대하여 기능 유지를 확보할 필요가 있는 것

  ㉡ 중요도 B : 손상 등으로 인해 인명이나 중요 설비의 기능에 관계되는 2차 재해가 발생할 우려가 있는 설비에 대해, 손상방지나 안전을 고려해 정지나 긴급차단 등의 지진관제운전을 할 필요가 있는 것

  ㉢ 중요도 C : 약간의 피해가 있어도 비교적 간단하게 보수, 복구가 가능한 것

③ 설계를 할 경우, 이러한 등급에 따라 각 설비별로 중요도를 결정하고, 전력시설물의 내진계산을 하여 적용한다.

(2) 건물 및 설비계의 지진응답 예측

① 건물의 지진응답은 건물입지장소의 지반조건, 건물형태, 구조종별, 건물의 강성 등에 따라 다르다.

② 동일 건물이라도 층에 따라 가속도, 변위가 달라진다.

③ 개략법으로 설계용 수평지진력 산출

  ㉠
$$F_H = K \cdot W$$

여기서, F_H : 설계용 수평지진력
  K : 설계용 수평진도
  W : 기기중량[kgf]

  ㉡
$$K = Z \cdot I \cdot K_1 \cdot K_2 \cdot K_0$$

여기서, K_1 : 건물의 지진이 내습할 경우 건물의 상부층이 크게 흔들리고, 지하층은 적게 흔들리는 것을 고려하여 설계에 반영시키기 위한 값

Z : 지역계수(0.7, 0.8, 0.9, 1.0)

K_0 : 기준진도(0.3)

K_1 : 건물의 지진반응배율을 고려한 계수

K_2 : 설비기기, 배관 등 반응배율을 고려한 계수(1.0~2.0)

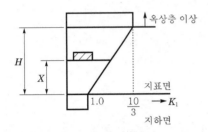

┃ K_1의 수치 ┃

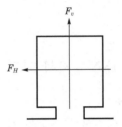

┃ 수직지진력과 수평지진력 ┃

ⓒ K_1 적용방법

- 지상층인 경우 : $K_1 = 1.0 + \dfrac{7}{3} \cdot \dfrac{X}{H}$

    여기서, H : 건축물의 지상높이[m]

    　　　　K : 설계용 수평진도

    　　　　X : 설비기기, 배관 등의 설치높이(지상)[m]

- 1층 및 지하층인 경우 : $K_1 = 1.0$

- 옥상 부분인 경우 : $K_1 = \dfrac{10}{3}$

ⓓ 수직지진력 : $F_v = \dfrac{1}{2} F_H$로 수직지진력을 고려할 필요가 있는 경우 적용

    여기서, F_v : 수직지진력, F_H : 수평지진력

(3) 설비기기의 적정한 배치

① 중요도가 높은 전력용 기기는 작용하는 지진력이 비교적 적은 건물의 저층부에 배치한다.

② 지진입력으로 오동작할 염려가 있는 설비는 작용 지진력이 비교적 적은 아래쪽에 배치한다.

③ 공조, 위생설비 등 다른 설비계에서 지진시 접촉으로 손상을 안 받는 경로 또는 배치로 한다.

④ 점검, 확인 및 보수하기 쉬운 장소에 기획 및 설치한다.

(4) 사용부재의 강도 확보

① 지진입력에 따라 건물이 응답하고 동시에 건물 내에 설치된 설비기기로 응답한다.

② 이때, 발생하는 관성력 및 변위는 설비기기 각 부위의 강도를 검토하는 데 있어 중요한 요소가 된다.

③ 관성력은 수평지진력에 따라 부재부착부에 걸리는 절단력, 인장력 및 복합된 힘 등을 계산해 이 값을 초과하는 허용응력도(단기)를 갖는 부재를 이용한다.

④ 변위는 층간 변위 1/200에 대해 강도적으로 탄성범위 내에 있으면 전기적으로도 문제가 없는 설계 및 시공으로 한다.

(5) 공진방지

① 전기설비의 기기 및 배선은 건물의 지진응답에 대해 공진을 일으키지 않는 설계와 시공으로 해야 한다.

② 건물의 설계용 1차 주기

    ㉠ $T_1 = 0.028H$[초] : 철골조 건물

    ㉡ $T_2 = 0.020H$[초] : 기타 철근콘크리트 건물, 철골 철근콘크리트 건물

    여기서, H : 건물의 지상높이[m]

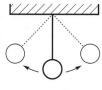

┃ 자유진동형태 ┃

고유주기 $T = 2\pi \cdot \dfrac{W}{C \cdot g}$ [초]

여기서, W : 자중
C : 강성계수
g : 중력가속도

(6) 기능유지(기능보전)

지진 중의 전력시설물의 운전에 대해서는 다음과 같은 조건으로 한다.

① 지진 중에도 운전한다.

② 지진측정기(감진기) 등으로 감지해 지진 정도에 따라 기기의 운전을 자동적으로 일시정지되거나, 보수원이 수동으로 잠시 정지시켜 지진 후에 운전재개하는 방식을 적용한다.

③ 지진 후 운전재개방식

    ㉠ 자동적으로 재운전개시 가능한 것

    ㉡ 점검, 확인 후 재운전개시 가능한 것

④ 무정전이 요구되는 특수한 용도의 부하를 제외하고 통상 ②, ③의 운전조건이 일반적으로 적용되고 있다.

⑤ 지진 중의 전원공급에 대해서 적극적으로 자가발전설비를 운전하고, 신속하게 공급을 재개하는지의 여부는 중요도에 따라 여러 사항을 검토 후 신중하게 적용해야 한다.

(7) 내진진단과 내진대책

① 내진진단을 하는데 있어 사전조사를 하고, 내진진단 순서에 따라 검토한다.

② 내진대책의 필요성이 있는 설비에 대해서는 구체적인 공사대책을 수립한다.

③ 바닥 콘크리트 위에 기초를 만드는 경우 기초를 포함한 하중이 바닥의 내력을 상회
　하지 않도록 하며, 방수층이 있는 경우에는 많은 하중이 걸리지 않도록 한다.
④ 내진대책(예)
　㉠ 변압기

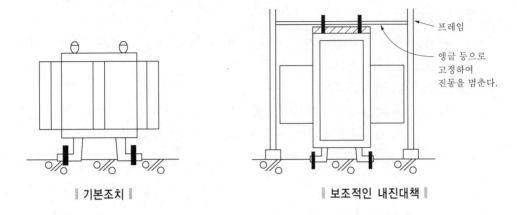

┃ 기본조치 ┃　　　　　　　　　　　　　　　┃ 보조적인 내진대책 ┃

　㉡ 분전반

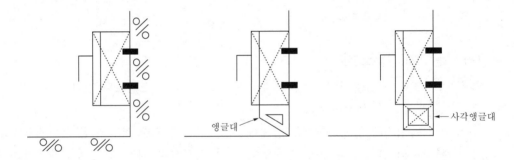

　㉢ 내진대책 : 주로 기기의 전도와 테이블에서의 낙하대책이며, 변전실의 전도대책으
　　로는 기기를 지지하고 있는 면적을 넓히는 방법으로 큐비클을 T형, ㄷ형에 맞추
　　어 볼트나 너트를 이용하여 묶고, 바닥, 벽, 대들보 등에 앵커로 고정하거나 접착
　　제를 이용하여 고정하는 방법을 적용한다.

최근에 빈번히 발생하는 지진에 대한 전력시설물의 내진설계방법 중 다음에 대하여 각각 설명하시오.

1. 수전설비의 내진설계(변압기, 가스절연 개폐장치, 보호계전기)
2. 예비전원설비 등의 내진설계(자가발전설비, 축전지설비, 엘리베이터설비)

1 개 요

최근 지진빈도가 크게 늘고 강도가 강해져 이에 대한 대책이 필요하며, 지진의 종류, 빈도, 시설물의 중요도 등을 고려하여 경제적이고 효율적인 내진설계를 고려하여야 한다.

2 지진의 원인 및 종류

(1) 원인

맨틀의 유동에 의한 지표 부분이 균형 파괴되어, 지표의 융기·단층의 발생, 즉 지표의 균형이 맨틀의 움직임으로 인해 깨져서 지표 부분에 융기·단층되어 지진이 발생(판구조론)한다.

(2) 지진의 종류

① 실제파 : 지구 깊은 곳에서 전해졌다가 표면으로 나오는 진동

  ㉠ 표피파(P파 : 종파) : 진앙지 표면에서 나오는(전해오는) 진동

  ㉡ 실체파(S파 : 횡파) : 진앙지를 출발하여 지구의 중심을 통과하여 표면에 나오는 진동

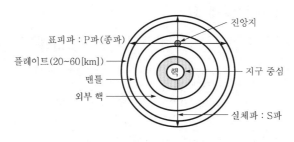

┃ 지진의 종류 ┃

② 표면파 : 지구표면으로 전해하는 진동(LF파, LO파)

3 내진설계시 고려사항

(1) 내진설계의 목적 및 기능보전

목 적	기능보전
인명의 안전성 확보	지진 중 운전가능
재산보호(파괴방지)	점검 확인 용이할 것
설비의 기능 유지	자동적으로 재운전 가동기능

(2) 「건축법」상 내진설계기준

① 층수가 2층 이상인 건축물
② 연면적이 $500[m^2]$ 이상인 건축물. 다만, 창고, 축사, 작물재배사 및 표준설계도서에 따라 건축하는 건축물은 제외
③ 높이가 13[m] 이상인 건축물
④ 처마높이가 9[m] 이상인 건축물
⑤ 기둥과 기둥 사이의 거리(기둥이 없는 경우에는 내력벽과 내력벽 사이의 거리)가 10[m] 이상인 건축물
⑥ 국토교통부령으로 정하는 지진구역 안의 건축물
⑦ 국가적 문화유산으로 보존할 가치가 있는 건축물로서 국토교통부령으로 정하는 것

(3) 내진대책 시공시 고려사항

① 전기실은 지하층이나 저층에 시설한다.
② 옥외기기의 기초는 건축기초와 일체구조로 한다.
③ 배관이나 리드선에는 가용성을 부여한다.
④ 지진시에는 변위량이 큰 것에는 내진 스토퍼를 설치한다.

4 수·변전설비의 내진설계 요약

항 목		내진대책
수전변압기		• 기초볼트의 정적하중이 최대점검포인트이다. • 방진장치가 있는 것은 내진 스토퍼를 설치한다. • 애자는 0.3G, 공진 3파에 견디는 것으로 한다. • 기계적 계전기류의 불필요한 동작대책을 세운다.
가스절연 개폐장치	옥외가스절연 개폐장치(GIS)	• 일반적으로 기초부를 중심으로 한 정적 내진설계로 계획한다. • 가공인입선의 경우에 푸싱은 공진을 고려한 동적설계를 한다.
	큐비클형 가스절연개폐장치 (C-GIS)	• 기본적으로 스위치 기어와 동일한 내진설계이다. • 반(盤) 사이 및 변압기와의 접속에는 케이블 및 Flex conductor를 사용하고, 가용성을 고려한다. • 0.3G, 공진 3파에 견디는 것으로 한다.

항 목	내진대책
보호계전기	• 정지형 계전기나 디지털 릴레이를 사용한다. • 판의 강성을 높여서 응답배율을 내린다. • 기초부를 보강한다. • 다른 종류의 계전기를 조합해서 사용한다. • 협조상 가능한 범위에서 타이머를 넣는다.

5 예비전원 등의 설비에서 내진대책 요약

항 목	내진대책
자가발전 설비	• 발전기 연료는 외부공급방식이 아닌 자체 저장시설에서 공급하는 방식일 것(가스연료는 지진이나 화재시 공급차단 우려가 있음) • 냉각방식은 외부의 물 이용방식이 아닌 자체 라디에이터 냉각방식일 것(외부의 물 이용방식은 지진시 공급차단 우려가 있음) • 엔진과 발전기에 방진장치를 시설할 경우에는 지진하중이 엔진발전기의 중심에 작용한 경우의 수평 2방향과 연직방향의 변위에 대하여 유효하게 구속하는 스토퍼를 시설할 것 • 스토퍼와 본체 접촉면은 완충고무판 설치. 배기관지지 2[m] 마다 고정, 스토퍼와 배기관 상하좌우 틈은 5[mm]로 할 것 • 엔진의 배기, 냉각수, 연료, 윤활유, 시동용 공기의 각 출입구 부분에는 변위량을 흡수하는 가용관을 시설할 것 • 보조기, 탱크류의 가대, 배관류, 배전반의 보강, 지지방법을 구체적으로 명시할 것
축전지설비	• 앵글프레임은 관통볼트에 의하여 고정시키거나 내진가대의 바닥면 고정은 강도적으로 충분히 견딜 수 있도록 처리할 것 • 축전지 상호간의 틈이 없도록 내진가대를 적용할 것 • 축전지 인출선은 가용성이 있는 접속재로 충분한 길이의 것을 사용하고, S자형으로 배선하는 방법 등을 고려할 것
엘리베이터	• 정해진 설계진도를 토대로 한 지진하중에 대하여 기기의 이동이나 전도없이 구조 부분에는 위험한 변형이나 레일이탈이 발생하지 않도록 할 것 • 지진시에 로프나 케이블이 승강로 내의 돌출물에 영향을 주어 Car 운행에 지장을 주지않을 것

문제 **02-1**

최근 지진발생빈도가 증가하고 있다. 이에 대비한 수·변전설비(변압기, 배전반, 배선 등)에 대한 내진대책을 설명하시오.

1 개 요

(1) 건축전기설비에 대한 내진설계의 목적은 지진으로 인하여 전기기기 및 배관 등이 파손피해를 입거나 기능을 상실하는 것을 방지하고, 인명의 안전도모, 재산보호, 지진 후에 필요한 활동을 가능하게 하는 것이다.

(2) 건축전기설비에 대한 내진설계의 기본개념은 지진동(지진으로 일어나는 지면의 진동)으로 인하여 건축전기설비의 기기 및 배관이 활동, 전도, 낙하하지 않도록 기기 및 배관을 건축물에 견고하게 고정 혹은 정착하는 것이다.

2 수·변전설비의 내진설계

수·변전설비의 내진강도에 대해서는 그것이 건축물에 시설되어 있을 경우 「건축기준법」에 의해서 지진에 대하여 안전한 구조로 하도록 규정되어 있으며, 각 수전설비 내진대책은 다음과 같다.

(1) 변압기

① 기초볼트의 적정하중이 최대점검포인트 : 전단력과 인발력 이상의 허용값 사이즈
② 방진장치가 있는 것은 내진 스토퍼 설치 : 전도방지
③ 기계적 계전기류의 불필요한 동작에 대한 대책 강구
④ 내진성 향상을 위해 기초부재를 크게하고, 부싱지지부 강도를 보강하여 실시

(2) 옥외애자형

① 공진시 동적 하중에 견디는 강도로 할 것
② 필요에 따라 고강도 애자를 사용할 것
③ 내진조건에 따라 스테이 애자로 보강할 것

(3) 가스절연개폐장치(GIS)

① 기초부를 중심으로 한 정적 내진설계로 대처가능
② 가공선 인입의 경우 부싱은 공진을 고려하여 동적 설계할 것
③ 진동발생시 플렉시블 조인트를 접속부에 사용할 것

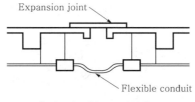

┃ GIS의 접속부 연결 ┃

(4) 보호계전기

① 정지형 계전기나 디지털 릴레이를 사용한다.

② 협조상 가능한 범위 내에서 타이머를 사용한다.

(5) 설비전반

① 기실은 지하층이나 저층에 시설한다.

② 옥외기기의 경우 기초는 일체구조로 한다.

③ 배관, 리드선, 케이블은 가요성을 부여한다.

④ 접속부 배선은 여유를 둔다.

3 전기설비의 내진대책

 참고 내용

(1) 내진설계시 고려사항

건물의 중요도로 전기설비의 내진성은 건물의 사회적 중요도나 용도를 고려해서 등급을 결정한다

① **중요도 A** : 중요설비나 인명안전 확보상 중요설비의 기능 유지 확보설비

② **중요도 B** : 정지나 긴급차단의 관제운전대상설비

③ **중요도 C** : 다소 피해가 있어도 간단히 보수, 복귀가 가능한 설비

(2) 지진력과 변위

① **변위** : 건축물의 변형을 표시하는 층간 변위각과 익스펜션 조인트 등의 상대변위량으로 나타내는데, 이를 변위각 또는 변위량으로부터 설치하는 기기의 변형대책 및 배관배선의 흡수대책을 세워야 한다.

② **지진력** : 내진설계를 하려면 지진력을 명확히 해야 하는데, 설계용 수평지진력은 다음 식으로 산출한다.

㉠ 수평지진력 : $F_H = Z \cdot K_S \cdot W$ [kg]

여기서, F_H : 설계용 수평지진력[kg], Z : 지역계수로 전기설비의 경우는 1

K_S : 설계용 표준진도(지하층 및 1층 : 0.4, 중간층 : 0.6, 최상층 : 1.0)

W : 기기의 중량[kg]

   ⓛ 수직지진력 : $F_V = 0.5F_H$[kg]

(3) 설비의 적정 배치

① 중요도 높은 기기 및 내진력이 약한 기기는 저층부에 배치

② 진동발생시 오동작 우려 설비는 아래쪽에 배치

③ 보수, 점검이 용이한 곳에 설치

(4) 공진이 없도록 설계

전기설비의 기기 및 배선들은 건물의 지진반응에 대해 공진이 없는 설계 및 시공을 한다.

(5) 기능의 보전

① 지진 중에도 운전

② 지진측정기로 감지, 수동 및 자동정지, 지진 후 운전재개

③ 자동으로 재운전가능할 것

④ 점검, 확인 후 재운전개시가 가능할 것

(6) 내진설계의 법적 관련 근거

① 법적 근거 : 「건축법시행령」 제32조 및 「건축물의 구조기준 등에 관한 규칙」 제56 조, 제58조에 따라 다음에 해당하는 건축물을 신축하거나 대수선하는 경우 국토교 통부령으로 정하는 구조기준 등에 관한 규칙에 따라 안전을 확인하여야 한다.

② 적용대상

   ㉠ 층수가 3층 이상인 건축물

   ㉡ 연면적이 $1,000[m^2]$ 이상인 건축물. 다만, 창고, 축사, 작물재배사 및 표준설계도 서에 따라 건축하는 건축물은 제외

   ㉢ 높이가 13[m] 이상인 건축물

   ㉣ 처마높이가 9[m] 이상인 건축물

   ㉤ 기둥과 기둥 사이의 거리(기둥이 없는 경우에는 내력벽과 내력벽 사이의 거리)가 10[m] 이상인 건축물

   ㉥ 국토교통부령으로 정하는 지진구역 안의 건축물

   ㉦ 국가적 문화유산으로 보존할 가치가 있는 건축물로서 국토교통부령으로 정하는 것

4 기기별 내진대책 요약

COMMENT 참고 내용

기기종류	내진대책(예)	비 고
옥외형 애자형 기기	• 가대포함 내진설계 • 공진시 동적 하중에 견디도록 강도선정 • 고강도 애자사용	• 내진조건에 따라 스테이 애자로 보강 • 플랜지 강화
GIS	• 기초부를 정적 내진설계 • Bushing은 공진을 고려하여 동적 설계	변압기와의 연결은 Flexible joint 사용
SW gear	• Frame 고정볼트를 인장력, 전단력이 강한 것 사용 • 부재의 강성을 높이고 기초부 보강	• 벽 등에 고정시켜 전도방지 • 층의 1/2 이하로 배치
보호계전기	• 정지형 또는 디지털 Relay 사용 • 다른 종류의 계전기와 조합하여 사용 • 판의 강성을 높여서 응답배율을 내림	• 지진검출기로 차단 또는 Locking • Tuner를 넣어 협조시킴
변압기	• 본체의 공진주파수를 10[Hz] 이상으로 한다. • Bushing의 공진주파수를 탁월주파수 밖으로 한다.	• 방진장치가 있는 것은 Stopper 설치 • 저층에 설치 • 애자는 0.3G, 공진 3파에 견디는 것 • 기초볼트의 정적하중이 최대점검포인트
설비전반	• 배관이나 리드선에 가요성 부과 • 변위량 큰 것은 내진 Stopper 설치	하층에 설치 및 배치한다.
자가발전기	지진시의 운전조건으로서 전내진형, 지진관제형으로 할 것인가는 부하의 중요도, 건축물과 타설비와의 내진강도의 밸런스, 2차 재해의 가능성, 계전기 등의 지진 중 동작 등을 검토하여 결정	지진 후 안전하고 확실한 운전을 할 수 있는 것으로 한다. 원동기와 발전기에 방진장치를 시설할 경우에는 지진하중이 원동기, 발전기의 중심에 작용 할 경우 수평 2방향과 연결방향에 대하여 유효하게 스토퍼를 시설할 것
축전지	앵글프레임은 관통볼트에 의하여 고정 또는 용접. 내진가대의 바닥면 고정은 강도적으로 충분히 견딜 수 있도록 처리	• 축전지 상호간의 틈이 없도록 내진가대 제작 • 축전지 인출선은 가요성이 있는 접색재로 충분한 길이의 것을 사용 • S자형 배선고려
엘리베이터	지진하중에 대해 기기의 이동이나 전도없이 구조부분에는 변형이나 레일이탈이 발생하지 않도록 한다. 로프나 케이블이 승강로 내의 돌출물에 영향을 주어 Car 운행에 지장을 주지 않을 것	정전이나 기타 외부요인에 의하여 엘리베이터 운행에 지장이 생길 우려가 있기 때문에 가능한 신속하게 가장 빨리 댈 수 있는 층에 정지시키는 지진시 관제운전장치를 설치

수 · 변전설비에서 축전지 내진설계에 대하여 설명하시오.

1 내진설계의 목적과 기본개념

(1) 건축전기설비에 대한 내진설계의 목적

① 지진으로 인하여 전기기기 및 배관 등이 파손피해를 입거나 기능을 상실하는 것을 방지한다.

② 지진으로 인한 인명의 안전을 도모하고, 재산을 보호한다.

③ 지진 후에 필요한 활동을 가능하게 한다.

(2) 건축전기설비에 대한 내진설계의 기본개념

지진동(지진으로 일어나는 지면의 진동)으로 인하여 건축전기설비의 기기 및 배관이 활동, 전도, 낙하하지 않도록 기기 및 배관을 건축물에 견고하게 고정 혹은 정착하는 것이다. (즉, 정착부의 부재력 < 정착부의 허용내력)

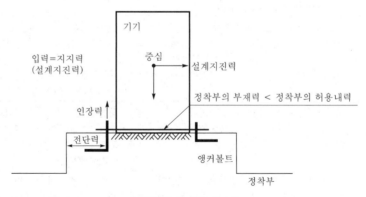

║ 내진설계 기본개념 ║

2 축전지설비의 내진설계

(1) 앵커볼트의 설계

① 인장력

$$R_b = \frac{F_H \cdot h_G - (W - F_V) \cdot l_G}{l \cdot n_t} \, [\text{kgf/개}]$$

여기서, F_H : 수평방향 지진력($F_H = \alpha H \cdot W$(수평방향설계 지진가속도계수×기기중량))

h_G : 중심높이[cm]

W : 기기중량[kgf]

F_V : 수직방향 지진력($F_V = 1/2 F_H$)

l_G : 중심위치 단변길이[cm]

l : 볼트간격[cm]

n_t : 한쪽 열의 볼트개수

② 전단력 : $Q = F_H / n$ [kgf/개]

여기서, n : 볼트의 총개수

(2) 접속부 여유길이 설계

① 기기와 배관 등의 접속은 단자부에 하중이 걸리지 않도록 하는 것을 원칙으로 하고, L(전선의 길이)을 l(전선 지지점에서 기기단자까지의 거리)의 1.2~1.5배 정도로 하는 여유길이를 둔다.

② 스토퍼볼트의 강도를 확보하고, 중심이 높은 경우에는 전도방지조치를 취한다. 또한 전기배선은 변형을 크게 허용하고 여유길이를 충분히 둔다.

3 축전지설비의 내진설계시 고려사항

(1) 가대의 내진설계에 있어서는 축전지 단체의 동마찰계수를 생각하지 않는다.

(2) 앵글프레임을 나사조임에 의한 마찰력만으로 고정시키는 것은 관통볼트에 의하여 고정시키거나 또는 용접방식이 바람직하다.

(3) 종래에는 전력공급이 유지되면 다소의 어긋남이나 파손이 있어도 부득이한 것으로 여겼으나 상정진도(想定震度) 내에서는 이런 것이 전혀 없어야 한다.

(4) 내진가대의 바닥면 고정은 강도적으로 충분히 견딜 수 있도록 처리한다.

(5) 전조(電槽) 상호간의 틈을 없애고 또한 내진가대를 보강하기 위해서 2전조 정도(2電槽 程度)를 그룹하여 상·하 2개소에 이동방지틀(스페이서)을 시설하는 것이 바람직하다.

(6) 축전지 인출선은 가요성이 있는 접속재로 충분한 길이의 것을 사용하고, S자형으로 배선하는 점 등을 고려한다.

전기설비의 내진설계에 있어서 설계시점에서 유의하여야 할 주요 사항을 설명하시오.

1 개 요

최근 지진빈도가 크게 늘고 강도가 강해져 이에 대한 대책이 필요하며, 지진의 종류, 빈도, 시설물의 중요도 등을 고려하여 경제적이고 효율적인 내진설계를 고려하여야 한다.

2 지진의 원인 및 종류

(1) 원인

맨틀의 유동에 의한 지표 부분의 균형이 파괴되어, 지표의 융기·단층이 발생한다. 즉, 지표의 균형이 맨틀의 움직임으로 인해 깨져, 지표 부분에 융기·단층되어 지진이 발생(판구조론)한다.

(2) 지진의 종류

① 실제파 : 지구 깊은 곳에서 전해졌다가 표면으로 나오는 진동

㉠ 표피파(P파 : 종파) : 진앙지 표면에서 나오는(전해오는) 진동

㉡ 실체파(S파 : 횡파) : 진앙지를 출발하여 지구의 중심을 통과하여 표면에 나오는 진동

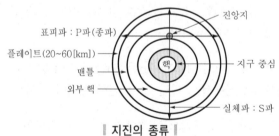

┃ 지진의 종류 ┃

② 표면파 : 지구표면으로 전해하는 진동(LF파, LO파)

3 내진설계시 고려사항

(1) 내진설계의 목적 및 기능보전

목 적	기능보전
인명의 안전성 확보	지진 중 운전가능
재산보호(파괴방지)	점검확인 용이할 것
설비의 기능 유지	자동적으로 재운전 가동기능

(2) 「건축법」상 내진설계기준

① 층수가 2층 이상인 건축물

② 연면적이 500[m²] 이상인 건축물. 다만, 창고, 축사, 작물재배사 및 표준설계도서에 따라 건축하는 건축물은 제외

③ 높이가 13[m] 이상인 건축물

④ 처마높이가 9[m] 이상인 건축물

⑤ 기둥과 기둥 사이의 거리(기둥이 없는 경우에는 내력벽과 내력벽 사이의 거리)가 10[m] 이상인 건축물

⑥ 국토교통부령으로 정하는 지진구역 안의 건축물

⑦ 국가적 문화유산으로 보존할 가치가 있는 건축물로서 국토교통부령으로 정하는 것

(3) 전기설비의 중요도 파악

① A등급(비상용)

   ㉠ 지진발생시 인명보호에 가장 중요한 역할을 하는 설비

   ㉡ 비상전원설비, 간선 및 부하, 비상조명, 비상승강기, 비상콘센트 등

② B등급(일반용)

   ㉠ 지진의 피해로 2차 피해를 줄 수 있는 설비

   ㉡ 일반변압기, 배전반, 간선류 등

③ C등급

   ㉠ 지진피해를 작게 받는 설비

   ㉡ 일반조명설비, 기타 전기설비

(4) 기초설계

① 지하수, 지진변화의 예측

② 기기의 보수점검의 용이, 안전배치 고려

③ 다른 구조물과의 관련을 고려

④ 가용한 콘크리트 소요량이 적을 것

⑤ 형상 미관고려

4 내진대책을 고려한 설계

(1) 장비의 적정 배치를 다음과 같이 시행

① 중요도에 따라 설비기기의 배치 : 내진력이 약한 것은 저층배치 등

② 저층배치 기기로는 주로 폭발가능성 있는 기기, 오동작 우려의 기기 등

③ 피난경로를 피해서 배치 : 공조위생설비, 기타 설비

④ 장비의 점검이 용이한 기기배치

(2) 공진을 방지 및 자재강도 확보

① 건물과의 공진이 되지 않게 설계시공

② 건물설계용 1차 주기

　　㉠ 철골구조물의 1차 주기 : $T_1 = 0.028[\text{sec}]$

　　㉡ 철근콘크리트 1차 주기 : $T_2 = 0.02[\text{sec}]$

③ 층간 변위강도 : 1/200 이내

(3) 지진응답을 예측 적용하여 배치

① 수평지진력(F_H)

$$F_H = K \cdot W [\text{kg} \cdot \text{m}]$$

② 수평지진도(K)

$$K = Z \cdot I \cdot K_1 \cdot K_2 \cdot K_3$$

여기서, F_H : 수평지진력

　　　K : 수평지진도

　　　　단, $K = Z \cdot I \cdot K_1 \cdot K_2 \cdot K_3$

　　　　또, W : 기기중량[kg]

　　　　　Z : 지역계수(1)

　　　　　I : 중요도 계수

　　　　　K_1 : 설비기기의 지진응답 고려계수

　　　　　K_2 : 설비기기 응답배열계수(1~2 적용)

　　　　　K_3 : 기준진도

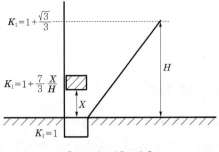

‖ K_1의 적용 예 ‖

(4) 건축물에서 내진대책의 적용 예

① 기초의 보강 : 모든 설비에 적용시킨다.

  ㉠ 하부 Fix는 필수적이고, 측면 Fix는 부수적이다.

  ㉡ 기기와 옹벽 사이에 내진보강재로 보강한다.

② 부재의 보강 : 배관을 행거 등의 사용부재로 보강한다.

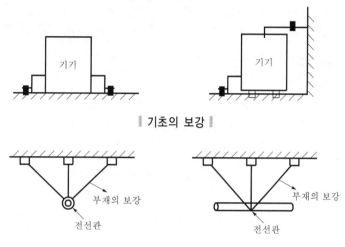

‖ 기초의 보강 ‖

‖ 부재의 보강 ‖

③ 초고층 빌딩에서의 전기설비의 내진대책

  ㉠ 간선의 지지

   • 간선의 정하중에 대하여 충분한 강도를 가질 것은 물론 지진발생시에 무리한 압력이 가해지지 않도록 방법을 강구한다.

   • 주로 버스덕트를 사용하므로 상(上)지지대에 방진고무, Coil spring을 사용하고, 필요 개소에 플렉시블 조인트를 두어, 응력을 흡수시킨다.

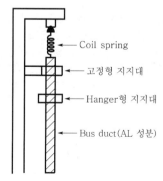

‖ 초고층 빌딩의 강선(bus duct)부재 보강 ‖

  ㉡ 기타 방법은 기초보강, 부재의 보강방안과 거의 비슷하다.

(5) 수·변전설비의 내진설계 요약

항 목		내진대책
수전변압기		• 기초볼트의 정적하중이 최대점검포인트이다. • 방진장치가 있는 것은 내진 스토퍼를 설치한다. • 애자는 0.3G, 공진 3파에 견디는 것으로 한다. • 기계적 계전기류의 불필요한 동작대책을 세운다.
가스절연 개폐장치	옥외가스절연 개폐장치(GIS)	• 일반적으로 기초부를 중심으로 한 정적 내진설계로 계획한다. • 가공인입선의 경우에 푸싱은 공진을 고려한 동적 설계를 한다.
	큐비클형 가스절연개폐장치 (C−GIS)	• 기본적으로 스위치 기어와 동일한 내진설계이다. • 반(盤) 사이 및 변압기와의 접속에는 케이블 및 Flex conductor를 사용하고 가용성을 고려한다. • 0.3G, 공진 3파에 견디는 것으로 한다.
보호계전기		• 정지형 계전기나 디지털 릴레이를 사용한다. • 판의 강성을 높여서 응답배율을 내린다. • 기초부를 보강한다. • 다른 종류의 계전기를 조합해서 사용한다. • 협조상 가능한 범위에서 타이머를 넣는다.
자가발전설비		• 발전기 연료는 외부공급방식이 아닌 자체 저장시설에서 공급하는 방식일 것 (가스연료는 지진이나 화재시 공급차단 우려가 있음) • 냉각방식은 외부의 물 이용방식이 아닌 자체 라디에이터 냉각방식일 것(외부의 물 이용방식은 지진시 공급차단 우려 있음) • 엔진과 발전기에 방진장치를 시설할 경우에는 지진하중이 엔진발전기의 중심에 작용한 경우의 수평 2방향과 연직방향의 변위에 대하여 유효하게 구속하는 스토퍼를 시설할 것 • 스토퍼와 본체 접촉면은 완충고무판 설치. 배기관지지 2[m]마다 고정, 스토퍼와 배기관 상하좌우 틈은 5[mm]로 할 것 • 엔진의 배기, 냉각수, 연료, 윤활유, 시동용 공기의 각 출입구 부분에는 변위량을 흡수하는 가용관을 시설할 것 • 보조기, 탱크류의 가대, 배관류, 배전반의 보강, 지지방법을 구체적으로 명시할 것
축전지설비		• 앵글프레임은 관통볼트에 의하여 고정시키거나 내진가대의 바닥면 고정은 강도적으로 충분히 견딜 수 있도록 처리할 것 • 축전지 상호간의 틈이 없도록 내진가대를 적용할 것 • 축전지 인출선은 가용성이 있는 접속재로 충분한 길이의 것을 사용하고, S자형으로 배선하는 방법 등을 고려한다.

대지진에 의한 전력설비의 보호를 위한 변전기기의 내진대책에 대하여 기술하시오.

1 개 요

(1) 대지진으로 인하여 기기가 지진과 공진하여 애자형 기기나 지지애자를 중심으로 피해가 발생한다.

(2) 고전압, 대용량화에 따라 기기의 신뢰성 향상을 목적으로 한 내진성능의 연구가 진행되었다.

(3) 지진과 공진하기 쉬운 애자형 기기를 중심으로 정적인 수평속도 0.5G의 지진에도 견딜 수 있도록 동적 내진설계를 도입 중이다.

2 동적 내진설계시 고려사항

(1) 변전기기는 여러 지역에 분포되어 있어 설계지진압력, 지반, 기초의 영향을 개개로 검토한다.

(2) 애자형 기기는 고유진동 수가 지진의 진동 수 범위(0.5~10[Hz]) 내에서 공진가능성이 크다.

(3) 애자류는 포성재료이므로 발생응력이 허용치를 초과한 순간에 일어나며 계속 시간이나 파형의 영향을 받지 않는다.

3 동적 내진설계방법

(1) 설계지진력

① 지표면의 압력으로서 수평가속도 0.3G를 선택

② 파형은 공진정현 3파 채용

㉠ 파형은 과거의 지진파에 의한 응답과 공진법에 의한 응답의 비교로서 공진정현 2파를 채용하나, S파(횡파) 속도 150[m/s] 이상의 지반에서 기초의 증폭 1.2배 이하 및 불확정 요인에 대한 여유 1.1배를 고려하여, 기기단체의 지진압력은 지표면 압력의 1.3배(1.2×1.1=1.32)로 한다.

㉡ 또한 공진정현 2파에 대한 공진정현 3파와 응답비 1.3배가 되므로 공진정현 3파를 채용한다.

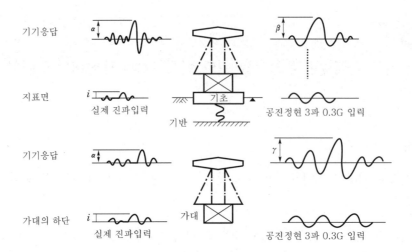

대부분의 실제 진파의 경우 $\gamma \geq \beta$가 된다.

기초에 의한 증폭은 $\dfrac{a}{a} \leq 1.2$, $\beta \times 1.1$(불확정 요인)$= a\gamma$이다.

(2) 인가장소 : 가대의 하단

(3) 지반조건 : S파 속도 150[m/s] 이상

4 내진대책

(1) 지진과의 공진을 피하는 방법

기기의 고유주파수를 지진의 탁월주파수(0.5~10[Hz])보다 크게 하는 강구조에 의한 방법을 채택한다.

(2) 부재를 강화하는 방법

하부 구조물의 강성을 늘려서 진동시 상부의 변위를 작게 한다.

① 애자의 강화
  ㉠ 단면계수의 증대 : 애자의 직경을 크게 하고 단면계수를 증가시켜 응력을 저하시킨다.
  ㉡ 고강도 애자를 사용한다.
  ㉢ 플랜지의 강화 : 애자와 플랜지의 시멘트 부분 파괴강도를 높이기 위하여 플랜지 두께를 늘인다.
② 스테이 애자의 취부 : 다단 애자사용시 중간에 스테이 애자 취부로 하부 지지애자의 강성을 높인다.

(3) 가대, 기초의 강화

가대, 기초의 고유진동 수를 기기의 고유진동 수보다 높게 한다.

① 가대를 버팀재로 보강
② 지지애자의 취약부 보강
③ 볼트의 풀림방지 대책강구

(4) 상호간섭으로 인한 피해파급의 방지

① 단독 접속에 의한 방법
② 기기 간 연결선에 여유를 갖게 하는 방법

전기설비에 있어서의 내진대책에 대하여 기술하시오.

1 개 요

(1) 지진발생시 지진발생 정도에 따라 전기설비의 피해범위는 다르며, 우리나라의 경우에도 지진 다발 예상지역과 같은 내진대책을 강구하여 설비의 안전도를 강화시키고 공급신뢰도에 기여해야 한다. 따라서, 전기설비계획시는 다음과 같은 지진발생의 물리적 개념과, 지진의 크기와 피해, 법적 제한 규정, 내진대책을 면밀히 세워야 한다.

(2) 내진설비의 목적

지진으로부터의 인명의 피난 및 구조, 경제적 손실저감이 목적이다.

2 지진의 원인 및 종류

(1) 원인

맨틀의 유동에 의한 지표 부분의 균형이 파괴되어, 지표의 융기·단층이 발생한다. 즉, 지표의 균형이 맨틀의 움직임으로 인해 깨져, 지표 부분에 융기·단층되어 지진이 발생(판구조론)한다.

(2) 지진의 종류

① 실제파 : 지구 깊은 곳에서 전해졌다가 표면으로 나오는 진동
  ㉠ 표피파(P파 : 종파) : 진앙지 표면에서 나오는(전해오는) 진동
  ㉡ 실체파(S파 : 횡파) : 진앙지를 출발하여 지구의 중심을 통과하여 표면에 나오는 진동

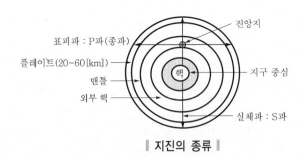

∥ 지진의 종류 ∥

② 표면파 : 지구표면으로 전해하는 진동(LF파, LO파)

3 내진설비의 프로세스(지진의 프로세스)

지진의 발생 → 횡파 및 종파의 내습 → 건물의 붕괴, 파괴 → 피난대피 → 비상전원의
가동 → 전원의 정상공급 → 진화 및 인명구조

4 지진의 크기와 영향범위(급수에 따른 지진분류)

(1) 급수와 영향범위

급 수	a	b	c	d	e
진도	7.3~8 이상	7~7.7	6~6.7	5.3~6	5.3 이하
영향범위	전체적으로 미침	전체적으로 미침	진앙지에서 90° 10,000[km]	진앙지에서 45° 5,000[km]	진앙지에서 10° 5,000[km] 이하

(2) 진도의 크기

① 진도 1 : TNT의 180[kg]

② 진도 3 : 진도 2×31배

③ 진도 2 : 진도 1×31배

④ 진도 9 : TNT 9억[t]의 크기 정도

5 내진설계의 법적 제한

「건축법」상 내진설계를 다음과 같은 경우에 법적으로 제한하고 있다.

(1) 구조내력

① 지진에 안전한 구조일 것

② 구조내력의 기준제정

(2) 내진 중요대상 건축물 : 종합병원, 발전소, 방송국, 전신전화국 등

(3) 「건축법」상 내진설계기준

① 층수가 2층 이상인 건축물

② 연면적이 500[m²] 이상인 건축물. 다만, 창고, 축사, 작물재배사 및 표준설계도서
   에 따라 건축하는 건축물은 제외

③ 높이가 13[m] 이상인 건축물

④ 처마높이가 9[m] 이상인 건축물

⑤ 기둥과 기둥 사이의 거리(기둥이 없는 경우에는 내력벽과 내력벽 사이의 거리)가 10[m] 이상인 건축물
⑥ 국토교통부령으로 정하는 지진구역 안의 건축물
⑦ 국가적 문화유산으로 보존할 가치가 있는 건축물로서 국토교통부령으로 정하는 것

(4) 구조안전내력의 확인이 필요한 경우

COMMENT 구조기술사의 확인사항

① 연면적 500[m²] 이상인 건축물
② 2층 이상의 건축물, 또는 13[m] 이상인 건물
③ 경간 10[m] 이상인 건축물

6 내진대책

(1) 내진설계의 목표를 다음과 같이 설정 후에 기획, 실시설계에 임한다.
① 인명안정성의 확보
② 재산의 보호 : 지진내습에 의한 파괴의 최소화 및 복구시간의 절감
③ 설비기능의 유지
  ㉠ 지진의 내습 후 비상전원설비의 기능 확보 유지
  ㉡ 전원설비 : 대피 및 인명구조에 도움이 될 것
  ㉢ 조건 : 지진 중에도 운전이 가능하며, 자동운전가능

(2) 지진대책의 등급별로 설비를 분류하여 적용한다.
① A등급
  ㉠ 지진발생시 인명보호에 가장 중요한 역할을 하는 설비
  ㉡ 비상전원설비, 간선 및 부하, 비상조명, 비상승강기, 비상콘센트 등
② B등급
  ㉠ 지진의 피해로 2차 피해를 줄 수 있는 설비
  ㉡ 일반변압기, 배전반, 간선류 등
③ C등급
  ㉠ 지진피해를 작게 받는 설비
  ㉡ 일반조명설비, 기타 전기설비

(3) 장비의 적정 배치를 다음과 같이 시행한다.
① 중요도에 따라 설비기기의 배치 : 내진력이 약한 것은 저층배치 등
② 저층배치 기기로는 주로 폭발가능성 있는 기기, 오동작 우려의 기기 등

(4) 공진을 방지할 수 있도록 적정 배치한다.

(5) 지진응답을 예측 적용하여 배치

① 수평지진력 : $F_H = K \cdot W[\text{kg} \cdot \text{m}]$

② 수평지진도 : $K = Z \cdot I \cdot K_1 \cdot K_2 \cdot K_3$

여기서, W : 기기중량[kg]

Z : 지역계수(1)

I : 중요도 계수

K_1 : 설비기기의 지진응답 고려계수

K_2 : 설비기기 응답배열계수(1~2 적용)

K_3 : 기준진도

(6) 기기는 피난경로를 피한 위치에 배치한다.

(7) 장비의 점검이 용이한 기기배치

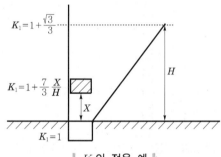

┃ K_1의 적용 예 ┃

7 건축물에서 내진대책의 적용 예

(1) 기초의 보강 : 모든 설비에 적용시킨다.

① 하부 Fix는 필수적이고, 측면 Fix는 부수적이다.

② 기기와 용벽 사이에 내진보강재로 보강한다.

(2) 부재의 보강 : 배관을 행거 등의 사용부재로 보강한다.

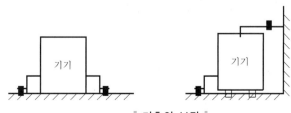

┃ 기초의 보강 ┃

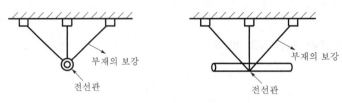

| 부재의 보강 |

(3) 초고층 빌딩에서의 전기설비의 내진대책

① 간선의 지지

ⓐ 간선의 정하중에 대하여 충분한 강도를 가질 것은 물론 지진발생시에 무리한 압력이 가해지지 않도록 방법을 강구한다.

ⓑ 주로 버스덕트을 사용하므로 상(上)지지대에 방진고무, Coil spring을 사용하고, 필요 개소에 플렉시블 조인트를 두어, 응력을 흡수시킨다.

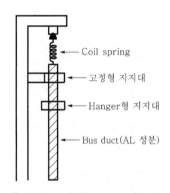

| 초고층 빌딩의 강선(bus duct)부재 보강 |

② 기타 방법은 기초보강, 부재의 보강방안과 거의 비슷하다.

8 설계시 고려사항

(1) 지역별 지진이력 자료의 충분한 검토

(2) 지질검사의 정밀시행

(3) 경험적, 학습적 자료에 의한 내진설계 및 대책수립

(4) 기존 건물의 내진설계 적용

(5) 고중량은 건축물 하부에 배치

전기설비의 내진설계에 있어서 설계시 유의하여야 할 주요 사항들은 무엇인가?

1 내진설계의 목적 및 기능보전

목적	기능보전
인명의 안전성 확보	지진 중 운전가능
재산보호(파괴방지)	점검확인 용이할 것
설비의 기능 유지	자동적으로 재운전 가동기능

2 「건축법」상 내진설계기준(대상)

(1) 층수가 2층 이상인 건축물

(2) 연면적이 500[m²] 이상인 건축물. 다만 창고, 축사, 작물재배사 및 표준설계도서에 따라 건축하는 건축물은 제외

(3) 높이가 13[m] 이상인 건축물

(4) 처마높이가 9[m] 이상인 건축물

(5) 기둥과 기둥 사이의 거리(기둥이 없는 경우에는 내력벽과 내력벽 사이의 거리)가 10[m] 이상인 건축물

(6) 국토교통부령으로 정하는 지진구역 안의 건축물

(7) 국가적 문화유산으로 보존할 가치가 있는 건축물로서 국토교통부령으로 정하는 것

3 전기설비의 중요도 파악

(1) A등급(비상용)
① 지진발생시 인명보호에 가장 중요한 역할을 하는 설비
② 비상전원설비, 간선 및 부하, 비상조명, 비상승강기, 비상콘센트 등

(2) B등급(일반용)
① 지진의 피해로 2차 피해를 줄 수 있는 설비

② 일반변압기, 배전반, 간선류 등

(3) C등급

① 지진피해를 작게 받는 설비
② 일반조명설비, 기타 전기설비

4 내진대책

(1) 장비의 적정 배치

중요도에 따른 위치 결정(오동작, 폭발가능성 있는 기기는 하부에 설치)

(2) 피난경로를 피해서 장비배치

(3) 점검이 용이하도록 장비배치

건축전기설비의 내진설계에 있어서 설계시점에서 유의하여야 할 사항에 대하여 설명하시오.

1 개 요

건축전기설비의 설계·시공에서 전력시설물의 내진은 중요하며 다음과 같은 부분에 중점을 두어야 한다.

(1) 중·소지진에 대하여는 변형전도를 강성범위 내에 억제하여 지진피해를 최소로 억제해야 한다.

(2) 대지진에 대해 작은 피해는 허용하지만 건축 전체 붕괴로 인하여 인명손실과 전력시설물의 정지로 인한 피해를 최소한 방지해야 한다.

2 내진설계시의 유의사항

(1) 설비의 내진 중요도

전력시설물의 내진성은 건물의 사회적 중요도나 용도를 고려해서 등급을 설정한다. 중요도 등급의 구분은 2~5단계 정도로 구분 할 수 있지만, 일반적으로 3단계(중요도 A, B, C)로 분류하면 다음과 같다.

　① **중요도 A** : 건물 사용목적에 따라, 건물의 기능 유지상 중요한 설비나 재해시의 인명안전 확보상에 중요한 설비에 대해 기능 유지의 확보를 해야 하는 전기설비이다.

　② **중요도 B** : 손상 등으로 인해, 인명이나 중요설비기능에 관한 2차 재해가 발생할 염려가 있는 설비에 대해 손상방지나 안전을 고려해서 정지나 긴급차단의 지진관제운전을 해야 할 사항이다.

　③ **중요도 C** : 그 밖에 설비기능에 관해 다소의 피해가 있어도 비교적 간단히 보수, 복구가 가능한 것. 전력시설물을 설계를 할 경우 이러한 등급에 따라 각 설비별로 중요도를 결정하고, 전력시설물의 내진계산을 하여 적용한다.

(2) 건물 및 설비계의 지진반응예측

　① 건물의 지진반응, 건물입지장소의 지반조건, 건물형상 구조종별 건물강성에 따라 다르며, 동일 건물이라도 층에 따라 가속도, 변위가 다르다. 또한 건물 내에 설치된 설비들은 지진입력을 받음으로써 반응치가 변화한다.

② 그러나 이러한 지진입력을 설계·시공시점에서 정확히 예측하는 것은 곤란하므로, 일반적으로 다음과 같은 개략법으로 설계용 수평지진 산출을 위한 1계수(건물바닥 반응배율을 고려한 계수)로 사용한다.

(3) 기기에 작용하는 지진입력 계산은 다음 식으로 구한다.

① 설계용 수평지진력 F_H(작용점은 원칙적으로 중심(重心)으로 함)

$$F_H = K_H \cdot W[\text{kg}], \quad K_H = Z \cdot I \cdot K_1 \cdot K_2 \cdot K_0$$

여기서, W : 기기의 중량[kg]

K_H : 설계용 수평진도

Z : 지역계수(0.7, 0.8, 0.9, 1.0)

K_1 : 건물의 바닥 응답비율을 고려한 계수(1.0~10/3)

K_2 : 설비기기, 배관의 응답배율을 고려한 계수(1.0~1.5~2.0)

K_0 : 설계용 기준진도(0.3)

I : 중요도 저감계수(I가 1.0 : 중요성이 높은 건축설비기기, 2/3 : 통상의 건축설비기기)

$$K_1 = 1.0 + \frac{7}{3} \cdot \frac{X}{H} = 1.0(\text{1층 및 지하층})$$

여기서, H : 건축물의 지상높이[m]

X : 설비기기, 배관 등이 설치되어 있는 바닥의 지상높이[m]

또한, 옥상 부분은 $K_1 = \frac{10}{3}$ 으로한다.

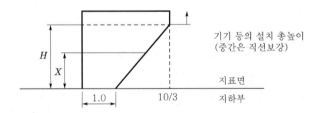

② 연직지진력 : $F_U = \frac{1}{2} F_H[\text{kg}]$

변위에 대해서는 내진설계용 층간변위로 철골조, 철근콘크리트조 및 철골 철근큰크리트조의 경우는 1/200이하로 되어 있으며, 배관, 모선덕트, 케이블랙의 장착물로 중치부설이 될 경우는 그 변형 추종성을 확인해야 한다.

(4) 설비계의 적정배치

① 고압 및 특고압기기 및 배선의 배치에 따라서는 지진입력의 영향 정도에 따라 손상 또는 전도로 기능정지 및 2차 재해발생으로 이어질 수 도 있어, 고압용 기기 및 배

선설비는 적정 배선로로 기획해야 한다.

② 구체적인 설계기법은 다음과 같이 들수 있다.

㉠ 중요도가 높은 전력용 기기는, 작용하는 지진력이 비교적 적은 건물 저층부에 배치한다(건축물의 내진설계가 잘되어 있는 경우).

㉡ 지진입력으로 오동작할 염려가 있는 설비는 작용 지진력이 비교적 적은 아래쪽에 배치한다.

㉢ 공조, 위생설비의 다른 설비들에서 지진시 접촉으로 손상을 받지 않는 경로에 배치한다.

㉣ 점검, 확인 및 보수하기 쉬운 장소에 배치한다.

(5) 사용자재의 강도확보

① 전기설비의 내진성 검시항목으로 자재강도를 들 수 있다. 즉, 지진입력으로 건물이 반응하고, 동시에 건물 내 설치된 설비계도 반응한다.

② 이때, 생기는 분성력 및 변위는 설비계 각 부위의 강도를 검토하는데 중요한 요소가 된다.

③ 분성력에 대해서는 수평지진력으로 자재고정부에 가해지는 전단력(수평지진력에 의한 것), 인장력(지진입력으로 생기는 분성모멘트에 의한 것) 및 이러한 복합된 힘을 계산하고, 이 수치를 넘는 허용반응력도(단기)가 있는 자재를 사용한다.

④ 변위에 대해서는 층간변위 1/200에 대해 강도적 탄성범위 내에 있으며, 전기적 문제가 없는 설계·시공을 한다.

(6) 공진방지

① 전기설비의 기기 및 배선들은, 건물의 지진반응에 대해, 공진이 없는 설계·시공으로 해야 한다.

② 건물설계용 1차 주기는 정적으로 다음 식으로 구한다.

㉠ T_1 : 0.028H초 철골조

㉡ T_2 : 0.020H초 기타, 철근콘크리트조, 철골 철근콘크리트조

　　여기서, H : 건물의 지상높이[m]

③ 또 설비에 대해서는 자유진동 예상에서 고유주기를 구하고, 건물과의 공진이 되지 않는 설계·시공을 해야 한다.

(7) 기능보전

지진 중의 전력시설물의 운전에 대해서는, 다음과 같은 조건이 있다.

① 지진 중에도 운전한다.

② 지진측정기로 감지하고, 지진 정도에 따라 기기운전이 자동적으로 잠시 정지되거나

보수원이 수동으로 잠시 정지시켜, 지진 후에 운전재개와 같은 두 가지의 큰 방식이 있으며, 또 지진 후의 운전재개에 대해서도 자동적으로 재운전 개시가능한 것이어야 한다.

③ 점검 및 확인 후 재운전 개시가능 한 것. 이상 두 가지 방식이 있는데, 무정전이 요구되는 특수한 용도의 부하를 제외하고는 위의 ②, ③의 운전조건이 일반적으로 적용되고 있다.

④ 그러나 지진 중 의 전원공급에 대해서 적극적으로 자가발전설비를 운전하고, 신속하게 공급을 재개하는지의 여부는 여러 가지 안전도 측면을 검토할 사항이 있으며, 설계시 건축물의 중요도에 따라 건축내진설계를 고려하여 적용한다.

③ 내진설계의 요점

(1) 가요성이 있는 자재를 사용해야 한다.

(2) 접속부의 배선에 여유를 둔다.

(3) 저압측을 Copper bar로 접속하는 경우 가요성 도체를 필히 사용한다.

(4) 가요성 도체는 절연커버를 설치한다.

(5) 변압기 기초볼트는 바닥면에 견고하게 고정시킬 것. 또한 소정수량을 지지방법으로 견고하게 취부할 것. 볼트 수의 생략이나 볼트구멍에 비해 볼트굵기가 너무 작은 경우 볼트의 변형이나 굴절 등의 사고가 발생될 수 있으므로 주의하여야 한다.

(6) 변압기 중량에 의해 내진구(耐震具)의 배치·개수·크기를 고려한다.

(7) 변압기 용량·중량에 의해 적정 방진고무를 설치한다.

(8) 변압기에 대한 접속전선은 진동에 여유가 있게 시설한다.

(9) 스토퍼와 본체와의 틈은 정상운전 중에 접촉되지 않는 범위로 하고, 스토퍼와 본체 와의 접촉면에는 완충용 고무관 등을 설치한다.

 문제 **07**

엘리베이터의 내진설계시의 기본 세 가지를 설명하시오.

1 개 요

지진은 대지의 지각변동으로 발생한 횡파와 종파로 지표면에 내습하여 건물의 붕괴, 파괴를 유발시킨다. 내진대책의 목적은 인명구조, 피난 확보, 경제적 손실을 저감시키는 데 있다. 다음은 문제에서 주어진 승강기에 대한 내진설계 사항을 기술한 것이다.

2 「건축법」상 내진설계기준(대상)

(1) 층수가 2층 이상인 건축물

(2) 연면적이 500[m²] 이상인 건축물. 다만 창고, 축사, 작물재배사 및 표준설계도서에 따라 건축하는 건축물은 제외

(3) 높이가 13[m] 이상인 건축물

(4) 처마높이가 9[m] 이상인 건축물

(5) 기둥과 기둥 사이의 거리(기둥이 없는 경우에는 내력벽과 내력벽 사이의 거리)가 10[m] 이상인 건축물

(6) 국토교통부령으로 정하는 지진구역 안의 건축물

(7) 국가적 문화유산으로 보존할 가치가 있는 건축물로서 국토교통부령으로 정하는 것

3 건물구조의 내진분류

(1) 진도 3~4의 지진에 대하여는 거의 무피해이다.

(2) 진도 5의 지진에 대하여는 다소 피해가 발생하지만 복구 사용가능하다.

(3) 진도 6 이상 지진에 대하여는 손상을 받더라도 인명을 지킬 수 있도록 한다.

4 승강기의 내진설계

(1) 내진설계 기본 세 가지

① 정해진 설계용도에 준한 지진하중에 대하여 기기이동이나 구조 부분에 위험한 변형이나 이탈레일이 생기지 않도록 한다.

② 지진시에 로프나 케이블이 승강로 내 돌출물에 걸리지 않게 설치한다.

③ 정전 등에 의하여 운전정지할 경우에 대비하여 운행지점에서 제일 가까운 층에 정지시키는 "지진시 관리운전장치"를 설치하는 것이 바람직하다.

(2) 승강기 관련 전기시설의 내진대책

① 건물변형을 고려한 케이블의 길이에 여유를 둔다.

② 가용도체를 사용하여 기기전도 이동에 대비한다.

③ 내진고정으로 기기의 전도를 방지한다.

④ 승강기는 지진시 가장 가까운 곳에 정지시킨다.

⑤ 승강기용 로프나 케이블이 건물 진동주기와 공진으로 증폭되지 않도록 고정 및 가이드를 설치한다.

⑥ 간선은 이중 모선으로 설치한다.

⑦ 판넬 및 권상기는 방진고무 및 방진스프링을 설치한다.

⑧ Expansion joint를 설치한다.

(3) 지진시 관제운전순서

① 지진발생

② 지진감지기 작동

③ 관리실 경보

④ 중앙관제실은 지진시 저속운전 스위치 On

⑤ 인터폰으로 승강기 내의 승객에게 도어닫힘 스위치를 누르게 한다.

⑥ 저속운전 : 45[m/min]

⑦ 최기층 정지

⑧ 승객탈출

⑨ 운행중지

(4) 건축내진제원에 따른 대책

건축내진제원	주요점검포인트	대책

Floor response spectrum 고유주기	• 가이드 레일
	  – 지진하중에 대한 카의 가이드 롤러의 레일에서 이탈의 여부
	  – 레일, 레일 브라켓, 중간 빔의 굽힙량 합계량이 설계한도 이내이고, 허용응력 이내로서 안전한가?
		• 필요에 따라서 대형 레일사용 또는 보강하여 레일의 강성을 높인다.
		• 레일 지지점 폭이 4,000[mm]를 초과하는 경우는 더욱 더 중간 지지빔을 추가한다.
		• 필요에 따라서 균형추, 즉 레일에서는 지지점의 중간에 타이 브라켓을 설치하여 레일 간의 폭이 벌어짐을 방지한다.

건축내진제원	주요점검포인트	대 책
Floor response spectrum 고유주기	• 기계실 설치기기 – 지진하중에 대하여 전도, 변형은 없는가? – 기기의 고유진동이 건물의 진동주기와 공진점이 아닌가?	• 권상기는 머신빔을 이용해서 축보에 견고하게 고정한다. 필요에 따라 이동배치한다. • 제어반 등은 필요에 따라서 벽, 천장, 빔으로써 보강하고, 반상호간을 보강재로 연결해서 전도방지대책을 세운다.
측간변위	• 삼방틀 – 삼방틀을 부착하는 벽은 바닥에 고정하고, 상부의 빔(바닥)에 대해서는 슬라이딩한 구조로서, 측간변위(1/200 정도)가 있어도 삼방틀에 비정상적인 하중이 가해지지 않는가?	삼방틀은 벽에 견고하게 부착한다.
	• 가이드 레일 – 층간변위에 따라 레일에 비정상적인 하중이 작용하는가?	슬라이딩 클립을 채용한다.

08 전기방식설비

배관의 부식원인과 그 방지대책에 대하여 기술하시오.

1 부식의 정의

(1) 부식이란 금속이나 합금이 그 환경과의 화학적 작용 또는 전기·화학적 작용에 의해 표면으로부터 산화되어 소모·파괴되어 가는 현상을 말한다. 이때 물의 존재하에서 발생되는 부식을 습식(wet corrosion), 물이 접하지 않는 상태에서 발생되는 부식을 건식(dry corrosion)이라 부른다.

(2) 습식은 수중, 땅속 그리고 대기 중에서의 부식으로, 비교적 저온에서 발생되는 부식현상이고, 건식은 고온의 공기나 가스 중에서의 부식이 이에 해당된다. 대체로 부식이라 하면 습식을 가리키는 경우가 많다.

(3) 금속은 산화되어 안정한 상태로 돌아가려는 경향이 있다.

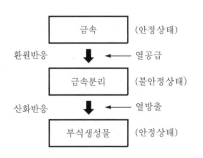

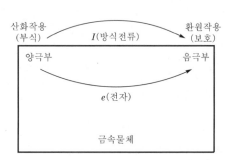

2 부식발생 메커니즘

(1) 부식의 발생기구는 물(전해질)과 금속의 전기·화학적 반응에 기인한다. 우선 철은 양극부에서 철이온과 전자로 나누어지며 전자를 방출하는 산화반응을 한다.

$$\text{양극부 } Fe \rightarrow Fe^{++} + 2e^- \text{(양극반응)}$$

(2) 철은 철이온이 되어 물(전해질) 속에 녹아들고 전자는 금속체를 통해서 음극부로 이동한다. 음극부는 물속(H_2O)에 녹아 있는 산소에 의해 수산이온을 만든다.

$$음극부 \quad H_2O + \frac{1}{O-2} + 2e \rightarrow 2OH^- \, (음극반응)$$

(3) 철이온이 수산이온과 결합하여 수산화 제1철을 만든다.

$$Re^{++} + 2OH^- \rightarrow Fe(OH)_2$$

(4) 다음 수산화 제1철이 물 속에 녹아 있는 산소와 작용하여 수산화 제2철을 만든다.

$$2Fe(OH)_2 + H_2O + \frac{1}{2}O_2 \rightarrow 2Fe(OH) \, (붉은색)$$

3 부식의 발생조건

(1) 금속이 전해액(electrolyte)에 잠겨 있어야 한다.

(2) 금속표면에 양극(anode)과 음극(cathode)이 존재하여야 한다.

(3) 양극부와 음극부가 전기적으로 접촉해야 한다.

4 부식의 원인 및 영향을 주는 인자

(1) 외적 요인

① 용존산소의 영향 : 가열로 인해 물 속의 용존산소가 유리되기 직전 부근에 있는 금속, 특히 철 등의 표면을 부식시킨다. 동관의 경우 산화동 피막의 형성으로 큰 문제가 없다.

② 용해성분 영향 : 가수분해하여 산성이 되는 물질은 부식성이다. → 금속성분(이온, 고형물, Na, Mg 등)

③ 유속의 영향 : 유속이 너무 빠르면 산화작용으로 인한 보호피막의 박리가 일어나 금속표면이 침식된다. 동관에 많이 나타난다. 빠를수록 부식이 용이하다.

④ 온도의 영향 : 높을수록 부식이 용이하며, 약 80[℃]까지는 온도상승에 따라 부식성이 증대하나 그 이상이 되면 용존산소가 제거되어 부식성은 현저히 저하한다.

⑤ pH : 낮을수록 부식이 쉽다. 금속은 산과 강알칼리에 부식된다.

(2) 내적 요인

① 금속조직의 영향 : 결정상태에 따라 부식 정도가 다르다(금속표면 조직의 균일 정도, 금속표면의 형상).

② 금속의 가공 정도의 영향 : 냉간압연은 잔류응력이 생기므로 부식이 용이하다.

③ 금속의 열처리의 영향 : 열처리는 잔류응력을 제거하여 내식성을 증가시킨다.

④ 금속의 응력(stress)의 영향 : 잔류응력이 남아있는 부분은 특히 부식이 심하며, 공식 (pitching)이나 균열이 생긴다. 또한 응력이 많을수록 부식이 용이하다.

(3) 기타 요인

① 아연에 의한 철부식

② 동에 의한 부식

③ 이종금속에 의한 부식

④ 탈아연현상에 의한 부식

⑤ 유리탄산에 의한 부식 : 지하수에 유리탄산이 포함되어 있으면 철이 수산화철을 형성하며 부식

5 부식으로 인한 손실 및 영향

(1) 경제적 손실 → 부식사고로 발생하는 조업정지, 기계장치의 효율저하

(2) 신뢰성 및 안전성 저하

(3) 환경오염 → 지하수 오염

6 부식의 방지대책

(1) 배관재의 선정(재질의 변화)

부식 여유가 있는 고급재질을 선정하고, 지하매설배관은 강관 대신 합성수지계통의 배관을 사용한다.

(2) 배관 또는 금속표면의 피복

① 배관, 방식금속 Lining[Ti, Cu−Ni(90~10)]

② 방식에 강한 유기질 Coating(PE, 아스팔트, tar epoxy 등의 전기절연물을 사용)

③ 금속표면과 부식환경 간에 절연을 시켜 부식을 방지하는 방법으로 페인트에 의한 도장, 아연도금, 니켈−크롬도금 등을 들 수 있다.

(3) 구조상 적절한 설계

① 이종금속의 조합을 피하고 동일재질을 사용한다.

② 불필요한 틈새, 요철을 피하고 응력이 가해지지 않도록 설계한다.

(4) 부식환경의 제거

① 온수(순환수)온도를 50[℃] 전·후로 한 부식제어 : 물의 온도에 의해 심하게 활성화되기 직전의 온도로 사용한다.
② 유속제어 : 유속이 너무 빠르면 배관 내의 라이닝(lining)이나 방식제에 의한 보호피막이 파괴될 수 있으므로 유속은 가급적 작게 하는 것이 좋다(유속을 1.5[m/s] 이하로 억제).
③ 용존산소의 신속한 제거 : 회로 내를 가급적 가압상태로 유지하고, 최고지점에 자동공기배출밸브로 유리기체를 제거한다.

(5) 산소와 금속표면과의 접촉차단

밀폐사이클에서 배관 내의 공기를 완전히 배출시킨다(에어벤트).

(6) 서로 다른 배관재질 사용시 절연

서로 다른 두 종류의 금속제 배관(강관＋덕타일 배관)을 연결할 경우 연결 부분에 절연가스켓을 설치한다.

(7) 전기방식방법

① 양극방식법
② 음극방식법 : 유전양극방식(Mg, Zn, Al), 외부전원방식, 배류방식

부식의 종류에 대하여 기술하시오.

1 부식의 발생조건

(1) 금속이 전해액(electrolyte)에 잠겨 있어야 한다.

(2) 금속표면에 양극(anode)과 음극(cathode)이 존재하여야 한다.

(3) 양극부와 음극부가 전기적으로 접촉해야 한다.

2 부식의 종류

(1) 전식(cathodic corrosion)

외부전원에서 누설된 전류에 의해서 일어나는 부식을 말한다. 직류전차선로 부근에서 많이 발생한다.

(2) 국부부식

어느 한 부분이 그 주위보다 부식속도가 빠르게 진행되어 구멍이 뚫리게 되는 것으로 주로 방식용 도장이나 피복재가 일부 파손된 부분 또는 용접부 부분, 배관 굴곡부와 같은 응력을 받는 부분에서 주로 발생된다.

(3) 틈부식

금속판과 금속판의 연결 부분, 배관의 연결 부분 등에서 산소의 농도 차이에 의한 전기작용으로 산소가 희박한 틈 내부가 집중적으로 부식되는 현상이다.

(4) 임계부식

합금이나 금속 중에 불순물이 포함되어 있을 때 임계 부분에서 국부적으로 일어나는 부식을 말한다.

(5) 침식부식

금속과 유체 간에 상대적인 움직임이 있을 경우 마찰 부분에서 이미 형성되었던 녹이 떨어져 나가고 새로운 금속표면이 나타나는 것과 동시에 즉시 부식이 일어나며, 마찰 부분의 부식속도가 매우 빠르게 진행된다.

(6) 갈바닉 부식(galvanic corrosion)

이온화 경향이 다른 두 금속을 접합하여 전해질에 담그면 이온화 경향이 큰 금속에서 이온화 경향이 작은 금속쪽으로 전류가 흘러 이온화 경향이 큰 금속에서는 부식이 진행되고, 이온화 경향이 적은 금속은 보호된다.

(7) 응력부식

하중을 받는 금속은 인장응력 또는 압축응력을 받으며, 응력 부분은 비응력 부분에 대하여 전해액 중에서 양극반응을 나타낸다. 따라서, 갈바닉 부식이 일어나며, 침식부식의 양상을 수반하여 균열발생의 원인을 제공한다.

(8) 세균부식

토양 내 금속체 부식은 토양 중 세균에 의해 현저히 확산된다. 대표적인 세균으로 환산염 박테리아는 산소농도가 낮은 pH 6~8의 점토질 토양에서 쉽게 번식된다.

(9) 전철에서의 미주전류

귀선전류의 일부가 대지로 누설미주전류가 되어 주변 금속체를 전식시킨다.

(10) 이종(異種)금속체 부식

각 금속은 전해질 중 각각의 고유전위를 갖고 있으며, 상호간에 생기는 전위차에 의하여 전식이 발생한다.

(11) 마이크로셀에 의한 전식

동일 금속이라도 환경의 상이함에 따라 전위가 위의 그림처럼 달라져 상호간에 전류가 흘러 전류의 유출개소에는 전식이 발생한다.

(12) 전기방식장치 등의 누설전류에 의한 전식

전기방식(電氣防蝕)장치에서의 누설전류가 타금속체에 부식을 일으킨다.

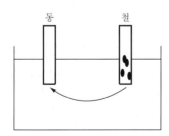

| 이종금속조합에 의한 전식 |

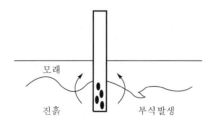

| 토양의 차이에 의한 마이크로셀 전식 |

문제 03

소화설비배관의 부식을 방지하는 음극방식시스템에서 부식의 성립조건과 방식 시스템의 종류를 들고 설명하시오.

1 개 요

(1) 음극과 양극의 전위차를 없애는 방법인 전기방식법의 분류

① 음극전류를 흘려 방식하는 음극방식법
② 양극전류를 흘려 방식하는 양극방식법

(2) 국내에서는 주로 음극방식법을 이용하며, 음극방식법에는 희생양극식, 외부전원식, 배류방식이 있다.

2 음극방식법에서 부식의 성립조건

(1) 음극방식법에서는 소화배관을 (−)극으로 만들어 부식을 방지한다.

(2) 즉, (+)극(anode)에서 부식이 성립된다.

3 희생양극식(sacrificial anode system)

(1) 원리

① 금속배관에 상대적으로 전위가 높은 금속을 직접 또는 도선에 의해 접속시키는 방식이다.
② 즉, 이종금속 간의 이온화 경향차이를 이용하여 소방배관이 음극이 되도록 하고, 접속시킨 금속이 양극이 되어 대신 부식되도록 하는 것이다.

‖ 금속의 이온화 경향 ‖

(고전위)	(저전위)
K > Ca > Na > Mg > Al > Zn > Fe > Ni > Sn > Pb > Cu > Hg > Ag > Pt > Au	

③ Anode의 재질은 Fe보다 고전위인 Mg, Zn, Al 등을 사용하며, 이 양극은 서서히 소모된다.
④ 이러한 희생양극(anode)은 접지저항을 낮춰 발생전류를 많게 하기 위하여 벤토나이트 계통의 Backfill 재료를 넣어 사용한다.

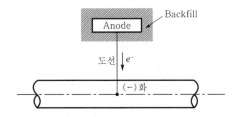

(2) 장점

① 별도의 전원공급이 필요하지 않다.

② 설계 및 설치가 매우 쉽다.

③ 유지보수가 거의 필요 없다.

④ 주위 시설물에 대한 간섭이 거의 없다.

⑤ 전류분포가 균일하다.

⑥ 도장된 배관이나 다수로 분산된 배관에 적합하다.

(3) 단점

① 적은 방식전류가 필요한 경우에만 사용가능하다.

② 토양저항이 크나, 수중에는 부적합하다.

③ 유효전위가 제한된다.

4 강제전원식(impressed current system)

(1) 원리

① 금속배관에 DC 전원의 음극을 연결하고, 외부 Anode에 전원의 양극을 연결시켜서 전해질을 통해 방식전류를 공급하는 방식이다.

② Anode의 재질 : 외부전원에서 전류를 공급하므로, Anode는 금속의 이온화 경향보다 내구성이 강한 재질을 사용할 수 있다(고규소철, 백금전극 등을 사용).

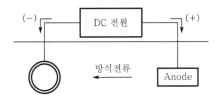

(2) 장점

① 대용량의 방식전류를 사용할 수 있다.

② 전압, 전류의 조절이 용이하다.

③ 방식소요전류의 대 · 소에 관계가 없다.

④ 내소모성 양극을 사용하여 수명을 길게 할 수 있다.

⑤ 토양저항의 크기에 관계없이 적용가능하다.

⑥ 자동화가 가능하다.

(3) 단점

① 설계가 복잡하다.

② 타시설물에 대한 방식전류의 간섭이 발생한다.

③ 설치 및 유지관리비용이 소요된다.

④ 과도한 방식이 될 수 있다.

5 배류방식

(1) 전기철도로부터의 누설전류를 대지에 유출시키지 않고, 직접 레일에 되돌려 주는 방법이다.

(2) 종류

직접, 선택, 강제배류법이 있으며, 선택배류법을 많이 사용한다.

(3) 선택배류법

전동차의 희생제동일 경우, 변전소의 (−)극과 지하매설과의 전극 사이에 다이오드를 연결하여 누설전류방향을 선택함으로써 부식을 방지시킨다.

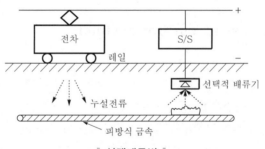

‖ 선택배류법 ‖

(4) 지중의 금속과 전철레일을 전선으로 접속하여 전기방식하는 방법이다.

(5) 레일의 전위가 자주 변하므로, 방식효과가 항상 얻어지지는 않는다.

6 결 론

전기방식의 방법은 다음과 같은 기준에 따라 결정하여 선정하게 된다.

(1) 전체 방식 소요전류의 크기

(2) 각 설치물로부터 요구되는 전류의 양과 Anode 설치장소, 보호대상과의 거리

(3) 배관이 코팅된 것인지의 여부

(4) 타시설물의 존재 여부

음극방식시스템(cathodic protection system)**의 방식원리에 대해서 기술하시오.**

1 개 요

음극과 양극 간의 전위차를 없애는 방법인 전기방식법에는 금속체에 음극전류를 흘려서 방식하는 음극방식법과 양극방식법이 있다. 우리나라에서는 주로 음극방식법을 이용하고 있으며, 여기에는 유전양극방식, 외부전원방식, 배류방식이 있다.

2 방식원리

(1) 유전양극방식(sacrificial anode system)

① 지하매설배관으로부터 주위 토양으로 1[A]의 전류가 흐를 경우 1년에 약 9.1[kg]의 철편이 부식되어 배관표면에서 떨어져 나온다. 따라서, 거꾸로 9.1[kg/cm^2] Mg 막대의 양극으로부터 배관에 0.1[A] 전류를 흘려주게 되면 Mg 막대는 약 10년간 스스로 희생하면서 배관(음극)을 보호하게 된다. 이러한 시스템을 희생양극시스템이라 한다.

② 흡입관이나 케이싱 등 특히 이 방식을 필요로 하는 부분에 Al, Mg, Zn 등을 장치한다. 장치된 금속은 양극이 되어 점차 용해되며 소모되지만, 피방식체는 음극이 되어 보호된다. 단, 양극이 될 금속은 순도 99.9[%] 정도의 것이 필요하며, 확실하게 전기적 접촉을 유지하도록 해야 한다.

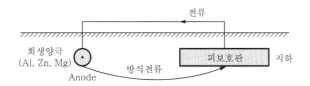

(2) 외부전원방식(impressed current system)

① 양극에 외부로부터 강제적으로 전류를 공급하여 배관으로 전류가 흐르게 하는 시스템을 강제전류시스템이라 한다.

② 전기화학적 부식의 원리에서 생각하여 역전류를 외부에서 흐르게 하면 부식을 억제할 수 있다. 이것을 실용화한 것이 외부전원방식에 의한 전기화학적 방식법 혹은 단순한 전기방식법이다.

③ 외부전원용 전극에는 납과 은합금전극, 백금전극, 고규소철전극 등이 이용된다.

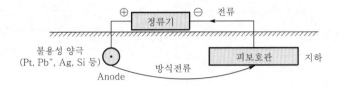

(3) 배류방식

지중의 금속과 전철의 레일을 전선으로 접속한 것으로 정류기가 조립되어 있으며, 전식을 방지하기 위해 사용한다. 레일의 전위는 시시각각 변화하므로 방식효과가 항상 얻어진다고는 할 수 없으며, 전류의 제어가 곤란하고 간섭 및 과방식에 대한 배려가 필요하다.

3 외부전원법과 유전양극법의 비교

(1) 유전양극법

① 특징
  ㉠ 시공이 비교적 간단하고 관리의 필요가 거의 없다.
  ㉡ 적은 방식전류를 필요로 할 경우 사용된다.
  ㉢ 도장된 대상물과 다수로 분산된 대상물에 적합하다.
  ㉣ 저항이 큰 토양 및 수중에는 적합하지 않다.
  ㉤ 접근하여 있는 타시설에 영향이 거의 없다.
② 용도 : 도장이 잘 된 시설물 혹은 분산된 대상물 등의 소전류로도 충분한 경우에 이용된다.
③ 적용범위 : 철구조물로 되어있는 제반시설물, 즉 해수 중이나 지중과 같이 나타나지 않는 부분의 구조물 및 해수사용 열교환기, 냉각기류 또는 지중에 매설되는 가스관, 수도관 등에 설치된다.

(2) 외부전원법

① 특징
  ㉠ 전압, 전류의 대폭 조절이 가능하다.
  ㉡ 고저항의 환경과 최악의 부식조건에 적용된다.
  ㉢ 불용성 양극사용으로 장기적 방식설계가 가능하다.
  ㉣ 초기시설투자비 외에 전력비와 유지비가 필요하다.
  ㉤ 접근하여 있는 타시설물에 간섭의 영향을 주므로 주의를 요한다.
② 용도 : 대전류를 필요로 하는 대규모 시설과 고저항의 환경에 이용된다.

4 간략 비교

구 분	유전양극방식(희생양극)	외부전원방식
방식전류	작다.	크다.
양극방식	희생양극사용	불용성 양극사용
시공	간단	복잡
유지관리/관리비	간단/작게 든다.	불편/많이 든다.
유지전력비	필요없다.	필요
타시설의 영향	거의 없다.	있다.
용도	소전류의 소규모	대전류의 대규모
재료	Al, Zn, Mg	Pt, Pb+Ag, Si

문제 05

전기방식의 원인과 대책에 대하여 논하시오.

1 개 요

(1) 음극과 양극의 전위차를 없애는 전기방식법의 분류

① 음극전류를 흘려 방식하는 음극방식법
② 양극전류를 흘려 방식하는 양극방식법

(2) 국내에서는 주로 음극방식법을 이용하며, 음극방식법에는 희생양극식, 외부전원식, 배류 방식이 있다.

2 음극방식법에서 부식의 성립조건

(1) 음극방식법에서는 소화배관을 (−)극으로 만들어 부식을 방지한다.

(2) 즉, (+)극(anode)에서 부식이 성립된다.

3 전식(electrolytic corrosion)

(1) 지중에 매설된 금속체에 누설전류가 흐를 때, 전류의 유출 부분에서 금속이 이온화하여 대지로 유출됨으로써 부식되는 현상이다.

(2) 전식이란 금속체가 전기화학작용에 의해 그 결정격자가 파괴되며 금속화합물이 변화되는 것이다.

(3) 전식발생의 4요소 : 양극, 음극, 이온경로(대지), 금속경로

4 부식의 종류

(1) 습식부식의 종류

① 전식(cathodic corrosion)
㉠ 외부전원에서 누설된 전류에 의해서 일어나는 부식 : 주로 전철레일의 회로
㉡ 간섭(jumping) : 전기방식장치에서의 누설전류에 의한 부식
② 자연부식
㉠ 국부부식
㉡ 틈부식

ⓒ 임계부식

ⓓ 침식부식

ⓔ 갈바닉 부식(galvanic corrosion) : 이종금속체 부식

ⓕ 응력부식

ⓖ 세균부식

ⓗ 농담전지부식

(2) 건식부식의 종류

고온가스에 의한 부식, 비전해질에 의한 부식

5 전식의 원인

(1) 전철에서의 미주전류

귀선전류의 일부가 대지로 누설미주전류가 되어 주변 금속체를 전식시킨다.

(2) 국부전지부식

전극 주위가 같은 금속에서 부분적으로 전위차가 있는 경우, 이 전위차에 의해 국부전지가 형성되어 부식이 진행된다.

(3) 이종(異種)금속체 부식

① 각 금속은 전해질 중 각각의 고유전위를 갖고 있으며, 상호간에 생기는 전위차에 의하여 전식이 발생된다.

② 즉, 종류가 다른 금속이 결합하면 전지를 형성하는데, 전극전위가 낮은 금속이 양극이 되어 양극 부분이 부식된다.

┃ 자연전위별 ┃

금속의 종류	은	동	납	강, 주철	알루미늄	아 연
전위[V]	−0.06	−0.17	−0.50	−0.45~−0.65	−0.78	−0.17

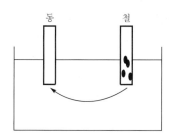

┃ 이종금속조합에 의한 전식 ┃

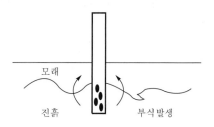

┃ 토양의 차이에 의한 마이크로셀 전식 ┃

(4) 마이크로셀에 의한 전식(농담전지부식)

① 동일 금속이라도 환경의 상이함에 따라 전위가 위의 그림처럼 달라져 상호간에 전류가 흘러 전류 유출개소에 전식이 발생한다.

② 즉, 같은 금속의 다른 부분이 접지토양재의 염류농도나 산소가 용해되어 있는 양이 다를 경우 금속표면에 양극과 음극이 형성되는데, 이 경우 양극이 부식한다.

(5) 전기방식장치 등의 누설전류에 의한 전식

전기방식장치에서의 누설전류가 타금속체에 부식을 일으킨다.

(6) 세균부식

토양 내 금속체 부식은 토양 중 세균에 의해 현저히 확산된다. 대표적인 세균으로 환산염 박테리아는 산소농도가 낮은 pH 6~8의 점토질 토양에서 쉽게 번식된다.

6 전식의 대책

(1) 희생양극식(sacrificial anode system) : 유전양극법

① 금속배관에 상대적으로 전위가 높은 금속을 직접 또는 도선에 의해 접속시키는 방식이다.

② 즉, 이종금속 간의 이온화 경향차이를 이용하여 소방배관이 음극이 되도록 하고, 접속시킨 금속이 양극이 되어 대신 부식되도록 하는 것이다.

③ Anode의 재질은 Fe보다 고전위인 Mg, Zn, Al 등을 사용하며, 이 양극은 서서히 소모된다.

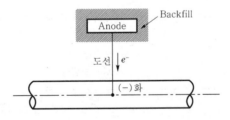

④ 이러한 희생양극(anode)은 접지저항을 낮춰 발생전류를 많게 하기 위하여 벤토나이트 계통의 양극(backfill)재료를 넣어 사용한다.

⑤ 장점
　㉠ 별도의 전원공급이 필요하지 않다.
　㉡ 설계 및 설치가 매우 쉽다.
　㉢ 유지보수가 거의 필요 없다.
　㉣ 주위 시설물에 대한 간섭이 거의 없다.
　㉤ 전류분포가 균일하다.
　㉥ 도장된 배관이나 다수로 분산된 배관에 적합하다.

⑥ 단점

　㉠ 적은 방식전류가 필요한 경우에만 사용가능하다.

　㉡ 토양저항이 크고, 수중에는 부적합하다.

　㉢ 유효전위가 제한된다.

(2) 외부전원법 : 강제전원식(impressed current system)

① 원리

　㉠ 금속배관에 DC 전원의 음극을 연결하고, 외부 Anode에 전원의 양극을 연결시켜
　　서 전해질을 통해 방식전류를 공급하는 방식이다.

　㉡ Anode의 재질 : 외부전원에서 전류를 공급하므로, Anode는 금속의 이온화 경향
　　보다 내구성이 강한 재질을 사용할 수 있다(고규소철, 백금전극 등을 사용).

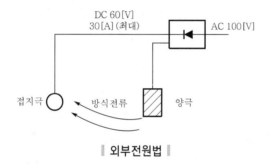

‖ **외부전원법** ‖

② 장점

　㉠ 대용량의 방식전류를 사용할 수 있다.

　㉡ 전압, 전류의 조절이 용이하다.

　㉢ 방식 소요전류의 대·소에 관계가 없다.

　㉣ 자동화가 가능하다.

　㉤ 내소모성 양극을 사용하여 수명을 길게 할 수 있다.

　㉥ 토양저항의 크기에 관계없이 적용가능하다.

③ 단점

　㉠ 설계가 복잡하다.

　㉡ 타시설물에 대한 방식전류의 간섭이 발생한다.

　㉢ 설치 및 유지관리비용이 소요된다.

　㉣ 과도한 방식이 될 수 있다.

(3) 배류방식

① 전기철도로부터의 누설전류를 대지에 유출시키지 않고, 직접 레일에 되돌려 주는
　방법이다.

② **종류** : 직접·선택·강제배류법이 있으나, 선택배류법을 많이 사용한다.

③ 선택배류법 : 전동차의 희생제동일 경우, 변전소의 (−)극과 지하매설과의 전극 사이에 다이오드를 연결하여 누설전류의 방향을 선택함으로써 부식을 방지시킨다.

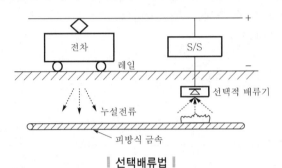

‖ 선택배류법 ‖

④ 지중의 금속과 전철레일을 전선으로 접속하여 전기방식하는 방법이다.

⑤ 레일의 전위가 자주 변하므로, 방식효과가 항상 얻어지지는 않는다.

7 방식설비

(1) 전원공급

① 외부전원방식의 경우 교류전원을 수전하여 방식용 정류기를 통해 직류로 변환하여 이용하는 것이 경제적이다.

② 직류발전기나 교류발전기를 이용할 수 있으나 비경제적이다.

③ 사막에서는 태양전지를 이용하기도 한다.

(2) Tr/Rectifier

외부전원방식에서 AC를 DC로 변환시켜 방식전류를 공급하는 것으로 컨트롤러(controller)라고 부르기도 한다.

(3) Anode bed

① 방식전류를 방출시키기 위한 양극이 매설된 장소를 말하는데, 주로 다수의 양극을 매설하여 장거리 배관을 방식하는데 이용된다.

② Anode bed를 설치하는 방법으로는 양극을 배관에 따라 분산적으로 매설하는 Distributer system이 있으며, 주로 희생양극식에서 많이 이용된다.

(4) Electrical bonding

피방식체나 Conductor 또는 시설물에 전기적으로 접속하는 것을 말하며, (−)선 Bonding, 측정선 접속 등의 방법이 있다.

(5) Test station

피방식체의 방식상태를 확인하기 위한 전위측정설비이며, 측정 리드선을 보호한다.

전력사용설비의 전기방식설비에 대하여 설명하시오.

1 개 요

(1) 부식현상

땅에 매설되는 금속산화물은 금속표면에서 전위차이가 생겨 양극부에는 산화작용을, 음극부에는 환원반응을 일으키는 현상이다.

(2) 전기방식설비

피방식 구조물의 표면에 직류전류(방식전류)를 유입시켜 양극반응을 억제함으로써 부식을 방지하는 것이다.

(3) 전식(electrolytic corrosion)

① 지중에 매설된 금속체에 누설전류가 흐를 때, 전류의 유출 부분에서 금속이 이온화하여 대지로 유출됨으로써 부식되는 현상이다.

② 금속체가 전기화학작용에 의해 그 결정격자가 파괴되며, 금속화합물이 변화되는 것이다.

(4) 전식발생 4요소 : 양극, 음극, 이온경로(대지), 금속경로

(5) 습식부식의 종류

① 전식(cathodic corrosion)

  ㉠ 외부전원에서 누설된 전류에 의해서 일어나는 부식 : 주로 전철레일의 회로

  ㉡ 간섭(jumping) : 전기방식장치에서의 누설전류에 의한 부식

② 자연부식 : 콘크리트, 토양, 이종금속, 박테리아 등의 자연전위차에 의해 양극보다 음극부가 형성되어 부식발생

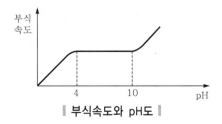

‖ 부식속도와 pH도 ‖

  ㉠ 국부부식

  ㉡ 틈부식

  ㉢ 임계부식

ⓔ 침식부식

   ⓜ 갈바닉 부식(galvanic corrosion) : 이종금속체 부식

   ⓗ 응력부식

   ⓢ 세균부식

   ⓞ 농담전지부식

(6) 건식부식의 종류

고온가스에 의한 부식, 비전해질에 의한 부식

▣2 음극방식법에서의 부식의 성립조건

 음극방식법에서는 소화배관을 (−)극으로 만들어 부식을 방지한다. 즉 (+)극(anode)에서 부식이 성립된다.

▣3 전식의 메커니즘

(1) 다음 그림과 같이 전원을 연결하여 직류전류를 흘리면 A전극에서 전류가 유출되어 전해액을 통하여 B전극으로 되돌아간다. 이때, 전류가 유출된 A극에는 Electrolytic corrosion이 발생된다.

(2) 또한, 교차관의 접촉면에서는 간섭에 의한 전위변화로 교차점에서 부식이 발생한다.

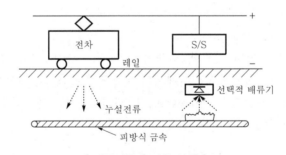

‖ 미주전류에 의한 부식 ‖

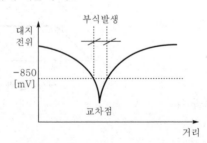

‖ 간섭에 의한 전위변화 ‖

4 전식량

누설된 전류에 의한 전식량은 패러데이의 법칙으로 다음과 같다.

$$W = Z \cdot I \cdot t$$

여기서, W : 전식량[g]
Z : 전기화학당량(상수)
I : 전류[A]
t : 시간[s]

5 전식의 원인

개요에서 구체적 분류한 것을 바탕으로 개괄적으로 전식의 원인을 해석하면 다음과 같다.

(1) 전철에서의 미주전류

다음의 그림과 같이 귀선전류의 일부가 대지로 누설미주전류가 되어 주변 금속체를 전식시킨다.

(2) 이종(異種)금속체 부식

각 금속은 전해질 중 각각의 고유전위를 갖고 있으며, 상호간에 생기는 전위차에 의하여 전식이 발생한다.

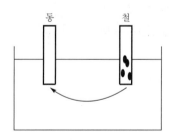

‖ 이종금속조합에 의한 전식 ‖

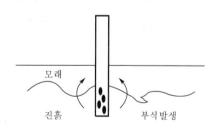

‖ 토양의 차이에 의한 마이크로셀 전식 ‖

(3) 마이크로셀에 의한 전식(농담전지부식)

동일 금속이라도 환경의 상이함에 따라 전위가 위의 그림처럼 달라져 상호간에 전류가 흘러 전류 유출개소에는 전식이 발생한다.

(4) 전기방식장치 등의 누설전류에 의한 전식

전기방식장치에서의 누설전류가 타금속체에 부식을 일으킨다.

6 부식방식의 대책

(1) 방식피복

① 매설되는 금속표면에 내구성, 내수성이 우수한 폴리에틸렌라이닝, 수지라이닝 등의 재료로 피복하는 것이다.

② 공사 중의 손상, 경년열화로 피복에 결합이 생기면 부식이 빨리 온다.

(2) 환경의 개선

매설배관 주위를 모래로 치환하여 부식을 해소한다.

(3) 전기방식

결함부 내 금속의 노출면에 직류방식전류를 공급하는 방법으로 가장 우수하며, 널리 사용되는 방식이다.

7 전기방식

(1) 희생양극식(sacrificial anode system) : 유전양극법

① 금속배관에 상대적으로 전위가 높은 금속을 직접 또는 도선에 의해 접속시키는 방식이다.

② 즉, 이종금속 간의 이온화 경향차이를 이용하여 소방배관이 음극이 되도록 하고, 접속시킨 금속이 양극이 되어 대신 부식되도록 하는 것이다.

③ Anode의 재질은 Fe보다 고전위인 Mg, Zn, Al 등을 사용하며, 이 양극은 서서히 소모된다.

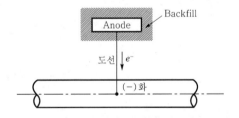

④ 이러한 희생양극(anode)은 접지저항을 낮춰 발생전류를 많게 하기 위하여 벤토나이트 계통의 양극(backfill)재료를 넣어 사용한다.

⑤ 장점

㉠ 별도의 전원공급이 필요하지 않다.

㉡ 설계 및 설치가 매우 쉽다.

㉢ 유지보수가 거의 필요 없다.

ⓔ 주위 시설물에 대한 간섭이 거의 없다.

  ⓜ 전류분포가 균일하다.

  ⓗ 도장된 배관이나 다수로 분산된 배관에 적합하다.

 ⑥ 단점

  ㉠ 적은 방식전류가 필요한 경우에만 사용가능하다.

  ㉡ 토양저항이 크고, 수중에는 부적합하다.

  ㉢ 유효전위가 제한된다.

(2) 외부전원법 : 강제전원식(impressed current system)

 ① 원리

  ㉠ 금속배관에 DC 전원의 음극을 연결하고, 외부 Anode에 전원의 양극을 연결시켜서 전해질을 통해 방식전류를 공급하는 방식이다.

  ㉡ Anode의 재질 : 외부전원에서 전류를 공급하므로, Anode는 금속의 이온화 경향보다 내구성이 강한 재질을 사용할 수 있다(고규소철, 백금전극 등을 사용).

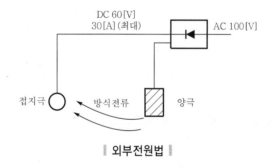

‖ 외부전원법 ‖

 ② 장점

  ㉠ 대용량의 방식전류를 사용할 수 있다.

  ㉡ 전압, 전류의 조절이 용이하다.

  ㉢ 방식 소요전류의 대·소에 관계가 없다.

  ⓔ 자동화가 가능하다.

  ⓜ 내소모성 양극을 사용하여 수명을 길게 할 수 있다.

  ⓗ 토양저항의 크기에 관계없이 적용가능하다.

 ③ 단점

  ㉠ 설계가 복잡하다.

  ㉡ 타시설물에 대한 방식전류의 간섭이 발생한다.

  ㉢ 설치 및 유지관리비용이 소요된다.

  ⓔ 과도한 방식이 될 수 있다.

(3) 선택배류법

① 전동차의 희생제동일 경우, 변전소의 (−)극과 지하매설과의 전극 사이에 다이오드를 연결하여 누설전류의 방향을 선택함으로써 부식을 방지시킨다.

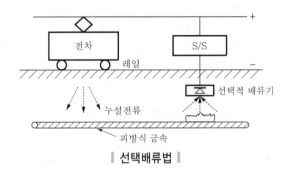

| 선택배류법 |

② 전철의 누설전류를 방식전류로 이용하기 때문에 낮은 비용으로 전식을 효과적으로 방지한다.

③ 레일전압이 높거나 전압이 없을 때 피방식 구조물이 무방식 상태가 되므로 주로 외부전원법과 병용한다.

④ 전기철도로부터의 누설전류를 대지에 유출시키지 않고, 직접 레일에 되돌려 주는 방법이다.

⑤ 장점
  ㉠ 전철의 전류를 이용하므로 유지비가 저렴하다.
  ㉡ 전철운행시에도 자연부식이 방지된다.

⑥ 단점
  ㉠ 전철의 휴지기간에는 효용이 없다.
  ㉡ 타매설금속체에 대한 간선을 고려, 전철의 위치에 따라 효과범위가 제한된다.

⑦ 배류방식 중에 직접·선택·강제배류법이 있으나, 선택배류법을 많이 사용한다.

(4) 강제배류법

① 직류전원장치에 의해 레일에 강제적으로 배류한 것으로, 선택배류법+외부전원법과 같은 형태이다.

② 항상 배류되어 피방식 구조물을 항상 방식할 수 있다.

③ 효과범위가 넓고, 전류조정이 쉽다.

④ 외부전원법에 비해 값이 저렴하다.

(5) 직접배류법

① 지중의 금속과 전철레일을 전선으로 접속하여 전기방식하는 방법이다.

② 레일의 전위가 자주 변하므로, 방식효과가 항상 얻어지지는 않는다.

8 결 론

전기방식의 방법은 다음과 같은 기준에 따라 결정하여 선정하게 된다.

(1) 전체 방식 소요전류의 크기

(2) 각 설치물로부터 요구되는 전류의 양과 Anode 설치장소, 보호대상과의 거리

(3) 배관이 코팅된 것인지의 여부

(4) 타시설물의 존재 여부

기타 방재설비

문제 **01**

전선의 이상온도검지장치의 시설기준과 활용방안을 설명하시오.

1 개 요

전선의 이상온도를 조기에 검지하고 경보하는 전선의 이상온도검지장치(검지선이 전선과 접촉하는 것에 한함)를 시설하는 경우에는 다음에 의한다.

2 전선의 이상온도검지장치의 시설기준(내선규정)

(1) 고압이나 특고압의 전선에 시설하는 검지선 또는 당해 검지선에 전기를 공급하는 전선과 경보장치와의 접속개소에는 교류 300[V] 이하에서 작동하는 피뢰기를 설치해야 한다.

(2) 이상온도검지장치에 전기를 공급하는 전로의 사용전압은 저압이어야 한다.

(3) 검지선에 전기를 공급하는 전로의 사용전압은 직류 30[V] 이하이어야 한다.

(4) 검지선은 전선의 이상온도를 유효하게 검지할 수 있도록 시설해야 한다.

(5) 검지선은 시설장소에서 이탈되지 않도록 적당한 방법으로 지지해야 한다.

(6) 검지선은 고압 또는 특고압전로에 사용하는 절연전선 또는 나전선에 시설해서는 안 된다.

(7) 검지선 도체는 균질한 금속제의 단선으로 하고 절연체는 합성수지 혼합물로서 전기용품 기술기준에 의한 시험에 적합한 것이어야 한다.

(8) 고압이나 특고압전선에 시설하는 검지선 또는 그 검지선에 전기를 공급하는 전선과 경보 장치와의 접속개소에 시설하는 교류 300[V] 이하에서 동작하는 피뢰기는 제1종 접지공사 를 해야 한다.

(9) 검지선에 접속하는 단자함, 검지선과 검지선에 전기를 공급하는 전선을 접속하는 단자함, 경보장치 및 방호장치의 금속제 부분에는 제3종 접지공사를 해야 한다.

3 이상온도검지장치의 활용방안

전선 이상온도검지장치는 검지선을 전선과 접촉되게 시설해서 전선의 이상온도를 조기에 검지하고 경보하는 장치로 다음과 같은 개소에 설치하는 것이 바람직하다.

(1) 지하공동구에 설치되는 전선 또는 케이블

(2) 방폭지역에 설치되는 전선 또는 케이블

(3) 화학공장에 설치되는 전선 또는 케이블

(4) 광산 또는 갱도에 설치되는 케이블 등

4 검지선의 규격

(1) 도체는 균질한 금속제의 단선일 것

(2) 절연체 및 외장

① 가열온도 및 가열시간

절연체 및 외장의 구분	가열온도[℃]	가열시간(시간)
절연체	T±2	96
외장	90±2	96

단, T는 검지설정에서 20[℃]를 뺀 값으로 한다.

② 실온에서의 인장강도 및 신장률과 가열 후의 인장강도 및 신장률 값은 아래 표에서 정한 값 이상일 것

절연체 및 외장의 구분	가열온도[℃]		가열시간(시간)	
	인장강도 [kg/mm²]	신장률[%]	인장강도 [kg/mm²]	신장률[%]
절연체	0.4	50	50	50
외장	0.6	50	50	50

(3) 외장의 두께는 0.1[mm] 이상일 것

(4) 완성품은 맑은 물속에 1시간 담근 후 도체 상호간 및 도체와 대지 사이에 500[V] 교류전압을 연속하여 1분간 가하였을 때에 이에 견디는 것일 것

항공장애등에 대하여 기술하시오.

COMMENT 전체 목차를 외운 후 요약하여 3페이지 정도로 정리해서 숙지할 것

1 장애물 제한구역 안에 있는 물체에 대한 항공장애등 설치

(1) 적용범위

항공기의 항행운전을 저해할 우려가 있는 지표 또는 수면으로부터 60[m] 이상 높이의 구조물이 항공기의 항행안전을 현저히 해칠 우려가 있으면 구조물에 표시등 및 표지를 설치할 것

(2) 야간에 사용되는 비행장의 진입표면 또는 전이표면에 해당하는 장애물 제한구역에 위치한 물체의 높이가 진입표면 또는 전이표면보다 높을 경우

① 진입표면 : 활주로 중심 연장선상에 위치한 표면으로 활주로 중심선으로부터 3,000[m]까지는 경사도 50분의 1, 3,000~15,000[m]까지는 40분의 1의 경사도로 설정된 표면

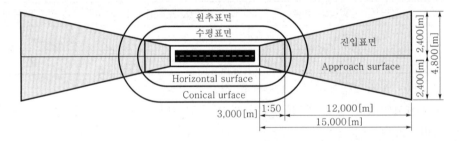

‖ 진입표면(approach surface) ‖

② 전이표면 : 기본표면 양측으로 7분의 1의 경사도로 외측 상방으로 45[m] 높이까지 확장된 경사표면으로서 이·착륙하는 항공기가 공항 내에서 진로이탈시 장애물과의 충돌을 방지하기 위하여 설정된 표면

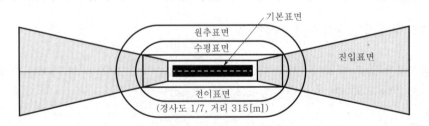

‖ 전이표면(transitional surface) ‖

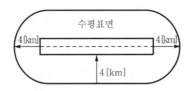

║ 수평표면(horizontal surface) ║

(3) 야간에 사용되는 비행장의 수평표면 또는 원추표면에 해당하는 장애물 제한구역에 위치한 물체의 높이가 수평표면 또는 원추표면보다 높을 경우

① 수평표면 : 전이표면 외곽으로 반경 4[km] 이하의 타원형으로 설정된 표면으로 공항 착륙대의 높이 중 가장 높은 점의 높이로부터 수직상방 45[m]까지의 표면

② 원추표면 : 수평표면의 외측 경계선으로부터 외측 상방 20분의 1의 경사도로 1,100[m] 의 범위 안에 설정되는 장애물 제한표면

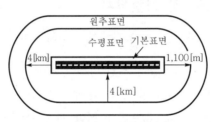

║ 원추표면(conical surface) ║

2 장애물 제한구역 밖에 있는 물체에 대한 항공장애등 설치

다음에 해당하는 경우에는 항공장애표시등을 설치하여야 한다.

(1) 높이가 지표 또는 수면으로부터 150[m] 이상인 물체

(2) 지표 또는 수면으로부터의 높이가 60[m] 이상인 다음의 물체

① 굴뚝, 철탑, 기둥, 기타 높이에 비하여 그 폭이 좁은 물체

② 골조형태의 구조물

③ 건축물, 구조물 위에 추가 설치한 철탑, 송전탑 등

④ 가공선을 지지하는 탑

⑤ 계류기구(주간에 시정이 5,000[m] 미만인 경우와 야간에 계류하는 것에 한함)

⑥ 풍력터빈

(3) 강·계곡(가공선 또는 케이블 등의 높이가 지표 또는 수면으로부터 90[m] 미만인 계곡은 제외) 또는 고속도로를 횡단하는 가공선·케이블

(4) 지방항공청장이 항공기의 항행안전을 해칠 우려가 있다고 인정하는 강, 계곡 또는 고속도로 주변에 설치된 가공선과 케이블을 지지하는 탑

(5) 가공선·케이블 등에 표지를 하여야 하지만 그 가공선·케이블 등에 항공장애주간표지를 설치할 수 없을 경우, 그 가공선이나 케이블을 지지하는 탑

(6) 그 밖에 지방항공청장이 항공기에 위험을 줄 수 있다고 판단하는 물체나 구조

3 장애등 설치목적

항공기에 지상장애물의 존재를 표시하여 줌으로써 위험을 감소하게 하려는 것으로, 장애물에 의하여 발생될 수 있는 운항제한을 반드시 감소시키는 것은 아니다.

4 항공장애등용 등기구 및 점멸장치

(1) 항공장애등의 등기구는 사용 중에 움직이지 아니하도록 견고하게 장치한다.

(2) 항공장애등의 점멸장치는 견고한 금속제 방수함 속에 넣고, 철탑 그 밖의 철주에 시설할 경우에는 지상 3[m] 이상 5[m] 이하되는 곳에 시설한다. 단, 잠금장치를 하는 등 취급자 이외의 사람이 쉽게 조작할 수 없도록 시설할 경우에는 예외로 한다.

(3) 항공장애등의 점멸장치를 옥내에 시설하는 경우에는 견고한 금속제 외함에 넣고 또한 자물쇠장치를 하는 등 취급자 이외의 사람이 쉽게 조작할 수 없도록 시설한다.

5 항공장애등 배선

(1) 배선은 옥내배선공사의 해당 사항이다.

(2) 항공장애등에 공급하는 회로는 전용 분기회로로 한다.

(3) 전선 및 케이블는 KS C 3302, KS C 3611을 참고한다.

(4) 건물 또는 구조물 외면의 배선은 다음에 의하여 시설한다.
  ① 배선은 금속관배선, 합성수지관배선 또는 케이블배선으로 시설한다.
  ② 케이블은 손상될 우려가 없도록 시설한다.
  ③ 배선은 피뢰침의 접지선과 1.5[m] 이상 이격한다. 단, 1.5[m] 이상 이격할 수 없는 경우에는 금속관배선으로 한다.
  ④ 배선은 등기구 내에 직접 도입하거나 또는 등기구의 리드선과 등기구 밖에서 접속한다.

6 장애물 제한구역 안에 있는 장애물에 대한 항공장애등 설치기준

(1) 장애물 제한구역 안에서 물체가 광범위하게 확산되어 있지 않고, 그 높이가 지표 또는 수면으로부터 45[m] 미만인 항공장애표시등 설치대상 고정물체에는 저광도 B형태의 항공장애표시등을 설치할 것 다만, 다음에 해당하는 경우에는 저광도 A형태의 항공장애표시등을 설치해야 한다.

① 비행장 이동지역 내에 위치한 물체에 저광도 B형태 항공장애표시등을 설치하면 조종사에게 눈부심을 유발시켜 항공기 안전운항에 영향을 줄 수 있는 경우
② 탑승교와 같이 기동성이 제한된 물체에 항공장애표시등을 설치하는 경우, 그 장애표시등 빛의 광도는 인접을 고려하여 뚜렷하게 보일 수 있을 만큼 충분히 밝을 것

(2) 장애물 제한구역 안에서 군집된 수목 또는 건물이 광범위하게 확산되어 있거나 물체의 높이가 45[m] 이상인 경우에는 중광도 B형태의 항공장애표시등을 설치할 것. 다만, 다음의 경우에는 그러하지 아니하다.

① 주변의 다른 불빛 등 환경 여건에 의해 물체의 식별이 어려운 경우에는 중광도 A형태 항공장애표시등을 설치할 것. 다만, 중광도 A형태 항공장애표시등이 환경에 심각한 피해를 주거나 조종사에게 눈부심을 주는 경우에는 주간에는 중광도 A형태 항공장애표시등을, 야간에는 중광도 B형태 항공장애표시등을 사용할 수 있도록 이중 시스템으로 구성
② 주변 환경 여건상 중광도 C형태 장애표시등을 설치해도 물체를 명확하게 인식할 수 있는 경우에는 중광도 C형태 장애표시등을 설치

(3) 이동지역 내에서 항공기를 제외한 차량이나 기타 이동물체에는 다음 같이 항공장애표시등을 설치

① 비행장 이동지역 내에서 운행하는 비상용 차량 또는 보안용 차량에는 저광도 C형태의 청색섬광 장애표시등
② 비행장 이동지역 내에서 운행하는 일반차량이나 기타 이동물체에는 저광도 C형태의 황색섬광 장애표시등
③ 비행장 이동지역 내에서 운행하는 지상유도차량(follow-me car)에는 저광도 D형태의 황색섬광 장애표시등

7 장애물 제한구역 밖에 있는 장애물에 대한 항공장애등 설치기준

(1) 장애물 제한구역 밖에서 물체가 광범위하게 확산되어 있지 않고, 그 높이가 지표 또는 수면으로부터 60[m] 이상 150[m] 미만인 장애표시등의 설치대상이 되는 고정물체에는 저광도 B형태 항공장애표시등을 설치할 것. 다만, 시외 또는 주변에 다른 불빛이 없어 보다 낮은 광도의 장애표시등을 설치해도 되는 경우에는 저광도 A형태 장애표시등을 설치할 수 있다.

(2) 장애물 제한구역 밖에서 군집수목 또는 건물이 광범위하게 확산되어 있거나, 그 높이가 150[m] 이상인 물체(항공기 항행안전을 해칠 우려가 있다고 지방항공청장이 인정한 경우에는 90[m] 이상의 물체)에는 중광도 A형태 항공장애표시등을 설치할 것. 다만, A형태의 중광도 항공장애표시등이 조종사에게 눈부심을 주거나 심각한 환경적인 피해를 주는 것으로 지방청장이 판단하는 경우 주간 및 박명시간대에는 A형태의 중광도 장애표시등을 점등하고, 야간에는 B형태 또는 C형태의 중광도 장애표시등을 사용할 수 있도록 이중 시스템으로 구성해야 한다.

(3) 지표 또는 수면으로부터 높이가 150[m] 이상인 물체로서 항공학적 검토 및 위험평가에 의하여 주간에 그 물체를 식별하는데, 항공장애표시등의 설치가 필수적이라고 지방항공청장이 인정하는 다음과 같은 물체에는 고광도 A형태 항공장애표시등을 설치하여야 한다.
① 구조상 표지의 설치가 불가능한 물체
② 배경색으로 인하여 표지의 식별이 어려운 물체
③ 부근의 오염이나 기후특성 등으로 인하여 표지의 식별이 어려운 물체

(4) 공중선 및 케이블에는 다음과 같이 고광도 B형태의 항공장애표시등을 설치할 것. 다만, B형태의 고광도 항공장애표시등이 조종사에게 눈부심을 주거나 심각한 환경적인 피해를 주는 것으로 지방청장이 판단하는 경우, 주간 및 박명시간대에는 B형태 고광도 항공장애표시등을 점등하고, 야간에는 B형태 또는 C형태의 중광도 장애표시등을 사용하는 이중 시스템으로 구성해야 한다.
① 항공장애주간표지 설치대상인 공중선 또는 케이블에 항공장애주간표지를 할 수 없을 경우, 그 공중선 또는 케이블을 지지하는 탑에 설치
② 항공학적 검토 및 위험평가 공중선, 케이블 등의 존재를 식별하기 위하여 고광도 항공장애표시등 설치가 필수적인 경우, 공중선 또는 케이블에 설치

(5) 주간시정이 5,000[m]보다 낮거나 야간에 계류되는 계류기구에는 중광도 A형태 항공장애표시등을 설치할 것. 다만, 중광도 A형태 항공장애표시등이 항공기 조종사에게 눈부심을 주거나 환경에 심각한 피해가 있다고 판단되는 경우에는 중광도 B형태 항공장애표시등을 설치할 수 있다.

(6) (5)의 규정에도 불구하고 계류기구에 물리적으로 항공장애표시등 설치가 불가능한 경우, 그 계류기구는 평균 160[lx] 이상의 밝기로 조명되어야 한다.

(7) 풍력터빈에는 중광도 A형태 항공장애표시등을 설치해야 한다. 다만, 중광도 A형태 항공장애표시등이 항공기 조종사에게 눈부심을 주거나, 환경에 심각한 피해가 있다고 판단되는 경우에는 중광도 B형태 항공장애표시등을 설치할 수 있다.

8 항공장애표시등의 종류와 성능

| 항공장애표시등의 종류와 성능 |

1	2	3	4	5	6	7
성능 종류	색채	신호형태 (섬광주기, 분당섬광/[fpm])	배경휘도별 최고광도			광분 배표
			500[cd/m²] 이상 (주간)	50~500[cd/m²] (박명)	50[cd/m²] 미만(야간)	
저광도 A형태 (고정장애물)	붉은색	고정	비해당	비해당	10	표 1-1
저광도 B형태 (고정장애물)	붉은색	고정	비해당	비해당	32	표 1-1
저광도 C형태 (이동장애물)	황색/청색 (가)	섬광 (60~90[fpm])	비해당	40	40	표 1-1
저광도 D형태, 지상유도차량	황색	섬광 (60~90[fpm])	비해당	200	200	표 1-1
중광도 A형태	흰색	섬광 (20~60[fpm])	20,000	20,000	2,000	표 1-2
중광도 B형태	붉은색	섬광 (20~60[fpm])	비해당	비해당	2,000	표 1-2
중광도 C형태	붉은색	고정	비해당	비해당	2,000	표 1-2
고광도 A형태	흰색	섬광 (40~60[fpm])	200,000	20,000	2,000	표 1-2
고광도 B형태	흰색	섬광 (40~60[fpm])	100,000	20,000	2,000	표 1-2

| 표1-1 저광도 장애표시등의 광배분표 |

구 분	최소광도 (a)	최대광도 (a)	수직빔 확산(f)	
			최소빔 확산	광도
A형	10[cd](b)	비해당	10°	5[cd]
B형	32[cd](b)	비해당	10°	16[cd]
C형	40[cd](b)	400[cd]	12°(d)	20[cd]
D형	200[cd](c)	400[cd]	비해당(e)	비해당

[비고] 1. 수평빔 확산각도는 별도로 규정하지 않는다.

2. 따라서 등의 설치수량은 각 등의 수평빔 확산각도와 장애물의 형태에 따라 달라진다.

3. 그러므로, 더 좁은 수평빔 확산각도의 등을 설치할 경우 더 많은 수량이 필요하다.

(a) 섬광등의 경우 실효광도이다.

(b) 2°와 10° 사이의 수직앙각이고, 수직앙각은 등을 포함하는 수평면을 기준으로 한다.

(c) 2°와 10° 사이의 수직앙각이고, 수직앙각은 등을 포함하는 수평면을 기준으로 한다.

(d) 최고광도는 약 2.5°의 수직앙각에 있어야 한다.

(e) 최고광도는 약 17°의 수직앙각에 있어야 한다.

(f) 광도열의 값보다 큰 광도의 광의 방향과 수평면이 이루는 각이다.

| 표1-2 광배분표(단위[cd]) |

기준값	최소요구조건 수직앙각(b) 0° 최소평균광도(a)	최소광도(a)	-1° 최소광도(a)	수직빔 확산(c) 최소빔확산	광도(a)	준수조건 수직앙각(b) 0° 최대광도(a)	-1° 최대광도(a)	-10° 최대광도(a)	수직빔 확산(c) 최대빔확산	광도(a)
200,000	20×10^4	15×10^4	7.5×10^4	$3°$	7.5×10^4	25×10^4	11.25×10^4	0.75×10^4	$7°$	7.5×10^4
100,000	10×10^4	7.5×10^4	3.75×10^4	$3°$	3.75×10^4	12.5×10^4	5.625×10^4	0.375×10^4	$7°$	3.75×10^4
20,000	2×10^4	1.5×10^4	0.75×10^4	$3°$	0.75×10^4	2.5×10^4	1.125×10^4	0.075×10^4	비해당	비해당
2,000	0.2×10^4	0.15×10^4	0.075×10^4	$3°$	0.075×10^4	0.25×10^4	0.1125×10^4	0.0075×10^4	비해당	비해당

[비고] 1. 수평빔 확산각도는 별도로 규정하지 않는다.

2. 따라서 등의 설치수량은 각 등의 수평빔 확산각도와 장애물의 형태에 따라 달라진다.

3. 그러므로 더 좁은 수평빔 확산각도의 등을 설치할 경우 더 많은 수량이 필요하다.

(a) 섬광등의 경우 유효광도이며, 국제민간항공기구(ICAO)의 비행장 설계 매뉴얼 Part 4에 따른다.

(b) 수직앙각은 수평면을 기준으로 한다.

(c) 광도열의 값보다 큰 광도의 광의 방향과 수평면이 이루는 각이다.

9 항공장애표시등의 설치방법(위치)

(1) 일반사항

① 항공장애표시등을 설치할 때에는 항공장애표시등이 모든 각도에서 보일 수 있도록 수량 및 배열을 설정하여야 한다.

② 항공장애표시등이 인접 장애물 등에 의하여 보이지 않게 되는 경우에는 항공장애표시등이 보일 수 있도록 인접 장애물 등에 항공장애표시등을 설치해야 한다.

③ 항공장애표시등은 가능한 한 장애물의 정상에 가까운 곳에 설치할 것. 다만, 굴뚝 또는 그와 유사한 기능을 가진 물체에 설치하는 장애표시등은 연기 등으로 인한 오염으로 인해 기능이 저하되는 것을 최소화하기 위하여 정상보다 1.5[m] 낮은 곳에서부터 3[m] 낮은 곳 사이에 위치하도록 설치할 수 있다.

④ 굴뚝 또는 그와 유사한 물체에 설치해야 하는 항공장애표시등의 수량은 해당 물체의 지름에 따라 다음에 따른다.

㉠ 6[m] 이하 : 3개 이상

㉡ 6[m] 초과~31[m]까지 : 4개 이상

ⓒ 31[m] 초과~61[m]까지 : 6개 이상

ⓔ 61[m] 초과 : 8개 이상

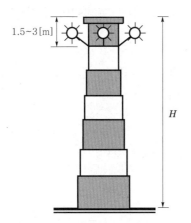

‖ 굴뚝 등의 항공장애표시등 설치위치 ‖   ‖ 굴뚝 등의 항공장애표시등 설치방법 ‖

단, H가 45[m] 이하인 경우이며, 이보다 높은 경우 장애물 중간에 등을 추가로 설
치하여야 한다.

⑤ 장애물 제한표면이 경사가 지고 장애물 제한표면보다 높거나 가장 근접한 지점이 그 물
체의 정상점이 아닐 경우에는 장애물 제한표면보다 높거나 가장 근접한 지점에 장애표
시등을 설치하고 그 물체의 가장 높은 지점에 장애표시등을 추가로 설치하여야 한다.

(2) 저광도 항공장애표시등의 설치

저광도 항공장애표시등의 설치간격은 45[m] 이내여야 한다.

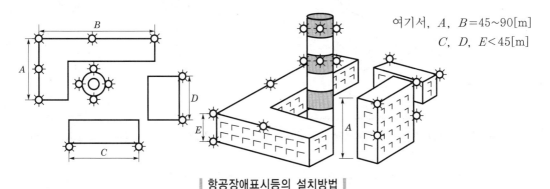

여기서, A, $B=45{\sim}90[m]$
C, D, $E < 45[m]$

‖ 항공장애표시등의 설치방법 ‖

(3) 중광도 항공장애표시등의 설치

① 중광도 A형태 항공장애표시등은 다음에 따라 설치하여야 한다.

  ㉠ 중광도 A형태 항공장애표시등은 단독으로만 설치할 수 있으며, 다른 형태의 항공
  장애표시등과 조합하여 설치하여서는 아니된다.

ⓛ 동일한 구조물, 동일한 군집물체에 설치된 중광도 A형태 항공장애표시등은 동시에 섬광되어야 한다.

ⓒ 중광도 A형태 항공장애표시등의 설치간격은 105[m] 이내여야 한다.

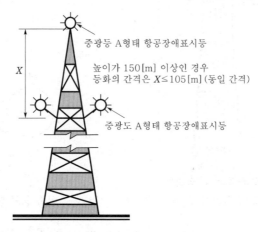

│ 중광도 A형태 항공장애표시등의 추가 설치위치 │

ⓔ 계류기구에 설치하는 A형태 장애표시등은 기구의 정상, 측면 부분, 기구로부터 4.6[m] 하단의 케이블 부분에 설치해야 하며, 전체 높이가 105[m]를 초과할 경우에는 케이블 부분에 105[m]를 넘지 않는 같은 간격으로 설치하여야 한다.

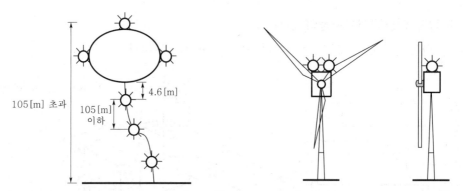

│ 계류기구에 설치하는 중광도 A형태 항공장애등 위치 │ **│ 풍력터빈에 설치하는 중광도 A형태 위치 │**

ⓜ 풍력터빈에 설치하는 중광도 A형태 항공장애표시등은 터빈상부에 2개를 설치하되, 조종사가 어느 방향에서나 볼 수 있도록 배치해야 한다.

ⓗ 풍력터빈이 집단으로 설치되어 있는 경우에는 집단으로 설치된 지역(wind farm)의 경계 및 전체적인 윤곽을 나타낼 수 있도록 배열하되, 등 사이의 최대간격이 900[m]를 넘지 않도록 배열하고, 가장 높은 지점과 착륙지역에 가까운 지역이 표시되도록 항공장애표시등을 배치하여야 한다.

② 중광도 B형태 항공장애표시등은 다음에 따라 설치하여야 한다.

　㉠ 중광도 B형태 항공장애표시등은 단독으로 사용하거나 저광도 B형태 항공장애표시등과 함께 설치할 수 있다.

　㉡ 동일한 구조물, 동일한 군집물체에 설치된 중광도 B형태 항공장애표시등은 동시에 섬광되어야 한다.

　㉢ 중광도 B형태 항공장애표시등의 설치간격은 52[m] 이내여야 하며, 물체의 높이가 52[m]를 넘는 경우에는 52[m]를 넘지 않는 같은 간격으로, 저광도 B형태 항공장애표시등과 중광도 B형태 항공장애표시등을 교대로 설치해야 한다.

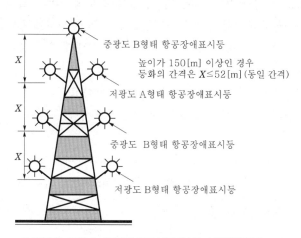

‖ 중광도 B형태 항공장애표시등의 추가설치위치 ‖

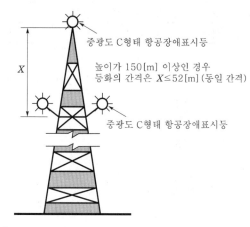

‖ 중광도 C형태 항공장애표시등의 추가 설치위치 ‖

(4) 중광도 C형태 항공장애표시등의 설치

① 중광도 C형태 항공장애표시등은 단독으로만 설치 할 수 있으며, 다른 형태의 항공장애표시등과 조합하여 설치하여서는 아니된다.

② 중광도 C형태 항공장애표시등의 설치간격은 52[m] 이내여야 한다.

(5) 고광도 항공장애표시등의 설치

① 고광도 항공장애표시등은 주간 및 야간용으로 사용될 수 있으나, 눈부심을 주지 않도록 설치해야 한다.

② 야간에 고광도 A형태 장애표시등이 비행장 표점으로부터 반경 10[km] 이내에서 조종사에게 눈부심을 주거나, 다음과 같은 경우로서 심각한 환경적인 피해를 주는 것으로 지방항공청장이 판단시, 주간 및 박명에는 고광도 A형태 항공장애표시등을 사용하고, 야간에는 중광도 B형태 또는 중광도 C형태 항공장애표시등을 사용할 수 있도록 시스템을 구성하여야 한다. 다만, 장애물의 높이가 지표나 수면으로부터 150[m] 이상인 경우 중광도 B형태 또는 중광도 C형태 항공장애표시등을 단독으로 사용하거나 중광도 B형태 항공장애표시등과 저광도 B형태 항공장애표시등을 조합하여 사용하여야 한다.

ⓧ 부근에 천연기념물로 보호하는 동물이 서식하고 있는 경우

ⓒ 인구밀집지역에서 야간에 고광도 항공장애표시등 운영시 수면방해 등을 발생시킬 수 있는 경우

③ 고광도 A, B형태 항공장애표시등의 설치각도는 다음 표와 같다.

‖ 고광도 A, B형태 항공장애표시등의 설치각도 ‖

지형에서 장애표시등의 높이	수평선에서 빔의 최고각도
지표면에서 151[m] 초과	0°
지표면에서 122[m] 초과 151[m] 이하	1°
지표면에서 92[m] 초과 122[m] 이하	2°
지표면에서 92[m] 이하	3°

④ 고광도 A형태 항공장애표시등의 설치간격은 105[m] 이내여야 한다.

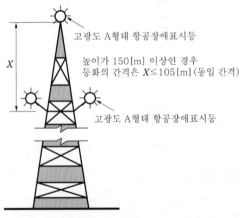

‖ 고광도 A형태 항공장애표시등의 추가 설치위치 ‖

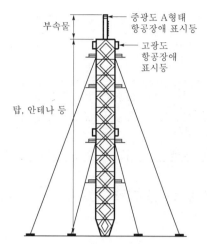

┃ 탑 및 안테나의 부속시설의 항공장애표시등 설치 ┃

⑤ 동일한 구조물, 동일한 군집물체에 설치된 A형태의 각 고광도 항공장애표시등은 동시에 섬광되어야 한다.

⑥ 주간에 고광도 항공장애표시등으로 식별되어야 하는 탑이나, 안테나 물체에 12[m] 이상의 피뢰침 또는 안테나와 같은 부속시설이 설치되어 부속시설의 정상에 고광도 항공장애표시등을 설치할 수 없을 때에는 가능한 한 가장 높은 위치에 고광도 항공장애표시등을 설치하고, 그 부속시설의 정상에는 중광도 A형태의 항공장애표시등을 설치하여야 한다.

⑦ 고광도 B형태 장애표시등을 공중선 또는 케이블을 지지하는 탑에 설치할 경우에는 다음의 위치에 항공장애표시등을 설치하여야 한다.

㉠ 탑의 정상 부분

㉡ 가공선 또는 케이블의 가장 낮은 부분

㉢ 이 두 높이의 중간 정도의 위치

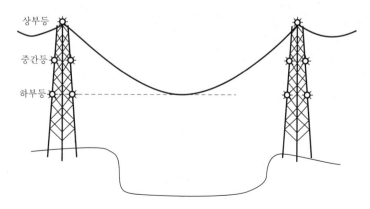

┃ 고광도 B형태 항공장애표시등의 설치위치 ┃

⑧ 공중선이나 케이블 등을 지지하는 탑에 설치하는 B형태의 고광도 항공장애표시등은 중간등, 상부등, 하부등의 순서로 섬광되어야 하며, 각 등 간의 섬광주기비율은 다음과 같아야 한다.

섬광간격	주기시간비율
중간등과 상부등 간	1/13
상부등과 하부등 간	2/13
하부등과 중간등 간	10/13

(6) 초고층 건물의 항공장애표시등 간략도면 예

여기서, ☼ : Tower(무선탑) 120[W]×1[EA]
        ◉ : PH(옥상) 50[W]×2[EA]
        ◉ : 61층(고층) 50[W]×4[EA]
        ◉ : 중층(52, 42) 50[W]×8[EA]
        ● : 저층(32, 22, 12) 5[W]×12[EA]

철탑 고광도 A형 DC/1,200[V]/1,800만회 20만[cd](철탑) 섬광 크세논(xenon lamp) 80[lux] 이상 주간 백색점등(섬광) 분당 40~60회

전원공급제어반 61층 전기실

Photo cell

61S/S

전원공급제어반 39층 전기실

38S/S

전원공급제어반 22층 전기실

21S/S

중광도 LED 24[V]/50[W] 2,000[cd](헬기장) 5만시간 80[lx] 이하 야간 적색점등(점멸) 분당 20회

저광도 LED 12[V]/5[W] 32[cd] 80[lx] 이하 야간 적색점등 고정

저광도 LED 12[V]/5[W] 32[cd] 80[lx] 이하 야간 적색점등 고정

저광도 LED 12[V]/5[W] 32[cd] 80[lx] 이하 야간 적색점등 고정

저광도 LED 12[V]/5[W] 32[cd] 80[lx] 이하 야간 적색점등 고정

\<동작기능\>
1. Photo cell에 의한 자동점소등 (80[lx] 이상시 주간 점등 80[lx] 이하시 야간 점등)
2. 종합관제실 원격제어 및 감시기능
3. Photo cell 고장시 종합관제실 (3회로) 그룹제어가능

‖ 항공장애등 ‖

위 그림과 같이 항공장애등의 조명광원은 크세논 및 LED가 적용된다.

문제 **03**

김포공항으로부터 10[km]에 위치한 곳에 높이 180[m]인 쓰레기 소각장 굴뚝을 설치할 경우 항공장애등과 주간장애표지 설치에 관하여 간단히(설치기준, 설치신고기관) 기술하시오.

1 정 의

(1) 항공장애등

비행 중인 조종사에게 장애물의 존재를 알리기 위해서 사용되는 등화

(2) 주간장애표지

주간에 항공장애등 이외의 페인트 표지(도장), 마커, 깃발 등

2 설치신고기관

서울지방항공청(지방은 시 · 도지사)

3 쓰레기 소각장 굴뚝의 항공장애등 및 표지설치방법

(1) 공항 주변 10[km], 150[m] 높이 소각장 굴뚝은 서울지방항공청과 사전협의해야 한다.

(2) 주어진 문제가 보통 15[km]로 제한지역 이내이고, 표지식별이 어렵고, 10[km]에서 조종사의 눈부심, 동물 및 수면방해가 있는 조건으로 한다.

(3) 이중 등화시스템 설치(조종사의 눈부심 때문)
① 주간 고광도 항공장애등 A형(백색섬광)
② 야간 중광도 항공장애등 C형(적색고정)

(4) 굴뚝 최정상 램프의 높이

굴뚝정상에서 하단 1.5~3[m] 내에 설치 [그림 1] 참조

(5) 추가 항공장애등 설치기준

조항별, 높이별 설치기준에 의한 설치 [그림 2] 참조
① 주간 : 105[m] 이상의 고광도 A형이기에 최상부터 105[m] 하단에 고광도 A형을 설치

② 야간 : 45[m] 이상의 중광도 C형이기에 최상부에서 52[m] 간격으로 중광도 C형을 설치

(6) 주간장애표지

주간에 고광도 A형 장애등을 사용하기에 생략가능하다.

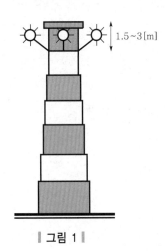

┃ 그림 1 ┃   ┃ 그림 2 ┃

항공장애등설비와 관련하여 다음 사항을 설명하시오.

1. 항공장애등 설치대상
2. 항공장애등 종류와 성능
3. 항공장애등 설치방법
4. 항공장애등의 관리

1 개 요

(1) 항공장애등은 야간에 운행하는 항공기에 대하여 안전하게 운행할 수 있도록 설치되는 장해표시램프(lamp)이다.

(2) 도시지역에서는 고층빌딩, 소각로 굴뚝, 해안지역의 대교 교각탑, 산간지역의 송전탑 등에 그 존재를 명시하도록 의무화하고 있다.

(3) 하지만 법적으로 설치높이는 규정되어 있으나, 예외대상이 있을 수 있으므로 설계시 관할 지방항공청에 협의, 확인하는 것이 바람직하다.

(4) 설치기준은 「항공법」과 「항공법시행규칙」으로 정한다.

2 설치대상

지방항공청장이 항공기의 항행안전을 저해할 우려가 있다고 인정하는 구조물로서 아래와 같은 구조물에 설치한다.

(1) 지표 또는 수면으로부터 150[m] 이상(장애물 제한구역에서는 60[m]) 높이의 구조물에 설치한다.

(2) 그러나 다음의 구조물은 150[m] 미만이라도 설치하여야 한다.

　① 굴뚝, 철탑, 기둥과 같이 그 높이에 비하여 그 폭이 좁은 구조물
　② 뼈대로만 이루어진 구조물
　③ 가공선을 지지하는 탑
　④ 계류장치(주간에 시정이 5,000[m] 미만인 경우와 야간에 계류하는 것)

(3) 다만 다음의 경우는 설치하지 아니할 수 있다.

　① 항공장애등이 설치된 구조물로부터 반지름 600[m] 이내의 위치한 구조물로서 그 높이가 항공장애등이 설치된 구조물의 정상으로부터 수평면에 대한 하방경사도가 10분의 1인 경사도 보다 낮은 구조물

② 항공장애등이 설치된 구조물로부터 반지름 45[m] 이내의 지역에 위치한 구조물로서 그 높이가 항공기 장애등이 설치된 구조물과 동일하거나 낮은 구조물

❸ 항공장애등의 종류 및 성능

(1) 종류

No.	종류	색채	분당섬광주기(회)	광도[cd]
1	저광도 A	적	고정	10 이상
2	저광도 B	적	고정	30 이상
3	중광도 A	백	20~60	1,000 이상
4	중광도 B	적	20~60	2,000 이상
5	고광도 A	백	40~60	2,000 이상
6	고광도 B	백	40~60	20,000 이상

(2) 저광도 항공장애등(「항공법시행규칙」 제248조) → IL : 100[W]

① 광원의 중심을 포함하는 수평면 아래 15° 상방의 모든 방향에서 식별가능할 것
② 점멸하지 아니하는 적색등으로서 광도가 10[cd] 이상일 것(고정된 것에 한함)
③ 1분당 60~90회 점멸하는 황색등(비상용 또는 보안용 자동차에 설치하는 경우에는 청색등)으로서 실효광도가 40[cd](항공기 유도자동차에 설치하는 경우에는 200[cd]) 이상

(3) 중광도 항공장애등 → IL : 500[W]×2

① 광원의 중심을 포함하는 수평면 아래 15° 상방의 모든 방향에서 식별할 수 있는 것
② 1분당 20~60회 점멸하는 적색등으로서 실효광도가 1,600[cd] 이상일 것

(4) 고광도 항공장애등

① 섬광하는 백색등일 것
② 수평면 아래 5° 상방의 모든 방향에서 식별할 수 있을 것
③ 실효광도가 배경의 밝기에 따라 다음과 같이 자동으로 변할 것

배경의 밝기	실효광도
1평방미터당 500[cd/m²] 초과	200,000[cd]±25[%] (가공선 지지탑에 설치하는 경우에는 100,000[cd]±25[%])
1평방미터당 50~500[cd/m²]	20,000[cd]±25[%]
1평방미터당 50[cd/m²] 미만	2,000[cd]±25[%]
배경의 밝기는 가능한 한 조도계를 북쪽 하늘로 향하게 한 상태에서 측정할 것	

④ 가공선을 지지하는 탑 외의 구조물에 설치하는 경우 1분당 40~60회의 주기로 섬광하여야 하며, 1개의 구조물에 2개 이상의 고광도 항공장애등이 설치되어 있을 경우에는 동시에 섬광할 것

⑤ 가공선을 지지하는 탑에 설치할 경우 1분당 60회의 주기로 중간등, 상부등, 하부등의 순서로 섬광하여야 하며, 각 등 간의 섬광주기율이 다음 표와 같을 것

섬광간격	주기율
중간등과 상부등 간	1/13
상부등과 하부등 간	2/13
하부등과 중간등 간	10/13

4 설치방법

(1) 구조물에 설치되는 항공장애등은 모든 방향의 항공기에서 그 구조물을 알아 볼 수 있도록 구조물의 정상(피뢰침을 제외)에 1개이상 설치

(2) 다만, 굴뚝 기타 구조물의 정상에 항공장애등을 설치하는 경우 그 항공항장애등의 기능이 저해될 우려가 있는 때에는 정상에서 아래쪽으로 1.5[m]에서 3[m] 사이의 위치에 설치

(3) (1)의 구조물의 높이가 45[m]를 초과하는 구조물에 있어서는 그 정상에 설치하는 것 외에 정상과 지상까지의 사이에 수직거리 45[m] 이내의 지점마다 동일한 간격으로 설치

(4) (1)의 구조물의 각 면의 폭이 45[m]를 초과하는 구조물은 구조물의 전체적인 윤곽과 범위를 알 수 있도록 각 면과 가장자리에 45[m] 이내의 동일한 간격으로 설치

(5) (1)~(3)의 규정에 의하여 설치되는 항공장애등이 다른 인접물체에 의하여 가려지는 경우에는 그 인접물체상의 대응위치에 설치(항공장애등을 설치하여야 하는 자가 그 인접물체에 항공장애등을 설치할 수 있는 권리를 가진 경우에 한함)

(6) 섬광장치와 전원부는 10[m] 이내 거리에 설치

(7) 보수를 위한 발판을 견고히 설치

5 항공장애등의 관리

항공장애등을 설치한 자는 규정에 의하여 다음과 같이 항공장애등을 관리할 것

(1) 주기적인 램프교체 및 청소

(2) 항공장애등의 보수·청소 등을 하여 완전한 상태로 유지할 것

(3) 건축물·식물 기타의 물체에 의하여 항공장애등의 기능이 저해될 우려가 있는 경우에는 지체 없이 당해 물체의 제거 등 필요한 조치를 할 것

(4) 부득이한 사유로 인하여 항공장애등의 운용을 중지하거나 기능이 저해된 경우와 그 항공장애등의 운용을 재개하거나 기능이 복구된 경우에는 지체없이 그 뜻을 지방항공청장에게 통지할 것

(5) 천재지변 기타의 사유로 인하여 항공장애등의 운용에 지장이 생긴 경우에는 지체 없이 그 복구에 노력하고 그 운용을 될 수 있는 한 계속하는 등 항공기 안전운항을 위하여 필요한 조치를 할 것

(6) 항공장애등의 예비품으로서 여분의 전구 및 퓨즈를 비치할 것

(7) 주간에 시정이 5,000[m] 미만인 때와 야간에는 항상 항공장애등은 주간에만 점등할 것

(8) 항공장애등의 운용을 감시할 수 있는 시각감시기 또는 청각감시기를 설치할 것

문제 03-2

「항공법시행규칙」에서 정한 항공장애등과 주간장애표지시설의 설치기준에 대하여 설명하시오.

1 설치대상

(1) 설치의무화 구조물(「항공법」 제83조)

① 비행장의 진입표면, 수평표면, 전이표면의 투영면과 일치하는 구역 내에 있는 구조물로서 국토교통부령으로 정하는 구조물

② 항공기의 항행에 안전을 현저히 저해할 우려가 있는 구조물

③ 지표 또는 수면으로부터 60[m] 이상의 높이의 구조물(이 경우에 반경 45[m] 이내에 설치대상 구조물이 2개 이상인 때에는 가장 높은 구조물에 대하여만 설치)

(2) 항공장애등 설치의 면제(「항공법시행규칙」 제247조 제2항)

① 장애물 제한구역(장애물 제한표면이 지표 또는 수면에 수직으로 투영된 구역) 안에 위치하고 있는 항공장애등이 설치된 구조물의 정상으로부터 수평면에 대한 하강도가 1/10인 경사면보다 낮고 진입표면 또는 전이표면을 초과하지 아니하는 높이의 구조물

② 장애물 제한구역 외의 지역에 설치된 높이 150[m] 미만의 구조물. 다만 굴뚝, 철탑, 기둥 기타 그 높이에 비하여 그 폭이 좁은 구조물, 골조형태의 구조물, 가공선을 지지하는 탑, 계류기구는 제외

③ 항공장애등이 설치된 구조물로부터 반지름 45[m] 이내에 항공장애등 설치대상 구조물이 두개 이상인 경우 가장 높은 구조물 외의 구조물

2 항공장애등의 종류 및 성능

(1) 저광도 항공장애등

① 점멸하지 아니하는 적색등으로서 광도가 20[cd] 이상일 것(고정된 구조물에 설치하는 경우에 한함)

② 1분당 60~90회 점멸하는 적색등 또는 황색등으로서 실효광도가 40[cd] 이상일 것 (이동물체에 설치하는 경우에 한함)

③ 광원의 중심을 포함하는 수평면 아래 15° 상방의 모든 방향에서 식별가능할 것

(2) 중광도 항공장애등

① 1분당 20~60회 점멸하는 적색등으로서 실효광도가 2,000[cd] 이상일 것

② 광원의 중심을 포함하는 수평면 아래 15° 상방의 모든 방향에서 식별가능할 것

(3) 고광도 항공장애등

① 섬광하는 백색등으로 한다.

② 광원의 중심을 포함하는 수평면 아래 5° 상방의 모든 방향에서 식별가능해야 한다.

③ 실효광도가 배경의 밝기에 따라 다음 표와 같이 자동적으로 변해야 한다.

배경의 밝기	실효광도
1[m²]당 500[cd] 초과	200,000[cd] 이상 (가공선 지지탑에 설치하는 경우 100,000[cd] 이상)
1[m²]당 50~500[cd]	200,000[cd]±25[%]
1[m²]당 50[cd] 미만	4,000[cd]±25[%]

단, 배경의 밝기는 조도계를 가능한 한 북쪽 하늘로 향하게 한 상태에서 측정한다.

④ 가공선을 지지하는 탑 외의 구조물에 설치하는 경우, 1분당 40~60회의 주기로 섬광하여야 하며 1개의 구조물에 2개의 고광도 항공장애등이 설치되어 있을 경우에는 동시에 섬광하여야 한다.

⑤ 가공선을 지지하는 탑에 설치할 경우 1분당 60회의 주기로 중간등, 상부등, 하부등의 순으로 섬광하여야 하며, 각 등 간의 섬광주기율은 다음 표와 같다.

섬광간격	주기율
중간등과 상부등간	1/13
상부등과 하부등간	2/13
하부등과 중간등간	10/13

3 항공장애등 설치기준

(1) 항공장애등 설치방법

① 항공장애등은 모든 방향의 항공기에서 알아 볼 수 있도록 구조물의 정상(피뢰침은 제외)에 1개 이상 설치하여야 한다. 다만, 굴뚝 기타 구조물의 정상에 항공장애등을 설치하는 경우 그 항공장애등의 기능이 저해될 우려가 있는 때에는 정상에서 아래쪽으로 1.5[m]에서 3[m] 사이의 위치에 설치한다.

② 구조물의 높이가 45[m]를 초과하는 구조물에 있어서는 그 정상에 설치하는 외에 정상과 지상과의 사이에 수직거리 45[m] 이내마다 동일한 간격으로 설치한다.

③ 45[m] 이상 높이에 폭이 45[m]를 초과하는 구조물에 있어서는 그 구조물의 전체적인 윤곽과 범위를 알 수 있도록 하기 위하여 각 면과 가장자리에 45[m] 이내의 동일한 간격으로 설치한다.

④ 항공장애등이 다른 인접물체에 의하여 가려지는 경우에는 그 인접물체상의 대응위
   치에 설치(항공장애등을 설치하여야 하는 자가 그 인접물체에 항공장애등을 설치
   할 수 있는 권리를 가진 경우에 한함)한다.

(2) 고광도 항공장애등의 설치

높이 150[m] 이상의 구조물에는 모든 방향의 항공기에서 그 구조물을 알아볼 수 있도록
그 구조물의 정상(피뢰침은 제외)에 고광도 항공장애등을 설치한다.

(3) 항공장애등의 등기구 및 점멸장치의 설치

① 항공장애등의 등기구는 사용 중에 움직이지 아니하도록 견고하게 장치하여야 한다.
② 항공장애등의 점멸장치는 견고한 금속제 방수함 속에 넣고 철탑 기타의 철주에 시
   설할 경우에는 지상 3[m] 이상 5[m] 이하되는 곳에 시설하여야 한다.
③ 항공장애등의 점멸장치를 옥내에 시설하는 경우에는 견고한 금속제 외함에 넣고 또
   한 잠금장치를 하는 등 취급자 이외의 사람이 쉽게 조작할 수 없도록 시설한다.

(4) 배선

① 항공장애등에 공급하는 회로는 전용 분기회로로 한다.
② 배선은 금속관배선, 합성수지관배선 또는 케이블배선으로 시설한다.
③ 배선은 피뢰침의 접지선과 1.5[m] 이상 이격한다. 단 1.5[m] 이상 이격할 수 없는
   경우에는 금속관배선으로 한다.
④ 배선은 등기구 내에 직접 도입하거나 또는 등기구의 리드선과 등기구 밖에서 접속한다.

문제 03-3

항공장애표시등과 항공장애주간표지 설치기준에서 설치하지 않아도 되는 조건에 대하여 설명하시오.

1 개 요

항공장애표시등은 비행 중인 조종사에게 장애물의 존재를 알리기 위해 사용되는 등호로서, 도시지역에서는 고층빌딩, 소각로 굴뚝, 해안지역의 대교 교각탑, 산간지역의 송전탑 등에 그 존재를 명시하도록 하고 있다.

2 항공장애표시등, 항공장애주간표시 설치제외대상

지방항공청장이 항공기의 항해안전을 저해할 우려가 있다고 인정하는 물체로한다. 다만, 다음의 경우는 설치하지 아니할 수 있다.

(1) 항공장애표시등이 설치된 구조물의 정상으로부터 수평면에 대한 하방경사도가 1/10인 경사면보다 낮고 진입표면 또는 전이표면을 초과하지 아니하는 물체

(2) 장애물 제한구역 외의 지역에 설치된 높이 150[m] 미만의 물체

다만, 지표 또는 수면으로부터 높이가 60[m] 이상인 다음의 물체는 설치한다.
　① 굴뚝, 철탑, 기둥, 기타 높이에 비하여 그 폭이 좁은 물체
　② 골조형태의 구조물
　③ 건축물, 구조물 위에 추가 설치된 철탑, 송전탑 등
　④ 가공선을 지지하는 탑
　⑤ 계류기구(주간에 시정이 5,000[m] 미만인 경우와 야간에 계류하는 것에 한함)
　⑥ 풍력터빈

(3) 항공장애표시등이 설치된 물체로부터 반지름 600[m] 이내에 위치한 물체로서 그 높이가 장애물 차폐면보다 낮은 물체

(4) 항공장애표시등이 설치된 물체로부터 반지름 45[m] 이내의 지역에 위치한 물체로서 그 높이가 항공장애표시등이 설치된 물체와 같거나 그보다 더 낮은 물체

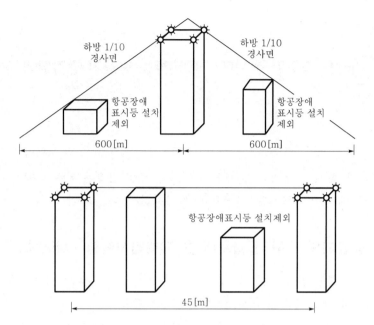

「건축법」상 비상용 승강기 설치대상과 비상용 승강기 승강장의 구조에 대하여 기술하시오.

1 개 요

비상용 승강기란 화재시 소방대가 사용하는 승강기로 고층건축물 등에서 화재시 소방활동에 사용하며, 거주자의 피난 및 인명구조에 사용하는 승강기이다.

2 비상용 승강기의 법규적 설치대상(「건축법시행령」 제90조)

(1) 높이 31[m]를 넘는 건축물에는 다음의 기준에 따른 대수 이상의 비상용 승강기(비상용 승강기의 승강장 및 승강로를 포함)를 설치하여야 한다.

① 높이 31[m]를 넘는 각 층의 바닥면적 중 최대바닥면적이 1,500[m²] 이하인 건축물 : 1대 이상

② 높이 31[m]를 넘는 각 층의 바닥면적 중 최대바닥면적이 1,500[m²]를 넘는 건축물 : 1대에 1,500[m²]를 넘는 3,000[m²] 이내마다 1대씩 더한 대수 이상

(2) (1)에 따라 2대 이상의 비상용 승강기를 설치하는 경우에는 화재가 났을 때 소화에 지장이 없도록 일정한 간격을 두고 설치하여야 한다.

(3) 건축물에 설치하는 비상용 승강기의 구조 등에 관하여 필요한 사항은 국토교통부령으로 정한다.

(4) 비상용 승강기 설치 예외

① 높이 31[m] 넘는 각 층을 거실 외의 용도로 쓰는 건축물

② 높이 31[m] 넘는 각 층 바닥면적 합계가 500[m²] 이하인 건축물

③ 높이 31[m] 넘는 층수가 4개층 이하로서 당해 각 층의 바닥면적의 합계 200[m²] 이내마다 방화구획으로 구획된 건축물(단, 실내마감재가 불연재료인 경우는 500[m²])

④ 승용 승강기를 비상용 승강기 구조로 한 경우

3 비상용 승강기의 구조

(1) 비상용 승강기 승강장의 구조

① 창문, 출입구, 개구부를 제외하고는 타부분과 내화구조의 바닥, 벽으로 구획될 것

② 각 층의 내부와 연결될 수 있도록 출입구에는 갑종방화문을 설치
③ 노대·외부를 향하여 열 수 있는 창문이나 배연설비를 설치
④ 벽·반자는 실내에 접하는 마감재료가 불연재료
⑤ 채광이 되는 창문이 있거나 예비전원에 의한 조명설비를 설치
⑥ 바닥면적은 1대 $6[m^2]$ 이상
⑦ 피난층의 승강장의 출입구로부터 도로 또는 공지에 이르는 거리가 30[m] 이하
⑧ 승강장의 출입구에 표지설치

(2) 승강로의 구조

① 건축물의 다른 부분과 내화구조로 구획
② 각 층으로부터 피난층까지 이르는 승강로를 단일구조로 연결하여 설치

(3) 비상용 승강기 구조

① 외부와 연락할 수 있는 통화장치 설치
② 예비전원
  ㉠ 상용전원 차단시 예비전원으로 전환 가동
  ㉡ 60초 이내에 자동전환방식, 수동으로 전원전환이 가능할 것
  ㉢ 용량이 2시간 이상 작동가능
③ 정전시 2[m] 떨어진 수직면상의 조도 1[lx] 이상인 예비조명장치
④ 운행속도 : 60[m/min] 이상
⑤ 평상시에는 일반용으로 사용가능할 것
⑥ 비상시 소방전용으로 전환하는 1차 소방스위치를 설치할 것
⑦ 승강기 및 승강장 문이 열려 있어도 승강기를 승강시킬 수 있는 2차 소방스위치를 설치할 것

(4) 비상용 승강기 대수가산

높이 31[m] 이상 건축물에 설치시 아래 조건일 경우 추가로 설치한다.
① 각 층 바닥면적의 최대바닥면적 $1,500[m^2]$ 이하인 경우 1대 이상
② 각 층 바닥면적의 최대바닥면적의 $1,500[m^2]$ 이상인 경우, 그 $1,500[m^2]$ 초과하는 부분의 매 $3,000[m^2]$마다 1대씩 추가

4 결 론

비상용 승강기는 소방관의 소화활동에 사용되는 것이 원칙이다. 하지만 최근 초고층빌딩과 심층 지하공간의 개발에 따른 피난상의 문제와 노약자, 환자, 신체장애인 등을 위한 피난수단이 요구된다. 따라서, 비상용 승강기뿐만 아니라 피난용 승강기의 검토 및 조치가 필요하다고 생각된다.

문제 04-1

비상용 엘리베이터에 대한 아래 내용을 설명하시오.

1. 설치를 요하는 건물(설치대상 건물)
2. 설치대수와 배치방법
3. 비상용 엘리베이터의 구조 및 기능

1 개 요

비상용 엘리베이터는 화재시 소화활동에 활용하는 것이 제1의 목적이다. 그러나 화재시에만 사용할 경우 비경제적이기 때문에 일반용 엘리베이터와 동일하게 사용되다가 화재시에는 전환되어 소방관이 사용할 수 있도록 하고 있다.

2 설치를 요하는 건물(설치대상 건물)

(1) 건물의 높이가 31[m]를 초과한 건축물

(2) 소방관의 진입이 곤란한 건축구조나 사다리차의 접근이 곤란한 건축물에는 31[m] 이하라도 비상용 엘리베이터 설치

(3) 비상용 엘리베이터 설치 예외

① 높이 31[m] 넘는 각 층을 거실 외의 용도로 쓰는 건축물
② 높이 31[m] 넘는 각 층 바닥면적 합계가 500[m²] 이하인 건축물
③ 높이 31[m] 넘는 층수가 4개층 이하로서 당해 각 층의 바닥면적의 합계 200[m²] 이내마다 방화구획으로 구획된 건축물(단, 실내마감재가 불연재료인 경우는 500[m²])
④ 승용 승강기를 비상용 승강기 구조로 한 경우

3 설치대수와 배치방법

(1) 설치대수

비상용 엘리베이터 설치대수는 높이 31[m]를 넘는 층 가운데 최대의 바닥면적층을 기준으로 다음과 같이 규정되어 있다.

높이 31[m]를 넘는 바닥면적이 최대층의 바닥면적[m²]	비상용 엘리베이터의 대수
1,500 이하	1

높이 31[m]를 넘는 바닥면적이 최대층의 바닥면적[m²]	비상용 엘리베이터의 대수
1,500 초과 4,500 이하	2
4,500 초과	2대+4,500[m²]를 초과하는 3,000[m²] 이내를 증가할 때마다 1대씩 추가

$$설치대수 = \frac{바닥면적 - 1,500}{3,000} + 1$$

(2) 배치방법

① 비상용 엘리베이터 위치는 소방대원의 진입 또는 건물 내부인이 피난에 편리하게 엘리베이터 또는 승강장 출입구에서 건물 출입구까지의 보행거리는 30[m] 이내로 한다.

② 대수가 2대 이상이 될 경우에는 피난상 및 소방활동상의 안전을 확보할 수 있게 다른 방화구획마다 적당한 간격으로 분산배치하여야 한다.

4 비상용 엘리베이터의 구조와 기능

(1) 구조

① 엘리베이터 로비

㉠ 엘리베이터 로비는 각 층에 설치하여야 한다.

㉡ 면적 10[m²] 이상이어야 한다.

㉢ 직접 외기에 개방창 또는 법규로 정해진 배연설비를 갖춰야 한다.

㉣ 로비 출입구는 갑종방화문으로 한다.

㉤ 엘리베이터 출입구 근방에 "비상호출 귀환장치"를 설치하여야 한다.

㉥ 로비조명은 예비전원으로 조명가능해야 한다.

㉦ 로비 벽면에는 옥내소화전, 비상콘센트 등의 소화설비를 수납한 박스를 설치하여야 한다.

㉧ 승강기에 소화용수가 유입되지 않도록 물매시공을 하여야 한다.

② 엘리베이터 속도

㉠ 화재층에 되도록 빨리 도달할 수 있게 60[m/min] 이상으로 한다.

㉡ 권장속도는 1층에서 최상층까지 1분 정도 소요될 수 있는 속도가 적정하다.

(2) 기능

비상용 엘리베이터는 일반용 엘리베이터가 갖추어야 하는 안전장치 외에 아래의 기능이 있어야 한다.

① 비상호출 귀환운전

  ㉠ 소재진화를 위해 출동한 소방대원이 곧바로 비상용 엘리베이터를 사용할 수 있게 비상호출 귀환장치를 갖추어야 한다.

  ㉡ 비상호출 귀환장치로 호출하는 층은 피난층 또는 그 직상, 직하층으로 한다.

  ㉢ 조작을 하는 장소는 호출귀환층 로비와 방재센터의 2개소로 한다.

  ㉣ 평상시 승강장 및 승강기 내에서 조작된 호출에 응답하여 정지하게 되나 비상호출 귀환버튼을 조작하면 기타 층의 호출신호는 취소되고 귀환호출버튼이 눌린 층으로 직행하게 한다.

  ㉤ 비상호출 귀환장치의 버튼이 눌리면 승강장의 "비상운전"을 점등하고, 엘리베이터는 호출귀환층에 문을 열고 대기하여야 한다.

② **소방운전** : 비상시 운전에는 승강장문이 열린 상태에서도 출발하고 문이 열린 채 운전할 수 있는 장치를 하여야 한다.

가스누설경보기의 탐지방식에 대하여 설명하시오.

1 가스누설경보기의 개요

(1) 목적

건축물 내에서 가연성 가스 또는 증기가 새거나, 자연발생하는 가스가 실내에 스며들어 위험농도가 되기 전에 이를 탐지하여 소방대상물 관계자나 이용자에게 경보를 발함으로써 가스폭발이나 가스화재를 방지하고, 또는 유독가스로 인한 중독사고를 미연에 방지하기 위한 설비이다.

(2) 구성

검지기, 수신기, 중계기, 경보장치 등으로 구성된다. 이들 설비의 구성과 배치 등은 자동화재탐지설비의 경우와 매우 유사하다.

2 가스누설경보기의 탐지방식

(1) 반도체식 가스검지기

① 원리 : 산화석(SnO_2)이나 산화철(FeO)의 반도체를 히터로 350[℃] 정도 가열하여 두고 여기에 가연성 가스가 접촉하면 가스가 반도체의 표면에 흡착되어 반도체의 저항치가 감소하는 특성을 이용하여 가스를 검출하는 것이다.

② 출력 : 반도체 소자의 출력은 가스농도에 반응하는데, 대개 40~80[V] 정도의 고출력을 얻을 수 있으므로 그대로 소형 벨을 울릴 수가 있다.

③ 특징 및 크기 : 반도체식 가스검지기는 일산화탄소는 검지하지 못하며, 검지소자의 크기는 길이 약 1.5[mm] 정도이다.

(2) 백금선식 접촉연소식 검지기

① 원리 : 코일상태로 감은 백금선의 주위에 알루미나를 소결시켜 만든 산화촉매를 부착시키고 약 500[℃] 정도로 가열하여 둔다. 가연성 가스가 표면에 접촉하면 그 표면에서 연소하므로 백금선의 온도가 상승하여 전기저항이 커지는 특성을 이용하여 가스를 검출한다.

② 출력 : 출력이 약하므로 경보기를 울리기 위해서는 증폭기를 사용해야 한다.

③ 특징 및 크기 : 접촉연소식은 모든 가연성 가스를 검출하며, 그 농도까지도 지시하는 성능이 있다. 검지소자의 크기는 길이가 약 1[mm] 정도이다.

(3) 백금선식 기체열전도식 검지기(백금선식 열선 반도체식 검지기)

① 원리 : 백금선 코일에 산화석(SnO_2) 등의 반도체를 도포하고 이를 가열해둔 것이다. 공기와 가연성 가스의 열전도도가 다르기 때문에 가연성 가스가 검지소자에 접촉하면 백금선의 온도가 변화하고, 이에 따라 전기저항도 변화하는 특성을 이용하여 가스를 검출한다.

② 출력 : 검출회로의 출력이 약하므로 경보장치를 구동시키려면 증폭기가 필요하다.

③ 특징 및 크기 : 기체 열전도식 검지기도 접촉연소식 검지기와 같이 모든 가연성 가스를 검지하고 그 농도도 지시할 수 있는데, 검지소자의 크기는 길이가 약 0.5[mm] 정도이다.

③ 가스누설경보기의 작동농도

(1) 도시가스의 농도가 폭발하한계의 1/4 이상, 액화석유가스에서는 1/5 이상일 때 확실히 동작, 1/200 이하에서는 동작하지 않아야 하며, 농도가 도시가스에서는 폭발하한계의 1/4 이상, 액화석유가스에서는 1/5 이상인 가스에 접할 때는 계속해서 동작해야 한다.

(2) 즉, 가스가 새면 공기와 혼합하여 혼합기가 되는데 혼합기의 가스농도가 폭발한계에 달하고 나서 검지하여 경보를 발하면 이미 너무 늦기 때문에 폭발하한계에 달하기 전에 안전한 농도에서 검출하고 경보를 발해야 하는 것이다.

④ 설치대상은 가스시설이 설치된 아래의 경우에만 해당

(1) 창고시설 중 물류터미널, 문화 및 집회시설, 판매시설, 장례식장, 수련시설, 의료시설

(2) 운수시설, 운동시설, 노유자시설, 숙박시설, 종교시설

⑤ 가스누설경보기의 경보방식 구분

(1) 즉시 경보형

가스농도 설정값 이상이면 즉시 경보를 발한다.

(2) 경보지연형

농도가 설정값에 달한 후 20~60초 후에 농도가 지속될 때 경보를 발한다.

(3) 반즉시 경보형

가스농도에 반비례하여 경보시간을 단축시킨 것이다.

「자동화재탐지설비의 화재안전기준(NFSC 203)」의 수신기, 중계기, 발신기, 음향장치의 설치기준에 대하여 기술하시오.

1 개 요

(1) 초기화재는 αt^2으로 성장하므로 인명피해를 방지하기 위해서는 조기감지 및 초기소화가 가장 좋은 방법이 될 것이다.

(2) 경보설비에서 가장 중요한 것은 신뢰도와 정확도 그리고 조기감지가 가장 중요하며, 피난의 관점에서 본다면 신뢰도가 높은 시스템을 선택함으로써 조기에 경종, 비상방송, 시각경보기 등으로 경보하며 최소피난시간(RSET)을 최소한으로 줄이고, 모든 피난자를 허용피난시간(ASET) 내로 피난할 수 있도록 하여야 한다.

(3) 소화설비에 관하여 본다면 화재를 조기에 감지함으로서 소화설비를 조기에 동작시켜 조기소화를 할 수 있으며, NFPA code 내의 스프링클러헤드 설치가 곤란한 장소에는 단독경보형 감지기 등을 설치하여 관계자에게 조기통보함으로서 조기소화할 수 있도록 하기도 한다.

(4) 이러한 모든 중추적인 역할을 하는 것이 수신기이며, 그 외 중계기, 발신기, 음향장치, 감지기 등이 있으며, 「화재안전기준」 내에는 다음과 같이 규정하고 있다.

2 「화재안전기준」상 자동화재탐지설비의 설치기준

(1) 수신기

일반적으로 P형 및 R형을 많이 쓰며, 최근 건축물이 초고층화됨에 따라 인텔리전트 R형의 사용도 늘고 있다.

① 수신기의 기준
  ㉠ 당해 소방대상물의 경계구역을 각각 표시할 수 있는 회선 수 이상의 수신기를 설치할 것
  ㉡ 4층 이상의 소방대상물에는 발신기와 전화통화가 가능한 수신기를 설치할 것
  ㉢ 당해 소방대상물에 가스누설탐지설비가 설치된 경우에는 가스누설탐지설비로부터 가스누설신호를 수신하여 가스누설경보를 할 수 있는 수신기를 설치할 것(가스누설탐지설비의 수신부를 별도로 설치한 경우에는 제외)

② 수신기의 설치기준

㉠ 수위실 등 상시 사람이 근무하는 장소에 설치할 것. 다만, 사람이 상시 근무하는 장소가 없는 경우에는 관계인이 쉽게 접근할 수 있고 관리가 용이한 장소에 설치 가능

㉡ 수신기가 설치된 장소에는 경계구역 일람도를 비치할 것. 다만, 모든 수신기와 연결되어 각 수신기의 상황을 감시하고 제어할 수 있는 수신기(이하 "주수신기")를 설치하는 경우에는 주수신기를 제외한 기타 수신기는 그러하지 아니할 것

㉢ 수신기의 음향기구는 음량 및 음색이 다른 기기의 소음 등과 명확히 구별될 것

㉣ 수신기는 감지기·중계기 또는 발신기가 작동하는 경계구역을 표시할 수 있는 것

㉤ 화재·가스·전기 등에 대한 종합방재반을 설치한 경우에는 당해 조작반에 수신기의 작동과 연동하여 감지기·중계기 또는 발신기가 작동하는 경계구역을 표시할 수 있는 것으로 할 것

㉥ 하나의 경계구역은 하나의 표시등 또는 하나의 문자로 표시되도록 할 것

㉦ 수신기 조작스위치 : 바닥으로부터의 높이가 0.8[m] 이상 1.5[m] 이하인 장소에 설치

㉧ 하나의 소방대상물에 둘 이상의 수신기를 설치하는 경우에는 수신기를 상호간 연동하여 화재발생 상황을 각 수신기마다 확인할 수 있도록 할 것

(2) 중계기

① 수신기에서 직접 감지기 회로의 도통시험을 행하지 아니하는 것에 있어서는 수신기와 감지기 사이에 설치할 것

② 조작 및 점검에 편리하고 화재 및 침수 등의 재해로 인한 피해를 받을 우려가 없는 장소에 설치할 것

③ 수신기에 따라 감시되지 아니하는 배선을 통하여 전력을 공급받는 것에 있어서는 전원입력측의 배선에 과전류차단기를 설치하고, 당해 전원의 정전이 즉시 수신기에 표시되는 것으로 하며, 상용전원 및 예비전원의 시험을 할 수 있도록 할 것

(3) 발신기

자동화재탐지설비의 발신기는 다음의 기준에 따라 설치하여야 한다. 다만, 지하구의 경우에는 발신기를 설치하지 아니할 수 있다.

① 조작이 쉬운 장소에 설치하고, 스위치는 바닥으로부터 0.8[m] 이상 1.5[m] 이하의 높이에 설치할 것

② 소방대상물의 층마다 설치하되, 당해 소방대상물의 각 부분으로부터 하나의 발신기까지의 수평거리가 25[m] 이하(지하가 중 터널의 경우에는 주행방향의 측벽 길이 50[m] 이내)가 되도록 할 것. 다만, 복도 또는 별도로 구획된 실로서 보행거리가 40[m] 이상일 경우에는 추가로 설치할 것

③ ②의 규정에도 불구하고 ②의 기준을 초과하는 경우로서 기둥 또는 벽이 설치되지 아니한 대형 공간의 경우 발신기는 설치대상 장소의 가장 가까운 장소의 벽 또는 기둥 등에 설치할 것

④ 발신기의 위치를 표시하는 표시등은 함의 상부에 설치하되, 그 불빛은 부착면으로부터 15° 이상의 범위 안에서 부착지점으로부터 10[m] 이내의 어느 곳에서도 쉽게 식별할 수 있는 적색등으로 할 것

(4) 음향장치

① 주음향장치는 수신기의 내부 또는 그 직근에 설치할 것

② 지구음향장치는 소방대상물의 층마다 설치하되 당해 소방대상물의 각 부분으로부터 하나의 음향장치까지의 수평거리가 25[m] 이하가 되도록 하고, 당해 층의 각 부분에 유효하게 경보를 발할 수 있도록 할 것

③ 음향장치는 다음의 기준에 의한 구조 및 성능의 것으로 하여야 한다.

  ㉠ 정격전압의 80[%] 전압에서 음향을 발할 수 있는 것으로 할 것

  ㉡ 음량은 부착된 음향장치의 중심으로부터 1[m] 떨어진 위치에서 90[dB] 이상일 것

  ㉢ 감지기의 작동과 연동하여 작동할 수 있는 것으로 할 것

④ 하나의 소방대상물에 2개 이상의 수신기가 설치된 경우 어느 수신기에서도 지구음향장치를 작동할 것

⑤ **경보의 방식** : 5층 이상으로서 연면적이 3,000[m²] 초과 및 30층 이상의 특정 소방대상물은 다음과 같이 경보를 발할 것

발화층	5층 이상의 층	층수가 30층 이상
2층 이상	발화층 + 그 직상층	발화층, 그 직상 4개층
1층	발화층, 그 직상층, 지하 전 층	발화층, 그 직상 4개층, 지하 전 층
지하층	발화층 + 직상층 + 기타의 지하층	발화층, 그 직상층, 지하 전 층

⑥ 지구음향장치는 소방대상물의 층마다 설치하되, 당해 소방대상물의 각 부분으로부터 하나의 음향장치까지의 수평거리가 25[m] 이하가 되도록 하고, 당해 층의 각 부분에 유효하게 경보를 발할 수 있도록 설치 할 것. 다만, 「비상방송설비의 화재안전기준」 규정에 적합한 방송설비를 자동화재탐지설비의 감지기와 연동하여 작동하도록 설치한 경우에는 지구음향장치를 설치하지 아니할 수 있다.

⑦ 위 ③의 규정에도 불구하고 위 ③의 기준을 초과하는 경우로서 기둥 또는 벽이 설치되지 아니한 대형 공간의 경우 지구음향장치는 설치대상 장소의 가장 가까운 장소의 벽 또는 기둥 등에 설치할 것

문제 07 정온식 감지선형 감지기의 개요, 특징, 설치장소에 대하여 기술하시오.

문제 07-1 케이블덕트 화재의 조기감지를 위한 화재감지시스템에 대하여 설명하시오.

1 개 요

(1) 현대의 복잡한 산업환경에서는 화재나 과열에 의한 경제 및 기타 손실의 잠재성은 발화부의 정확한 위치에 대한 조기감지가 이루어지지 않으면 큰 재앙으로 확대될 수도 있다.

(2) 정온식 감지선형 감지기는 소방대상물에서 어디에라도 근접 설치하여 화재나 국부과열 등의 정확한 위치(거리)를 조기감지하고 화재의 확산을 방지하여 인명 및 설비보호 등 화재의 위험을 미연에 방지할 수 있는 진보된 시스템이다.

(3) 정온식 감지선형 감지기는 케이블덕트 내 또는 케이블 트레이 위에 설치되어 전기절연파괴 및 용량초과로 인한 발열, 용접작업 기타로 기인되는 화재발생가능성을 조기감지한다. 케이블에 직접 접촉시켜 배선할 수 있는 전선모양의 감지기이다.

2 시스템 주요구성품

(1) 수신반

(2) 정온식 감지선형 감지기(선형 감지기)

(3) 선형감지기 고정구 및 그 외 자재

(4) **기타** : Smoke detector 등

(5) **시스템 구성도**

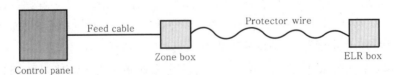

3 선형 감지기의 구조

(1) Actuators : 동작저항성(강철선)

(2) Heat sensitive material : 감지부(해당 온도에서 녹는 물질)

(3) Protective tape : 보호테이프

(4) Outer covering : 외피(방수 및 내용물 보호, 난연성 재료)

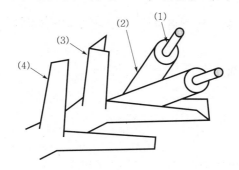

4 동작원리

(1) 동작원리는 서로 꼬인 강철선이 원형으로 되돌아가고자 하는 비틀리는 힘을 이용한다.

(2) 화재발생시 감지부는 열 또는 화염으로 인해 전기적 절연재인 Ethyl cellulose가 녹으며 트위스팅시킨 강철선에 선간단락이 일어나고 두 도선 간에 전류가 흐르는데, 두 도선 간에 절연이 파괴되면서 동작하므로 녹은 부분만큼은 재사용이 불가능하다.

(3) 이때, 선형 감지기에 인가되던 DC 24[V]는 최소가 되면서 선형 감지기를 연결하고 있는 수신기의 회로에 전압이 집중되어 감지회로가 작동하고, 감지회로는 화재경보를 발하게 된다.

(4) 구조동작이 단순하기 때문에 오동작이 적고 전용 경보장치를 사용하여 600~1,500[m] 연속길이의 고온감지를 접촉시킬 수 있기 때문에 전력케이블 등의 과열이 화재로 이어지기 전에 감지하여 미리 대처할 수 있다.

5 기 능

(1) 선형 감지기를 설치한 어느 지점에서도 감지가 똑같이 잘 된다.

(2) 주위 조건에 따라 선형 감지기 사용의 온도 폭이 넓다.

(3) 더욱이 같은 회로 내에서 온도조건이 서로 다른 선형 감지기와의 연결사용도 가능하다.

(4) 부식, 화학물질, 먼지, 습기 등에 잘 견딘다.

(5) 선형 감지선 자체의 이상유무도 감지한다.

(6) 어떠한 시설에도 설치, 철거, 재설치가 용이하다.

(7) 방폭지역 및 위험지역에서도 사용가능하다.

(8) 하나의 회로로 3,500[ft](1,067[m])까지 포설가능하다.

(9) 어떤 이유로 일부분 훼손시 잘라내고 새것으로 Splicing하여 사용가능하다.

6 설치장소(적용사례)

(1) 케이블 트레이

(2) 컨베이어

(3) **배전설비** : Switchgear transformer, Substation 등

(4) **기타** : 집진기, 냉각탑, 창고, 연료탱크, 터널, 광산, 송유관

7 케이블덕트에서의 설치방법

(1) 건물에는 각종 전선 등을 포설하기 위하여 케이블덕트를 설치한다. 이러한 케이블덕트에서 화재가 발생하면 화재로 인한 재산상의 손실은 막대하다.

(2) 케이블덕트에 정온식 감지선형 감지기를 설치할 때는 케이블 트레이에 케이블덕트 폭의 크기에 따라 Sin 파형으로 전력케이블 윗부분에 설치한다.

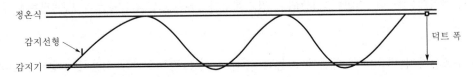

8 설치기준

(1) 「소방기술기준에 관한 규칙」 제85조 제3항 제10호
① 부착높이 4[m] 미만에 설치
② 실내로의 공기유입구로부터 1.5[m] 이상 떨어진 위치에 설치
③ 주방, 보일러실 등 다량의 화기를 단속적으로 취급하는 장소에 설치하되, 공칭작동온도가 최고주위온도보다 20[℃] 이상 높은 곳을 선정하여 설치
④ 수평거리
㉠ 1종 : 3[m](내화구조 : 4.5[m]) 이하
㉡ 2종 : 1[m](내화구조 : 3[m]) 이하가 되도록 설치
⑤ 감지선은 보일러실 등 실내에 설치시에는 옥내애자를 이용하여 천장과 근접시켜 설치

⑥ 지하구에 설치시 1개 경계구역의 길이를 700[m] 이하로 설정하며, 천장 또는 케이블선반 등 화재를 유효하게 감지할 수 있도록 설치

(2) 취급 및 설치시 주의사항

① 수신반 설치시는 높이가 1.8[m] 정도가 되도록 설치
② 선형 감지기는 공구를 사용하여 구부리지 말고 손으로 부드럽게 구부리며 설치
③ 외피에 손상이 갈 정도로 잡아당기지 않을 것
④ 열에 예민한 감지기인 만큼 보관 설치시 열발생구역에서는 특히 주의할 것
⑤ 선형 감지기 외부에 페인트 등 열감지에 저해될 수 있는 물질의 도포를 삼가할 것
⑥ 선형 감지기 설치시 각 Zone 및 말단 부분에는 각각 Terminal box 및 ELR box를 설치하여 연결할 것

9 결 론

케이블덕트의 방화대책은 사회적 중요성이 더욱 높아지고 있으며, 케이블도 난연성이다. 발생가스, 연기의 양을 규제하고 성능을 대폭 개선한 플라스틱 케이블로 실용화되고 있다. 각종 방화방법도 더욱 새로운 기술의 개발·개량이 계속 되겠지만, 실시에 있어 각 공법·재료의 특징을 잘 파악하여 효과적인 설계·시공을 하는 것이 중요하다.

문제 08

줄(Joule)열과 줄의 법칙에 대하여 기술하시오.

1 개 요

(1) 도체에 전류를 흘리면 저항에 의해 열이 발생하며, 이때 발생하는 열을 줄열이라 한다.

(2) 줄열은 전기히터, 전기다리미 등에 이용되며, 점화원으로 작용하여 전기화재를 일으키기도 한다.

2 줄(Joule)의 법칙

(1) 도체에 전류를 흘릴 때 발생하는 열량은 전류의 제곱과 저항의 곱에 비례한다는 법칙이다.

(2) 저항 $R[\Omega]$의 도체에 흐르는 전류를 $I[A]$라 하면 시간 $t[s]$ 동안 발생하는 열량 Q는 다음과 같이 표시된다.

$$Q = I^2RT[J]$$

(3) 위 식의 열량 Q를 줄열이라 하며, 열량의 단위로 사용된다.

(4) 줄열은 고장 전기회로에서 점화원으로 작용하여 전기화재의 원인이 된다.

3 줄열에 의한 전기화재

(1) 과전류
과전류에 의한 전선과열로 발화

(2) 단락(합선)
단락시 발생되는 열에 의한 전선피복의 연소

(3) 지락
지락장소 주위 목재 등의 가연물에 전류가 흐르면 발화

(4) 누전
누설전류에 의한 발열의 누적으로 발화

(5) 접촉불량

접촉상태가 불완전할 때 접촉저항 증가에 의한 발열로 발화

4 전기화재의 예방대책

(1) 옥내배선 및 기구에 대하여 정기적인 점검과 보수로 안전관리 철저

(2) 과전류차단기 설치 및 전선은 허용전류 이상의 것을 사용

(3) 누전차단기 및 누전경보기 설치

(4) 전기용품 품질향상 도모

(5) 설계 · 시공시 철저한 시공 및 감리

문제 09

정전기 발생에 영향을 주는 요인과 발생형태 및 방지대책에 대하여 기술하시오.

1 정 의

(1) 정전기란 전하의 공간적 이동이 적어 이 전류에 의한 자계효과가 전계효과에 비해 무시할 정도로 전기량이 아주 적은 전기를 말한다.

(2) 정전기의 발생은 주로 2개의 물체가 접촉할 때 본래 전기적으로 중성상태에 있는 물체에서 정($+$) 또는 부($-$)로 극성전하가 과잉되는 현상이다.

2 정전기 발생 메커니즘

(1) 일함수

① 물체에 빛을 쪼이거나 가열하는 등의 에너지를 가하면 물체 내부의 자유전자가 외부로 방출되는데, 이때 필요한 최소에너지를 일함수라 한다.

② 즉, 물체와 전자 사이의 결합을 끊기 위한 최소한의 에너지를 말한다.

(2) 정전기 발생 메커니즘

① 전하의 이동 : 두 종류의 물체를 접촉시키면 낮은 일함수를 갖는 물체에서 전자가 튀어나와 높은 일함수를 갖는 물체로 이동

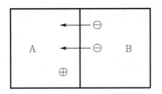

② 전기 2중층 형성 : 그 결과 높은 일함수를 갖는 물체는 부($-$)로 대전되고, 낮은 일함수를 갖는 물체는 정($+$)으로 대전되어 전기 2중층을 형성

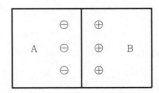

③ 전하분리에 의한 정전기 발생 : 전하분리로 전위상승하며, 정전기 발생

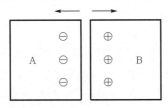

④ 전하소멸 : 대전된 전하가 주위 물체로 방전하여 소멸

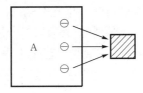

3 정전기 발생에 영향을 주는 요인

(1) 물체의 특성

접촉·분리하는 2개의 물체가 대전서열 중에서 가까운 위치에 있으면 작고, 떨어져 있으면 큰 경향이 있다.

(2) 물체의 표면상태

① 물체의 표면이 거칠면 정전기 발생에 큰 영향을 준다.
② 물체의 표면이 수분, 기름 등에 의해 오염되어 있거나 부식(시화)되어 있으면 영향을 준다.

(3) 물체의 이력

처음 접촉·분리가 일어날 때 최고로 크고, 접촉·분리가 반복됨에 따라서 서서히 작게 되는 경향이 있다.

(4) 접촉면적 및 접촉압력

접촉압력이 크면 정전기의 발생도 커지고, 접촉면적이 증가한다.

(5) 분리속도

속도가 크면 전하분리에 주어지는 에너지가 커져 정전기의 발생이 증가한다.

4 정전기 발생형태(정전기의 방전형태)

(1) 개요

① 정전기의 방전은 정전기의 전기적 작용에 의해 일어나는 전리작용으로서, 일반적으

로 대전물체에 의해 정전계가 공기의 절연파괴강도(약 30[kV/cm])에 달한 경우에 일어나는 기체의 전리현상이다.

② 방전현상
  ㉠ 정전기의 전기적 작용에 의해 일어나는 전리작용으로 기체의 전리현상이다.
  ㉡ 전하분리에 의해서 정전기가 발생하면 그 주위의 매질 중에 전계(electric field)가 형성된다. 전계의 크기는 전하의 축적과 더불어 비례하여 상승하며, 어느 한계값에 도달하면 매질은 전기에 의해 절연성을 잃고 도전성으로 되어버려 중화하기 시작한다. 빛과 소리를 수반하며, 이 현상을 방전현상이라 한다.

③ 정전기 방전이 일어나면 대전물체에 축적되어 있는 정전기에너지가 방전에너지로서 공간에 방출되어 열, 파괴음, 발광, 전자파 등으로 소비된다. 이 방전에너지가 크면 가연성 물질에 착화 등을 일으켜 정전기 장해 및 재해의 원인이 된다.

(2) 방전의 종류

① 코로나 방전
  ㉠ 코로나 방전은 불평등 전계에 의해 전계의 집중이 일어나 이 부분만이 전리를 일으키는 국부적인 방전이다.
  ㉡ 코로나 방전은 일반적으로 미약한 파괴음과 발광을 수반한다.
  ㉢ 대전물체에 예리한 돌기 부분, 환상 부분이 있을 때 돌기 부분 등의 가까이에서만 발광이 나타나는 방전이다.
  ㉣ 방전에너지 밀도가 작기 때문에 정전기 재해 및 장해의 원인으로 되는 확률이 낮다.

② Streamer 방전(brush 방전)
  ㉠ 일반적으로 비교적 강한 파괴음과 발광을 동반하는 방전이다.
  ㉡ 대전량이 큰 대전물체(일반적으로 부도체)와 비교적 평활한 형상을 가진 접지도체와의 사이에서 방전이 발생한다.
  ㉢ 코로나 방전이 강하여 전리될 때 발생할 때도 있다.
  ㉣ 코로나 방전에 비해 방전에너지 밀도가 크기 때문에 정전기 재해 및 장해의 원인이 된다.

③ 불꽃방전
  ㉠ 불꽃방전은 대전물체와 접지도체의 형태가 비교적 평활하고 그 간격이 적은 경우에 그것의 공간에서 갑자기 발생하는 강한 파괴음과 발광을 동반하는 방전이다.
  ㉡ 방전에너지 밀도가 크기 때문에 정전기 재해 및 장해의 원인이 된다.

④ 연면방전
  ㉠ 연면방전은 대전물체의 뒷 부분에 접지도체가 있는 경우 대전물체 표면에 전위가 상승되어 대전이 상당히 클 때에 대전물체 표면을 따라 발생하는 방전이다. 연면방전은 정전기가 대전되어 있는 부도체에 접지도체가 접근할 때 대전물체와 접지도체와의 사이에서 발생하는 방전과 동시에 부도체의 표면을 따라 발생하는 방전이다.

ⓛ 방전에너지 밀도가 크기 때문에 정전기 재해 및 장해의 원인될 확률이 높다.

5 정전기의 대전현상

(1) 마찰대전

마찰대전은 물체가 마찰하면 일어나는 대전현상이며, 서로 마찰한 2개의 물체의 접촉, 분리에 의해 정전기가 발생한다. 예를 들면 벨트나 롤 및 분체와 시트 등 주로 마찰대전에 의해 대전한다.

(2) 박리대전

박리대전은 밀착하고 있는 물체를 당길 때에 일어나는 대전현상이며 접촉, 분리에 의해 정전기가 발생한다. 예를 들면 종이, 필름, 시트, 포 등 얇은 물질은 밀착하고 있기 때문에 박리대전을 일으킨다.

(3) 유동대전

도전율이 낮은 액체류를 배관 등으로 수송할 때 정전기가 발생하는 현상이다.

(4) 유도대전

대전물체의 부근에 절연된 도체가 있을 때 정전유도를 받아 전하의 분포가 불균일하게 되며, 대전된 것이 등가로 되는 현상이다.

(5) 비말대전

공기 중에 분출한 액체류가 미세하게 비산되어 분리하고, 크고 작은 방울로 될 때 새로운 표면을 형성하기 때문에 정전기가 발생하는 현상이다.

(6) 적하대전

고체표면에 부착해 있는 액체류가 성장하고 이것이 자중으로 액적, 물방울로 되어 떨어질 때 전하분리가 일어나서 발생하는 현상이다.

(7) 충돌대전

분체류에 의한 입자끼리 또는 입자와 고체(예 : 용기병)와의 충돌에 의해서 빠르게 접촉, 분리가 일어나기 때문에 정전기가 발생하는 현상이다.

(8) 분출대전

분체류, 액체류, 기체류가 단면적이 작은 개구부(노즐, 균열 등)에서 분출할 때 마찰이 일어나서 정전기가 발생하는 현상이다.

(9) 침(심)강대전 및 부상대전

침강대전, 부상대전은 액체의 유동에 따라 액체 중에 분산된 기포 등 용해성 물질(분산물질)의 유동이 정지함에 따라 비중차에 의해 탱크 내에서 침강 또는 부상할 때 일어나는 대전현상이다.

(10) 동결대전

동결대전은 극성기를 갖는 물 등이 동결하여 파괴할 때 일어나는 대전현상으로 파괴에 의한 대전의 일종이다.

6 정전기 재해

(1) 화재 및 폭발

폭발생성분위기를 착화시키기 위해서는 충분한 방전에너지를 방출하는 정전기 방전이 있을 때 발생된다.

(2) 전격

정전기가 대전되어 있는 인체로부터 혹은 대전물체로부터 인체로 방전이 일어나면, 인체에 전류가 흘러 전격재해가 발생한다.

(3) 생산장해 : 생산장해는 정전기의 역학현상과 방전현상에 의해 발생한다.

7 정전기 방지대책

위험물제조소의 정전기 방지대책	일반설비의 정전기 방지대책
발생억제 • 마찰을 적게하는 것 • 대전방지제(첨가제) • 도전성 재료(철망함 등)	도체의 대전방지대책 • 접지 및 본딩 • 배관 내 액체의 유속제한 • 정치시간
축적예방 • 접지, 본딩 • 가습 • 완화시간(정치) • 제전기 설치 • 공기의 이온화	부도체의 대전방지대책 • 가습 • 대전방지제 사용 • 제전기 사용 : 전압인가식, 자기방전식, 방사선식
액체수송 부분 • 수송시 유속제한 • 주입구 적정 조치	인체의 대전방지대책 • 대전방지화 • 대전방지 작업복 • 손목접지대

정전기 발생을 유발하는 정전기의 대전종류 5가지를 제시하고 설명하시오.

COMMENT 이 문제는 전기안전에서 자주 출제되는 문제로 잘 외워두어야 한다.

1 마찰에 의한 발생(즉, 공장에서 발생되는 정전기의 가장 큰 원인)

(1) 두 물체의 마찰이나 마찰에 의한 접촉위치의 이동으로 전하의 분리 및 재배열이 일어나서 정전기가 발생하는 현상을 말한다.

(2) 분리의 과정을 거쳐 정전기가 대표적인 예로서 고체, 액체류 또는 분체류에 의해서 일어나는 정전기는 주로 이러한 마찰에 기인한다.

(3) 예로 유리봉을 모직물로 마찰하면 유리봉에 발생하는 정전기와 모직물에 발생하는 정전기는 서로 다른 성질을 갖는 것을 알 수 있다.
  ① 전자(유리봉)를 (+)전기라고 한다.
  ② 후자(모직물)를 (−)전기라고 한다.

2 박리에 의한 발생

(1) 서로 밀착되어 있는 물체가 떨어질 때, 전하의 분리가 일어나 정전기가 발생하는 현상을 말한다.

(2) 이 현상은 접촉면적, 접촉면의 밀착력, 박리속도 등에 의해 정전기 발생량이 변화하며, 일반적으로 마찰에 의한 것보다 더 큰 정전기가 발생한다는 것이 여러 실험에 의해 알려져 있다.

(3) 예로 작업복 재질에 따라서 인체대전은 마찰 중과 벗을 때의 차이가 크며, 작업복을 벗었을 때 대전이 크다. 또한 종이제조기의 롤러를 거친 종이원단에 정전기가 발생한다.

3 유동에 의한 대전

(1) 액체류가 파이프 등 고체와 접촉하면 액체류와 고체와의 경계면에 전기 이중 충이 형성되어 이때, 발생된 전하의 일부가 액체류와 함께 유동하기 때문에 정전기가 발생하는 현상으로서, 정전기의 발생에 가장 크게 영향을 미치는 요인은 액체의 유동속도이다.

(2) 또한 액체흐름의 상태(층류인가 난류인가)에도 관계가 있으므로, 굴곡, 밸브, 유량계의 오리피스, 스트레이너 등의 형태와 수에도 관계가 깊고 또 파이프의 재질과도 관계가 있다.

4 분출에 의한 발생

(1) 분체류, 액체류, 기체류가 단면적이 작은 분출구를 통해 공기 중으로 분출될 때, 분출하는 물질과 분출구와의 마찰로 인해 정전기가 발생한다.

(2) 이때, 분출되는 물질과 분출구를 물질과의 직접적인 마찰에 의해서도 정전기가 발생하나, 실제로 더 큰 정전기를 발생시키는 요인은 분출물질 구성입자들 간의 상호충돌이다.

(3) 유체가 분사할 때 순수한 가스 자체는 대전현상을 나타내지는 않지만, 가스 내에 더스트(dust), 미스트(mist) 등이 혼입하면 분출시에 대전한다.

(4) 예로 고압스팀의 분출, 금속노출~고무 호스관에서의 인화성 물질화재 등이 있다.

5 충돌에 의한 발생

(1) 분체류와 같은 입자 상호간이나 입자와 고체와의 충돌에 의해 빠른 접촉, 분리가 행하여짐으로써 정전기가 발생하는 현상이다.

(2) 예로 스프레이건을 이용한 벽체도장 등이 있다.

6 파괴에 의한 발생

고체나 분체류와 같은 물체가 파괴되었을 때, 전하분리 또는 정 · 부전하의 균형이 깨지면서 정전기가 발생한다.

7 교반(진동)이나 침강에 의한 발생 혹은 침(심)강대전 및 부상대전

(1) 액체가 교반될 때 대전한다.

(2) 탱크로리나 탱커는 수송 중에 대전하므로 접지하도록 규정하고 있다.

(3) 이 밖에 액체 내에 비중이 다른 액상물, 고체, 기포 등이 분산 · 흡입되어 이것이 침강 또는 부상될 때 액체류와의 경계면에서 전기 이중 층이 형성되어 정전기가 발생한다.

(4) 침강대전, 부상대전은 액체의 유동에 따라 액체 중에 분산된 기포 등 용해성 물질(분산물질)의 유동이 정지함에 따라 비중차에 의해 탱크 내에서 침강 또는 부상할 때 일어나는 대전현상이다.

8 유도대전

대전물체의 부근에 절연된 도체가 있을 때 정전유도를 받아 전하의 분포가 불균일하게 되며 대전된 것이 등가로 되는 현상이다.

9 비말대전

공기 중에 분출한 액체류가 미세하게 비산되어 분리하고, 크고 작은 방울로 될 때 새로운 표면을 형성하기 때문에 정전기가 발생하는 현상이다.

10 적하대전

고체표면에 부착해 있는 액체류가 성장하고 이것이 자중으로 액적, 물방울로 되어 떨어질 때 전하분리가 일어나서 발생하는 현상이다.

11 동결대전

동결대전은 극성기를 갖는 물 등이 동결하여 파괴할 때 일어나는 대전현상으로 파괴에 의한 대전의 일종이다.

전기집진장치(electros tatic precipitator)에 대하여 설명하시오.

1 전기식 집진기의 정의와 원리 및 구성요소

(1) **정의** : 코트렐 집진기로, 기계식으로 우선집진 후 그 잔여분을 집진하는 방식이다.

(2) **원리** : 코로나 방전을 이용하여 연도 속에 (+), (−)의 전극을 두고, 이것에 직류고압을 인가하여 회진(fly ash)을 대전시켜 집진극에 흡인시킨다.

(3) **구성요소**

① 코로나 방전을 하는 방전극(−)
② 대전된 입자를 모으는 집진극(+)
③ 직류 고전압 인가장치
④ 추타장치 : 분진을 털어주는 장치
⑤ 회수한 분진의 재처리설비

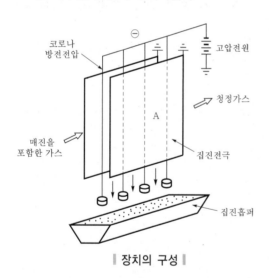

‖ 장치의 구성 ‖

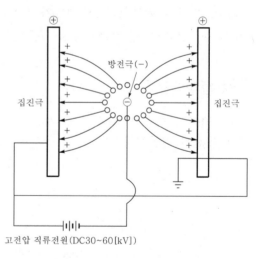

‖ 전기식 집진장치의 원리도 ‖

2 고압측에 사용하는 극성과 그 이유

(1) **고압측에 사용하는 극성**

코로나 방전을 이용하여 집진기 내에 (+), (−)의 전극을 두고 이것에 직류고압을 인가하여 회진(fly ash)을 대전시켜 집진극에 흡인시킨다.

① 음극 : 코로나 방전을 하는 방전극(-)

② 양극 : 대전된 입자를 모으는 집진극(+)

(2) 대전된 입자를 모으는 집진극의 극성을 양극으로 하는 이유

① 회립자는 부(-)로 하전해서 집진극(+)에 흡착되므로 아주 미세한 입자도 흡착가능하다.

② 정전적인 응집작용에 의하여 효율이 높다.

③ 전기집진장치가 갖는 특성(장단점)

(1) 장점

① 집진성능이 매우 높다(0.01[μm]까지 집진가능).

② 연도가스의 압력손실이 적다.

③ 유지, 보수가 용이하다.

④ 고온, 고압하에서도 사용가능하다.

⑤ 정전적인 응집작용에 의하여 효율이 높다.

⑥ 가스분진 성상이 광범위하게 사용된다.

(2) 단점

① 추타시에 재비산이 발생한다.

② 폭발성, 가연성 가스에는 적용불가하다.

③ 접착성 분진에는 적용불가하다.

④ 집진성능이 분진의 농도크기 및 저항에 따라 달라진다.

⑤ 회립자는 부(-)로 하전해서 집진극(+)에 흡착되므로 아주 미세한 입자도 흡착가능하나, 가스의 유속을 3[m/s]로 낮추어야 한다. 따라서, 전기집진기 용적이 크게 되어야 하는 결점이 있다.

⑥ 역전리현상 우려

⊙ 더스터의 저항률이 약 $5 \times 10^8[\Omega \cdot m]$ 이상이면 더스트가 갖고 있는 전하가 집전전극상에서 완화가 어렵게 되어 더스트 층 내에 전하가 축적되어 강한 내부전계를 형성한다.

ⓛ 이 전계가 어느 정도 이상이 되면 더스트 층이 절연파괴되어 그 곳에서 가스공간으로 방전을 유발한다.

ⓒ 이로 인해 역극성 이온이 더스트의 전하를 중화 또는 방전전극 사이에서 불꽃방전이 일어나 집진성능을 현저히 저하시키는 현상이다.

4 구비조건 및 종류

COMMENT   발송배전기술사 2009년 89회 10점으로 출제된 문제이다.

(1) EP의 구비조건

① 입자의 크기에 무관하게 집진성능이 우수할 것
② 부하변동에 관계없이 고효율일 것
③ 구조 및 조작이 간단하고 고장이 적을 것
④ 가격이 싸고 운전보수가 적을 것

(2) EP의 종류

① 기계식 집진기 : 원심력의 사이클론 집진기
② 전기식 집진기 : 화력발전소 등 대규모 플랜트에 적용, 코로나 방전을 이용한 코트렐
식 집진장치
③ 그 밖에도 충돌식, 원심력식, 여과식 집진장치 등

문제 10

지하공간에 설치하는 전기설비의 안전성 및 신뢰성 향상을 위한 방안에 대하여 기술하시오.

1 개 요

(1) 최근 건축물의 트렌드는 고층, 대형, 지하공간의 활용 등이다.

(2) 지하공간은 냉·난방 손실저감, 소음저감 등의 장점이 있으나, 화재 및 각종 환경으로부터의 피해대책이 필수적이다.

(3) 여기서는 지하공간에 설치하는 전기설비 설계시 안전성 및 신뢰성 향상 방안을 환경 부분과 침수대책을 중심으로 각 전기설비의 분야별로 설명하고자 한다.

2 관련 근거

지하공간 침수방지를 위한 수방기준(소방방재청고시 제2005-66호)

3 전기설비가 환경으로부터 받는 피해

(1) **지진으로 인한 피해** : 단락, 지락사고 등

(2) **염해지역, 습도 높은 지역** : 전기설비 절연성능 저하, 오손섬락

(3) **낙뢰에 의한 피해** : 전기설비 절연열화, 기기소손 등

(4) 기타 부식에 대한 피해 등

4 전기설비 지하공간 안정성 및 신뢰성 향상 대책

(1) **지하공간 전기설계시 기본 고려사항**

① 안전성 : 인체의 안전 최우선 고려
② 신뢰성 : 전원설비 Back-up 등 고신뢰성
③ 경제성 : VE, LCC 측면의 경제성
④ 안정성 : 중요 설비의 안정성

(2) 수 · 변전설비 고려사항

① 수전방식 : 2회선 이상 고려(전원설비 신뢰도, 안전성 향상)

② 수전선로 신뢰도 향상대책 : 인입선로 지중화, 난연화 등

③ 모선구성 : 모선구성 이중화(MOF, 변압기, 차단기, 모선 등)

④ 변전실 위치 : 최하층 배제, 기계실 등 물 관련실 보다 레벨을 900[mm] 이상 높게 설치

(3) 예비전원설비

① 예비전원설비 : 비상부하 설비용량을 충분히 확보

② 지하층의 배수펌프용 전용 발전기를 지상층에 설치

③ 축전지설비 : 무보수 밀폐화, 장수명 축전지 적용

④ UPS : 이중화 및 중요 부하의 부하를 분담

(4) 간선설비

① 전압강하 : 3[%] 이내 구성

② 간선구성 : 이중화, 난연화(버스덕트, 난연케이블 또는 저독성 난연케이블 사용)

③ 부설방식 : 케이블트렌치방식 배제

④ EPS : 방수턱 설치

⑤ 분전반 : 분전반 위치선정시 침수대비 입체적 고려

(5) 동력설비

① 지하배수펌프용 MCC도 지상에 설치

② 기계실 MCC PAD : 800[mm] 높이에 설치

(6) 조명설비

① 스위치 설치 : 방수형, 1,500[mm] 높이에 설치

② 벽부형 조명기구 설치 : 방수처리(방수파킹 설치)

(7) 전열, 통신설비

① 콘센트 설치 : 방수형, 800[mm] 높이에 설치

② 콘센트 설치배관 : 천장매입배관방식 적용

③ 감전방지용 15[mA] 누전차단기의 설치

(8) 소방설비

① 비상조명등 및 안내표지

② 경보방송

③ 방재훈련, 기준적용 및 실무매뉴얼 등 작성 보급

(9) 기타 고려사항

① 지하층 환기설비

② 누전 및 정전방지

③ 21층 이상 또는 연면적 $100,000[\text{m}^2]$ 이상 건축물은 배수펌프용 비상발전기실을 지상에 의무적으로 설치하도록 관련 규정 강화

④ 지능형 건축물 인증제도 기준에 의한 비상발전기실 위치선정의 적용

⑤ 건축설비와 종합적 대책 고려

⑥ 비상연락용 인터폰 또는 전용선 전화설치

⑦ **보호방식** : 선택차단방식 적용(사고범위 최소화)

5 건축설비 고려사항

(1) 침수지연용 출입구 방지턱 설치

(2) 환기구 및 채광용 창 높이를 높게 설치

(3) 배수펌프, 집수정 설치

(4) 방수판, 모래주머니 설치

(5) 역류방지밸브 설치

(6) 대피경로 확보

(7) 침수시 이용자 안전용 난간을 높게 설치

6 기존 건물 활용시 고려사항

(1) 침수지연턱 설치

(2) 모래주머니 구비(침수지연턱 설치용)

(3) 상용전원 배수펌프를 엔진펌프로 교체

문제 11

방범설비와 방재설비를 간단히 설비별로 분류하고 공간경계형 센서로 사용되는 열센서, 초음파센서, 마이크로센서의 성능과 특징을 설명하시오.

1 개 요

(1) 방재설비는 천재지변 및 화재 등의 재해로부터 건축물의 피해와 거주자의 안전을 도모하고 신속하고 안전하게 피난할 수 있도록 하는 설비를 말한다.

(2) 방범설비는 사무실 빌딩, 점포, 주택 등의 도난방지 등을 목적으로 시설하는 설비이다.

2 방재방범설비의 분류

(1) 방재설비

단순한 개체가 아니라 유기적으로 연결동작하는 일련의 방재기능을 가져야 한다.
- ① 피뢰침설비 : 낙뢰로부터 건물의 파손, 화재시 인축의 상해를 방지할 목적의 설비
- ② 자동화재탐지설비
  - ㉠ 건물 내에서 발생하는 화재를 열 또는 연기에 의해 초기단계에서 탐지하여 관계자에게 경보하는 설비
  - ㉡ 구성 : 감지기, 중계기, 발신기, 수신기 등
- ③ 비상경보설비
  - ㉠ 방화대상물에 화재발생시 유효하게 신속히 알리고 거주자의 피난을 안전하고 신속하게 도울 목적으로 한 설비
  - ㉡ 구성 : 비상벨, 자동식 사이렌 및 방송설비 등
- ④ 전기화재경보기(ELD)
  - ㉠ 전기화재가 되는 누전을 신속히 감지하여 자동통보하는 설비
  - ㉡ 누설전류 200[mA] 이하에서 경보
- ⑤ 유도등설비
  - ㉠ 화재발생시 인명의 안전유도를 위해 피난구 위치 및 방향을 제시하는 설비
  - ㉡ 종류 : 피난구유도등, 통로유도등, 객석유도등 등으로 최소점등시간 30분, 축전지 내장형이 채택된다.
- ⑥ 비상콘센트설비 : 11층 이상의 고층건물 화재시 소방관의 방재 및 소화활동을 원활하게 하는 조명, 피양기구의 전원으로 적용
- ⑦ 무선통신보조설비 : 화재발생시 소방지휘부와 소방관의 통신을 원활하게 하기 위한 설비로 유선방식과 무선방식 등

⑧ 기타 : 가스누설경보기, 비상조명장치, 배연설비, 내진조치 등

(2) 방범설비

건물의 출입구 및 주요 장소에 범인의 침압방지, 침입발견 및 방범연락 등을 목적으로 한 설비로 자동설비와 수동설비로 이루어진다.

① 수동설비

ㄱ 구성 : 푸시버튼 스위치, 벨, 부저, 투광기 등을 조합한 방식

ㄴ 특징 : 공시비가 저렴, 주택, 아파트 등에 적용

② 자동설비 : 각종 센서와 수신장치에 의하여 구성되며 장소 및 상황에 따라 다양한 센서가 적용

3 센서의 종류 및 특징

(1) 열센서(열선식 센서)

① 실내의 원적외선 에너지와 침입자의 체온에서 방사되는 원적외선 에너지와의 차이를 복수개의 감열검출영역(zone)에 의해 검출하여 경보한다.

② 입체감지형, 면감지형, 스폿감지형이 있다.

(2) 초음파센서

① 254[kHz]의 초음파를 방사하여 공간 내의 물체이동에 따른 도플러효과를 이용하여 침입자를 검출한다.

② 공기대류에 의해 오동작 염려가 있고, 비교적 저가이다.

③ 경계범위 : 5[m] 정도

(3) 마이크로센서(전파식 센서)

① 전파를 발사하여 도플러효과를 이용하여 침입자를 검출하며, 전파파장에 따라 디딤판식과 마이크로식 검출기로 구분한다.

② 특징 및 성능 : 공간 내에 전파를 발사하므로 공기대류에 의한 영향을 받지 않는다.

③ 경계범위 : 10[m] 정도

(4) 적외선센서

① 경계범위 : 15~60[m], 최대 100~150[m] 정도이다.

② 특징 : 투광선이 눈에 보이지 않는다.

(5) 기타

도어콘택트 스위치, 리미트스위치, 진동검출기, CCTV 등이 있다.

다중이용업소의 전기설비시설시 고려할 사항에 대하여 기술하시오. (예 : 단란주점)

1 개 요

다중이용업소 등은 준공시에 용도가 정해지는 것도 있지만 대부분 건물완공 후 분양이나 임대로 용도변경하여 개축시공하는 것이 대부분이므로, 화재의 원인이 될 수 있는 전반적인 전기사항을 검토하여 전기설비를 시설하여야 한다.

2 다중이용업소에 있어 전기화재의 원인별 분류

(1) 발화원별

① 이동가능한 전열기
② 전등, 전열배선
③ 전기장치
④ 배선기구
⑤ 고정된 전열기

(2) 출화의 경과별 순서

① 과전류
② 단락
③ 누전
④ 접촉부 과열
⑤ 스파크
⑥ 절연열화
⑦ 정전기

3 유흥업소 전기시설시 고려사항

(1) 전원용량의 검토

유흥업소는 조명과 동력부하(냉방부하 등)의 용량이 크므로 부하를 산정하여 전원측 용량 검토

　　① 특고압 수전방식의 건물

　　　㉠ 건물의 기존 부하와 유흥업소 개축·증설 부하

ⓛ 기존 변압기 용량의 적정성 검토 → 용량부족시 변압기 증설 또는 교체
② 저압수전인 건물 : 전력회사 저압수전 계약용량 변경 등을 검토

(2) 비상발전기
법적인 부하는 비상조명 정도만 변화하고, 용량에는 큰 변화가 없으나 비상전원 공급계획 검토

(3) 간선설비
① 기존 건물을 증설·개축하는 경우가 많아 배관배선이 노출된 상태이므로, 시공에 유의할 것
② 부하증설에 대한 간선굵기가 적정한지 판단할 것
③ 공사방법에 따른 전선의 종류 및 굵기선정
④ 부하의 종류와 용량에 따른 각 회로마다의 차단기 설치

(4) 동력설비
① 증설되는 부하는 주로 냉방패키지 부하
② 기존 동력배선을 사용하지 말고, 시설용량에 맞게 설치
③ 배선은 절대 노출시키지 말고, 전선관에 부설할 것

(5) 조명설비
① 기존의 조명시설은 절대 사용불가
② 노출배선은 절대로 이중 천장 속에 배선불가
③ 비상등
  ㉠ 법적인 기준에 맞게 시설
  ㉡ 무대조명은 별도의 전원으로 기능별 배전검토할 것

(6) 전열회로
① 노출공사에서는 가장 적용하기 어려운 공사로서 벽면 노출공사
② 일반적으로 콘센트를 적게 시설하여 과부하 연결의 화재원인을 최소화
③ 정격부하 이상의 전기설비를 연결하지 못하도록 구성
④ 코드를 이용한 분기코드 배선을 방지

(7) 전기소방시설
① 칸막이 변경에 따른 감지기를 적정하게 시공할 것
② 비상방송을 법규에 알맞게 설치할 것
③ 유도등 설치 : 용도에 적합한 규격선정이 필요하며, 특히 소형 피난구유도등은 대형 피난구유도등으로 변경하여 시공할 것

문제 13

귀하가 취급한 대형 건축물에서 방재센터의 위치 및 기능을 구체적으로 논하시오.

1 방재센터의 필요성 또는 목적

(1) 최근 빌딩의 대형화, 첨단화, 고층화 경향에 따라 유사시 빌딩 내·외의 사고는 대형 참사로 이어질 수 있으며, 초고층빌딩의 경우 외부창문이 밀폐창 또는 무창층(당해층 바닥면적의 1/30 이하)으로 기계식 환기방식에 의한 중앙관리방식의 공조방식을 적용하기 때문에 이를 감시 조정하는 방재센터의 기능이 더욱 중요시되고 있다.

(2) 특히 초고층빌딩에서 배연설비는 화재나 비상시 인명을 구조하는 데 매우 중요하며, 중앙방재센터는 상시로 근무자들이 모든 방재설비를 감시 운영할 수 있는 조건을 갖추어 안전하고 용이하게 조정·통제되어야 한다.

(3) 고층빌딩의 일반적인 방재설비로는 11층 이상일 경우, 비상용 엘리베이터, 비상용 콘센트, 스프링클러가 의무화되고 있고, 배연설비는 필수적이라 할 만큼 중요하다.

(4) 초고층빌딩(200[m] 이상, 50층 이상)은 고층빌딩(30층 이상, 120[m] 이상)과 달리 화재, 비상시의 피난대책 및 지진 등으로부터 보호를 위해 모든 설비에 적용되고 있는 내진설계, 지진계, 지진경보설비, 외부 풍향풍속계 등의 설비를 갖추어야 한다.

(5) 이때 방재센터는 건축물 내의 방재설비, 방재장치 등 건축재해와 중대한 관계가 있는 설비나 장치의 제어작용 상태감시 및 운전을 행할 목적으로 설치되며, 그 기능을 완벽히 수행할 수 있도록 위치를 고려하는 것이 중요하다.

2 방재센터의 설치(외국 규정)

(1) 높이 31[m]를 넘는 건축물로 비상용 엘리베이터 설치가 의무화된 건축물

(2) 각 구역의 바닥면적 합계가 1,000[m²]를 넘는 지하가

(3) 지상 5층 연면적 20,000[m²] 이상 건물

(4) 복합빌딩(백화점, 전시장, 집회장) 등 외부 사람이 많이 모이는 장소

3 방재센터의 기능

(1) 방재활동 및 일반관리의 중심 기능

(2) 화재의 조기발견 및 많은 인원을 안전하게 피난유도시킬 수 있는 기능

(3) 초기소화작업 및 비상사태에 대한 활동의 중심 기능

(4) 경보의 신속한 전달 및 소방관서에 신속한 연락기능

(5) 소화진압을 위한 지휘통제가 용이한 기능

4 방재센터의 위치선정시 고려사항

(1) 방재센터는 현재시 마지막까지 남아 진화작업을 신속히 통제하고, 소방관계자의 출입이 용이한 장소가 되어야 한다.

(2) 방재센터는 피난층(1층)이나, 피난층 직상, 피난층 직하층(별도 외부의 출입구가 있는 경우)이 가장 적당하다.

(3) 비상용 엘리베이터, 피난계단 이용이 용이, 옥외 외부 소방대와 연락 및 지휘통제가 용이하게 이루어질 수 있는 장소(그림 참조)가 되어야 한다.

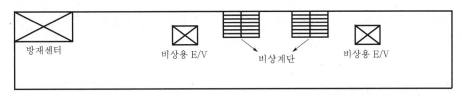

(4) 불연재 마감, 외부와 통하는 출입문은 2개 이상, 외부 소방대와 빌딩관리자 접속이 용이한 위치이어야 한다.

(5) 근무자나 소방지휘자의 원활한 소방진화 작업과 24시간 상주감시를 위해 숙직실, 휴게실을 구비하고, 판단조작이 손쉽도록 설계해야 한다.

5 방재센터의 요건 및 중앙감시반의 내용

(1) 요건
  ① 기계환기설비 및 공조환기설비에 대한 감시와 조정
  ② 배연설비 및 자동화재탐지설비에 대한 감시와 조정
  ③ 비상전원(발전기) 운전상태 감시 및 조정
  ④ 항공장애등, 유도등, 비상전원 작동시간
  ⑤ 비상용 엘리베이터 가스화재탐지설비에 대한 감시와 조정
  ⑥ 지진계, 지진경보계, 외부풍향풍속계, 온도표시장치 감시기능
  ⑦ 소방기관으로의 통보설비
  ⑧ 비상경보 및 비상방송설비 조정기능
  ⑨ 각종 소화설비 작동표시기능(스프링클러, 옥내소화전 등)
  ⑩ 화재발생장소, 작동배연구, 작동방화문 등의 그래픽 패널
  ⑪ 필요면적의 확보
  ⑫ 기타 건축물의 설비별 요구기능

(2) 중앙감시반의 내용

① 모든 승강기(비상용, 일반용, 화물용 등)의 작동표시
② 자동화재통보 수신반의 작동표시
③ 비상전화표시
④ 소방대 전용 소화전 On/Off 및 작동표시
⑤ 옥내소화전 On/Off 및 작동표시
⑥ 이산화탄소 소화설비, 할론가스계 소화설비 On/Off 및 작동표시
⑦ 스프링클러 배연설비 작동표시
⑧ 항공장애등, 유도등, 비상전원의 작동표시
⑨ 지진계, 지진경보계, 외부 풍향풍속계, 온도표시장치의 작동표시

(3) 위와 같은 내용이 방재감시반 내에 거의 모두가 포함되어야 한다.

(4) 종래 P형은 한계가 있어, 초대형 빌딩은 R형 수신반과 중·소형 컴퓨터를 조합한 방식을 채용하고 있다.

6 방재센터의 작동흐름도

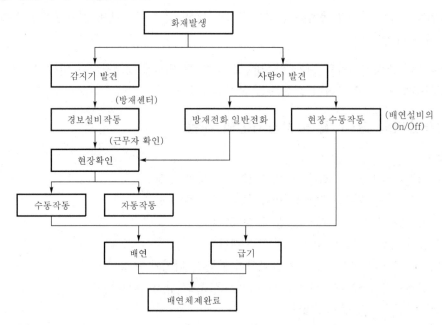

7 결 론

방재센터의 목적은 단적으로 표현하면 화재나 지진 등의 재해시 인명과 재산을 보호하는 것이므로, 위와 같은 적정 위치와 기능을 구비하도록 설계기획시 화재영향평가와 더불어 종합적인 기획 마인드로 검토해야 할 것으로 판단된다.

중앙감시실(감시 및 제어센터) 설치계획시 건축, 환경 및 전기적 고려사항에 대하여 설명하시오.

1 중앙감시실(감시 및 제어센터) 설치계획시 고려사항

(1) 건축적 고려사항

① 건축물 내 전력설비, 조명설비, 소방설비, 방범설비, 항공장애등, 감시반 등 감시 및 제어는 중앙감시실에서 에너지절약과 관리비용을 절감시킬 수 있게 할 것

② 건물의 규모와 시설관리의 효율성을 감안하여 설치하고 근무자의 휴식공간 제공

③ 방재센터 소방설비제어실과 겸용하는 경우 방화구획 시설하고, 지하 1층 또는 피난층 위치에 시설

④ 기타의 지하층에 위치하는 경우 특별피난계단으로부터 5[m] 이내에 인접 설치

(2) 환경적 고려사항

① 침수, 누수의 우려, 내부에 급·배수관을 설치하지 않을 것

② 천장높이, 환기, 공조, 조명의 설계기준은 일반적으로 사무실에 준할 것

③ 바닥은 배선과 장비배치의 효율성을 고려하여 액세스플로어를 시설

④ 지속적인 감시자를 위한 냉·난방 및 환기설비를 시설

(3) 전기적 고려사항

① 수변전실, 발전기실, 중앙기계실과 연계성이 용이한 위치에 시설

② 감시 및 제어센터 공급전원은 비상발전기와 UPS에서 공급

2 중앙감시실의 형식

중앙감시실 형식은 감시 및 제어점 수량에 따라 분류한다.

형식 \ 구분	A 형	B 형	C 형	D 형
운용형태	관리실에 설치	관리실 및 중앙감시실 겸용	중앙감시실용 별도 면적	중앙감시실
면적[m²]	10	15~30	30~60	60 이상
사무용 건축물 구분	소규모	중·소규모	중·대규모	대규모

저자소개

양재학
- 한양대학교 전기공학 석사

자격
- 건축전기설비기술사
- 전기안전기술사
- 전기응용기술사
- 발송배전기술사

경력
- 한국전력공사 부장

송영주
- 홍익대학교 전기공학 박사

자격
- 건축전기설비기술사
- 소방기술사

경력
- 동신대학교 소방행정학과 교수
- 한국건설교통기술평가원 심의 · 평가위원
- 한국산업기술평가관리원 심의 · 평가위원
- 한국산업안전보건공단 심사위원
- 한국소방산업기술원 심사위원
- 전라남도 지방건설 심의위원

오진택
- 한양대학교 전기공학 박사

자격
- 건축전기설비기술사
- 소방기술사
- 발송배전기술사
- 정보통신기술사
- 건축기계설비기술사
- 공조냉동기계기술사
- 전기응용기술사
- 전기안전기술사
- 화공안전기술사(1차)

경력
- 오진택 기술사학원 원장
- (주)드림엔지니어링 대표이사
- 산업통상자원부 전기위원회 전문위원
- 경기도 건설기술 심의위원
- 한국발명진흥회 특허기술 평가위원
- 국토교통과학기술진흥원 평가위원

단번에 합격하기 비법서! Vol.4
건축전기설비기술사
피뢰설비 및 예비용 전원과 방재설비

2009. 7. 30. 초 판 1쇄 발행
2020. 6. 25. 2차 개정증보 2판 1쇄 발행

지은이 | 양재학 · 송영주 · 오진택
펴낸이 | 이종춘
펴낸곳 | BM (주)도서출판 성안당

주소 | 04032 서울시 마포구 양화로 127 첨단빌딩 3층(출판기획 R&D 센터)
　　　10881 경기도 파주시 문발로 112 출판문화정보산업단지(제작 및 물류)

전화 | 02) 3142-0036
　　　031) 950-6300
팩스 | 031) 955-0510
등록 | 1973. 2. 1. 제406-2005-000046호
출판사 홈페이지 | **www.cyber.co.kr**
ISBN | 978-89-315-2637-0 (13560)
정가 | 60,000원

이 책을 만든 사람들
기획 | 최옥현
진행 | 박경희
교정 · 교열 | 김태영
전산편집 | 이지연, 전채영
표지 디자인 | 박원석
홍보 | 김계향, 유미나
국제부 | 이선민, 조혜란, 김혜숙
마케팅 | 구본철, 차정욱, 나진호, 이동후, 강호묵
제작 | 김유석

www.cyber.co.kr
성안당 Web 사이트